中 国 国 家 标 准 汇 编

486

GB 25896～25907

（2010 年制定）

中国标准出版社　编

中国质检出版社
中国标准出版社

北　京

图书在版编目（CIP）数据

中国国家标准汇编：2010年制定．486：GB 25896～25907/中国标准出版社编．—北京：中国标准出版社，2012
ISBN 978-7-5066-6500-1

Ⅰ．①中…　Ⅱ．①中…　Ⅲ．①国家标准-汇编-中国-2010
Ⅳ．①T-652.1

中国版本图书馆CIP数据核字(2011)第187752号

中国质检出版社
中国标准出版社 出版发行
北京市朝阳区和平里西街甲2号(100013)
北京市西城区三里河北街16号(100045)
网址：www.spc.net.cn
总编室：(010)64275323　发行中心：(010)51780235
读者服务部：(010)68523946
中国标准出版社秦皇岛印刷厂印刷
各地新华书店经销
*
开本 880×1230 1/16　印张 38.75　字数 1 086 千字
2012年1月第一版　2012年1月第一次印刷
*
定价 220.00 元

出　版　说　明

1.《中国国家标准汇编》是一部大型综合性国家标准全集。自1983年起，按国家标准顺序号以精装本、平装本两种装帧形式陆续分册汇编出版。它在一定程度上反映了我国建国以来标准化事业发展的基本情况和主要成就，是各级标准化管理机构，工矿企事业单位，农林牧副渔系统，科研、设计、教学等部门必不可少的工具书。

2.《中国国家标准汇编》收入我国每年正式发布的全部国家标准，分为"制定"卷和"修订"卷两种编辑版本。

"制定"卷收入上一年度我国发布的、新制定的国家标准，顺延前年度标准编号分成若干分册，封面和书脊上注明"20××年制定"字样及分册号，分册号一直连续。各分册中的标准是按照标准编号顺序连续排列的，如有标准顺序号缺号的，除特殊情况注明外，暂为空号。

"修订"卷收入上一年度我国发布的、修订的国家标准，视篇幅分设若干分册，但与"制定"卷分册号无关联，仅在封面和书脊上注明"20××年修订-1,-2,-3,……"字样。"修订"卷各分册中的标准，仍按标准编号顺序排列(但不连续)；如有遗漏的，均在当年最后一分册中补齐。需提请读者注意的是，个别非顺延前年度标准编号的新制定的国家标准没有收入在"制定"卷中，而是收入在"修订"卷中。

读者配套购买《中国国家标准汇编》"制定"卷和"修订"卷则可收齐上一年度我国制定和修订的全部国家标准。

3.由于读者需求的变化，自1996年起，《中国国家标准汇编》仅出版精装本。

4.2010年我国制修订国家标准共2846项。本分册为"2010年制定"卷第486分册，收入国家标准GB 25896～25907的最新版本。

中国标准出版社

2011年8月

出版说明

目　录

ICS 01.080.20
A 22

中华人民共和国国家标准

GB/T 25896.1—2010

设备用图形符号　起重机　第1部分:通用符号

Graphical symbols for use on equipment—Cranes—Part 1:Common symbols

2011-01-10 发布　　　　2011-07-01 实施

中华人民共和国国家质量监督检验检疫总局
中国国家标准化管理委员会　发布

前　言

GB/T 25896《设备用图形符号　起重机》分为3个部分：

——第1部分：通用符号；

——第2部分：流动式起重机符号；

——第3部分：塔式起重机符号。

本部分为GB/T 25896的第1部分，所规定的图形符号选自ISO 7000:2004《设备用图形符号　索引和一览表》和ISO 7296-1:1991《起重机　图形符号　第1部分：总则》，图形符号的编排顺序参考ISO 7296-1:1991《起重机　图形符号　第1部分：总则》。

本部分由全国图形符号标准化技术委员会(SAC/TC 59)提出并归口。

本部分起草单位：中国标准化研究院、机械科学研究总院。

本部分主要起草人：张亮、白殿一、杨东拜、邹传瑜、陈永权。

设备用图形符号　起重机
第1部分：通用符号

1　范围

GB/T 25896的本部分规定了用于起重机的通用图形符号。

本部分适用于起重机的操作控制器、指示器等，表明起重机设备的特征、操作指示、功能、状态等；也适用于与起重机设备相关的文件，如使用说明书等。

2　规范性引用文件

下列文件中的条款通过GB/T 25896的本部分的引用而成为本部分的条款。凡是注日期的引用文件，其随后所有的修改单（不包括勘误的内容）或修订版均不适用于本部分，然而，鼓励根据本部分达成协议的各方研究是否可使用这些文件的最新版本。凡是不注日期的引用文件，其最新版本适用于本部分。

GB/T 15565.1　图形符号　术语　第1部分：通用

GB/T 16902.1—2004　图形符号表示规则　设备用图形符号　第1部分：原形符号

3　术语和定义

GB/T 15565.1确立的术语和定义适用于GB/T 25896的本部分。

4　图形符号

起重机通用符号见表1。

5　应用

5.1　本部分在应用中，如还需使用其他符号，则应从GB/T 25896的其他部分中选取。

5.2　图形符号的应用应遵循GB/T 16902.1—2004中8.3的规定。

5.3　使用图形符号时应按表1中的图形符号进行等比例放大或缩小。

5.4　表1中位于图形符号四周的角标不构成图形符号的内容，仅为图形符号复制及应用的依据。

表1　起重机通用符号

序号	图形符号	含义	说明
001	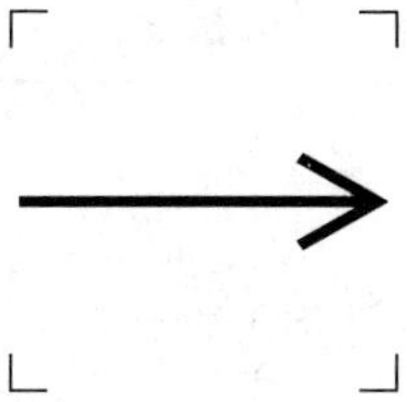	单向运动 Movement in one direction	ISO 7296-1:1991(001)

表 1（续）

序号	图 形 符 号	含 义	说 明
002	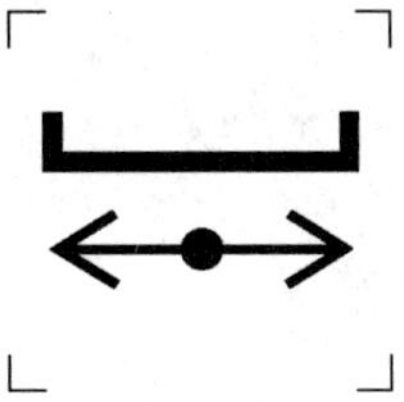	控制杆双向运动 Control lever working movement in two directions	ISO 7000:2004(1680)
003	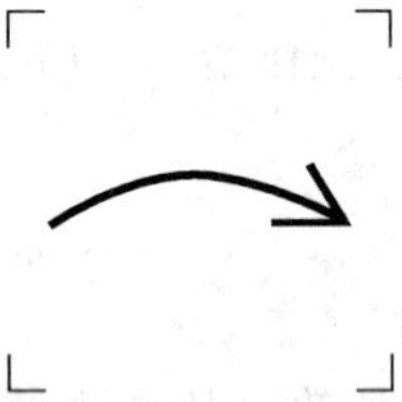	顺时针连续旋转 Direction of continuous rotation, clockwise	ISO 7000:2004(0004)
004	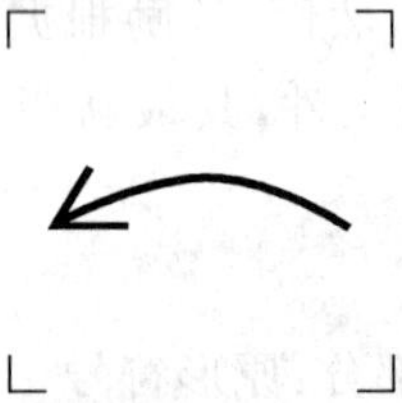	逆时针连续旋转 Direction of continuous rotation, counter-clockwise	ISO 7000:2004(0004)
005	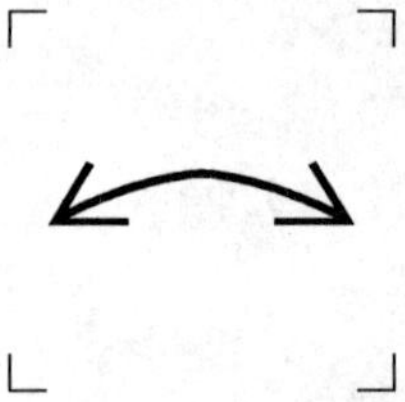	双向旋转 Rotation in two directions	ISO 7000:2004(0005)
006		往返限位旋转 Limited part of a rotation and return	ISO 7000:2004(0938)
007	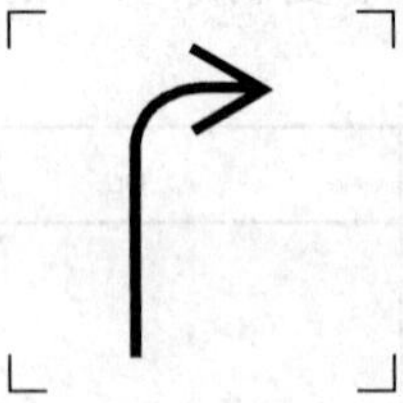	右转 Turn right	ISO 7000:2004(0927)
008		左转 Turn left	ISO 7000:2004(0927)

表 1（续）

序号	图形符号	含义	说明
009	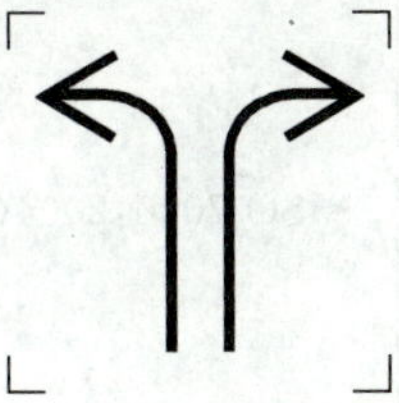	左-右双向运动 Movement in two directions: left-right	ISO 7000:2004(1681)
010		通(电源) On(power)	ISO 7296-1:1991(010)
011		断(电源) Off(power)	ISO 7296-1:1991(011)
012		通/断(按-按) On/off(push-push)	ISO 7296-1:1991(012)
013		通/断(按钮开关) On/off(push button)	ISO 7296-1:1991(013)
014	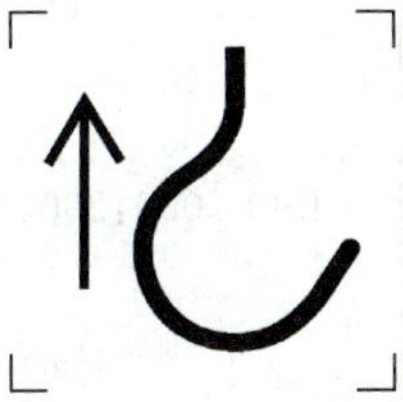	负载装置,提升 Load-lifting attachment, lift	ISO 7000:2004(1682)
015	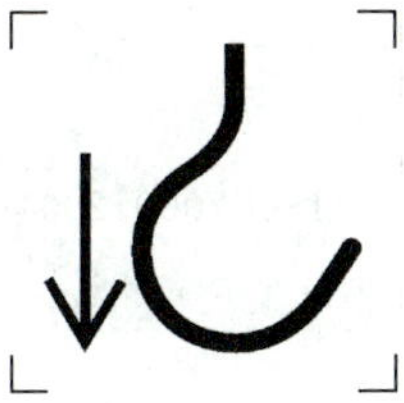	负载装置,下降 Load-lifting attachment, lower	ISO 7000:2004(1683)

表 1（续）

序号	图形符号	含义	说明
016		臂架上仰；向内变幅 Derrick in；luff in	ISO 7000：2004（1684）
017		臂架下降；向外变幅 Derrick out；luff out	ISO 7000：2004（1685）
018		伸缩臂（悬臂）伸出 Telescopic jib（boom）extended	ISO 7000：2004（1686）
019		伸缩臂（悬臂）缩回 Telescopic jib（boom）retracted	ISO 7000：2004（1687）
020	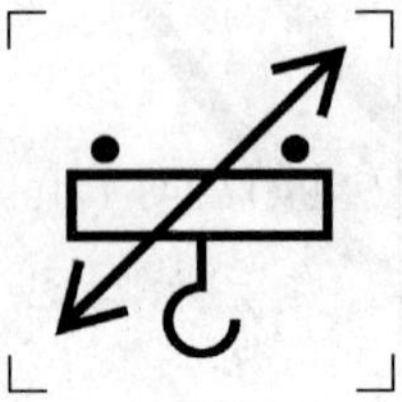	蟹爪式起重机移动：前进-后退 Crab traversing；forward-reverse	ISO 7000：2004（1688）
021		起重机前行 Crane travelling forward	ISO 7000：2004（1689）
022		起重机后退 Crane travelling in reverse	ISO 7000：2004（1690）

表 1（续）

序号	图形符号	含义	说明
023	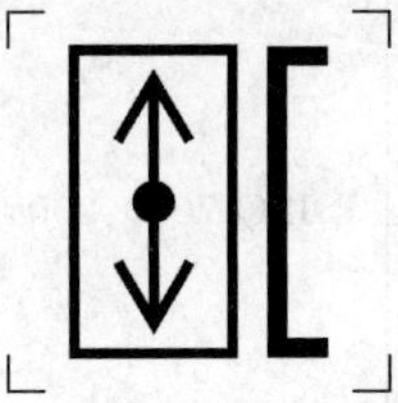	起重机前进-后退 Crane travelling forward-reverse	ISO 7000:2004(1691)
024		爬升式起重机，爬升 Climbing crane，climb	ISO 7000:2004(1692)
025		爬升式起重机，下降 Climbing crane，descend	ISO 7000:2004(1693)
140		抓斗打开 Clamshell bucket，open	ISO 7000:2004(1495)
141		抓斗关闭 Clamshell bucket，close	ISO 7000:2004(1496)
026		负载磁铁接触 Load magnet on	ISO 7000:2004(1694)
027		负载磁铁脱离 Load magnet off	ISO 7000:2004(1695)

表 1（续）

序号	图形符号	含 义	说 明
028		轨夹啮合 Rail clamp engaged	ISO 7000:2004(1696)
029		轨夹脱离 Rail clamp disengaged	ISO 7000:2004(1697)
030		可变性，旋转调整 Variability, rotational adjustment	ISO 7000:2004(1364)
031	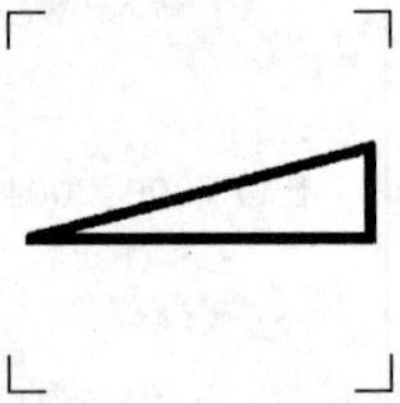	可变性（可调性） Variability	ISO 7296:1991(051)
032	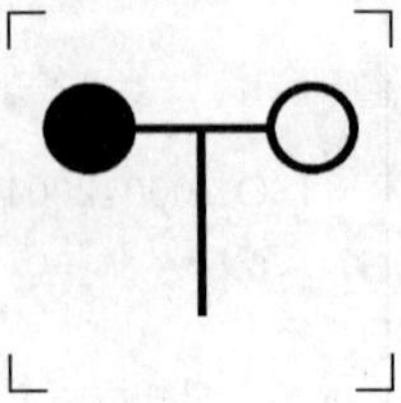	风速 Wind speed	ISO 7000:2004(1698)
033	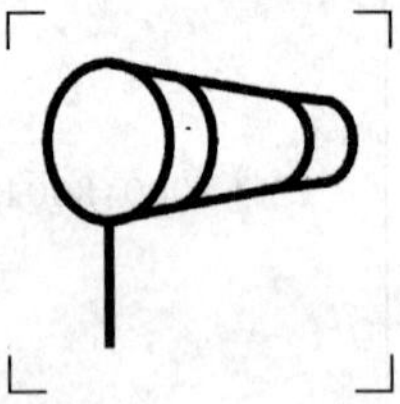	风向 Wind direction	ISO 7000:2004(1699)
034		制动摩擦片磨损 Worn brake linings	ISO 7000:2004(1408)

表 1（续）

序号	图形符号	含义	说明
035	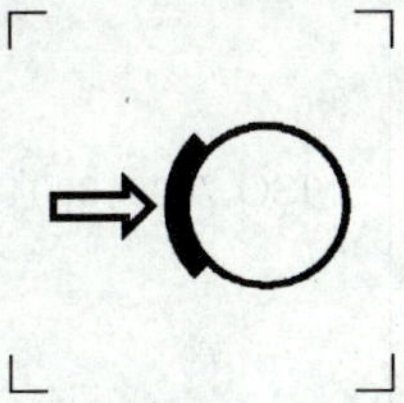	制动 Brake on	ISO 7000:2004(0020)
036		松开制动 Brake off	ISO 7000:2004(0021)
037	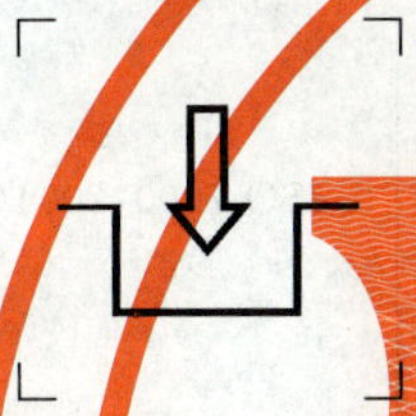	啮合，机械启动 Engaging;mechanical activation	ISO 7000:2004(0022)
038		脱开，机械停止 Disengaging;mechanical deactivation	ISO 7000:2004(0023)
039	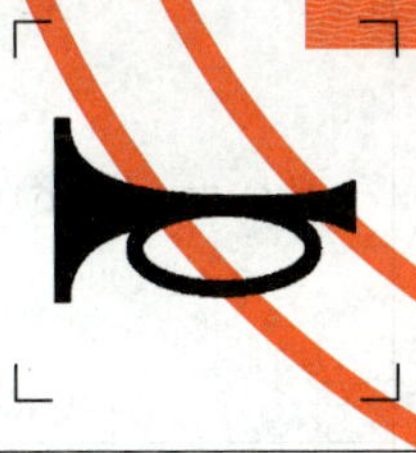	喇叭 Horn	ISO 7000:2004(0244)
040		温度 Temperature	ISO 7000:2004(0034)
041		通风扇；空气循环扇 Ventilating fan;air-circulating fan	ISO 7000:2004(0089)

表 1（续）

序号	图 形 符 号	含 义	说 明
042		室内照明；内部（顶）灯 Interior compartment illumination; interior (dome) light	ISO 7000:2004(1421)
043		泛光灯；工作灯 Flood light; working light	ISO 7000:2004(1204)
044		聚光灯 Spotlight	ISO 7000:2004(1700)
045		内部加热；加热器 Interior heating; heater	ISO 7000:2004(0637)
046		冷却；空调 Cooling; air conditioning	ISO 7000:2004(0027)
047	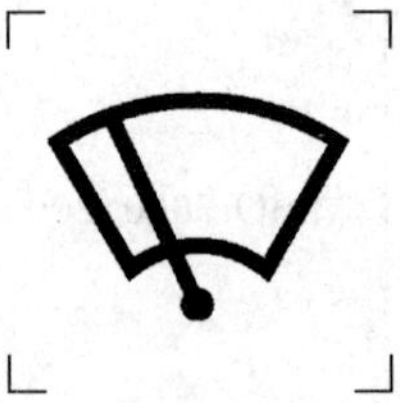	挡风玻璃雨刮；风挡雨刮 Windscreen wiper; windshield wiper	ISO 7000:2004(0086)
048	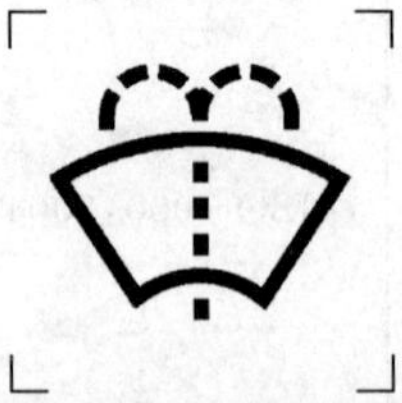	挡风玻璃清洗器；风挡清洗器 Windscreen washer; windshield washer	ISO 7000:2004(0088)

表 1（续）

序号	图 形 符 号	含 义	说 明
049		挡风玻璃除雾和除霜 Windscreen demisting and defrosting	ISO 7000:2004(0635)
050		危险警告 Hazard warning	ISO 7000:2004(0085)
051		标志灯；信标 Identification light；beacon	ISO 7000:2004(1141)
052		加注润滑脂 Lubricant grease	ISO 7000:2004(0787)
053	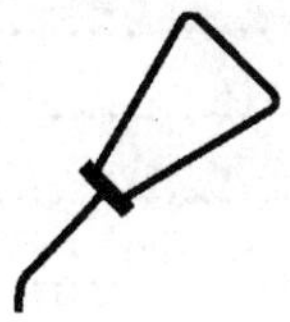	加注润滑油 Lubricating oil	ISO 7000:2004(0391)
151	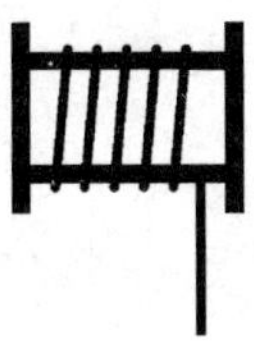	绞盘 Winch	ISO 7000:2004(1176)

索　引

ICS 01.080.01
A 22

中华人民共和国国家标准

GB/T 25896.2—2010

设备用图形符号　起重机
第2部分：流动式起重机符号

Graphical symbols for use on equipment—Cranes—
Part 2: Mobile cranes symbols

2011-01-10 发布　　2011-07-01 实施

中华人民共和国国家质量监督检验检疫总局
中国国家标准化管理委员会　发布

前　言

GB/T 25896《设备用图形符号　起重机》分为3个部分：

——第1部分：通用符号；

——第2部分：流动式起重机符号；

——第3部分：塔式起重机符号。

本部分为GB/T 25896的第2部分，所规定的图形符号选自ISO 7000：2004《设备用图形符号　索引和一览表》和ISO 7296-2：1996《起重机　图形符号　第2部分：流动式起重机》，图形符号的编排顺序参考ISO 7296-2：1996《起重机　图形符号　第2部分：流动式起重机》。

本部分由全国图形符号标准化技术委员会（SAC/TC 59）提出并归口。

本部分起草单位：中国标准化研究院、机械科学研究总院。

本部分主要起草人：张亮、白殿一、杨东拜、陈永权、邹传瑜。

设备用图形符号 起重机
第2部分:流动式起重机符号

1 范围

GB/T 25896的本部分规定了流动式起重机用图形符号。

本部分适用于流动式起重机的操作控制器、指示器等,表明流动起重机设备的特征、操作指示、功能、状态等;也适用于与流动式起重机设备相关的文件,如使用说明书等。

2 规范性引用文件

下列文件中的条款通过GB/T 25896的本部分的引用而成为本部分的条款。凡是注日期的引用文件,其随后所有的修改单(不包括勘误的内容)或修订版均不适用于本部分,然而,鼓励根据本部分达成协议的各方研究是否可使用这些文件的最新版本。凡是不注日期的引用文件,其最新版本适用于本部分。

GB/T 15565.1 图形符号 术语 第1部分:通用

GB/T 16902.1—2004 图形符号表示规则 设备用图形符号 第1部分:原形符号

GB/T 25896.1 设备用图形符号 起重机 第1部分:通用符号

3 术语和定义

GB/T 15565.1确立的术语和定义适用于GB/T 25896的本部分。

4 图形符号

流动式起重机符号见表1。

5 应用

5.1 本部分应与GB/T 25896.1配合使用。应用中,如还需使用其他符号,则应从GB/T 25896的其他部分中选取。

5.2 图形符号的应用应遵循GB/T 16902.1—2004中8.3的规定。

5.3 使用图形符号时应按表1中的图形符号进行等比例放大或缩小。

5.4 表1中位于图形符号四周的角标不构成图形符号的内容,仅为图形符号复制及应用的依据。

表1 流动式起重机符号

序号	图形符号	含义	说明
001		发动机;往复式内燃机 Engine;reciprocating internal combustion engine	ISO 7000:2004(1156)

表 1（续）

序号	图形符号	含　义	说　明
002		传动装置 Transmission	ISO 7000:2004(1166)
003		液压系统 Hydraulic system	ISO 7000:2004(1409)
004	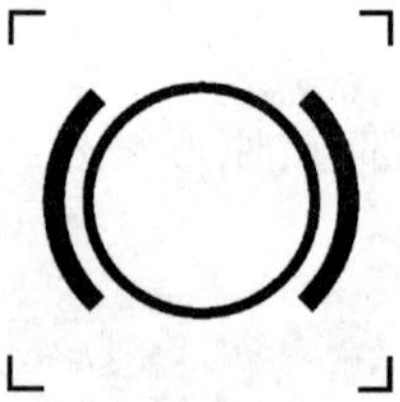	制动系统 Brake system	ISO 7000:2004(1399)
005		油；液体 Oil;fluid	ISO 7000:2004(1056)
006		水；液体 Water;fluid	ISO 7000:2004(0536)
007	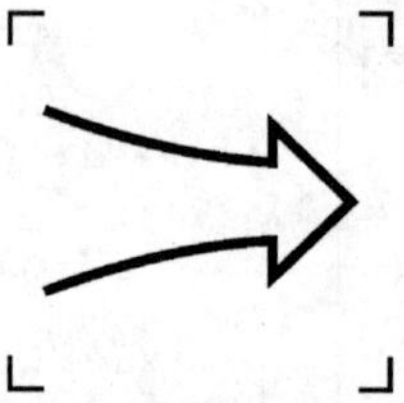	进气 Intake air	ISO 7000:2004(1604)

表 1（续）

序号	图形符号	含义	说明
008		排气 Exhaust gas	ISO 7000:2004(1605)
009		压力 Pressure	ISO 7000:2004(1701)
010	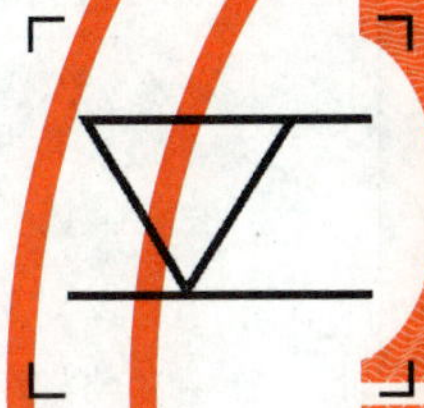	水准，标高 Level	ISO 7000:2004(0159)
011	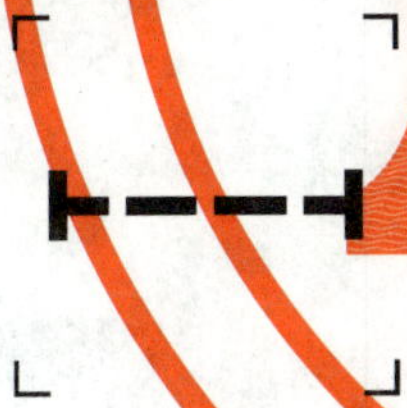	滤清器 Filter	ISO 7000:2004(1369)
012		一般故障；失效 Malfunction, general; failure	ISO 7000:2004(1603)
013		温度 Temperature	ISO 7000:2004(0034)

表 1（续）

序号	图形符号	含　义	说　明
014	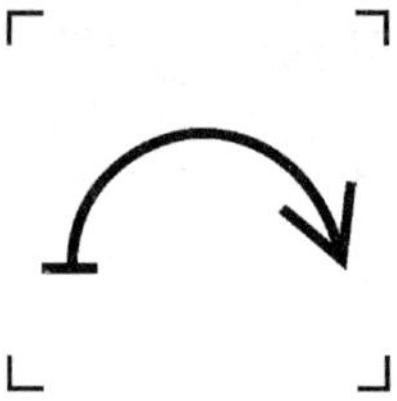	启动 Start/crank	ISO 7000:2004(1365)
015	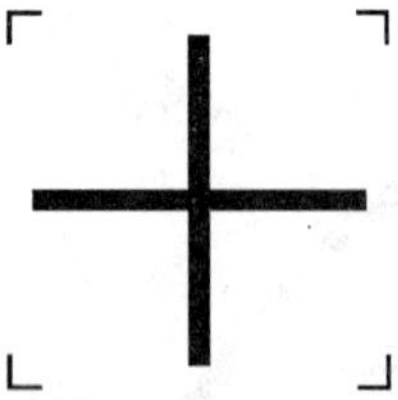	正号;正极 Plus;positive polarity	ISO 7296-2:1996(7.1)
016		负号;负极 Minus;negative polarity	ISO 7296-2:1996(7.2)
017		点火器 Lighter	ISO 7000:2004(0620)
018		蓄电池充电指示 Battery charging condition	ISO 7000:2004(0247)
019		钟;定时开关;计时器 Clock;time switch;timer	ISO 7296-2:1996(7.5)

表 1（续）

序号	图形符号	含　　义	说　　明
020		计时表；工作用时 Hour meter；elapsed operating hours	ISO 7000：2004(1366)
021		座椅安全带，单纯膝部安全带 Seatbelt，lap belt only	ISO 7000：2004(1702)
022		容量，空 Volume，empty	ISO 7000：2004(1563)
023		容量，半满 Volume，half full	ISO 7000：2004(1564)
024	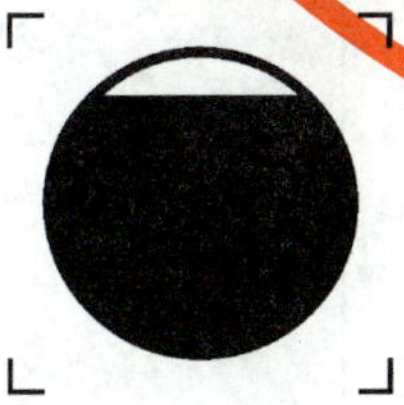	容量，满 Volume，full	ISO 7000：2004(1565)
025		控制杆操作方向，双向 Control lever operating direction，dual direction	ISO 7000：2004(1436)

表 1（续）

序号	图 形 符 号	含 义	说 明
026	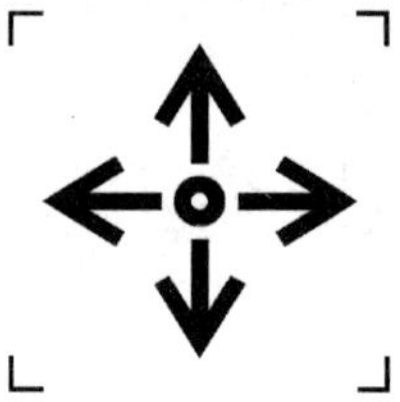	控制杆操作方向，多向 Control lever operating direction, multiple directions	ISO 7000:2004(1703)
027	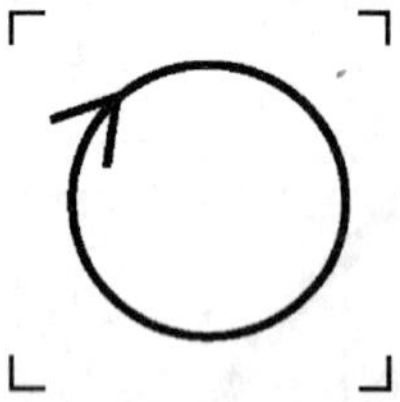	顺时针旋转 Clockwise rotation	ISO 7000:2004(0258)
028	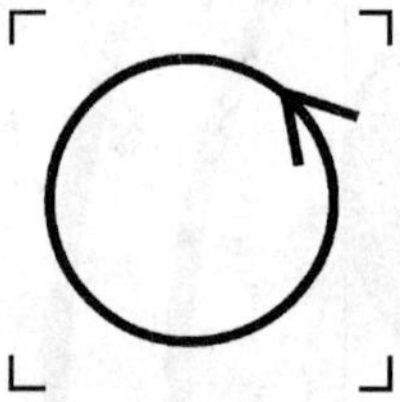	逆时针旋转 Anticlockwise rotation	ISO 7000:2004(0937)
029		提升点 Lifting point	ISO 7000:2004(1368)
030		提升点；中央支撑 Lifting point; central support	ISO 7000:2004(0542)
031		阅读操作手册 Read operator's manual	ISO 7000:2004(0790)

表 1（续）

序号	图形符号	含　义	说　明
032		锁定 Lock	ISO 7000:2004(1656)
033		发动机润滑油 Engine lubricating oil	ISO 7000:2004(1372)
034		发动机润滑油，压力 Engine lubricating oil pressure	ISO 7000:2004(1374)
035		发动机润滑油，油位 Engine lubricating oil level	ISO 7000:2004(1373)
036		发动机润滑油，滤清器 Engine lubricating oil filter	ISO 7000:2004(1376)
037		发动机润滑油，温度 Engine lubricating oil temperature	ISO 7000:2004(1375)

表 1（续）

序号	图形符号	含　　义	说　　明
038		发动机冷却液 Engine coolant	ISO 7000:2004(1377)
039		发动机冷却液，压力 Engine coolant，pressure	ISO 7000:2004(1379)
040	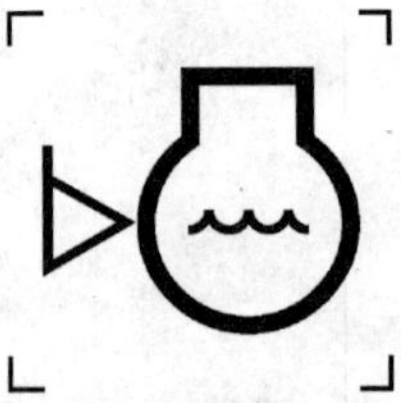	发动机冷却液，液位 Engine coolant，level	ISO 7000:2004(1378)
041		发动机冷却液，过滤器 Engine coolant，filter	ISO 7000:2004(1562)
042		发动机冷却液，温度 Engine coolant，temperature	ISO 7000:2004(1380)
043		发动机入口；燃烧空气 Engine intake；combustion air	ISO 7000:2004(1381)

表 1（续）

序号	图形符号	含　　义	说　　明
044		发动机入口压力;燃烧空气压力 Engine intake pressure;combustion air pressure	ISO 7000:2004(1382)
045		发动机进气滤清器;发动机燃烧空气过滤器 Engine intake air filler;engine combustion air filter	ISO 7000:2004(1170)
046		发动机入口温度;燃烧空气温度 Engine intake temperature;combustion air temperature	ISO 7000:2004(1383)
047		发动机排气 Engine exhaust gas	ISO 7000:2004(1384)
048		发动机排气压力 Engine exhaust gas pressure	ISO 7000:2004(1385)
049		发动机排气温度 Engine exhaust gas temperature	ISO 7000:2004(1386)

表 1（续）

序号	图形符号	含　　义	说　　明
050		发动机启动 Engine start	ISO 7000:2004(1387)
051		发动机停止 Engine stop	ISO 7000:2004(1388)
052		发动机失效;发动机故障 Engine failure;engine malfunction	ISO 7000:2004(1371)
053		发动机转速(每分钟转数) Engine rotational speed (revolutions per minute)	ISO 7000:2004(1389)
054	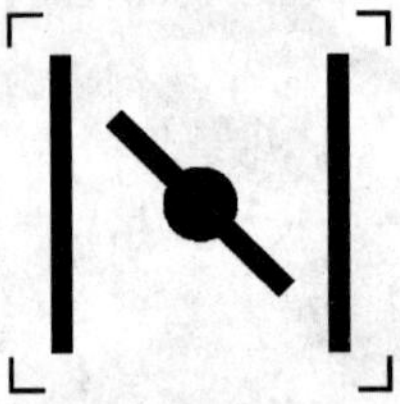	阻气门;冷启动辅助装置 Choke;cold starting aid	ISO 7000:2004(0243)
055		发动机启动辅助装置,点火器 Engine start aid,primer	ISO 7000:2004(1370)

表 1（续）

序号	图形符号	含　义	说　明
056		发动机，电预热（低温启动辅助装置） Engine, electrical preheat (low temperature start aid)	ISO 7000:2004(1704)
057		发动机启动辅助装置，气体喷射 Engine start aid, gas injection	ISO 7000:2004(1574)
058		传动油 Transmission oil	ISO 7000:2004(1397)
059		传动油压力 Transmission oil pressure	ISO 7000:2004(1167)
060		传动油油位 Transmission oil level	ISO 7000:2004(1398)
061		传动油滤清器 Transmission oil filter	ISO 7000:2004(1169)

表 1（续）

序号	图形符号	含 义	说 明
062		传动油温度 Transmission oil temperature	ISO 7000:2004(1168)
063		传动装置,失效或故障 Transmission,failure/malfunction	ISO 7000:2004(1396)
064		离合器 Clutch	ISO 7000:2004(1308)
065		空挡 Neutral	ISO 7296-2:1996(9.8)
066		高速 High	ISO 7296-2:1996(9.9)
067		低速 Low	ISO 7296-2:1996(9.10)

表 1（续）

序号	图形符号	含义	说明
068	F	前进 Forward	ISO 7296-2:1996(9.11)
069	R	倒车 Reverse	ISO 7296-2:1996(9.12)
070	P	驻车 Park	ISO 7296-2:1996(9.13)
071	1	一挡 First gear	ISO 7296-2:1996(9.14)
072	2	二挡 Second gear	ISO 7296-2:1996(9.15)
073	3	三挡 Third gear	ISO 7296-2:1996(9.16)

表 1（续）

序号	图形符号	含　义	说　明
074		倒车一挡 Reverse first gear	ISO 7296-2:1996(9.17)
075		液压油 Hydraulic oil	ISO 7000:2004(1411)
076		液压油压力 Hydraulic oil pressure	ISO 7000:2004(1413)
077		液压油油位 Hydraulic oil level	ISO 7000:2004(1412)
078		液压油滤清器 Hydraulic oil filter	ISO 7000:2004(1415)
079		液压油温度 Hydraulic oil temperature	ISO 7000:2004(1414)

表 1（续）

序号	图形符号	含　义	说　明
080		液压系统失效或故障 Hydraulic system failure/malfunction	ISO 7000:2004(1410)
081		制动油或制动液体 Brake oil/fluid	ISO 7000:2004(1400)
082		制动系统压力 Brake system pressure	ISO 7000:2004(1402)
083	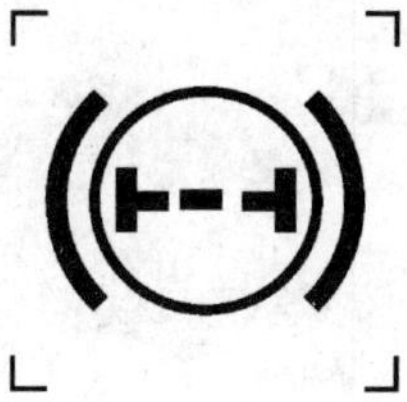	制动系统，滤清器 Brake system filter	ISO 7000:2004(1404)
084		制动系统温度；制动温度 Brake system temperature; brake temperature	ISO 7000:2004(1403)
085		制动失效；制动系统故障 Brake failure; brake system malfunction	ISO 7000:2004(0239)

表 1（续）

序号	图形符号	含　义	说　明
086		驻车制动 Parking brake	ISO 7000:2004(0238)
087		防抱死制动系统故障 Anti-lock brake system failure	ISO 7000:2004(1407)
088		燃油 Fuel	ISO 7000:2004(0245)
089		燃油压力 Fuel pressure	ISO 7000:2004(1392)
090	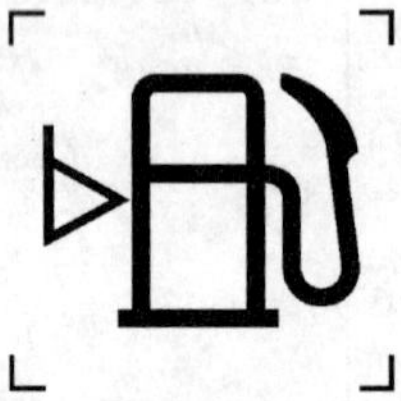	燃油油位 Fuel level	ISO 7000:2004(1551)
091		燃油滤清器 Fuel filter	ISO 7000:2004(1393)

表 1（续）

序号	图形符号	含　义	说　明
092		燃油温度 Fuel temperature	ISO 7000:2004(1394)
093		燃油系统失效/故障 Fuel system failure/malfunction	ISO 7000:2004(1391)
094		燃油切断 Fuel shut-off	ISO 7000:2004(1395)
095		柴油 Diesel fuel	ISO 7000:2004(1541)
096		远光束;主光束 High beam;main beam	ISO 7000:2004(0082)
097	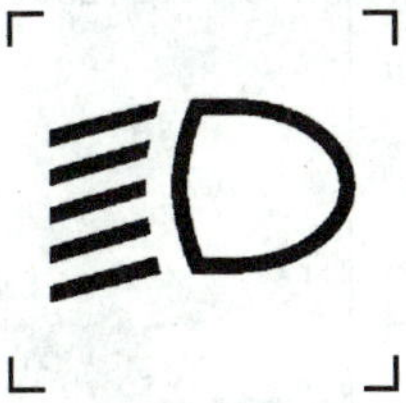	近光束;低光束 Low beam;dipped beam	ISO 7000:2004(0083)

表 1（续）

序号	图形符号	含　　义	说　　明
098	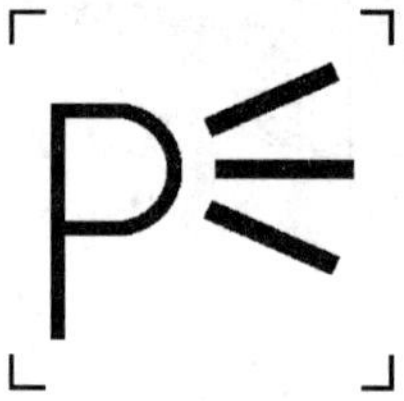	驻车灯 Parking lights	ISO 7000:2004(0240)
099		位置灯;边灯 Position lights;side lights	ISO 7000:2004(0456)
100		方向指示器 Turn signals	ISO 7000:2004(0084)
101		前雾灯 Front fog light	ISO 7000:2004(0633)
102	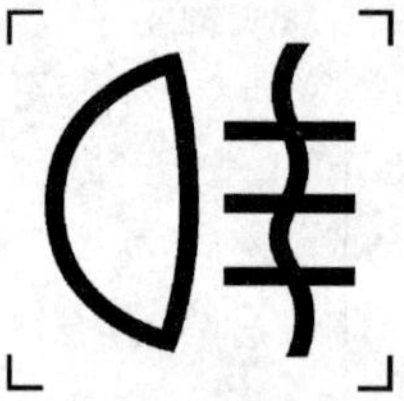	后雾灯 Rear fog light	ISO 7000:2004(0634)
103		挡风玻璃清洗器和刮水器;风挡清洗器和刮水器 Windscreen washer and wiper;windshield washer and wiper	ISO 7000:2004(0087)

表 1（续）

序号	图形符号	含　义	说　明
104		后风挡刮水器 Rear window wiper	ISO 7000:2004(0097)
105		后风挡玻璃清洗器 Rear window washer	ISO 7000:2004(0099)
106		后风挡玻璃清洗器和刮水器 Rear window washer and wiper	ISO 7000:2004(0098)
107		后窗玻璃除雾和除霜 Rear window demisting and defrosting	ISO 7000:2004(0636)
108		伸缩式转臂（悬臂），上转（提升） Telescoping jib (boom),luffing up (raise)	ISO 7000:2004(2220)
109		伸缩式转臂（悬臂），下转（下降） Telescoping jib (boom),luffing down(lower)	ISO 7000:2004(2221)

表 1（续）

序号	图 形 符 号	含　　义	说　　明
110		伸缩式转臂（悬臂），提升负载 Telescoping jib (boom), hoist load	ISO 7000:2004(2222)
111	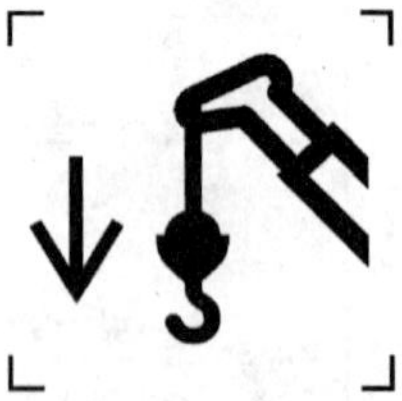	伸缩式转臂（悬臂），下降负载 Telescoping jib (boom), lower load	ISO 7000:2004(2223)
112	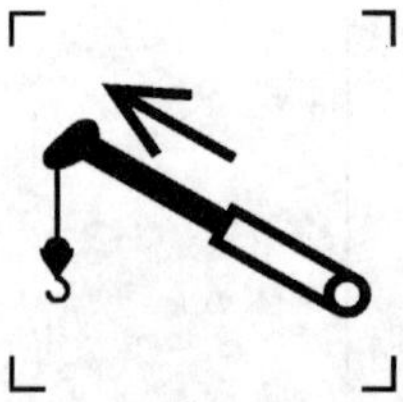	伸缩式转臂（悬臂），伸展套筒 Telescoping jib (boom), extend telescope	ISO 7000:2004(2224)
113	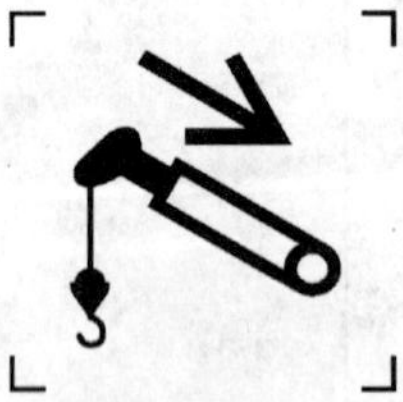	伸缩式转臂（悬臂），收缩套筒 Telescoping jib (boom), retract telescope	ISO 7000:2004(2225)
114		伸缩式转臂（悬臂），向左旋转 Telescoping jib (boom), slew left	ISO 7000:2004(2226)
115		伸缩式转臂（悬臂），向右旋转 Telescoping jib (boom), slew right	ISO 7000:2004(2227)

表 1（续）

序号	图形符号	含　　义	说　　明
116		伸缩式转臂(悬臂)，旋转锁定 Telescoping jib (boom),slew lock	ISO 7000:2004(2228)
117		伸缩式转臂(悬臂)，旋转制动 Telescoping jib (boom),slew brake	ISO 7000:2004(2229)
118		固定长度转臂(悬臂)，上转(提升) Fixed length jib (boom),luffing up (raise)	ISO 7000:2004(2230)
119		固定长度转臂(悬臂)，下转(下降) Fixed length jib (boom),luffing down (lower)	ISO 7000:2004(2231)
120		固定长度转臂(悬臂)，提升负载 Fixed length jib (boom),hoist load	ISO 7000:2004(2232)
121		固定长度转臂(悬臂)，下降负载 Fixed length jib (boom),lower load	ISO 7000:2004(2233)

表 1(续)

序号	图形符号	含 义	说 明
122	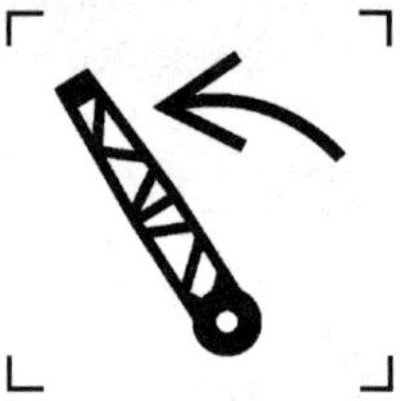	固定长度转臂(悬臂),向左旋转 Fixed length jib (boom),slew left	ISO 7000:2004(2234)
123	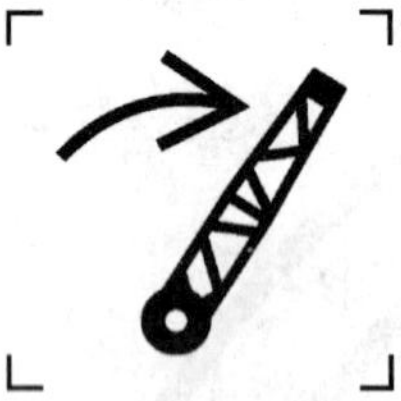	固定长度转臂(悬臂),向右旋转 Fixed length jib (boom),slew right	ISO 7000:2004(2235)
124		固定长度转臂(悬臂),旋转锁定 Fixed length jib (boom),slew lock	ISO 7000:2004(2236)
125		固定长度转臂(悬臂),旋转制动 Fixed length jib (boom),slew brake	ISO 7000:2004(2237)
126		抓斗 Clamshell bucket	ISO 7000:2004(1494)
127		抓斗,旋转 Clamshell bucket,rotate	ISO 7000:2004(2082)

表 1（续）

序号	图形符号	含　义	说　明
128		抓斗，顺时针旋转 Clamshell bucket，rotate clockwise	ISO 7000:2004(1497)
129		抓斗，逆时针旋转 Clamshell bucket，rotate anticlockwise	ISO 7000:2004(1498)
130		抓钳 Grapple	ISO 7000:2004(1499)
131		抓钳，打开 Grapple，open	ISO 7000:2004(1500)
132		抓钳，关闭 Grapple，close	ISO 7000:2004(1501)
133		抓钳，旋转 Grapple，rotate	ISO 7000:2004(1502)

表 1（续）

序号	图形符号	含　义	说　明
134		抓钳,顺时针旋转 Grapple,rotate clockwise	ISO 7000:2004(2083)
135		抓钳,逆时针旋转 Grapple,rotate anticlockwise	ISO 7000:2004(2084)
136	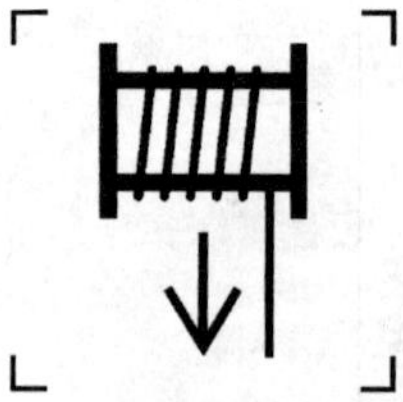	绞盘,卷出 Winch,spool out	ISO 7000:2004(1539)
137	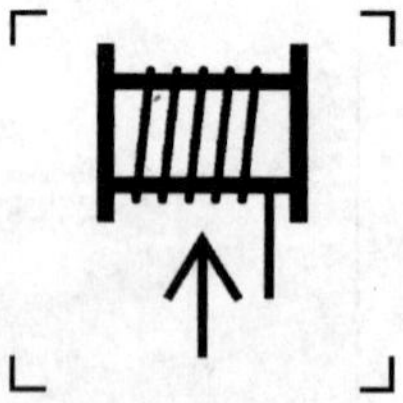	绞盘,卷入 Winch,spool in	ISO 7000:2004(1538)
138		绞盘,自由卷绕 Winch,free spool	ISO 7000:2004(1540)
139		绞盘,锁定 Winch,lock	ISO 7000:2004(2070)

表 1（续）

序号	图形符号	含　义	说　明
140		绞盘,制动 Winch,brake	ISO 7000:2004(2071)
141	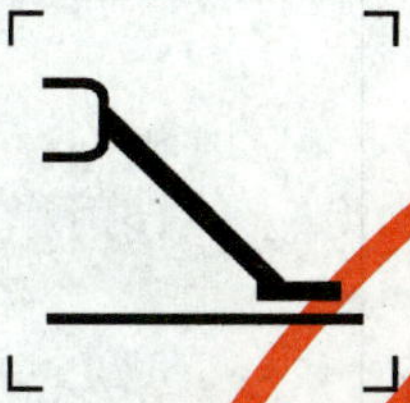	稳定器 Stabilizer	ISO 7000:2004(2072)
142		左稳定器,向上 Left stabilizer,up	ISO 7000:2004(2073)
143		左稳定器,向下 Left stabilizer,down	ISO 7000:2004(2074)
144		右稳定器,向上 Right stabilizer,up	ISO 7000:2004(1292)
145		右稳定器,向下 Right stabilizer,down	ISO 7000:2004(1291)

表 1（续）

序号	图形符号	含　义	说　明
146		左稳定器，伸展 Left stabilizer，extend	ISO 7000：2004(2075)
147		左稳定器，收缩 Left stabilizer，retract	ISO 7000：2004(2076)
148		右稳定器，伸展 Right stabilizer，extend	ISO 7000：2004(1536)
149		右稳定器，收缩 Right stabilizer，retract	ISO 7000：2004(1537)
150	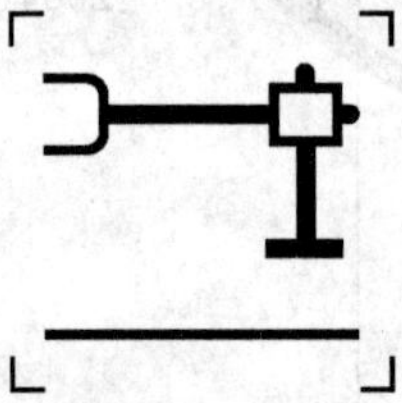	悬臂支架 Outrigger	ISO 7000：2004(2077)
151	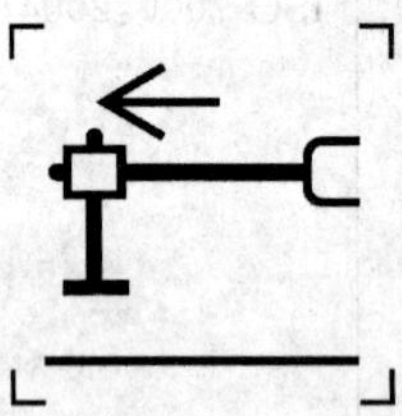	悬臂支架，左梁伸出，仅水平伸展 Outrigger，left beam out，horizontal extension only	ISO 7000：2004(2078)

表 1（续）

序号	图形符号	含　义	说　明
152	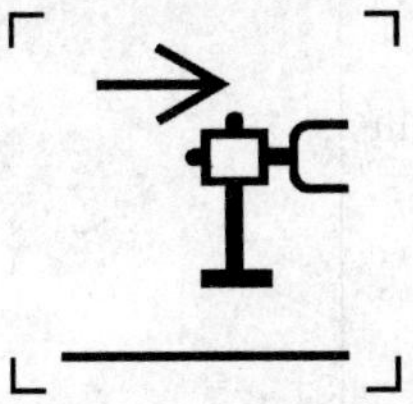	悬臂支架，左梁收缩，仅水平收缩 Outrigger，left beam in，horizontal retraction only	ISO 7000:2004(2079)
153	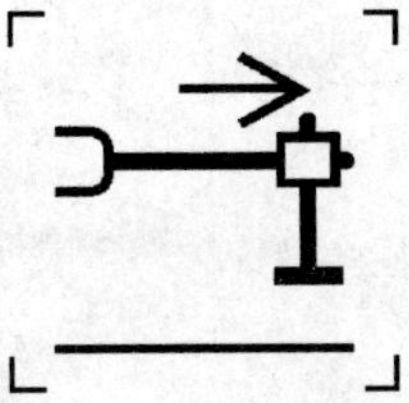	稳定器，仅水平伸展；悬臂梁，右梁伸出，仅水平伸展 Stabilizer，horizontal extension only；outrigger，right beam out，horizontal extension only	ISO 7000:2004(0746)
154	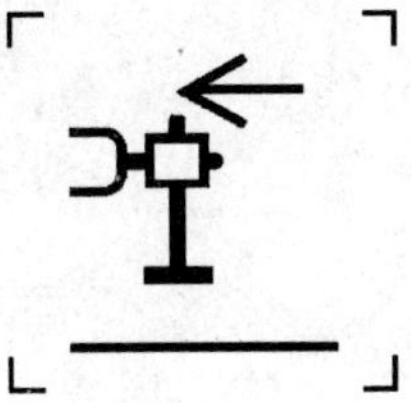	稳定器，仅水平收缩；悬臂梁，右梁缩进，只水平收缩 Stabilizer，horizontal retraction only；outrigger，right beam in，horizontal retraction only	ISO 7000:2004(0747)
155	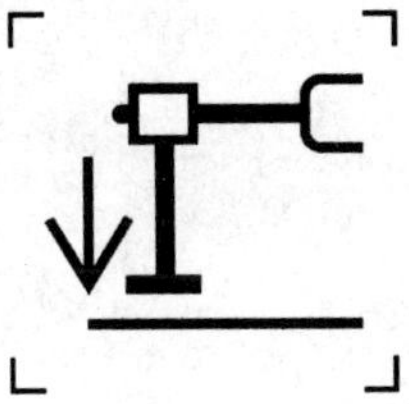	悬臂支架，左千斤顶向下，仅垂直伸展 Outrigger，left jack down，vertical extension only	ISO 7000:2004(2080)
156	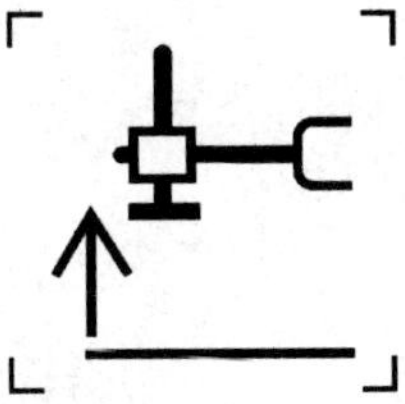	悬臂支架，左千斤顶向上，仅垂直收缩 Outrigger，left jack up vertical retraction only	ISO 7000:2004(2081)
157	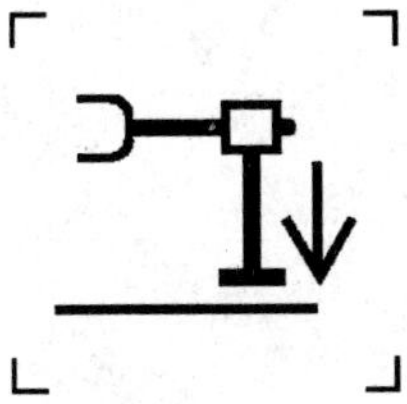	稳定器，仅垂直伸展；悬臂梁，右千斤顶向下，仅垂直伸展 Stabilizer，vertical extension only；outrigger，right jack down，vertical extension only	ISO 7000:2004(0750)

表 1（续）

序号	图形符号	含　义	说　明
158	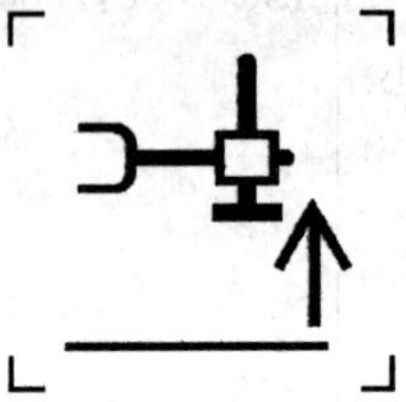	稳定器，仅垂直收缩；悬臂梁，右千斤顶向上，仅垂直收缩 Stabilizer, vertical retraction only; outrigger, right jack up, vertical retraction only	ISO 7000:2004(0751)

索　引

英文对应词

序号

英文对应词	序号
Engine start aid, primer	055
Engine stop	051
Engine, electrical preheat (low temperature start aid)	056
Engine; reciprocating internal combustion engine	001
Exhaust gas	008
Filter	011
First gear	071
Fixed length jib (boom), lower load	121
Fixed length jib (boom), luffing up (raise)	118
Fixed length jib (boom), slew brake	125
Fixed length jib (boom), slew left	122
Fixed length jib (boom), slew right	123
Fixed length jib (boom), hoist load	120
Fixed length jib (boom), luffing down(lower)	119
Fixed length jib (boom), slew lock	124
Forward	068
Front fog light	101
Fuel	088
Fuel filter	091
Fuel level	090
Fuel pressure	089
Fuel shut-off	094
Fuel system failure/malfunction	093
Fuel temperature	092
Grapple	130
Grapple, close	132
Grapple, open	131
Grapple, rotate anticlockwise	135
Grapple, rotate clockwise	134
Grapple, rotate	133
High	066
High beam; main beam	096
Hour meter; elapsed operating hours	020
Hydraulic oil	075
Hydraulic oil filter	078
Hydraulic oil level	077
Hydraulic oil pressure	076
Hydraulic oil temperature	079
Hydraulic system	003
Hydraulic system failure/malfunction	080
Intake air	007

英文对应词	序号
Left stabilizer,down	143
Left stabilizer,extend	146
Left stabilizer,retract	147
Left stabilizer,up	142
Level	010
Lifting point	029
Lifting point;central support	030
Lighter	017
Lock	032
Low	067
Low beam;dipped beam	097
Malfunction,general;failure	012
Minus;negative polarity	016
Neutral	065
Oil;fluid	005
Outrigger	150
Outrigger,left beam in,horizontal retraction only	152
Outrigger,left beam out,horizontal extension only	151
Outrigger,left jack down,vertical extension only	155
Outrigger,left jack up vertical retraction only	156
Park	070
Parking brake	086
Parking lights	098
Plus;positive polarity	015
Position lights;side lights	099
Pressure	009
Read operator's manual	031
Rear fog light	102
Rear window demisting and defrosting	107
Rear window washer and wiper	106
Rear window washer	105
Rear window wiper	104
Reverse	069
Reverse first gear	074
Right stabilizer,down	145
Right stabilizer,extend	148
Right stabilizer,retract	149
Right stabilizer,up	144
Seatbelt,lap belt only	021
Second gear	072
Stabilizer	141

英文对应词 序号

ICS 01.080.20
A 22

中华人民共和国国家标准

GB/T 25896.3—2010

设备用图形符号 起重机 第3部分:塔式起重机符号

Graphical symbols for use on equipment—Cranes—Part 3:Tower cranes symbols

2011-01-10 发布 2011-07-01 实施

中华人民共和国国家质量监督检验检疫总局
中国国家标准化管理委员会 发布

前　言

GB/T 25896《设备用图形符号　起重机》分为3个部分：

——第1部分：通用符号；

——第2部分：流动式起重机符号；

——第3部分：塔式起重机符号。

本部分为GB/T 25896的第3部分，所规定的图形符号选自ISO 7000:2004《设备用图形符号　索引和一览表》和ISO 7296-3:2006《起重机　图形符号　第3部分：塔式起重机》，图形符号的编排顺序参考ISO 7296-3:2006《起重机　图形符号　第3部分：塔式起重机》。

本部分由全国图形符号标准化技术委员会(SAC/TC 59)提出并归口。

本部分起草单位：中国标准化研究院、机械科学研究总院。

本部分主要起草人：张亮、白殿一、杨东拜、邹传瑜、陈永权。

设备用图形符号　起重机
第3部分:塔式起重机符号

1　范围

GB/T 25896 的本部分规定了塔式起重机用图形符号。

本部分适用于塔式起重机的操作控制器、指示器等,表明塔式起重机设备的特征、操作指示、功能、状态等;也适用于与塔式起重机设备相关的文件,如使用说明书等。

2　规范性引用文件

下列文件中的条款通过 GB/T 25896 的本部分的引用而成为本部分的条款。凡是注日期的引用文件,其随后所有的修改单(不包括勘误的内容)或修订版均不适用于本部分,然而,鼓励根据本部分达成协议的各方研究是否可使用这些文件的最新版本。凡是不注日期的引用文件,其最新版本适用于本部分。

GB/T 15565.1　图形符号　术语　第1部分:通用

GB/T 16902.1—2004　图形符号表示规则　设备用图形符号　第1部分:原形符号

GB/T 25896.1　设备用图形符号　起重机　第1部分:通用符号

3　术语和定义

GB/T 15565.1 确立的术语和定义适用于 GB/T 25896 的本部分。

4　图形符号

塔式起重机符号见表1。

5　应用

5.1　本部分应与 GB/T 25896.1 配合使用。应用中,如还需使用其他符号,则应从 GB/T 25896 的其他部分中选取。

5.2　图形符号的应用应遵循 GB/T 16902.1—2004 中 8.3 的规定。

5.3　使用图形符号时应按表1中的图形符号进行等比例放大或缩小。

5.4　表1中位于图形符号四周的角标不构成图形符号的内容,仅为图形符号复制及应用的依据。

表1　塔式起重机符号

序　号	图形符号	含　　义	说　　明
001	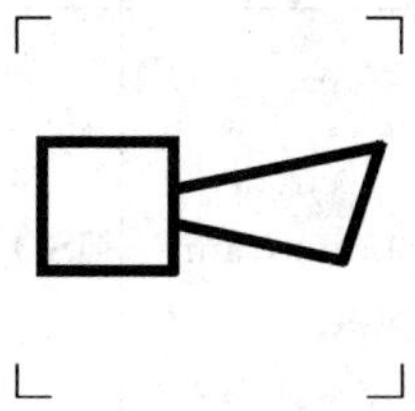	喇叭 Horn	ISO 7296-3:2006(005)

表 1（续）

序　号	图形符号	含　　义	说　　明
002		通风器，一般符号 Ventilator，general	ISO 7000：2004(1118)
003		灯；照明；照明设备 Lamp；lighting；illumination	ISO 7296-3：2006(012)
004	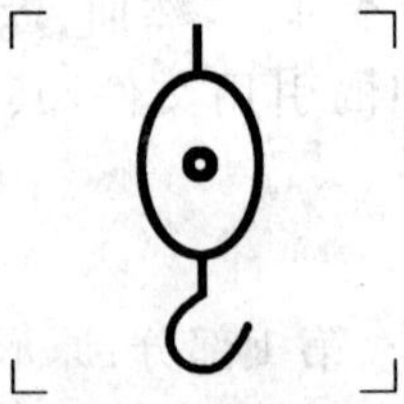	悬索—单索 Rope reeve-single fall	ISO 7296-3：2006(024)
005		悬索—双索 Rope reeve-two falls	ISO 7296-3：2006(025)
006		悬索—四股索 Rope reeve-four falls	ISO 7296-3：2006(026)
007		连续顺时针方向旋转 Direction of continuous rotation，clockwise	ISO 7000：2004(0440)
008	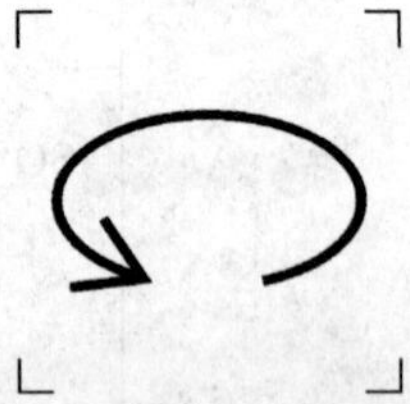	连续逆时针方向旋转 Direction of continuous rotation，anticlockwise	ISO 7000：2004(0941)

表 1（续）

序　号	图形符号	含　　义	说　　明
009		双向悬臂开启（悬臂风向标） Slewing in both directions unlocked (Jib weathervaning)	ISO 7296-3:2006(029)
010		起重机吊运车 Crane trolley	ISO 7296-3:2006(031)
011		起重机底脚—轨行 Crane base—rail mounted	ISO 7296-3:2006(036)
012		组装式塔式起重机 Tower cranes assembled from component parts	ISO 7296-3:2006(041)
013		自装式塔式起重机 Self-erecting cranes	ISO 7296-3:2006(042)
014	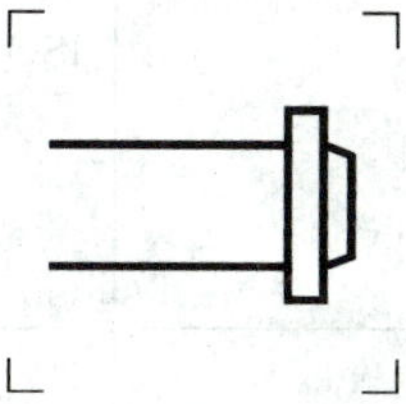	主轴 Spindle	ISO 7000:2004(0267)
015		警告 Caution	ISO 7000:2004(0434B)

表 1（续）

序　号	图形符号	含　　义	说　　明
016	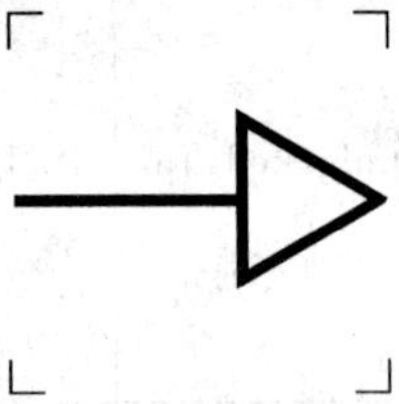	常速运行 Normal run	ISO 7296-3:2006(048)
017	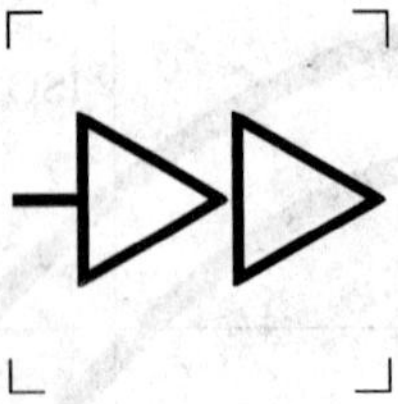	快速运行 Fast run	ISO 7296-3:2006(049)
018	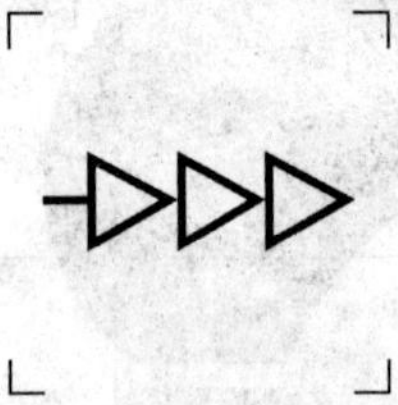	高速运行;高速 Accelerated fast run;high speed	ISO 7000:2004(0944)
019	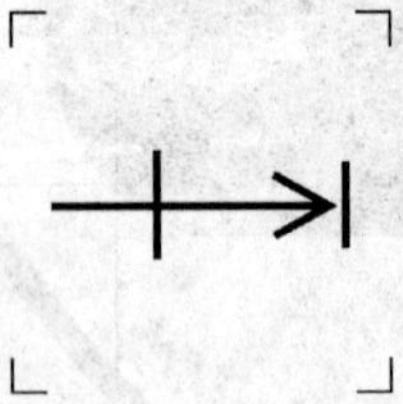	直行超程 Over travel,rectilinear	ISO 7000:2004(0256)
020		回转超程 Over-travel,rotary	ISO 7000:2004(0781)
021	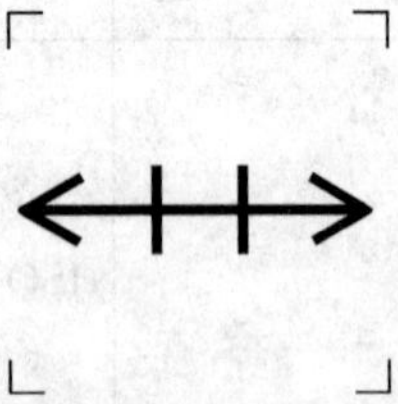	超程限制,双向 Limit override-in two direction	ISO 7296-3:2006(053)

表 1（续）

序 号	图形符号	含 义	说 明
022	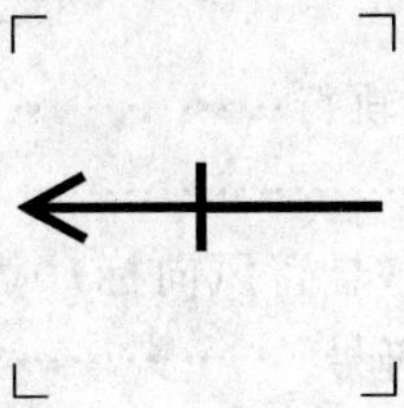	超程限制，单向 Limit override-in one direction	ISO 7296-3:2006(054)
023	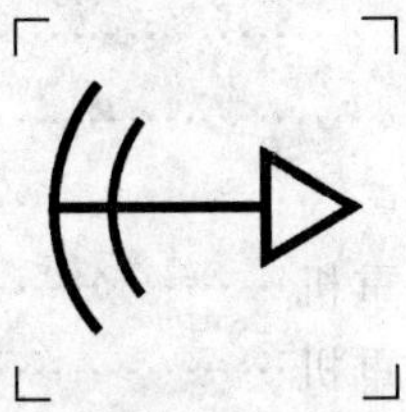	缓慢运行；缓慢 Much reduced run; much reduced speed	ISO 7000:2004(0528)

索　引

ICS 77.040.01
H 21

中华人民共和国国家标准

GB/T 25897—2010/IEC 61788-4:2007

超导电性:铌-钛复合超导体剩余电阻比测定

Superconductivity:Residual resistance ratio measurement of Nb-Ti composite superconductors

(IEC 61788-4:2007,Superconductivity—Part 4:Residual resistance ratio measurement—Residual resistance ratio of Nb-Ti composite superconductors,IDT)

2011-01-10 发布 2011-05-01 实施

中华人民共和国国家质量监督检验检疫总局
中国国家标准化管理委员会 发布

前　言

本标准按照 GB/T 1.1—2009 给出的规则起草。

本标准采用翻译法等同采用 IEC 61788-4:2007(Ed.2)《铌-钛复合超导体剩余电阻比测定》。

本标准在技术内容上与国际标准完全一致，只是按照 GB/T 1.1—2009 的要求对附录 A 中 A.2 中的项目编号做了编辑性修改。

与本标准中规范性引用的国际文件有一致性对应关系的我国文件如下：

——GB/T 13811—2003　电工术语　超导电性(IEC 60050-815:2000,MOD)

本标准由全国超导标准化技术委员会(SAC/TC 265)提出并归口。

本标准负责起草单位：北京有色金属研究总院。

本标准参加起草单位：中国科学院物理研究所、西北有色金属研究院、中国科学院电工研究所、中国计量科学研究院。

本标准主要起草人：华崇远、刘宜平、刘向宏、刘智敏、惠东。

引　言

关于铌-钛复合超导体剩余电阻比测定的国际标准已建立和出版。随着国内生产铌-钛复合超导材料的专业超导公司的成立和发展，以及铌-钛复合超导材料领域内中国和国外公司间贸易量的增加，为促进国内超导材料的研究、生产及国内外贸易的发展，需要建立起和国际接轨的关于铌-钛复合超导体剩余电阻比测定的国家标准。

在多芯复合超导体中，铜既被用作基体材料，同时又作为一种稳定化材料。当超导体局部失超时，它可起分流作用，并能把超导体内产生的热量传到周围的制冷剂中，从而使超导体有可能恢复其超导性。因此在极低温度下铜的电阻率是复合超导材料的一个重要特性指标，它关系到超导材料的稳定性。剩余电阻比定义为复合超导体在室温时的电阻与刚超过临界温度处的电阻之比。由于室温时纯铜的电阻率不会有很大的变化，因而剩余电阻比实际上很好地反映了铜在 4.2 K 附近的电阻率情况和超导体材料的稳定性。

本标准说明了铌-钛复合超导体剩余电阻比测定的方法。刚超过临界温度处复合超导体的电阻使用曲线法进行测量。该电阻的其他测量方法在附录 A.4 中说明。

超导电性:铌-钛复合超导体剩余电阻比测定

1 范围

本标准规定了由铜、铜-镍(Cu、Cu-Ni)或铜/铜-镍(Cu/Cu-Ni)基体和铌-钛(Nb-Ti)芯丝组成的复合超导体的剩余电阻比(RRR)测试方法。本标准适用于在无外加磁场的条件下,对剩余电阻比低于350、横截面小于3 mm^2、具有矩形或圆型横截面的一体化超导线[1)]进行剩余电阻比的测定。

本标准正文中描述的是剩余电阻比测量的主要参照方法,而其他一些可选择的测量方法在A.4中概述。

2 规范性引用文件

下列文件对于本文件的应用是必不可少的。凡是注日期的引用文件,仅注日期的版本适用于本文件。凡是不注日期的引用文件,其最新版本(包括所有的修改单)适用于本文件。

IEC 60050-815 国际电工词汇(IEV) 第815部分:超导电性(International Electrotechnical Vocabulary—Part 815:Superconductivity)

3 术语和定义

IEC 60050-815界定的以及下列术语和定义适用于本文件。

剩余电阻比 residual resistance ratio

RRR

超导体在室温时的电阻和刚超过临界温度处的电阻之比。

对铌-钛(Nb-Ti)复合超导体而言,室温电阻规定为20 ℃时的电阻。复合超导体的剩余电阻比应按式(1)计算。

$$\mathrm{RRR}=\frac{R_1}{R_2} \qquad \cdots\cdots(1)$$

式中:

R_1——复合超导体在20 ℃时的电阻;

R_2——复合超导体刚超过临界温度处的电阻。

图1简示了在低温下测量样品电阻随温度的变化曲线。在此曲线上电阻陡然增加的部分划一条直线a,在随温度几乎不变的部分划一条直线b,两直线交点A对应的电阻值定义为复合超导体刚超过临界温度处的电阻(R_2)。

1) 参见国家标准GB/T 13811—2003中的815-04-32条文。

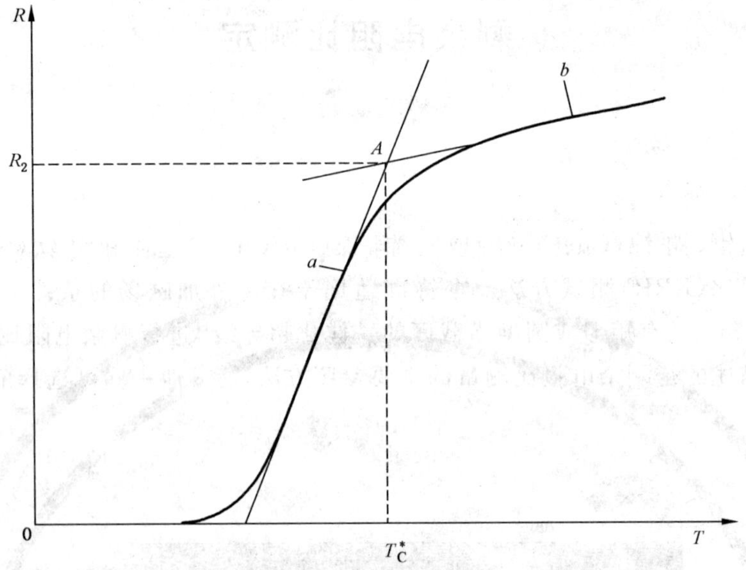

图 1　电阻-温度曲线

4　要求

不论复合超导体的室温电阻还是低温电阻都应采用四引线法进行测量。

本方法测量的相对合成标准不确定度，也即变异系数(COV)应等于或小于 5%。

在安装样品过程中，样品所承受的最大弯曲应变不应超过 2%。

5　实验装置

5.1　样品架材料

不论是用于测量线圈形样品的圆柱形样品架，还是测量直线形样品的平板状样品架，都应使用铜、铝、银或类似的材料，其在液氦温度(4.2 K)时的热导率等于或大于 100 W/(m・K)。这些材料的表面应用绝缘材料覆盖(例如树脂、聚酯、聚四氟乙烯等带材或涂层)，其厚度应等于或小于 0.1 mm。

5.2　圆柱形样品架的直径和平板状样品架的长度

圆柱形样品架应有足够大的直径以确保样品的弯曲应变小于或等于 2%。

平板状样品架的长度至少应为 30 mm。

5.3　测量样品电阻 R_2 的低温容器装置

测量样品电阻 R_2 的低温容器装置应包括样品架支撑结构和液氦容器。样品架支撑结构应使安装在圆柱形或平板状样品架上的样品能浸到液氦中和从液氦中提出来。另外，样品架支撑结构应使电流能通过样品，并使样品上产生的电压可以测量。

6 样品制备

测试的样品不应有接头或折痕,其长度应为 30 mm 或更长。两根电压引线之间的距离(L)应等于或大于 25 mm。测量样品低温温度的测温元件应尽可能地接近样品放置。

应使用一定的机械方法把样品固定在具有绝缘层的圆柱形或平板状样品架上。在连接电压、电流引线和把样品安装在样品架上时应特别小心,以防止在整个过程中样品过分地受力,造成样品承受超过允许范围内的拉伸或弯曲应变。

电流引线应连接在样品两端,而一对电压引线应连接在样品中部。样品应安装在圆柱形或平板状样品架上进行电阻的测量。两个电阻 R_1 和 R_2 的测量都应对同一样品在同一安装状态下进行。

7 数据采集和分析

7.1 室温电阻($\boldsymbol{R}_1$)

安装好的样品应在满足下述条件,即 0 ℃≤T_m≤35 ℃的室温[T_m(℃)]下进行电阻测量。测量时样品应通过一定的电流[I_1(A)],此时样品的电流密度以整个导体的横截面计算应控制在 0.1 A/mm² ~1 A/mm² 的范围之内。应记录样品上产生的电压[U_1(V)]、电流 I_1 和室温 T_m。应使用式(2)计算样品在室温(T_m)时的电阻(R_m),使用式(3)计算铜基超导体在 20 ℃(293 K)时的电阻(R_1)。对于不含纯铜组元的超导体,应认为其在 20 ℃时的电阻值 R_1 等于其室温时电阻值 R_m,不需做任何温度的修正。

$$R_m = \frac{U_1}{I_1} \qquad \cdots\cdots(2)$$

$$R_1 = \frac{R_m}{[1 + 0.003\,93 \times (T_m - 20)]} \qquad \cdots\cdots(3)$$

7.2 刚超过临界温度处的电阻($\boldsymbol{R}_2^*$)

样品承受应变的条件下,所测得的样品在刚超过临界温度处的低温电阻 R_2^* 并不是在剩余电阻比测量中所需要的电阻 R_2 的正确值。相应的应变效应修正将在 7.3 中说明。

7.2.1 在进行低温电阻测量时,样品应仍然如进行室温电阻测量时那样安装于样品架上并放置于 5.3 所说明的低温容器装置中。其他使用加热元件来增加或降低样品温度的低温容器装置将在 A.2 中说明。

7.2.2 样品应慢慢放入到液氦槽中并冷却到液氦温度。样品从室温冷却到液氦温度的时间至少应为 5 min。

7.2.3 在低温电阻 R_2^* 的测量阶段,应在样品上通过一定的电流(I_2),样品的电流密度以导体的整个横截面计算应控制在 0.1 A/mm² ~10 A/mm² 的范围内。样品上产生的电压[U(V)]、通过的电流[I_2(A)]及样品的温度[T(K)]均应记录下来。为使采集到的电压信号有足够高的信噪比,在刚超过临界温度之上时,样品所产生电压的绝对值应大于 10 μV。图 2 给出了在低温电阻 R_2^* 测量过程中所采集的数据和对其进行分析的示意图。

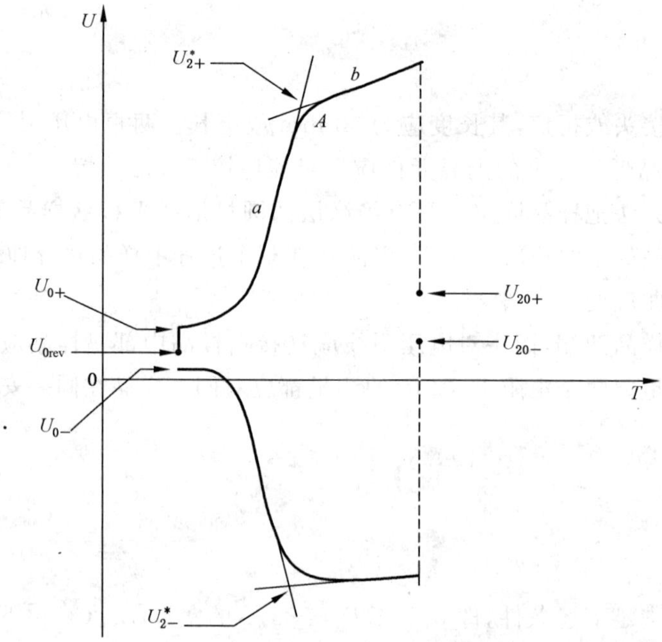

电压下标符号的"+"和"−"分别表示在正极性和负极性电流下测得的电压，而 U_{20+} 和 U_{20-} 是在零测试电流下测得的电压。为说明问题方便起见，没有把 U_{0rev} 和 U_{0-} 画在一起(在有的情况下它们可能是重合的)。

图 2　电压-温度曲线和各种电压的定义

7.2.4　当样品处于超导状态并且有测试电流(I_2)通过时，应几乎同时地测量两个电压。一个是电压 U_{0+}，它是电流以正方向通过样品时测量到的电压；另一个是电压 U_{0rev}，它是瞬间改变电流方向时在样品上测量到的电压。有效的 R_2^* 测量要求没有过大的干扰电压存在，并且样品一开始完全处于超导状态。因此一个有效的测量应满足式(4)的条件。

$$\frac{|U_{0+}-U_{0rev}|}{\overline{U}_2}<1\% \qquad \cdots\cdots(4)$$

式中：

$\overline{U}_2$——在低温下样品处于正常态时的平均电压，它的定义在 7.2.10 中说明。

7.2.5　应缓慢加热样品使它完全转变到正常态。当使用 5.3 中说明的低温容器装置来进行低温电阻测量时，可以简单地通过把样品提升到液氦面上某一合适的位置上来实现。

7.2.6　在采集样品的电压-温度曲线时，样品的升温速率应保持在 0.1 K/min 至 10 K/min 之间。

7.2.7　样品由超导态转变为正常态直至某一低于 15 K 的温度时，其电压-温度曲线应全程记录。接着在这一低于 15 K 的温度下，应将样品的测试电流降为零并记录下相应的电压值 U_{20+}。

7.2.8　然后，应把样品再慢慢地浸入到液氦中，并把样品冷却到和测得电压值 U_{0+} 时几乎相同的初始测量时的温度，允许的温度偏差为 ±1 K。在这个温度下应改变测试电流 I_2(A)的方向，此时测试电流和初始测试时使用的电流在大小上相同，但方向相反，相应样品上的电压 U_{0-} 也应记录下来。接着应在这相反极性方向的测试电流下重复 7.2.5 至 7.2.7 的步骤以记录样品的电压-温度曲线。另外应在和测量 U_{20+} 时几乎相同的温度下记录相应的 U_{20-}，允许的样品温度偏差为±1 K。

7.2.9　应在这两个曲线上的每一曲线中电压绝对值随温度陡然增加的部份划一条直线(a)，并在样品转变为正常态的部份，也即随着温度的变化样品电压几乎保持常值的部分划另外一条直线(b)(见图 2 所示)。U_{2+}^* 和 U_{2-}^* 应分别由上述两个电流极性不同的曲线上两直线的交点来确定。

7.2.10　应使用式(5)来计算电压值 U_{2+} 和 U_{2-}，即 $U_{2+}=U_{2+}^*-U_{0+}$ 和 $U_{2-}=U_{2-}^*-U_{0-}$。平均电压值

$\overline{U}_2$应被定义为

$$\overline{U}_2=\frac{|U_{2+}-U_{2-}|}{2} \qquad\cdots\cdots(5)$$

7.2.11　有效低温电阻 R_2^* 的测量要求在电压 U_{2+} 和 U_{2-} 测量期间热电势的漂移应保持在可接受的范围内。因此，一个有效的低温电阻测量应满足式(6)的条件。

$$\frac{|\Delta_+-\Delta_-|}{\overline{U}_2}<3\% \qquad\cdots\cdots(6)$$

式中：

Δ_+ 和 Δ_-——分别为 $\Delta_+=U_{20+}-U_{0+}$ 和 $\Delta_-=U_{20-}-U_{0-}$。

如果低温电阻 R_2^* 的测量不能满足在7.2.4和7.2.11中的要求，在报告测试结果之前，应对测试设备等硬件或操作程序进行检查和改进，以满足上述条件。

7.2.12　应用式(7)计算刚超过临界温度处低温电阻(R_2^*)的测量值。

$$R_2^*=\frac{\overline{U}_2}{I_2} \qquad\cdots\cdots(7)$$

7.3　R_2^* 测量值的弯曲应变修正

如果在复合超导体中并不存在纯铜组元，复合超导体的低温电阻 R_2 应认为等于测得的 R_2^*。

对于含有纯铜组元的复合超导体样品，弯曲应变应定义为 $\varepsilon_b=100\times(h/r)(\%)$，其中 h 是样品厚度的一半而 r 是弯曲半径。如果弯曲应变小于0.3%，不需要进行任何修正，电阻 R_2 应认为等于 R_2^*。

除了上述两种情况之外，在不承受应变条件下，复合超导体刚超过临界温度处的低温电阻 R_2 应用式(8)来估算

$$R_2=R_2^*-\Delta\rho\times\frac{L}{S_{Cu}} \qquad\cdots\cdots(8)$$

其中的 $\Delta\rho$ 由下面的式(9)来计算，而 S_{Cu} 和 L 的定义在8.4中说明。由拉伸应变 $\varepsilon(\%)$ 而导致纯铜在4.2 K时电阻率的增加值由式(9)表述

$$\Delta\rho(\Omega m)=6.24\times10^{-12}\varepsilon-5.11\times10^{-14}\varepsilon^2;\varepsilon\leqslant2\% \qquad\cdots\cdots(9)$$

为使用式(9)计算弯曲应变 ε_b 对于低温电阻率的影响，对于矩形导体应假定其相应的拉伸应变 ε 为 $(1/2)\varepsilon_b$，而对于圆形导体应认为其相应的拉伸应变 ε 为 $[4/(3\pi)]\varepsilon_b$。纯铜的剩余电阻比和弯曲应变的关系在A.1中进一步做了说明。

7.4　剩余电阻比(RRR)

剩余电阻比(RRR)应用式(1)来计算。

8　测试方法的不确定度和稳定性

8.1　温度

当安装在圆柱形或平板状样品架上的样品处于室温状态时，室温测量的标准不确定度不应大于0.6 ℃。

8.2　电压测量

对于电阻的测量，电压信号测量的相对标准不确定度不应大于0.5%。

8.3　电流

样品测试电流的大小应用四引线法由标准电阻上的电压-电流特性来测定。

为确定样品电流的四端子标准电阻的相对合成标准不确定度不应大于0.3%。

在每一次电阻测量中，由直流电源提供的样品测试电流的波动应小于0.5%。

8.4 尺寸

沿着样品长度方向，两个电压引线之间距离(L)测量的相对合成标准不确定度不应大于5%。

对于具有纯铜基体的复合超导线，铜基体的横截面(S_{Cu})应根据样品的标称尺寸和铜-非铜体积比的标称值来确定。

9 测试报告

9.1 剩余电阻比值(RRR)

所测得的RRR值应写入报告。

9.2 样品

如果已知，测试报告也应包括下述几项：

a) 生产厂家；

b) 分类和/或牌号；

c) 横截面的面积和形状；

d) 横截面的尺寸；

e) 芯丝数；

f) 芯丝直径；

g) 铜(Cu)对铌-钛(Nb-Ti)的体积比，铜-镍(Cu-Ni)对铌-钛(Nb-Ti)的体积比或铜-镍(Cu-Ni)，铜(Cu)和铌-钛(Nb-Ti)之间的体积比；

h) 铜基体的横截面(S_{Cu})。

9.3 测试条件

9.3.1 测试条件的报告

以下有关电阻R_1和R_2的测试条件应写入报告：

a) 样品的总长度；

b) 两根电位引线之间的距离(L)；

c) 电流接头的长度；

d) 测试电流(I_1和I_2)；

e) 电流密度(I_1和I_2除以导体的总横截面积)；

f) 各种相应的电压值(U_1、U_{0+}、U_{0rev}、U_{2+}^*、U_{20+}、U_{0-}、U_{2-}^*、U_{20-}和$\overline{U}_2$)；

g) 各种电阻值(R_m、R_1、R_2^*和R_2)；

h) 室温和低温电阻率值($\rho_1=(R_1\times S_{Cu})/L$和$\rho_2=(R_2\times S_{Cu})/L$)；

i) 圆柱形或平板状样品架的材料、形状和尺寸；

j) 样品在圆柱形或平板状样品架上的安装方法；

k) 圆柱形或平板状样品架上的绝缘材料。

9.3.2 电阻R_1的报告

以下有关电阻R_1的测试条件应写入报告：

a） 室温测量时样品的温度设置和放置方法；

b） T_m：测量 R_m时的温度。

9.3.3 电阻 R_2的报告

以下有关电阻 R_2的测试条件应写入报告：

a） 升温速率；

b） 冷却样品和加热样品的方法。

附 录 A
(资料性附录)
有关剩余电阻比(RRR)测试的信息

A.1 剩余电阻比(RRR)与弯曲应变的关系

通常,像纯铜之类纯金属的电阻率(ρ)在非常低的温度下,随着所承受的应变增加而增加。一般在低温下电阻率(ρ)越低的纯金属材料,其电阻率(ρ)随应变的变化率比低温下电阻率(ρ)高的同样材料大。而对于纯金属的室温电阻率而言,应变对它几乎没有什么影响。这意味着高 RRR 的纯金属材料,其剩余电阻比对于应变是比较敏感的。国际比对实验的结果也证实了低 RRR 的纯金属材料其剩余电阻比对弯曲应变的依存关系是比较小的[1]。当样品被安装到圆柱形或平板状样品架上时会承受到弯曲应变。因为弯曲应变反比于弯曲半径,所以圆柱形样品架的直径愈小,样品承受的弯曲应变愈大。

在参考文献[2]的第 8 章中给出了纯铜在 4 K 温度下的电阻率增加($\Delta\rho$)随着冷加工率 CW(%)而变化的函数关系。因为在拉伸应变(ε)比较小的情况下,冷加工率(CW)的值是近似等于其拉伸应变值(ε),这样就有了在式(9)中表达的结果。而低温下纯铜电阻率增加和弯曲应变的依存关系可通过在公式中代入与拉伸应变等效的弯曲应变来获得。

图 A.1 所示为 1993 年和 1994 年进行实验室间比对测试时获得的纯铜基铌-钛(Nb-Ti)复合超导线的剩余电阻比(RRR)和弯曲应变之间关系的实验结果。图中的线条表示的是根据式(9)对每一种样品进行计算而得到的结果。测量的结果和计算的结果基本相符,并且由图中可看到高 RRR 材料对于弯曲应变是比较敏感的。图 A.2 所示为根据式(9)计算的在零应变时具有 RRR 值从 50～350 的圆形铜线其剩余电阻比值随弯曲应变变化的情况。图 A.3 所示为圆形铜线以零应变下的 RRR 值为基准归一化的 RRR 值随弯曲应变而变化的情况。对于矩形截面的铜导线,同样的关系曲线表示在图 A.4 和图 A.5 中。剩余电阻比为 350 的铌-钛(Nb-Ti)复合超导线是可应用本标准进行测定的上限,而对于初始剩余电阻比为 350 的铜线,当弯曲应变达到 2%时,其剩余电阻比和零应变时相比,减少了 10%左右。

为了测量具有高 RRR 的材料,最好使用平板状样品架或是具有较大直径的圆柱形样品架,这样可使样品在承受较小弯曲应变的条件下进行测量。另外在操作样品的过程中应该特别小心,以免样品承受明显的应变。

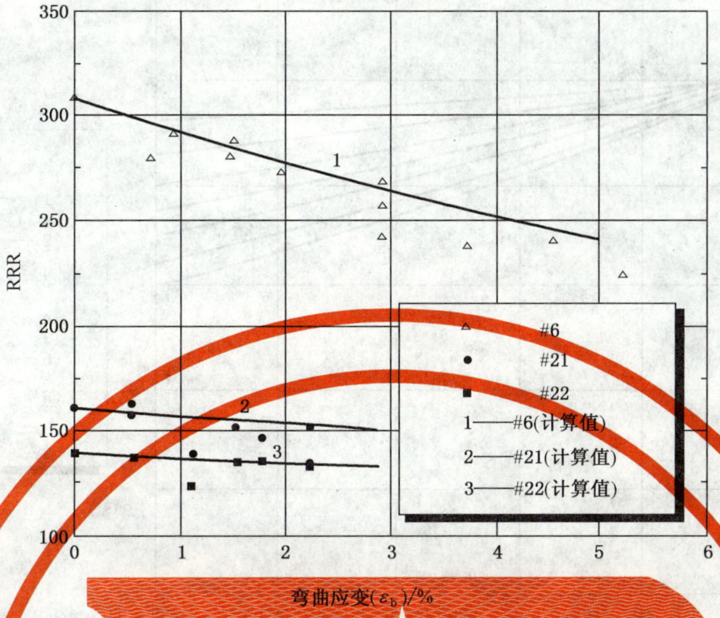

图 A.1　各种纯铜基铌-钛(Nb-Ti)复合超导线的 RRR 值和弯曲应变的关系(计算值和测定值之间的比较)

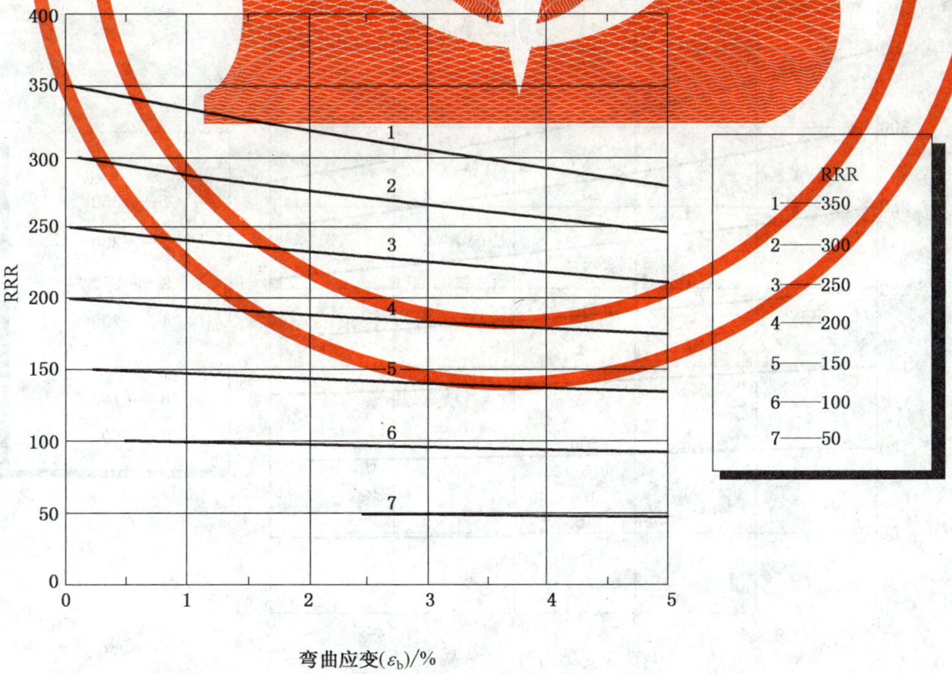

图 A.2　各种圆形铜线的 RRR 值和弯曲应变的关系

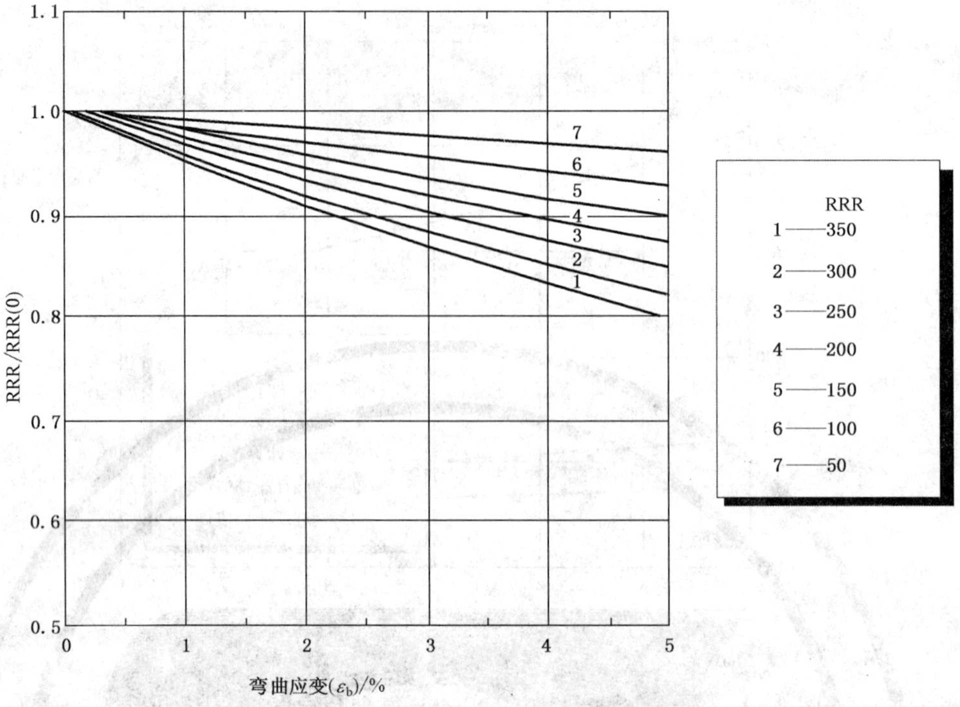

图 A.3　各种圆形铜线归一化的 **RRR** 值和弯曲应变的关系

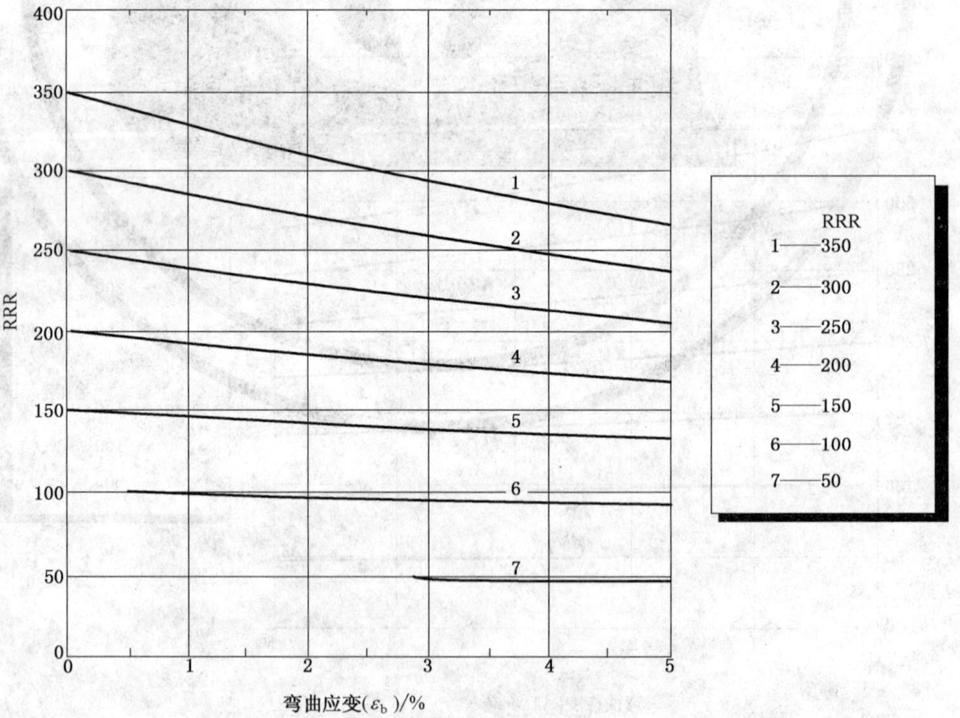

图 A.4　各种矩形铜线的 **RRR** 值和弯曲应变的关系

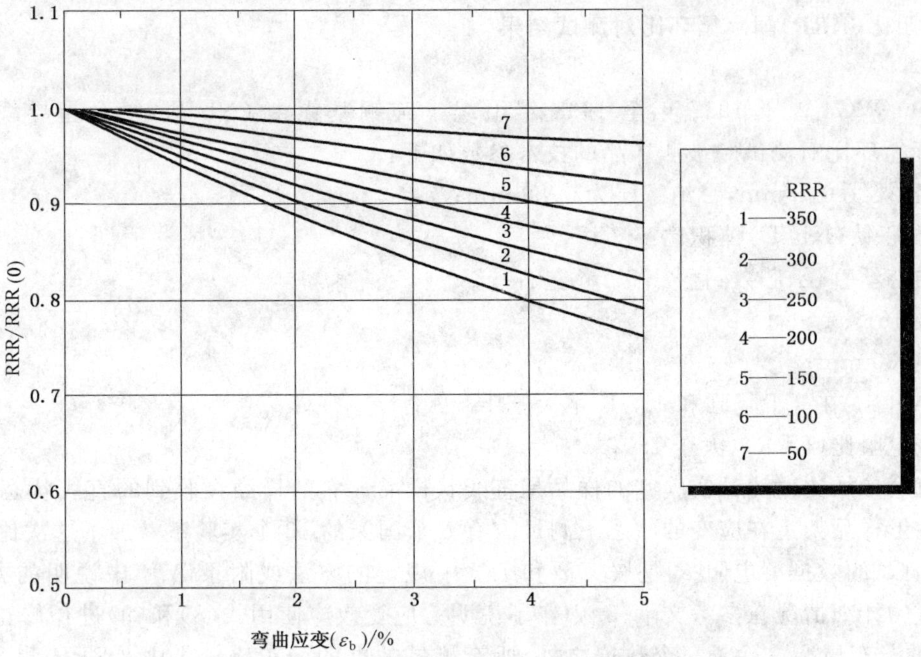

图 A.5 各种矩形铜线归一化的 RRR 值和弯曲应变的关系

A.2 其他使样品温度升高到其超导转变温度之上的方法

也可使用下述各种方法来使样品温度增加到其超导转变温度之上。在所有各种方法中,整个样品的升温速率应控制在 0.1 K/min～10 K/min 的范围内。为了延缓升温速率和防止在样品上有大的温度梯度存在,应该特别注意选择加热器的功率、包括样品在内的样品架体系的热容量以及加热元件和样品之间的距离。

a) 加热器方法

把样品从低温杜瓦的液氦贮槽中提出后,可以用安装在圆柱形或平板状样品架中的加热器把样品加热到超导转变温度之上。

b) 绝热方法

1) 绝热法

在这种方法中,低温容器装置中有一个样品室,其中包括样品、样品架、加热元件等。在这个样品室浸入液氦贮槽之前,抽出样品室中的空气后充入氦气。然后把样品室浸入液氦贮槽中,将样品冷却到 5 K 或更低的温度。把样品室中的氦气抽出后,样品就可以在绝热的条件下被加热器加热到超导转变温度之上。

2) 准绝热法

在这种方法的整个测试过程中,样品处于离液氦面有一定距离的低温容器装置中。一个连接圆柱形或平板状样品架和液氦的金属热锚使样品可以冷却到 5 K 或更低的温度。这样样品就可以在准绝热状态下被安装在圆柱形或平板状样品架内的加热器加热到超导转变温度之上。

c) 制冷机方法

在这个方法中,用制冷机把安装在圆柱形或平板状样品架上的样品冷却到 5 K 或更低的温度。通过加热器或控制制冷功率能把样品加热到超导转变温度之上。

A.3 剩余电阻比(RRR)国际循环比对测试结果

IEC/TC90/WG4 曾于 1997 年至 1998 年组织了纯铜基铌-钛(Nb-Ti)复合超导线剩余电阻比(RRR)的国际循环比对测试。被测样品的技术参数如下：

——直径：裸线 0.8 mm，带绝缘层为 0.86 mm；

——铜对铌-钛(Nb-Ti)体积比：6.5；

——平均芯丝直径、芯数：直径 70 μm 左右；

——芯数 16；

——扭矩：30 mm；

——临界电流：在 3 T 场强和 4.2 K 下大于 185 A；

——剩余电阻比(RRR)：大于 150。

提供给每个参加比对测试实验室的样品是直线状样品。有的样品在收到的直线状态下测量，有的样品绕在圆柱形样品架上在应变的状态下测量。有 5 个国家的 13 个实验室参加了这次比对测试，共获得 77 个比对测试的数据。电阻 R_2 是按 7.2 和 7.3 中规定的方法或附录 A.4 中说明的方法进行测量的。比对测试的详细情况在参考文献[3]中作了说明。应变效应使用式(8)和(9)进行修正。图 A.6 是 RRR 测量值的分布情况。除了三个数据之外，所有测试数据的分布比较集中。RRR 测试值的平均值为 178.5，标准偏差为 4.4，而测量的相对合成标准不确定度，也即变异系数(COV)是 2.44%。如果剔除三个异常偏差的数据，RRR 测试的平均值为 178.2，标准偏差为 3.1，而 COV 为 1.73%。因为在本标准中规定的目标相对合成标准不确定度 COV 是 5%，实验结果说明遵从本标准的规定进行测量，剩余电阻比(RRR)可以准确地测定。

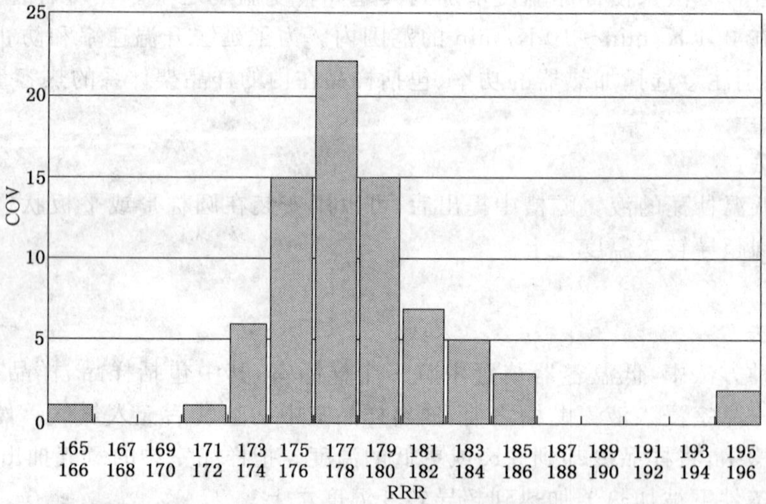

图 A.6 铜/铌-钛复合超导线 RRR 测量值的分布

A.4 其他电阻 R_2^* 测量方法

为了测定低温电阻 R_2^*，下述方法也可供选择：

a) 修改了的参照方法(单曲线法)

这是一种简单的只采集一条电压-温度曲线的方法。在样品处于超导状态并有一定的测试电流(I_2)通过时，测量样品的电压。接着改变电流方向，测量相应的电压。这就是在图 A.7 中

所示的电压值 U_{0+} 和 U_{0rev}。然后让测试电流返回到开始测量时的方向。当样品转变为正常态后约 4 K 的温度范围内，在电压-温度曲线的平台区域中测量相应的电压值 U'_{2+}。接着在零电流下记录相应的电压(U_{20})。然后改变电流方向，测量相应的电压 U'_{2-}。低温电阻 R_2^* 可从式(A.1)中获得

$$R_2^* = \frac{\overline{U}_2}{I_2} \qquad \cdots\cdots(A.1)$$

其中

$$\overline{U}_2 = \frac{|U'_{2+} - U'_{2-}|}{2} \qquad \cdots\cdots(A.2)$$

这样，热电势对于低温电阻测量的影响基本抵消了。为了保证外界干扰和热电势漂移对测量没有明显影响，下述条件应满足，即

$$\frac{|U_{0+} - U_{0rev}|}{\overline{U}_2} < 1\% \qquad \cdots\cdots(A.3)$$

$$\frac{|U''_{2+} - U''_{2-}|}{\overline{U}_2} < 3\% \qquad \cdots\cdots(A.4)$$

其中，U''_{2+} 和 U''_{2-} 分别定义为 $U''_{2+} = |U'_{2+} - U_{20}|$ 和 $U''_{2-} = |U'_{2-} - U_{20}|$。

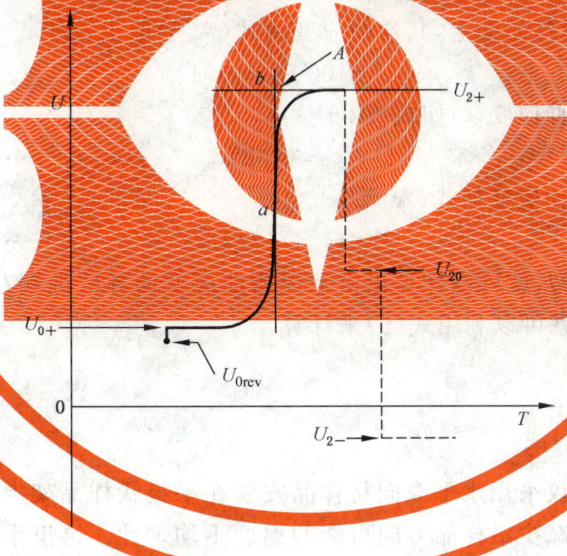

图 A.7　各种电压值的定义

b)　定点温度法

不同于在 7.2 中说明的方法，在这种方法中，低温电阻 R_2^* 是在样品转变为正常态后约 4 K 的温度范围内，在电压-温度曲线平台区域内的某一固定温度下测定的。在这种情况下，需要确认整个样品的温度是均匀的并处于一个固定的温度下。同样在正文中定义的 U_{0+} 和 U_{0-} 也应被记录下来以作为在定点温度法中的零电压。为了抵消热电势对测量的影响，应在这一固定温度下，通过改变测试电流方向，几乎同时地测得两个电压讯号 U_{2+} 和 U_{2-}。在定点温度法中，热电势对低温电阻 R_2^* 测量的影响能较好地消除。

c)　计算机控制的单曲线法

在剩余电阻比测试中，可以用计算机控制电流方向、样品加热和电压-温度曲线测量。通过计算机控制以一定的时间间隔接通和断开测试电流或者以一定的时间间隔改变测试电流方向，

可抵消电压漂移对低温电阻测量的影响,从而借助单根电压-温度曲线完成低温电阻 R_2^* 的测量。当样品从超导态到正常态的转变不是很快的情况下,这种方法是很有用的。同样在这种方法中,热电势的影响也应注意监控。

d) 其他简化的方法和定期校对

如果操作人员对于使用实验室的设备进行测量有足够的经验并且下列条件能满足时,那种不测量温度的简化测量方法也可以接受。如果通过定期的校对能证明这种简化的测试方法在所规定的不确定度范围内能获得和本标准中规定的方法同样的结果,那么这种简化的方法可以代替主要参照方法用于剩余电阻比的测试中。定期校对的工作可通过选择下列几项做法中的某一项来完成。

1) 进行两个实验室间的比对测试。一个实验室按本标准中规定的主要参照方法进行测试,而另一个实验室使用它们的简化方法进行测试。
2) 同一实验室的比对测试。同一实验室使用本标准中规定的主要参照方法对它自己的简化测试方法进行比对和校正。
3) 定期用简化的方法测量一组已知其 RRR 值的标准样品。

A.5 弯曲应变效应的修正步骤

本条说明如何进行在 7.3 中给出的对低温电阻做弯曲应变效应修正的步骤。一个厚度为 2 h 的样品安装于半径为 r 的圆柱形样品架上,其弯曲应变由式(A.5)给出:

$$\varepsilon_b = 100 \times (h/r)(\%) \qquad \cdots\cdots(A.5)$$

对于矩形导体,等效拉伸应变(ε)如式(A.6):

$$\varepsilon = (1/2)\varepsilon_b \qquad \cdots\cdots(A.6)$$

对于圆形导体,等效拉伸应变如式(A.7):

$$\varepsilon = [4/(3\pi)]\varepsilon_b \qquad \cdots\cdots(A.7)$$

把获得的 ε 值代入式(9),就可以计算出由上述弯曲应变而导致纯铜在 4.2 K 下电阻率的增加值。这样正确的低温电阻值 R_2 就可以利用式(8)来计算。

A.6 关于安装样品取向的建议

当样品是直线状时,建议采用水平取向将样品安装在平板状样品架上。因为和垂直取向的安装相比较,水平取向的安装可以减少沿样品方向可能的温度不均匀性。这里水平取向的安装是指直线状样品平行于液氦面。

附　录　B
（资料性附录）
统 计 术 语

B.1　概述

1995年，包括IEC在内数个国际标准化组织做出决定，统一其标准中统计术语的使用。并一致决定，使用“不确定度”一词来表达所有量化的（与数值相关）统计结果，并取消“准确度”或“精密度”作为定量术语的使用。而“准确度”和“精密度”词汇本身仍然可以定性使用。做出这种改变的原因是通过对标准中统计的部分提供更加完整和统一的表述，来减少标准使用中的意义混淆。而对于每个技术委员会要做的事情，就是决定是否更改现有和将来的标准，以便和新的统一表述方式保持一致。但是这项更改工作推行起来并不容易，尤其会对那些不熟悉统计学以及不确定度术语的用户来说，这种更改可能会带来额外的混乱。在2006年6月于京都召开的TC 90会议上，经过深入的讨论，会议决定，在未来的标准中以及在进入FDIS阶段前尚处于修订中的标准中进行这些术语更改。

将“准确度”和“精密度”的数值等价转换成“不确定度”数值时，需要了解这些数值的来源。例如，该数值是代表乘了包含因子（典型的为1、2或3）的标准偏差，还是代表一个以矩形分布进行描述的厂家的技术规范？在有些情况下，标准会对某些变量设置限制，如，弯曲应变和磁场角度。而这些限制不是不确定度，而且也不需要转换成不确定度。

为方便标准的使用，提供以下（术语）定义。这些定义直接来自三个出处：《测量不确定度表示指南》（GUM）[4]、《国际通用计量学基本术语》（VLM）[5]和美国国家标准技术研究所（NIST）的《测量结果不确定度的表示和评定指南》[6]。术语括号中的内容表明该定义的出处。

B.2　定义

B.2.1

被测量　measurand（GUM B.2.9）

作为测量对象的特定量。

例如：一个给定的水样品在20 ℃的蒸汽压。

注：对被测量的详细描述，可要求对其他有关量，例如时间、温度和压力，做出说明。

B.2.2

影响量　influence quantity（GUM B.2.10）

不是被测量，但对测量结果有影响的量。

例如：

a)　测量长度时使用的千分尺的温度；

b)　测量交流电位差幅值时的频率；

c)　测量人体血液样品血红蛋白浓度时的胆红素浓度。

B.2.3

（测量的）不确定度　uncertainty（of measurement）（GUM B.2.18）

与测量结果相联系的参数，表征合理地赋予被测量之值的分散性。

注1：此参数可以是诸如标准差或其倍数，或说明了置信水准的区间的半宽度。

注2：测量不确定度由多个分量组成。其中一些分量可用测量列结果的统计分布估算，并用实验标准差表征。另一

些分量则可用基于经验或其他信息的假定概率分布估算，也可用标准差表征。

注 3：测量结果应理解为被测量之值的最佳估计，全部不确定度分量均贡献给了分散性，包括那些由系统效应引起的(如，与修正值和参考测量标准有关的)分量。

B.2.4

随机误差 random error (GUM B.2.21)

测量结果与在重复性条件下，对同一被测量进行无限多次测量所得结果的平均值之差。

注 1：随机误差等于误差减去系统误差。

注 2：因为测量只能进行有限次数，故可能确定的只是随机误差的估计值。

B.2.5

系统误差 systematic error (GUM B.2.22)

在重复性条件下，对同一被测量进行无限多次测量所得结果的平均值与被测量的真值之差。

注 1：系统误差等于误差减去随机误差。

注 2：如同真值一样，系统误差及其原因不能完全获知。

注 3：测量仪器的系统误差参见“偏倚”([VIM]5.25)。

B.2.6

测量结果 result of a measurement (VIM 3.1)

由测量所得到的赋予被测量的值。

注 1：在给出测量结果时，应清楚说明它是否为：

——示值；

——未修正测量结果；

——已修正结果；

还应表明它是否为几个值的平均。

注 2：在测量结果的完整表述中应包括有关测量不确定度的信息。

B.2.7

标准不确定度 standard uncertainty (GUM 2.3.1)

以标准偏差表示的测量结果不确定度。

B.2.8

(不确定度的)A 类估算 type A evaluation (of Measurement) (GUM 2.3.2)

通过对观测列进行统计分析，对标准不确定度进行估算的一种方法。

B.2.9

(不确定度的)B 类估算 type B evaluation (of Measurement) (GUM 2.3.3)

通过对观测列进行非统计分析，对标准不确定度进行估算的一种方法。

B.2.10

合成标准不确定度 combined standard uncertainty (GUM 2.3.4)

当测量结果是由若干个其他量的值求得时，测量结果的标准不确定度等于各项和的正平方根，而这些项是按测量结果如何随这些量变动加权算得的这些量的方差或协方差。

B.2.11

扩展不确定度 expanded uncertainty (GUM 2.3.5)

确定测量结果区间的量，合理赋予被测量之值分布的大部分可望含于此区间。

注 1：该部分可以视为区间的置信概率或置信度水准。

注 2：为将置信度水准与扩展不确定度定义的区间关联，需要由测量结果和合成标准不确定度显示或隐示地表征的概率分布假设。因此只有在概率分布假设正确的前提下，才可以合理地将置信度水准与扩展不确定度定义的区间关联。

注 3：扩展不确定度在 INC-1 建议书(1980)[7]的第 5 章被称为总不确定度。

B.2.12

相对标准不确定度　relative standard uncertainty（**NIST D.1.4**）[8]

如果 $u_c(x_i)$是标准不确定度，那么 $u(x_i)/|x_i|$，$x\neq0$，就是对应的相对标准不确定度。

B.2.13

相对合成标准不确定度　relative combined standard uncertainty（**NIST D.1.4**）

如果 $u_c(y)$是合成标准不确定度，那么 $u_c(y)/|y|$，$y\neq0$，就是对应的相对合成标准不确定度。

注：虽然相对标准不确定度和相对合成标准不确定度这些术语在GUM(5.1.6和附录J)中也使用过，但在GUM中并没有对它们正式定义。

参考文献

[1] MURASE S. ,ASITOH T. ,MATSUSHITA T. ,OSAMURA K. *Proc. of ICEC16/ICMC*, Kitakyushu,May 1996,p. 1795.

[2] SIMON N. J. ,DREXLER E. S. ,REED R. P. *Properties of Copper and Copper Alloys at Cryogenic Temperatures*. NIST Monograph,1992,p. 117.

[3] MATSUSHITA T. ,OTABE E. S. ,MURASE S. ,OSAMURA K. ,HUA CY. ,*Adv. in Superconductivity XI*. Tokyo:Springer,1999,p. 1507.

[4] BIPM,IEC,IFCC,ISO,IUPAC,IUPAP and OIML,*Guide to the expression of uncertainty in measurement*. 1995.

[5] BIPM,IEC,IFCC,ISO,IUPAC,IUPAP and OIML,*International vocabulary of basic and general terms in metrology*,1993.

[6] TAYLOR,B. N. and KUYATT,C. E. *Guidelines for Evaluating and Expressing the Uncertainty of NIST Measurement Results*. NIST Technical Note 1297,1994. (PDF is available free from http://physics. nist. gov/Pubs/pdf. html).

[7] Recommendation INC-1:1980,*Expression of experimental uncertainties*.

[8] NIST Technical Note 1297:1994,*Guidelines for Evaluating and Expressing the Uncertainty of NIST Measurement Results*.

ICS 19.060
A 42

中华人民共和国国家标准

GB/T 25898—2010

仪器化纳米压入试验方法 薄膜的压入硬度和弹性模量

Instrumented nanoindentation test—
Indentation hardness and modulus of thin film

2011-01-10 发布　　　　2011-05-01 实施

中华人民共和国国家质量监督检验检疫总局
中国国家标准化管理委员会　发布

前　言

请注意本标准的某些内容有可能涉及专利。本标准的发布机构不应承担识别这些专利的责任。

本标准由中国科学院提出。

本标准由全国纳米技术标准化技术委员会(SAC/TC 279)归口。

本标准起草单位:宝山钢铁股份有限公司、中国科学院力学研究所。

本标准主要起草人:王秀芳、张泰华、宋洪伟、杨晓萍、杨荣、郇勇。

引　言

薄膜的硬度和弹性模量测量经常被作为一种控制其质量的手段。对于微/纳米尺度的薄膜，采用常规硬度试验方法难以准确地测定其硬度，而且不能测定其弹性模量。近年来，仪器化纳米压入技术发展迅速，正逐渐成为纳米力学表征领域最重要的试验方法之一，为测定薄膜的硬度和弹性模量提供了一种有效手段。

利用仪器化纳米压入技术测定薄膜的硬度和弹性模量时，除了受到仪器、环境、方法以及测试人员等诸多因素的影响之外，还可能受到样品本身，如支撑薄膜的基底、薄膜与基底匹配关系的影响。有关如何排除仪器等因素的影响，并选择合适的测试条件进行仪器化纳米压入试验，在《GB/T 22458—2008 仪器化纳米压入试验方法通则》的相关条款中，已经做了详尽的规定。本标准的主要目的是，提供尽可能排除基底影响的薄膜的压入硬度和弹性模量测试方法。

仪器化纳米压入试验方法 薄膜的压入硬度和弹性模量

1 范围

本标准规定了测试薄膜压入硬度和弹性模量的仪器化纳米压入试验方法。

本标准适用于附着在固体表面的薄膜。压入方向为垂直于试样表面方向,压入深度范围通常在纳米量级,也可以扩展至几微米。

2 规范性引用文件

下列文件对于本文件的应用是必不可少的。凡是注日期的引用文件,仅注日期的版本适用于本文件。凡是不注日期的引用文件,其最新版本(包括所有的修改单)适用于本文件。

GB/T 22458—2008 仪器化纳米压入试验方法通则

GB/T 21838.4—2008 金属材料 硬度和材料参数的仪器化压痕试验 第4部分:金属和非金属覆盖层的试验方法(ISO 14577-4:2007,MOD)

3 术语和定义、符号

3.1 术语和定义

GB/T 22458—2008 中 3.1 界定的以及下列术语和定义适用于本标准。

3.1.1

单一刚度测量 single stiffness measurement

利用准静态加载方式获得的载荷—深度曲线的卸载部分,确定出材料在最大压入深度处的单一接触刚度的测量方法。

3.1.2

连续刚度测量 continuous stiffness measurement

在准静态加载方式的基础上,叠加一个微小的动态交变载荷,使其产生的同频交变位移保持微小的恒定振幅,测量出交变载荷和交变位移信号的幅值和相位差,由此确定出材料在加载阶段随压入深度变化的连续接触刚度的测量方法[1,2]。

3.2 符号和名称

GB/T 22458—2008 中 3.2 的符号和名称适用于本标准。

4 测试原理

4.1 基于单一刚度测量方法进行纳米压入测试,从而获得材料在最大压入深度处的硬度和弹性模量的原理见 GB/T 22458—2008 中 4.1 和 4.2、附录 C 和附录 G。

4.2 基于连续刚度测量方法进行纳米压入测试,从而获得材料的硬度和弹性模量随压入深度变化曲线的原理见 GB/T 22458—2008 中附录 H。

5 测试要求

5.1 仪器要求

5.1.1 基于单一刚度测量方法进行纳米压入测试的仪器应符合 GB/T 22458—2008 第 5 章中的规定。

5.1.2 基于连续刚度测量方法进行纳米压入测试的仪器应符合 GB/T 22458—2008 第 5 章、附录 H 中 H.3 的规定。

5.1.3 宜采用尖端半径小的玻氏(Berkovich)压头进行测试，以减小压头尖端半径对硬度测试的影响。

5.2 环境要求

测试环境应符合 GB/T 22458—2008 第 7 章中的规定。

5.3 试样要求

5.3.1 试样宜在原始状态下使用。宜采用测试仪器的光学成像配件或原位扫描配件观测薄膜的表面，选择远离诸如颗粒或划痕等缺陷的平坦区域进行测试。

5.3.2 如果薄膜的表面需抛光处理，抛光量宜保持在最低限度。

注 1：抛光可能导致薄膜表面的加工硬化，从而影响硬度的测量。

注 2：薄膜中通常存在残余应力，例如由薄膜和基底热错配或者薄膜沉积过程所导致的残余应力，而且薄膜中也普遍存在应力梯度。抛光可能导致残余应力状态的改变，从而影响薄膜的硬度测量。

注 3：抛光会减小薄膜的厚度，基底的影响可能会增强。

5.3.3 薄膜的表面粗糙度 Ra 宜小于最大压入深度的 5%。如果采用触针式粗糙度测试仪器，其探针的尖端半径宜小于或接近压头尖端半径。如果采用原子力显微镜或纳米压入仪的原位扫描配件来测试某区域的 Ra，宜采用 $10\ \mu m \times 10\ \mu m$ 的扫描范围。宜在压入测试前，采用纳米压入仪的原位扫描配件预扫描试样表面，以选择满足粗糙度要求的区域进行测试。

注：随着压入深度的减小，试样表面的粗糙度对测试结果分散性的影响将增大[3]。如果压入深度接近于 Ra 时，相对于试样表面轮廓波峰或波谷不同位置的压入，接触面积将发生较大变化[4]。

5.3.4 如果薄膜的表面需清洁，宜采用损伤较小的方法，例如：

——采用干的、无油气体；

——采用对试样是化学惰性的溶剂进行清洗，然后干燥。

5.3.5 对于薄膜足够硬的试样，如果 5.3.4 的清洁方法无效，可采用无绒棉浸溶剂擦拭薄膜表面，以去除黏附的灰尘颗粒，然后再采用适当的溶剂进行清洗。

注：超声清洗方法可能造成或增加薄膜的损伤，使用时宜注意。

6 测试程序

6.1 安装试样

6.1.1 试样的安装方法应与仪器柔度确定所采用的安装方法相同。为了不显著增加仪器柔度，试样应被牢固地支撑。试样应置于压入方向为刚性的支座上或者固定在适当的夹具内，试样与支座或夹具之间的接触面应无外来杂物。

6.1.2 试样测试面应垂直于试验载荷的方向，测试面倾角宜小于 1°。可采用高倍显微镜观察并测量从试样表面某一聚焦位置到临近的某一模糊位置的距离，再利用透镜的焦距知识求得两个位置的平面高度差，可求出局部试验面的倾角；在实际试验中，对非球形压头所产生的压痕进行成像，也能求出试验面的倾角。

6.2 选择测试位置

压入位置点和界面或自由表面之间的距离应至少是最大压入深度的30倍，在不同位置进行测试时，相邻压入位置点的间距应至少是最大压入深度的20倍。

6.3 确定接触零点

对于每次测试，都应单独指定接触零点。零点位置的不确定度要求以及零点的确定方法见GB/T 22458—2008中8.3。

6.4 设定测试循环

6.4.1 基于连续刚度测量方法的测试循环

在试样的固定位置进行单次加卸载，可以得到压入硬度和弹性模量随压入深度或相对（薄膜厚度）压入深度的变化曲线。设定测试循环的步骤如下：

a) 设定载荷控制、深度控制或压入应变率控制方式。宜设定压入应变率控制方式，压入应变率宜设定为 $0.05\ s^{-1}$。

b) 设定最大压入深度或载荷。宜设定约为1.5倍膜厚的最大压入深度。

c) 设定保持最大载荷的时间。保载时间宜设定为10 s～30 s。

d) 设定测量热漂移速率的保载位置和时间。在整个测试循环中应测量一次热漂移速率，这可以通过在压头与试样接触之后插入一个保载阶段，或者在卸载过程中的某一点（常在最大载荷的10%～20%之间）插入一个保载阶段来实现，保载时间宜为60 s。

e) 设定压头趋近试样表面的速度。趋近速度不宜超过2 μm/s，趋近最后阶段的典型速度为10 nm/s～20 nm/s，或者更小。

f) 设定数据采集频率，或者循环每一阶段所采集的数据点数。

g) 设定重复测试的次数，宜设定为5～10次。为提高测试结果的可靠性，重复测试次数可适当增加。

h) 对多个试样进行对比时，宜设定相同的测试循环。

6.4.2 基于单一刚度测量方法的测试循环

6.4.2.1 固定位置的单次加卸载测试循环

在试样的固定位置进行单次加卸载，可以得到在最大压入深度处的压入硬度和弹性模量。设定测试循环的步骤如下：

a) 设定载荷控制、深度控制或压入应变率控制方式。宜设定载荷控制方式。

b) 设定最大压入深度或载荷。

  1) 对于硬度测试，宜设定小于1/10膜厚的最大压入深度或该深度对应的载荷，以排除或减小基底的影响。如果无法判断产生小于1/10膜厚压入深度所需的载荷，可通过尝试性测试来确定。同时，设定的压入深度不宜过小，宜大于50 nm。

  2) 对于弹性模量测试，所设定的最大压入深度或载荷宜尽可能地小，以排除或减小基底的影响。同时，设定的压入深度不宜过小，宜大于20倍的 Ra。

  3) 对于较厚的薄膜，宜设定相对较大的压入深度或载荷，通过一次测试同时获得硬度和弹性模量；对于较薄的薄膜，硬度和弹性模量宜分开测试，前者设定相对较大的压入深度或载荷，后者设定相对较小的压入深度或载荷。

注1：一般来说，当压入深度小于1/10膜厚时，薄膜的硬度测试不受基底的影响，而薄膜弹性模量测试受基底影响的压入深度可能远小于硬度。

注2：压入深度过小时，硬度的测试可能受到表面粗糙度[3,4]、压头尖端半径[5]等因素的较大影响，弹性模量的测试可能受到表面粗糙度等因素的较大影响。

c) 设定加载、保持最大载荷、卸载的时间。加载、保载、卸载时间均宜设定为 30 s。

d) 设定测量热漂移速率的保载位置和时间。在整个测试循环中应测量一次热漂移速率，这可以通过在压头与试样接触之后插入一个保载阶段、或者在卸载过程中的某一点（常在最大载荷的10%～20%之间）插入一个保载阶段来实现，保载时间宜为 60 s。

e) 设定压头趋近试样表面的速度。趋近速度不宜超过 2 μm/s，趋近最后阶段的典型速度为 10 nm/s～20 nm/s，或者更小。

f) 设定数据采集频率，或者循环每一阶段所采集的数据点数。

g) 设定重复测试次数，宜设定为 5～10 次，为了提高测试结果的可靠性，重复测试次数可适当增加。

h) 对多个试样进行对比时，宜设定相同的测试循环。

6.4.2.2 多位置的单次加卸载测试循环

在试样的多个不同位置进行系列压入载荷或深度的单次加卸载，可以得到压入硬度和弹性模量随压入深度或相对（薄膜厚度）压入深度的变化曲线。设定测试循环的步骤如下：

a) 设定载荷控制、深度控制或压入应变率控制方式。宜设定载荷控制方式。

b) 设定系列压入载荷或深度的个数及其变化规律。

1) 如果设定系列压入载荷，其个数 n 不宜小于 5，其最大值宜取产生约 1.5 倍膜厚压入深度所需载荷，其最小值宜取产生约 50 nm 压入深度所需载荷，最大值和最小值可通过尝试性测试来确定。系列载荷宜遵循式(1)的变化规律，k 值确定见式(2)，以保证在较小压入深度的测试点数较密。

$$F_m(i)=k^{i-1}\cdot F_m(1) \qquad \cdots\cdots(1)$$

$$k=[F_m(n)/F_m(1)]^{\frac{1}{n-1}} \qquad \cdots\cdots(2)$$

式中：

$F_m(i)$ ——第 i 次压入的最大载荷，其中 $i=1,2,\cdots,n$；

$F_m(1)$ ——系列载荷中的最大值；

$F_m(n)$ ——系列载荷中的最小值；

k ——比例因子。

2) 如果设定系列压入深度，其个数 n 不宜小于 5，其最大值约为 1.5 倍膜厚，其最小值约为 50 nm。系列深度遵宜循式(3)的变化规律，k 值确定见式(4)，以保证在较小压入深度的测试点数较密：

$$h_m(i)=k^{i-1}\cdot h_m(1) \qquad \cdots\cdots(3)$$

$$k=[h_m(n)/h_m(1)]^{\frac{1}{n-1}} \qquad \cdots\cdots(4)$$

式中：

$h_m(i)$ ——第 i 次压入的最大深度，其中 $i=1,2,\cdots,n$；

$h_m(1)$ ——系列深度中的最大值；

$h_m(n)$ ——系列深度中的最小值；

k ——比例因子。

c) 设定加载、保持最大载荷、卸载的时间。加载、保载、卸载时间均宜设定为 30 s。

d) 设定测量热漂移速率的保载位置和时间。每次加卸载试验都应测量一次热漂移速率，这可以通过在压头与试样接触之后插入一个保载阶段、或者在卸载过程中的某一点（常在最大载荷的 10%～20%之间）插入一个保载阶段来实现，保载时间宜为 60 s。

e) 设定压头趋近试样表面的速度。趋近速度不宜超过 2 μm/s,趋近最后阶段的典型速度为 10 nm/s～20 nm/s,或者更小。

f) 设定数据采集频率,或者循环每一阶段所采集的数据点数。

g) 设定重复测试次数,宜设定为 5～10 次,为了提高测试结果的可靠性,重复测试次数可适当增加。

h) 对多个试样进行对比时,宜设定相同的测试循环。

6.4.2.3 固定位置的多次加卸载测试循环

在试样的固定位置进行系列压入载荷或深度的多次加卸载,可以得到压入硬度和弹性模量随压入深度或相对(薄膜厚度)压入深度的变化曲线。设定测试循环的步骤如下:

a) 设定载荷控制、深度控制或压入应变率控制方式。宜设定载荷控制方式。

b) 设定系列压入载荷或深度的个数及其变化规律。设定方法与 6.4.2.2(b)所采用的设定方法相同。

c) 设定加载、保持最大载荷、卸载的时间。每次加载、保载、卸载时间均宜设定为 30 s。

d) 设定测量热漂移速率的保载位置和时间。在整个试验过程中应至少测量一次热漂移速率,这可以通过在压头与试样接触之后插入一个保载阶段、或者在最后一次卸载过程中的某一点(常在最大载荷的 10%～20%之间)插入一个保载阶段来实现,保载时间宜为 60 s。

e) 设定压头趋近试样表面的速度。趋近速度不宜超过 2 μm/s,趋近最后阶段的典型速度为 10 nm/s～20 nm/s,或者更小。

f) 设定数据采集频率,或者循环每一阶段所采集的数据点数。

g) 设定重复测试次数,宜设定为 5～10 次,为了提高测试结果的可靠性,重复测试次数可适当增加。

h) 对多个试样进行对比时,宜设定相同的测试循环。

6.5 执行测试循环

根据制造商或试验方法的要求执行测试循环,记录载荷、位移、时间数据。仪器对原始数据进行热漂移、仪器柔度和接触零点修正后,自动给出供分析用的压入载荷、深度等数据。

7 结果分析

7.1 基于连续刚度测量方法的结果分析

测试结果的分析方法如下:

a) 绘制多次重复测试得到的试样压入硬度和弹性模量的平均值随压入深度或相对(薄膜厚度)压入深度曲线。

b) 分析压入硬度和弹性模量曲线,可获得试样的压入硬度和弹性模量随压入深度的变化规律,同时可提取试样在压入深度范围内特定深度处的硬度和弹性模量。

c) 明确压入硬度和弹性模量曲线上是否出现平台,提取薄膜的压入硬度和弹性模量。

  1) 如果出现平台,可在平台所在的压入深度范围内取值,作为薄膜的压入硬度或弹性模量,见图 1。

  2) 如果不出现平台,仅出现峰值即最大值,可将该值作为薄膜的压入硬度或弹性模量的最小估计值,见图 2。如果不出现平台,仅出现谷值即最小值,对于弹性模量,可将该值作为薄膜的弹性模量最大估计值,见图 3a);对于硬度,不宜将该值作为薄膜的硬度最大估计值。如果硬度随深度的变化存在由较快上升到较慢上升的过渡点,可将该点的值作为薄膜的硬度最大估计值,见图 3b)。

3） 如果不出现平台，也可采用类似于 GB/T 21838.4—2008 中 7.2 和 7.3 所规定的方法，对在一定压入深度范围内的硬度和弹性模量与深度的关系线性外推到零深度，来获得薄膜的压入硬度和弹性模量，见图 2 和图 3。参与外推的数据所在的压入深度范围不宜过小，宜大于 50 nm。

注 1：所出现的硬度谷值即最小值很有可能是受压头尖端半径影响的结果。

注 2：将最大或最小估计值作为薄膜的压入硬度或弹性模量，可能存在较大偏差。

注 3：压入深度过小时，硬度的测试结果可能受到表面粗糙度、压头尖端半径等因素的较大影响，弹性模量的测试结果可能受到表面粗糙度等因素的较大影响。

注 4：通过线性外推方法获得的薄膜的压入硬度和弹性模量，可能存在较大偏差。

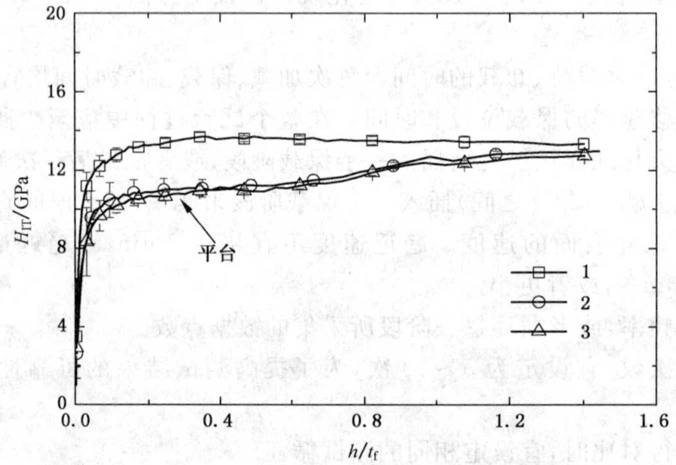

a） 硬度-深度曲线

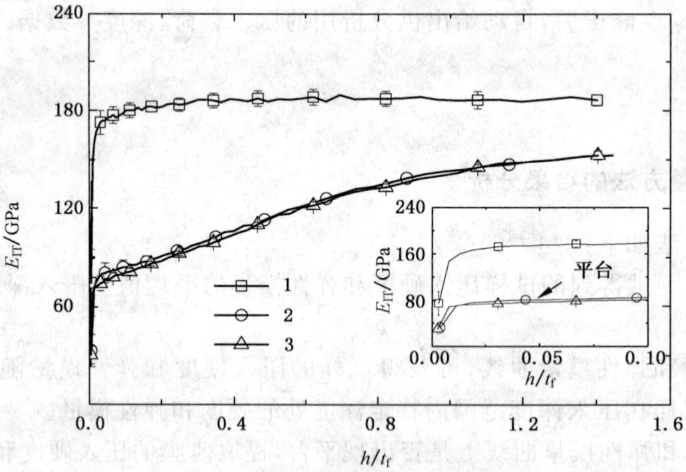

b） 弹性模量-深度曲线

1——Si(100)；

2——SiO_2/Si(100) t_f=707 nm；

3——SiO_2/Si(100) t_f=1 000 nm。

图 1 Si(100)基底上热氧化生长的 SiO_2 薄膜试样的测试结果

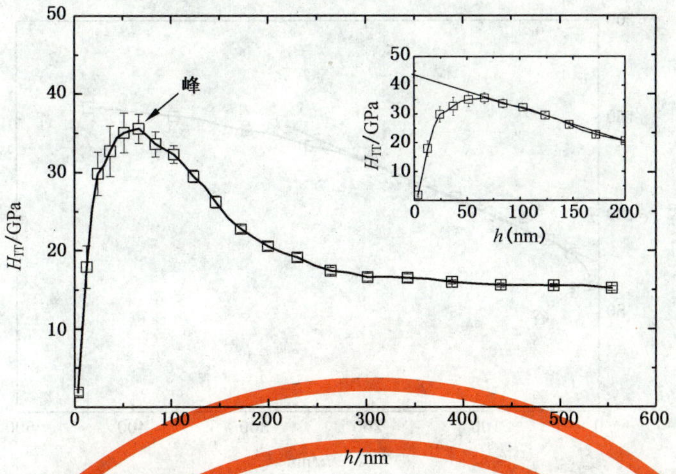

a）　硬度-深度曲线

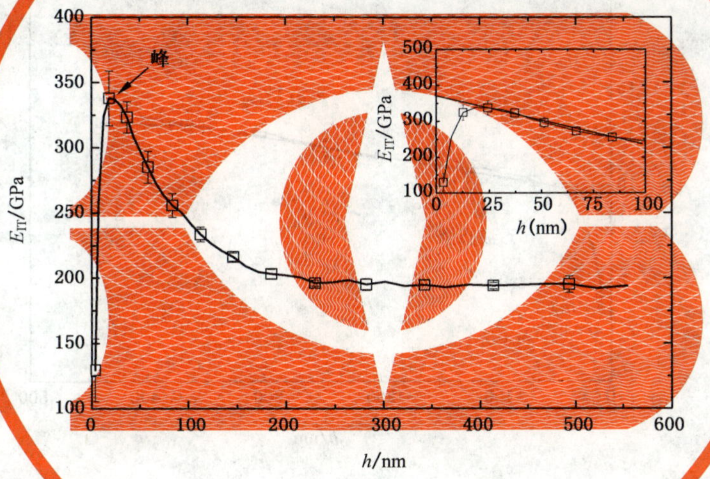

b）　弹性模量-深度曲线

图 2　GT35 钢基底上离子弧镀工艺溅射的约 320 nm 厚 DLC 薄膜试样的测试结果

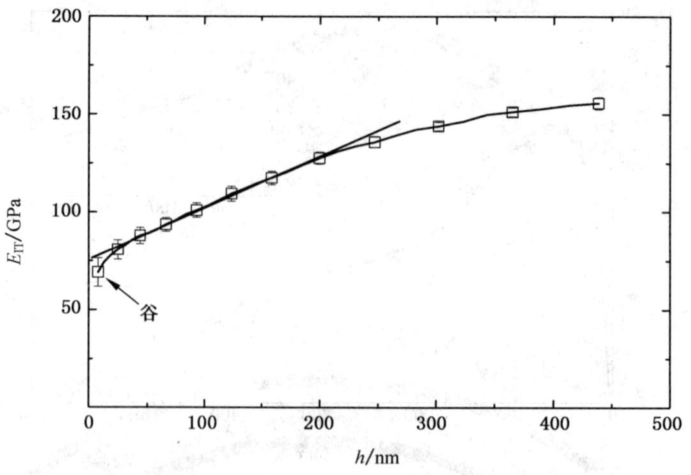

a） 弹性模量-深度曲线

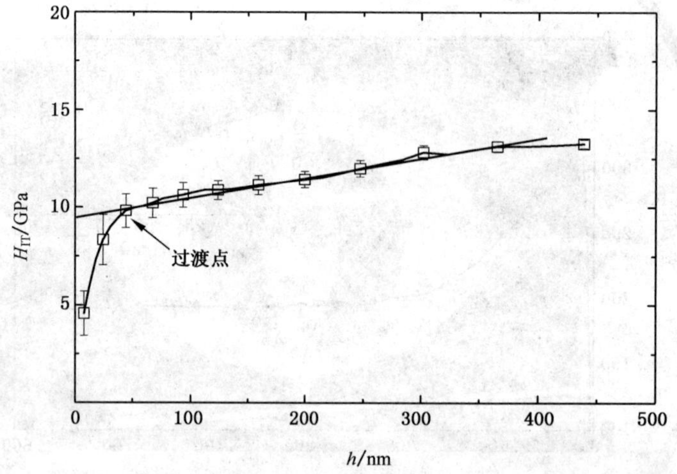

b） 硬度-深度曲线

图 3 Si(100)基底上热氧化生长 311 nm 厚 SiO_2 薄膜试样的测试结果

7.2 基于单一刚度测量方法的结果分析

7.2.1 固定位置的单次加卸载测试结果分析

测试结果的分析方法如下：

a） 如果试验的最大压入深度小于 1/10 膜厚，所获得的试样在最大压入深度处的硬度一般可作为薄膜的硬度。如果试验的最大压入深度大于 1/10 膜厚，所获得的试样在最大压入深度处的硬度可能包含基底的影响，可作为膜基的耦合性质，用来定性评价薄膜的性能。

b） 所获得的试样在最大压入深度处的弹性模量很可能包含基底的影响，作为薄膜的性能使用时宜慎重。

7.2.2 多位置的单次加卸载测试结果分析

测试结果的分析参见 7.1 所采用的方法。

7.2.3 固定位置的多次加卸载测试结果分析

测试结果的分析参见7.1所采用的方法。

注：对于这种固定位置的多次加卸载测试，后续的测试可能受到之前加卸载测试所导致的材料加工硬化等的影响。

8 试验报告

试验报告宜包括如下信息：

a） 注明采用本标准；

b） 测试仪器的描述，包括制造商和型号；

c） 压头的描述，包括材料、形状及其面积函数；

d） 试样的描述，宜包括：薄膜的材料和制备工艺、名义厚度和表面粗糙度；

e） 测试循环的描述，宜包括：

——压入控制方式；

——压入控制参数，如最大压入深度或载荷、系列压入深度或载荷；

——每次加载、保载和卸载时间；

——测量热漂移的保载位置和保持时间；

——数据采集频率或者循环每一阶段所采集的数据点数；

——重复测试的次数。

f） 薄膜或试样的压入硬度和弹性模量结果，总的扩展不确定度；

g） 说明是否修正了热漂移和接触零点；

h） 可能已经影响测试结果的任何细节；

i） 本报告未作规定的任何细节；

j） 测试环境的温度和湿度；

k） 测试日期和时间。

参 考 文 献

[1] W C Oliver, G M Pharr. An improved technique for determining hardness and elastic modulus using load and displacement sensing indentation experiments. Journal of Materials Research. 1992, 7(6):1564-1583

[2] W. C. Oliver and G. M. Pharr: Measurement of hardness and elastic modulus by instrumented indentation: Advances in understanding and refinements to methodology. Journal of Materials Research. 2004, 19 (1):3-20

[3] 张泰华. 影响纳米压入测试结果的因素. 实验力学. 2004, 19(4):437-442

[4] M S Bobji, S K Biswas. Estimation of hardness by nanoindentation of rough surfaces. Journal of Materials Research. 1998, 13(11):3227-3233

[5] Weimin Chen, Min Li, Taihua Zhang, Yang-Tse Cheng, Che-Min Cheng. Influence of indenter tip roundness on hardness behavior in nanoindentation. Materials Science and Engineering A. 2007, 445-446:323-327

ICS 35.040
L 71

中华人民共和国国家标准

GB 25899.1—2010

信息技术 通用多八位编码字符集（基本多文种平面） 汉字32点阵字型 第1部分:宋体

Information technology—Universal multiple-octet coded character set (Basic Multilingual plane)—32-dots matrix font of Chinese ideogram—Part 1:Song Ti

2011-01-10 发布　　　　2011-11-01 实施

中华人民共和国国家质量监督检验检疫总局
中国国家标准化管理委员会　发布

前　言

GB 25899 的本部分的全部技术内容为强制性。

GB 25899《信息技术　通用多八位编码字符集(基本多文种平面)　汉字 32 点阵字型》分为如下四个部分：

——第 1 部分：宋体；

——第 2 部分：黑体；

——第 3 部分：楷体；

——第 4 部分：仿宋体。

本部分为 GB 25899 的第 1 部分。

本部分依据 GB 13000—2010 的基本多文种平面中 CJK 统一汉字及其扩充 A 所提供的汉字图形字符，以《第一批异体字整理表》、《简化字总表》、《印刷通用汉字字形表》和《现代汉语通用字表》(见参考文献)规定的规范字形为基础，并按照整理汉字字形的原则，具体设计了汉字信息系统用 32 点阵宋体字型。

本部分规定的点阵字型还适用于 GB 18030—2005《信息技术　中文编码字符集》的汉字强制部分。

本部分的附录 A 是规范性附录。

本部分由中华人民共和国工业和信息化部提出。

本部分由全国信息技术标准化技术委员会(SAC/TC 28)归口。

本部分起草单位：中国电子技术标准化研究所、珠海金峰电子有限公司、北京仓颉博雅信息技术有限公司。

本部分主要起草人：代红、王立建、熊涛、王永平、戴涌、魏励、翟广臣、周济萍、吕建春。

引　言

有关字型数据的授权转让使用事宜，字型标准数据的维护、更新及修订工作，统一由归口单位负责。

地　址：北京市东城区安定门东大街1号（北京市1101信箱）
邮　编：100007
电　话：64007689、84029173
传　真：64007681
E-mail：daihong@cesi.ac.cn

信息技术　通用多八位编码字符集（基本多文种平面）　汉字32点阵字型　第1部分：宋体

1　范围

GB 25899的本部分规定了GB 13000—2010基本多文种平面中CJK统一汉字及其扩充A的32点阵宋体字型。

本部分适用于各种电子信息产品、各种数字化产品，也可用于其他有关设备。

2　规范性引用文件

下列文件中的条款通过GB 25899的本部分的引用而成为本部分的条款。凡是注日期的引用文件，其随后所有的修改单（不包括勘误的内容）或修订版均不适用于本部分，然而，鼓励根据本部分达成协议的各方研究是否可使用这些文件的最新版本。凡是不注日期的引用文件，其最新版本适用于本部分。

GB 13000—2010　信息技术　通用多八位编码字符集(UCS)(ISO/IEC 10646:2003,IDT)

3　术语和定义

下列术语和定义适用于GB 25899的本部分。

3.1

字形　glyph

一种可辨认的抽象的图形符号，它不依赖于任何特定的设计。

3.2

字型　font

具有同一基本设计的字形图像的集合，如：宋体。

3.3

点阵字型　dot matrix font

以点的集合来表现图形字符的(型)形。

3.4

字序　character order

图形字符在集合中按一定规则排列的次序。

4　点阵字型的排列次序

本部分按GB 13000—2010基本多文种平面的CJK统一汉字及其扩充A的次序排列各汉字点阵字型。

5　标准数据的管理

为加强对信息技术产品用汉字字型与字模标准数据的管理，保证本部分在实施中数据的一致性和正确性，有关字型数据的授权转让使用事宜，字型标准数据的维护、更新及修订工作，统一由归口单位负责。

6 点阵字型的表示方法

6.1 栅格

栅格由若干条等距离的垂直线与水平线相交叉而形成。

本部分规定的是32点阵字型，其栅格是横向32格，纵向32格。每个方格的中心定为点的中心位置。

栅格仅对构成点阵字型的各点进行定位，32点阵的栅格如图1所示。

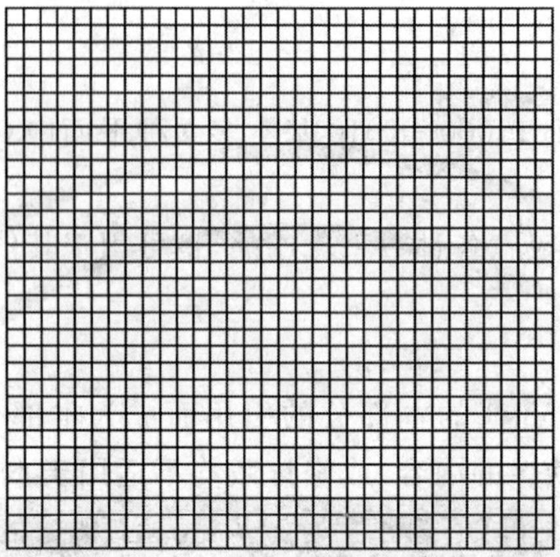

图1 32点阵栅格图

6.2 点

点是构成点阵字型的最小单位，以圆形表示，它是位于各方格内的黑色区域。

6.3 点阵字样

汉字点阵字型的字样，由置于栅格内的若干个点的集合来表示。汉字“永”的点阵字样如图2所示。

永 6C38

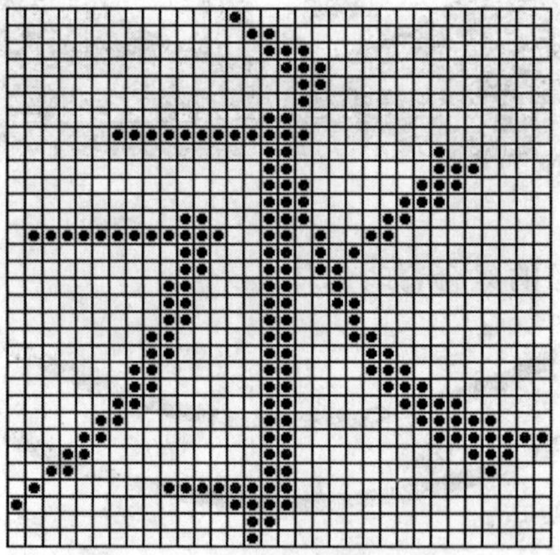

图2 32点阵汉字“永”字型

7 汉字点阵字型

7.1 字数

本部分按GB 13000—2010基本多文种平面CJK统一汉字及其扩充集A提供了27 484个32点阵宋体字型。

7.2 汉字字型数据

汉字32点阵字型数据的表示，见附录A。

7.3 汉字点阵字型表

本部分规定的32点阵宋体字型如下：

	0	1	2	3	4	5	6	7	8	9	A	B	C	D	E	F
4E0	一	丁	丂	七	丄	丅	丆	万	丈	三	上	下	丌	不	与	丏
4E1	丐	丑	丒	专	且	丕	世	丗	丘	丙	业	丛	东	丝	丞	丟
4E2	丠	両	丢	丣	两	严	並	丧	丨	丩	个	丫	丬	中	丮	丯
4E3	丰	丱	串	丳	临	丵	丶	丷	丸	丹	为	主	丼	丽	举	丿
4E4	乀	乁	乂	乃	乄	久	乆	乇	么	义	乊	之	乌	乍	乎	乏
4E5	乐	乑	乒	乓	乔	乕	乖	乗	乘	乙	乚	乛	乜	九	乞	也
4E6	习	乡	乢	乣	乤	乥	书	乧	乨	乩	乪	乫	乬	乭	乮	乯
4E7	买	乱	乲	乳	乴	乵	乶	乷	乸	乹	乺	乻	乼	乽	乾	乿
4E8	亀	亁	亂	亃	亄	亅	了	亇	予	争	亊	事	二	亍	于	亏
4E9	亐	云	互	亓	五	井	亖	亗	亘	亙	亚	些	亜	亝	亞	亟
4EA	亠	亡	亢	亣	交	亥	亦	产	亨	亩	亪	享	京	亭	亮	亯
4EB	亰	亱	亲	亳	亴	亵	亶	亷	亸	亹	人	亻	亼	亽	亾	亿
4EC	什	仁	仂	仃	仄	仅	仆	仇	仈	仉	今	介	仌	仍	从	仏
4ED	仐	仑	仒	仓	仔	仕	他	仗	付	仙	仚	仛	仜	仝	仞	仟
4EE	仠	仡	仢	代	令	以	仦	仧	仨	仩	仪	仫	们	仭	仮	仯
4EF	仰	仱	仲	仳	仴	仵	件	价	仸	仹	仺	任	仼	份	仾	仿
4F0	伀	企	伂	伃	伄	伅	伆	伇	伈	伉	伊	伋	伌	伍	伎	伏
4F1	伐	休	伒	伓	伔	伕	伖	众	优	伙	会	伛	伜	伝	伞	伟
4F2	传	伡	伢	伣	伤	伥	伦	伧	伨	伩	伪	伫	伬	伭	伮	伯
4F3	估	伱	伲	伳	伴	伵	伶	伷	伸	伹	伺	伻	似	伽	伾	伿

	0	1	2	3	4	5	6	7	8	9	A	B	C	D	E	F
4F4	佀	佁	佂	佃	佄	佅	但	佇	佈	佉	佊	佋	佌	位	低	住
4F5	佐	佑	佒	体	佔	何	佖	佗	佘	余	佚	佛	作	佝	佞	佟
4F6	你	佡	佢	佣	佤	佥	佦	佧	佨	佩	佪	佫	佬	佭	佮	佯
4F7	佰	佱	佲	佳	佴	併	佶	佷	佸	佹	佺	佻	佼	佽	佾	使
4F8	侀	侁	侂	侃	侄	侅	來	侇	侈	侉	侊	例	侌	侍	侎	侏
4F9	侐	侑	侒	侓	侔	侕	侖	侗	侘	侙	侚	供	侜	依	侞	侟
4FA	侠	価	侢	侣	侤	侥	侦	侧	侨	侩	侪	侫	侬	侭	侮	侯
4FB	侰	侱	侲	侳	侴	侵	侶	侷	侸	侹	侺	侻	侼	侽	侾	便
4FC	俀	俁	係	促	俄	俅	俆	俇	俈	俉	俊	俋	俌	俍	俎	俏
4FD	俐	俑	俒	俓	俔	俕	俖	俗	俘	俙	俚	俛	俜	保	俞	俟
4FE	俠	信	俢	俣	俤	俥	俦	俧	俨	俩	俪	俫	俬	俭	修	俯
4FF	俰	俱	俲	俳	俴	俵	俶	俷	俸	俹	俺	俻	俼	俽	俾	俿
500	倀	倁	倂	倃	倄	倅	倆	倇	倈	倉	倊	個	倌	倍	倎	倏
501	倐	們	倒	倓	倔	倕	倖	倗	倘	候	倚	倛	倜	倝	倞	借
502	倠	倡	倢	倣	値	倥	倦	倧	倨	倩	倪	倫	倬	倭	倮	倯
503	倰	倱	倲	倳	倴	倵	倶	倷	倸	倹	债	倻	值	倽	倾	倿
504	偀	偁	偂	偃	偄	偅	偆	假	偈	偉	偊	偋	偌	偍	偎	偏
505	偐	偑	偒	偓	偔	偕	偖	偗	偘	偙	做	偛	停	偝	偞	偟
506	偠	偡	偢	偣	偤	健	偦	偧	偨	偩	偪	偫	偬	偭	偮	偯
507	偰	偱	偲	偳	側	偵	偶	偷	偸	偹	偺	偻	偼	偽	偾	偿

	0	1	2	3	4	5	6	7	8	9	A	B	C	D	E	F
508	傀	傁	傂	傃	傄	傅	傆	傇	傈	傉	傊	傋	傌	傍	傎	傏
509	傐	傑	傒	傓	傔	傕	傖	傗	傘	備	傚	傛	傜	傝	傞	傟
50A	傠	傡	傢	傣	傤	傥	傦	傧	储	傩	傪	傫	催	傭	傮	傯
50B	傰	傱	傲	傳	傴	債	傶	傷	傸	傹	傺	傻	傼	傽	傾	傿
50C	僀	僁	僂	僃	僄	僅	僆	僇	僈	僉	僊	僋	僌	働	僎	像
50D	僐	僑	僒	僓	僔	僕	僖	僗	僘	僙	僚	僛	僜	僝	僞	僟
50E	僠	僡	僢	僣	僤	僥	僦	僧	僨	僩	僪	僫	僬	僭	僮	僯
50F	僰	僱	僲	僳	僴	僵	僶	僷	僸	價	僺	僻	僼	僽	僾	僿
510	儀	儁	儂	儃	億	儅	儆	儇	儈	儉	儊	儋	儌	儍	儎	儏
511	儐	儑	儒	儓	儔	儕	儖	儗	儘	儙	儚	儛	儜	儝	儞	償
512	儠	儡	儢	儣	儤	儥	儦	儧	儨	儩	優	儫	儬	儭	儮	儯
513	儰	儱	儲	儳	儴	儵	儶	儷	儸	儹	儺	儻	儼	儽	儾	儿
514	兀	允	兂	元	兄	充	兆	兇	先	光	兊	克	兌	免	兎	兏
515	児	兑	兒	兓	兔	兕	兖	兗	兘	兙	党	兛	兜	兝	兞	兟
516	兠	兡	兢	兣	兤	入	兦	內	全	兩	兪	八	公	六	兮	兯
517	兰	共	兲	关	兴	兵	其	具	典	兹	兺	养	兼	兽	兾	兿
518	冀	冁	冂	冃	冄	内	円	冇	冈	冉	冊	冋	册	再	冎	冏
519	冐	冑	冒	冓	冔	冕	冖	冗	冘	写	冚	军	农	冝	冞	冟
51A	冠	冡	冢	冣	冤	冥	冦	冧	冨	冩	冪	冫	冬	冭	冮	冯
51B	冰	冱	冲	决	冴	况	冶	冷	冸	冹	冺	冻	冼	冽	冾	冿

	0	1	2	3	4	5	6	7	8	9	A	B	C	D	E	F
51C	净	凁	凂	凃	凄	凅	准	凇	凈	凉	凊	凋	凌	凍	凎	减
51D	凐	凑	凒	凓	凔	凕	凖	凗	凘	凙	凚	凛	凜	凝	凞	凟
51E	几	凡	凢	凣	凤	凥	処	凧	凨	凩	凪	凫	凬	凭	凮	凯
51F	凰	凱	凲	凳	凴	凵	凶	凷	凸	凹	出	击	凼	函	凾	凿
520	刀	刁	刂	刃	刄	刅	分	切	刈	刉	刊	刋	刌	刍	刎	刏
521	刐	刑	划	刓	刔	刕	刖	列	刘	则	刚	创	刜	初	刞	刟
522	删	刡	刢	刣	判	別	刦	刧	刨	利	刪	别	刬	刭	刮	刯
523	到	刱	刲	刳	刴	刵	制	刷	券	刹	刺	刻	刼	刽	刾	刿
524	剀	剁	剂	剃	剄	剅	剆	則	剈	剉	削	剋	剌	前	剎	剏
525	剐	剑	剒	剓	剔	剕	剖	剗	剘	剙	剚	剛	剜	剝	剞	剟
526	剠	剡	剢	剣	剤	剥	剦	剧	剨	剩	剪	剫	剬	剭	剮	副
527	剰	剱	割	剳	剴	創	剶	剷	剸	剹	剺	剻	剼	剽	剾	剿
528	劀	劁	劂	劃	劄	劅	劆	劇	劈	劉	劊	劋	劌	劍	劎	劏
529	劐	劑	劒	劓	劔	劕	劖	劗	劘	劙	劚	力	劜	劝	办	功
52A	加	务	劢	劣	劤	劥	劦	劧	动	助	努	劫	劬	劭	劮	劯
52B	劰	励	劲	劳	労	劵	劶	劷	劸	効	劺	劻	劼	劽	劾	势
52C	勀	勁	勂	勃	勄	勅	勆	勇	勈	勉	勊	勋	勌	勍	勎	勏
52D	勐	勑	勒	勓	勔	動	勖	勗	勘	務	勚	勛	勜	勝	勞	募
52E	勠	勡	勢	勣	勤	勥	勦	勧	勨	勩	勪	勫	勬	勭	勮	勯
52F	勰	勱	勲	勳	勴	勵	勶	勷	勸	勹	勺	勻	勼	勽	勾	勿

	0	1	2	3	4	5	6	7	8	9	A	B	C	D	E	F
530	匀	匁	匂	匃	匄	包	匆	匇	匈	匉	匊	匋	匌	匍	匎	匏
531	匐	匑	匒	匓	匔	匕	化	北	匘	匙	匚	匛	匜	匝	匞	匟
532	匠	匡	匢	匣	匤	匥	匦	匧	匨	匩	匪	匫	匬	匭	匮	匯
533	匰	匱	匲	匳	匴	匵	匶	匷	匸	匹	区	医	匼	匽	匾	匿
534	區	十	卂	千	卄	卅	卆	升	午	卉	半	卋	卌	卍	华	协
535	卐	卑	卒	卓	協	单	卖	南	単	卙	博	卛	卜	卝	卞	卟
536	占	卡	卢	卣	卤	卥	卦	卧	卨	卩	卪	卫	卬	卭	卮	卯
537	印	危	卲	即	却	卵	卶	卷	卸	卹	卺	卻	卼	卽	卾	卿
538	厀	厁	厂	厃	厄	厅	历	厇	厈	厉	厊	压	厌	厍	厎	厏
539	厐	厑	厒	厓	厔	厕	厖	厗	厘	厙	厚	厛	厜	厝	厞	原
53A	厠	厡	厢	厣	厤	厥	厦	厧	厨	厩	厪	厫	厬	厭	厮	厯
53B	厰	厱	厲	厳	厴	厵	厶	厷	厸	厹	厺	去	厼	厽	厾	县
53C	叀	叁	参	參	叄	叅	叆	叇	又	叉	及	友	双	反	収	叏
53D	叐	发	叒	叓	叔	叕	取	受	变	叙	叚	叛	叜	叝	叞	叟
53E	叠	叡	叢	口	古	句	另	叧	叨	叩	只	叫	召	叭	叮	可
53F	台	叱	史	右	叴	叵	叶	号	司	叹	叺	叻	叼	叽	叾	叿
540	吀	吁	吂	吃	各	吅	吆	吇	合	吉	吊	吋	同	名	后	吏
541	吐	向	吒	吓	吔	吕	吖	吗	吘	吙	吚	君	吜	吝	吞	吟
542	吠	吡	吢	吣	吤	吥	否	吧	吨	吩	吪	含	听	吭	吮	启
543	吰	吱	吲	吳	吴	吵	吶	吷	吸	吹	吺	吻	吼	吽	吾	吿

	0	1	2	3	4	5	6	7	8	9	A	B	C	D	E	F
544	呀	呁	呂	呃	呄	呅	呆	呇	呈	呉	告	呋	呌	呍	呎	呏
545	呐	呑	呒	呓	呔	呕	呖	呗	员	呙	呚	呛	呜	呝	呞	呟
546	呠	呡	呢	呣	呤	呥	呦	呧	周	呩	呪	呫	呬	呭	呮	呯
547	呰	呱	呲	味	呴	呵	呶	呷	呸	呹	呺	呻	呼	命	呾	呿
548	咀	咁	咂	咃	咄	咅	咆	咇	咈	咉	咊	咋	和	咍	咎	咏
549	咐	咑	咒	咓	咔	咕	咖	咗	咘	咙	咚	咛	咜	咝	咞	咟
54A	咠	咡	咢	咣	咤	咥	咦	咧	咨	咩	咪	咫	咬	咭	咮	咯
54B	咰	咱	咲	咳	咴	咵	咶	咷	咸	咹	咺	咻	咼	咽	咾	咿
54C	哀	品	哂	哃	哄	哅	哆	哇	哈	哉	哊	哋	哌	响	哎	哏
54D	哐	哑	哒	哓	哔	哕	哖	哗	哘	哙	哚	哛	哜	哝	哞	哟
54E	哠	員	哢	哣	哤	哥	哦	哧	哨	哩	哪	哫	哬	哭	哮	哯
54F	哰	哱	哲	哳	哴	哵	哶	哷	哸	哹	哺	哻	哼	哽	哾	哿
550	唀	唁	唂	唃	唄	唅	唆	唇	唈	唉	唊	唋	唌	唍	唎	唏
551	唐	唑	唒	唓	唔	唕	唖	唗	唘	唙	唚	唛	唜	唝	唞	唟
552	唠	唡	唢	唣	唤	唥	唦	唧	唨	唩	唪	唫	唬	唭	售	唯
553	唰	唱	唲	唳	唴	唵	唶	唷	唸	唹	唺	唻	唼	唽	唾	唿
554	啀	啁	啂	啃	啄	啅	商	啇	啈	啉	啊	啋	啌	啍	啎	問
555	啐	啑	啒	啓	啔	啕	啖	啗	啘	啙	啚	啛	啜	啝	啞	啟
556	啠	啡	啢	啣	啤	啥	啦	啧	啨	啩	啪	啫	啬	啭	啮	啯
557	啰	啱	啲	啳	啴	啵	啶	啷	啸	啹	啺	啻	啼	啽	啾	啿

	0	1	2	3	4	5	6	7	8	9	A	B	C	D	E	F
558	喀	喁	喂	喃	善	喅	喆	喇	喈	喉	喊	喋	喌	喍	喎	喏
559	喐	喑	喒	喓	喔	喕	喖	喗	喘	喙	喚	喛	喜	喝	喞	喟
55A	喠	喡	喢	喣	喤	喥	喦	喧	喨	喩	喪	喫	喬	喭	單	喯
55B	喰	喱	喲	喳	喴	喵	営	喷	喸	喹	喺	喻	喼	喽	喾	喿
55C	嗀	嗁	嗂	嗃	嗄	嗅	嗆	嗇	嗈	嗉	嗊	嗋	嗌	嗍	嗎	嗏
55D	嗐	嗑	嗒	嗓	嗔	嗕	嗖	嗗	嗘	嗙	嗚	嗛	嗜	嗝	嗞	嗟
55E	嗠	嗡	嗢	嗣	嗤	嗥	嗦	嗧	嗨	嗩	嗪	嗫	嗬	嗭	嗮	嗯
55F	嗰	嗱	嗲	嗳	嗴	嗵	嗶	嗷	嗸	嗹	嗺	嗻	嗼	嗽	嗾	嗿
560	嘀	嘁	嘂	嘃	嘄	嘅	嘆	嘇	嘈	嘉	嘊	嘋	嘌	嘍	嘎	嘏
561	嘐	嘑	嘒	嘓	嘔	嘕	嘖	嘗	嘘	嘙	嘚	嘛	嘜	嘝	嘞	嘟
562	嘠	嘡	嘢	嘣	嘤	嘥	嘦	嘧	嘨	嘩	嘪	嘫	嘬	嘭	嘮	嘯
563	嘰	嘱	嘲	嘳	嘴	嘵	嘶	嘷	嘸	嘹	嘺	嘻	嘼	嘽	嘾	嘿
564	噀	噁	噂	噃	噄	噅	噆	噇	噈	噉	噊	噋	噌	噍	噎	噏
565	噐	噑	噒	噓	噔	噕	噖	噗	噘	噙	噚	噛	噜	噝	噞	噟
566	噠	噡	噢	噣	噤	噥	噦	噧	器	噩	噪	噫	噬	噭	噮	噯
567	噰	噱	噲	噳	噴	噵	噶	噷	噸	噹	噺	噻	噼	噽	噾	噿
568	嚀	嚁	嚂	嚃	嚄	嚅	嚆	嚇	嚈	嚉	嚊	嚋	嚌	嚍	嚎	嚏
569	嚐	嚑	嚒	嚓	嚔	嚕	嚖	嚗	嚘	嚙	嚚	嚛	嚜	嚝	嚞	嚟
56A	嚠	嚡	嚢	嚣	嚤	嚥	嚦	嚧	嚨	嚩	嚪	嚫	嚬	嚭	嚮	嚯
56B	嚰	嚱	嚲	嚳	嚴	嚵	嚶	嚷	嚸	嚹	嚺	嚻	嚼	嚽	嚾	嚿

	0	1	2	3	4	5	6	7	8	9	A	B	C	D	E	F
56C	囀	囁	囂	囃	囄	囅	囆	囇	囈	囉	囊	囋	囌	囍	囎	囏
56D	囐	囑	囒	囓	囔	囕	囖	囗	囘	囙	囚	四	囜	囝	回	囟
56E	因	囡	团	団	囤	囥	囦	囧	囨	囩	囪	囫	囬	园	囮	囯
56F	困	囱	囲	図	围	囵	囶	囷	囸	囹	固	囻	囼	国	图	囿
570	圀	圁	圂	圃	圄	圅	圆	圇	圈	圉	圊	國	圌	圍	圎	圏
571	圐	圑	園	圓	圔	圕	圖	圗	團	圙	圚	圛	圜	圝	圞	土
572	圠	圡	圢	圣	圤	圥	圦	圧	在	圩	圪	圫	圬	圭	圮	圯
573	地	圱	圲	圳	圴	圵	圶	圷	圸	圹	场	圻	圼	圽	圾	圿
574	址	坁	坂	坃	坄	坅	坆	均	坈	坉	坊	坋	坌	坍	坎	坏
575	坐	坑	坒	坓	坔	坕	坖	块	坘	坙	坚	坛	坜	坝	坞	坟
576	坠	坡	坢	坣	坤	坥	坦	坧	坨	坩	坪	坫	坬	坭	坮	坯
577	坰	坱	坲	坳	坴	坵	坶	坷	坸	坹	坺	坻	坼	坽	坾	坿
578	垀	垁	垂	垃	垄	垅	垆	垇	垈	垉	垊	型	垌	垍	垎	垏
579	垐	垑	垒	垓	垔	垕	垖	垗	垘	垙	垚	垛	垜	垝	垞	垟
57A	垠	垡	垢	垣	垤	垥	垦	垧	垨	垩	垪	垫	垬	垭	垮	垯
57B	垰	垱	垲	垳	垴	垵	垶	垷	垸	垹	垺	垻	垼	垽	垾	垿
57C	埀	埁	埂	埃	埄	埅	埆	埇	埈	埉	埊	埋	埌	埍	城	埏
57D	埐	埑	埒	埓	埔	埕	埖	埗	埘	埙	埚	埛	埜	埝	埞	域
57E	埠	埡	埢	埣	埤	埥	埦	埧	埨	埩	埪	埫	埬	埭	埮	埯
57F	埰	埱	埲	埳	埴	埵	埶	執	埸	培	基	埻	埼	埽	埾	埿

	0	1	2	3	4	5	6	7	8	9	A	B	C	D	E	F
580	堀	堁	堂	堃	堄	堅	堆	堇	堈	堉	堊	堋	堌	堍	堎	堏
581	堐	堑	堒	堓	堔	堕	堖	堗	堘	堙	堚	堛	堜	堝	堞	堟
582	堠	堡	堢	堣	堤	堥	堦	堧	堨	堩	堪	堫	堬	堭	堮	堯
583	堰	報	堲	堳	場	堵	堶	堷	堸	堹	堺	堻	堼	堽	堾	堿
584	塀	塁	塂	塃	塄	塅	塆	塇	塈	塉	塊	塋	塌	塍	塎	塏
585	塐	塑	塒	塓	塔	塕	塖	塗	塘	塙	塚	塛	塜	塝	塞	塟
586	塠	塡	塢	塣	塤	塥	塦	塧	塨	塩	塪	填	塬	塭	塮	塯
587	塰	塱	塲	塳	塴	塵	塶	塷	塸	塹	塺	塻	塼	塽	塾	塿
588	墀	墁	墂	境	墄	墅	墆	墇	墈	墉	墊	墋	墌	墍	墎	墏
589	墐	墑	墒	墓	墔	墕	墖	増	墘	墙	墚	墛	墜	墝	增	墟
58A	墠	墡	墢	墣	墤	墥	墦	墧	墨	墩	墪	墫	墬	墭	墮	墯
58B	墰	墱	墲	墳	墴	墵	墶	墷	墸	墹	墺	墻	墼	墽	墾	墿
58C	壀	壁	壂	壃	壄	壅	壆	壇	壈	壉	壊	壋	壌	壍	壎	壏
58D	壐	壑	壒	壓	壔	壕	壖	壗	壘	壙	壚	壛	壜	壝	壞	壟
58E	壠	壡	壢	壣	壤	壥	壦	壧	壨	壩	壪	士	壬	壭	壮	壯
58F	声	壱	売	壳	壴	壵	壶	壷	壸	壹	壺	壻	壼	壽	壾	壿
590	夀	夁	夂	夃	处	夅	夆	备	夈	変	夊	夋	夌	复	夎	夏
591	夐	夑	夒	夓	夔	夕	外	夗	夘	夙	多	夛	夜	夝	夞	够
592	夠	夡	夢	夣	夤	夥	夦	大	夨	天	太	夫	夬	夭	央	夯
593	夰	失	夲	夳	头	夵	夶	夷	夸	夹	夺	夻	夼	夽	夾	夿

	0	1	2	3	4	5	6	7	8	9	A	B	C	D	E	F
594	奀	奁	奂	奃	奄	奅	奆	奇	奈	奉	奊	奋	奌	奍	奎	奏
595	奐	契	奒	奓	奔	奕	奖	套	奘	奙	奚	奛	奜	奝	奞	奟
596	奠	奡	奢	奣	奤	奥	奦	奧	奨	奩	奪	奫	奬	奭	奮	奯
597	奰	奱	奲	女	奴	奵	奶	奷	奸	她	奺	奻	奼	好	奾	奿
598	妀	妁	如	妃	妄	妅	妆	妇	妈	妉	妊	妋	妌	妍	妎	妏
599	妐	妑	妒	妓	妔	妕	妖	妗	妘	妙	妚	妛	妜	妝	妞	妟
59A	妠	妡	妢	妣	妤	妥	妦	妧	妨	妩	妪	妫	妬	妭	妮	妯
59B	妰	妱	妲	妳	妴	妵	妶	妷	妸	妹	妺	妻	妼	妽	妾	妿
59C	姀	姁	姂	姃	姄	姅	姆	姇	姈	姉	姊	始	姌	姍	姎	姏
59D	姐	姑	姒	姓	委	姕	姖	姗	姘	姙	姚	姛	姜	姝	姞	姟
59E	姠	姡	姢	姣	姤	姥	姦	姧	姨	姩	姪	姫	姬	姭	姮	姯
59F	姰	姱	姲	姳	姴	姵	姶	姷	姸	姹	姺	姻	姼	姽	姾	姿
5A0	娀	威	娂	娃	娄	娅	娆	娇	娈	娉	娊	娋	娌	娍	娎	娏
5A1	娐	娑	娒	娓	娔	娕	娖	娗	娘	娙	娚	娛	娜	娝	娞	娟
5A2	娠	娡	娢	娣	娤	娥	娦	娧	娨	娩	娪	娫	娬	娭	娮	娯
5A3	娰	娱	娲	娳	娴	娵	娶	娷	娸	娹	娺	娻	娼	娽	娾	娿
5A4	婀	婁	婂	婃	婄	婅	婆	婇	婈	婉	婊	婋	婌	婍	婎	婏
5A5	婐	婑	婒	婓	婔	婕	婖	婗	婘	婙	婚	婛	婜	婝	婞	婟
5A6	婠	婡	婢	婣	婤	婥	婦	婧	婨	婩	婪	婫	婬	婭	婮	婯
5A7	婰	婱	婲	婳	婴	婵	婶	婷	婸	婹	婺	婻	婼	婽	婾	婿

	0	1	2	3	4	5	6	7	8	9	A	B	C	D	E	F
5A8	媀	媁	媂	媃	媄	媅	媆	媇	媈	媉	媊	媋	媌	媍	媎	媏
5A9	媐	媑	媒	媓	媔	媕	媖	媗	媘	媙	媚	媛	媜	媝	媞	媟
5AA	媠	媡	媢	媣	媤	媥	媦	媧	媨	媩	媪	媫	媬	媭	媮	媯
5AB	媰	媱	媲	媳	媴	媵	媶	媷	媸	媹	媺	媻	媼	媽	媾	媿
5AC	嫀	嫁	嫂	嫃	嫄	嫅	嫆	嫇	嫈	嫉	嫊	嫋	嫌	嫍	嫎	嫏
5AD	嫐	嫑	嫒	嫓	嫔	嫕	嫖	嫗	嫘	嫙	嫚	嫛	嫜	嫝	嫞	嫟
5AE	嫠	嫡	嫢	嫣	嫤	嫥	嫦	嫧	嫨	嫩	嫪	嫫	嫬	嫭	嫮	嫯
5AF	嫰	嫱	嫲	嫳	嫴	嫵	嫶	嫷	嫸	嫹	嫺	嫻	嫼	嫽	嫾	嫿
5B0	嬀	嬁	嬂	嬃	嬄	嬅	嬆	嬇	嬈	嬉	嬊	嬋	嬌	嬍	嬎	嬏
5B1	嬐	嬑	嬒	嬓	嬔	嬕	嬖	嬗	嬘	嬙	嬚	嬛	嬜	嬝	嬞	嬟
5B2	嬠	嬡	嬢	嬣	嬤	嬥	嬦	嬧	嬨	嬩	嬪	嬫	嬬	嬭	嬮	嬯
5B3	嬰	嬱	嬲	嬳	嬴	嬵	嬶	嬷	嬸	嬹	嬺	嬻	嬼	嬽	嬾	嬿
5B4	孀	孁	孂	孃	孄	孅	孆	孇	孈	孉	孊	孋	孌	孍	孎	孏
5B5	子	孑	孒	孓	孔	孕	孖	字	存	孙	孚	孛	孜	孝	孞	孟
5B6	孠	孡	孢	季	孤	孥	学	孧	孨	孩	孪	孫	孬	孭	孮	孯
5B7	孰	孱	孲	孳	孴	孵	孶	孷	學	孹	孺	孻	孼	孽	孾	孿
5B8	宀	宁	宂	它	宄	宅	宆	宇	守	安	宊	宋	完	宍	宎	宏
5B9	宐	宑	宒	宓	宔	宕	宖	宗	官	宙	定	宛	宜	宝	实	実
5BA	宠	审	客	宣	室	宥	宦	宧	宨	宩	宪	宫	宬	宭	宮	宯
5BB	宰	宱	宲	害	宴	宵	家	宷	宸	容	宺	宻	宼	宽	宾	宿

	0	1	2	3	4	5	6	7	8	9	A	B	C	D	E	F
5BC	寀	寁	寂	寃	寄	寅	密	寇	寈	寉	寊	寋	富	寍	寎	寏
5BD	寐	寑	寒	寓	寔	寕	寖	寗	寘	寙	寚	寛	寜	寝	寞	察
5BE	寠	寡	寢	寣	寤	寥	實	寧	寨	審	寪	寫	寬	寭	寮	寯
5BF	寰	寱	寲	寳	寴	寵	寶	寷	寸	对	寺	寻	导	寽	対	寿
5C0	尀	封	専	尃	射	尅	将	將	專	尉	尊	尋	尌	對	導	小
5C1	尐	少	尒	尓	尔	尕	尖	尗	尘	尙	尚	尛	尜	尝	尞	尟
5C2	尠	尡	尢	尣	尤	尥	尦	尧	尨	尩	尪	尫	尬	尭	尮	尯
5C3	尰	就	尲	尳	尴	尵	尶	尷	尸	尹	尺	尻	尼	尽	尾	尿
5C4	局	屁	层	屃	屄	居	屆	屇	屈	屉	届	屋	屌	屍	屎	屏
5C5	屐	屑	屒	屓	屔	展	屖	屗	屘	屙	屚	屛	屜	屝	属	屟
5C6	屠	屡	屢	屣	層	履	屦	屧	屨	屩	屪	屫	屬	屭	屮	屯
5C7	屰	山	屲	屳	屴	屵	屶	屷	屸	屹	屺	屻	屼	屽	屾	屿
5C8	岀	岁	岂	岃	岄	岅	岆	岇	岈	岉	岊	岋	岌	岍	岎	岏
5C9	岐	岑	岒	岓	岔	岕	岖	岗	岘	岙	岚	岛	岜	岝	岞	岟
5CA	岠	岡	岢	岣	岤	岥	岦	岧	岨	岩	岪	岫	岬	岭	岮	岯
5CB	岰	岱	岲	岳	岴	岵	岶	岷	岸	岹	岺	岻	岼	岽	岾	岿
5CC	峀	峁	峂	峃	峄	峅	峆	峇	峈	峉	峊	峋	峌	峍	峎	峏
5CD	峐	峑	峒	峓	峔	峕	峖	峗	峘	峙	峚	峛	峜	峝	峞	峟
5CE	峠	峡	峢	峣	峤	峥	峦	峧	峨	峩	峪	峫	峬	峭	峮	峯
5CF	峰	峱	峲	峳	峴	峵	島	峷	峸	峹	峺	峻	峼	峽	峾	峿

	0	1	2	3	4	5	6	7	8	9	A	B	C	D	E	F
5D0	崀	崁	崂	崃	崄	崅	崆	崇	崈	崉	崊	崋	崌	崍	崎	崏
5D1	崐	崑	崒	崓	崔	崕	崖	崗	崘	崙	崚	崛	崜	崝	崞	崟
5D2	崠	崡	崢	崣	崤	崥	崦	崧	崨	崩	崪	崫	崬	崭	崮	崯
5D3	崰	崱	崲	崳	崴	崵	崶	崷	崸	崹	崺	崻	崼	崽	崾	崿
5D4	嵀	嵁	嵂	嵃	嵄	嵅	嵆	嵇	嵈	嵉	嵊	嵋	嵌	嵍	嵎	嵏
5D5	嵐	嵑	嵒	嵓	嵔	嵕	嵖	嵗	嵘	嵙	嵚	嵛	嵜	嵝	嵞	嵟
5D6	嵠	嵡	嵢	嵣	嵤	嵥	嵦	嵧	嵨	嵩	嵪	嵫	嵬	嵭	嵮	嵯
5D7	嵰	嵱	嵲	嵳	嵴	嵵	嵶	嵷	嵸	嵹	嵺	嵻	嵼	嵽	嵾	嵿
5D8	嶀	嶁	嶂	嶃	嶄	嶅	嶆	嶇	嶈	嶉	嶊	嶋	嶌	嶍	嶎	嶏
5D9	嶐	嶑	嶒	嶓	嶔	嶕	嶖	嶗	嶘	嶙	嶚	嶛	嶜	嶝	嶞	嶟
5DA	嶠	嶡	嶢	嶣	嶤	嶥	嶦	嶧	嶨	嶩	嶪	嶫	嶬	嶭	嶮	嶯
5DB	嶰	嶱	嶲	嶳	嶴	嶵	嶶	嶷	嶸	嶹	嶺	嶻	嶼	嶽	嶾	嶿
5DC	巀	巁	巂	巃	巄	巅	巆	巇	巈	巉	巊	巋	巌	巍	巎	巏
5DD	巐	巑	巒	巓	巔	巕	巖	巗	巘	巙	巚	巛	巜	川	州	巟
5DE	巠	巡	巢	巣	巤	工	左	巧	巨	巩	巪	巫	巬	巭	差	巯
5DF	巰	己	已	巳	巴	巵	巶	巷	巸	巹	巺	巻	巼	巽	巾	巿
5E0	帀	币	市	布	帄	帅	帆	帇	师	帉	帊	帋	希	帍	帎	帏
5E1	帐	帑	帒	帓	帔	帕	帖	帗	帘	帙	帚	帛	帜	帝	帞	帟
5E2	帠	帡	帢	帣	帤	帥	带	帧	帨	帩	帪	師	帬	席	帮	帯
5E3	帰	帱	帲	帳	帴	帵	帶	帷	常	帹	帺	帻	帼	帽	帾	帿

	0	1	2	3	4	5	6	7	8	9	A	B	C	D	E	F
5E4	幀	幁	幂	幃	幄	幅	幆	幇	幈	幉	幊	幋	幌	幍	幎	幏
5E5	幐	幑	幒	幓	幔	幕	幖	幗	幘	幙	幚	幛	幜	幝	幞	幟
5E6	幠	幡	幢	幣	幤	幥	幦	幧	幨	幩	幪	幫	幬	幭	幮	幯
5E7	幰	幱	干	平	年	幵	并	幷	幸	幹	幺	幻	幼	幽	幾	广
5E8	庀	庁	庂	広	庄	庅	庆	庇	庈	庉	床	庋	庌	庍	庎	序
5E9	庐	庑	庒	库	应	底	庖	店	庘	庙	庚	庛	府	庝	庞	废
5EA	庠	庡	庢	庣	庤	庥	度	座	庨	庩	庪	庫	庬	庭	庮	庯
5EB	庰	庱	庲	庳	庴	庵	庶	康	庸	庹	庺	庻	庼	庽	庾	庿
5EC	廀	廁	廂	廃	廄	廅	廆	廇	廈	廉	廊	廋	廌	廍	廎	廏
5ED	廐	廑	廒	廓	廔	廕	廖	廗	廘	廙	廚	廛	廜	廝	廞	廟
5EE	廠	廡	廢	廣	廤	廥	廦	廧	廨	廩	廪	廫	廬	廭	廮	廯
5EF	廰	廱	廲	廳	廴	廵	延	廷	廸	廹	建	廻	廼	廽	廾	廿
5F0	开	弁	异	弃	弄	弅	弆	弇	弈	弉	弊	弋	弌	弍	弎	式
5F1	弐	弑	弒	弓	弔	引	弖	弗	弘	弙	弚	弛	弜	弝	弞	弟
5F2	张	弡	弢	弣	弤	弥	弦	弧	弨	弩	弪	弫	弬	弭	弮	弯
5F3	弰	弱	弲	弳	弴	張	弶	強	弸	弹	强	弻	弼	弽	弾	弿
5F4	彀	彁	彂	彃	彄	彅	彆	彇	彈	彉	彊	彋	彌	彍	彎	彏
5F5	彐	彑	归	当	彔	录	彖	彗	彘	彙	彚	彛	彜	彝	彞	彟
5F6	彠	彡	形	彣	彤	彥	彦	彧	彨	彩	彪	彫	彬	彭	彮	彯
5F7	彰	影	彲	彳	彴	彵	彶	彷	彸	役	彺	彻	彼	彽	彾	彿

	0	1	2	3	4	5	6	7	8	9	A	B	C	D	E	F
5F8	往	征	徂	徃	径	待	徆	徇	很	徉	徊	律	後	徍	徎	徏
5F9	徐	徑	徒	従	徔	徕	徖	得	徘	徙	徚	徛	徜	徝	從	徟
5FA	徠	御	徢	徣	徤	徥	徦	徧	徨	復	循	徫	徬	徭	微	徯
5FB	徰	徱	徲	徳	徴	徵	徶	德	徸	徹	徺	徻	徼	徽	徾	徿
5FC	忀	忁	忂	心	忄	必	忆	忇	忈	忉	忊	忋	忌	忍	忎	忏
5FD	忐	忑	忒	忓	忔	忕	忖	志	忘	忙	忚	忛	応	忝	忞	忟
5FE	忠	忡	忢	忣	忤	忥	忦	忧	忨	忩	忪	快	忬	忭	忮	忯
5FF	忰	忱	忲	忳	忴	念	忶	忷	忸	忹	忺	忻	忼	忽	忾	忿
600	怀	态	怂	怃	怄	怅	怆	怇	怈	怉	怊	怋	怌	怍	怎	怏
601	怐	怑	怒	怓	怔	怕	怖	怗	怘	怙	怚	怛	怜	思	怞	怟
602	怠	怡	怢	怣	怤	急	怦	性	怨	怩	怪	怫	怬	怭	怮	怯
603	怰	怱	怲	怳	怴	怵	怶	怷	怸	怹	怺	总	怼	怽	怾	怿
604	恀	恁	恂	恃	恄	恅	恆	恇	恈	恉	恊	恋	恌	恍	恎	恏
605	恐	恑	恒	恓	恔	恕	恖	恗	恘	恙	恚	恛	恜	恝	恞	恟
606	恠	恡	恢	恣	恤	恥	恦	恧	恨	恩	恪	恫	恬	恭	恮	息
607	恰	恱	恲	恳	恴	恵	恶	恷	恸	恹	恺	恻	恼	恽	恾	恿
608	悀	悁	悂	悃	悄	悅	悆	悇	悈	悉	悊	悋	悌	悍	悎	悏
609	悐	悑	悒	悓	悔	悕	悖	悗	悘	悙	悚	悛	悜	悝	悞	悟
60A	悠	悡	悢	患	悤	悥	悦	悧	您	悩	悪	悫	悬	悭	悮	悯
60B	悰	悱	悲	悳	悴	悵	悶	悷	悸	悹	悺	悻	悼	悽	悾	悿

	0	1	2	3	4	5	6	7	8	9	A	B	C	D	E	F
60C	惀	惁	惂	惃	惄	情	惆	惇	惈	惉	惊	惋	惌	惍	惎	惏
60D	惐	惑	惒	惓	惔	惕	惖	惗	惘	惙	惚	惛	惜	惝	惞	惟
60E	惠	惡	惢	惣	惤	惥	惦	惧	惨	惩	惪	惫	惬	惭	惮	惯
60F	惰	惱	惲	想	惴	惵	惶	惷	惸	惹	惺	惻	惼	惽	惾	惿
610	愀	愁	愂	愃	愄	愅	愆	愇	愈	愉	愊	愋	愌	愍	愎	意
611	愐	愑	愒	愓	愔	愕	愖	愗	愘	愙	愚	愛	愜	愝	愞	感
612	愠	愡	愢	愣	愤	愥	愦	愧	愨	愩	愪	愫	愬	愭	愮	愯
613	愰	愱	愲	愳	愴	愵	愶	愷	愸	愹	愺	愻	愼	愽	愾	愿
614	慀	慁	慂	慃	慄	慅	慆	慇	慈	慉	慊	態	慌	慍	慎	慏
615	慐	慑	慒	慓	慔	慕	慖	慗	慘	慙	慚	慛	慜	慝	慞	慟
616	慠	慡	慢	慣	慤	慥	慦	慧	慨	慩	慪	慫	慬	慭	慮	慯
617	慰	慱	慲	慳	慴	慵	慶	慷	慸	慹	慺	慻	慼	慽	慾	慿
618	憀	憁	憂	憃	憄	憅	憆	憇	憈	憉	憊	憋	憌	憍	憎	憏
619	憐	憑	憒	憓	憔	憕	憖	憗	憘	憙	憚	憛	憜	憝	憞	憟
61A	憠	憡	憢	憣	憤	憥	憦	憧	憨	憩	憪	憫	憬	憭	憮	憯
61B	憰	憱	憲	憳	憴	憵	憶	憷	憸	憹	憺	憻	憼	憽	憾	憿
61C	懀	懁	懂	懃	懄	懅	懆	懇	懈	應	懊	懋	懌	懍	懎	懏
61D	懐	懑	懒	懓	懔	懕	懖	懗	懘	懙	懚	懛	懜	懝	懞	懟
61E	懠	懡	懢	懣	懤	懥	懦	懧	懨	懩	懪	懫	懬	懭	懮	懯
61F	懰	懱	懲	懳	懴	懵	懶	懷	懸	懹	懺	懻	懼	懽	懾	懿

	0	1	2	3	4	5	6	7	8	9	A	B	C	D	E	F
620	戀	戁	戂	戃	戄	戅	戆	戇	戈	戉	戊	戋	戌	戍	戎	戏
621	成	我	戒	戓	戔	戕	或	戗	战	戙	戚	戛	戜	戝	戞	戟
622	戠	戡	戢	戣	戤	戥	戦	戧	戨	戩	截	戫	戬	戭	戮	戯
623	戰	戱	戲	戳	戴	戵	戶	户	戸	戹	戺	戻	戼	戽	戾	房
624	所	扁	扂	扃	扄	扅	扆	扇	扈	扉	扊	手	扌	才	扎	扏
625	扐	扑	扒	打	扔	払	扖	扗	托	扙	扚	扛	扜	扝	扞	扟
626	扠	扡	扢	扣	扤	扥	扦	执	扨	扩	扪	扫	扬	扭	扮	扯
627	扰	扱	扲	扳	扴	扵	扶	扷	扸	批	扺	扻	扼	扽	找	承
628	技	抁	抂	抃	抄	抅	抆	抇	抈	抉	把	抋	抌	抍	抎	抏
629	抐	抑	抒	抓	抔	投	抖	抗	折	抙	抚	抛	抜	抝	択	抟
62A	抠	抡	抢	抣	护	报	抦	抧	抨	抩	抪	披	抬	抭	抮	抯
62B	抰	抱	抲	抳	抴	抵	抶	抷	抸	抹	抺	抻	押	抽	抾	抿
62C	拀	拁	拂	拃	拄	担	拆	拇	拈	拉	拊	拋	拌	拍	拎	拏
62D	拐	拑	拒	拓	拔	拕	拖	拗	拘	拙	拚	招	拜	拝	拞	拟
62E	拠	拡	拢	拣	拤	拥	拦	拧	拨	择	拪	拫	括	拭	拮	拯
62F	拰	拱	拲	拳	拴	拵	拶	拷	拸	拹	拺	拻	拼	拽	拾	拿
630	挀	持	挂	挃	挄	挅	挆	指	挈	按	挊	挋	挌	挍	挎	挏
631	挐	挑	挒	挓	挔	挕	挖	挗	挘	挙	挚	挛	挜	挝	挞	挟
632	挠	挡	挢	挣	挤	挥	挦	挧	挨	挩	挪	挫	挬	挭	挮	振
633	挰	挱	挲	挳	挴	挵	挶	挷	挸	挹	挺	挻	挼	挽	挾	挿

	0	1	2	3	4	5	6	7	8	9	A	B	C	D	E	F
634	捀	捁	捂	捃	捄	捅	捆	捇	捈	捉	捊	捋	捌	捍	捎	捏
635	捐	捑	捒	捓	捔	捕	捖	捗	捘	捙	捚	捛	捜	捝	捞	损
636	捠	捡	换	捣	捤	捥	捦	捧	捨	捩	捪	捫	捬	捭	据	捯
637	捰	捱	捲	捳	捴	捵	捶	捷	捸	捹	捺	捻	捼	捽	捾	捿
638	掀	掁	掂	掃	掄	掅	掆	掇	授	掉	掊	掋	掌	掍	掎	掏
639	掐	掑	排	掓	掔	掕	掖	掗	掘	掙	掚	掛	掜	掝	掞	掟
63A	掠	採	探	掣	掤	接	掦	控	推	掩	措	掫	掬	掭	掮	掯
63B	掰	掱	掲	掳	掴	掵	掶	掷	掸	掹	掺	掻	掼	掽	掾	掿
63C	揀	揁	揂	揃	揄	揅	揆	揇	揈	揉	揊	揋	揌	揍	揎	描
63D	提	揑	插	揓	揔	揕	揖	揗	揘	揙	揚	換	揜	揝	揞	揟
63E	揠	握	揢	揣	揤	揥	揦	揧	揨	揩	揪	揫	揬	揭	揮	揯
63F	揰	揱	揲	揳	援	揵	揶	揷	揸	揹	揺	揻	揼	揽	揾	揿
640	搀	搁	搂	搃	搄	搅	搆	搇	搈	搉	搊	搋	搌	損	搎	搏
641	搐	搑	搒	搓	搔	搕	搖	搗	搘	搙	搚	搛	搜	搝	搞	搟
642	搠	搡	搢	搣	搤	搥	搦	搧	搨	搩	搪	搫	搬	搭	搮	搯
643	搰	搱	搲	搳	搴	搵	搶	搷	搸	搹	携	搻	搼	搽	搾	搿
644	摀	摁	摂	摃	摄	摅	摆	摇	摈	摉	摊	摋	摌	摍	摎	摏
645	摐	摑	摒	摓	摔	摕	摖	摗	摘	摙	摚	摛	摜	摝	摞	摟
646	摠	摡	摢	摣	摤	摥	摦	摧	摨	摩	摪	摫	摬	摭	摮	摯
647	摰	摱	摲	摳	摴	摵	摶	摷	摸	摹	摺	摻	摼	摽	摾	摿

	0	1	2	3	4	5	6	7	8	9	A	B	C	D	E	F
648	撀	撁	撂	撃	撄	撅	撆	撇	撈	撉	撊	撋	撌	撍	撎	撏
649	撐	撑	撒	撓	撔	撕	撖	撗	撘	撙	撚	撛	撜	撝	撞	撟
64A	撠	撡	撢	撣	撤	撥	撦	撧	撨	撩	撪	撫	撬	播	撮	撯
64B	撰	撱	撲	撳	撴	撵	撶	撷	撸	撹	撺	撻	撼	撽	撾	撿
64C	擀	擁	擂	擃	擄	擅	擆	擇	擈	擉	擊	擋	擌	操	擎	擏
64D	擐	擑	擒	擓	擔	擕	擖	擗	擘	擙	據	擛	擜	擝	擞	擟
64E	擠	擡	擢	擣	擤	擥	擦	擧	擨	擩	擪	擫	擬	擭	擮	擯
64F	擰	擱	擲	擳	擴	擵	擶	擷	擸	擹	擺	擻	擼	擽	擾	擿
650	攀	攁	攂	攃	攄	攅	攆	攇	攈	攉	攊	攋	攌	攍	攎	攏
651	攐	攑	攒	攓	攔	攕	攖	攗	攘	攙	攚	攛	攜	攝	攞	攟
652	攠	攡	攢	攣	攤	攥	攦	攧	攨	攩	攪	攫	攬	攭	攮	支
653	攰	攱	攲	攳	攴	攵	收	攷	攸	改	攺	攻	攼	攽	放	政
654	敀	敁	敂	敃	敄	故	敆	敇	效	敉	敊	敋	敌	敍	敎	敏
655	敐	救	敒	敓	敔	敕	敖	敗	敘	教	敚	敛	敜	敝	敞	敟
656	敠	敡	敢	散	敤	敥	敦	敧	敨	敩	敪	敫	敬	敭	敮	敯
657	数	敱	敲	敳	整	敵	敶	敷	數	敹	敺	敻	敼	敽	敾	敿
658	斀	斁	斂	斃	斄	斅	斆	文	斈	斉	斊	斋	斌	斍	斎	斏
659	斐	斑	斒	斓	斔	斕	斖	斗	斘	料	斚	斛	斜	斝	斞	斟
65A	斠	斡	斢	斣	斤	斥	斦	斧	斨	斩	斪	斫	斬	断	斮	斯
65B	新	斱	斲	斳	斴	斵	斶	斷	斸	方	斺	斻	於	施	斾	斿

	0	1	2	3	4	5	6	7	8	9	A	B	C	D	E	F
65C	旀	旁	旂	旃	旄	旅	旆	旇	旈	旉	旊	旋	旌	旍	旎	族
65D	旐	旑	旒	旓	旔	旕	旖	旗	旘	旙	旚	旛	旜	旝	旞	旟
65E	无	旡	既	旣	旤	日	旦	旧	旨	早	旪	旫	旬	旭	旮	旯
65F	旰	旱	旲	旳	旴	旵	时	旷	旸	旹	旺	旻	旼	旽	旾	旿
660	昀	昁	昂	昃	昄	昅	昆	昇	昈	昉	昊	昋	昌	昍	明	昏
661	昐	昑	昒	易	昔	昕	昖	昗	昘	昙	昚	昛	昜	昝	昞	星
662	映	昡	昢	昣	昤	春	昦	昧	昨	昩	昪	昫	昬	昭	昮	是
663	昰	昱	昲	昳	昴	昵	昶	昷	昸	昹	昺	昻	昼	昽	显	昿
664	晀	晁	時	晃	晄	晅	晆	晇	晈	晉	晊	晋	晌	晍	晎	晏
665	晐	晑	晒	晓	晔	晕	晖	晗	晘	晙	晚	晛	晜	晝	晞	晟
666	晠	晡	晢	晣	晤	晥	晦	晧	晨	晩	晪	晫	晬	晭	普	景
667	晰	晱	晲	晳	晴	晵	晶	晷	晸	晹	智	晻	晼	晽	晾	晿
668	暀	暁	暂	暃	暄	暅	暆	暇	暈	暉	暊	暋	暌	暍	暎	暏
669	暐	暑	暒	暓	暔	暕	暖	暗	暘	暙	暚	暛	暜	暝	暞	暟
66A	暠	暡	暢	暣	暤	暥	暦	暧	暨	暩	暪	暫	暬	暭	暮	暯
66B	暰	暱	暲	暳	暴	暵	暶	暷	暸	暹	暺	暻	暼	暽	暾	暿
66C	曀	曁	曂	曃	曄	曅	曆	曇	曈	曉	曊	曋	曌	曍	曎	曏
66D	曐	曑	曒	曓	曔	曕	曖	曗	曘	曙	曚	曛	曜	曝	曞	曟
66E	曠	曡	曢	曣	曤	曥	曦	曧	曨	曩	曪	曫	曬	曭	曮	曯
66F	曰	曱	曲	曳	更	曵	曶	曷	書	曹	曺	曻	曼	曽	曾	替

	0	1	2	3	4	5	6	7	8	9	A	B	C	D	E	F
670	最	朁	朂	會	朄	朅	朆	朇	月	有	朊	朋	朌	服	朎	朏
671	朐	朑	朒	朓	朔	朕	朖	朗	朘	朙	朚	望	朜	朝	朞	期
672	朠	朡	朢	朣	朤	朥	朦	朧	木	朩	未	末	本	札	朮	术
673	朰	朱	朲	朳	朴	朵	朶	朷	朸	朹	机	朻	朼	朽	朾	朿
674	杀	杁	杂	权	杄	杅	杆	杇	杈	杉	杊	杋	杌	杍	李	杏
675	材	村	杒	杓	杔	杕	杖	杗	杘	杙	杚	杛	杜	杝	杞	束
676	杠	条	杢	杣	杤	来	杦	杧	杨	杩	杪	杫	杬	杭	杮	杯
677	杰	東	杲	杳	杴	杵	杶	杷	杸	杹	杺	杻	杼	杽	松	板
678	枀	极	枂	枃	构	枅	枆	枇	枈	枉	枊	枋	枌	枍	枎	枏
679	析	枑	枒	枓	枔	枕	枖	林	枘	枙	枚	枛	果	枝	枞	枟
67A	枠	枡	枢	枣	枤	枥	枦	枧	枨	枩	枪	枫	枬	枭	枮	枯
67B	枰	枱	枲	枳	枴	枵	架	枷	枸	枹	枺	枻	枼	枽	枾	枿
67C	柀	柁	柂	柃	柄	柅	柆	柇	柈	柉	柊	柋	柌	柍	柎	柏
67D	某	柑	柒	染	柔	柕	柖	柗	柘	柙	柚	柛	柜	柝	柞	柟
67E	柠	柡	柢	柣	柤	查	柦	柧	柨	柩	柪	柫	柬	柭	柮	柯
67F	柰	柱	柲	柳	柴	柵	柶	柷	柸	柹	柺	査	柼	柽	柾	柿
680	栀	栁	栂	栃	栄	栅	栆	标	栈	栉	栊	栋	栌	栍	栎	栏
681	栐	树	栒	栓	栔	栕	栖	栗	栘	栙	栚	栛	栜	栝	栞	栟
682	栠	校	栢	栣	栤	栥	栦	栧	栨	栩	株	栫	栬	栭	栮	栯
683	栰	栱	栲	栳	栴	栵	栶	样	核	根	栺	栻	格	栽	栾	栿

	0	1	2	3	4	5	6	7	8	9	A	B	C	D	E	F
684	桀	桁	桂	桃	桄	桅	框	桇	案	桉	桊	桋	桌	桍	桎	桏
685	桐	桑	桒	桓	桔	桕	桖	桗	桘	桙	桚	桛	桜	桝	桞	桟
686	桠	桡	桢	档	桤	桥	桦	桧	桨	桩	桪	桫	桬	桭	桮	桯
687	桰	桱	桲	桳	桴	桵	桶	桷	桸	桹	桺	桻	桼	桽	桾	桿
688	梀	梁	梂	梃	梄	梅	梆	梇	梈	梉	梊	梋	梌	梍	梎	梏
689	梐	梑	梒	梓	梔	梕	梖	梗	梘	梙	梚	梛	梜	條	梞	梟
68A	梠	梡	梢	梣	梤	梥	梦	梧	梨	梩	梪	梫	梬	梭	梮	梯
68B	械	梱	梲	梳	梴	梵	梶	梷	梸	梹	梺	梻	梼	梽	梾	梿
68C	检	棁	棂	棃	棄	棅	棆	棇	棈	棉	棊	棋	棌	棍	棎	棏
68D	棐	棑	棒	棓	棔	棕	棖	棗	棘	棙	棚	棛	棜	棝	棞	棟
68E	棠	棡	棢	棣	棤	棥	棦	棧	棨	棩	棪	棫	棬	棭	森	棯
68F	棰	棱	棲	棳	棴	棵	棶	棷	棸	棹	棺	棻	棼	棽	棾	棿
690	椀	椁	椂	椃	椄	椅	椆	椇	椈	椉	椊	椋	椌	植	椎	椏
691	椐	椑	椒	椓	椔	椕	椖	椗	椘	椙	椚	椛	検	椝	椞	椟
692	椠	椡	椢	椣	椤	椥	椦	椧	椨	椩	椪	椫	椬	椭	椮	椯
693	椰	椱	椲	椳	椴	椵	椶	椷	椸	椹	椺	椻	椼	椽	椾	椿
694	楀	楁	楂	楃	楄	楅	楆	楇	楈	楉	楊	楋	楌	楍	楎	楏
695	楐	楑	楒	楓	楔	楕	楖	楗	楘	楙	楚	楛	楜	楝	楞	楟
696	楠	楡	楢	楣	楤	楥	楦	楧	楨	楩	楪	楫	楬	業	楮	楯
697	楰	楱	楲	楳	楴	極	楶	楷	楸	楹	楺	楻	楼	楽	楾	楿

	0	1	2	3	4	5	6	7	8	9	A	B	C	D	E	F
698	榀	榁	概	榃	榄	榅	榆	榇	榈	榉	榊	榋	榌	榍	榎	榏
699	榐	榑	榒	榓	榔	榕	榖	榗	榘	榙	榚	榛	榜	榝	榞	榟
69A	榠	榡	榢	榣	榤	榥	榦	榧	榨	榩	榪	榫	榬	榭	榮	榯
69B	榰	榱	榲	榳	榴	榵	榶	榷	榸	榹	榺	榻	榼	榽	榾	榿
69C	槀	槁	槂	槃	槄	槅	槆	槇	槈	槉	槊	構	槌	槍	槎	槏
69D	槐	槑	槒	槓	槔	槕	槖	槗	様	槙	槚	槛	槜	槝	槞	槟
69E	槠	槡	槢	槣	槤	槥	槦	槧	槨	槩	槪	槫	槬	槭	槮	槯
69F	槰	槱	槲	槳	槴	槵	槶	槷	槸	槹	槺	槻	槼	槽	槾	槿
6A0	樀	樁	樂	樃	樄	樅	樆	樇	樈	樉	樊	樋	樌	樍	樎	樏
6A1	樐	樑	樒	樓	樔	樕	樖	樗	樘	標	樚	樛	樜	樝	樞	樟
6A2	樠	模	樢	樣	樤	樥	樦	樧	樨	権	横	樫	樬	樭	樮	樯
6A3	樰	樱	樲	樳	樴	樵	樶	樷	樸	樹	樺	樻	樼	樽	樾	樿
6A4	橀	橁	橂	橃	橄	橅	橆	橇	橈	橉	橊	橋	橌	橍	橎	橏
6A5	橐	橑	橒	橓	橔	橕	橖	橗	橘	橙	橚	橛	橜	橝	橞	機
6A6	橠	橡	橢	橣	橤	橥	橦	橧	橨	橩	橪	橫	橬	橭	橮	橯
6A7	橰	橱	橲	橳	橴	橵	橶	橷	橸	橹	橺	橻	橼	橽	橾	橿
6A8	檀	檁	檂	檃	檄	檅	檆	檇	檈	檉	檊	檋	檌	檍	檎	檏
6A9	檐	檑	檒	檓	檔	檕	檖	檗	檘	檙	檚	檛	檜	檝	檞	檟
6AA	檠	檡	檢	檣	檤	檥	檦	檧	檨	檩	檪	檫	檬	檭	檮	檯
6AB	檰	檱	檲	檳	檴	檵	檶	檷	檸	檹	檺	檻	檼	檽	檾	檿

	0	1	2	3	4	5	6	7	8	9	A	B	C	D	E	F
6AC	櫀	櫁	櫂	櫃	櫄	櫅	櫆	櫇	櫈	櫉	櫊	櫋	櫌	櫍	櫎	櫏
6AD	櫐	櫑	櫒	櫓	櫔	櫕	櫖	櫗	櫘	櫙	櫚	櫛	櫜	櫝	櫞	櫟
6AE	櫠	櫡	櫢	櫣	櫤	櫥	櫦	櫧	櫨	櫩	櫪	櫫	櫬	櫭	櫮	櫯
6AF	櫰	櫱	櫲	櫳	櫴	櫵	櫶	櫷	櫸	櫹	櫺	櫻	櫼	櫽	櫾	櫿
6B0	欀	欁	欂	欃	欄	欅	欆	欇	欈	欉	權	欋	欌	欍	欎	欏
6B1	欐	欑	欒	欓	欔	欕	欖	欗	欘	欙	欚	欛	欜	欝	欞	欟
6B2	欠	次	欢	欣	欤	欥	欦	欧	欨	欩	欪	欫	欬	欭	欮	欯
6B3	欰	欱	欲	欳	欴	欵	欶	欷	欸	欹	欺	欻	欼	欽	款	欿
6B4	歀	歁	歂	歃	歄	歅	歆	歇	歈	歉	歊	歋	歌	歍	歎	歏
6B5	歐	歑	歒	歓	歔	歕	歖	歗	歘	歙	歚	歛	歜	歝	歞	歟
6B6	歠	歡	止	正	此	步	武	歧	歨	歩	歪	歫	歬	歭	歮	歯
6B7	歰	歱	歲	歳	歴	歵	歶	歷	歸	歹	歺	死	歼	歽	歾	歿
6B8	殀	殁	殂	殃	殄	殅	殆	殇	殈	殉	殊	残	殌	殍	殎	殏
6B9	殐	殑	殒	殓	殔	殕	殖	殗	殘	殙	殚	殛	殜	殝	殞	殟
6BA	殠	殡	殢	殣	殤	殥	殦	殧	殨	殩	殪	殫	殬	殭	殮	殯
6BB	殰	殱	殲	殳	殴	段	殶	殷	殸	殹	殺	殻	殼	殽	殾	殿
6BC	毀	毁	毂	毃	毄	毅	毆	毇	毈	毉	毊	毋	毌	母	毎	每
6BD	毐	毑	毒	毓	比	毕	毖	毗	毘	毙	毚	毛	毜	毝	毞	毟
6BE	毠	毡	毢	毣	毤	毥	毦	毧	毨	毩	毪	毫	毬	毭	毮	毯
6BF	毰	毱	毲	毳	毴	毵	毶	毷	毸	毹	毺	毻	毼	毽	毾	毿

	0	1	2	3	4	5	6	7	8	9	A	B	C	D	E	F
6C0	氀	氁	氂	氃	氄	氅	氆	氇	氈	氉	氊	氋	氌	氍	氎	氏
6C1	氐	民	氒	氓	气	氕	氖	気	氘	氙	氚	氛	氜	氝	氞	氟
6C2	氠	氡	氢	氣	氤	氥	氦	氧	氨	氩	氪	氫	氬	氭	氮	氯
6C3	氰	氱	氲	氳	水	氵	氶	氷	永	氹	氺	氻	氼	氽	氾	氿
6C4	汀	汁	求	汃	汄	汅	汆	汇	汈	汉	汊	汋	汌	汍	汎	汏
6C5	汐	汑	汒	汓	汔	汕	汖	汗	汘	汙	汚	汛	汜	汝	汞	江
6C6	池	污	汢	汣	汤	汥	汦	汧	汨	汩	汪	汫	汬	汭	汮	汯
6C7	汰	汱	汲	汳	汴	汵	汶	汷	汸	汹	決	汻	汼	汽	汾	汿
6C8	沀	沁	沂	沃	沄	沅	沆	沇	沈	沉	沊	沋	沌	沍	沎	沏
6C9	沐	沑	沒	沓	沔	沕	沖	沗	沘	沙	沚	沛	沜	沝	沞	沟
6CA	沠	没	沢	沣	沤	沥	沦	沧	沨	沩	沪	沫	沬	沭	沮	沯
6CB	沰	沱	沲	河	沴	沵	沶	沷	沸	油	沺	治	沼	沽	沾	沿
6CC	泀	況	泂	泃	泄	泅	泆	泇	泈	泉	泊	泋	泌	泍	泎	泏
6CD	泐	泑	泒	泓	泔	法	泖	泗	泘	泙	泚	泛	泜	泝	泞	泟
6CE	泠	泡	波	泣	泤	泥	泦	泧	注	泩	泪	泫	泬	泭	泮	泯
6CF	泰	泱	泲	泳	泴	泵	泶	泷	泸	泹	泺	泻	泼	泽	泾	泿
6D0	洀	洁	洂	洃	洄	洅	洆	洇	洈	洉	洊	洋	洌	洍	洎	洏
6D1	洐	洑	洒	洓	洔	洕	洖	洗	洘	洙	洚	洛	洜	洝	洞	洟
6D2	洠	洡	洢	洣	洤	津	洦	洧	洨	洩	洪	洫	洬	洭	洮	洯
6D3	洰	洱	洲	洳	洴	洵	洶	洷	洸	洹	洺	活	洼	洽	派	洿

	0	1	2	3	4	5	6	7	8	9	A	B	C	D	E	F
6D4	浀	流	浂	浃	浄	浅	浆	浇	浈	浉	浊	测	浌	浍	济	浏
6D5	浐	浑	浒	浓	浔	浕	浖	浗	浘	浙	浚	浛	浜	浝	浞	浟
6D6	浠	浡	浢	浣	浤	浥	浦	浧	浨	浩	浪	浫	浬	浭	浮	浯
6D7	浰	浱	浲	浳	浴	浵	浶	海	浸	浹	浺	浻	浼	浽	浾	浿
6D8	涀	涁	涂	涃	涄	涅	涆	涇	消	涉	涊	涋	涌	涍	涎	涏
6D9	涐	涑	涒	涓	涔	涕	涖	涗	涘	涙	涚	涛	涜	涝	涞	涟
6DA	涠	涡	涢	涣	涤	涥	润	涧	涨	涩	涪	涫	涬	涭	涮	涯
6DB	涰	涱	液	涳	涴	涵	涶	涷	涸	涹	涺	涻	涼	涽	涾	涿
6DC	淀	淁	淂	淃	淄	淅	淆	淇	淈	淉	淊	淋	淌	淍	淎	淏
6DD	淐	淑	淒	淓	淔	淕	淖	淗	淘	淙	淚	淛	淜	淝	淞	淟
6DE	淠	淡	淢	淣	淤	淥	淦	淧	淨	淩	淪	淫	淬	淭	淮	淯
6DF	淰	深	淲	淳	淴	淵	淶	混	淸	淹	淺	添	淼	淽	淾	淿
6E0	渀	渁	渂	渃	渄	清	渆	渇	済	渉	渊	渋	渌	渍	渎	渏
6E1	渐	渑	渒	渓	渔	渕	渖	渗	渘	渙	渚	減	渜	渝	渞	渟
6E2	渠	渡	渢	渣	渤	渥	渦	渧	渨	温	渪	渫	測	渭	渮	港
6E3	渰	渱	渲	渳	渴	渵	渶	渷	游	渹	渺	渻	渼	渽	渾	渿
6E4	湀	湁	湂	湃	湄	湅	湆	湇	湈	湉	湊	湋	湌	湍	湎	湏
6E5	湐	湑	湒	湓	湔	湕	湖	湗	湘	湙	湚	湛	湜	湝	湞	湟
6E6	湠	湡	湢	湣	湤	湥	湦	湧	湨	湩	湪	湫	湬	湭	湮	湯
6E7	湰	湱	湲	湳	湴	湵	湶	湷	湸	湹	湺	湻	湼	湽	湾	湿

	0	1	2	3	4	5	6	7	8	9	A	B	C	D	E	F
6E8	満	溁	溂	溃	溄	溅	溆	溇	溈	溉	溊	溋	溌	溍	溎	溏
6E9	源	溑	溒	溓	溔	溕	準	溗	溘	溙	溚	溛	溜	溝	溞	溟
6EA	溠	溡	溢	溣	溤	溥	溦	溧	溨	溩	溪	溫	溬	溭	溮	溯
6EB	溰	溱	溲	溳	溴	溵	溶	溷	溸	溹	溺	溻	溼	溽	溾	溿
6EC	滀	滁	滂	滃	滄	滅	滆	滇	滈	滉	滊	滋	滌	滍	滎	滏
6ED	滐	滑	滒	滓	滔	滕	滖	滗	滘	滙	滚	滛	滜	滝	滞	滟
6EE	滠	满	滢	滣	滤	滥	滦	滧	滨	滩	滪	滫	滬	滭	滮	滯
6EF	滰	滱	滲	滳	滴	滵	滶	滷	滸	滹	滺	滻	滼	滽	滾	滿
6F0	漀	漁	漂	漃	漄	漅	漆	漇	漈	漉	漊	漋	漌	漍	漎	漏
6F1	漐	漑	漒	漓	演	漕	漖	漗	漘	漙	漚	漛	漜	漝	漞	漟
6F2	漠	漡	漢	漣	漤	漥	漦	漧	漨	漩	漪	漫	漬	漭	漮	漯
6F3	漰	漱	漲	漳	漴	漵	漶	漷	漸	漹	漺	漻	漼	漽	漾	漿
6F4	潀	潁	潂	潃	潄	潅	潆	潇	潈	潉	潊	潋	潌	潍	潎	潏
6F5	潐	潑	潒	潓	潔	潕	潖	潗	潘	潙	潚	潛	潜	潝	潞	潟
6F6	潠	潡	潢	潣	潤	潥	潦	潧	潨	潩	潪	潫	潬	潭	潮	潯
6F7	潰	潱	潲	潳	潴	潵	潶	潷	潸	潹	潺	潻	潼	潽	潾	潿
6F8	澀	澁	澂	澃	澄	澅	澆	澇	澈	澉	澊	澋	澌	澍	澎	澏
6F9	澐	澑	澒	澓	澔	澕	澖	澗	澘	澙	澚	澛	澜	澝	澞	澟
6FA	澠	澡	澢	澣	澤	澥	澦	澧	澨	澩	澪	澫	澬	澭	澮	澯
6FB	澰	澱	澲	澳	澴	澵	澶	澷	澸	澹	澺	澻	澼	澽	澾	澿

	0	1	2	3	4	5	6	7	8	9	A	B	C	D	E	F
6FC	激	濁	濂	濃	濄	濅	濆	濇	濈	濉	濊	濋	濌	濍	濎	濏
6FD	濐	濑	濒	濓	濔	濕	濖	濗	濘	濙	濚	濛	濜	濝	濞	済
6FE	濠	濡	濢	濣	濤	濥	濦	濧	濨	濩	濪	濫	濬	濭	濮	濯
6FF	濰	濱	濲	濳	濴	濵	濶	濷	濸	濹	濺	濻	濼	濽	濾	濿
700	瀀	瀁	瀂	瀃	瀄	瀅	瀆	瀇	瀈	瀉	瀊	瀋	瀌	瀍	瀎	瀏
701	瀐	瀑	瀒	瀓	瀔	瀕	瀖	瀗	瀘	瀙	瀚	瀛	瀜	瀝	瀞	瀟
702	瀠	瀡	瀢	瀣	瀤	瀥	瀦	瀧	瀨	瀩	瀪	瀫	瀬	瀭	瀮	瀯
703	瀰	瀱	瀲	瀳	瀴	瀵	瀶	瀷	瀸	瀹	瀺	瀻	瀼	瀽	瀾	瀿
704	灀	灁	灂	灃	灄	灅	灆	灇	灈	灉	灊	灋	灌	灍	灎	灏
705	灐	灑	灒	灓	灔	灕	灖	灗	灘	灙	灚	灛	灜	灝	灞	灟
706	灠	灡	灢	灣	灤	灥	灦	灧	灨	灩	灪	火	灬	灭	灮	灯
707	灰	灱	灲	灳	灴	灵	灶	灷	灸	灹	灺	灻	灼	災	灾	灿
708	炀	炁	炂	炃	炄	炅	炆	炇	炈	炉	炊	炋	炌	炍	炎	炏
709	炐	炑	炒	炓	炔	炕	炖	炗	炘	炙	炚	炛	炜	炝	炞	炟
70A	炠	炡	炢	炣	炤	炥	炦	炧	炨	炩	炪	炫	炬	炭	炮	炯
70B	炰	炱	炲	炳	炴	炵	炶	炷	炸	点	為	炻	炼	炽	炾	炿
70C	烀	烁	烂	烃	烄	烅	烆	烇	烈	烉	烊	烋	烌	烍	烎	烏
70D	烐	烑	烒	烓	烔	烕	烖	烗	烘	烙	烚	烛	烜	烝	烞	烟
70E	烠	烡	烢	烣	烤	烥	烦	烧	烨	烩	烪	烫	烬	热	烮	烯
70F	烰	烱	烲	烳	烴	烵	烶	烷	烸	烹	烺	烻	烼	烽	烾	烿

	0	1	2	3	4	5	6	7	8	9	A	B	C	D	E	F
710	焀	焁	焂	焃	焄	焅	焆	焇	焈	焉	焊	焋	焌	焍	焎	焏
711	焐	焑	焒	焓	焔	焕	焖	焗	焘	焙	焚	焛	焜	焝	焞	焟
712	焠	無	焢	焣	焤	焥	焦	焧	焨	焩	焪	焫	焬	焭	焮	焯
713	焰	焱	焲	焳	焴	焵	然	焷	焸	焹	焺	焻	焼	焽	焾	焿
714	煀	煁	煂	煃	煄	煅	煆	煇	煈	煉	煊	煋	煌	煍	煎	煏
715	煐	煑	煒	煓	煔	煕	煖	煗	煘	煙	煚	煛	煜	煝	煞	煟
716	煠	煡	煢	煣	煤	煥	煦	照	煨	煩	煪	煫	煬	煭	煮	煯
717	煰	煱	煲	煳	煴	煵	煶	煷	煸	煹	煺	煻	煼	煽	煾	煿
718	熀	熁	熂	熃	熄	熅	熆	熇	熈	熉	熊	熋	熌	熍	熎	熏
719	熐	熑	熒	熓	熔	熕	熖	熗	熘	熙	熚	熛	熜	熝	熞	熟
71A	熠	熡	熢	熣	熤	熥	熦	熧	熨	熩	熪	熫	熬	熭	熮	熯
71B	熰	熱	熲	熳	熴	熵	熶	熷	熸	熹	熺	熻	熼	熽	熾	熿
71C	燀	燁	燂	燃	燄	燅	燆	燇	燈	燉	燊	燋	燌	燍	燎	燏
71D	燐	燑	燒	燓	燔	燕	燖	燗	燘	燙	燚	燛	燜	燝	燞	營
71E	燠	燡	燢	燣	燤	燥	燦	燧	燨	燩	燪	燫	燬	燭	燮	燯
71F	燰	燱	燲	燳	燴	燵	燶	燷	燸	燹	燺	燻	燼	燽	燾	燿
720	爀	爁	爂	爃	爄	爅	爆	爇	爈	爉	爊	爋	爌	爍	爎	爏
721	爐	爑	爒	爓	爔	爕	爖	爗	爘	爙	爚	爛	爜	爝	爞	爟
722	爠	爡	爢	爣	爤	爥	爦	爧	爨	爩	爪	爫	爬	爭	爮	爯
723	爰	爱	爲	爳	爴	爵	父	爷	爸	爹	爺	爻	爼	爽	爾	爿

	0	1	2	3	4	5	6	7	8	9	A	B	C	D	E	F
724	牀	牁	牂	牃	牄	牅	牆	片	版	牉	牊	牋	牌	牍	牎	牏
725	牐	牑	牒	牓	牔	牕	牖	牗	牘	牙	牚	牛	牜	牝	牞	牟
726	牠	牡	牢	牣	牤	牥	牦	牧	牨	物	牪	牫	牬	牭	牮	牯
727	牰	牱	牲	牳	牴	牵	牶	牷	牸	特	牺	牻	牼	牽	牾	牿
728	犀	犁	犂	犃	犄	犅	犆	犇	犈	犉	犊	犋	犌	犍	犎	犏
729	犐	犑	犒	犓	犔	犕	犖	犗	犘	犙	犚	犛	犜	犝	犞	犟
72A	犠	犡	犢	犣	犤	犥	犦	犧	犨	犩	犪	犫	犬	犭	犮	犯
72B	犰	犱	犲	犳	犴	犵	状	犷	犸	犹	犺	犻	犼	犽	犾	犿
72C	狀	狁	狂	狃	狄	狅	狆	狇	狈	狉	狊	狋	狌	狍	狎	狏
72D	狐	狑	狒	狓	狔	狕	狖	狗	狘	狙	狚	狛	狜	狝	狞	狟
72E	狠	狡	狢	狣	狤	狥	狦	狧	狨	狩	狪	狫	独	狭	狮	狯
72F	狰	狱	狲	狳	狴	狵	狶	狷	狸	狹	狺	狻	狼	狽	狾	狿
730	猀	猁	猂	猃	猄	猅	猆	猇	猈	猉	猊	猋	猌	猍	猎	猏
731	猐	猑	猒	猓	猔	猕	猖	猗	猘	猙	猚	猛	猜	猝	猞	猟
732	猠	猡	猢	猣	猤	猥	猦	猧	猨	猩	猪	猫	猬	猭	献	猯
733	猰	猱	猲	猳	猴	猵	猶	猷	猸	猹	猺	猻	猼	猽	猾	猿
734	獀	獁	獂	獃	獄	獅	獆	獇	獈	獉	獊	獋	獌	獍	獎	獏
735	獐	獑	獒	獓	獔	獕	獖	獗	獘	獙	獚	獛	獜	獝	獞	獟
736	獠	獡	獢	獣	獤	獥	獦	獧	獨	獩	獪	獫	獬	獭	獮	獯
737	獰	獱	獲	獳	獴	獵	獶	獷	獸	獹	獺	獻	獼	獽	獾	獿

	0	1	2	3	4	5	6	7	8	9	A	B	C	D	E	F
738	玀	玁	玂	玃	玄	玅	玆	率	玈	玉	玊	王	玌	玍	玎	玏
739	玐	玑	玒	玓	玔	玕	玖	玗	玘	玙	玚	玛	玜	玝	玞	玟
73A	玠	玡	玢	玣	玤	玥	玦	玧	玨	玩	玪	玫	玬	玭	玮	环
73B	现	玱	玲	玳	玴	玵	玶	玷	玸	玹	玺	玻	玼	玽	玾	玿
73C	珀	珁	珂	珃	珄	珅	珆	珇	珈	珉	珊	珋	珌	珍	珎	珏
73D	珐	珑	珒	珓	珔	珕	珖	珗	珘	珙	珚	珛	珜	珝	珞	珟
73E	珠	珡	珢	珣	珤	珥	珦	珧	珨	珩	珪	珫	珬	班	珮	珯
73F	珰	珱	珲	珳	珴	珵	珶	珷	珸	珹	珺	珻	珼	珽	現	珿
740	琀	琁	琂	球	琄	琅	理	琇	琈	琉	琊	琋	琌	琍	琎	琏
741	琐	琑	琒	琓	琔	琕	琖	琗	琘	琙	琚	琛	琜	琝	琞	琟
742	琠	琡	琢	琣	琤	琥	琦	琧	琨	琩	琪	琫	琬	琭	琮	琯
743	琰	琱	琲	琳	琴	琵	琶	琷	琸	琹	琺	琻	琼	琽	琾	琿
744	瑀	瑁	瑂	瑃	瑄	瑅	瑆	瑇	瑈	瑉	瑊	瑋	瑌	瑍	瑎	瑏
745	瑐	瑑	瑒	瑓	瑔	瑕	瑖	瑗	瑘	瑙	瑚	瑛	瑜	瑝	瑞	瑟
746	瑠	瑡	瑢	瑣	瑤	瑥	瑦	瑧	瑨	瑩	瑪	瑫	瑬	瑭	瑮	瑯
747	瑰	瑱	瑲	瑳	瑴	瑵	瑶	瑷	瑸	瑹	瑺	瑻	瑼	瑽	瑾	瑿
748	璀	璁	璂	璃	璄	璅	璆	璇	璈	璉	璊	璋	璌	璍	璎	璏
749	璐	璑	璒	璓	璔	璕	璖	璗	璘	璙	璚	璛	璜	璝	璞	璟
74A	璠	璡	璢	璣	璤	璥	璦	璧	璨	璩	璪	璫	璬	璭	璮	璯
74B	環	璱	璲	璳	璴	璵	璶	璷	璸	璹	璺	璻	璼	璽	璾	璿

	0	1	2	3	4	5	6	7	8	9	A	B	C	D	E	F
74C	瓀	瓁	瓂	瓃	瓄	瓅	瓆	瓇	瓈	瓉	瓊	瓋	瓌	瓍	瓎	瓏
74D	瓐	瓑	瓒	瓓	瓔	瓕	瓖	瓗	瓘	瓙	瓚	瓛	瓜	瓝	瓞	瓟
74E	瓠	瓡	瓢	瓣	瓤	瓥	瓦	瓧	瓨	瓩	瓪	瓫	瓬	瓭	瓮	瓯
74F	瓰	瓱	瓲	瓳	瓴	瓵	瓶	瓷	瓸	瓹	瓺	瓻	瓼	瓽	瓾	瓿
750	甀	甁	甂	甃	甄	甅	甆	甇	甈	甉	甊	甋	甌	甍	甎	甏
751	甐	甑	甒	甓	甔	甕	甖	甗	甘	甙	甚	甛	甜	甝	甞	生
752	甠	甡	產	産	甤	甥	甦	甧	用	甩	甪	甫	甬	甭	甮	甯
753	田	由	甲	申	甴	电	甶	男	甸	甹	町	画	甼	甽	甾	甿
754	畀	畁	畂	畃	畄	畅	畆	畇	畈	畉	畊	畋	界	畍	畎	畏
755	畐	畑	畒	畓	畔	畕	畖	畗	畘	留	畚	畛	畜	畝	畞	畟
756	畠	畡	畢	畣	畤	略	畦	畧	畨	畩	番	畫	畬	畭	畮	畯
757	異	畱	畲	畳	畴	畵	當	畷	畸	畹	畺	畻	畼	畽	畾	畿
758	疀	疁	疂	疃	疄	疅	疆	疇	疈	疉	疊	疋	疌	疍	疎	疏
759	疐	疑	疒	疓	疔	疕	疖	疗	疘	疙	疚	疛	疜	疝	疞	疟
75A	疠	疡	疢	疣	疤	疥	疦	疧	疨	疩	疪	疫	疬	疭	疮	疯
75B	疰	疱	疲	疳	疴	疵	疶	疷	疸	疹	疺	疻	疼	疽	疾	疿
75C	痀	痁	痂	痃	痄	病	痆	症	痈	痉	痊	痋	痌	痍	痎	痏
75D	痐	痑	痒	痓	痔	痕	痖	痗	痘	痙	痚	痛	痜	痝	痞	痟
75E	痠	痡	痢	痣	痤	痥	痦	痧	痨	痩	痪	痫	痬	痭	痮	痯
75F	痰	痱	痲	痳	痴	痵	痶	痷	痸	痹	痺	痻	痼	痽	痾	痿

	0	1	2	3	4	5	6	7	8	9	A	B	C	D	E	F
760	瘀	瘁	瘂	瘃	瘄	瘅	瘆	瘇	瘈	瘉	瘊	瘋	瘌	瘍	瘎	瘏
761	瘐	瘑	瘒	瘓	瘔	瘕	瘖	瘗	瘘	瘙	瘚	瘛	瘜	瘝	瘞	瘟
762	瘠	瘡	瘢	瘣	瘤	瘥	瘦	瘧	瘨	瘩	瘪	瘫	瘬	瘭	瘮	瘯
763	瘰	瘱	瘲	瘳	瘴	瘵	瘶	瘷	瘸	瘹	瘺	瘻	瘼	瘽	瘾	瘿
764	癀	癁	療	癃	癄	癅	癆	癇	癈	癉	癊	癋	癌	癍	癎	癏
765	癐	癑	癒	癓	癔	癕	癖	癗	癘	癙	癚	癛	癜	癝	癞	癟
766	癠	癡	癢	癣	癤	癥	癦	癧	癨	癩	癪	癫	癬	癭	癮	癯
767	癰	癱	癲	癳	癴	癵	癶	癷	癸	癹	発	登	發	白	百	癿
768	皀	皁	皂	皃	的	皅	皆	皇	皈	皉	皊	皋	皌	皍	皎	皏
769	皐	皑	皒	皓	皔	皕	皖	皗	皘	皙	皚	皛	皜	皝	皞	皟
76A	皠	皡	皢	皣	皤	皥	皦	皧	皨	皩	皪	皫	皬	皭	皮	皯
76B	皰	皱	皲	皳	皴	皵	皶	皷	皸	皹	皺	皻	皼	皽	皾	皿
76C	盀	盁	盂	盃	盄	盅	盆	盇	盈	盉	益	盋	盌	盍	盎	盏
76D	盐	监	盒	盓	盔	盕	盖	盗	盘	盙	盚	盛	盜	盝	盞	盟
76E	盠	盡	盢	監	盤	盥	盦	盧	盨	盩	盪	盫	盬	盭	目	盯
76F	盰	盱	盲	盳	直	盵	盶	盷	相	盹	盺	盻	盼	盽	盾	盿
770	眀	省	眂	眃	眄	眅	眆	眇	眈	眉	眊	看	県	眍	眎	眏
771	眐	眑	眒	眓	眔	眕	眖	眗	眘	眙	眚	眛	眜	眝	眞	真
772	眠	眡	眢	眣	眤	眥	眦	眧	眨	眩	眪	眫	眬	眭	眮	眯
773	眰	眱	眲	眳	眴	眵	眶	眷	眸	眹	眺	眻	眼	眽	眾	眿

	0	1	2	3	4	5	6	7	8	9	A	B	C	D	E	F
774	着	睁	睂	睃	睄	睅	睆	睇	睈	睉	睊	睋	睌	睍	睎	睏
775	睐	睑	睒	睓	睔	睕	睖	睗	睘	睙	睚	睛	睜	睝	睞	睟
776	睠	睡	睢	督	睤	睥	睦	睧	睨	睩	睪	睫	睬	睭	睮	睯
777	睰	睱	睲	睳	睴	睵	睶	睷	睸	睹	睺	睻	睼	睽	睾	睿
778	瞀	瞁	瞂	瞃	瞄	瞅	瞆	瞇	瞈	瞉	瞊	瞋	瞌	瞍	瞎	瞏
779	瞐	瞑	瞒	瞓	瞔	瞕	瞖	瞗	瞘	瞙	瞚	瞛	瞜	瞝	瞞	瞟
77A	瞠	瞡	瞢	瞣	瞤	瞥	瞦	瞧	瞨	瞩	瞪	瞫	瞬	瞭	瞮	瞯
77B	瞰	瞱	瞲	瞳	瞴	瞵	瞶	瞷	瞸	瞹	瞺	瞻	瞼	瞽	瞾	瞿
77C	矀	矁	矂	矃	矄	矅	矆	矇	矈	矉	矊	矋	矌	矍	矎	矏
77D	矐	矑	矒	矓	矔	矕	矖	矗	矘	矙	矚	矛	矜	矝	矞	矟
77E	矠	矡	矢	矣	矤	知	矦	矧	矨	矩	矪	矫	矬	短	矮	矯
77F	矰	矱	矲	石	矴	矵	矶	矷	矸	矹	矺	矻	矼	矽	矾	矿
780	砀	码	砂	砃	砄	砅	砆	砇	砈	砉	砊	砋	砌	砍	砎	砏
781	砐	砑	砒	砓	研	砕	砖	砗	砘	砙	砚	砛	砜	砝	砞	砟
782	砠	砡	砢	砣	砤	砥	砦	砧	砨	砩	砪	砫	砬	砭	砮	砯
783	砰	砱	砲	砳	破	砵	砶	砷	砸	砹	砺	砻	砼	砽	砾	砿
784	础	硁	硂	硃	硄	硅	硆	硇	硈	硉	硊	硋	硌	硍	硎	硏
785	硐	硑	硒	硓	硔	硕	硖	硗	硘	硙	硚	硛	硜	硝	硞	硟
786	硠	硡	硢	硣	硤	硥	硦	硧	硨	硩	硪	硫	硬	硭	确	硯
787	硰	硱	硲	硳	硴	硵	硶	硷	硸	硹	硺	硻	硼	硽	硾	硿

	0	1	2	3	4	5	6	7	8	9	A	B	C	D	E	F
788	碀	碁	碂	碃	碄	碅	碆	碇	碈	碉	碊	碋	碌	碍	碎	碏
789	碐	碑	碒	碓	碔	碕	碖	碗	碘	碙	碚	碛	碜	碝	碞	碟
78A	碠	碡	碢	碣	碤	碥	碦	碧	碨	碩	碪	碫	碬	碭	碮	碯
78B	碰	碱	碲	碳	碴	碵	碶	碷	碸	碹	確	碻	碼	碽	碾	碿
78C	磀	磁	磂	磃	磄	磅	磆	磇	磈	磉	磊	磋	磌	磍	磎	磏
78D	磐	磑	磒	磓	磔	磕	磖	磗	磘	磙	磚	磛	磜	磝	磞	磟
78E	磠	磡	磢	磣	磤	磥	磦	磧	磨	磩	磪	磫	磬	磭	磮	磯
78F	磰	磱	磲	磳	磴	磵	磶	磷	磸	磹	磺	磻	磼	磽	磾	磿
790	礀	礁	礂	礃	礄	礅	礆	礇	礈	礉	礊	礋	礌	礍	礎	礏
791	礐	礑	礒	礓	礔	礕	礖	礗	礘	礙	礚	礛	礜	礝	礞	礟
792	礠	礡	礢	礣	礤	礥	礦	礧	礨	礩	礪	礫	礬	礭	礮	礯
793	礰	礱	礲	礳	礴	礵	礶	礷	礸	礹	示	礻	礼	礽	社	礿
794	祀	祁	祂	祃	祄	祅	祆	祇	祈	祉	祊	祋	祌	祍	祎	祏
795	祐	祑	祒	祓	祔	祕	祖	祗	祘	祙	祚	祛	祜	祝	神	祟
796	祠	祡	祢	祣	祤	祥	祦	祧	票	祩	祪	祫	祬	祭	祮	祯
797	祰	祱	祲	祳	祴	祵	祶	祷	祸	祹	祺	祻	祼	祽	祾	祿
798	禀	禁	禂	禃	禄	禅	禆	禇	禈	禉	禊	禋	禌	禍	禎	福
799	禐	禑	禒	禓	禔	禕	禖	禗	禘	禙	禚	禛	禜	禝	禞	禟
79A	禠	禡	禢	禣	禤	禥	禦	禧	禨	禩	禪	禫	禬	禭	禮	禯
79B	禰	禱	禲	禳	禴	禵	禶	禷	禸	禹	禺	离	禼	禽	禾	禿

	0	1	2	3	4	5	6	7	8	9	A	B	C	D	E	F
79C	秀	私	秂	秃	秄	秅	秆	秇	秈	秉	秊	秋	秌	种	秎	秏
79D	秐	科	秒	秓	秔	秕	秖	秗	秘	秙	秚	秛	秜	秝	秞	租
79E	秠	秡	秢	秣	秤	秥	秦	秧	秨	秩	秪	秫	秬	秭	秮	积
79F	称	秱	秲	秳	秴	秵	秶	秷	秸	秹	秺	移	秼	秽	秾	秿
7A0	稀	稁	稂	稃	稄	稅	稆	稇	稈	稉	稊	程	稌	稍	税	稏
7A1	稐	稑	稒	稓	稔	稕	稖	稗	稘	稙	稚	稛	稜	稝	稞	稟
7A2	稠	稡	稢	稣	稤	稥	稦	稧	稨	稩	稪	稫	稬	稭	種	稯
7A3	稰	稱	稲	稳	稴	稵	稶	稷	稸	稹	稺	稻	稼	稽	稾	稿
7A4	穀	穁	穂	穃	穄	穅	穆	穇	穈	穉	穊	穋	穌	積	穎	穏
7A5	穐	穑	穒	穓	穔	穕	穖	穗	穘	穙	穚	穛	穜	穝	穞	穟
7A6	穠	穡	穢	穣	穤	穥	穦	穧	穨	穩	穪	穫	穬	穭	穮	穯
7A7	穰	穱	穲	穳	穴	穵	究	穷	穸	穹	空	穻	穼	穽	穾	穿
7A8	窀	突	窂	窃	窄	窅	窆	窇	窈	窉	窊	窋	窌	窍	窎	窏
7A9	窐	窑	窒	窓	窔	窕	窖	窗	窘	窙	窚	窛	窜	窝	窞	窟
7AA	窠	窡	窢	窣	窤	窥	窦	窧	窨	窩	窪	窫	窬	窭	窮	窯
7AB	窰	窱	窲	窳	窴	窵	窶	窷	窸	窹	窺	窻	窼	窽	窾	窿
7AC	竀	竁	竂	竃	竄	竅	竆	竇	竈	竉	竊	立	竌	竍	竎	竏
7AD	竐	竑	竒	竓	竔	竕	竖	竗	竘	站	竚	竛	竜	竝	竞	竟
7AE	章	竡	竢	竣	竤	童	竦	竧	竨	竩	竪	竫	竬	竭	竮	端
7AF	竰	竱	竲	竳	竴	竵	競	竷	竸	竹	竺	竻	竼	竽	竾	竿

	0	1	2	3	4	5	6	7	8	9	A	B	C	D	E	F
7B0	笀	笁	笂	笃	笄	笅	笆	笇	笈	笉	笊	笋	笌	笍	笎	笏
7B1	笐	笑	笒	笓	笔	笕	笖	笗	笘	笙	笚	笛	笜	笝	笞	笟
7B2	笠	笡	笢	笣	笤	笥	符	笧	笨	笩	笪	笫	第	笭	笮	笯
7B3	笰	笱	笲	笳	笴	笵	笶	笷	笸	笹	笺	笻	笼	笽	笾	笿
7B4	筀	筁	筂	筃	筄	筅	筆	筇	筈	等	筊	筋	筌	筍	筎	筏
7B5	筐	筑	筒	筓	答	筕	策	筗	筘	筙	筚	筛	筜	筝	筞	筟
7B6	筠	筡	筢	筣	筤	筥	筦	筧	筨	筩	筪	筫	筬	筭	筮	筯
7B7	筰	筱	筲	筳	筴	筵	筶	筷	筸	筹	筺	筻	筼	筽	签	筿
7B8	简	箁	箂	箃	箄	箅	箆	箇	箈	箉	箊	箋	箌	箍	箎	箏
7B9	箐	箑	箒	箓	箔	箕	箖	算	箘	箙	箚	箛	箜	箝	箞	箟
7BA	箠	管	箢	箣	箤	箥	箦	箧	箨	箩	箪	箫	箬	箭	箮	箯
7BB	箰	箱	箲	箳	箴	箵	箶	箷	箸	箹	箺	箻	箼	箽	箾	箿
7BC	節	篁	篂	篃	範	篅	篆	篇	篈	築	篊	篋	篌	篍	篎	篏
7BD	篐	篑	篒	篓	篔	篕	篖	篗	篘	篙	篚	篛	篜	篝	篞	篟
7BE	篠	篡	篢	篣	篤	篥	篦	篧	篨	篩	篪	篫	篬	篭	篮	篯
7BF	篰	篱	篲	篳	篴	篵	篶	篷	篸	篹	篺	篻	篼	篽	篾	篿
7C0	簀	簁	簂	簃	簄	簅	簆	簇	簈	簉	簊	簋	簌	簍	簎	簏
7C1	簐	簑	簒	簓	簔	簕	簖	簗	簘	簙	簚	簛	簜	簝	簞	簟
7C2	簠	簡	簢	簣	簤	簥	簦	簧	簨	簩	簪	簫	簬	簭	簮	簯
7C3	簰	簱	簲	簳	簴	簵	簶	簷	簸	簹	簺	簻	簼	簽	簾	簿

	0	1	2	3	4	5	6	7	8	9	A	B	C	D	E	F
7C4	籀	籁	籂	籃	籄	籅	籆	籇	籈	籉	籊	籋	籌	籍	籎	籏
7C5	籐	籑	籒	籓	籔	籕	籖	籗	籘	籙	籚	籛	籜	籝	籞	籟
7C6	籠	籡	籢	籣	籤	籥	籦	籧	籨	籩	籪	籫	籬	籭	籮	籯
7C7	籰	籱	籲	米	籴	籵	籶	籷	籸	籹	籺	类	籼	籽	籾	籿
7C8	粀	粁	粂	粃	粄	粅	粆	粇	粈	粉	粊	粋	粌	粍	粎	粏
7C9	粐	粑	粒	粓	粔	粕	粖	粗	粘	粙	粚	粛	粜	粝	粞	粟
7CA	粠	粡	粢	粣	粤	粥	粦	粧	粨	粩	粪	粫	粬	粭	粮	粯
7CB	粰	粱	粲	粳	粴	粵	粶	粷	粸	粹	粺	粻	粼	粽	精	粿
7CC	糀	糁	糂	糃	糄	糅	糆	糇	糈	糉	糊	糋	糌	糍	糎	糏
7CD	糐	糑	糒	糓	糔	糕	糖	糗	糘	糙	糚	糛	糜	糝	糞	糟
7CE	糠	糡	糢	糣	糤	糥	糦	糧	糨	糩	糪	糫	糬	糭	糮	糯
7CF	糰	糱	糲	糳	糴	糵	糶	糷	糸	糹	糺	系	糼	糽	糾	糿
7D0	紀	紁	紂	紃	約	紅	紆	紇	紈	紉	紊	紋	紌	納	紎	紏
7D1	紐	紑	紒	紓	純	紕	紖	紗	紘	紙	級	紛	紜	紝	紞	紟
7D2	素	紡	索	紣	紤	紥	紦	紧	紨	紩	紪	紫	紬	紭	紮	累
7D3	細	紱	紲	紳	紴	紵	紶	紷	紸	紹	紺	紻	紼	紽	紾	紿
7D4	絀	絁	終	絃	組	絅	絆	絇	絈	絉	絊	絋	経	絍	絎	絏
7D5	結	絑	絒	絓	絔	絕	絖	絗	絘	絙	絚	絛	絜	絝	絞	絟
7D6	絠	絡	絢	絣	絤	絥	給	絧	絨	絩	絪	絫	絬	絭	絮	絯
7D7	絰	統	絲	絳	絴	絵	絶	絷	絸	絹	絺	絻	絼	絽	絾	絿

	0	1	2	3	4	5	6	7	8	9	A	B	C	D	E	F
7D8	綀	綁	綂	綃	綄	綅	綆	綇	綈	綉	綊	綋	綌	綍	綎	綏
7D9	綐	綑	綒	經	綔	綕	綖	綗	綘	継	続	綛	綜	綝	綞	綟
7DA	綠	綡	綢	綣	綤	綥	綦	綧	綨	綩	綪	綫	綬	維	綮	綯
7DB	綰	綱	網	綳	綴	綵	綶	綷	綸	綹	綺	綻	綼	綽	綾	綿
7DC	緀	緁	緂	緃	緄	緅	緆	緇	緈	緉	緊	緋	緌	緍	緎	総
7DD	緐	緑	緒	緓	緔	緕	緖	緗	緘	緙	線	緛	緜	緝	緞	緟
7DE	締	緡	緢	緣	緤	緥	緦	緧	編	緩	緪	緫	緬	緭	緮	緯
7DF	緰	緱	緲	緳	練	緵	緶	緷	緸	緹	緺	緻	緼	緽	緾	緿
7E0	縀	縁	縂	縃	縄	縅	縆	縇	縈	縉	縊	縋	縌	縍	縎	縏
7E1	縐	縑	縒	縓	縔	縕	縖	縗	縘	縙	縚	縛	縜	縝	縞	縟
7E2	縠	縡	縢	縣	縤	縥	縦	縧	縨	縩	縪	縫	縬	縭	縮	縯
7E3	縰	縱	縲	縳	縴	縵	縶	縷	縸	縹	縺	縻	縼	總	績	縿
7E4	繀	繁	繂	繃	繄	繅	繆	繇	繈	繉	繊	繋	繌	繍	繎	繏
7E5	繐	繑	繒	繓	織	繕	繖	繗	繘	繙	繚	繛	繜	繝	繞	繟
7E6	繠	繡	繢	繣	繤	繥	繦	繧	繨	繩	繪	繫	繬	繭	繮	繯
7E7	繰	繱	繲	繳	繴	繵	繶	繷	繸	繹	繺	繻	繼	繽	繾	繿
7E8	纀	纁	纂	纃	纄	纅	纆	纇	纈	纉	纊	纋	續	纍	纎	纏
7E9	纐	纑	纒	纓	纔	纕	纖	纗	纘	纙	纚	纛	纜	纝	纞	纟
7EA	纠	纡	红	纣	纤	纥	约	级	纨	纩	纪	纫	纬	纭	纮	纯
7EB	纰	纱	纲	纳	纴	纵	纶	纷	纸	纹	纺	纻	纼	纽	纾	线

	0	1	2	3	4	5	6	7	8	9	A	B	C	D	E	F
7EC	绀	绁	绂	练	组	绅	细	织	终	绉	绊	绋	绌	绍	绎	经
7ED	绐	绑	绒	结	绔	绕	绖	绗	绘	给	绚	绛	络	绝	绞	统
7EE	绠	绡	绢	绣	绤	绥	绦	继	绨	绩	绪	绫	绬	续	绮	绯
7EF	绰	绱	绲	绳	维	绵	绶	绷	绸	绹	绺	绻	综	绽	绾	绿
7F0	缀	缁	缂	缃	缄	缅	缆	缇	缈	缉	缊	缋	缌	缍	缎	缏
7F1	缐	缑	缒	缓	缔	缕	编	缗	缘	缙	缚	缛	缜	缝	缞	缟
7F2	缠	缡	缢	缣	缤	缥	缦	缧	缨	缩	缪	缫	缬	缭	缮	缯
7F3	缰	缱	缲	缳	缴	缵	缶	缷	缸	缹	缺	缻	缼	缽	缾	缿
7F4	罀	罁	罂	罃	罄	罅	罆	罇	罈	罉	罊	罋	罌	罍	罎	罏
7F5	罐	网	罒	罓	罔	罕	罖	罗	罘	罙	罚	罛	罜	罝	罞	罟
7F6	罠	罡	罢	罣	罤	罥	罦	罧	罨	罩	罪	罫	罬	罭	置	罯
7F7	罰	罱	署	罳	罴	罵	罶	罷	罸	罹	罺	罻	罼	罽	罾	罿
7F8	羀	羁	羂	羃	羄	羅	羆	羇	羈	羉	羊	羋	羌	羍	美	羏
7F9	羐	羑	羒	羓	羔	羕	羖	羗	羘	羙	羚	羛	羜	羝	羞	羟
7FA	羠	羡	羢	羣	群	羥	羦	羧	羨	義	羪	羫	羬	羭	羮	羯
7FB	羰	羱	羲	羳	羴	羵	羶	羷	羸	羹	羺	羻	羼	羽	羾	羿
7FC	翀	翁	翂	翃	翄	翅	翆	翇	翈	翉	翊	翋	翌	翍	翎	翏
7FD	翐	翑	習	翓	翔	翕	翖	翗	翘	翙	翚	翛	翜	翝	翞	翟
7FE	翠	翡	翢	翣	翤	翥	翦	翧	翨	翩	翪	翫	翬	翭	翮	翯
7FF	翰	翱	翲	翳	翴	翵	翶	翷	翸	翹	翺	翻	翼	翽	翾	翿

	0	1	2	3	4	5	6	7	8	9	A	B	C	D	E	F
800	耀	老	耂	考	耄	者	耆	耇	耈	耉	耊	耋	而	耍	耎	耏
801	耐	耑	耒	耓	耔	耕	耖	耗	耘	耙	耚	耛	耜	耝	耞	耟
802	耠	耡	耢	耣	耤	耥	耦	耧	耨	耩	耪	耫	耬	耭	耮	耯
803	耰	耱	耲	耳	耴	耵	耶	耷	耸	耹	耺	耻	耼	耽	耾	耿
804	聀	聁	聂	聃	聄	聅	聆	聇	聈	聉	聊	聋	职	聍	聎	聏
805	聐	聑	聒	聓	联	聕	聖	聗	聘	聙	聚	聛	聜	聝	聞	聟
806	聠	聡	聢	聣	聤	聥	聦	聧	聨	聩	聪	聫	聬	聭	聮	聯
807	聰	聱	聲	聳	聴	聵	聶	職	聸	聹	聺	聻	聼	聽	聾	聿
808	肀	肁	肂	肃	肄	肅	肆	肇	肈	肉	肊	肋	肌	肍	肎	肏
809	肐	肑	肒	肓	肔	肕	肖	肗	肘	肙	肚	肛	肜	肝	肞	肟
80A	肠	股	肢	肣	肤	肥	肦	肧	肨	肩	肪	肫	肬	肭	肮	肯
80B	肰	肱	育	肳	肴	肵	肶	肷	肸	肹	肺	肻	肼	肽	肾	肿
80C	胀	胁	胂	胃	胄	胅	胆	胇	胈	胉	胊	胋	背	胍	胎	胏
80D	胐	胑	胒	胓	胔	胕	胖	胗	胘	胙	胚	胛	胜	胝	胞	胟
80E	胠	胡	胢	胣	胤	胥	胦	胧	胨	胩	胪	胫	胬	胭	胮	胯
80F	胰	胱	胲	胳	胴	胵	胶	胷	胸	胹	胺	胻	胼	能	胾	胿
810	脀	脁	脂	脃	脄	脅	脆	脇	脈	脉	脊	脋	脌	脍	脎	脏
811	脐	脑	脒	脓	脔	脕	脖	脗	脘	脙	脚	脛	脜	脝	脞	脟
812	脠	脡	脢	脣	脤	脥	脦	脧	脨	脩	脪	脫	脬	脭	脮	脯
813	脰	脱	脲	脳	脴	脵	脶	脷	脸	脹	脺	脻	脼	脽	脾	脿

	0	1	2	3	4	5	6	7	8	9	A	B	C	D	E	F
814	腀	腁	腂	腃	腄	腅	腆	腇	腈	腉	腊	腋	腌	腍	腎	腏
815	腐	腑	腒	腓	腔	腕	腖	腗	腘	腙	腚	腛	腜	腝	腞	腟
816	腠	腡	腢	腣	腤	腥	腦	腧	腨	腩	腪	腫	腬	腭	腮	腯
817	腰	腱	腲	腳	腴	腵	腶	腷	腸	腹	腺	腻	腼	腽	腾	腿
818	膀	膁	膂	膃	膄	膅	膆	膇	膈	膉	膊	膋	膌	膍	膎	膏
819	膐	膑	膒	膓	膔	膕	膖	膗	膘	膙	膚	膛	膜	膝	膞	膟
81A	膠	膡	膢	膣	膤	膥	膦	膧	膨	膩	膪	膫	膬	膭	膮	膯
81B	膰	膱	膲	膳	膴	膵	膶	膷	膸	膹	膺	膻	膼	膽	膾	膿
81C	臀	臁	臂	臃	臄	臅	臆	臇	臈	臉	臊	臋	臌	臍	臎	臏
81D	臐	臑	臒	臓	臔	臕	臖	臗	臘	臙	臚	臛	臜	臝	臞	臟
81E	臠	臡	臢	臣	臤	臥	臦	臧	臨	臩	自	臫	臬	臭	臮	臯
81F	臰	臱	臲	至	致	臵	臶	臷	臸	臹	臺	臻	臼	臽	臾	臿
820	舀	舁	舂	舃	舄	舅	舆	與	興	舉	舊	舋	舌	舍	舎	舏
821	舐	舑	舒	舓	舔	舕	舖	舗	舘	舙	舚	舛	舜	舝	舞	舟
822	舠	舡	舢	舣	舤	舥	舦	舧	舨	舩	航	舫	般	舭	舮	舯
823	舰	舱	舲	舳	舴	舵	舶	舷	舸	船	舺	舻	舼	舽	舾	舿
824	艀	艁	艂	艃	艄	艅	艆	艇	艈	艉	艊	艋	艌	艍	艎	艏
825	艐	艑	艒	艓	艔	艕	艖	艗	艘	艙	艚	艛	艜	艝	艞	艟
826	艠	艡	艢	艣	艤	艥	艦	艧	艨	艩	艪	艫	艬	艭	艮	良
827	艰	艱	色	艳	艴	艵	艶	艷	艸	艹	艺	艻	艼	艽	艾	艿

	0	1	2	3	4	5	6	7	8	9	A	B	C	D	E	F
828	芀	芁	节	芃	芄	芅	芆	芇	芈	芉	芊	芋	芌	芍	芎	芏
829	芐	芑	芒	芓	芔	芕	芖	芗	芘	芙	芚	芛	芜	芝	芞	芟
82A	芠	芡	芢	芣	芤	芥	芦	芧	芨	芩	芪	芫	芬	芭	芮	芯
82B	芰	花	芲	芳	芴	芵	芶	芷	芸	芹	芺	芻	芼	芽	芾	芿
82C	苀	苁	苂	苃	苄	苅	苆	苇	苈	苉	苊	苋	苌	苍	苎	苏
82D	苐	苑	苒	苓	苔	苕	苖	苗	苘	苙	苚	苛	苜	苝	苞	苟
82E	苠	苡	苢	苣	苤	若	苦	苧	苨	苩	苪	苫	苬	苭	苮	苯
82F	苰	英	苲	苳	苴	苵	苶	苷	苸	苹	苺	苻	苼	苽	苾	苿
830	茀	茁	茂	范	茄	茅	茆	茇	茈	茉	茊	茋	茌	茍	茎	茏
831	茐	茑	茒	茓	茔	茕	茖	茗	茘	茙	茚	茛	茜	茝	茞	茟
832	茠	茡	茢	茣	茤	茥	茦	茧	茨	茩	茪	茫	茬	茭	茮	茯
833	茰	茱	茲	茳	茴	茵	茶	茷	茸	茹	茺	茻	茼	茽	茾	茿
834	荀	荁	荂	荃	荄	荅	荆	荇	荈	草	荊	荋	荌	荍	荎	荏
835	荐	荑	荒	荓	荔	荕	荖	荗	荘	荙	荚	荛	荜	荝	荞	荟
836	荠	荡	荢	荣	荤	荥	荦	荧	荨	荩	荪	荫	荬	荭	荮	药
837	荰	荱	荲	荳	荴	荵	荶	荷	荸	荹	荺	荻	荼	荽	荾	荿
838	莀	莁	莂	莃	莄	莅	莆	莇	莈	莉	莊	莋	莌	莍	莎	莏
839	莐	莑	莒	莓	莔	莕	莖	莗	莘	莙	莚	莛	莜	莝	莞	莟
83A	莠	莡	莢	莣	莤	莥	莦	莧	莨	莩	莪	莫	莬	莭	莮	莯
83B	莰	莱	莲	莳	莴	莵	莶	获	莸	莹	莺	莻	莼	莽	莾	莿

	0	1	2	3	4	5	6	7	8	9	A	B	C	D	E	F
83C	菀	菁	菂	菃	菄	菅	菆	菇	菈	菉	菊	菋	菌	菍	菎	菏
83D	菐	菑	菒	菓	菔	菕	菖	菗	菘	菙	菚	菛	菜	菝	菞	菟
83E	菠	菡	菢	菣	菤	菥	菦	菧	菨	菩	菪	菫	菬	菭	菮	華
83F	菰	菱	菲	菳	菴	菵	菶	菷	菸	菹	菺	菻	菼	菽	菾	菿
840	萀	萁	萂	萃	萄	萅	萆	萇	萈	萉	萊	萋	萌	萍	萎	萏
841	萐	萑	萒	萓	萔	萕	萖	萗	萘	萙	萚	萛	萜	萝	萞	萟
842	萠	萡	萢	萣	萤	营	萦	萧	萨	萩	萪	萫	萬	萭	萮	萯
843	萰	萱	萲	萳	萴	萵	萶	萷	萸	萹	萺	萻	萼	落	萾	萿
844	葀	葁	葂	葃	葄	葅	葆	葇	葈	葉	葊	葋	葌	葍	葎	葏
845	葐	葑	葒	葓	葔	葕	葖	著	葘	葙	葚	葛	葜	葝	葞	葟
846	葠	葡	葢	董	葤	葥	葦	葧	葨	葩	葪	葫	葬	葭	葮	葯
847	葰	葱	葲	葳	葴	葵	葶	葷	葸	葹	葺	葻	葼	葽	葾	葿
848	蒀	蒁	蒂	蒃	蒄	蒅	蒆	蒇	蒈	蒉	蒊	蒋	蒌	蒍	蒎	蒏
849	蒐	蒑	蒒	蒓	蒔	蒕	蒖	蒗	蒘	蒙	蒚	蒛	蒜	蒝	蒞	蒟
84A	蒠	蒡	蒢	蒣	蒤	蒥	蒦	蒧	蒨	蒩	蒪	蒫	蒬	蒭	蒮	蒯
84B	蒰	蒱	蒲	蒳	蒴	蒵	蒶	蒷	蒸	蒹	蒺	蒻	蒼	蒽	蒾	蒿
84C	蓀	蓁	蓂	蓃	蓄	蓅	蓆	蓇	蓈	蓉	蓊	蓋	蓌	蓍	蓎	蓏
84D	蓐	蓑	蓒	蓓	蓔	蓕	蓖	蓗	蓘	蓙	蓚	蓛	蓜	蓝	蓞	蓟
84E	蓠	蓡	蓢	蓣	蓤	蓥	蓦	蓧	蓨	蓩	蓪	蓫	蓬	蓭	蓮	蓯
84F	蓰	蓱	蓲	蓳	蓴	蓵	蓶	蓷	蓸	蓹	蓺	蓻	蓼	蓽	蓾	蓿

	0	1	2	3	4	5	6	7	8	9	A	B	C	D	E	F
850	蔀	蔁	蔂	蔃	蔄	蔅	蔆	蔇	蔈	蔉	蔊	蔋	蔌	蔍	蔎	蔏
851	蔐	蔑	蔒	蔓	蔔	蔕	蔖	蔗	蔘	蔙	蔚	蔛	蔜	蔝	蔞	蔟
852	蔠	蔡	蔢	蔣	蔤	蔥	蔦	蔧	蔨	蔩	蔪	蔫	蔬	蔭	蔮	蔯
853	蔰	蔱	蔲	蔳	蔴	蔵	蔶	蔷	蔸	蔹	蔺	蔻	蔼	蔽	蔾	蔿
854	蕀	蕁	蕂	蕃	蕄	蕅	蕆	蕇	蕈	蕉	蕊	蕋	蕌	蕍	蕎	蕏
855	蕐	蕑	蕒	蕓	蕔	蕕	蕖	蕗	蕘	蕙	蕚	蕛	蕜	蕝	蕞	蕟
856	蕠	蕡	蕢	蕣	蕤	蕥	蕦	蕧	蕨	蕩	蕪	蕫	蕬	蕭	蕮	蕯
857	蕰	蕱	蕲	蕳	蕴	蕵	蕶	蕷	蕸	蕹	蕺	蕻	蕼	蕽	蕾	蕿
858	薀	薁	薂	薃	薄	薅	薆	薇	薈	薉	薊	薋	薌	薍	薎	薏
859	薐	薑	薒	薓	薔	薕	薖	薗	薘	薙	薚	薛	薜	薝	薞	薟
85A	薠	薡	薢	薣	薤	薥	薦	薧	薨	薩	薪	薫	薬	薭	薮	薯
85B	薰	薱	薲	薳	薴	薵	薶	薷	薸	薹	薺	薻	薼	薽	薾	薿
85C	藀	藁	藂	藃	藄	藅	藆	藇	藈	藉	藊	藋	藌	藍	藎	藏
85D	藐	藑	藒	藓	藔	藕	藖	藗	藘	藙	藚	藛	藜	藝	藞	藟
85E	藠	藡	藢	藣	藤	藥	藦	藧	藨	藩	藪	藫	藬	藭	藮	藯
85F	藰	藱	藲	藳	藴	藵	藶	藷	藸	藹	藺	藻	藼	藽	藾	藿
860	蘀	蘁	蘂	蘃	蘄	蘅	蘆	蘇	蘈	蘉	蘊	蘋	蘌	蘍	蘎	蘏
861	蘐	蘑	蘒	蘓	蘔	蘕	蘖	蘗	蘘	蘙	蘚	蘛	蘜	蘝	蘞	蘟
862	蘠	蘡	蘢	蘣	蘤	蘥	蘦	蘧	蘨	蘩	蘪	蘫	蘬	蘭	蘮	蘯
863	蘰	蘱	蘲	蘳	蘴	蘵	蘶	蘷	蘸	蘹	蘺	蘻	蘼	蘽	蘾	蘿

	0	1	2	3	4	5	6	7	8	9	A	B	C	D	E	F
864	虀	虁	虂	虃	虄	虅	虆	虇	虈	虉	虊	虋	虌	虍	虎	虏
865	虐	虑	虒	虓	虔	處	虖	虗	虘	虙	虚	虛	虜	虝	虞	號
866	虠	虡	虢	虣	虤	虥	虦	虧	虨	虩	虪	虫	虬	虭	虮	虯
867	虰	虱	虲	虳	虴	虵	虶	虷	虸	虹	虺	虻	虼	虽	虾	虿
868	蚀	蚁	蚂	蚃	蚄	蚅	蚆	蚇	蚈	蚉	蚊	蚋	蚌	蚍	蚎	蚏
869	蚐	蚑	蚒	蚓	蚔	蚕	蚖	蚗	蚘	蚙	蚚	蚛	蚜	蚝	蚞	蚟
86A	蚠	蚡	蚢	蚣	蚤	蚥	蚦	蚧	蚨	蚩	蚪	蚫	蚬	蚭	蚮	蚯
86B	蚰	蚱	蚲	蚳	蚴	蚵	蚶	蚷	蚸	蚹	蚺	蚻	蚼	蚽	蚾	蚿
86C	蛀	蛁	蛂	蛃	蛄	蛅	蛆	蛇	蛈	蛉	蛊	蛋	蛌	蛍	蛎	蛏
86D	蛐	蛑	蛒	蛓	蛔	蛕	蛖	蛗	蛘	蛙	蛚	蛛	蛜	蛝	蛞	蛟
86E	蛠	蛡	蛢	蛣	蛤	蛥	蛦	蛧	蛨	蛩	蛪	蛫	蛬	蛭	蛮	蛯
86F	蛰	蛱	蛲	蛳	蛴	蛵	蛶	蛷	蛸	蛹	蛺	蛻	蛼	蛽	蛾	蛿
870	蜀	蜁	蜂	蜃	蜄	蜅	蜆	蜇	蜈	蜉	蜊	蜋	蜌	蜍	蜎	蜏
871	蜐	蜑	蜒	蜓	蜔	蜕	蜖	蜗	蜘	蜙	蜚	蜛	蜜	蜝	蜞	蜟
872	蜠	蜡	蜢	蜣	蜤	蜥	蜦	蜧	蜨	蜩	蜪	蜫	蜬	蜭	蜮	蜯
873	蜰	蜱	蜲	蜳	蜴	蜵	蜶	蜷	蜸	蜹	蜺	蜻	蜼	蜽	蜾	蜿
874	蝀	蝁	蝂	蝃	蝄	蝅	蝆	蝇	蝈	蝉	蝊	蝋	蝌	蝍	蝎	蝏
875	蝐	蝑	蝒	蝓	蝔	蝕	蝖	蝗	蝘	蝙	蝚	蝛	蝜	蝝	蝞	蝟
876	蝠	蝡	蝢	蝣	蝤	蝥	蝦	蝧	蝨	蝩	蝪	蝫	蝬	蝭	蝮	蝯
877	蝰	蝱	蝲	蝳	蝴	蝵	蝶	蝷	蝸	蝹	蝺	蝻	蝼	蝽	蝾	蝿

	0	1	2	3	4	5	6	7	8	9	A	B	C	D	E	F
878	螀	螁	螂	螃	螄	螅	螆	螇	螈	螉	螊	螋	螌	融	螎	螏
879	螐	螑	螒	螓	螔	螕	螖	螗	螘	螙	螚	螛	螜	螝	螞	螟
87A	螠	螡	螢	螣	螤	螥	螦	螧	螨	螩	螪	螫	螬	螭	螮	螯
87B	螰	螱	螲	螳	螴	螵	螶	螷	螸	螹	螺	螻	螼	螽	螾	螿
87C	蟀	蟁	蟂	蟃	蟄	蟅	蟆	蟇	蟈	蟉	蟊	蟋	蟌	蟍	蟎	蟏
87D	蟐	蟑	蟒	蟓	蟔	蟕	蟖	蟗	蟘	蟙	蟚	蟛	蟜	蟝	蟞	蟟
87E	蟠	蟡	蟢	蟣	蟤	蟥	蟦	蟧	蟨	蟩	蟪	蟫	蟬	蟭	蟮	蟯
87F	蟰	蟱	蟲	蟳	蟴	蟵	蟶	蟷	蟸	蟹	蟺	蟻	蟼	蟽	蟾	蟿
880	蠀	蠁	蠂	蠃	蠄	蠅	蠆	蠇	蠈	蠉	蠊	蠋	蠌	蠍	蠎	蠏
881	蠐	蠑	蠒	蠓	蠔	蠕	蠖	蠗	蠘	蠙	蠚	蠛	蠜	蠝	蠞	蠟
882	蠠	蠡	蠢	蠣	蠤	蠥	蠦	蠧	蠨	蠩	蠪	蠫	蠬	蠭	蠮	蠯
883	蠰	蠱	蠲	蠳	蠴	蠵	蠶	蠷	蠸	蠹	蠺	蠻	蠼	蠽	蠾	蠿
884	血	衁	衂	衃	衄	衅	衆	衇	衈	衉	衊	衋	行	衍	衎	衏
885	衐	衑	衒	術	衔	衕	衖	街	衘	衙	衚	衛	衜	衝	衞	衟
886	衠	衡	衢	衣	衤	补	衦	衧	表	衩	衪	衫	衬	衭	衮	衯
887	衰	衱	衲	衳	衴	衵	衶	衷	衸	衹	衺	衻	衼	衽	衾	衿
888	袀	袁	袂	袃	袄	袅	袆	袇	袈	袉	袊	袋	袌	袍	袎	袏
889	袐	袑	袒	袓	袔	袕	袖	袗	袘	袙	袚	袛	袜	袝	袞	袟
88A	袠	袡	袢	袣	袤	袥	袦	袧	袨	袩	袪	被	袬	袭	袮	袯
88B	袰	袱	袲	袳	袴	袵	袶	袷	袸	袹	袺	袻	袼	袽	袾	袿

	0	1	2	3	4	5	6	7	8	9	A	B	C	D	E	F
88C	裀	裁	裂	裃	裄	装	裆	裇	裈	裉	裊	裋	裌	裍	裎	裏
88D	裐	裑	裒	裓	裔	裕	裖	裗	裘	裙	裚	裛	補	裝	裞	裟
88E	裠	裡	裢	裣	裤	裥	裦	裧	裨	裩	裪	裫	裬	裭	裮	裯
88F	裰	裱	裲	裳	裴	裵	裶	裷	裸	裹	裺	裻	裼	製	裾	裿
890	褀	褁	褂	褃	褄	褅	褆	複	褈	褉	褊	褋	褌	褍	褎	褏
891	褐	褑	褒	褓	褔	褕	褖	褗	褘	褙	褚	褛	褜	褝	褞	褟
892	褠	褡	褢	褣	褤	褥	褦	褧	褨	褩	褪	褫	褬	褭	褮	褯
893	褰	褱	褲	褳	褴	褵	褶	褷	褸	褹	褺	褻	褼	褽	褾	褿
894	襀	襁	襂	襃	襄	襅	襆	襇	襈	襉	襊	襋	襌	襍	襎	襏
895	襐	襑	襒	襓	襔	襕	襖	襗	襘	襙	襚	襛	襜	襝	襞	襟
896	襠	襡	襢	襣	襤	襥	襦	襧	襨	襩	襪	襫	襬	襭	襮	襯
897	襰	襱	襲	襳	襴	襵	襶	襷	襸	襹	襺	襻	襼	襽	襾	西
898	覀	要	覂	覃	覄	覅	覆	覇	覈	覉	覊	見	覌	覍	覎	規
899	覐	覑	覒	覓	覔	覕	視	覗	覘	覙	覚	覛	覜	覝	覞	覟
89A	覠	覡	覢	覣	覤	覥	覦	覧	覨	覩	親	覫	覬	覭	覮	覯
89B	覰	覱	覲	観	覴	覵	覶	覷	覸	覹	覺	覻	覼	覽	覾	覿
89C	觀	见	观	觃	规	觅	视	觇	览	觉	觊	觋	觌	觍	觎	觏
89D	觐	觑	角	觓	觔	觕	觖	觗	觘	觙	觚	觛	觜	觝	觞	觟
89E	觠	觡	觢	解	觤	觥	触	觧	觨	觩	觪	觫	觬	觭	觮	觯
89F	觰	觱	觲	觳	觴	觵	觶	觷	觸	觹	觺	觻	觼	觽	觾	觿

	0	1	2	3	4	5	6	7	8	9	A	B	C	D	E	F
8A0	言	訁	訂	訃	訄	訅	訆	訇	計	訉	訊	訋	訌	訍	討	訏
8A1	訐	訑	訒	訓	訔	訕	訖	託	記	訙	訚	訛	訜	訝	訞	訟
8A2	訠	訡	訢	訣	訤	訥	訦	訧	訨	訩	訪	訫	訬	設	訮	訯
8A3	訰	許	訲	訳	訴	訵	訶	訷	訸	訹	診	註	証	訽	訾	訿
8A4	詀	詁	詂	詃	詄	詅	詆	詇	詈	詉	詊	詋	詌	詍	詎	詏
8A5	詐	詑	詒	詓	詔	評	詖	詗	詘	詙	詚	詛	詜	詝	詞	詟
8A6	詠	詡	詢	詣	詤	詥	試	詧	詨	詩	詪	詫	詬	詭	詮	詯
8A7	詰	話	該	詳	詴	詵	詶	詷	詸	詹	詺	詻	詼	詽	詾	詿
8A8	誀	誁	誂	誃	誄	誅	誆	誇	誈	誉	誊	誋	誌	認	誎	誏
8A9	誐	誑	誒	誓	誔	誕	誖	誗	誘	誙	誚	誛	誜	誝	語	誟
8AA	誠	誡	誢	誣	誤	誥	誦	誧	誨	誩	說	誫	説	読	誮	誯
8AB	誰	誱	課	誳	誴	誵	誶	誷	誸	誹	誺	誻	誼	誽	誾	調
8AC	諀	諁	諂	諃	諄	諅	諆	談	諈	諉	諊	請	諌	諍	諎	諏
8AD	諐	諑	諒	諓	諔	諕	論	諗	諘	諙	諚	諛	諜	諝	諞	諟
8AE	諠	諡	諢	諣	諤	諥	諦	諧	諨	諩	諪	諫	諬	諭	諮	諯
8AF	諰	諱	諲	諳	諴	諵	諶	諷	諸	諹	諺	諻	諼	諽	諾	諿
8B0	謀	謁	謂	謃	謄	謅	謆	謇	謈	謉	謊	謋	謌	謍	謎	謏
8B1	謐	謑	謒	謓	謔	謕	謖	謗	謘	謙	謚	講	謜	謝	謞	謟
8B2	謠	謡	謢	謣	謤	謥	謦	謧	謨	謩	謪	謫	謬	謭	謮	謯
8B3	謰	謱	謲	謳	謴	謵	謶	謷	謸	謹	謺	謻	謼	謽	謾	謿

	0	1	2	3	4	5	6	7	8	9	A	B	C	D	E	F
8B4	譀	譁	譂	譃	譄	譅	譆	譇	譈	證	譊	譋	譌	譍	譎	譏
8B5	譐	譑	譒	譓	譔	譕	譖	譗	識	譙	譚	譛	譜	譝	譞	譟
8B6	譠	譡	譢	譣	譤	譥	警	譧	譨	譩	譪	譫	譬	譭	譮	譯
8B7	議	譱	譲	譳	譴	譵	譶	護	譸	譹	譺	譻	譼	譽	譾	譿
8B8	讀	讁	讂	讃	讄	讅	讆	讇	讈	讉	變	讋	讌	讍	讎	讏
8B9	讐	讑	讒	讓	讔	讕	讖	讗	讘	讙	讚	讛	讜	讝	讞	讟
8BA	讠	计	订	讣	认	讥	讦	讧	讨	让	讪	讫	讬	训	议	讯
8BB	记	讱	讲	讳	讴	讵	讶	讷	许	讹	论	讻	讼	讽	设	访
8BC	诀	证	诂	诃	评	诅	识	诇	诈	诉	诊	诋	诌	词	诎	诏
8BD	诐	译	诒	诓	诔	试	诖	诗	诘	诙	诚	诛	诜	话	诞	诟
8BE	诠	诡	询	诣	诤	该	详	诧	诨	诩	诪	诫	诬	语	诮	误
8BF	诰	诱	诲	诳	说	诵	诶	请	诸	诹	诺	读	诼	诽	课	诿
8C0	谀	谁	谂	调	谄	谅	谆	谇	谈	谉	谊	谋	谌	谍	谎	谏
8C1	谐	谑	谒	谓	谔	谕	谖	谗	谘	谙	谚	谛	谜	谝	谞	谟
8C2	谠	谡	谢	谣	谤	谥	谦	谧	谨	谩	谪	谫	谬	谭	谮	谯
8C3	谰	谱	谲	谳	谴	谵	谶	谷	谸	谹	谺	谻	谼	谽	谾	谿
8C4	豀	豁	豂	豃	豄	豅	豆	豇	豈	豉	豊	豋	豌	豍	豎	豏
8C5	豐	豑	豒	豓	豔	豕	豖	豗	豘	豙	豚	豛	豜	豝	豞	豟
8C6	豠	象	豢	豣	豤	豥	豦	豧	豨	豩	豪	豫	豬	豭	豮	豯
8C7	豰	豱	豲	豳	豴	豵	豶	豷	豸	豹	豺	豻	豼	豽	豾	豿

	0	1	2	3	4	5	6	7	8	9	A	B	C	D	E	F
8C8	貀	貁	貂	貃	貄	貅	貆	貇	貈	貉	貊	貋	貌	貍	貎	貏
8C9	貐	貑	貒	貓	貔	貕	貖	貗	貘	貙	貚	貛	貜	貝	貞	貟
8CA	負	財	貢	貣	貤	貥	貦	貧	貨	販	貪	貫	責	貭	貮	貯
8CB	貰	貱	貲	貳	貴	貵	貶	買	貸	貹	貺	費	貼	貽	貾	貿
8CC	賀	賁	賂	賃	賄	賅	賆	資	賈	賉	賊	賋	賌	賍	賎	賏
8CD	賐	賑	賒	賓	賔	賕	賖	賗	賘	賙	賚	賛	賜	賝	賞	賟
8CE	賠	賡	賢	賣	賤	賥	賦	賧	賨	賩	質	賫	賬	賭	賮	賯
8CF	賰	賱	賲	賳	賴	賵	賶	賷	賸	賹	賺	賻	購	賽	賾	賿
8D0	贀	贁	贂	贃	贄	贅	贆	贇	贈	贉	贊	贋	贌	贍	贎	贏
8D1	贐	贑	贒	贓	贔	贕	贖	贗	贘	贙	贚	贛	贜	贝	贞	负
8D2	贠	贡	财	责	贤	败	账	货	质	贩	贪	贫	贬	购	贮	贯
8D3	贰	贱	贲	贳	贴	贵	贶	贷	贸	费	贺	贻	贼	贽	贾	贿
8D4	赀	赁	赂	赃	资	赅	赆	赇	赈	赉	赊	赋	赌	赍	赎	赏
8D5	赐	赑	赒	赓	赔	赕	赖	赗	赘	赙	赚	赛	赜	赝	赞	赟
8D6	赠	赡	赢	赣	赤	赥	赦	赧	赨	赩	赪	赫	赬	赭	赮	赯
8D7	走	赱	赲	赳	赴	赵	赶	起	赸	赹	赺	赻	赼	赽	赾	赿
8D8	趀	趁	趂	趃	趄	超	趆	趇	趈	趉	越	趋	趌	趍	趎	趏
8D9	趐	趑	趒	趓	趔	趕	趖	趗	趘	趙	趚	趛	趜	趝	趞	趟
8DA	趠	趡	趢	趣	趤	趥	趦	趧	趨	趩	趪	趫	趬	趭	趮	趯
8DB	趰	趱	趲	足	趴	趵	趶	趷	趸	趹	趺	趻	趼	趽	趾	趿

	0	1	2	3	4	5	6	7	8	9	A	B	C	D	E	F
8DC	跀	跁	跂	跃	跄	跅	跆	跇	跈	跉	跊	跋	跌	跍	跎	跏
8DD	跐	跑	跒	跓	跔	跕	跖	跗	跘	跙	跚	跛	跜	距	跞	跟
8DE	跠	跡	跢	跣	跤	跥	跦	跧	跨	跩	跪	跫	跬	跭	跮	路
8DF	跰	跱	跲	跳	跴	践	跶	跷	跸	跹	跺	跻	跼	跽	跾	跿
8E0	踀	踁	踂	踃	踄	踅	踆	踇	踈	踉	踊	踋	踌	踍	踎	踏
8E1	踐	踑	踒	踓	踔	踕	踖	踗	踘	踙	踚	踛	踜	踝	踞	踟
8E2	踠	踡	踢	踣	踤	踥	踦	踧	踨	踩	踪	踫	踬	踭	踮	踯
8E3	踰	踱	踲	踳	踴	踵	踶	踷	踸	踹	踺	踻	踼	踽	踾	踿
8E4	蹀	蹁	蹂	蹃	蹄	蹅	蹆	蹇	蹈	蹉	蹊	蹋	蹌	蹍	蹎	蹏
8E5	蹐	蹑	蹒	蹓	蹔	蹕	蹖	蹗	蹘	蹙	蹚	蹛	蹜	蹝	蹞	蹟
8E6	蹠	蹡	蹢	蹣	蹤	蹥	蹦	蹧	蹨	蹩	蹪	蹫	蹬	蹭	蹮	蹯
8E7	蹰	蹱	蹲	蹳	蹴	蹵	蹶	蹷	蹸	蹹	蹺	蹻	蹼	蹽	蹾	蹿
8E8	躀	躁	躂	躃	躄	躅	躆	躇	躈	躉	躊	躋	躌	躍	躎	躏
8E9	躐	躑	躒	躓	躔	躕	躖	躗	躘	躙	躚	躛	躜	躝	躞	躟
8EA	躠	躡	躢	躣	躤	躥	躦	躧	躨	躩	躪	身	躬	躭	躮	躯
8EB	躰	躱	躲	躳	躴	躵	躶	躷	躸	躹	躺	躻	躼	躽	躾	躿
8EC	軀	軁	軂	軃	軄	軅	軆	軇	軈	軉	車	軋	軌	軍	軎	軏
8ED	軐	軑	軒	軓	軔	軕	軖	軗	軘	軙	軚	軛	軜	軝	軞	軟
8EE	軠	軡	転	軣	軤	軥	軦	軧	軨	軩	軪	軫	軬	軭	軮	軯
8EF	軰	軱	軲	軳	軴	軵	軶	軷	軸	軹	軺	軻	軼	軽	軾	軿

	0	1	2	3	4	5	6	7	8	9	A	B	C	D	E	F
8F0	輀	輁	輂	較	輄	輅	輆	輇	輈	載	輊	輋	輌	輍	輎	輏
8F1	輐	輑	輒	輓	輔	輕	輖	輗	輘	輙	輚	輛	輜	輝	輞	輟
8F2	輠	輡	輢	輣	輤	輥	輦	輧	輨	輩	輪	輫	輬	輭	輮	輯
8F3	輰	輱	輲	輳	輴	輵	輶	輷	輸	輹	輺	輻	輼	輽	輾	輿
8F4	轀	轁	轂	轃	轄	轅	轆	轇	轈	轉	轊	轋	轌	轍	轎	轏
8F5	轐	轑	轒	轓	轔	轕	轖	轗	轘	轙	轚	轛	轜	轝	轞	轟
8F6	轠	轡	轢	轣	轤	轥	车	轧	轨	轩	轪	轫	转	轭	轮	软
8F7	轰	轱	轲	轳	轴	轵	轶	轷	轸	轹	轺	轻	轼	载	轾	轿
8F8	辀	辁	辂	较	辄	辅	辆	辇	辈	辉	辊	辋	辌	辍	辎	辏
8F9	辐	辑	辒	输	辔	辕	辖	辗	辘	辙	辚	辛	辜	辝	辞	辟
8FA	辠	辡	辢	辣	辤	辥	辦	辧	辨	辩	辪	辫	辬	辭	辮	辯
8FB	辰	辱	農	辳	辴	辵	辶	辷	辸	边	辺	辻	込	辽	达	辿
8FC	迀	迁	迂	迃	迄	迅	迆	过	迈	迉	迊	迋	迌	迍	迎	迏
8FD	运	近	迒	迓	返	迕	迖	迗	还	这	迚	进	远	违	连	迟
8FE	迠	迡	迢	迣	迤	迥	迦	迧	迨	迩	迪	迫	迬	迭	迮	迯
8FF	述	迱	迲	迳	迴	迵	迶	迷	迸	迹	迺	迻	迼	追	迾	迿
900	退	送	适	逃	逄	逅	逆	逇	逈	选	逊	逋	逌	逍	逎	透
901	逐	逑	递	逓	途	逕	逖	逗	逘	這	通	逛	逜	逝	逞	速
902	造	逡	逢	連	逤	逥	逦	逧	逨	逩	逪	逫	逬	逭	逮	逯
903	逰	週	進	逳	逴	逵	逶	逷	逸	逹	逺	逻	逼	逽	逾	逿

	0	1	2	3	4	5	6	7	8	9	A	B	C	D	E	F
904	遀	遁	遂	遃	遄	遅	遆	遇	遈	遉	遊	運	遌	遍	過	遏
905	遐	遑	遒	道	達	違	遖	遗	遘	遙	遚	遛	遜	遝	遞	遟
906	遠	遡	遢	遣	遤	遥	遦	遧	遨	適	遪	遫	遬	遭	遮	遯
907	遰	遱	遲	遳	遴	遵	遶	遷	選	遹	遺	遻	遼	遽	遾	避
908	邀	邁	邂	邃	還	邅	邆	邇	邈	邉	邊	邋	邌	邍	邎	邏
909	邐	邑	邒	邓	邔	邕	邖	邗	邘	邙	邚	邛	邜	邝	邞	邟
90A	邠	邡	邢	那	邤	邥	邦	邧	邨	邩	邪	邫	邬	邭	邮	邯
90B	邰	邱	邲	邳	邴	邵	邶	邷	邸	邹	邺	邻	邼	邽	邾	邿
90C	郀	郁	郂	郃	郄	郅	郆	郇	郈	郉	郊	郋	郌	郍	郎	郏
90D	郐	郑	郒	郓	郔	郕	郖	郗	郘	郙	郚	郛	郜	郝	郞	郟
90E	郠	郡	郢	郣	郤	郥	郦	郧	部	郩	郪	郫	郬	郭	郮	郯
90F	郰	郱	郲	郳	郴	郵	郶	郷	郸	郹	郺	郻	郼	都	郾	郿
910	鄀	鄁	鄂	鄃	鄄	鄅	鄆	鄇	鄈	鄉	鄊	鄋	鄌	鄍	鄎	鄏
911	鄐	鄑	鄒	鄓	鄔	鄕	鄖	鄗	鄘	鄙	鄚	鄛	鄜	鄝	鄞	鄟
912	鄠	鄡	鄢	鄣	鄤	鄥	鄦	鄧	鄨	鄩	鄪	鄫	鄬	鄭	鄮	鄯
913	鄰	鄱	鄲	鄳	鄴	鄵	鄶	鄷	鄸	鄹	鄺	鄻	鄼	鄽	鄾	鄿
914	酀	酁	酂	酃	酄	酅	酆	酇	酈	酉	酊	酋	酌	配	酎	酏
915	酐	酑	酒	酓	酔	酕	酖	酗	酘	酙	酚	酛	酜	酝	酞	酟
916	酠	酡	酢	酣	酤	酥	酦	酧	酨	酩	酪	酫	酬	酭	酮	酯
917	酰	酱	酲	酳	酴	酵	酶	酷	酸	酹	酺	酻	酼	酽	酾	酿

	0	1	2	3	4	5	6	7	8	9	A	B	C	D	E	F
918	醀	醁	醂	醃	醄	醅	醆	醇	醈	醉	醊	醋	醌	醍	醎	醏
919	醐	醑	醒	醓	醔	醕	醖	醗	醘	醙	醚	醛	醜	醝	醞	醟
91A	醠	醡	醢	醣	醤	醥	醦	醧	醨	醩	醪	醫	醬	醭	醮	醯
91B	醰	醱	醲	醳	醴	醵	醶	醷	醸	醹	醺	醻	醼	醽	醾	醿
91C	釀	釁	釂	釃	釄	釅	釆	采	釈	釉	释	釋	里	重	野	量
91D	釐	金	釒	釓	釔	釕	釖	釗	釘	釙	釚	釛	釜	針	釞	釟
91E	釠	釡	釢	釣	釤	釥	釦	釧	釨	釩	釪	釫	釬	釭	釮	釯
91F	釰	釱	釲	釳	釴	釵	釶	釷	釸	釹	釺	釻	釼	釽	釾	釿
920	鈀	鈁	鈂	鈃	鈄	鈅	鈆	鈇	鈈	鈉	鈊	鈋	鈌	鈍	鈎	鈏
921	鈐	鈑	鈒	鈓	鈔	鈕	鈖	鈗	鈘	鈙	鈚	鈛	鈜	鈝	鈞	鈟
922	鈠	鈡	鈢	鈣	鈤	鈥	鈦	鈧	鈨	鈩	鈪	鈫	鈬	鈭	鈮	鈯
923	鈰	鈱	鈲	鈳	鈴	鈵	鈶	鈷	鈸	鈹	鈺	鈻	鈼	鈽	鈾	鈿
924	鉀	鉁	鉂	鉃	鉄	鉅	鉆	鉇	鉈	鉉	鉊	鉋	鉌	鉍	鉎	鉏
925	鉐	鉑	鉒	鉓	鉔	鉕	鉖	鉗	鉘	鉙	鉚	鉛	鉜	鉝	鉞	鉟
926	鉠	鉡	鉢	鉣	鉤	鉥	鉦	鉧	鉨	鉩	鉪	鉫	鉬	鉭	鉮	鉯
927	鉰	鉱	鉲	鉳	鉴	鉵	鉶	鉷	鉸	鉹	鉺	鉻	鉼	鉽	鉾	鉿
928	銀	銁	銂	銃	銄	銅	銆	銇	銈	銉	銊	銋	銌	銍	銎	銏
929	銐	銑	銒	銓	銔	銕	銖	銗	銘	銙	銚	銛	銜	銝	銞	銟
92A	銠	銡	銢	銣	銤	銥	銦	銧	銨	銩	銪	銫	銬	銭	銮	銯
92B	銰	銱	銲	銳	銴	銵	銶	銷	銸	銹	銺	銻	銼	銽	銾	銿

	0	1	2	3	4	5	6	7	8	9	A	B	C	D	E	F
92C	鋀	鋁	鋂	鋃	鋄	鋅	鋆	鋇	鋈	鋉	鋊	鋋	鋌	鋍	鋎	鋏
92D	鋐	鋑	鋒	鋓	鋔	鋕	鋖	鋗	鋘	鋙	鋚	鋛	鋜	鋝	鋞	鋟
92E	鋠	鋡	鋢	鋣	鋤	鋥	鋦	鋧	鋨	鋩	鋪	鋫	鋬	鋭	鋮	鋯
92F	鋰	鋱	鋲	鋳	鋴	鋵	鋶	鋷	鋸	鋹	鋺	鋻	鋼	鋽	鋾	鋿
930	錀	錁	錂	錃	錄	錅	錆	錇	錈	錉	錊	錋	錌	錍	錎	錏
931	錐	錑	錒	錓	錔	錕	錖	錗	錘	錙	錚	錛	錜	錝	錞	錟
932	錠	錡	錢	錣	錤	錥	錦	錧	錨	錩	錪	錫	錬	錭	錮	錯
933	錰	錱	録	錳	錴	錵	錶	錷	錸	錹	錺	錻	錼	錽	錾	錿
934	鍀	鍁	鍂	鍃	鍄	鍅	鍆	鍇	鍈	鍉	鍊	鍋	鍌	鍍	鍎	鍏
935	鍐	鍑	鍒	鍓	鍔	鍕	鍖	鍗	鍘	鍙	鍚	鍛	鍜	鍝	鍞	鍟
936	鍠	鍡	鍢	鍣	鍤	鍥	鍦	鍧	鍨	鍩	鍪	鍫	鍬	鍭	鍮	鍯
937	鍰	鍱	鍲	鍳	鍴	鍵	鍶	鍷	鍸	鍹	鍺	鍻	鍼	鍽	鍾	鍿
938	鎀	鎁	鎂	鎃	鎄	鎅	鎆	鎇	鎈	鎉	鎊	鎋	鎌	鎍	鎎	鎏
939	鎐	鎑	鎒	鎓	鎔	鎕	鎖	鎗	鎘	鎙	鎚	鎛	鎜	鎝	鎞	鎟
93A	鎠	鎡	鎢	鎣	鎤	鎥	鎦	鎧	鎨	鎩	鎪	鎫	鎬	鎭	鎮	鎯
93B	鎰	鎱	鎲	鎳	鎴	鎵	鎶	鎷	鎸	鎹	鎺	鎻	鎼	鎽	鎾	鎿
93C	鏀	鏁	鏂	鏃	鏄	鏅	鏆	鏇	鏈	鏉	鏊	鏋	鏌	鏍	鏎	鏏
93D	鏐	鏑	鏒	鏓	鏔	鏕	鏖	鏗	鏘	鏙	鏚	鏛	鏜	鏝	鏞	鏟
93E	鏠	鏡	鏢	鏣	鏤	鏥	鏦	鏧	鏨	鏩	鏪	鏫	鏬	鏭	鏮	鏯
93F	鏰	鏱	鏲	鏳	鏴	鏵	鏶	鏷	鏸	鏹	鏺	鏻	鏼	鏽	鏾	鏿

	0	1	2	3	4	5	6	7	8	9	A	B	C	D	E	F
940	鐀	鐁	鐂	鐃	鐄	鐅	鐆	鐇	鐈	鐉	鐊	鐋	鐌	鐍	鐎	鐏
941	鐐	鐑	鐒	鐓	鐔	鐕	鐖	鐗	鐘	鐙	鐚	鐛	鐜	鐝	鐞	鐟
942	鐠	鐡	鐢	鐣	鐤	鐥	鐦	鐧	鐨	鐩	鐪	鐫	鐬	鐭	鐮	鐯
943	鐰	鐱	鐲	鐳	鐴	鐵	鐶	鐷	鐸	鐹	鐺	鐻	鐼	鐽	鐾	鐿
944	鑀	鑁	鑂	鑃	鑄	鑅	鑆	鑇	鑈	鑉	鑊	鑋	鑌	鑍	鑎	鑏
945	鑐	鑑	鑒	鑓	鑔	鑕	鑖	鑗	鑘	鑙	鑚	鑛	鑜	鑝	鑞	鑟
946	鑠	鑡	鑢	鑣	鑤	鑥	鑦	鑧	鑨	鑩	鑪	鑫	鑬	鑭	鑮	鑯
947	鑰	鑱	鑲	鑳	鑴	鑵	鑶	鑷	鑸	鑹	鑺	鑻	鑼	鑽	鑾	鑿
948	钀	钁	钂	钃	钄	钅	钆	钇	针	钉	钊	钋	钌	钍	钎	钏
949	钐	钑	钒	钓	钔	钕	钖	钗	钘	钙	钚	钛	钜	钝	钞	钟
94A	钠	钡	钢	钣	钤	钥	钦	钧	钨	钩	钪	钫	钬	钭	钮	钯
94B	钰	钱	钲	钳	钴	钵	钶	钷	钸	钹	钺	钻	钼	钽	钾	钿
94C	铀	铁	铂	铃	铄	铅	铆	铇	铈	铉	铊	铋	铌	铍	铎	铏
94D	铐	铑	铒	铓	铔	铕	铖	铗	铘	铙	铚	铛	铜	铝	铞	铟
94E	铠	铡	铢	铣	铤	铥	铦	铧	铨	铩	铪	铫	铬	铭	铮	铯
94F	铰	铱	铲	铳	铴	铵	银	铷	铸	铹	铺	铻	铼	铽	链	铿
950	销	锁	锂	锃	锄	锅	锆	锇	锈	锉	锊	锋	锌	锍	锎	锏
951	锐	锑	锒	锓	锔	锕	锖	锗	锘	错	锚	锛	锜	锝	锞	锟
952	锠	锡	锢	锣	锤	锥	锦	锧	锨	锩	锪	锫	锬	锭	键	锯
953	锰	锱	锲	锳	锴	锵	锶	锷	锸	锹	锺	锻	锼	锽	锾	锿

	0	1	2	3	4	5	6	7	8	9	A	B	C	D	E	F
954	镀	镁	镂	镃	镄	镅	镆	镇	镈	镉	镊	镋	镌	镍	镎	镏
955	镐	镑	镒	镓	镔	镕	镖	镗	镘	镙	镚	镛	镜	镝	镞	镟
956	镠	镡	镢	镣	镤	镥	镦	镧	镨	镩	镪	镫	镬	镭	镮	镯
957	镰	镱	镲	镳	镴	镵	镶	長	镸	镹	镺	镻	镼	镽	镾	长
958	門	閁	閂	閃	閄	閅	閆	閇	閈	閉	閊	開	閌	閍	閎	閏
959	閐	閑	閒	間	閔	閕	閖	閗	閘	閙	閚	閛	閜	閝	閞	閟
95A	閠	閡	関	閣	閤	閥	閦	閧	閨	閩	閪	閫	閬	閭	閮	閯
95B	閰	閱	閲	閳	閴	閵	閶	閷	閸	閹	閺	閻	閼	閽	閾	閿
95C	闀	闁	闂	闃	闄	闅	闆	闇	闈	闉	闊	闋	闌	闍	闎	闏
95D	闐	闑	闒	闓	闔	闕	闖	闗	闘	闙	闚	闛	關	闝	闞	闟
95E	闠	闡	闢	闣	闤	闥	闦	闧	门	闩	闪	闫	闬	闭	问	闯
95F	闰	闱	闲	闳	间	闵	闶	闷	闸	闹	闺	闻	闼	闽	闾	闿
960	阀	阁	阂	阃	阄	阅	阆	阇	阈	阉	阊	阋	阌	阍	阎	阏
961	阐	阑	阒	阓	阔	阕	阖	阗	阘	阙	阚	阛	阜	阝	阞	队
962	阠	阡	阢	阣	阤	阥	阦	阧	阨	阩	阪	阫	阬	阭	阮	阯
963	阰	阱	防	阳	阴	阵	阶	阷	阸	阹	阺	阻	阼	阽	阾	阿
964	陀	陁	陂	陃	附	际	陆	陇	陈	陉	陊	陋	陌	降	陎	陏
965	限	陑	陒	陓	陔	陕	陖	陗	陘	陙	陚	陛	陜	陝	陞	陟
966	陠	陡	院	陣	除	陥	陦	陧	陨	险	陪	陫	陬	陭	陮	陯
967	陰	陱	陲	陳	陴	陵	陶	陷	陸	陹	険	陻	陼	陽	陾	陿

	0	1	2	3	4	5	6	7	8	9	A	B	C	D	E	F
968	隀	隁	隂	隃	隄	隅	隆	隇	隈	隉	隊	隋	隌	隍	階	随
969	隐	隑	隒	隓	隔	隕	隖	隗	隘	隙	隚	際	障	隝	隞	隟
96A	隠	隡	隢	隣	隤	隥	隦	隧	隨	隩	險	隫	隬	隭	隮	隯
96B	隰	隱	隲	隳	隴	隵	隶	隷	隸	隹	隺	隻	隼	隽	难	隿
96C	雀	雁	雂	雃	雄	雅	集	雇	雈	雉	雊	雋	雌	雍	雎	雏
96D	雐	雑	雒	雓	雔	雕	雖	雗	雘	雙	雚	雛	雜	雝	雞	雟
96E	雠	雡	離	難	雤	雥	雦	雧	雨	雩	雪	雫	雬	雭	雮	雯
96F	雰	雱	雲	雳	雴	雵	零	雷	雸	雹	雺	電	雼	雽	雾	雿
970	需	霁	霂	霃	霄	霅	霆	震	霈	霉	霊	霋	霌	霍	霎	霏
971	霐	霑	霒	霓	霔	霕	霖	霗	霘	霙	霚	霛	霜	霝	霞	霟
972	霠	霡	霢	霣	霤	霥	霦	霧	霨	霩	霪	霫	霬	霭	霮	霯
973	霰	霱	露	霳	霴	霵	霶	霷	霸	霹	霺	霻	霼	霽	霾	霿
974	靀	靁	靂	靃	靄	靅	靆	靇	靈	靉	靊	靋	靌	靍	靎	靏
975	靐	靑	青	靓	靔	靕	靖	靗	靘	静	靚	靛	靜	靝	非	靟
976	靠	靡	面	靣	靤	靥	靦	靧	靨	革	靪	靫	靬	靭	靮	靯
977	靰	靱	靲	靳	靴	靵	靶	靷	靸	靹	靺	靻	靼	靽	靾	靿
978	鞀	鞁	鞂	鞃	鞄	鞅	鞆	鞇	鞈	鞉	鞊	鞋	鞌	鞍	鞎	鞏
979	鞐	鞑	鞒	鞓	鞔	鞕	鞖	鞗	鞘	鞙	鞚	鞛	鞜	鞝	鞞	鞟
97A	鞠	鞡	鞢	鞣	鞤	鞥	鞦	鞧	鞨	鞩	鞪	鞫	鞬	鞭	鞮	鞯
97B	鞰	鞱	鞲	鞳	鞴	鞵	鞶	鞷	鞸	鞹	鞺	鞻	鞼	鞽	鞾	鞿

	0	1	2	3	4	5	6	7	8	9	A	B	C	D	E	F
97C	韀	韁	韂	韃	韄	韅	韆	韇	韈	韉	韊	韋	韌	韍	韎	韏
97D	韐	韑	韒	韓	韔	韕	韖	韗	韘	韙	韚	韛	韜	韝	韞	韟
97E	韠	韡	韢	韣	韤	韥	韦	韧	韨	韩	韪	韫	韬	韭	韮	韯
97F	韰	韱	韲	音	韴	韵	韶	韷	韸	韹	韺	韻	韼	韽	韾	響
980	頀	頁	頂	頃	頄	項	順	頇	須	頉	頊	頋	頌	頍	頎	頏
981	預	頑	頒	頓	頔	頕	頖	頗	領	頙	頚	頛	頜	頝	頞	頟
982	頠	頡	頢	頣	頤	頥	頦	頧	頨	頩	頪	頫	頬	頭	頮	頯
983	頰	頱	頲	頳	頴	頵	頶	頷	頸	頹	頺	頻	頼	頽	頾	頿
984	顀	顁	顂	顃	顄	顅	顆	顇	顈	顉	顊	顋	題	額	顎	顏
985	顐	顑	顒	顓	顔	顕	顖	顗	願	顙	顚	顛	顜	顝	類	顟
986	顠	顡	顢	顣	顤	顥	顦	顧	顨	顩	顪	顫	顬	顭	顮	顯
987	顰	顱	顲	顳	顴	页	顶	顷	顸	项	顺	须	顼	顽	顾	顿
988	颀	颁	颂	颃	预	颅	领	颇	颈	颉	颊	颋	颌	颍	颎	颏
989	颐	频	颒	颓	颔	颕	颖	颗	题	颙	颚	颛	颜	额	颞	颟
98A	颠	颡	颢	颣	颤	颥	颦	颧	風	颩	颪	颫	颬	颭	颮	颯
98B	颰	颱	颲	颳	颴	颵	颶	颷	颸	颹	颺	颻	颼	颽	颾	颿
98C	飀	飁	飂	飃	飄	飅	飆	飇	飈	飉	飊	飋	飌	飍	风	飏
98D	飐	飑	飒	飓	飔	飕	飖	飗	飘	飙	飚	飛	飜	飝	飞	食
98E	飠	飡	飢	飣	飤	飥	飦	飧	飨	飩	飪	飫	飬	飭	飮	飯
98F	飰	飱	飲	飳	飴	飵	飶	飷	飸	飹	飺	飻	飼	飽	飾	飿

	0	1	2	3	4	5	6	7	8	9	A	B	C	D	E	F
990	餀	餁	餂	餃	餄	餅	餆	餇	餈	餉	養	餋	餌	餍	餎	餏
991	餐	餑	餒	餓	餔	餕	餖	餗	餘	餙	餚	餛	餜	餝	餞	餟
992	餠	餡	餢	餣	餤	餥	餦	餧	館	餩	餪	餫	餬	餭	餮	餯
993	餰	餱	餲	餳	餴	餵	餶	餷	餸	餹	餺	餻	餼	餽	餾	餿
994	饀	饁	饂	饃	饄	饅	饆	饇	饈	饉	饊	饋	饌	饍	饎	饏
995	饐	饑	饒	饓	饔	饕	饖	饗	饘	饙	饚	饛	饜	饝	饞	饟
996	饠	饡	饢	饣	饤	饥	饦	饧	饨	饩	饪	饫	饬	饭	饮	饯
997	饰	饱	饲	饳	饴	饵	饶	饷	饸	饹	饺	饻	饼	饽	饾	饿
998	馀	馁	馂	馃	馄	馅	馆	馇	馈	馉	馊	馋	馌	馍	馎	馏
999	馐	馑	馒	馓	馔	馕	首	馗	馘	香	馚	馛	馜	馝	馞	馟
99A	馠	馡	馢	馣	馤	馥	馦	馧	馨	馩	馪	馫	馬	馭	馮	馯
99B	馰	馱	馲	馳	馴	馵	馶	馷	馸	馹	馺	馻	馼	馽	馾	馿
99C	駀	駁	駂	駃	駄	駅	駆	駇	駈	駉	駊	駋	駌	駍	駎	駏
99D	駐	駑	駒	駓	駔	駕	駖	駗	駘	駙	駚	駛	駜	駝	駞	駟
99E	駠	駡	駢	駣	駤	駥	駦	駧	駨	駩	駪	駫	駬	駭	駮	駯
99F	駰	駱	駲	駳	駴	駵	駶	駷	駸	駹	駺	駻	駼	駽	駾	駿
9A0	騀	騁	騂	騃	騄	騅	騆	騇	騈	騉	騊	騋	騌	騍	騎	騏
9A1	騐	騑	騒	験	騔	騕	騖	騗	騘	騙	騚	騛	騜	騝	騞	騟
9A2	騠	騡	騢	騣	騤	騥	騦	騧	騨	騩	騪	騫	騬	騭	騮	騯
9A3	騰	騱	騲	騳	騴	騵	騶	騷	騸	騹	騺	騻	騼	騽	騾	騿

	0	1	2	3	4	5	6	7	8	9	A	B	C	D	E	F
9A4	驀	驁	驂	驃	驄	驅	驆	驇	驈	驉	驊	驋	驌	驍	驎	驏
9A5	驐	驑	驒	驓	驔	驕	驖	驗	驘	驙	驚	驛	驜	驝	驞	驟
9A6	驠	驡	驢	驣	驤	驥	驦	驧	驨	驩	驪	驫	马	驭	驮	驯
9A7	驰	驱	驲	驳	驴	驵	驶	驷	驸	驹	驺	驻	驼	驽	驾	驿
9A8	骀	骁	骂	骃	骄	骅	骆	骇	骈	骉	骊	骋	验	骍	骎	骏
9A9	骐	骑	骒	骓	骔	骕	骖	骗	骘	骙	骚	骛	骜	骝	骞	骟
9AA	骠	骡	骢	骣	骤	骥	骦	骧	骨	骩	骪	骫	骬	骭	骮	骯
9AB	骰	骱	骲	骳	骴	骵	骶	骷	骸	骹	骺	骻	骼	骽	骾	骿
9AC	髀	髁	髂	髃	髄	髅	髆	髇	髈	髉	髊	髋	髌	髍	髎	髏
9AD	髐	髑	髒	髓	體	髕	髖	髗	高	髙	髚	髛	髜	髝	髞	髟
9AE	髠	髡	髢	髣	髤	髥	髦	髧	髨	髩	髪	髫	髬	髭	髮	髯
9AF	髰	髱	髲	髳	髴	髵	髶	髷	髸	髹	髺	髻	髼	髽	髾	髿
9B0	鬀	鬁	鬂	鬃	鬄	鬅	鬆	鬇	鬈	鬉	鬊	鬋	鬌	鬍	鬎	鬏
9B1	鬐	鬑	鬒	鬓	鬔	鬕	鬖	鬗	鬘	鬙	鬚	鬛	鬜	鬝	鬞	鬟
9B2	鬠	鬡	鬢	鬣	鬤	鬥	鬦	鬧	鬨	鬩	鬪	鬫	鬬	鬭	鬮	鬯
9B3	鬰	鬱	鬲	鬳	鬴	鬵	鬶	鬷	鬸	鬹	鬺	鬻	鬼	鬽	鬾	鬿
9B4	魀	魁	魂	魃	魄	魅	魆	魇	魈	魉	魊	魋	魌	魍	魎	魏
9B5	魐	魑	魒	魓	魔	魕	魖	魗	魘	魙	魚	魛	魜	魝	魞	魟
9B6	魠	魡	魢	魣	魤	魥	魦	魧	魨	魩	魪	魫	魬	魭	魮	魯
9B7	魰	魱	魲	魳	魴	魵	魶	魷	魸	魹	魺	魻	魼	魽	魾	魿

	0	1	2	3	4	5	6	7	8	9	A	B	C	D	E	F
9B8	鮀	鮁	鮂	鮃	鮄	鮅	鮆	鮇	鮈	鮉	鮊	鮋	鮌	鮍	鮎	鮏
9B9	鮐	鮑	鮒	鮓	鮔	鮕	鮖	鮗	鮘	鮙	鮚	鮛	鮜	鮝	鮞	鮟
9BA	鮠	鮡	鮢	鮣	鮤	鮥	鮦	鮧	鮨	鮩	鮪	鮫	鮬	鮭	鮮	鮯
9BB	鮰	鮱	鮲	鮳	鮴	鮵	鮶	鮷	鮸	鮹	鮺	鮻	鮼	鮽	鮾	鮿
9BC	鯀	鯁	鯂	鯃	鯄	鯅	鯆	鯇	鯈	鯉	鯊	鯋	鯌	鯍	鯎	鯏
9BD	鯐	鯑	鯒	鯓	鯔	鯕	鯖	鯗	鯘	鯙	鯚	鯛	鯜	鯝	鯞	鯟
9BE	鯠	鯡	鯢	鯣	鯤	鯥	鯦	鯧	鯨	鯩	鯪	鯫	鯬	鯭	鯮	鯯
9BF	鯰	鯱	鯲	鯳	鯴	鯵	鯶	鯷	鯸	鯹	鯺	鯻	鯼	鯽	鯾	鯿
9C0	鰀	鰁	鰂	鰃	鰄	鰅	鰆	鰇	鰈	鰉	鰊	鰋	鰌	鰍	鰎	鰏
9C1	鰐	鰑	鰒	鰓	鰔	鰕	鰖	鰗	鰘	鰙	鰚	鰛	鰜	鰝	鰞	鰟
9C2	鰠	鰡	鰢	鰣	鰤	鰥	鰦	鰧	鰨	鰩	鰪	鰫	鰬	鰭	鰮	鰯
9C3	鰰	鰱	鰲	鰳	鰴	鰵	鰶	鰷	鰸	鰹	鰺	鰻	鰼	鰽	鰾	鰿
9C4	鱀	鱁	鱂	鱃	鱄	鱅	鱆	鱇	鱈	鱉	鱊	鱋	鱌	鱍	鱎	鱏
9C5	鱐	鱑	鱒	鱓	鱔	鱕	鱖	鱗	鱘	鱙	鱚	鱛	鱜	鱝	鱞	鱟
9C6	鱠	鱡	鱢	鱣	鱤	鱥	鱦	鱧	鱨	鱩	鱪	鱫	鱬	鱭	鱮	鱯
9C7	鱰	鱱	鱲	鱳	鱴	鱵	鱶	鱷	鱸	鱹	鱺	鱻	鱼	鱽	鱾	鱿
9C8	鲀	鲁	鲂	鲃	鲄	鲅	鲆	鲇	鲈	鲉	鲊	鲋	鲌	鲍	鲎	鲏
9C9	鲐	鲑	鲒	鲓	鲔	鲕	鲖	鲗	鲘	鲙	鲚	鲛	鲜	鲝	鲞	鲟
9CA	鲠	鲡	鲢	鲣	鲤	鲥	鲦	鲧	鲨	鲩	鲪	鲫	鲬	鲭	鲮	鲯
9CB	鲰	鲱	鲲	鲳	鲴	鲵	鲶	鲷	鲸	鲹	鲺	鲻	鲼	鲽	鲾	鲿

	0	1	2	3	4	5	6	7	8	9	A	B	C	D	E	F
9CC	鳀	鳁	鳂	鳃	鳄	鳅	鳆	鳇	鳈	鳉	鳊	鳋	鳌	鳍	鳎	鳏
9CD	鳐	鳑	鳒	鳓	鳔	鳕	鳖	鳗	鳘	鳙	鳚	鳛	鳜	鳝	鳞	鳟
9CE	鳠	鳡	鳢	鳣	鳤	鳥	鳦	鳧	鳨	鳩	鳪	鳫	鳬	鳭	鳮	鳯
9CF	鳰	鳱	鳲	鳳	鳴	鳵	鳶	鳷	鳸	鳹	鳺	鳻	鳼	鳽	鳾	鳿
9D0	鴀	鴁	鴂	鴃	鴄	鴅	鴆	鴇	鴈	鴉	鴊	鴋	鴌	鴍	鴎	鴏
9D1	鴐	鴑	鴒	鴓	鴔	鴕	鴖	鴗	鴘	鴙	鴚	鴛	鴜	鴝	鴞	鴟
9D2	鴠	鴡	鴢	鴣	鴤	鴥	鴦	鴧	鴨	鴩	鴪	鴫	鴬	鴭	鴮	鴯
9D3	鴰	鴱	鴲	鴳	鴴	鴵	鴶	鴷	鴸	鴹	鴺	鴻	鴼	鴽	鴾	鴿
9D4	鵀	鵁	鵂	鵃	鵄	鵅	鵆	鵇	鵈	鵉	鵊	鵋	鵌	鵍	鵎	鵏
9D5	鵐	鵑	鵒	鵓	鵔	鵕	鵖	鵗	鵘	鵙	鵚	鵛	鵜	鵝	鵞	鵟
9D6	鵠	鵡	鵢	鵣	鵤	鵥	鵦	鵧	鵨	鵩	鵪	鵫	鵬	鵭	鵮	鵯
9D7	鵰	鵱	鵲	鵳	鵴	鵵	鵶	鵷	鵸	鵹	鵺	鵻	鵼	鵽	鵾	鵿
9D8	鶀	鶁	鶂	鶃	鶄	鶅	鶆	鶇	鶈	鶉	鶊	鶋	鶌	鶍	鶎	鶏
9D9	鶐	鶑	鶒	鶓	鶔	鶕	鶖	鶗	鶘	鶙	鶚	鶛	鶜	鶝	鶞	鶟
9DA	鶠	鶡	鶢	鶣	鶤	鶥	鶦	鶧	鶨	鶩	鶪	鶫	鶬	鶭	鶮	鶯
9DB	鶰	鶱	鶲	鶳	鶴	鶵	鶶	鶷	鶸	鶹	鶺	鶻	鶼	鶽	鶾	鶿
9DC	鷀	鷁	鷂	鷃	鷄	鷅	鷆	鷇	鷈	鷉	鷊	鷋	鷌	鷍	鷎	鷏
9DD	鷐	鷑	鷒	鷓	鷔	鷕	鷖	鷗	鷘	鷙	鷚	鷛	鷜	鷝	鷞	鷟
9DE	鷠	鷡	鷢	鷣	鷤	鷥	鷦	鷧	鷨	鷩	鷪	鷫	鷬	鷭	鷮	鷯
9DF	鷰	鷱	鷲	鷳	鷴	鷵	鷶	鷷	鷸	鷹	鷺	鷻	鷼	鷽	鷾	鷿

	0	1	2	3	4	5	6	7	8	9	A	B	C	D	E	F
9E0	鸀	鸁	鸂	鸃	鸄	鸅	鸆	鸇	鸈	鸉	鸊	鸋	鸌	鸍	鸎	鸏
9E1	鸐	鸑	鸒	鸓	鸔	鸕	鸖	鸗	鸘	鸙	鸚	鸛	鸜	鸝	鸞	鸟
9E2	鸠	鸡	鸢	鸣	鸤	鸥	鸦	鸧	鸨	鸩	鸪	鸫	鸬	鸭	鸮	鸯
9E3	鸰	鸱	鸲	鸳	鸴	鸵	鸶	鸷	鸸	鸹	鸺	鸻	鸼	鸽	鸾	鸿
9E4	鹀	鹁	鹂	鹃	鹄	鹅	鹆	鹇	鹈	鹉	鹊	鹋	鹌	鹍	鹎	鹏
9E5	鹐	鹑	鹒	鹓	鹔	鹕	鹖	鹗	鹘	鹙	鹚	鹛	鹜	鹝	鹞	鹟
9E6	鹠	鹡	鹢	鹣	鹤	鹥	鹦	鹧	鹨	鹩	鹪	鹫	鹬	鹭	鹮	鹯
9E7	鹰	鹱	鹲	鹳	鹴	鹵	鹶	鹷	鹸	鹹	鹺	鹻	鹼	鹽	鹾	鹿
9E8	麀	麁	麂	麃	麄	麅	麆	麇	麈	麉	麊	麋	麌	麍	麎	麏
9E9	麐	麑	麒	麓	麔	麕	麖	麗	麘	麙	麚	麛	麜	麝	麞	麟
9EA	麠	麡	麢	麣	麤	麥	麦	麧	麨	麩	麪	麫	麬	麭	麮	麯
9EB	麰	麱	麲	麳	麴	麵	麶	麷	麸	麹	麺	麻	麼	麽	麾	麿
9EC	黀	黁	黂	黃	黄	黅	黆	黇	黈	黉	黊	黋	黌	黍	黎	黏
9ED	黐	黑	黒	黓	黔	黕	黖	黗	默	黙	黚	黛	黜	黝	點	黟
9EE	黠	黡	黢	黣	黤	黥	黦	黧	黨	黩	黪	黫	黬	黭	黮	黯
9EF	黰	黱	黲	黳	黴	黵	黶	黷	黸	黹	黺	黻	黼	黽	黾	黿
9F0	鼀	鼁	鼂	鼃	鼄	鼅	鼆	鼇	鼈	鼉	鼊	鼋	鼌	鼍	鼎	鼏
9F1	鼐	鼑	鼒	鼓	鼔	鼕	鼖	鼗	鼘	鼙	鼚	鼛	鼜	鼝	鼞	鼟
9F2	鼠	鼡	鼢	鼣	鼤	鼥	鼦	鼧	鼨	鼩	鼪	鼫	鼬	鼭	鼮	鼯
9F3	鼰	鼱	鼲	鼳	鼴	鼵	鼶	鼷	鼸	鼹	鼺	鼻	鼼	鼽	鼾	鼿

	0	1	2	3	4	5	6	7	8	9	A	B	C	D	E	F
9F4	齀	齁	齂	齃	齄	齅	齆	齇	齈	齉	齊	齋	齌	齍	齎	齏
9F5	齐	齑	齒	齓	齔	齕	齖	齗	齘	齙	齚	齛	齜	齝	齞	齟
9F6	齠	齡	齢	齣	齤	齥	齦	齧	齨	齩	齪	齫	齬	齭	齮	齯
9F7	齰	齱	齲	齳	齴	齵	齶	齷	齸	齹	齺	齻	齼	齽	齾	齿
9F8	龀	龁	龂	龃	龄	龅	龆	龇	龈	龉	龊	龋	龌	龍	龎	龏
9F9	龐	龑	龒	龓	龔	龕	龖	龗	龘	龙	龚	龛	龜	龝	龞	龟
9FA	龠	龡	龢	龣	龤	龥										

	0	1	2	3	4	5	6	7	8	9	A	B	C	D	E	F
340	北	丙	㐂	仐	丯	乂	肙	乞	亼	乤	乫	乬	乧	乯	乽	乵
341	乺	乻	乼	乽	乾	乿	乱	亁	亂	亃	亄	亇	執	亊	基	亖
342	乿	憓	淫	廛	㨶	鑾	孌	才	矛	卌	夾	凶	㐬	向	襄	喜
343	仂	参	伏	伉	伤	仟	佀	㐷	佽	㐹	仫	㑘	併	佩	伭	佯
344	伖	㑁	俩	㑃	㑄	㑅	倪	㑇	㑈	㑉	㑊	㑋	㑌	㑍	㑎	侍
345	㑐	㑑	㑒	俊	顷	㑕	仲	㑗	㑘	㑙	㑚	㑛	㑜	㑝	㑞	㑟
346	㑠	御	御	㑣	㑤	傷	㑦	㑧	㑨	㑩	㑪	㑫	㑬	㑭	㑮	㑯
347	像	㑱	㑲	㑳	侵	㑵	㑶	㑷	倚	會	㑺	㑻	㑼	㑽	㑾	㑿
348	㒀	㒁	儲	㒃	㒄	㒅	㒆	㒇	㒈	㒉	㒊	㒋	㒌	㒍	㒎	㒏
349	㒐	㒑	僕	㒓	獨	㒕	㒖	㒗	㒘	㒙	㒚	㒛	㒜	㒝	㒞	㒟
34A	㒠	㒡	倫	㒣	㒤	㒥	㒦	㒧	㒨	㒩	㒪	兵	㒬	㒭	㒮	㒯
34B	仝	㒱	合	网	㒴	㒵	㒶	㒷	家	顛	㒺	冕	㒼	㒽	㒾	㒿
34C	下	㓁	冦	冨	㓄	冮	冷	沃	沰	活	洞	洪	泾	流	浸	涧
34D	凌	凒	凓	凖	㓔	减	凙	凟	凰	凶	刂	功	刉	刑	刧	刻
34E	剅	剆	剉	剑	剋	剐	剓	剕	剙	剚	剢	剤	剦	剧	剮	剷
34F	劃	劅	劇	劊	劋	劌	劐	劓	劖	劘	劚	劙	劜	劝	劚	劗
350	劚	劉	劕	㔉	剩	劃	劉	劉	荆	劚	劐	劃	劉	劗	劈	劚
351	劉	劈	劚	劧	劶	㔓	劺	勂	勄	勆	勈	勊	勍	勎	勑	勢
352	勛	勡	勥	勨	勪	勫	勸	勮	勯	匃	匋	龙	阜	堤	難	匧
353	匬	匭	匭	匬	匴	匴	匶	丙	匷	协	匼	平	準	卣	巳	卬

	0	1	2	3	4	5	6	7	8	9	A	B	C	D	E	F
354	壴	卻	厃	屏	厷	厙	居	应	厎	咯	甬	厔	厚	雁	廬	厨
355	鴈	廚	㕗	壓	廳	公	枲	叄	叅	叇	叉	圣	叓	吏	叔	叙
356	叟	叡	叡	谷	叴	叺	吴	吚	呏	咔	吷	㕫	吣	呋	吹	㕩
357	吒	吜	咊	㕼	吭	吐	㕶	咟	啦	哱	号	杏	哅	㕥	㖏	香
358	啤	咳	嘰	呞	哳	哦	呻	哂	耆	啌	哼	岔	侖	詎	界	哩
359	㖀	喊	啼	唪	唔	啐	善	唦	唇	詎	詑	喦	喦	嗇	喎	嗳
35A	啋	啘	嚨	喑	啗	喐	啾	喒	啶	喥	喊	唛	嗖	嗪	喻	喦
35B	嗱	嗄	嗇	嗻	嗙	嗊	嗰	嗤	嘘	嗌	嗒	嗓	喋	嗔	嗕	嘟
35C	嘊	嘏	嘧	嘈	嘐	嘲	嘆	嘏	嘞	嘁	嘂	嘩	嘧	嘳	嘿	噎
35D	嗑	嘽	噥	噇	噓	噌	噍	噼	噂	噣	嘌	噗	噲	噬	噷	噩
35E	嚆	嚄	嚈	嚏	嚐	嚌	嚕	嚔	嚚	嚠	嚥	嚓	嚖	嚜	嚳	嚞
35F	嚤	噍	嚍	嚺	嚪	嚃	嚷	嚽	嚬	嚼	囁	嚹	嚷	嚮	囃	囆
360	噪	嚗	囈	囍	囐	囑	囓	嚛	嚵	囌	囆	囋	囇	囄	囍	囏
361	囕	囄	囖	囒	囔	囕	囐	囉	囈	囌	囑	囔	囓	図	囚	囲
362	圅	圎	圐	圓	圝	圞	圦	圩	圸	圮	圫	坏	均	坳	坭	坊
363	坘	坍	坑	坒	坐	坲	坙	坺	垩	垖	垘	垌	垍	垥	垶	埕
364	垸	埘	埒	埃	埁	埌	埐	埞	埦	埧	埭	埴	埇	堅	堿	塆
365	堶	塈	塈	塈	塃	塇	塌	塎	塓	塗	塝	塼	塰	塸	墀	墈
366	墅	墌	墒	墕	墟	墂	墅	墦	墍	墩	墥	墫	墼	墽	墖	墊
367	墼	墾	壅	壈	壇	壈	臺	壗	壛	壙	壝	壧	壨	壣	壆	壥

	0	1	2	3	4	5	6	7	8	9	A	B	C	D	E	F
368	壥	蕘	壤	壺	壼	夆	夏	癹	外	夛	够	夠	夥	夤	夻	奔
369	奀	灵	夾	杢	卒	奞	臭	査	扶	契	客	昚	奯	雈	森	臭
36A	羔	蓶	佞	妟	妋	好	妍	妒	妅	娟	妊	㚶	妁	妣	妧	姍
36B	妚	姖	姑	妿	姉	㚵	姖	妳	姛	㚯	娐	要	㚼	耍	娊	姳
36C	姶	娦	妑	絜	㛂	娸	娱	娃	娫	姻	娯	娴	娦	婡	娼	娕
36D	娙	娶	婝	婖	娨	娼	婒	婑	婷	婥	婅	婵	婆	娟	婥	娩
36E	婤	婠	婅	婰	婳	婚	婖	婟	婏	婧	婩	婸	婜	婼	婹	嬔
36F	婚	婐	媍	媐	媹	媷	媫	婺	媈	媤	媞	媟	媗	婡	媙	媂
370	媩	媨	媭	媗	媙	媸	媎	媐	媻	媿	嫖	媪	嫇	媷	嫍	嫃
371	嫞	嫢	嫛	嫨	嫦	嫝	嫸	嫪	嫭	嫴	嫭	嫩	嫩	嫶	嫯	嫩
372	嫿	嫁	嬗	嬔	嬕	嬛	嬃	嬍	嬒	嬶	嬰	嬡	嬦	嬸	嬧	嬿
373	嬨	嬪	嬴	嬢	嬞	嬢	嬢	嬰	嬯	孎	孋	孌	孏	学	孙	孖
374	哥	孚	孙	娩	孰	毂	孴	孳	孿	宀	文	宁	宊	写	之	宆
375	宍	宐	宑	宕	宨	宩	家	宧	宫	宯	宭	宿	寀	寂	宲	寛
376	寞	寇	寓	寏	寕	寙	寯	寮	寭	寱	寠	寶	寋	寲	寴	寷
377	寳	寷	寸	尒	冠	寻	尋	尋	尌	尋	尠	尠	尢	尥	尪	尫
378	尵	尯	尶	尤	尨	尰	尲	尳	尵	尴	尶	尸	尹	尺	尼	尽
379	屃	屄	屆	屇	屈	屉	届	屋	屌	屍	屎	屏	屐	屑	屒	屓
37A	屔	展	屖	屗	屘	屙	屚	屛	屜	屝	属	屟	屠	屡	屢	屣
37B	岓	岂	岬	岤	岻	岦	岐	岸	岽	岢	岩	岿	峃	峸	峔	峑

	0	1	2	3	4	5	6	7	8	9	A	B	C	D	E	F
37C	㟀	㟁	㟂	㟃	㟄	㟅	㟆	㟇	㟈	㟉	㟊	㟋	㟌	㟍	㟎	㟏
37D	㟐	㟑	㟒	㟓	㟔	㟕	㟖	㟗	㟘	㟙	㟚	㟛	㟜	㟝	㟞	㟟
37E	㟠	㟡	㟢	㟣	㟤	㟥	㟦	㟧	㟨	㟩	㟪	㟫	㟬	㟭	㟮	㟯
37F	㟰	㟱	㟲	㟳	㟴	㟵	㟶	㟷	㟸	㟹	㟺	㟻	㟼	㟽	㟾	㟿
380	㠀	㠁	㠂	㠃	㠄	㠅	㠆	㠇	㠈	㠉	㠊	㠋	㠌	㠍	㠎	㠏
381	㠐	㠑	㠒	㠓	㠔	㠕	㠖	㠗	㠘	㠙	㠚	㠛	㠜	㠝	㠞	㠟
382	㠠	㠡	㠢	㠣	㠤	㠥	㠦	㠧	㠨	㠩	㠪	㠫	㠬	㠭	㠮	㠯
383	㠰	㠱	㠲	㠳	㠴	㠵	㠶	㠷	㠸	㠹	㠺	㠻	㠼	㠽	㠾	㠿
384	㡀	㡁	㡂	㡃	㡄	㡅	㡆	㡇	㡈	㡉	㡊	㡋	㡌	㡍	㡎	㡏
385	㡐	㡑	㡒	㡓	㡔	㡕	㡖	㡗	㡘	㡙	㡚	㡛	㡜	㡝	㡞	㡟
386	㡠	㡡	㡢	㡣	㡤	㡥	㡦	㡧	㡨	㡩	㡪	㡫	㡬	㡭	㡮	㡯
387	㡰	㡱	㡲	㡳	㡴	㡵	㡶	㡷	㡸	㡹	㡺	㡻	㡼	㡽	㡾	㡿
388	㢀	㢁	㢂	㢃	㢄	㢅	㢆	㢇	㢈	㢉	㢊	㢋	㢌	㢍	㢎	㢏
389	㢐	㢑	㢒	㢓	㢔	㢕	㢖	㢗	㢘	㢙	㢚	㢛	㢜	㢝	㢞	㢟
38A	㢠	㢡	㢢	㢣	㢤	㢥	㢦	㢧	㢨	㢩	㢪	㢫	㢬	㢭	㢮	㢯
38B	㢰	㢱	㢲	㢳	㢴	㢵	㢶	㢷	㢸	㢹	㢺	㢻	㢼	㢽	㢾	㢿
38C	㣀	㣁	㣂	㣃	㣄	㣅	㣆	㣇	㣈	㣉	㣊	㣋	㣌	㣍	㣎	㣏
38D	㣐	㣑	㣒	㣓	㣔	㣕	㣖	㣗	㣘	㣙	㣚	㣛	㣜	㣝	㣞	㣟
38E	㣠	㣡	㣢	㣣	㣤	㣥	㣦	㣧	㣨	㣩	㣪	㣫	㣬	㣭	㣮	㣯
38F	㣰	㣱	㣲	㣳	㣴	㣵	㣶	㣷	㣸	㣹	㣺	㣻	㣼	㣽	㣾	㣿

	0	1	2	3	4	5	6	7	8	9	A	B	C	D	E	F
390	㤀	㤁	㤂	㤃	㤄	㤅	㤆	㤇	㤈	㤉	㤊	㤋	㤌	㤍	㤎	㤏
391	㤐	㤑	㤒	㤓	㤔	㤕	㤖	㤗	㤘	㤙	㤚	㤛	㤜	㤝	㤞	㤟
392	㤠	㤡	㤢	㤣	㤤	㤥	㤦	㤧	㤨	㤩	㤪	㤫	㤬	㤭	㤮	㤯
393	㤰	㤱	㤲	㤳	㤴	㤵	㤶	㤷	㤸	㤹	㤺	㤻	㤼	㤽	㤾	㤿
394	㥀	㥁	㥂	㥃	㥄	㥅	㥆	㥇	㥈	㥉	㥊	㥋	㥌	㥍	㥎	㥏
395	㥐	㥑	㥒	㥓	㥔	㥕	㥖	㥗	㥘	㥙	㥚	㥛	㥜	㥝	㥞	㥟
396	㥠	㥡	㥢	㥣	㥤	㥥	㥦	㥧	㥨	㥩	㥪	㥫	㥬	㥭	㥮	㥯
397	㥰	㥱	㥲	㥳	㥴	㥵	㥶	㥷	㥸	㥹	㥺	㥻	㥼	㥽	㥾	㥿
398	㦀	㦁	㦂	㦃	㦄	㦅	㦆	㦇	㦈	㦉	㦊	㦋	㦌	㦍	㦎	㦏
399	㦐	㦑	㦒	㦓	㦔	㦕	㦖	㦗	㦘	㦙	㦚	㦛	㦜	㦝	㦞	㦟
39A	㦠	㦡	㦢	㦣	㦤	㦥	㦦	㦧	㦨	㦩	㦪	㦫	㦬	㦭	㦮	㦯
39B	㦰	㦱	㦲	㦳	㦴	㦵	㦶	㦷	㦸	㦹	㦺	㦻	㦼	㦽	㦾	㦿
39C	㧀	㧁	㧂	㧃	㧄	㧅	㧆	㧇	㧈	㧉	㧊	㧋	㧌	㧍	㧎	㧏
39D	㧐	㧑	㧒	㧓	㧔	㧕	㧖	㧗	㧘	㧙	㧚	㧛	㧜	㧝	㧞	㧟
39E	㧠	㧡	㧢	㧣	㧤	㧥	㧦	㧧	㧨	㧩	㧪	㧫	㧬	㧭	㧮	㧯
39F	㧰	㧱	㧲	㧳	㧴	㧵	㧶	㧷	㧸	㧹	㧺	㧻	㧼	㧽	㧾	㧿
3A0	㨀	㨁	㨂	㨃	㨄	㨅	㨆	㨇	㨈	㨉	㨊	㨋	㨌	㨍	㨎	㨏
3A1	㨐	㨑	㨒	㨓	㨔	㨕	㨖	㨗	㨘	㨙	㨚	㨛	㨜	㨝	㨞	㨟
3A2	㨠	㨡	㨢	㨣	㨤	㨥	㨦	㨧	㨨	㨩	㨪	㨫	㨬	㨭	㨮	㨯
3A3	㨰	㨱	㨲	㨳	㨴	㨵	㨶	㨷	㨸	㨹	㨺	㨻	㨼	㨽	㨾	㨿

	0	1	2	3	4	5	6	7	8	9	A	B	C	D	E	F
3A4	㩀	㩁	㩂	㩃	㩄	㩅	㩆	㩇	㩈	㩉	㩊	㩋	㩌	㩍	㩎	㩏
3A5	㩐	㩑	㩒	㩓	㩔	㩕	㩖	㩗	㩘	㩙	㩚	㩛	㩜	㩝	㩞	㩟
3A6	㩠	㩡	㩢	㩣	㩤	㩥	㩦	㩧	㩨	㩩	㩪	㩫	㩬	㩭	㩮	㩯
3A7	㩰	㩱	㩲	㩳	㩴	㩵	㩶	㩷	㩸	㩹	㩺	㩻	㩼	㩽	㩾	㩿
3A8	㪀	㪁	㪂	㪃	㪄	㪅	㪆	㪇	㪈	㪉	㪊	㪋	㪌	㪍	㪎	㪏
3A9	㪐	㪑	㪒	㪓	㪔	㪕	㪖	㪗	㪘	㪙	㪚	㪛	㪜	㪝	㪞	㪟
3AA	㪠	㪡	㪢	㪣	㪤	㪥	㪦	㪧	㪨	㪩	㪪	㪫	㪬	㪭	㪮	㪯
3AB	㪰	㪱	㪲	㪳	㪴	㪵	㪶	㪷	㪸	㪹	㪺	㪻	㪼	㪽	㪾	㪿
3AC	㫀	㫁	㫂	㫃	㫄	㫅	㫆	㫇	㫈	㫉	㫊	㫋	㫌	㫍	㫎	㫏
3AD	㫐	㫑	㫒	㫓	㫔	㫕	㫖	㫗	㫘	㫙	㫚	㫛	㫜	㫝	㫞	㫟
3AE	㫠	㫡	㫢	㫣	㫤	㫥	㫦	㫧	㫨	㫩	㫪	㫫	㫬	㫭	㫮	㫯
3AF	㫰	㫱	㫲	㫳	㫴	㫵	㫶	㫷	㫸	㫹	㫺	㫻	㫼	㫽	㫾	㫿
3B0	㬀	㬁	㬂	㬃	㬄	㬅	㬆	㬇	㬈	㬉	㬊	㬋	㬌	㬍	㬎	㬏
3B1	㬐	㬑	㬒	㬓	㬔	㬕	㬖	㬗	㬘	㬙	㬚	㬛	㬜	㬝	㬞	㬟
3B2	㬠	㬡	㬢	㬣	㬤	㬥	㬦	㬧	㬨	㬩	㬪	㬫	㬬	㬭	㬮	㬯
3B3	㬰	㬱	㬲	㬳	㬴	㬵	㬶	㬷	㬸	㬹	㬺	㬻	㬼	㬽	㬾	㬿
3B4	㭀	㭁	㭂	㭃	㭄	㭅	㭆	㭇	㭈	㭉	㭊	㭋	㭌	㭍	㭎	㭏
3B5	㭐	㭑	㭒	㭓	㭔	㭕	㭖	㭗	㭘	㭙	㭚	㭛	㭜	㭝	㭞	㭟
3B6	㭠	㭡	㭢	㭣	㭤	㭥	㭦	㭧	㭨	㭩	㭪	㭫	㭬	㭭	㭮	㭯
3B7	㭰	㭱	㭲	㭳	㭴	㭵	㭶	㭷	㭸	㭹	㭺	㭻	㭼	㭽	㭾	㭿

	0	1	2	3	4	5	6	7	8	9	A	B	C	D	E	F
3B8	㮀	㮁	㮂	㮃	㮄	㮅	㮆	㮇	㮈	㮉	㮊	㮋	㮌	㮍	㮎	㮏
3B9	㮐	㮑	㮒	㮓	㮔	㮕	㮖	㮗	㮘	㮙	㮚	㮛	㮜	㮝	㮞	㮟
3BA	㮠	㮡	㮢	㮣	㮤	㮥	㮦	㮧	㮨	㮩	㮪	㮫	㮬	㮭	㮮	㮯
3BB	㮰	㮱	㮲	㮳	㮴	㮵	㮶	㮷	㮸	㮹	㮺	㮻	㮼	㮽	㮾	㮿
3BC	㯀	㯁	㯂	㯃	㯄	㯅	㯆	㯇	㯈	㯉	㯊	㯋	㯌	㯍	㯎	㯏
3BD	㯐	㯑	㯒	㯓	㯔	㯕	㯖	㯗	㯘	㯙	㯚	㯛	㯜	㯝	㯞	㯟
3BE	㯠	㯡	㯢	㯣	㯤	㯥	㯦	㯧	㯨	㯩	㯪	㯫	㯬	㯭	㯮	㯯
3BF	㯰	㯱	㯲	㯳	㯴	㯵	㯶	㯷	㯸	㯹	㯺	㯻	㯼	㯽	㯾	㯿
3C0	㰀	㰁	㰂	㰃	㰄	㰅	㰆	㰇	㰈	㰉	㰊	㰋	㰌	㰍	㰎	㰏
3C1	㰐	㰑	㰒	㰓	㰔	㰕	㰖	㰗	㰘	㰙	㰚	㰛	㰜	㰝	㰞	㰟
3C2	㰠	㰡	㰢	㰣	㰤	㰥	㰦	㰧	㰨	㰩	㰪	㰫	㰬	㰭	㰮	㰯
3C3	㰰	㰱	㰲	㰳	㰴	㰵	㰶	㰷	㰸	㰹	㰺	㰻	㰼	㰽	㰾	㰿
3C4	㱀	㱁	㱂	㱃	㱄	㱅	㱆	㱇	㱈	㱉	㱊	㱋	㱌	㱍	㱎	㱏
3C5	㱐	㱑	㱒	㱓	㱔	㱕	㱖	㱗	㱘	㱙	㱚	㱛	㱜	㱝	㱞	㱟
3C6	㱠	㱡	㱢	㱣	㱤	㱥	㱦	㱧	㱨	㱩	㱪	㱫	㱬	㱭	㱮	㱯
3C7	㱰	㱱	㱲	㱳	㱴	㱵	㱶	㱷	㱸	㱹	㱺	㱻	㱼	㱽	㱾	㱿
3C8	㲀	㲁	㲂	㲃	㲄	㲅	㲆	㲇	㲈	㲉	㲊	㲋	㲌	㲍	㲎	㲏
3C9	㲐	㲑	㲒	㲓	㲔	㲕	㲖	㲗	㲘	㲙	㲚	㲛	㲜	㲝	㲞	㲟
3CA	㲠	㲡	㲢	㲣	㲤	㲥	㲦	㲧	㲨	㲩	㲪	㲫	㲬	㲭	㲮	㲯
3CB	㲰	㲱	㲲	㲳	㲴	㲵	㲶	㲷	㲸	㲹	㲺	㲻	㲼	㲽	㲾	㲿

	0	1	2	3	4	5	6	7	8	9	A	B	C	D	E	F
3CC	㳀	㳁	㳂	㳃	㳄	㳅	㳆	㳇	㳈	㳉	㳊	㳋	㳌	㳍	㳎	㳏
3CD	㳐	㳑	㳒	㳓	㳔	㳕	㳖	㳗	㳘	㳙	㳚	㳛	㳜	㳝	㳞	㳟
3CE	㳠	㳡	㳢	㳣	㳤	㳥	㳦	㳧	㳨	㳩	㳪	㳫	㳬	㳭	㳮	㳯
3CF	㳰	㳱	㳲	㳳	㳴	㳵	㳶	㳷	㳸	㳹	㳺	㳻	㳼	㳽	㳾	㳿
3D0	㴀	㴁	㴂	㴃	㴄	㴅	㴆	㴇	㴈	㴉	㴊	㴋	㴌	㴍	㴎	㴏
3D1	㴐	㴑	㴒	㴓	㴔	㴕	㴖	㴗	㴘	㴙	㴚	㴛	㴜	㴝	㴞	㴟
3D2	㴠	㴡	㴢	㴣	㴤	㴥	㴦	㴧	㴨	㴩	㴪	㴫	㴬	㴭	㴮	㴯
3D3	㴰	㴱	㴲	㴳	㴴	㴵	㴶	㴷	㴸	㴹	㴺	㴻	㴼	㴽	㴾	㴿
3D4	㵀	㵁	㵂	㵃	㵄	㵅	㵆	㵇	㵈	㵉	㵊	㵋	㵌	㵍	㵎	㵏
3D5	㵐	㵑	㵒	㵓	㵔	㵕	㵖	㵗	㵘	㵙	㵚	㵛	㵜	㵝	㵞	㵟
3D6	㵠	㵡	㵢	㵣	㵤	㵥	㵦	㵧	㵨	㵩	㵪	㵫	㵬	㵭	㵮	㵯
3D7	㵰	㵱	㵲	㵳	㵴	㵵	㵶	㵷	㵸	㵹	㵺	㵻	㵼	㵽	㵾	㵿
3D8	㶀	㶁	㶂	㶃	㶄	㶅	㶆	㶇	㶈	㶉	㶊	㶋	㶌	㶍	㶎	㶏
3D9	㶐	㶑	㶒	㶓	㶔	㶕	㶖	㶗	㶘	㶙	㶚	㶛	㶜	㶝	㶞	㶟
3DA	㶠	㶡	㶢	㶣	㶤	㶥	㶦	㶧	㶨	㶩	㶪	㶫	㶬	㶭	㶮	㶯
3DB	㶰	㶱	㶲	㶳	㶴	㶵	㶶	㶷	㶸	㶹	㶺	㶻	㶼	㶽	㶾	㶿
3DC	㷀	㷁	㷂	㷃	㷄	㷅	㷆	㷇	㷈	㷉	㷊	㷋	㷌	㷍	㷎	㷏
3DD	㷐	㷑	㷒	㷓	㷔	㷕	㷖	㷗	㷘	㷙	㷚	㷛	㷜	㷝	㷞	㷟
3DE	㷠	㷡	㷢	㷣	㷤	㷥	㷦	㷧	㷨	㷩	㷪	㷫	㷬	㷭	㷮	㷯
3DF	㷰	㷱	㷲	㷳	㷴	㷵	㷶	㷷	㷸	㷹	㷺	㷻	㷼	㷽	㷾	㷿

	0	1	2	3	4	5	6	7	8	9	A	B	C	D	E	F
3E0	㸀	㸁	㸂	㸃	㸄	㸅	㸆	㸇	㸈	㸉	㸊	㸋	㸌	㸍	㸎	㸏
3E1	㸐	㸑	㸒	㸓	㸔	㸕	㸖	㸗	㸘	㸙	㸚	㸛	㸜	㸝	㸞	㸟
3E2	㸠	㸡	㸢	㸣	㸤	㸥	㸦	㸧	㸨	㸩	㸪	㸫	㸬	㸭	㸮	㸯
3E3	㸰	㸱	㸲	㸳	㸴	㸵	㸶	㸷	㸸	㸹	㸺	㸻	㸼	㸽	㸾	㸿
3E4	㹀	㹁	㹂	㹃	㹄	㹅	㹆	㹇	㹈	㹉	㹊	㹋	㹌	㹍	㹎	㹏
3E5	㹐	㹑	㹒	㹓	㹔	㹕	㹖	㹗	㹘	㹙	㹚	㹛	㹜	㹝	㹞	㹟
3E6	㹠	㹡	㹢	㹣	㹤	㹥	㹦	㹧	㹨	㹩	㹪	㹫	㹬	㹭	㹮	㹯
3E7	㹰	㹱	㹲	㹳	㹴	㹵	㹶	㹷	㹸	㹹	㹺	㹻	㹼	㹽	㹾	㹿
3E8	㺀	㺁	㺂	㺃	㺄	㺅	㺆	㺇	㺈	㺉	㺊	㺋	㺌	㺍	㺎	㺏
3E9	㺐	㺑	㺒	㺓	㺔	㺕	㺖	㺗	㺘	㺙	㺚	㺛	㺜	㺝	㺞	㺟
3EA	㺠	㺡	㺢	㺣	㺤	㺥	㺦	㺧	㺨	㺩	㺪	㺫	㺬	㺭	㺮	㺯
3EB	㺰	㺱	㺲	㺳	㺴	㺵	㺶	㺷	㺸	㺹	㺺	㺻	㺼	㺽	㺾	㺿
3EC	㻀	㻁	㻂	㻃	㻄	㻅	㻆	㻇	㻈	㻉	㻊	㻋	㻌	㻍	㻎	㻏
3ED	㻐	㻑	㻒	㻓	㻔	㻕	㻖	㻗	㻘	㻙	㻚	㻛	㻜	㻝	㻞	㻟
3EE	㻠	㻡	㻢	㻣	㻤	㻥	㻦	㻧	㻨	㻩	㻪	㻫	㻬	㻭	㻮	㻯
3EF	㻰	㻱	㻲	㻳	㻴	㻵	㻶	㻷	㻸	㻹	㻺	㻻	㻼	㻽	㻾	㻿
3F0	㼀	㼁	㼂	㼃	㼄	㼅	㼆	㼇	㼈	㼉	㼊	㼋	㼌	㼍	㼎	㼏
3F1	㼐	㼑	㼒	㼓	㼔	㼕	㼖	㼗	㼘	㼙	㼚	㼛	㼜	㼝	㼞	㼟
3F2	㼠	㼡	㼢	㼣	㼤	㼥	㼦	㼧	㼨	㼩	㼪	㼫	㼬	㼭	㼮	㼯
3F3	㼰	㼱	㼲	㼳	㼴	㼵	㼶	㼷	㼸	㼹	㼺	㼻	㼼	㼽	㼾	㼿

	0	1	2	3	4	5	6	7	8	9	A	B	C	D	E	F
3F4	㽀	㽁	㽂	㽃	㽄	㽅	㽆	㽇	㽈	㽉	㽊	㽋	㽌	㽍	㽎	㽏
3F5	㽐	㽑	㽒	㽓	㽔	㽕	㽖	㽗	㽘	㽙	㽚	㽛	㽜	㽝	㽞	㽟
3F6	㽠	㽡	㽢	㽣	㽤	㽥	㽦	㽧	㽨	㽩	㽪	㽫	㽬	㽭	㽮	㽯
3F7	㽰	㽱	㽲	㽳	㽴	㽵	㽶	㽷	㽸	㽹	㽺	㽻	㽼	㽽	㽾	㽿
3F8	㾀	㾁	㾂	㾃	㾄	㾅	㾆	㾇	㾈	㾉	㾊	㾋	㾌	㾍	㾎	㾏
3F9	㾐	㾑	㾒	㾓	㾔	㾕	㾖	㾗	㾘	㾙	㾚	㾛	㾜	㾝	㾞	㾟
3FA	㾠	㾡	㾢	㾣	㾤	㾥	㾦	㾧	㾨	㾩	㾪	㾫	㾬	㾭	㾮	㾯
3FB	㾰	㾱	㾲	㾳	㾴	㾵	㾶	㾷	㾸	㾹	㾺	㾻	㾼	㾽	㾾	㾿
3FC	㿀	㿁	㿂	㿃	㿄	㿅	㿆	㿇	㿈	㿉	㿊	㿋	㿌	㿍	㿎	㿏
3FD	㿐	㿑	㿒	㿓	㿔	㿕	㿖	㿗	㿘	㿙	㿚	㿛	㿜	㿝	㿞	㿟
3FE	㿠	㿡	㿢	㿣	㿤	㿥	㿦	㿧	㿨	㿩	㿪	㿫	㿬	㿭	㿮	㿯
3FF	㿰	㿱	㿲	㿳	㿴	㿵	㿶	㿷	㿸	㿹	㿺	㿻	㿼	㿽	㿾	㿿
400	䀀	䀁	䀂	䀃	䀄	䀅	䀆	䀇	䀈	䀉	䀊	䀋	䀌	䀍	䀎	䀏
401	䀐	䀑	䀒	䀓	䀔	䀕	䀖	䀗	䀘	䀙	䀚	䀛	䀜	䀝	䀞	䀟
402	䀠	䀡	䀢	䀣	䀤	䀥	䀦	䀧	䀨	䀩	䀪	䀫	䀬	䀭	䀮	䀯
403	䀰	䀱	䀲	䀳	䀴	䀵	䀶	䀷	䀸	䀹	䀺	䀻	䀼	䀽	䀾	䀿
404	䁀	䁁	䁂	䁃	䁄	䁅	䁆	䁇	䁈	䁉	䁊	䁋	䁌	䁍	䁎	䁏
405	䁐	䁑	䁒	䁓	䁔	䁕	䁖	䁗	䁘	䁙	䁚	䁛	䁜	䁝	䁞	䁟
406	䁠	䁡	䁢	䁣	䁤	䁥	䁦	䁧	䁨	䁩	䁪	䁫	䁬	䁭	䁮	䁯
407	䁰	䁱	䁲	䁳	䁴	䁵	䁶	䁷	䁸	䁹	䁺	䁻	䁼	䁽	䁾	䁿

	0	1	2	3	4	5	6	7	8	9	A	B	C	D	E	F
408	䂀	䂁	䂂	䂃	䂄	䂅	䂆	䂇	䂈	䂉	䂊	䂋	䂌	䂍	䂎	䂏
409	䂐	䂑	䂒	䂓	䂔	䂕	䂖	䂗	䂘	䂙	䂚	䂛	䂜	䂝	䂞	䂟
40A	䂠	䂡	䂢	䂣	䂤	䂥	䂦	䂧	䂨	䂩	䂪	䂫	䂬	䂭	䂮	䂯
40B	䂰	䂱	䂲	䂳	䂴	䂵	䂶	䂷	䂸	䂹	䂺	䂻	䂼	䂽	䂾	䂿
40C	䃀	䃁	䃂	䃃	䃄	䃅	䃆	䃇	䃈	䃉	䃊	䃋	䃌	䃍	䃎	䃏
40D	䃐	䃑	䃒	䃓	䃔	䃕	䃖	䃗	䃘	䃙	䃚	䃛	䃜	䃝	䃞	䃟
40E	䃠	䃡	䃢	䃣	䃤	䃥	䃦	䃧	䃨	䃩	䃪	䃫	䃬	䃭	䃮	䃯
40F	䃰	䃱	䃲	䃳	䃴	䃵	䃶	䃷	䃸	䃹	䃺	䃻	䃼	䃽	䃾	䃿
410	䄀	䄁	䄂	䄃	䄄	䄅	䄆	䄇	䄈	䄉	䄊	䄋	䄌	䄍	䄎	䄏
411	䄐	䄑	䄒	䄓	䄔	䄕	䄖	䄗	䄘	䄙	䄚	䄛	䄜	䄝	䄞	䄟
412	䄠	䄡	䄢	䄣	䄤	䄥	䄦	䄧	䄨	䄩	䄪	䄫	䄬	䄭	䄮	䄯
413	䄰	䄱	䄲	䄳	䄴	䄵	䄶	䄷	䄸	䄹	䄺	䄻	䄼	䄽	䄾	䄿
414	䅀	䅁	䅂	䅃	䅄	䅅	䅆	䅇	䅈	䅉	䅊	䅋	䅌	䅍	䅎	䅏
415	䅐	䅑	䅒	䅓	䅔	䅕	䅖	䅗	䅘	䅙	䅚	䅛	䅜	䅝	䅞	䅟
416	䅠	䅡	䅢	䅣	䅤	䅥	䅦	䅧	䅨	䅩	䅪	䅫	䅬	䅭	䅮	䅯
417	䅰	䅱	䅲	䅳	䅴	䅵	䅶	䅷	䅸	䅹	䅺	䅻	䅼	䅽	䅾	䅿
418	䆀	䆁	䆂	䆃	䆄	䆅	䆆	䆇	䆈	䆉	䆊	䆋	䆌	䆍	䆎	䆏
419	䆐	䆑	䆒	䆓	䆔	䆕	䆖	䆗	䆘	䆙	䆚	䆛	䆜	䆝	䆞	䆟
41A	䆠	䆡	䆢	䆣	䆤	䆥	䆦	䆧	䆨	䆩	䆪	䆫	䆬	䆭	䆮	䆯
41B	䆰	䆱	䆲	䆳	䆴	䆵	䆶	䆷	䆸	䆹	䆺	䆻	䆼	䆽	䆾	䆿

	0	1	2	3	4	5	6	7	8	9	A	B	C	D	E	F
41C	竆	竊	辛	竍	竏	竐	竘	竕	竓	竔	竑	竗	竡	竛	竨	竴
41D	竦	竨	竪	竮	竬	竰	竻	竼	笁	笉	笊	笇	笑	笺	笝	笏
41E	笙	竽	笘	笭	笍	笠	笶	笸	筝	笢	筀	笸	筙	筌	筳	筫
41F	筎	筃	筓	箋	筍	策	筩	筣	筸	筘	筳	篚	筥	筇	筥	策
420	箭	篇	箄	箱	箘	箴	箯	箪	箷	箬	箩	箸	箽	管	箕	篖
421	篌	篙	篛	篱	篚	篡	篨	篾	簃	簕	簏	簌	簚	簝	簪	簲
422	簍	篸	篳	簸	箱	簕	篹	簿	篭	篘	簫	簃	簵	簸	簛	簨
423	簀	簞	簸	簒	簾	簷	簪	籀	籍	籍	籏	籓	籔	籈	籍	簑
424	簾	籐	籑	籌	籚	籛	籜	籓	籔	籙	籚	籒	籐	籙	籗	籛
425	籂	籅	籓	籆	籛	籀	籍	籑	籙	籗	籠	籩	籊	籑	籦	籰
426	籨	籩	籪	籛	籔	籞	籧	籡	籢	籣	籯	籬	籤	籥	籣	籫
427	籧	籲	籬	籹	籺	籝	籰	籱	籮	籭	籵	籶	籸	籹	籾	籽
428	粘	粃	粆	粐	粱	粨	粶	粷	粺	粿	糀	糂	糄	粶	粼	粿
429	糈	糋	糒	糔	糘	糙	糛	糡	糢	糵	糡	糭	糮	糯	糰	糱
42A	糲	糳	糵	糷	糴	糶	糸	糺	糲	糽	糾	糿	紀	紁	紃	紅
42B	糯	紀	紂	糶	糷	紈	紉	紌	紆	紅	紝	紎	紏	紐	紑	紒
42C	紕	紘	紋	紓	紖	紗	紘	紙	紮	紞	紝	紙	紒	紒	組	絆
42D	絨	絠	絡	絢	絤	絥	絧	絤	絩	絪	絫	絬	絮	絯	絰	絴
42E	緂	綀	綅	綦	綉	綊	綋	綌	綍	綎	綐	綒	綕	綖	綝	綮
42F	緐	緥	緦	緫	緮	緯	緰	緱	緲	緳	緶	緸	緼	緾	縀	縄

	0	1	2	3	4	5	6	7	8	9	A	B	C	D	E	F
430	䌀	䌁	䌂	䌃	䌄	䌅	䌆	䌇	䌈	䌉	䌊	䌋	䌌	䌍	䌎	䌏
431	䌐	䌑	䌒	䌓	䌔	䌕	䌖	䌗	䌘	䌙	䌚	䌛	䌜	䌝	䌞	䌟
432	䌠	䌡	䌢	䌣	䌤	䌥	䌦	䌧	䌨	䌩	䌪	䌫	䌬	䌭	䌮	䌯
433	䌰	䌱	䌲	䌳	䌴	䌵	䌶	䌷	䌸	䌹	䌺	䌻	䌼	䌽	䌾	䌿
434	䍀	䍁	䍂	䍃	䍄	䍅	䍆	䍇	䍈	䍉	䍊	䍋	䍌	䍍	䍎	䍏
435	䍐	䍑	䍒	䍓	䍔	䍕	䍖	䍗	䍘	䍙	䍚	䍛	䍜	䍝	䍞	䍟
436	䍠	䍡	䍢	䍣	䍤	䍥	䍦	䍧	䍨	䍩	䍪	䍫	䍬	䍭	䍮	䍯
437	䍰	䍱	䍲	䍳	䍴	䍵	䍶	䍷	䍸	䍹	䍺	䍻	䍼	䍽	䍾	䍿
438	䎀	䎁	䎂	䎃	䎄	䎅	䎆	䎇	䎈	䎉	䎊	䎋	䎌	䎍	䎎	䎏
439	䎐	䎑	䎒	䎓	䎔	䎕	䎖	䎗	䎘	䎙	䎚	䎛	䎜	䎝	䎞	䎟
43A	䎠	䎡	䎢	䎣	䎤	䎥	䎦	䎧	䎨	䎩	䎪	䎫	䎬	䎭	䎮	䎯
43B	䎰	䎱	䎲	䎳	䎴	䎵	䎶	䎷	䎸	䎹	䎺	䎻	䎼	䎽	䎾	䎿
43C	䏀	䏁	䏂	䏃	䏄	䏅	䏆	䏇	䏈	䏉	䏊	䏋	䏌	䏍	䏎	䏏
43D	䏐	䏑	䏒	䏓	䏔	䏕	䏖	䏗	䏘	䏙	䏚	䏛	䏜	䏝	䏞	䏟
43E	䏠	䏡	䏢	䏣	䏤	䏥	䏦	䏧	䏨	䏩	䏪	䏫	䏬	䏭	䏮	䏯
43F	䏰	䏱	䏲	䏳	䏴	䏵	䏶	䏷	䏸	䏹	䏺	䏻	䏼	䏽	䏾	䏿
440	䐀	䐁	䐂	䐃	䐄	䐅	䐆	䐇	䐈	䐉	䐊	䐋	䐌	䐍	䐎	䐏
441	䐐	䐑	䐒	䐓	䐔	䐕	䐖	䐗	䐘	䐙	䐚	䐛	䐜	䐝	䐞	䐟
442	䐠	䐡	䐢	䐣	䐤	䐥	䐦	䐧	䐨	䐩	䐪	䐫	䐬	䐭	䐮	䐯
443	䐰	䐱	䐲	䐳	䐴	䐵	䐶	䐷	䐸	䐹	䐺	䐻	䐼	䐽	䐾	䐿

	0	1	2	3	4	5	6	7	8	9	A	B	C	D	E	F
444	䑀	𦟛	䐾	朦	𦣘	膋	膷	臏	𦣱	𦤀	𧃸	𦣊	𦣗	𦢊	𦣺	臛
445	𤱍	𤳲	𠡙	𡒉	𤱪	鼠	𤳄	𤳉	𤳎	𤰷	𤱑	𤱿	𤳶	舜	𦧀	𦪍
446	𦨂	𦨃	𦨅	𦨄	𦨶	𦨛	𦨭	𦨰	𦨡	𦩡	𦩍	𦩆	𦩁	舡	𦨯	䑯
447	𦩏	𦩠	𦩌	𦩤	䑴	𦩊	𦩝	艄	𦩣	艘	𦪎	𦪇	𦪏	𦪂	艧	𦪙
448	𦪭	𦪶	𦪷	艁	艊	𦪰	𦫀	𦪹	𦫁	𦫆	绝	𤇢	𪠀	𧳜	𧳝	艶
449	艷	⺿	艻	芌	𦬁	𦬇	芄	芞	芰	𦬃	䒘	药	芊	茭	芫	𦬉
44A	芉	𦬠	茚	茸	苩	芾	𦬩	𦬡	苵	茱	𦬧	花	𦬺	𦰡	𦬫	𦬱
44B	茞	𦭐	茷	𦭂	荋	䒼	荲	茩	𦭞	茉	𦮀	𦭻	莔	莔	𦭸	荕
44C	莕	𦮃	䓉	莒	𦮆	𦮇	𦮈	𦮉	𦮊	莃	䓍	𦮋	𦮌	草	𦮍	莕
44D	菴	𦯁	萄	𦯂	𦯃	𦯄	𦯅	𦯆	𦯇	菲	𦯈	𦯉	𦯊	𦯋	𦯌	𦯍
44E	𦯎	𦯏	𦯐	𦯑	𦯒	𦯓	𦯔	𦯕	𦯖	𦯗	𦯘	𦯙	𦯚	𦯛	𦯜	𦯝
44F	𦯞	𦯟	𦯠	𦯡	𦯢	𦯣	𦯤	𦯥	𦯦	𦯧	𦯨	𦯩	𦯪	𦯫	𦯬	𦯭
450	𦯮	𦯯	𦯰	𦯱	𦯲	𦯳	𦯴	𦯵	𦯶	𦯷	𦯸	𦯹	𦯺	𦯻	𦯼	𦯽
451	𦯾	𦯿	𦰀	𦰁	𦰂	𦰃	𦰄	𦰅	𦰆	𦰇	𦰈	𦰉	𦰊	𦰋	𦰌	𦰍
452	𦰎	𦰏	𦰐	𦰑	𦰒	𦰓	𦰔	𦰕	𦰖	𦰗	𦰘	𦰙	𦰚	𦰛	𦰜	𦰝
453	𦰞	𦰟	𦰠	𦰡	𦰢	𦰣	𦰤	𦰥	𦰦	𦰧	𦰨	𦰩	𦰪	𦰫	𦰬	𦰭
454	𦰮	𦰯	𦰰	𦰱	𦰲	𦰳	𦰴	𦰵	𦰶	𦰷	𦰸	𦰹	𦰺	𦰻	𦰼	𦰽
455	𦰾	𦰿	𦱀	𦱁	𦱂	𦱃	𦱄	𦱅	𦱆	𦱇	𦱈	𦱉	𦱊	𦱋	𦱌	𦱍
456	𦱎	𦱏	𦱐	𦱑	𦱒	𦱓	𦱔	𦱕	𦱖	𦱗	𦱘	𦱙	𦱚	𦱛	𦱜	𦱝
457	𦱞	𦱟	𦱠	𦱡	𦱢	𦱣	𦱤	𦱥	𦱦	𦱧	𦱨	𦱩	𦱪	𦱫	𦱬	𦱭

	0	1	2	3	4	5	6	7	8	9	A	B	C	D	E	F
458	䖀	䖁	䖂	䖃	䖄	䖅	䖆	䖇	䖈	䖉	䖊	䖋	䖌	䖍	䖎	䖏
459	䖐	䖑	䖒	䖓	䖔	䖕	䖖	䖗	䖘	䖙	䖚	䖛	䖜	䖝	䖞	䖟
45A	䖠	䖡	䖢	䖣	䖤	䖥	䖦	䖧	䖨	䖩	䖪	䖫	䖬	䖭	䖮	䖯
45B	䖰	䖱	䖲	䖳	䖴	䖵	䖶	䖷	䖸	䖹	䖺	䖻	䖼	䖽	䖾	䖿
45C	䗀	䗁	䗂	䗃	䗄	䗅	䗆	䗇	䗈	䗉	䗊	䗋	䗌	䗍	䗎	䗏
45D	䗐	䗑	䗒	䗓	䗔	䗕	䗖	䗗	䗘	䗙	䗚	䗛	䗜	䗝	䗞	䗟
45E	䗠	䗡	䗢	䗣	䗤	䗥	䗦	䗧	䗨	䗩	䗪	䗫	䗬	䗭	䗮	䗯
45F	䗰	䗱	䗲	䗳	䗴	䗵	䗶	䗷	䗸	䗹	䗺	䗻	䗼	䗽	䗾	䗿
460	䘀	䘁	䘂	䘃	䘄	䘅	䘆	䘇	䘈	䘉	䘊	䘋	䘌	䘍	䘎	䘏
461	䘐	䘑	䘒	䘓	䘔	䘕	䘖	䘗	䘘	䘙	䘚	䘛	䘜	䘝	䘞	䘟
462	䘠	䘡	䘢	䘣	䘤	䘥	䘦	䘧	䘨	䘩	䘪	䘫	䘬	䘭	䘮	䘯
463	䘰	䘱	䘲	䘳	䘴	䘵	䘶	䘷	䘸	䘹	䘺	䘻	䘼	䘽	䘾	䘿
464	䙀	䙁	䙂	䙃	䙄	䙅	䙆	䙇	䙈	䙉	䙊	䙋	䙌	䙍	䙎	䙏
465	䙐	䙑	䙒	䙓	䙔	䙕	䙖	䙗	䙘	䙙	䙚	䙛	䙜	䙝	䙞	䙟
466	䙠	䙡	䙢	䙣	䙤	䙥	䙦	䙧	䙨	䙩	䙪	䙫	䙬	䙭	䙮	䙯
467	䙰	䙱	䙲	䙳	䙴	䙵	䙶	䙷	䙸	䙹	䙺	䙻	䙼	䙽	䙾	䙿
468	䚀	䚁	䚂	䚃	䚄	䚅	䚆	䚇	䚈	䚉	䚊	䚋	䚌	䚍	䚎	䚏
469	䚐	䚑	䚒	䚓	䚔	䚕	䚖	䚗	䚘	䚙	䚚	䚛	䚜	䚝	䚞	䚟
46A	䚠	䚡	䚢	䚣	䚤	䚥	䚦	䚧	䚨	䚩	䚪	䚫	䚬	䚭	䚮	䚯
46B	䚰	䚱	䚲	䚳	䚴	䚵	䚶	䚷	䚸	䚹	䚺	䚻	䚼	䚽	䚾	䚿

	0	1	2	3	4	5	6	7	8	9	A	B	C	D	E	F
46C	訯	䛘	訮	䛃	詑	䛗	䛻	䛊	詄	䛒	訳	誠	䛌	𧩃	訡	䛏
46D	詈	䛑	䛳	訾	䛔	䛈	䛖	䛕	䛘	䛙	誓	詯	詾	謳	𧨏	䛟
46E	䛨	䛡	誘	䛤	誏	䛥	䜱	謎	䛧	䛩	誇	䛦	䛬	䛭	諮	諊
46F	諨	䛯	䛱	諳	䛰	䛲	䛸	諉	䛵	䛹	䛷	諲	諻	䛺	諔	謞
470	䜀	謨	䜁	䜅	謘	䜈	䜎	謮	䜉	䜋	譜	䜌	䜍	䜏	謗	䜐
471	讋	䜑	䜒	䜓	䜔	䜕	讀	䜖	䜗	䜘	䜙	讒	䜚	䜛	讚	讖
472	讃	䜜	讔	䜣	䜤	䜥	䜧	䜩	䜪	䜫	䜬	䜭	䜮	䜯	䜰	䜱
473	䜳	䜴	䜵	豆	䜶	䜷	䜸	䜹	䜺	䜻	䜼	䜽	䜾	䜿	䝀	豎
474	䝁	登	豎	䝂	䝃	豜	豙	豩	豝	豢	豣	豵	豯	豰	豶	豵
475	豷	豶	豸	豻	豹	豺	貀	貁	貃	貄	貅	貆	貇	貈	貉	貊
476	貋	貌	貍	貎	貏	貐	貑	貒	貓	貔	貕	貖	貗	貘	貙	貚
477	貛	貜	貝	貞	負	財	貢	貣	貤	貥	貦	貧	貨	販	貪	貫
478	賙	賚	賛	賜	賝	賞	賟	賠	賡	賢	賣	賤	賥	賦	賧	賨
479	賰	赩	赨	赪	赫	赬	赽	赾	赿	趀	趁	趂	趃	趄	超	趆
47A	趇	趈	趉	越	趋	趌	趍	趎	趏	趐	趑	趒	趓	趔	趕	趖
47B	趗	趘	趙	趚	趛	趜	趝	趞	趟	趠	趡	趢	趣	趤	趥	趦
47C	趧	趨	趩	趪	趫	趬	趭	趮	趯	趰	趱	趲	足	趴	趵	趶
47D	趷	趸	趹	趺	趻	趼	趽	趾	趿	跀	跁	跂	跃	跄	跅	跆
47E	跇	跈	跉	跊	跋	跌	跍	跎	跏	跐	跑	跒	跓	跔	跕	跖
47F	跗	跘	跙	跚	跛	跜	距	跞	跟	跠	跡	跢	跣	跤	跥	跦

	0	1	2	3	4	5	6	7	8	9	A	B	C	D	E	F
480	𨂽	䟭	𨃩	𨄎	𨃹	𨄅	𨃲	𨄠	𨄈	𨄇	𨃶	𨄢	𨄣	𨄍	𨄐	𨅊
481	𨅇	𨄑	𨄖	𨄥	𨄬	𨄷	𨄵	𨅇	𨄩	𨅆	𨅂	𨅋	𨅅	𨅐	𨅒	𨆁
482	𨅨	𨅬	𨅫	𨅮	𨆈	𨆅	𨆖	𨆩	𨆬	𨆷	𨇁	𨇂	𨇄	𨇉	𨇟	𨇗
483	𨇨	𨇴	𨈐	𨈒	𨈓	𨈕	𨈖	𨈗	𨈘	𨈛	𨈟	𨈠	𨈫	𨈰	𨈴	𨈶
484	𨈿	𨉃	𨊥	𨊦	𨊨	𨊪	𨊹	𨊼	𨊾	𨊿	𨋀	𨋃	𨋄	𨋈	𨋌	𨋍
485	𨋎	𨋒	𨋓	𨋙	𨋝	𨋠	𨋢	𨋣	𨋦	𨋧	𨋪	𨋵	𨋼	𨌃	𨌆	𨌉
486	𨌔	𨌝	𨌠	𨌥	𨌧	𨍉	𨍋	𨍌	𨍏	𨍐	𨍓	𨍜	𨍞	𨍢	𨍦	𨍨
487	𨍮	𨍱	𨍲	𨍿	𨎉	𨎐	𨎑	𨎕	𨎝	𨎠	𨎡	𨎣	𨎩	𨎮	𨎴	𨎷
488	𨐅	𨐆	𨐇	𨐊	𨐏	𨐑	𨐒	𨐓	𨐕	𨐖	𨑓	𨑔	𨑘	𨑚	𨑝	𨑞
489	𨑣	𨑧	𨑨	𨑸	𨒅	𨒆	𨒊	𨒐	𨒓	𨒗	𨒢	𨒫	𨒲	𨒶	𨒺	𨒿
48A	𨓃	𨓊	𨓏	𨓖	𨓦	𨓱	𨓸	𨔃	𨔈	𨔍	𨔠	𨔵	𨕖	𨕗	𨕤	𨕦
48B	𨕭	𨖂	𨖚	𨙨	𨙩	𨙰	𨙸	𨙺	𨚀	𨚄	𨚍	𨚓	𨚕	𨚗	𨚞	𨚟
48C	𨚥	𨚧	𨚲	𨚴	𨚵	𨚶	𨛃	𨛈	𨛎	𨛓	𨛝	𨛠	𨛧	𨛹	𨛺	𨜀
48D	𨜑	𨜒	𨜙	𨜡	𨜢	𨜩	𨜬	𨜲	𨜴	𨝂	𨝋	𨝎	𨝑	𨝓	𨝥	𨝺
48E	𨞃	𨞇	𨞋	𨞠	𨞺	𨟻	𨠁	𨠂	𨠆	𨠈	𨠌	𨠖	𨠗	𨠘	𨠚	𨠦
48F	𨠬	𨠮	𨠯	𨠳	𨡁	𨡃	𨡄	𨡅	𨡈	𨡍	𨡒	𨡕	𨡙	𨡛	𨡢	𨡥
490	𨡯	𨡰	𨡲	𨡷	𨡹	𨢀	𨢂	𨢃	𨢏	𨢐	𨢒	𨢕	𨢞	𨢢	𨢣	𨢥
491	𨢰	𨣃	𨣈	𨣍	𨣐	𨣛	𨣝	𨣞	𨣡	𨣧	𨤡	𨥂	𨥇	𨥈	𨥉	𨥊
492	𨥏	𨥕	𨥛	𨥜	𨦗	𨦘	𨦙	𨦞	𨦟	𨦠	𨦡	𨦢	𨦨	𨦴	𨦵	𨧀
493	𨧅	𨧞	𨧠	𨧥	𨧯	𨧰	𨧴	𨧵	𨧸	𨨂	𨨃	𨨅	𨨏	𨨢	𨨣	𨨭

	0	1	2	3	4	5	6	7	8	9	A	B	C	D	E	F
494	𨫼	𨬍	鎵	𨭛	𨬊	𨭆	𨭇	鍽	𨭠	鋺	鐀	𨭖	𨮂	𨧧	𨮓	𨰅
495	鐢	鏤	𨮁	鍖	鏢	鐝	鎮	𨮞	鐂	鐩	𨮽	𨯅	鐗	鑢	鐓	鑺
496	鑶	鐷	𨯓	𨯔	鑘	鐮	鏑	鐪	鐧	鐵	鑈	鑯	鑮	𨯪	鑍	鑼
497	鑗	鑐	鑯	鑀	鑴	鑴	鑩	鑭	𨰾	鑺	钘	钫	钧	钹	钨	铈
498	铘	铘	锔	锗	锿	镨	镬	𨱽	𨱾	𨲀	𨲁	𨲂	閏	閚	閞	閑
499	閛	関	閜	閰	閪	開	閶	閸	閬	閺	閸	闂	闇	闍	闊	闉
49A	闍	闇	闊	闍	闋	闌	闇	閲	闌	闅	闒	闕	闋	闍	闍	闞
49B	闟	闖	闠	闢	闤	闣	𨸂	𨸃	𨸄	阠	阣	阤	阦	阸	䦸	阷
49C	陁	陃	陊	陆	陎	陝	陕	陏	陋	陧	陪	陯	陲	陷	陰	降
49D	隊	陘	陝	隅	陰	隇	隆	隇	隊	隂	隔	隣	隨	隮	隲	隝
49E	隯	隬	隭	隳	隴	隵	隲	隸	隷	隿	隻	隼	隽	隐	隱	隴
49F	隳	雁	雂	雃	雄	雅	集	雈	雉	雁	雊	雋	雌	雍	雎	雏
4A0	雑	雒	雓	雔	雕	雖	雗	雙	雚	雛	雜	雝	雞	雟	雠	雡
4A1	雪	雫	雬	雭	雮	雯	雰	雱	雲	雳	零	雵	雷	雸	雹	雺
4A2	電	雼	雽	雿	需	霂	霃	霄	霅	霆	震	霈	霉	霊	霋	霌
4A3	霍	霎	霏	霐	霑	霒	霓	霔	霕	霖	霗	霘	霙	霚	霛	霜
4A4	霝	霞	霟	霠	霡	霢	霣	霤	霥	霦	霧	霨	霩	霪	霫	霬
4A5	乾	靮	靬	靹	鞀	靷	靸	靻	靺	靴	靳	靯	靰	靱	靲	鞅
4A6	鞓	鞅	鞒	鞌	鞔	鞕	鞏	鞗	鞙	鞚	鞛	鞜	鞞	鞟	鞠	鞡
4A7	鞥	鞦	鞬	鞭	鞱	鞲	鞳	鞴	鞵	鞶	鞷	鞸	鞹	鞺	鞻	鞼

	0	1	2	3	4	5	6	7	8	9	A	B	C	D	E	F
4A8	韂	韄	韊	韍	韏	韣	韡	韝	韞	韤	韛	韥	韷	韊	韉	韌
4A9	韠	韜	韑	韐	韛	韝	韖	韗	韙	韝	韔	韛	韂	韄	韭	韮
4AA	韲	韲	韲	韲	韱	韯	韸	韹	韵	韽	韶	韻	韴	韷	韹	韺
4AB	韽	項	順	預	煩	頝	頣	頶	頤	碩	頡	頨	頰	頲	顃	顖
4AC	頣	頧	頦	頭	頯	穎	頹	頳	頸	頷	頮	頽	顊	顐	顈	顆
4AD	顅	額	顄	顋	顗	顛	顜	顝	顕	顠	顢	顥	顧	顪	顫	顬
4AE	顮	顯	顰	顱	顲	顴	顳	顴	顭	顩	顑	顓	顙	顚	顛	顦
4AF	顨	顪	顣	顤	顪	顫	顭	顯	颩	颪	颫	颭	颮	颯	颰	颱
4B0	颲	颳	颴	颵	颶	颷	颸	颹	颺	颻	颼	颽	颾	颿	飀	飁
4B1	飂	飃	飄	飅	飆	飇	飈	飉	飊	飖	飌	飍	飋	飌	飍	飍
4B2	飝	飝	飣	飥	飦	飧	飯	飰	飳	飱	飵	飶	飶	飺	飷	飻
4B3	飸	飾	餇	餅	餗	餩	餦	餎	餮	餁	餈	餞	餪	餳	餸	餛
4B4	餛	餥	餱	餳	餺	餶	餮	餫	餰	餶	餸	餹	餼	餿	饁	饂
4B5	饄	饊	饐	饋	饎	饏	饒	饓	饖	饙	饚	饛	饜	饞	饟	饠
4B6	饡	饢	饤	饥	饦	饧	饨	饩	饪	饫	馇	馉	馊	馘	馛	馜
4B7	馞	馟	馠	馨	馬	馭	馮	馯	馰	馱	馲	馳	馴	馵	馶	馷
4B8	馸	馹	馺	馻	馼	馽	馾	馿	駀	駁	駂	駃	駄	駅	駆	駇
4B9	駉	駊	駋	駌	駍	駎	駏	駐	駑	駒	駓	駔	駕	駖	駗	駘
4BA	駙	駚	駛	駜	駝	駞	駟	駠	駡	駢	駣	駤	駥	駦	駧	駨
4BB	駩	駪	駫	駬	駭	駮	駯	駰	駱	駲	駳	駴	駵	駶	駷	駸

	0	1	2	3	4	5	6	7	8	9	A	B	C	D	E	F
4BC	䯀	䯁	䯂	䯃	䯄	䯅	䯆	䯇	䯈	䯉	䯊	䯋	䯌	䯍	䯎	䯏
4BD	䯐	䯑	䯒	䯓	䯔	䯕	䯖	䯗	䯘	䯙	䯚	䯛	䯜	䯝	䯞	䯟
4BE	䯠	䯡	䯢	䯣	䯤	䯥	䯦	䯧	䯨	䯩	䯪	䯫	䯬	䯭	䯮	䯯
4BF	䯰	䯱	䯲	䯳	䯴	䯵	䯶	䯷	䯸	䯹	䯺	䯻	䯼	䯽	䯾	䯿
4C0	䰀	䰁	䰂	䰃	䰄	䰅	䰆	䰇	䰈	䰉	䰊	䰋	䰌	䰍	䰎	䰏
4C1	䰐	䰑	䰒	䰓	䰔	䰕	䰖	䰗	䰘	䰙	䰚	䰛	䰜	䰝	䰞	䰟
4C2	䰠	䰡	䰢	䰣	䰤	䰥	䰦	䰧	䰨	䰩	䰪	䰫	䰬	䰭	䰮	䰯
4C3	䰰	䰱	䰲	䰳	䰴	䰵	䰶	䰷	䰸	䰹	䰺	䰻	䰼	䰽	䰾	䰿
4C4	䱀	䱁	䱂	䱃	䱄	䱅	䱆	䱇	䱈	䱉	䱊	䱋	䱌	䱍	䱎	䱏
4C5	䱐	䱑	䱒	䱓	䱔	䱕	䱖	䱗	䱘	䱙	䱚	䱛	䱜	䱝	䱞	䱟
4C6	䱠	䱡	䱢	䱣	䱤	䱥	䱦	䱧	䱨	䱩	䱪	䱫	䱬	䱭	䱮	䱯
4C7	䱰	䱱	䱲	䱳	䱴	䱵	䱶	䱷	䱸	䱹	䱺	䱻	䱼	䱽	䱾	䱿
4C8	䲀	䲁	䲂	䲃	䲄	䲅	䲆	䲇	䲈	䲉	䲊	䲋	䲌	䲍	䲎	䲏
4C9	䲐	䲑	䲒	䲓	䲔	䲕	䲖	䲗	䲘	䲙	䲚	䲛	䲜	䲝	䲞	䲟
4CA	䲠	䲡	䲢	䲣	䲤	䲥	䲦	䲧	䲨	䲩	䲪	䲫	䲬	䲭	䲮	䲯
4CB	䲰	䲱	䲲	䲳	䲴	䲵	䲶	䲷	䲸	䲹	䲺	䲻	䲼	䲽	䲾	䲿
4CC	䳀	䳁	䳂	䳃	䳄	䳅	䳆	䳇	䳈	䳉	䳊	䳋	䳌	䳍	䳎	䳏
4CD	䳐	䳑	䳒	䳓	䳔	䳕	䳖	䳗	䳘	䳙	䳚	䳛	䳜	䳝	䳞	䳟
4CE	䳠	䳡	䳢	䳣	䳤	䳥	䳦	䳧	䳨	䳩	䳪	䳫	䳬	䳭	䳮	䳯
4CF	䳰	䳱	䳲	䳳	䳴	䳵	䳶	䳷	䳸	䳹	䳺	䳻	䳼	䳽	䳾	䳿

	0	1	2	3	4	5	6	7	8	9	A	B	C	D	E	F
4D0	䴀	䴁	䴂	䴃	䴄	䴅	䴆	䴇	䴈	䴉	䴊	䴋	䴌	䴍	䴎	䴏
4D1	䴐	䴑	䴒	䴓	䴔	䴕	䴖	䴗	䴘	䴙	䴚	䴛	䴜	䴝	䴞	䴟
4D2	䴠	䴡	䴢	䴣	䴤	䴥	䴦	䴧	䴨	䴩	䴪	䴫	䴬	䴭	䴮	䴯
4D3	䴰	䴱	䴲	䴳	䴴	䴵	䴶	䴷	䴸	䴹	䴺	䴻	䴼	䴽	䴾	䴿
4D4	䵀	䵁	䵂	䵃	䵄	䵅	䵆	䵇	䵈	䵉	䵊	䵋	䵌	䵍	䵎	䵏
4D5	䵐	䵑	䵒	䵓	䵔	䵕	䵖	䵗	䵘	䵙	䵚	䵛	䵜	䵝	䵞	䵟
4D6	䵠	䵡	䵢	䵣	䵤	䵥	䵦	䵧	䵨	䵩	䵪	䵫	䵬	䵭	䵮	䵯
4D7	䵰	䵱	䵲	䵳	䵴	䵵	䵶	䵷	䵸	䵹	䵺	䵻	䵼	䵽	䵾	䵿
4D8	䶀	䶁	䶂	䶃	䶄	䶅	䶆	䶇	䶈	䶉	䶊	䶋	䶌	䶍	䶎	䶏
4D9	䶐	䶑	䶒	䶓	䶔	䶕	䶖	䶗	䶘	䶙	䶚	䶛	䶜	䶝	䶞	䶟
4DA	䶠	䶡	䶢	䶣	䶤	䶥	䶦	䶧	䶨	䶩	䶪	䶫	䶬	䶭	䶮	䶯
4DB	䶰	䶱	䶲	䶳	䶴	䶵										

附 录 A
（规范性附录）
汉字 32 点阵字型数据

A.1 汉字点阵字型数据的表示

本部分中，汉字的字型可由其点阵数据来表示。每个字型的点阵数据为 32×32（横行点数×纵列点数），共 1 024 个二进制位，128 个字节。

A.2 汉字点阵字型数据的记录格式

汉字 32 点阵字型数据的 128 个字节排列次序是以 0 字节开始至 127 字节结束，均用十六进制表示，每行四字节，其记录格式如下：

<table>
<tr><th rowspan="2">行数</th><th colspan="32">列 数</th></tr>
<tr><th>0</th><th>1</th><th>2</th><th>3</th><th>4</th><th>5</th><th>6</th><th>7</th><th>8</th><th>9</th><th>10</th><th>11</th><th>12</th><th>13</th><th>14</th><th>15</th><th>16</th><th>17</th><th>18</th><th>19</th><th>20</th><th>21</th><th>22</th><th>23</th><th>24</th><th>25</th><th>26</th><th>27</th><th>28</th><th>29</th><th>30</th><th>31</th></tr>
<tr><td>0</td><td colspan="8">0 字节</td><td colspan="8">1 字节</td><td colspan="8">2 字节</td><td colspan="8">3 字节</td></tr>
<tr><td>1
2
3
4
⋮</td><td colspan="8"></td><td colspan="8"></td><td colspan="8"></td><td colspan="8"></td></tr>
<tr><td>31</td><td colspan="8">124 字节</td><td colspan="8">125 字节</td><td colspan="8">126 字节</td><td colspan="8">127 字节</td></tr>
</table>

A.3 汉字 32 点阵字型数据举例

长 957F				治 6CBB				久 4E45				安 5B89			
00	80	00	00	00	00	10	00	00	08	00	00	00	06	00	00
00	E0	00	00	00	00	1C	00	00	0E	00	00	00	03	80	00
00	C0	01	00	18	00	38	00	00	0C	00	00	00	01	C0	00
00	C0	03	C0	0E	00	30	00	00	1C	00	00	00	00	C0	00
00	C0	07	00	07	00	70	00	00	18	00	00	04	00	80	00
00	C0	0E	00	03	00	E0	00	00	18	00	00	04	00	00	08
00	C0	18	00	02	40	C0	80	00	30	04	00	07	FF	FF	FC
00	C0	70	00	00	41	80	60	00	30	0E	00	0C	00	00	1E
00	C1	C0	00	00	43	00	30	00	7F	FF	00	1C	02	00	18
00	C7	00	00	80	82	00	18	00	60	0E	00	38	03	80	30
00	DC	00	00	60	84	00	1C	00	C0	0C	00	30	03	00	20
00	E0	00	00	30	88	00	0E	00	C0	1C	00	00	06	00	00
00	C0	00	08	39	3F	FF	FE	01	80	18	00	00	06	00	00
00	C0	00	1C	19	1F	C0	06	01	80	18	00	00	0C	00	04
7F	FF	FF	FE	11	10	00	04	03	00	30	00	00	0C	00	0E

00	C1	00	00	03	00	00	00	06	00	30	00	FF	FF	FF	FF
00	C1	00	00	02	00	00	00	04	00	70	00	00	18	06	00
00	C0	80	00	02	04	00	60	08	00	D0	00	00	30	06	00
00	C0	C0	00	06	07	FF	F0	10	00	D8	00	00	30	0C	00
00	C0	40	00	06	06	00	60	00	01	88	00	00	60	0C	00
00	C0	20	00	FC	06	00	60	00	03	0C	00	00	C0	18	00
00	C0	30	00	0C	06	00	60	00	06	0C	00	00	C0	18	00
00	C0	18	00	0C	06	00	60	00	0C	06	00	01	F8	30	00
00	C0	0E	00	0C	06	00	60	00	18	06	00	00	07	E0	00
00	C0	67	00	0C	06	00	60	00	30	03	00	00	00	F8	00
00	C1	83	C0	0C	06	00	60	00	60	03	80	00	01	9E	00
00	C6	01	F0	0C	06	00	60	00	C0	01	E0	00	03	07	80
00	DC	00	FF	0C	07	FF	E0	03	80	00	F8	00	0E	01	E0
00	F8	00	38	0C	06	00	60	06	00	00	7F	00	38	00	F8
01	E0	00	10	0C	06	00	60	1C	00	00	3C	00	E0	00	3C
00	C0	00	00	04	04	00	40	70	00	00	08	07	00	00	18
00	80	00	00	00	00	00	00	80	00	00	00	38	00	00	00

参 考 文 献

［1］ 第一批异体字整理表.中华人民共和国文化部,中国文字改革委员会.1955 年 12 月 22 日.

［2］ 简化字总表.中国文字改革委员会,中华人民共和国文化部,中华人民共和国教育部.1964 年 3 月 7 日(1986 年 10 月 10 日国家语言文字工作委员会重新发表).

［3］ 印刷通用汉字字形表.中华人民共和国文化部,中国文字改革委员会.1965 年 1 月 30 日.

［4］ 现代汉语通用字表.国家语言文字工作委员会,中华人民共和国新闻出版署.1988 年 3 月 25 日.

ICS 35.040
L 71

中华人民共和国国家标准

GB 25899.2—2010

信息技术　通用多八位编码字符集（基本多文种平面）　汉字32点阵字型 第2部分：黑体

Information technology—Universal multiple-octet coded character set (Basic Multilingual plane)—32-dots matrix font of Chinese ideogram—Part 2: Hei Ti

2011-01-10 发布　　2011-11-01 实施

中华人民共和国国家质量监督检验检疫总局
中国国家标准化管理委员会　发布

前　言

GB 25899 的本部分的全部技术内容为强制性。

GB 25899《信息技术　通用多八位编码字符集(基本多文种平面)　汉字 32 点阵字型》分为如下四个部分：

——第 1 部分:宋体；

——第 2 部分:黑体；

——第 3 部分:楷体；

——第 4 部分:仿宋体。

本部分为 GB 25899 的第 2 部分。

本部分依据 GB 13000—2010 的基本多文种平面中 CJK 统一汉字及其扩充 A 所提供的汉字图形字符,以《第一批异体字整理表》、《简化字总表》、《印刷通用汉字字形表》和《现代汉语通用字表》(见参考文献)规定的规范字形为基础,并按照整理汉字字形的原则,具体设计了汉字信息系统用 32 点阵黑体字型。

本部分规定的点阵字型还适用于 GB 18030—2005《信息技术　中文编码字符集》的汉字强制部分。

本部分的附录 A 是规范性附录。

本部分由中华人民共和国工业和信息化部提出。

本部分由全国信息技术标准化技术委员会(SAC/TC 28)归口。

本部分起草单位:中国电子技术标准化研究所、珠海金峰电子有限公司、北京仓颉博雅信息技术有限公司。

本部分主要起草人:王立建、代红、熊涛、戴涌、魏励、王颜尊、周济萍、翟广臣、王永平。

引　　言

有关字型数据的授权转让使用事宜，字型标准数据的维护、更新及修订工作，统一由归口单位负责。

地　址：北京市东城区安定门东大街1号(北京市1101信箱)
邮　编：100007
电　话：64007689、84029173
传　真：64007681
E-mail：daihong@cesi.ac.cn

信息技术　通用多八位编码字符集（基本多文种平面）　汉字32点阵字型　第2部分：黑体

1　范围

GB 25899的本部分规定了GB 13000—2010基本多文种平面中CJK统一汉字及其扩充A的32点阵黑体字型。

本部分适用于各种电子信息产品、各种数字化产品，也可用于其他有关设备。

2　规范性引用文件

下列文件中的条款通过本部分的引用而成为本部分的条款。凡是注日期的引用文件，其随后所有的修改单（不包括勘误的内容）或修订版均不适用于本部分，然而，鼓励根据本部分达成协议的各方研究是否可使用这些文件的最新版本。凡是不注日期的引用文件，其最新版本适用于本部分。

GB 13000—2010　信息技术　通用多八位编码字符集(UCS)(ISO/IEC 10646:2003,IDT)

3　术语和定义

下列术语和定义适用于GB 25899的本部分。

3.1

字形　glyph

一种可辨认的抽象的图形符号，它不依赖于任何特定的设计。

3.2

字型　font

具有同一基本设计的字形图像的集合，如：黑体。

3.3

点阵字型　dot matrix font

以点的集合来表现图形字符的(型)形。

3.4

字序　character order

图形字符在集合中按一定规则排列的次序。

4　点阵字型的排列次序

本部分按GB 13000—2010基本多文种平面的CJK统一汉字及其扩充A的次序排列各汉字点阵字型。

5　标准数据的管理

为加强对信息技术产品用汉字字型与字模标准数据的管理，保证本部分在实施中数据的一致性和正确性，有关字型数据的授权转让使用事宜，字型标准数据的维护、更新及修订工作，统一由归口单位负责。

6 点阵字型的表示方法

6.1 栅格

栅格由若干条等距离的垂直线与水平线相交叉而形成。

本部分规定的是32点阵字型，其栅格是横向32格，纵向32格。每个方格的中心定为点的中心位置。

栅格仅对构成点阵字型的各点进行定位，32点阵的栅格如图1所示。

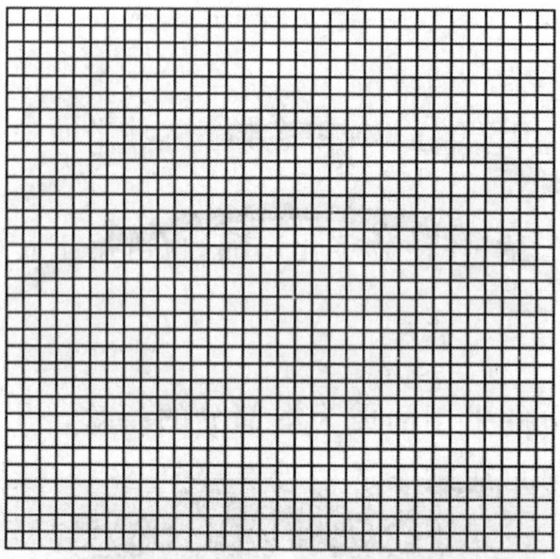

图1 32点阵栅格图

6.2 点

点是构成点阵字型的最小单位，以圆形表示，它是位于各方格内的黑色区域。

6.3 点阵字样

汉字点阵字型的字样，由置于栅格内的若干个点的集合来表示。汉字“永”的点阵字样如图2所示。

永 6C38

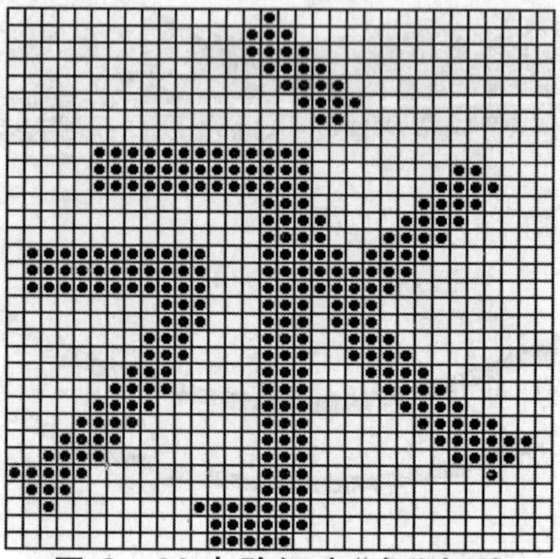

图2 32点阵汉字“永”字型

7 汉字点阵字型

7.1 字数

本部分按GB 13000—2010基本多文种平面CJK统一汉字及其扩充集A提供了27 484个32点阵黑体字型。

7.2 汉字字型数据

汉字32点阵字型数据的表示，见附录A。

7.3 汉字点阵字型表

本部分规定的32点阵黑体字型如下：

	0	1	2	3	4	5	6	7	8	9	A	B	C	D	E	F
4E0	一	丁	丂	七	丄	丅	丆	万	丈	三	上	下	丌	不	与	丏
4E1	丐	丑	丒	专	且	丕	世	丗	丘	丙	业	丛	东	丝	丞	丟
4E2	丠	両	丢	丣	两	严	並	丧	丨	丩	个	丫	丬	中	丮	丯
4E3	丰	丱	串	丳	临	丵	丶	丷	丸	丹	为	主	丼	丽	举	丿
4E4	乀	乁	乂	乃	乄	久	乆	乇	么	义	乊	之	乌	乍	乎	乏
4E5	乐	乑	乒	乓	乔	乕	乖	乗	乘	乙	乚	乛	乜	九	乞	也
4E6	习	乡	乢	乣	乤	乥	书	乧	乨	乩	乪	乫	乬	乭	乮	乯
4E7	买	乱	乲	乳	乴	乵	乶	乷	乸	乹	乺	乻	乼	乽	乾	乿
4E8	亀	亁	亂	亃	亄	亅	了	亇	予	争	亊	事	二	亍	于	亏
4E9	亐	云	互	亓	五	井	亖	亗	亘	亙	亚	些	亜	亝	亞	亟
4EA	亠	亡	亢	亣	交	亥	亦	产	亨	亩	亪	享	京	亭	亮	亯
4EB	亰	亱	亲	亳	亴	亵	亶	亷	亸	亹	人	亻	亼	亽	亾	亿
4EC	什	仁	仂	仃	仄	仅	仆	仇	仈	仉	今	介	仌	仍	从	仏
4ED	仐	仑	仒	仓	仔	仕	他	仗	付	仙	仚	仛	仜	仝	仞	仟
4EE	仠	仡	仢	代	令	以	仦	仧	仨	仩	仪	仫	们	仭	仮	仯
4EF	仰	仱	仲	仳	仴	仵	件	价	仸	仹	仺	任	仼	份	仾	仿
4F0	伀	企	伂	伃	伄	伅	伆	伇	伈	伉	伊	伋	伌	伍	伎	伏
4F1	伐	休	伒	伓	伔	伕	伖	众	优	伙	会	伛	伜	伝	伞	伟
4F2	传	伡	伢	伣	伤	伥	伦	伧	伨	伩	伪	伫	伬	伭	伮	伯
4F3	估	伱	伲	伳	伴	伵	伶	伷	伸	伹	伺	伻	似	伽	伾	伿

	0	1	2	3	4	5	6	7	8	9	A	B	C	D	E	F
4F4	佀	佁	佂	佃	佄	佅	但	佇	佈	佉	佊	佋	佌	位	低	住
4F5	佐	佑	佒	体	佔	何	佖	佗	佘	余	佚	佛	作	佝	佞	佟
4F6	你	佡	佢	佣	佤	佥	佦	佧	佨	佩	佪	佫	佬	佭	佮	佯
4F7	佰	佱	佲	佳	佴	併	佶	佷	佸	佹	佺	佻	佼	佽	佾	使
4F8	侀	侁	侂	侃	侄	侅	來	侇	侈	侉	侊	例	侌	侍	侎	侏
4F9	侐	侑	侒	侓	侔	侕	侖	侗	侘	侙	侚	供	侜	依	侞	侟
4FA	侠	価	侢	侣	侤	侥	侦	侧	侨	侩	侪	侫	侬	侭	侮	侯
4FB	侰	侱	侲	侳	侴	侵	侶	侷	侸	侹	侺	侻	侼	侽	侾	便
4FC	俀	俁	係	促	俄	俅	俆	俇	俈	俉	俊	俋	俌	俍	俎	俏
4FD	俐	俑	俒	俓	俔	俕	俖	俗	俘	俙	俚	俛	俜	保	俞	俟
4FE	俠	信	俢	俣	俤	俥	俦	俧	俨	俩	俪	俫	俬	俭	修	俯
4FF	俰	俱	俲	俳	俴	俵	俶	俷	俸	俹	俺	俻	俼	俽	俾	俿
500	倀	倁	倂	倃	倄	倅	倆	倇	倈	倉	倊	個	倌	倍	倎	倏
501	倐	們	倒	倓	倔	倕	倖	倗	倘	候	倚	倛	倜	倝	倞	借
502	倠	倡	倢	倣	値	倥	倦	倧	倨	倩	倪	倫	倬	倭	倮	倯
503	倰	倱	倲	倳	倴	倵	倶	倷	倸	倹	债	倻	值	倽	倾	倿
504	偀	偁	偂	偃	偄	偅	偆	假	偈	偉	偊	偋	偌	偍	偎	偏
505	偐	偑	偒	偓	偔	偕	偖	偗	偘	偙	做	偛	停	偝	偞	偟
506	偠	偡	偢	偣	偤	健	偦	偧	偨	偩	偪	偫	偬	偭	偮	偯
507	偰	偱	偲	偳	側	偵	偶	偷	偸	偹	偺	偻	偼	偽	偾	偿

	0	1	2	3	4	5	6	7	8	9	A	B	C	D	E	F
508	傀	傁	傂	傃	傄	傅	傆	傇	傈	傉	傊	傋	傌	傍	傎	傏
509	傐	傑	傒	傓	傔	傕	傖	傗	傘	備	傚	傛	傜	傝	傞	傟
50A	傠	傡	傢	傣	傤	傥	傦	傧	储	傩	傪	傫	催	傭	傮	傯
50B	傰	傱	傲	傳	傴	債	傶	傷	傸	傹	傺	傻	傼	傽	傾	傿
50C	僀	僁	僂	僃	僄	僅	僆	僇	僈	僉	僊	僋	僌	働	僎	像
50D	僐	僑	僒	僓	僔	僕	僖	僗	僘	僙	僚	僛	僜	僝	僞	僟
50E	僠	僡	僢	僣	僤	僥	僦	僧	僨	僩	僪	僫	僬	僭	僮	僯
50F	僰	僱	僲	僳	僴	僵	僶	僷	僸	價	僺	僻	僼	僽	僾	僿
510	儀	儁	儂	儃	億	儅	儆	儇	儈	儉	儊	儋	儌	儍	儎	儏
511	儐	儑	儒	儓	儔	儕	儖	儗	儘	儙	儚	儛	儜	儝	儞	償
512	儠	儡	儢	儣	儤	儥	儦	儧	儨	儩	優	儫	儬	儭	儮	儯
513	儰	儱	儲	儳	儴	儵	儶	儷	儸	儹	儺	儻	儼	儽	儾	儿
514	兀	允	兂	元	兄	充	兆	兇	先	光	兊	克	兌	免	兎	兏
515	児	兑	兒	兓	兔	兕	兖	兗	兘	兙	党	兛	兜	兝	兞	兟
516	兠	兡	兢	兣	兤	入	兦	內	全	兩	兪	八	公	六	兮	兯
517	兰	共	兲	关	兴	兵	其	具	典	兹	兺	养	兼	兽	兾	兿
518	冀	冁	冂	冃	冄	内	円	冇	冈	冉	冊	冋	册	再	冎	冏
519	冐	冑	冒	冓	冔	冕	冖	冗	冘	写	冚	军	农	冝	冞	冟
51A	冠	冡	冢	冣	冤	冥	冦	冧	冨	冩	冪	冫	冬	冭	冮	冯
51B	冰	冱	冲	决	冴	况	冶	冷	冸	冹	冺	冻	冼	冽	冾	冿

	0	1	2	3	4	5	6	7	8	9	A	B	C	D	E	F
51C	净	凁	凂	凃	凄	凅	准	凇	凈	凉	凊	凋	凌	凍	凎	减
51D	凐	凑	凒	凓	凔	凕	凖	凗	凘	凙	凚	凛	凜	凝	凞	凟
51E	几	凡	凢	凣	凤	凥	処	凧	凨	凩	凪	凫	凬	凭	凮	凯
51F	凰	凱	凲	凳	凴	凵	凶	凷	凸	凹	出	击	凼	函	凾	凿
520	刀	刁	刂	刃	刄	刅	分	切	刈	刉	刊	刋	刌	刍	刎	刏
521	刐	刑	划	刓	刔	刕	刖	列	刘	则	刚	创	刜	初	刞	刟
522	删	刡	刢	刣	判	別	刦	刧	刨	利	刪	别	刬	刭	刮	刯
523	到	刱	刲	刳	刴	刵	制	刷	券	刹	刺	刻	刼	刽	刾	刿
524	剀	剁	剂	剃	剄	剅	剆	則	剈	剉	削	剋	剌	前	剎	剏
525	剐	剑	剒	剓	剔	剕	剖	剗	剘	剙	剚	剛	剜	剝	剞	剟
526	剠	剡	剢	剣	剤	剥	剦	剧	剨	剩	剪	剫	剬	剭	剮	副
527	剰	剱	割	剳	剴	創	剶	剷	剸	剹	剺	剻	剼	剽	剾	剿
528	劀	劁	劂	劃	劄	劅	劆	劇	劈	劉	劊	劋	劌	劍	劎	劏
529	劐	劑	劒	劓	劔	劕	劖	劗	劘	劙	劚	力	劜	劝	办	功
52A	加	务	劢	劣	劤	劥	劦	劧	动	助	努	劫	劬	劭	劮	劯
52B	劰	励	劲	劳	労	劵	劶	劷	劸	効	劺	劻	劼	劽	劾	势
52C	勀	勁	勂	勃	勄	勅	勆	勇	勈	勉	勊	勋	勌	勍	勎	勏
52D	勐	勑	勒	勓	勔	動	勖	勗	勘	務	勚	勛	勜	勝	勞	募
52E	勠	勡	勢	勣	勤	勥	勦	勧	勨	勩	勪	勫	勬	勭	勮	勯
52F	勰	勱	勲	勳	勴	勵	勶	勷	勸	勹	勺	勻	勼	勽	勾	勿

	0	1	2	3	4	5	6	7	8	9	A	B	C	D	E	F
530	匀	匁	匂	匃	匄	包	匆	匇	匈	匉	匊	匋	匌	匍	匎	匏
531	匐	匑	匒	匓	匔	匕	化	北	匘	匙	匚	匛	匜	匝	匞	匟
532	匠	匡	匢	匣	匤	匥	匦	匧	匨	匩	匪	匫	匬	匭	匮	匯
533	匰	匱	匲	匳	匴	匵	匶	匷	匸	匹	区	医	匼	匽	匾	匿
534	區	十	卂	千	卄	卅	卆	升	午	卉	半	卋	卌	卍	华	协
535	卐	卑	卒	卓	協	单	卖	南	単	卙	博	卛	卜	卝	卞	卟
536	占	卡	卢	卣	卤	卥	卦	卧	卨	卩	卪	卫	卬	卭	卮	卯
537	印	危	卲	即	却	卵	卶	卷	卸	卹	卺	卻	卼	卽	卾	卿
538	厀	厁	厂	厃	厄	厅	历	厇	厈	厉	厊	压	厌	厍	厎	厏
539	厐	厑	厒	厓	厔	厕	厖	厗	厘	厙	厚	厛	厜	厝	厞	原
53A	厠	厡	厢	厣	厤	厥	厦	厧	厨	厩	厪	厫	厬	厭	厮	厯
53B	厰	厱	厲	厳	厴	厵	厶	厷	厸	厹	厺	去	厼	厽	厾	县
53C	叀	叁	参	參	叄	叅	叆	叇	又	叉	及	友	双	反	収	叏
53D	叐	发	叒	叓	叔	叕	取	受	变	叙	叚	叛	叜	叝	叞	叟
53E	叠	叡	叢	口	古	句	另	叧	叨	叩	只	叫	召	叭	叮	可
53F	台	叱	史	右	叴	叵	叶	号	司	叹	叺	叻	叼	叽	叾	叿
540	吀	吁	吂	吃	各	吅	吆	吇	合	吉	吊	吋	同	名	后	吏
541	吐	向	吒	吓	吔	吕	吖	吗	吘	吙	吚	君	吜	吝	吞	吟
542	吠	吡	吢	吣	吤	吥	否	吧	吨	吩	吪	含	听	吭	吮	启
543	吰	吱	吲	吳	吴	吵	吶	吷	吸	吹	吺	吻	吼	吽	吾	告

	0	1	2	3	4	5	6	7	8	9	A	B	C	D	E	F
544	呀	呁	呂	呃	呄	呅	呆	呇	呈	呉	告	呋	呌	呍	呎	呏
545	呐	呑	呒	呓	呔	呕	呖	呗	员	呙	呚	呛	呜	呝	呞	呟
546	呠	呡	呢	呣	呤	呥	呦	呧	周	呩	呪	呫	呬	呭	呮	呯
547	呰	呱	呲	味	呴	呵	呶	呷	呸	呹	呺	呻	呼	命	呾	呿
548	咀	咁	咂	咃	咄	咅	咆	咇	咈	咉	咊	咋	和	咍	咎	咏
549	咐	咑	咒	咓	咔	咕	咖	咗	咘	咙	咚	咛	咜	咝	咞	咟
54A	咠	咡	咢	咣	咤	咥	咦	咧	咨	咩	咪	咫	咬	咭	咮	咯
54B	咰	咱	咲	咳	咴	咵	咶	咷	咸	咹	咺	咻	咼	咽	咾	咿
54C	哀	品	哂	哃	哄	哅	哆	哇	哈	哉	哊	哋	哌	响	哎	哏
54D	哐	哑	哒	哓	哔	哕	哖	哗	哘	哙	哚	哛	哜	哝	哞	哟
54E	哠	員	哢	哣	哤	哥	哦	哧	哨	哩	哪	哫	哬	哭	哮	哯
54F	哰	哱	哲	哳	哴	哵	哶	哷	哸	哹	哺	哻	哼	哽	哾	哿
550	唀	唁	唂	唃	唄	唅	唆	唇	唈	唉	唊	唋	唌	唍	唎	唏
551	唐	唑	唒	唓	唔	唕	唖	唗	唘	唙	唚	唛	唜	唝	唞	唟
552	唠	唡	唢	唣	唤	唥	唦	唧	唨	唩	唪	唫	唬	唭	售	唯
553	唰	唱	唲	唳	唴	唵	唶	唷	唸	唹	唺	唻	唼	唽	唾	唿
554	啀	啁	啂	啃	啄	啅	商	啇	啈	啉	啊	啋	啌	啍	啎	問
555	啐	啑	啒	啓	啔	啕	啖	啗	啘	啙	啚	啛	啜	啝	啞	啟
556	啠	啡	啢	啣	啤	啥	啦	啧	啨	啩	啪	啫	啬	啭	啮	啯
557	啰	啱	啲	啳	啴	啵	啶	啷	啸	啹	啺	啻	啼	啽	啾	啿

	0	1	2	3	4	5	6	7	8	9	A	B	C	D	E	F
558	喀	喁	喂	喃	善	喅	喆	喇	喈	喉	喊	喋	喌	喍	喎	喏
559	喐	喑	喒	喓	喔	喕	喖	喗	喘	喙	喚	喛	喜	喝	喞	喟
55A	喠	喡	喢	喣	喤	喥	喦	喧	喨	喩	喪	喫	喬	喭	單	喯
55B	喰	喱	喲	喳	喴	喵	営	喷	喸	喹	喺	喻	喼	喽	喾	喿
55C	嗀	嗁	嗂	嗃	嗄	嗅	嗆	嗇	嗈	嗉	嗊	嗋	嗌	嗍	嗎	嗏
55D	嗐	嗑	嗒	嗓	嗔	嗕	嗖	嗗	嗘	嗙	嗚	嗛	嗜	嗝	嗞	嗟
55E	嗠	嗡	嗢	嗣	嗤	嗥	嗦	嗧	嗨	嗩	嗪	嗫	嗬	嗭	嗮	嗯
55F	嗰	嗱	嗲	嗳	嗴	嗵	嗶	嗷	嗸	嗹	嗺	嗻	嗼	嗽	嗾	嗿
560	嘀	嘁	嘂	嘃	嘄	嘅	嘆	嘇	嘈	嘉	嘊	嘋	嘌	嘍	嘎	嘏
561	嘐	嘑	嘒	嘓	嘔	嘕	嘖	嘗	嘘	嘙	嘚	嘛	嘜	嘝	嘞	嘟
562	嘠	嘡	嘢	嘣	嘤	嘥	嘦	嘧	嘨	嘩	嘪	嘫	嘬	嘭	嘮	嘯
563	嘰	嘱	嘲	嘳	嘴	嘵	嘶	嘷	嘸	嘹	嘺	嘻	嘼	嘽	嘾	嘿
564	噀	噁	噂	噃	噄	噅	噆	噇	噈	噉	噊	噋	噌	噍	噎	噏
565	噐	噑	噒	噓	噔	噕	噖	噗	噘	噙	噚	噛	噜	噝	噞	噟
566	噠	噡	噢	噣	噤	噥	噦	噧	器	噩	噪	噫	噬	噭	噮	噯
567	噰	噱	噲	噳	噴	噵	噶	噷	噸	噹	噺	噻	噼	噽	噾	噿
568	嚀	嚁	嚂	嚃	嚄	嚅	嚆	嚇	嚈	嚉	嚊	嚋	嚌	嚍	嚎	嚏
569	嚐	嚑	嚒	嚓	嚔	嚕	嚖	嚗	嚘	嚙	嚚	嚛	嚜	嚝	嚞	嚟
56A	嚠	嚡	嚢	嚣	嚤	嚥	嚦	嚧	嚨	嚩	嚪	嚫	嚬	嚭	嚮	嚯
56B	嚰	嚱	嚲	嚳	嚴	嚵	嚶	嚷	嚸	嚹	嚺	嚻	嚼	嚽	嚾	嚿

	0	1	2	3	4	5	6	7	8	9	A	B	C	D	E	F
56C	囀	囁	囂	囃	囄	囅	囆	囇	囈	囉	囊	囋	囌	囍	囎	囏
56D	囐	囑	囒	囓	囔	囕	囖	囗	囘	囙	囚	四	囜	囝	回	囟
56E	因	囡	团	団	囤	囥	囦	囧	囨	囩	囪	囫	囬	园	囮	囯
56F	困	囱	囲	図	围	囵	囶	囷	囸	囹	固	囻	囼	国	图	囿
570	圀	圁	圂	圃	圄	圅	圆	圇	圈	圉	圊	國	圌	圍	圎	圏
571	圐	圑	園	圓	圔	圕	圖	圗	團	圙	圚	圛	圜	圝	圞	土
572	圠	圡	圢	圣	圤	圥	圦	圧	在	圩	圪	圫	圬	圭	圮	圯
573	地	圱	圲	圳	圴	圵	圶	圷	圸	圹	场	圻	圼	圽	圾	圿
574	址	坁	坂	坃	坄	坅	坆	均	坈	坉	坊	坋	坌	坍	坎	坏
575	坐	坑	坒	坓	坔	坕	坖	块	坘	坙	坚	坛	坜	坝	坞	坟
576	坠	坡	坢	坣	坤	坥	坦	坧	坨	坩	坪	坫	坬	坭	坮	坯
577	坰	坱	坲	坳	坴	坵	坶	坷	坸	坹	坺	坻	坼	坽	坾	坿
578	垀	垁	垂	垃	垄	垅	垆	垇	垈	垉	垊	型	垌	垍	垎	垏
579	垐	垑	垒	垓	垔	垕	垖	垗	垘	垙	垚	垛	垜	垝	垞	垟
57A	垠	垡	垢	垣	垤	垥	垦	垧	垨	垩	垪	垫	垬	垭	垮	垯
57B	垰	垱	垲	垳	垴	垵	垶	垷	垸	垹	垺	垻	垼	垽	垾	垿
57C	埀	埁	埂	埃	埄	埅	埆	埇	埈	埉	埊	埋	埌	埍	城	埏
57D	埐	埑	埒	埓	埔	埕	埖	埗	埘	埙	埚	埛	埜	埝	埞	域
57E	埠	埡	埢	埣	埤	埥	埦	埧	埨	埩	埪	埫	埬	埭	埮	埯
57F	埰	埱	埲	埳	埴	埵	埶	執	埸	培	基	埻	埼	埽	埾	埿

	0	1	2	3	4	5	6	7	8	9	A	B	C	D	E	F
580	堀	堁	堂	堃	堄	堅	堆	堇	堈	堉	堊	堋	堌	堍	堎	堏
581	堐	堑	堒	堓	堔	堕	堖	堗	堘	堙	堚	堛	堜	堝	堞	堟
582	堠	堡	堢	堣	堤	堥	堦	堧	堨	堩	堪	堫	堬	堭	堮	堯
583	堰	報	堲	堳	場	堵	堶	堷	堸	堹	堺	堻	堼	堽	堾	堿
584	塀	塁	塂	塃	塄	塅	塆	塇	塈	塉	塊	塋	塌	塍	塎	塏
585	塐	塑	塒	塓	塔	塕	塖	塗	塘	塙	塚	塛	塜	塝	塞	塟
586	塠	塡	塢	塣	塤	塥	塦	塧	塨	塩	塪	填	塬	塭	塮	塯
587	塰	塱	塲	塳	塴	塵	塶	塷	塸	塹	塺	塻	塼	塽	塾	塿
588	墀	墁	墂	境	墄	墅	墆	墇	墈	墉	墊	墋	墌	墍	墎	墏
589	墐	墑	墒	墓	墔	墕	墖	増	墘	墙	墚	墛	墜	墝	增	墟
58A	墠	墡	墢	墣	墤	墥	墦	墧	墨	墩	墪	墫	墬	墭	墮	墯
58B	墰	墱	墲	墳	墴	墵	墶	墷	墸	墹	墺	墻	墼	墽	墾	墿
58C	壀	壁	壂	壃	壄	壅	壆	壇	壈	壉	壊	壋	壌	壍	壎	壏
58D	壐	壑	壒	壓	壔	壕	壖	壗	壘	壙	壚	壛	壜	壝	壞	壟
58E	壠	壡	壢	壣	壤	壥	壦	壧	壨	壩	壪	士	壬	壭	壮	壯
58F	声	壱	売	壳	壴	壵	壶	壷	壸	壹	壺	壻	壼	壽	壾	壿
590	夀	夁	夂	夃	处	夅	夆	备	夈	变	夊	夋	夌	复	夎	夏
591	夐	夑	夒	夓	夔	夕	外	夗	夘	夙	多	夛	夜	夝	夞	够
592	夠	夡	夢	夣	夤	夥	夦	大	夨	天	太	夫	夬	夭	央	夯
593	夰	失	夲	夳	头	夵	夶	夷	夸	夹	夺	夻	夼	夽	夾	夿

	0	1	2	3	4	5	6	7	8	9	A	B	C	D	E	F
594	奀	奁	奂	奃	奄	奅	奆	奇	奈	奉	奊	奋	奌	奍	奎	奏
595	奐	契	奒	奓	奔	奕	奖	套	奘	奙	奚	奛	奜	奝	奞	奟
596	奠	奡	奢	奣	奤	奥	奦	奧	奨	奩	奪	奫	奬	奭	奮	奯
597	奰	奱	奲	女	奴	奵	奶	奷	奸	她	奺	奻	奼	好	奾	奿
598	妀	妁	如	妃	妄	妅	妆	妇	妈	妉	妊	妋	妌	妍	妎	妏
599	妐	妑	妒	妓	妔	妕	妖	妗	妘	妙	妚	妛	妜	妝	妞	妟
59A	妠	妡	妢	妣	妤	妥	妦	妧	妨	妩	妪	妫	妬	妭	妮	妯
59B	妰	妱	妲	妳	妴	妵	妶	妷	妸	妹	妺	妻	妼	妽	妾	妿
59C	姀	姁	姂	姃	姄	姅	姆	姇	姈	姉	姊	始	姌	姍	姎	姏
59D	姐	姑	姒	姓	委	姕	姖	姗	姘	姙	姚	姛	姜	姝	姞	姟
59E	姠	姡	姢	姣	姤	姥	姦	姧	姨	姩	姪	姫	姬	姭	姮	姯
59F	姰	姱	姲	姳	姴	姵	姶	姷	姸	姹	姺	姻	姼	姽	姾	姿
5A0	娀	威	娂	娃	娄	娅	娆	娇	娈	娉	娊	娋	娌	娍	娎	娏
5A1	娐	娑	娒	娓	娔	娕	娖	娗	娘	娙	娚	娛	娜	娝	娞	娟
5A2	娠	娡	娢	娣	娤	娥	娦	娧	娨	娩	娪	娫	娬	娭	娮	娯
5A3	娰	娱	娲	娳	娴	娵	娶	娷	娸	娹	娺	娻	娼	娽	娾	娿
5A4	婀	婁	婂	婃	婄	婅	婆	婇	婈	婉	婊	婋	婌	婍	婎	婏
5A5	婐	婑	婒	婓	婔	婕	婖	婗	婘	婙	婚	婛	婜	婝	婞	婟
5A6	婠	婡	婢	婣	婤	婥	婦	婧	婨	婩	婪	婫	婬	婭	婮	婯
5A7	婰	婱	婲	婳	婴	婵	婶	婷	婸	婹	婺	婻	婼	婽	婾	婿

	0	1	2	3	4	5	6	7	8	9	A	B	C	D	E	F
5A8	媀	媁	媂	媃	媄	媅	媆	媇	媈	媉	媊	媋	媌	媍	媎	媏
5A9	媐	媑	媒	媓	媔	媕	媖	媗	媘	媙	媚	媛	媜	媝	媞	媟
5AA	媠	媡	媢	媣	媤	媥	媦	媧	媨	媩	媪	媫	媬	媭	媮	媯
5AB	媰	媱	媲	媳	媴	媵	媶	媷	媸	媹	媺	媻	媼	媽	媾	媿
5AC	嫀	嫁	嫂	嫃	嫄	嫅	嫆	嫇	嫈	嫉	嫊	嫋	嫌	嫍	嫎	嫏
5AD	嫐	嫑	嫒	嫓	嫔	嫕	嫖	嫗	嫘	嫙	嫚	嫛	嫜	嫝	嫞	嫟
5AE	嫠	嫡	嫢	嫣	嫤	嫥	嫦	嫧	嫨	嫩	嫪	嫫	嫬	嫭	嫮	嫯
5AF	嫰	嫱	嫲	嫳	嫴	嫵	嫶	嫷	嫸	嫹	嫺	嫻	嫼	嫽	嫾	嫿
5B0	嬀	嬁	嬂	嬃	嬄	嬅	嬆	嬇	嬈	嬉	嬊	嬋	嬌	嬍	嬎	嬏
5B1	嬐	嬑	嬒	嬓	嬔	嬕	嬖	嬗	嬘	嬙	嬚	嬛	嬜	嬝	嬞	嬟
5B2	嬠	嬡	嬢	嬣	嬤	嬥	嬦	嬧	嬨	嬩	嬪	嬫	嬬	嬭	嬮	嬯
5B3	嬰	嬱	嬲	嬳	嬴	嬵	嬶	嬷	嬸	嬹	嬺	嬻	嬼	嬽	嬾	嬿
5B4	孀	孁	孂	孃	孄	孅	孆	孇	孈	孉	孊	孋	孌	孍	孎	孏
5B5	子	孑	孒	孓	孔	孕	孖	字	存	孙	孚	孛	孜	孝	孞	孟
5B6	孠	孡	孢	季	孤	孥	学	孧	孨	孩	孪	孫	孬	孭	孮	孯
5B7	孰	孱	孲	孳	孴	孵	孶	孷	學	孹	孺	孻	孼	孽	孾	孿
5B8	宀	宁	宂	它	宄	宅	宆	宇	守	安	宊	宋	完	宍	宎	宏
5B9	宐	宑	宒	宓	宔	宕	宖	宗	官	宙	定	宛	宜	宝	实	実
5BA	宠	审	客	宣	室	宥	宦	宧	宨	宩	宪	宫	宬	宭	宮	宯
5BB	宰	宱	宲	害	宴	宵	家	宷	宸	容	宺	宻	宼	宽	宾	宿

	0	1	2	3	4	5	6	7	8	9	A	B	C	D	E	F
5BC	寀	寁	寂	寃	寄	寅	密	寇	寈	寉	寊	寋	富	寍	寎	寏
5BD	寐	寑	寒	寓	寔	寕	寖	寗	寘	寙	寚	寛	寜	寝	寞	察
5BE	寠	寡	寢	寣	寤	寥	實	寧	寨	審	寪	寫	寬	寭	寮	寯
5BF	寰	寱	寲	寳	寴	寵	寶	寷	寸	对	寺	寻	导	寽	対	寿
5C0	尀	封	専	尃	射	尅	将	將	專	尉	尊	尋	尌	對	導	小
5C1	尐	少	尒	尓	尔	尕	尖	尗	尘	尙	尚	尛	尜	尝	尞	尟
5C2	尠	尡	尢	尣	尤	尥	尦	尧	尨	尩	尪	尫	尬	尭	尮	尯
5C3	尰	就	尲	尳	尴	尵	尶	尷	尸	尹	尺	尻	尼	尽	尾	尿
5C4	局	屁	层	屃	屄	居	屆	屇	屈	屉	届	屋	屌	屍	屎	屏
5C5	屐	屑	屒	屓	屔	展	屖	屗	屘	屙	屚	屛	屜	屝	属	屟
5C6	屠	屡	屢	屣	層	履	屦	屧	屨	屩	屪	屫	屬	屭	屮	屯
5C7	屰	山	屲	屳	屴	屵	屶	屷	屸	屹	屺	屻	屼	屽	屾	屿
5C8	岀	岁	岂	岃	岄	岅	岆	岇	岈	岉	岊	岋	岌	岍	岎	岏
5C9	岐	岑	岒	岓	岔	岕	岖	岗	岘	岙	岚	岛	岜	岝	岞	岟
5CA	岠	岡	岢	岣	岤	岥	岦	岧	岨	岩	岪	岫	岬	岭	岮	岯
5CB	岰	岱	岲	岳	岴	岵	岶	岷	岸	岹	岺	岻	岼	岽	岾	岿
5CC	峀	峁	峂	峃	峄	峅	峆	峇	峈	峉	峊	峋	峌	峍	峎	峏
5CD	峐	峑	峒	峓	峔	峕	峖	峗	峘	峙	峚	峛	峜	峝	峞	峟
5CE	峠	峡	峢	峣	峤	峥	峦	峧	峨	峩	峪	峫	峬	峭	峮	峯
5CF	峰	峱	峲	峳	峴	峵	島	峷	峸	峹	峺	峻	峼	峽	峾	峿

	0	1	2	3	4	5	6	7	8	9	A	B	C	D	E	F
5D0	崀	崁	崂	崃	崄	崅	崆	崇	崈	崉	崊	崋	崌	崍	崎	崏
5D1	崐	崑	崒	崓	崔	崕	崖	崗	崘	崙	崚	崛	崜	崝	崞	崟
5D2	崠	崡	崢	崣	崤	崥	崦	崧	崨	崩	崪	崫	崬	崭	崮	崯
5D3	崰	崱	崲	崳	崴	崵	崶	崷	崸	崹	崺	崻	崼	崽	崾	崿
5D4	嵀	嵁	嵂	嵃	嵄	嵅	嵆	嵇	嵈	嵉	嵊	嵋	嵌	嵍	嵎	嵏
5D5	嵐	嵑	嵒	嵓	嵔	嵕	嵖	嵗	嵘	嵙	嵚	嵛	嵜	嵝	嵞	嵟
5D6	嵠	嵡	嵢	嵣	嵤	嵥	嵦	嵧	嵨	嵩	嵪	嵫	嵬	嵭	嵮	嵯
5D7	嵰	嵱	嵲	嵳	嵴	嵵	嵶	嵷	嵸	嵹	嵺	嵻	嵼	嵽	嵾	嵿
5D8	嶀	嶁	嶂	嶃	嶄	嶅	嶆	嶇	嶈	嶉	嶊	嶋	嶌	嶍	嶎	嶏
5D9	嶐	嶑	嶒	嶓	嶔	嶕	嶖	嶗	嶘	嶙	嶚	嶛	嶜	嶝	嶞	嶟
5DA	嶠	嶡	嶢	嶣	嶤	嶥	嶦	嶧	嶨	嶩	嶪	嶫	嶬	嶭	嶮	嶯
5DB	嶰	嶱	嶲	嶳	嶴	嶵	嶶	嶷	嶸	嶹	嶺	嶻	嶼	嶽	嶾	嶿
5DC	巀	巁	巂	巃	巄	巅	巆	巇	巈	巉	巊	巋	巌	巍	巎	巏
5DD	巐	巑	巒	巓	巔	巕	巖	巗	巘	巙	巚	巛	巜	川	州	巟
5DE	巠	巡	巢	巣	巤	工	左	巧	巨	巩	巪	巫	巬	巭	差	巯
5DF	巰	己	已	巳	巴	巵	巶	巷	巸	巹	巺	巻	巼	巽	巾	巿
5E0	帀	币	市	布	帄	帅	帆	帇	师	帉	帊	帋	希	帍	帎	帏
5E1	帐	帑	帒	帓	帔	帕	帖	帗	帘	帙	帚	帛	帜	帝	帞	帟
5E2	帠	帡	帢	帣	帤	帥	带	帧	帨	帩	帪	師	帬	席	帮	帯
5E3	帰	帱	帲	帳	帴	帵	帶	帷	常	帹	帺	帻	帼	帽	帾	帿

	0	1	2	3	4	5	6	7	8	9	A	B	C	D	E	F
5E4	幀	幁	幂	幃	幄	幅	幆	幇	幈	幉	幊	幋	幌	幍	幎	幏
5E5	幐	幑	幒	幓	幔	幕	幖	幗	幘	幙	幚	幛	幜	幝	幞	幟
5E6	幠	幡	幢	幣	幤	幥	幦	幧	幨	幩	幪	幫	幬	幭	幮	幯
5E7	幰	幱	干	平	年	幵	并	幷	幸	幹	幺	幻	幼	幽	幾	广
5E8	庀	庁	庂	広	庄	庅	庆	庇	庈	庉	床	庋	庌	庍	庎	序
5E9	庐	庑	庒	库	应	底	庖	店	庘	庙	庚	庛	府	庝	庞	废
5EA	庠	庡	庢	庣	庤	庥	度	座	庨	庩	庪	庫	庬	庭	庮	庯
5EB	庰	庱	庲	庳	庴	庵	庶	康	庸	庹	庺	庻	庼	庽	庾	庿
5EC	廀	廁	廂	廃	廄	廅	廆	廇	廈	廉	廊	廋	廌	廍	廎	廏
5ED	廐	廑	廒	廓	廔	廕	廖	廗	廘	廙	廚	廛	廜	廝	廞	廟
5EE	廠	廡	廢	廣	廤	廥	廦	廧	廨	廩	廪	廫	廬	廭	廮	廯
5EF	廰	廱	廲	廳	廴	廵	延	廷	廸	廹	建	廻	廼	廽	廾	廿
5F0	开	弁	异	弃	弄	弅	弆	弇	弈	弉	弊	弋	弌	弍	弎	式
5F1	弐	弑	弒	弓	弔	引	弖	弗	弘	弙	弚	弛	弜	弝	弞	弟
5F2	张	弡	弢	弣	弤	弥	弦	弧	弨	弩	弪	弫	弬	弭	弮	弯
5F3	弰	弱	弲	弳	弴	張	弶	強	弸	弹	强	弻	弼	弽	弾	弿
5F4	彀	彁	彂	彃	彄	彅	彆	彇	彈	彉	彊	彋	彌	彍	彎	彏
5F5	彐	彑	归	当	彔	录	彖	彗	彘	彙	彚	彛	彜	彝	彞	彟
5F6	彠	彡	形	彣	彤	彥	彦	彧	彨	彩	彪	彫	彬	彭	彮	彯
5F7	彰	影	彲	彳	彴	彵	彶	彷	彸	役	彺	彻	彼	彽	彾	彿

	0	1	2	3	4	5	6	7	8	9	A	B	C	D	E	F
5F8	往	征	徂	徃	径	待	徆	徇	很	徉	徊	律	後	徍	徎	徏
5F9	徐	徑	徒	従	徔	徕	徖	得	徘	徙	徚	徛	徜	徝	從	徟
5FA	徠	御	徢	徣	徤	徥	徦	徧	徨	復	循	徫	徬	徭	微	徯
5FB	徰	徱	徲	徳	徴	徵	徶	德	徸	徹	徺	徻	徼	徽	徾	徿
5FC	忀	忁	忂	心	忄	必	忆	忇	忈	忉	忊	忋	忌	忍	忎	忏
5FD	忐	忑	忒	忓	忔	忕	忖	志	忘	忙	忚	忛	応	忝	忞	忟
5FE	忠	忡	忢	忣	忤	忥	忦	忧	忨	忩	忪	快	忬	忭	忮	忯
5FF	忰	忱	忲	忳	忴	念	忶	忷	忸	忹	忺	忻	忼	忽	忾	忿
600	怀	态	怂	怃	怄	怅	怆	怇	怈	怉	怊	怋	怌	怍	怎	怏
601	怐	怑	怒	怓	怔	怕	怖	怗	怘	怙	怚	怛	怜	思	怞	怟
602	怠	怡	怢	怣	怤	急	怦	性	怨	怩	怪	怫	怬	怭	怮	怯
603	怰	怱	怲	怳	怴	怵	怶	怷	怸	怹	怺	总	怼	怽	怾	怿
604	恀	恁	恂	恃	恄	恅	恆	恇	恈	恉	恊	恋	恌	恍	恎	恏
605	恐	恑	恒	恓	恔	恕	恖	恗	恘	恙	恚	恛	恜	恝	恞	恟
606	恠	恡	恢	恣	恤	恥	恦	恧	恨	恩	恪	恫	恬	恭	恮	息
607	恰	恱	恲	恳	恴	恵	恶	恷	恸	恹	恺	恻	恼	恽	恾	恿
608	悀	悁	悂	悃	悄	悅	悆	悇	悈	悉	悊	悋	悌	悍	悎	悏
609	悐	悑	悒	悓	悔	悕	悖	悗	悘	悙	悚	悛	悜	悝	悞	悟
60A	悠	悡	悢	患	悤	悥	悦	悧	您	悩	悪	悫	悬	悭	悮	悯
60B	悰	悱	悲	悳	悴	悵	悶	悷	悸	悹	悺	悻	悼	悽	悾	悿

	0	1	2	3	4	5	6	7	8	9	A	B	C	D	E	F
60C	惀	惁	惂	惃	惄	情	惆	惇	惈	惉	惊	惋	惌	惍	惎	惏
60D	惐	惑	惒	惓	惔	惕	惖	惗	惘	惙	惚	惛	惜	惝	惞	惟
60E	惠	惡	惢	惣	惤	惥	惦	惧	惨	惩	惪	惫	惬	惭	惮	惯
60F	惰	惱	惲	想	惴	惵	惶	惷	惸	惹	惺	惻	惼	惽	惾	惿
610	愀	愁	愂	愃	愄	愅	愆	愇	愈	愉	愊	愋	愌	愍	愎	意
611	愐	愑	愒	愓	愔	愕	愖	愗	愘	愙	愚	愛	愜	愝	愞	感
612	愠	愡	愢	愣	愤	愥	愦	愧	愨	愩	愪	愫	愬	愭	愮	愯
613	愰	愱	愲	愳	愴	愵	愶	愷	愸	愹	愺	愻	愼	愽	愾	愿
614	慀	慁	慂	慃	慄	慅	慆	慇	慈	慉	慊	態	慌	慍	慎	慏
615	慐	慑	慒	慓	慔	慕	慖	慗	慘	慙	慚	慛	慜	慝	慞	慟
616	慠	慡	慢	慣	慤	慥	慦	慧	慨	慩	慪	慫	慬	慭	慮	慯
617	慰	慱	慲	慳	慴	慵	慶	慷	慸	慹	慺	慻	慼	慽	慾	慿
618	憀	憁	憂	憃	憄	憅	憆	憇	憈	憉	憊	憋	憌	憍	憎	憏
619	憐	憑	憒	憓	憔	憕	憖	憗	憘	憙	憚	憛	憜	憝	憞	憟
61A	憠	憡	憢	憣	憤	憥	憦	憧	憨	憩	憪	憫	憬	憭	憮	憯
61B	憰	憱	憲	憳	憴	憵	憶	憷	憸	憹	憺	憻	憼	憽	憾	憿
61C	懀	懁	懂	懃	懄	懅	懆	懇	懈	應	懊	懋	懌	懍	懎	懏
61D	懐	懑	懒	懓	懔	懕	懖	懗	懘	懙	懚	懛	懜	懝	懞	懟
61E	懠	懡	懢	懣	懤	懥	懦	懧	懨	懩	懪	懫	懬	懭	懮	懯
61F	懰	懱	懲	懳	懴	懵	懶	懷	懸	懹	懺	懻	懼	懽	懾	懿

	0	1	2	3	4	5	6	7	8	9	A	B	C	D	E	F
620	戀	戁	戂	戃	戄	戅	戆	戇	戈	戉	戊	戋	戌	戍	戎	戏
621	成	我	戒	戓	戔	戕	或	戗	战	戙	戚	戛	戜	戝	戞	戟
622	戠	戡	戢	戣	戤	戥	戦	戧	戨	戩	截	戫	戬	戭	戮	戯
623	戰	戱	戲	戳	戴	戵	户	戶	戸	戹	戺	戻	戼	戽	戾	房
624	所	扁	扂	扃	扄	扅	扆	扇	扈	扉	扊	手	扌	才	扎	扏
625	扐	扑	扒	打	扔	払	扖	扗	托	扙	扚	扛	扜	扝	扞	扟
626	扠	扡	扢	扣	扤	扥	扦	执	扨	扩	扪	扫	扬	扭	扮	扯
627	扰	扱	扲	扳	扴	扵	扶	扷	扸	批	扺	扻	扼	扽	找	承
628	技	抁	抂	抃	抄	抅	抆	抇	抈	抉	把	抋	抌	抍	抎	抏
629	抐	抑	抒	抓	抔	投	抖	抗	折	抙	抚	抛	抜	抝	択	抟
62A	抠	抡	抢	抣	护	报	抦	抧	抨	抩	抪	披	抬	抭	抮	抯
62B	抰	抱	抲	抳	抴	抵	抶	抷	抸	抹	抺	抻	押	抽	抾	抿
62C	拀	拁	拂	拃	拄	担	拆	拇	拈	拉	拊	拋	拌	拍	拎	拏
62D	拐	拑	拒	拓	拔	拕	拖	拗	拘	拙	拚	招	拜	拝	拞	拟
62E	拠	拡	拢	拣	拤	拥	拦	拧	拨	择	拪	拫	括	拭	拮	拯
62F	拰	拱	拲	拳	拴	拵	拶	拷	拸	拹	拺	拻	拼	拽	拾	拿
630	挀	持	挂	挃	挄	挅	挆	指	挈	按	挊	挋	挌	挍	挎	挏
631	挐	挑	挒	挓	挔	挕	挖	挗	挘	挙	挚	挛	挜	挝	挞	挟
632	挠	挡	挢	挣	挤	挥	挦	挧	挨	挩	挪	挫	挬	挭	挮	振
633	挰	挱	挲	挳	挴	挵	挶	挷	挸	挹	挺	挻	挼	挽	挾	挿

	0	1	2	3	4	5	6	7	8	9	A	B	C	D	E	F
634	捀	捁	捂	捃	捄	捅	捆	捇	捈	捉	捊	捋	捌	捍	捎	捏
635	捐	捑	捒	捓	捔	捕	捖	捗	捘	捙	捚	捛	捜	捝	捞	损
636	捠	捡	换	捣	捤	捥	捦	捧	捨	捩	捪	捫	捬	捭	据	捯
637	捰	捱	捲	捳	捴	捵	捶	捷	捸	捹	捺	捻	捼	捽	捾	捿
638	掀	掁	掂	掃	掄	掅	掆	掇	授	掉	掊	掋	掌	掍	掎	掏
639	掐	掑	排	掓	掔	掕	掖	掗	掘	掙	掚	掛	掜	掝	掞	掟
63A	掠	採	探	掣	掤	接	掦	控	推	掩	措	掫	掬	掭	掮	掯
63B	掰	掱	掲	掳	掴	掵	掶	掷	掸	掹	掺	掻	掼	掽	掾	掿
63C	揀	揁	揂	揃	揄	揅	揆	揇	揈	揉	揊	揋	揌	揍	揎	描
63D	提	揑	插	揓	揔	揕	揖	揗	揘	揙	揚	換	揜	揝	揞	揟
63E	揠	握	揢	揣	揤	揥	揦	揧	揨	揩	揪	揫	揬	揭	揮	揯
63F	揰	揱	揲	揳	援	揵	揶	揷	揸	揹	揺	揻	揼	揽	揾	揿
640	搀	搁	搂	搃	搄	搅	搆	搇	搈	搉	搊	搋	搌	損	搎	搏
641	搐	搑	搒	搓	搔	搕	搖	搗	搘	搙	搚	搛	搜	搝	搞	搟
642	搠	搡	搢	搣	搤	搥	搦	搧	搨	搩	搪	搫	搬	搭	搮	搯
643	搰	搱	搲	搳	搴	搵	搶	搷	搸	搹	携	搻	搼	搽	搾	搿
644	摀	摁	摂	摃	摄	摅	摆	摇	摈	摉	摊	摋	摌	摍	摎	摏
645	摐	摑	摒	摓	摔	摕	摖	摗	摘	摙	摚	摛	摜	摝	摞	摟
646	摠	摡	摢	摣	摤	摥	摦	摧	摨	摩	摪	摫	摬	摭	摮	摯
647	摰	摱	摲	摳	摴	摵	摶	摷	摸	摹	摺	摻	摼	摽	摾	摿

	0	1	2	3	4	5	6	7	8	9	A	B	C	D	E	F
648	撀	撁	撂	撃	撄	撅	撆	撇	撈	撉	撊	撋	撌	撍	撎	撏
649	撐	撑	撒	撓	撔	撕	撖	撗	撘	撙	撚	撛	撜	撝	撞	撟
64A	撠	撡	撢	撣	撤	撥	撦	撧	撨	撩	撪	撫	撬	播	撮	撯
64B	撰	撱	撲	撳	撴	撵	撶	撷	撸	撹	撺	撻	撼	撽	撾	撿
64C	擀	擁	擂	擃	擄	擅	擆	擇	擈	擉	擊	擋	擌	操	擎	擏
64D	擐	擑	擒	擓	擔	擕	擖	擗	擘	擙	據	擛	擜	擝	擞	擟
64E	擠	擡	擢	擣	擤	擥	擦	擧	擨	擩	擪	擫	擬	擭	擮	擯
64F	擰	擱	擲	擳	擴	擵	擶	擷	擸	擹	擺	擻	擼	擽	擾	擿
650	攀	攁	攂	攃	攄	攅	攆	攇	攈	攉	攊	攋	攌	攍	攎	攏
651	攐	攑	攒	攓	攔	攕	攖	攗	攘	攙	攚	攛	攜	攝	攞	攟
652	攠	攡	攢	攣	攤	攥	攦	攧	攨	攩	攪	攫	攬	攭	攮	支
653	攰	攱	攲	攳	攴	攵	收	攷	攸	改	攺	攻	攼	攽	放	政
654	敀	敁	敂	敃	敄	故	敆	敇	效	敉	敊	敋	敌	敍	敎	敏
655	敐	救	敒	敓	敔	敕	敖	敗	敘	教	敚	敛	敜	敝	敞	敟
656	敠	敡	敢	散	敤	敥	敦	敧	敨	敩	敪	敫	敬	敭	敮	敯
657	数	敱	敲	敳	整	敵	敶	敷	數	敹	敺	敻	敼	敽	敾	敿
658	斀	斁	斂	斃	斄	斅	斆	文	斈	斉	斊	斋	斌	斍	斎	斏
659	斐	斑	斒	斓	斔	斕	斖	斗	斘	料	斚	斛	斜	斝	斞	斟
65A	斠	斡	斢	斣	斤	斥	斦	斧	斨	斩	斪	斫	斬	断	斮	斯
65B	新	斱	斲	斳	斴	斵	斶	斷	斸	方	斺	斻	於	施	斾	斿

	0	1	2	3	4	5	6	7	8	9	A	B	C	D	E	F
65C	旀	旁	旂	旃	旄	旅	旆	旇	旈	旉	旊	旋	旌	旍	旎	族
65D	旐	旑	旒	旓	旔	旕	旖	旗	旘	旙	旚	旛	旜	旝	旞	旟
65E	无	旡	既	旣	旤	日	旦	旧	旨	早	旪	旫	旬	旭	旮	旯
65F	旰	旱	旲	旳	旴	旵	时	旷	旸	旹	旺	旻	旼	旽	旾	旿
660	昀	昁	昂	昃	昄	昅	昆	昇	昈	昉	昊	昋	昌	昍	明	昏
661	昐	昑	昒	易	昔	昕	昖	昗	昘	昙	昚	昛	昜	昝	昞	星
662	映	昡	昢	昣	昤	春	昦	昧	昨	昩	昪	昫	昬	昭	昮	是
663	昰	昱	昲	昳	昴	昵	昶	昷	昸	昹	昺	昻	昼	昽	显	昿
664	晀	晁	時	晃	晄	晅	晆	晇	晈	晉	晊	晋	晌	晍	晎	晏
665	晐	晑	晒	晓	晔	晕	晖	晗	晘	晙	晚	晛	晜	晝	晞	晟
666	晠	晡	晢	晣	晤	晥	晦	晧	晨	晩	晪	晫	晬	晭	普	景
667	晰	晱	晲	晳	晴	晵	晶	晷	晸	晹	智	晻	晼	晽	晾	晿
668	暀	暁	暂	暃	暄	暅	暆	暇	暈	暉	暊	暋	暌	暍	暎	暏
669	暐	暑	暒	暓	暔	暕	暖	暗	暘	暙	暚	暛	暜	暝	暞	暟
66A	暠	暡	暢	暣	暤	暥	暦	暧	暨	暩	暪	暫	暬	暭	暮	暯
66B	暰	暱	暲	暳	暴	暵	暶	暷	暸	暹	暺	暻	暼	暽	暾	暿
66C	曀	曁	曂	曃	曄	曅	曆	曇	曈	曉	曊	曋	曌	曍	曎	曏
66D	曐	曑	曒	曓	曔	曕	曖	曗	曘	曙	曚	曛	曜	曝	曞	曟
66E	曠	曡	曢	曣	曤	曥	曦	曧	曨	曩	曪	曫	曬	曭	曮	曯
66F	曰	曱	曲	曳	更	曵	曶	曷	書	曹	曺	曻	曼	曽	曾	替

	0	1	2	3	4	5	6	7	8	9	A	B	C	D	E	F
670	最	朁	朂	會	朄	朅	朆	朇	月	有	朊	朋	朌	服	朎	朏
671	朐	朑	朒	朓	朔	朕	朖	朗	朘	朙	朚	望	朜	朝	朞	期
672	朠	朡	朢	朣	朤	朥	朦	朧	木	朩	未	末	本	札	朮	术
673	朰	朱	朲	朳	朴	朵	朶	朷	朸	朹	机	朻	朼	朽	朾	朿
674	杀	杁	杂	权	杄	杅	杆	杇	杈	杉	杊	杋	杌	杍	李	杏
675	材	村	杒	杓	杔	杕	杖	杗	杘	杙	杚	杛	杜	杝	杞	束
676	杠	条	杢	杣	杤	来	杦	杧	杨	杩	杪	杫	杬	杭	杮	杯
677	杰	東	杲	杳	杴	杵	杶	杷	杸	杹	杺	杻	杼	杽	松	板
678	枀	极	枂	枃	构	枅	枆	枇	枈	枉	枊	枋	枌	枍	枎	枏
679	析	枑	枒	枓	枔	枕	枖	林	枘	枙	枚	枛	果	枝	枞	枟
67A	枠	枡	枢	枣	枤	枥	枦	枧	枨	枩	枪	枫	枬	枭	枮	枯
67B	枰	枱	枲	枳	枴	枵	架	枷	枸	枹	枺	枻	枼	枽	枾	枿
67C	柀	柁	柂	柃	柄	柅	柆	柇	柈	柉	柊	柋	柌	柍	柎	柏
67D	某	柑	柒	染	柔	柕	柖	柗	柘	柙	柚	柛	柜	柝	柞	柟
67E	柠	柡	柢	柣	柤	查	柦	柧	柨	柩	柪	柫	柬	柭	柮	柯
67F	柰	柱	柲	柳	柴	柵	柶	柷	柸	柹	柺	査	柼	柽	柾	柿
680	栀	栁	栂	栃	栄	栅	栆	标	栈	栉	栊	栋	栌	栍	栎	栏
681	栐	树	栒	栓	栔	栕	栖	栗	栘	栙	栚	栛	栜	栝	栞	栟
682	栠	校	栢	栣	栤	栥	栦	栧	栨	栩	株	栫	栬	栭	栮	栯
683	栰	栱	栲	栳	栴	栵	栶	样	核	根	栺	栻	格	栽	栾	栿

	0	1	2	3	4	5	6	7	8	9	A	B	C	D	E	F
684	桀	桁	桂	桃	桄	桅	框	桇	案	桉	桊	桋	桌	桍	桎	桏
685	桐	桑	桒	桓	桔	桕	桖	桗	桘	桙	桚	桛	桜	桝	桞	桟
686	桠	桡	桢	档	桤	桥	桦	桧	桨	桩	桪	桫	桬	桭	桮	桯
687	桰	桱	桲	桳	桴	桵	桶	桷	桸	桹	桺	桻	桼	桽	桾	桿
688	梀	梁	梂	梃	梄	梅	梆	梇	梈	梉	梊	梋	梌	梍	梎	梏
689	梐	梑	梒	梓	梔	梕	梖	梗	梘	梙	梚	梛	梜	條	梞	梟
68A	梠	梡	梢	梣	梤	梥	梦	梧	梨	梩	梪	梫	梬	梭	梮	梯
68B	械	梱	梲	梳	梴	梵	梶	梷	梸	梹	梺	梻	梼	梽	梾	梿
68C	检	棁	棂	棃	棄	棅	棆	棇	棈	棉	棊	棋	棌	棍	棎	棏
68D	棐	棑	棒	棓	棔	棕	棖	棗	棘	棙	棚	棛	棜	棝	棞	棟
68E	棠	棡	棢	棣	棤	棥	棦	棧	棨	棩	棪	棫	棬	棭	森	棯
68F	棰	棱	棲	棳	棴	棵	棶	棷	棸	棹	棺	棻	棼	棽	棾	棿
690	椀	椁	椂	椃	椄	椅	椆	椇	椈	椉	椊	椋	椌	植	椎	椏
691	椐	椑	椒	椓	椔	椕	椖	椗	椘	椙	椚	椛	検	椝	椞	椟
692	椠	椡	椢	椣	椤	椥	椦	椧	椨	椩	椪	椫	椬	椭	椮	椯
693	椰	椱	椲	椳	椴	椵	椶	椷	椸	椹	椺	椻	椼	椽	椾	椿
694	楀	楁	楂	楃	楄	楅	楆	楇	楈	楉	楊	楋	楌	楍	楎	楏
695	楐	楑	楒	楓	楔	楕	楖	楗	楘	楙	楚	楛	楜	楝	楞	楟
696	楠	楡	楢	楣	楤	楥	楦	楧	楨	楩	楪	楫	楬	業	楮	楯
697	楰	楱	楲	楳	楴	極	楶	楷	楸	楹	楺	楻	楼	楽	楾	楿

	0	1	2	3	4	5	6	7	8	9	A	B	C	D	E	F
698	榀	榁	概	榃	榄	榅	榆	榇	榈	榉	榊	榋	榌	榍	榎	榏
699	榐	榑	榒	榓	榔	榕	榖	榗	榘	榙	榚	榛	榜	榝	榞	榟
69A	榠	榡	榢	榣	榤	榥	榦	榧	榨	榩	榪	榫	榬	榭	榮	榯
69B	榰	榱	榲	榳	榴	榵	榶	榷	榸	榹	榺	榻	榼	榽	榾	榿
69C	槀	槁	槂	槃	槄	槅	槆	槇	槈	槉	槊	構	槌	槍	槎	槏
69D	槐	槑	槒	槓	槔	槕	槖	槗	様	槙	槚	槛	槜	槝	槞	槟
69E	槠	槡	槢	槣	槤	槥	槦	槧	槨	槩	槪	槫	槬	槭	槮	槯
69F	槰	槱	槲	槳	槴	槵	槶	槷	槸	槹	槺	槻	槼	槽	槾	槿
6A0	樀	樁	樂	樃	樄	樅	樆	樇	樈	樉	樊	樋	樌	樍	樎	樏
6A1	樐	樑	樒	樓	樔	樕	樖	樗	樘	標	樚	樛	樜	樝	樞	樟
6A2	樠	模	樢	樣	樤	樥	樦	樧	樨	権	横	樫	樬	樭	樮	樯
6A3	樰	樱	樲	樳	樴	樵	樶	樷	樸	樹	樺	樻	樼	樽	樾	樿
6A4	橀	橁	橂	橃	橄	橅	橆	橇	橈	橉	橊	橋	橌	橍	橎	橏
6A5	橐	橑	橒	橓	橔	橕	橖	橗	橘	橙	橚	橛	橜	橝	橞	機
6A6	橠	橡	橢	橣	橤	橥	橦	橧	橨	橩	橪	橫	橬	橭	橮	橯
6A7	橰	橱	橲	橳	橴	橵	橶	橷	橸	橹	橺	橻	橼	橽	橾	橿
6A8	檀	檁	檂	檃	檄	檅	檆	檇	檈	檉	檊	檋	檌	檍	檎	檏
6A9	檐	檑	檒	檓	檔	檕	檖	檗	檘	檙	檚	檛	檜	檝	檞	檟
6AA	檠	檡	檢	檣	檤	檥	檦	檧	檨	檩	檪	檫	檬	檭	檮	檯
6AB	檰	檱	檲	檳	檴	檵	檶	檷	檸	檹	檺	檻	檼	檽	檾	檿

	0	1	2	3	4	5	6	7	8	9	A	B	C	D	E	F
6AC	櫀	櫁	櫂	櫃	櫄	櫅	櫆	櫇	櫈	櫉	櫊	櫋	櫌	櫍	櫎	櫏
6AD	櫐	櫑	櫒	櫓	櫔	櫕	櫖	櫗	櫘	櫙	櫚	櫛	櫜	櫝	櫞	櫟
6AE	櫠	櫡	櫢	櫣	櫤	櫥	櫦	櫧	櫨	櫩	櫪	櫫	櫬	櫭	櫮	櫯
6AF	櫰	櫱	櫲	櫳	櫴	櫵	櫶	櫷	櫸	櫹	櫺	櫻	櫼	櫽	櫾	櫿
6B0	欀	欁	欂	欃	欄	欅	欆	欇	欈	欉	權	欋	欌	欍	欎	欏
6B1	欐	欑	欒	欓	欔	欕	欖	欗	欘	欙	欚	欛	欜	欝	欞	欟
6B2	欠	次	欢	欣	欤	欥	欦	欧	欨	欩	欪	欫	欬	欭	欮	欯
6B3	欰	欱	欲	欳	欴	欵	欶	欷	欸	欹	欺	欻	欼	欽	款	欿
6B4	歀	歁	歂	歃	歄	歅	歆	歇	歈	歉	歊	歋	歌	歍	歎	歏
6B5	歐	歑	歒	歓	歔	歕	歖	歗	歘	歙	歚	歛	歜	歝	歞	歟
6B6	歠	歡	止	正	此	步	武	歧	歨	歩	歪	歫	歬	歭	歮	歯
6B7	歰	歱	歲	歳	歴	歵	歶	歷	歸	歹	歺	死	歼	歽	歾	歿
6B8	殀	殁	殂	殃	殄	殅	殆	殇	殈	殉	殊	残	殌	殍	殎	殏
6B9	殐	殑	殒	殓	殔	殕	殖	殗	殘	殙	殚	殛	殜	殝	殞	殟
6BA	殠	殡	殢	殣	殤	殥	殦	殧	殨	殩	殪	殫	殬	殭	殮	殯
6BB	殰	殱	殲	殳	殴	段	殶	殷	殸	殹	殺	殻	殼	殽	殾	殿
6BC	毀	毁	毂	毃	毄	毅	毆	毇	毈	毉	毊	毋	毌	母	毎	每
6BD	毐	毑	毒	毓	比	毕	毖	毗	毘	毙	毚	毛	毜	毝	毞	毟
6BE	毠	毡	毢	毣	毤	毥	毦	毧	毨	毩	毪	毫	毬	毭	毮	毯
6BF	毰	毱	毲	毳	毴	毵	毶	毷	毸	毹	毺	毻	毼	毽	毾	毿

	0	1	2	3	4	5	6	7	8	9	A	B	C	D	E	F
6C0	氀	氁	氂	氃	氄	氅	氆	氇	氈	氉	氊	氋	氌	氍	氎	氏
6C1	氐	民	氒	氓	气	氕	氖	気	氘	氙	氚	氛	氜	氝	氞	氟
6C2	氠	氡	氢	氣	氤	氥	氦	氧	氨	氩	氪	氫	氬	氭	氮	氯
6C3	氰	氱	氲	氳	水	氵	氶	氷	永	氹	氺	氻	氼	氽	氾	氿
6C4	汀	汁	求	汃	汄	汅	汆	汇	汈	汉	汊	汋	汌	汍	汎	汏
6C5	汐	汑	汒	汓	汔	汕	汖	汗	汘	汙	汚	汛	汜	汝	汞	江
6C6	池	污	汢	汣	汤	汥	汦	汧	汨	汩	汪	汫	汬	汭	汮	汯
6C7	汰	汱	汲	汳	汴	汵	汶	汷	汸	汹	決	汻	汼	汽	汾	汿
6C8	沀	沁	沂	沃	沄	沅	沆	沇	沈	沉	沊	沋	沌	沍	沎	沏
6C9	沐	沑	沒	沓	沔	沕	沖	沗	沘	沙	沚	沛	沜	沝	沞	沟
6CA	沠	没	沢	沣	沤	沥	沦	沧	沨	沩	沪	沫	沬	沭	沮	沯
6CB	沰	沱	沲	河	沴	沵	沶	沷	沸	油	沺	治	沼	沽	沾	沿
6CC	泀	況	泂	泃	泄	泅	泆	泇	泈	泉	泊	泋	泌	泍	泎	泏
6CD	泐	泑	泒	泓	泔	法	泖	泗	泘	泙	泚	泛	泜	泝	泞	泟
6CE	泠	泡	波	泣	泤	泥	泦	泧	注	泩	泪	泫	泬	泭	泮	泯
6CF	泰	泱	泲	泳	泴	泵	泶	泷	泸	泹	泺	泻	泼	泽	泾	泿
6D0	洀	洁	洂	洃	洄	洅	洆	洇	洈	洉	洊	洋	洌	洍	洎	洏
6D1	洐	洑	洒	洓	洔	洕	洖	洗	洘	洙	洚	洛	洜	洝	洞	洟
6D2	洠	洡	洢	洣	洤	津	洦	洧	洨	洩	洪	洫	洬	洭	洮	洯
6D3	洰	洱	洲	洳	洴	洵	洶	洷	洸	洹	洺	活	洼	洽	派	洿

	0	1	2	3	4	5	6	7	8	9	A	B	C	D	E	F
6D4	浀	流	浂	浃	浄	浅	浆	浇	浈	浉	浊	测	浌	浍	济	浏
6D5	浐	浑	浒	浓	浔	浕	浖	浗	浘	浙	浚	浛	浜	浝	浞	浟
6D6	浠	浡	浢	浣	浤	浥	浦	浧	浨	浩	浪	浫	浬	浭	浮	浯
6D7	浰	浱	浲	浳	浴	浵	浶	海	浸	浹	浺	浻	浼	浽	浾	浿
6D8	涀	涁	涂	涃	涄	涅	涆	涇	消	涉	涊	涋	涌	涍	涎	涏
6D9	涐	涑	涒	涓	涔	涕	涖	涗	涘	涙	涚	涛	涜	涝	涞	涟
6DA	涠	涡	涢	涣	涤	涥	润	涧	涨	涩	涪	涫	涬	涭	涮	涯
6DB	涰	涱	液	涳	涴	涵	涶	涷	涸	涹	涺	涻	涼	涽	涾	涿
6DC	淀	淁	淂	淃	淄	淅	淆	淇	淈	淉	淊	淋	淌	淍	淎	淏
6DD	淐	淑	淒	淓	淔	淕	淖	淗	淘	淙	淚	淛	淜	淝	淞	淟
6DE	淠	淡	淢	淣	淤	淥	淦	淧	淨	淩	淪	淫	淬	淭	淮	淯
6DF	淰	深	淲	淳	淴	淵	淶	混	淸	淹	淺	添	淼	淽	淾	淿
6E0	渀	渁	渂	渃	渄	清	渆	渇	済	渉	渊	渋	渌	渍	渎	渏
6E1	渐	渑	渒	渓	渔	渕	渖	渗	渘	渙	渚	減	渜	渝	渞	渟
6E2	渠	渡	渢	渣	渤	渥	渦	渧	渨	温	渪	渫	測	渭	渮	港
6E3	渰	渱	渲	渳	渴	渵	渶	渷	游	渹	渺	渻	渼	渽	渾	渿
6E4	湀	湁	湂	湃	湄	湅	湆	湇	湈	湉	湊	湋	湌	湍	湎	湏
6E5	湐	湑	湒	湓	湔	湕	湖	湗	湘	湙	湚	湛	湜	湝	湞	湟
6E6	湠	湡	湢	湣	湤	湥	湦	湧	湨	湩	湪	湫	湬	湭	湮	湯
6E7	湰	湱	湲	湳	湴	湵	湶	湷	湸	湹	湺	湻	湼	湽	湾	湿

	0	1	2	3	4	5	6	7	8	9	A	B	C	D	E	F
6E8	満	溁	溂	溃	溄	溅	溆	溇	溈	溉	溊	溋	溌	溍	溎	溏
6E9	源	溑	溒	溓	溔	溕	準	溗	溘	溙	溚	溛	溜	溝	溞	溟
6EA	溠	溡	溢	溣	溤	溥	溦	溧	溨	溩	溪	溫	溬	溭	溮	溯
6EB	溰	溱	溲	溳	溴	溵	溶	溷	溸	溹	溺	溻	溼	溽	溾	溿
6EC	滀	滁	滂	滃	滄	滅	滆	滇	滈	滉	滊	滋	滌	滍	滎	滏
6ED	滐	滑	滒	滓	滔	滕	滖	滗	滘	滙	滚	滛	滜	滝	滞	滟
6EE	滠	满	滢	滣	滤	滥	滦	滧	滨	滩	滪	滫	滬	滭	滮	滯
6EF	滰	滱	滲	滳	滴	滵	滶	滷	滸	滹	滺	滻	滼	滽	滾	滿
6F0	漀	漁	漂	漃	漄	漅	漆	漇	漈	漉	漊	漋	漌	漍	漎	漏
6F1	漐	漑	漒	漓	演	漕	漖	漗	漘	漙	漚	漛	漜	漝	漞	漟
6F2	漠	漡	漢	漣	漤	漥	漦	漧	漨	漩	漪	漫	漬	漭	漮	漯
6F3	漰	漱	漲	漳	漴	漵	漶	漷	漸	漹	漺	漻	漼	漽	漾	漿
6F4	潀	潁	潂	潃	潄	潅	潆	潇	潈	潉	潊	潋	潌	潍	潎	潏
6F5	潐	潑	潒	潓	潔	潕	潖	潗	潘	潙	潚	潛	潜	潝	潞	潟
6F6	潠	潡	潢	潣	潤	潥	潦	潧	潨	潩	潪	潫	潬	潭	潮	潯
6F7	潰	潱	潲	潳	潴	潵	潶	潷	潸	潹	潺	潻	潼	潽	潾	潿
6F8	澀	澁	澂	澃	澄	澅	澆	澇	澈	澉	澊	澋	澌	澍	澎	澏
6F9	澐	澑	澒	澓	澔	澕	澖	澗	澘	澙	澚	澛	澜	澝	澞	澟
6FA	澠	澡	澢	澣	澤	澥	澦	澧	澨	澩	澪	澫	澬	澭	澮	澯
6FB	澰	澱	澲	澳	澴	澵	澶	澷	澸	澹	澺	澻	澼	澽	澾	澿

	0	1	2	3	4	5	6	7	8	9	A	B	C	D	E	F
6FC	激	濁	濂	濃	濄	濅	濆	濇	濈	濉	濊	濋	濌	濍	濎	濏
6FD	濐	濑	濒	濓	濔	濕	濖	濗	濘	濙	濚	濛	濜	濝	濞	濟
6FE	濠	濡	濢	濣	濤	濥	濦	濧	濨	濩	濪	濫	濬	濭	濮	濯
6FF	濰	濱	濲	濳	濴	濵	濶	濷	濸	濹	濺	濻	濼	濽	濾	濿
700	瀀	瀁	瀂	瀃	瀄	瀅	瀆	瀇	瀈	瀉	瀊	瀋	瀌	瀍	瀎	瀏
701	瀐	瀑	瀒	瀓	瀔	瀕	瀖	瀗	瀘	瀙	瀚	瀛	瀜	瀝	瀞	瀟
702	瀠	瀡	瀢	瀣	瀤	瀥	瀦	瀧	瀨	瀩	瀪	瀫	瀬	瀭	瀮	瀯
703	瀰	瀱	瀲	瀳	瀴	瀵	瀶	瀷	瀸	瀹	瀺	瀻	瀼	瀽	瀾	瀿
704	灀	灁	灂	灃	灄	灅	灆	灇	灈	灉	灊	灋	灌	灍	灎	灏
705	灐	灑	灒	灓	灔	灕	灖	灗	灘	灙	灚	灛	灜	灝	灞	灟
706	灠	灡	灢	灣	灤	灥	灦	灧	灨	灩	灪	火	灬	灭	灮	灯
707	灰	灱	灲	灳	灴	灵	灶	灷	灸	灹	灺	灻	灼	災	灾	灿
708	炀	炁	炂	炃	炄	炅	炆	炇	炈	炉	炊	炋	炌	炍	炎	炏
709	炐	炑	炒	炓	炔	炕	炖	炗	炘	炙	炚	炛	炜	炝	炞	炟
70A	炠	炡	炢	炣	炤	炥	炦	炧	炨	炩	炪	炫	炬	炭	炮	炯
70B	炰	炱	炲	炳	炴	炵	炶	炷	炸	点	為	炻	炼	炽	炾	炿
70C	烀	烁	烂	烃	烄	烅	烆	烇	烈	烉	烊	烋	烌	烍	烎	烏
70D	烐	烑	烒	烓	烔	烕	烖	烗	烘	烙	烚	烛	烜	烝	烞	烟
70E	烠	烡	烢	烣	烤	烥	烦	烧	烨	烩	烪	烫	烬	热	烮	烯
70F	烰	烱	烲	烳	烴	烵	烶	烷	烸	烹	烺	烻	烼	烽	烾	烿

	0	1	2	3	4	5	6	7	8	9	A	B	C	D	E	F
710	焀	焁	焂	焃	焄	焅	焆	焇	焈	焉	焊	焋	焌	焍	焎	焏
711	焐	焑	焒	焓	焔	焕	焖	焗	焘	焙	焚	焛	焜	焝	焞	焟
712	焠	無	焢	焣	焤	焥	焦	焧	焨	焩	焪	焫	焬	焭	焮	焯
713	焰	焱	焲	焳	焴	焵	然	焷	焸	焹	焺	焻	焼	焽	焾	焿
714	煀	煁	煂	煃	煄	煅	煆	煇	煈	煉	煊	煋	煌	煍	煎	煏
715	煐	煑	煒	煓	煔	煕	煖	煗	煘	煙	煚	煛	煜	煝	煞	煟
716	煠	煡	煢	煣	煤	煥	煦	照	煨	煩	煪	煫	煬	煭	煮	煯
717	煰	煱	煲	煳	煴	煵	煶	煷	煸	煹	煺	煻	煼	煽	煾	煿
718	熀	熁	熂	熃	熄	熅	熆	熇	熈	熉	熊	熋	熌	熍	熎	熏
719	熐	熑	熒	熓	熔	熕	熖	熗	熘	熙	熚	熛	熜	熝	熞	熟
71A	熠	熡	熢	熣	熤	熥	熦	熧	熨	熩	熪	熫	熬	熭	熮	熯
71B	熰	熱	熲	熳	熴	熵	熶	熷	熸	熹	熺	熻	熼	熽	熾	熿
71C	燀	燁	燂	燃	燄	燅	燆	燇	燈	燉	燊	燋	燌	燍	燎	燏
71D	燐	燑	燒	燓	燔	燕	燖	燗	燘	燙	燚	燛	燜	燝	燞	營
71E	燠	燡	燢	燣	燤	燥	燦	燧	燨	燩	燪	燫	燬	燭	燮	燯
71F	燰	燱	燲	燳	燴	燵	燶	燷	燸	燹	燺	燻	燼	燽	燾	燿
720	爀	爁	爂	爃	爄	爅	爆	爇	爈	爉	爊	爋	爌	爍	爎	爏
721	爐	爑	爒	爓	爔	爕	爖	爗	爘	爙	爚	爛	爜	爝	爞	爟
722	爠	爡	爢	爣	爤	爥	爦	爧	爨	爩	爪	爫	爬	爭	爮	爯
723	爰	爱	爲	爳	爴	爵	父	爷	爸	爹	爺	爻	爼	爽	爾	爿

	0	1	2	3	4	5	6	7	8	9	A	B	C	D	E	F
724	牀	牁	牂	牃	牄	牅	牆	片	版	牉	牊	牋	牌	牍	牎	牏
725	牐	牑	牒	牓	牔	牕	牖	牗	牘	牙	牚	牛	牜	牝	牞	牟
726	牠	牡	牢	牣	牤	牥	牦	牧	牨	物	牪	牫	牬	牭	牮	牯
727	牰	牱	牲	牳	牴	牵	牶	牷	牸	特	牺	牻	牼	牽	牾	牿
728	犀	犁	犂	犃	犄	犅	犆	犇	犈	犉	犊	犋	犌	犍	犎	犏
729	犐	犑	犒	犓	犔	犕	犖	犗	犘	犙	犚	犛	犜	犝	犞	犟
72A	犠	犡	犢	犣	犤	犥	犦	犧	犨	犩	犪	犫	犬	犭	犮	犯
72B	犰	犱	犲	犳	犴	犵	状	犷	犸	犹	犺	犻	犼	犽	犾	犿
72C	狀	狁	狂	狃	狄	狅	狆	狇	狈	狉	狊	狋	狌	狍	狎	狏
72D	狐	狑	狒	狓	狔	狕	狖	狗	狘	狙	狚	狛	狜	狝	狞	狟
72E	狠	狡	狢	狣	狤	狥	狦	狧	狨	狩	狪	狫	独	狭	狮	狯
72F	狰	狱	狲	狳	狴	狵	狶	狷	狸	狹	狺	狻	狼	狽	狾	狿
730	猀	猁	猂	猃	猄	猅	猆	猇	猈	猉	猊	猋	猌	猍	猎	猏
731	猐	猑	猒	猓	猔	猕	猖	猗	猘	猙	猚	猛	猜	猝	猞	猟
732	猠	猡	猢	猣	猤	猥	猦	猧	猨	猩	猪	猫	猬	猭	献	猯
733	猰	猱	猲	猳	猴	猵	猶	猷	猸	猹	猺	猻	猼	猽	猾	猿
734	獀	獁	獂	獃	獄	獅	獆	獇	獈	獉	獊	獋	獌	獍	獎	獏
735	獐	獑	獒	獓	獔	獕	獖	獗	獘	獙	獚	獛	獜	獝	獞	獟
736	獠	獡	獢	獣	獤	獥	獦	獧	獨	獩	獪	獫	獬	獭	獮	獯
737	獰	獱	獲	獳	獴	獵	獶	獷	獸	獹	獺	獻	獼	獽	獾	獿

	0	1	2	3	4	5	6	7	8	9	A	B	C	D	E	F
738	玀	玁	玂	玃	玄	玅	玆	率	玈	玉	玊	王	玌	玍	玎	玏
739	玐	玑	玒	玓	玔	玕	玖	玗	玘	玙	玚	玛	玜	玝	玞	玟
73A	玠	玡	玢	玣	玤	玥	玦	玧	玨	玩	玪	玫	玬	玭	玮	环
73B	现	玱	玲	玳	玴	玵	玶	玷	玸	玹	玺	玻	玼	玽	玾	玿
73C	珀	珁	珂	珃	珄	珅	珆	珇	珈	珉	珊	珋	珌	珍	珎	珏
73D	珐	珑	珒	珓	珔	珕	珖	珗	珘	珙	珚	珛	珜	珝	珞	珟
73E	珠	珡	珢	珣	珤	珥	珦	珧	珨	珩	珪	珫	珬	班	珮	珯
73F	珰	珱	珲	珳	珴	珵	珶	珷	珸	珹	珺	珻	珼	珽	現	珿
740	琀	琁	琂	球	琄	琅	理	琇	琈	琉	琊	琋	琌	琍	琎	琏
741	琐	琑	琒	琓	琔	琕	琖	琗	琘	琙	琚	琛	琜	琝	琞	琟
742	琠	琡	琢	琣	琤	琥	琦	琧	琨	琩	琪	琫	琬	琭	琮	琯
743	琰	琱	琲	琳	琴	琵	琶	琷	琸	琹	琺	琻	琼	琽	琾	琿
744	瑀	瑁	瑂	瑃	瑄	瑅	瑆	瑇	瑈	瑉	瑊	瑋	瑌	瑍	瑎	瑏
745	瑐	瑑	瑒	瑓	瑔	瑕	瑖	瑗	瑘	瑙	瑚	瑛	瑜	瑝	瑞	瑟
746	瑠	瑡	瑢	瑣	瑤	瑥	瑦	瑧	瑨	瑩	瑪	瑫	瑬	瑭	瑮	瑯
747	瑰	瑱	瑲	瑳	瑴	瑵	瑶	瑷	瑸	瑹	瑺	瑻	瑼	瑽	瑾	瑿
748	璀	璁	璂	璃	璄	璅	璆	璇	璈	璉	璊	璋	璌	璍	璎	璏
749	璐	璑	璒	璓	璔	璕	璖	璗	璘	璙	璚	璛	璜	璝	璞	璟
74A	璠	璡	璢	璣	璤	璥	璦	璧	璨	璩	璪	璫	璬	璭	璮	璯
74B	環	璱	璲	璳	璴	璵	璶	璷	璸	璹	璺	璻	璼	璽	璾	璿

	0	1	2	3	4	5	6	7	8	9	A	B	C	D	E	F
74C	瓀	瓁	瓂	瓃	瓄	瓅	瓆	瓇	瓈	瓉	瓊	瓋	瓌	瓍	瓎	瓏
74D	瓐	瓑	瓒	瓓	瓔	瓕	瓖	瓗	瓘	瓙	瓚	瓛	瓜	瓝	瓞	瓟
74E	瓠	瓡	瓢	瓣	瓤	瓥	瓦	瓧	瓨	瓩	瓪	瓫	瓬	瓭	瓮	瓯
74F	瓰	瓱	瓲	瓳	瓴	瓵	瓶	瓷	瓸	瓹	瓺	瓻	瓼	瓽	瓾	瓿
750	甀	甁	甂	甃	甄	甅	甆	甇	甈	甉	甊	甋	甌	甍	甎	甏
751	甐	甑	甒	甓	甔	甕	甖	甗	甘	甙	甚	甛	甜	甝	甞	生
752	甠	甡	產	産	甤	甥	甦	甧	用	甩	甪	甫	甬	甭	甮	甯
753	田	由	甲	申	甴	电	甶	男	甸	甹	町	画	甼	甽	甾	甿
754	畀	畁	畂	畃	畄	畅	畆	畇	畈	畉	畊	畋	界	畍	畎	畏
755	畐	畑	畒	畓	畔	畕	畖	畗	畘	留	畚	畛	畜	畝	畞	畟
756	畠	畡	畢	畣	畤	略	畦	畧	畨	畩	番	畫	畬	畭	畮	畯
757	異	畱	畲	畳	畴	畵	當	畷	畸	畹	畺	畻	畼	畽	畾	畿
758	疀	疁	疂	疃	疄	疅	疆	疇	疈	疉	疊	疋	疌	疍	疎	疏
759	疐	疑	疒	疓	疔	疕	疖	疗	疘	疙	疚	疛	疜	疝	疞	疟
75A	疠	疡	疢	疣	疤	疥	疦	疧	疨	疩	疪	疫	疬	疭	疮	疯
75B	疰	疱	疲	疳	疴	疵	疶	疷	疸	疹	疺	疻	疼	疽	疾	疿
75C	痀	痁	痂	痃	痄	病	痆	症	痈	痉	痊	痋	痌	痍	痎	痏
75D	痐	痑	痒	痓	痔	痕	痖	痗	痘	痙	痚	痛	痜	痝	痞	痟
75E	痠	痡	痢	痣	痤	痥	痦	痧	痨	痩	痪	痫	痬	痭	痮	痯
75F	痰	痱	痲	痳	痴	痵	痶	痷	痸	痹	痺	痻	痼	痽	痾	痿

	0	1	2	3	4	5	6	7	8	9	A	B	C	D	E	F
760	瘀	瘁	瘂	瘃	瘄	瘅	瘆	瘇	瘈	瘉	瘊	瘋	瘌	瘍	瘎	瘏
761	瘐	瘑	瘒	瘓	瘔	瘕	瘖	瘗	瘘	瘙	瘚	瘛	瘜	瘝	瘞	瘟
762	瘠	瘡	瘢	瘣	瘤	瘥	瘦	瘧	瘨	瘩	瘪	瘫	瘬	瘭	瘮	瘯
763	瘰	瘱	瘲	瘳	瘴	瘵	瘶	瘷	瘸	瘹	瘺	瘻	瘼	瘽	瘾	瘿
764	癀	癁	療	癃	癄	癅	癆	癇	癈	癉	癊	癋	癌	癍	癎	癏
765	癐	癑	癒	癓	癔	癕	癖	癗	癘	癙	癚	癛	癜	癝	癞	癟
766	癠	癡	癢	癣	癤	癥	癦	癧	癨	癩	癪	癫	癬	癭	癮	癯
767	癰	癱	癲	癳	癴	癵	癶	癷	癸	癹	発	登	發	白	百	癿
768	皀	皁	皂	皃	的	皅	皆	皇	皈	皉	皊	皋	皌	皍	皎	皏
769	皐	皑	皒	皓	皔	皕	皖	皗	皘	皙	皚	皛	皜	皝	皞	皟
76A	皠	皡	皢	皣	皤	皥	皦	皧	皨	皩	皪	皫	皬	皭	皮	皯
76B	皰	皱	皲	皳	皴	皵	皶	皷	皸	皹	皺	皻	皼	皽	皾	皿
76C	盀	盁	盂	盃	盄	盅	盆	盇	盈	盉	益	盋	盌	盍	盎	盏
76D	盐	监	盒	盓	盔	盕	盖	盗	盘	盙	盚	盛	盜	盝	盞	盟
76E	盠	盡	盢	監	盤	盥	盦	盧	盨	盩	盪	盫	盬	盭	目	盯
76F	盰	盱	盲	盳	直	盵	盶	盷	相	盹	盺	盻	盼	盽	盾	盿
770	眀	省	眂	眃	眄	眅	眆	眇	眈	眉	眊	看	県	眍	眎	眏
771	眐	眑	眒	眓	眔	眕	眖	眗	眘	眙	眚	眛	眜	眝	眞	真
772	眠	眡	眢	眣	眤	眥	眦	眧	眨	眩	眪	眫	眬	眭	眮	眯
773	眰	眱	眲	眳	眴	眵	眶	眷	眸	眹	眺	眻	眼	眽	眾	眿

	0	1	2	3	4	5	6	7	8	9	A	B	C	D	E	F
774	着	睁	睂	睃	睄	睅	睆	睇	睈	睉	睊	睋	睌	睍	睎	睏
775	睐	睑	睒	睓	睔	睕	睖	睗	睘	睙	睚	睛	睜	睝	睞	睟
776	睠	睡	睢	督	睤	睥	睦	睧	睨	睩	睪	睫	睬	睭	睮	睯
777	睰	睱	睲	睳	睴	睵	睶	睷	睸	睹	睺	睻	睼	睽	睾	睿
778	瞀	瞁	瞂	瞃	瞄	瞅	瞆	瞇	瞈	瞉	瞊	瞋	瞌	瞍	瞎	瞏
779	瞐	瞑	瞒	瞓	瞔	瞕	瞖	瞗	瞘	瞙	瞚	瞛	瞜	瞝	瞞	瞟
77A	瞠	瞡	瞢	瞣	瞤	瞥	瞦	瞧	瞨	瞩	瞪	瞫	瞬	瞭	瞮	瞯
77B	瞰	瞱	瞲	瞳	瞴	瞵	瞶	瞷	瞸	瞹	瞺	瞻	瞼	瞽	瞾	瞿
77C	矀	矁	矂	矃	矄	矅	矆	矇	矈	矉	矊	矋	矌	矍	矎	矏
77D	矐	矑	矒	矓	矔	矕	矖	矗	矘	矙	矚	矛	矜	矝	矞	矟
77E	矠	矡	矢	矣	矤	知	矦	矧	矨	矩	矪	矫	矬	短	矮	矯
77F	矰	矱	矲	石	矴	矵	矶	矷	矸	矹	矺	矻	矼	矽	矾	矿
780	砀	码	砂	砃	砄	砅	砆	砇	砈	砉	砊	砋	砌	砍	砎	砏
781	砐	砑	砒	砓	研	砕	砖	砗	砘	砙	砚	砛	砜	砝	砞	砟
782	砠	砡	砢	砣	砤	砥	砦	砧	砨	砩	砪	砫	砬	砭	砮	砯
783	砰	砱	砲	砳	破	砵	砶	砷	砸	砹	砺	砻	砼	砽	砾	砿
784	础	硁	硂	硃	硄	硅	硆	硇	硈	硉	硊	硋	硌	硍	硎	硏
785	硐	硑	硒	硓	硔	硕	硖	硗	硘	硙	硚	硛	硜	硝	硞	硟
786	硠	硡	硢	硣	硤	硥	硦	硧	硨	硩	硪	硫	硬	硭	确	硯
787	硰	硱	硲	硳	硴	硵	硶	硷	硸	硹	硺	硻	硼	硽	硾	硿

	0	1	2	3	4	5	6	7	8	9	A	B	C	D	E	F
788	碀	碁	碂	碃	碄	碅	碆	碇	碈	碉	碊	碋	碌	碍	碎	碏
789	碐	碑	碒	碓	碔	碕	碖	碗	碘	碙	碚	碛	碜	碝	碞	碟
78A	碠	碡	碢	碣	碤	碥	碦	碧	碨	碩	碪	碫	碬	碭	碮	碯
78B	碰	碱	碲	碳	碴	碵	碶	碷	碸	碹	確	碻	碼	碽	碾	碿
78C	磀	磁	磂	磃	磄	磅	磆	磇	磈	磉	磊	磋	磌	磍	磎	磏
78D	磐	磑	磒	磓	磔	磕	磖	磗	磘	磙	磚	磛	磜	磝	磞	磟
78E	磠	磡	磢	磣	磤	磥	磦	磧	磨	磩	磪	磫	磬	磭	磮	磯
78F	磰	磱	磲	磳	磴	磵	磶	磷	磸	磹	磺	磻	磼	磽	磾	磿
790	礀	礁	礂	礃	礄	礅	礆	礇	礈	礉	礊	礋	礌	礍	礎	礏
791	礐	礑	礒	礓	礔	礕	礖	礗	礘	礙	礚	礛	礜	礝	礞	礟
792	礠	礡	礢	礣	礤	礥	礦	礧	礨	礩	礪	礫	礬	礭	礮	礯
793	礰	礱	礲	礳	礴	礵	礶	礷	礸	礹	示	礻	礼	礽	社	礿
794	祀	祁	祂	祃	祄	祅	祆	祇	祈	祉	祊	祋	祌	祍	祎	祏
795	祐	祑	祒	祓	祔	祕	祖	祗	祘	祙	祚	祛	祜	祝	神	祟
796	祠	祡	祢	祣	祤	祥	祦	祧	票	祩	祪	祫	祬	祭	祮	祯
797	祰	祱	祲	祳	祴	祵	祶	祷	祸	祹	祺	祻	祼	祽	祾	祿
798	禀	禁	禂	禃	禄	禅	禆	禇	禈	禉	禊	禋	禌	禍	禎	福
799	禐	禑	禒	禓	禔	禕	禖	禗	禘	禙	禚	禛	禜	禝	禞	禟
79A	禠	禡	禢	禣	禤	禥	禦	禧	禨	禩	禪	禫	禬	禭	禮	禯
79B	禰	禱	禲	禳	禴	禵	禶	禷	禸	禹	禺	离	禼	禽	禾	禿

	0	1	2	3	4	5	6	7	8	9	A	B	C	D	E	F
79C	秀	私	秂	秃	秄	秅	秆	秇	秈	秉	秊	秋	秌	种	秎	秏
79D	秐	科	秒	秓	秔	秕	秖	秗	秘	秙	秚	秛	秜	秝	秞	租
79E	秠	秡	秢	秣	秤	秥	秦	秧	秨	秩	秪	秫	秬	秭	秮	积
79F	称	秱	秲	秳	秴	秵	秶	秷	秸	秹	秺	移	秼	秽	秾	秿
7A0	稀	稁	稂	稃	稄	稅	稆	稇	稈	稉	稊	程	稌	稍	税	稏
7A1	稐	稑	稒	稓	稔	稕	稖	稗	稘	稙	稚	稛	稜	稝	稞	稟
7A2	稠	稡	稢	稣	稤	稥	稦	稧	稨	稩	稪	稫	稬	稭	種	稯
7A3	稰	稱	稲	稳	稴	稵	稶	稷	稸	稹	稺	稻	稼	稽	稾	稿
7A4	穀	穁	穂	穃	穄	穅	穆	穇	穈	穉	穊	穋	穌	積	穎	穏
7A5	穐	穑	穒	穓	穔	穕	穖	穗	穘	穙	穚	穛	穜	穝	穞	穟
7A6	穠	穡	穢	穣	穤	穥	穦	穧	穨	穩	穪	穫	穬	穭	穮	穯
7A7	穰	穱	穲	穳	穴	穵	究	穷	穸	穹	空	穻	穼	穽	穾	穿
7A8	窀	突	窂	窃	窄	窅	窆	窇	窈	窉	窊	窋	窌	窍	窎	窏
7A9	窐	窑	窒	窓	窔	窕	窖	窗	窘	窙	窚	窛	窜	窝	窞	窟
7AA	窠	窡	窢	窣	窤	窥	窦	窧	窨	窩	窪	窫	窬	窭	窮	窯
7AB	窰	窱	窲	窳	窴	窵	窶	窷	窸	窹	窺	窻	窼	窽	窾	窿
7AC	竀	竁	竂	竃	竄	竅	竆	竇	竈	竉	竊	立	竌	竍	竎	竏
7AD	竐	竑	竒	竓	竔	竕	竖	竗	竘	站	竚	竛	竜	竝	竞	竟
7AE	章	竡	竢	竣	竤	童	竦	竧	竨	竩	竪	竫	竬	竭	竮	端
7AF	竰	竱	竲	竳	竴	竵	競	竷	竸	竹	竺	竻	竼	竽	竾	竿

	0	1	2	3	4	5	6	7	8	9	A	B	C	D	E	F
7B0	笀	笁	笂	笃	笄	笅	笆	笇	笈	笉	笊	笋	笌	笍	笎	笏
7B1	笐	笑	笒	笓	笔	笕	笖	笗	笘	笙	笚	笛	笜	笝	笞	笟
7B2	笠	笡	笢	笣	笤	笥	符	笧	笨	笩	笪	笫	第	笭	笮	笯
7B3	笰	笱	笲	笳	笴	笵	笶	笷	笸	笹	笺	笻	笼	笽	笾	笿
7B4	筀	筁	筂	筃	筄	筅	筆	筇	筈	等	筊	筋	筌	筍	筎	筏
7B5	筐	筑	筒	筓	答	筕	策	筗	筘	筙	筚	筛	筜	筝	筞	筟
7B6	筠	筡	筢	筣	筤	筥	筦	筧	筨	筩	筪	筫	筬	筭	筮	筯
7B7	筰	筱	筲	筳	筴	筵	筶	筷	筸	筹	筺	筻	筼	筽	签	筿
7B8	简	箁	箂	箃	箄	箅	箆	箇	箈	箉	箊	箋	箌	箍	箎	箏
7B9	箐	箑	箒	箓	箔	箕	箖	算	箘	箙	箚	箛	箜	箝	箞	箟
7BA	箠	管	箢	箣	箤	箥	箦	箧	箨	箩	箪	箫	箬	箭	箮	箯
7BB	箰	箱	箲	箳	箴	箵	箶	箷	箸	箹	箺	箻	箼	箽	箾	箿
7BC	節	篁	篂	篃	範	篅	篆	篇	篈	築	篊	篋	篌	篍	篎	篏
7BD	篐	篑	篒	篓	篔	篕	篖	篗	篘	篙	篚	篛	篜	篝	篞	篟
7BE	篠	篡	篢	篣	篤	篥	篦	篧	篨	篩	篪	篫	篬	篭	篮	篯
7BF	篰	篱	篲	篳	篴	篵	篶	篷	篸	篹	篺	篻	篼	篽	篾	篿
7C0	簀	簁	簂	簃	簄	簅	簆	簇	簈	簉	簊	簋	簌	簍	簎	簏
7C1	簐	簑	簒	簓	簔	簕	簖	簗	簘	簙	簚	簛	簜	簝	簞	簟
7C2	簠	簡	簢	簣	簤	簥	簦	簧	簨	簩	簪	簫	簬	簭	簮	簯
7C3	簰	簱	簲	簳	簴	簵	簶	簷	簸	簹	簺	簻	簼	簽	簾	簿

	0	1	2	3	4	5	6	7	8	9	A	B	C	D	E	F
7C4	籀	籁	籂	籃	籄	籅	籆	籇	籈	籉	籊	籋	籌	籍	籎	籏
7C5	籐	籑	籒	籓	籔	籕	籖	籗	籘	籙	籚	籛	籜	籝	籞	籟
7C6	籠	籡	籢	籣	籤	籥	籦	籧	籨	籩	籪	籫	籬	籭	籮	籯
7C7	籰	籱	籲	米	籴	籵	籶	籷	籸	籹	籺	类	籼	籽	籾	籿
7C8	粀	粁	粂	粃	粄	粅	粆	粇	粈	粉	粊	粋	粌	粍	粎	粏
7C9	粐	粑	粒	粓	粔	粕	粖	粗	粘	粙	粚	粛	粜	粝	粞	粟
7CA	粠	粡	粢	粣	粤	粥	粦	粧	粨	粩	粪	粫	粬	粭	粮	粯
7CB	粰	粱	粲	粳	粴	粵	粶	粷	粸	粹	粺	粻	粼	粽	精	粿
7CC	糀	糁	糂	糃	糄	糅	糆	糇	糈	糉	糊	糋	糌	糍	糎	糏
7CD	糐	糑	糒	糓	糔	糕	糖	糗	糘	糙	糚	糛	糜	糝	糞	糟
7CE	糠	糡	糢	糣	糤	糥	糦	糧	糨	糩	糪	糫	糬	糭	糮	糯
7CF	糰	糱	糲	糳	糴	糵	糶	糷	糸	糹	糺	系	糼	糽	糾	糿
7D0	紀	紁	紂	紃	約	紅	紆	紇	紈	紉	紊	紋	紌	納	紎	紏
7D1	紐	紑	紒	紓	純	紕	紖	紗	紘	紙	級	紛	紜	紝	紞	紟
7D2	素	紡	索	紣	紤	紥	紦	紧	紨	紩	紪	紫	紬	紭	紮	累
7D3	細	紱	紲	紳	紴	紵	紶	紷	紸	紹	紺	紻	紼	紽	紾	紿
7D4	絀	絁	終	絃	組	絅	絆	絇	絈	絉	絊	絋	経	絍	絎	絏
7D5	結	絑	絒	絓	絔	絕	絖	絗	絘	絙	絚	絛	絜	絝	絞	絟
7D6	絠	絡	絢	絣	絤	絥	給	絧	絨	絩	絪	絫	絬	絭	絮	絯
7D7	絰	統	絲	絳	絴	絵	絶	絷	絸	絹	絺	絻	絼	絽	絾	絿

	0	1	2	3	4	5	6	7	8	9	A	B	C	D	E	F
7D8	綀	綁	綂	綃	綄	綅	綆	綇	綈	綉	綊	綋	綌	綍	綎	綏
7D9	綐	綑	綒	經	綔	綕	綖	綗	綘	継	続	綛	綜	綝	綞	綟
7DA	綠	綡	綢	綣	綤	綥	綦	綧	綨	綩	綪	綫	綬	維	綮	綯
7DB	綰	綱	網	綳	綴	綵	綶	綷	綸	綹	綺	綻	綼	綽	綾	綿
7DC	緀	緁	緂	緃	緄	緅	緆	緇	緈	緉	緊	緋	緌	緍	緎	総
7DD	緐	緑	緒	緓	緔	緕	緖	緗	緘	緙	線	緛	緜	緝	緞	緟
7DE	締	緡	緢	緣	緤	緥	緦	緧	編	緩	緪	緫	緬	緭	緮	緯
7DF	緰	緱	緲	緳	練	緵	緶	緷	緸	緹	緺	緻	緼	緽	緾	緿
7E0	縀	縁	縂	縃	縄	縅	縆	縇	縈	縉	縊	縋	縌	縍	縎	縏
7E1	縐	縑	縒	縓	縔	縕	縖	縗	縘	縙	縚	縛	縜	縝	縞	縟
7E2	縠	縡	縢	縣	縤	縥	縦	縧	縨	縩	縪	縫	縬	縭	縮	縯
7E3	縰	縱	縲	縳	縴	縵	縶	縷	縸	縹	縺	縻	縼	總	績	縿
7E4	繀	繁	繂	繃	繄	繅	繆	繇	繈	繉	繊	繋	繌	繍	繎	繏
7E5	繐	繑	繒	繓	織	繕	繖	繗	繘	繙	繚	繛	繜	繝	繞	繟
7E6	繠	繡	繢	繣	繤	繥	繦	繧	繨	繩	繪	繫	繬	繭	繮	繯
7E7	繰	繱	繲	繳	繴	繵	繶	繷	繸	繹	繺	繻	繼	繽	繾	繿
7E8	纀	纁	纂	纃	纄	纅	纆	纇	纈	纉	纊	纋	續	纍	纎	纏
7E9	纐	纑	纒	纓	纔	纕	纖	纗	纘	纙	纚	纛	纜	纝	纞	纟
7EA	纠	纡	红	纣	纤	纥	约	级	纨	纩	纪	纫	纬	纭	纮	纯
7EB	纰	纱	纲	纳	纴	纵	纶	纷	纸	纹	纺	纻	纼	纽	纾	线

	0	1	2	3	4	5	6	7	8	9	A	B	C	D	E	F
7EC	绀	绁	绂	练	组	绅	细	织	终	绉	绊	绋	绌	绍	绎	经
7ED	绐	绑	绒	结	绔	绕	绖	绗	绘	给	绚	绛	络	绝	绞	统
7EE	绠	绡	绢	绣	绤	绥	绦	继	绨	绩	绪	绫	绬	续	绮	绯
7EF	绰	绱	绲	绳	维	绵	绶	绷	绸	绹	绺	绻	综	绽	绾	绿
7F0	缀	缁	缂	缃	缄	缅	缆	缇	缈	缉	缊	缋	缌	缍	缎	缏
7F1	缐	缑	缒	缓	缔	缕	编	缗	缘	缙	缚	缛	缜	缝	缞	缟
7F2	缠	缡	缢	缣	缤	缥	缦	缧	缨	缩	缪	缫	缬	缭	缮	缯
7F3	缰	缱	缲	缳	缴	缵	缶	缷	缸	缹	缺	缻	缼	缽	缾	缿
7F4	罀	罁	罂	罃	罄	罅	罆	罇	罈	罉	罊	罋	罌	罍	罎	罏
7F5	罐	网	罒	罓	罔	罕	罖	罗	罘	罙	罚	罛	罜	罝	罞	罟
7F6	罠	罡	罢	罣	罤	罥	罦	罧	罨	罩	罪	罫	罬	罭	置	罯
7F7	罰	罱	署	罳	罴	罵	罶	罷	罸	罹	罺	罻	罼	罽	罾	罿
7F8	羀	羁	羂	羃	羄	羅	羆	羇	羈	羉	羊	羋	羌	羍	美	羏
7F9	羐	羑	羒	羓	羔	羕	羖	羗	羘	羙	羚	羛	羜	羝	羞	羟
7FA	羠	羡	羢	羣	群	羥	羦	羧	羨	義	羪	羫	羬	羭	羮	羯
7FB	羰	羱	羲	羳	羴	羵	羶	羷	羸	羹	羺	羻	羼	羽	羾	羿
7FC	翀	翁	翂	翃	翄	翅	翆	翇	翈	翉	翊	翋	翌	翍	翎	翏
7FD	翐	翑	習	翓	翔	翕	翖	翗	翘	翙	翚	翛	翜	翝	翞	翟
7FE	翠	翡	翢	翣	翤	翥	翦	翧	翨	翩	翪	翫	翬	翭	翮	翯
7FF	翰	翱	翲	翳	翴	翵	翶	翷	翸	翹	翺	翻	翼	翽	翾	翿

	0	1	2	3	4	5	6	7	8	9	A	B	C	D	E	F
800	耀	老	耂	考	耄	者	耆	耇	耈	耉	耊	耋	而	耍	耎	耏
801	耐	耑	耒	耓	耔	耕	耖	耗	耘	耙	耚	耛	耜	耝	耞	耟
802	耠	耡	耢	耣	耤	耥	耦	耧	耨	耩	耪	耫	耬	耭	耮	耯
803	耰	耱	耲	耳	耴	耵	耶	耷	耸	耹	耺	耻	耼	耽	耾	耿
804	聀	聁	聂	聃	聄	聅	聆	聇	聈	聉	聊	聋	职	聍	聎	聏
805	聐	聑	聒	聓	联	聕	聖	聗	聘	聙	聚	聛	聜	聝	聞	聟
806	聠	聡	聢	聣	聤	聥	聦	聧	聨	聩	聪	聫	聬	聭	聮	聯
807	聰	聱	聲	聳	聴	聵	聶	職	聸	聹	聺	聻	聼	聽	聾	聿
808	肀	肁	肂	肃	肄	肅	肆	肇	肈	肉	肊	肋	肌	肍	肎	肏
809	肐	肑	肒	肓	肔	肕	肖	肗	肘	肙	肚	肛	肜	肝	肞	肟
80A	肠	股	肢	肣	肤	肥	肦	肧	肨	肩	肪	肫	肬	肭	肮	肯
80B	肰	肱	育	肳	肴	肵	肶	肷	肸	肹	肺	肻	肼	肽	肾	肿
80C	胀	胁	胂	胃	胄	胅	胆	胇	胈	胉	胊	胋	背	胍	胎	胏
80D	胐	胑	胒	胓	胔	胕	胖	胗	胘	胙	胚	胛	胜	胝	胞	胟
80E	胠	胡	胢	胣	胤	胥	胦	胧	胨	胩	胪	胫	胬	胭	胮	胯
80F	胰	胱	胲	胳	胴	胵	胶	胷	胸	胹	胺	胻	胼	能	胾	胿
810	脀	脁	脂	脃	脄	脅	脆	脇	脈	脉	脊	脋	脌	脍	脎	脏
811	脐	脑	脒	脓	脔	脕	脖	脗	脘	脙	脚	脛	脜	脝	脞	脟
812	脠	脡	脢	脣	脤	脥	脦	脧	脨	脩	脪	脫	脬	脭	脮	脯
813	脰	脱	脲	脳	脴	脵	脶	脷	脸	脹	脺	脻	脼	脽	脾	脿

	0	1	2	3	4	5	6	7	8	9	A	B	C	D	E	F
814	腀	腁	腂	腃	腄	腅	腆	腇	腈	腉	腊	腋	腌	腍	腎	腏
815	腐	腑	腒	腓	腔	腕	腖	腗	腘	腙	腚	腛	腜	腝	腞	腟
816	腠	腡	腢	腣	腤	腥	腦	腧	腨	腩	腪	腫	腬	腭	腮	腯
817	腰	腱	腲	腳	腴	腵	腶	腷	腸	腹	腺	腻	腼	腽	腾	腿
818	膀	膁	膂	膃	膄	膅	膆	膇	膈	膉	膊	膋	膌	膍	膎	膏
819	膐	膑	膒	膓	膔	膕	膖	膗	膘	膙	膚	膛	膜	膝	膞	膟
81A	膠	膡	膢	膣	膤	膥	膦	膧	膨	膩	膪	膫	膬	膭	膮	膯
81B	膰	膱	膲	膳	膴	膵	膶	膷	膸	膹	膺	膻	膼	膽	膾	膿
81C	臀	臁	臂	臃	臄	臅	臆	臇	臈	臉	臊	臋	臌	臍	臎	臏
81D	臐	臑	臒	臓	臔	臕	臖	臗	臘	臙	臚	臛	臜	臝	臞	臟
81E	臠	臡	臢	臣	臤	臥	臦	臧	臨	臩	自	臫	臬	臭	臮	臯
81F	臰	臱	臲	至	致	臵	臶	臷	臸	臹	臺	臻	臼	臽	臾	臿
820	舀	舁	舂	舃	舄	舅	舆	與	興	舉	舊	舋	舌	舍	舎	舏
821	舐	舑	舒	舓	舔	舕	舖	舗	舘	舙	舚	舛	舜	舝	舞	舟
822	舠	舡	舢	舣	舤	舥	舦	舧	舨	舩	航	舫	般	舭	舮	舯
823	舰	舱	舲	舳	舴	舵	舶	舷	舸	船	舺	舻	舼	舽	舾	舿
824	艀	艁	艂	艃	艄	艅	艆	艇	艈	艉	艊	艋	艌	艍	艎	艏
825	艐	艑	艒	艓	艔	艕	艖	艗	艘	艙	艚	艛	艜	艝	艞	艟
826	艠	艡	艢	艣	艤	艥	艦	艧	艨	艩	艪	艫	艬	艭	艮	良
827	艰	艱	色	艳	艴	艵	艶	艷	艸	艹	艺	艻	艼	艽	艾	艿

	0	1	2	3	4	5	6	7	8	9	A	B	C	D	E	F
828	芀	芁	节	芃	芄	芅	芆	芇	芈	芉	芊	芋	芌	芍	芎	芏
829	芐	芑	芒	芓	芔	芕	芖	芗	芘	芙	芚	芛	芜	芝	芞	芟
82A	芠	芡	芢	芣	芤	芥	芦	芧	芨	芩	芪	芫	芬	芭	芮	芯
82B	芰	花	芲	芳	芴	芵	芶	芷	芸	芹	芺	芻	芼	芽	芾	芿
82C	苀	苁	苂	苃	苄	苅	苆	苇	苈	苉	苊	苋	苌	苍	苎	苏
82D	苐	苑	苒	苓	苔	苕	苖	苗	苘	苙	苚	苛	苜	苝	苞	苟
82E	苠	苡	苢	苣	苤	若	苦	苧	苨	苩	苪	苫	苬	苭	苮	苯
82F	苰	英	苲	苳	苴	苵	苶	苷	苸	苹	苺	苻	苼	苽	苾	苿
830	茀	茁	茂	范	茄	茅	茆	茇	茈	茉	茊	茋	茌	茍	茎	茏
831	茐	茑	茒	茓	茔	茕	茖	茗	茘	茙	茚	茛	茜	茝	茞	茟
832	茠	茡	茢	茣	茤	茥	茦	茧	茨	茩	茪	茫	茬	茭	茮	茯
833	茰	茱	茲	茳	茴	茵	茶	茷	茸	茹	茺	茻	茼	茽	茾	茿
834	荀	荁	荂	荃	荄	荅	荆	荇	荈	草	荊	荋	荌	荍	荎	荏
835	荐	荑	荒	荓	荔	荕	荖	荗	荘	荙	荚	荛	荜	荝	荞	荟
836	荠	荡	荢	荣	荤	荥	荦	荧	荨	荩	荪	荫	荬	荭	荮	药
837	荰	荱	荲	荳	荴	荵	荶	荷	荸	荹	荺	荻	荼	荽	荾	荿
838	莀	莁	莂	莃	莄	莅	莆	莇	莈	莉	莊	莋	莌	莍	莎	莏
839	莐	莑	莒	莓	莔	莕	莖	莗	莘	莙	莚	莛	莜	莝	莞	莟
83A	莠	莡	莢	莣	莤	莥	莦	莧	莨	莩	莪	莫	莬	莭	莮	莯
83B	莰	莱	莲	莳	莴	莵	莶	获	莸	莹	莺	莻	莼	莽	莾	莿

	0	1	2	3	4	5	6	7	8	9	A	B	C	D	E	F
83C	菀	菁	菂	菃	菄	菅	菆	菇	菈	菉	菊	菋	菌	菍	菎	菏
83D	菐	菑	菒	菓	菔	菕	菖	菗	菘	菙	菚	菛	菜	菝	菞	菟
83E	菠	菡	菢	菣	菤	菥	菦	菧	菨	菩	菪	菫	菬	菭	菮	華
83F	菰	菱	菲	菳	菴	菵	菶	菷	菸	菹	菺	菻	菼	菽	菾	菿
840	萀	萁	萂	萃	萄	萅	萆	萇	萈	萉	萊	萋	萌	萍	萎	萏
841	萐	萑	萒	萓	萔	萕	萖	萗	萘	萙	萚	萛	萜	萝	萞	萟
842	萠	萡	萢	萣	萤	营	萦	萧	萨	萩	萪	萫	萬	萭	萮	萯
843	萰	萱	萲	萳	萴	萵	萶	萷	萸	萹	萺	萻	萼	落	萾	萿
844	葀	葁	葂	葃	葄	葅	葆	葇	葈	葉	葊	葋	葌	葍	葎	葏
845	葐	葑	葒	葓	葔	葕	葖	著	葘	葙	葚	葛	葜	葝	葞	葟
846	葠	葡	葢	董	葤	葥	葦	葧	葨	葩	葪	葫	葬	葭	葮	葯
847	葰	葱	葲	葳	葴	葵	葶	葷	葸	葹	葺	葻	葼	葽	葾	葿
848	蒀	蒁	蒂	蒃	蒄	蒅	蒆	蒇	蒈	蒉	蒊	蒋	蒌	蒍	蒎	蒏
849	蒐	蒑	蒒	蒓	蒔	蒕	蒖	蒗	蒘	蒙	蒚	蒛	蒜	蒝	蒞	蒟
84A	蒠	蒡	蒢	蒣	蒤	蒥	蒦	蒧	蒨	蒩	蒪	蒫	蒬	蒭	蒮	蒯
84B	蒰	蒱	蒲	蒳	蒴	蒵	蒶	蒷	蒸	蒹	蒺	蒻	蒼	蒽	蒾	蒿
84C	蓀	蓁	蓂	蓃	蓄	蓅	蓆	蓇	蓈	蓉	蓊	蓋	蓌	蓍	蓎	蓏
84D	蓐	蓑	蓒	蓓	蓔	蓕	蓖	蓗	蓘	蓙	蓚	蓛	蓜	蓝	蓞	蓟
84E	蓠	蓡	蓢	蓣	蓤	蓥	蓦	蓧	蓨	蓩	蓪	蓫	蓬	蓭	蓮	蓯
84F	蓰	蓱	蓲	蓳	蓴	蓵	蓶	蓷	蓸	蓹	蓺	蓻	蓼	蓽	蓾	蓿

	0	1	2	3	4	5	6	7	8	9	A	B	C	D	E	F
850	蔀	蔁	蔂	蔃	蔄	蔅	蔆	蔇	蔈	蔉	蔊	蔋	蔌	蔍	蔎	蔏
851	蔐	蔑	蔒	蔓	蔔	蔕	蔖	蔗	蔘	蔙	蔚	蔛	蔜	蔝	蔞	蔟
852	蔠	蔡	蔢	蔣	蔤	蔥	蔦	蔧	蔨	蔩	蔪	蔫	蔬	蔭	蔮	蔯
853	蔰	蔱	蔲	蔳	蔴	蔵	蔶	蔷	蔸	蔹	蔺	蔻	蔼	蔽	蔾	蔿
854	蕀	蕁	蕂	蕃	蕄	蕅	蕆	蕇	蕈	蕉	蕊	蕋	蕌	蕍	蕎	蕏
855	蕐	蕑	蕒	蕓	蕔	蕕	蕖	蕗	蕘	蕙	蕚	蕛	蕜	蕝	蕞	蕟
856	蕠	蕡	蕢	蕣	蕤	蕥	蕦	蕧	蕨	蕩	蕪	蕫	蕬	蕭	蕮	蕯
857	蕰	蕱	蕲	蕳	蕴	蕵	蕶	蕷	蕸	蕹	蕺	蕻	蕼	蕽	蕾	蕿
858	薀	薁	薂	薃	薄	薅	薆	薇	薈	薉	薊	薋	薌	薍	薎	薏
859	薐	薑	薒	薓	薔	薕	薖	薗	薘	薙	薚	薛	薜	薝	薞	薟
85A	薠	薡	薢	薣	薤	薥	薦	薧	薨	薩	薪	薫	薬	薭	薮	薯
85B	薰	薱	薲	薳	薴	薵	薶	薷	薸	薹	薺	薻	薼	薽	薾	薿
85C	藀	藁	藂	藃	藄	藅	藆	藇	藈	藉	藊	藋	藌	藍	藎	藏
85D	藐	藑	藒	藓	藔	藕	藖	藗	藘	藙	藚	藛	藜	藝	藞	藟
85E	藠	藡	藢	藣	藤	藥	藦	藧	藨	藩	藪	藫	藬	藭	藮	藯
85F	藰	藱	藲	藳	藴	藵	藶	藷	藸	藹	藺	藻	藼	藽	藾	藿
860	蘀	蘁	蘂	蘃	蘄	蘅	蘆	蘇	蘈	蘉	蘊	蘋	蘌	蘍	蘎	蘏
861	蘐	蘑	蘒	蘓	蘔	蘕	蘖	蘗	蘘	蘙	蘚	蘛	蘜	蘝	蘞	蘟
862	蘠	蘡	蘢	蘣	蘤	蘥	蘦	蘧	蘨	蘩	蘪	蘫	蘬	蘭	蘮	蘯
863	蘰	蘱	蘲	蘳	蘴	蘵	蘶	蘷	蘸	蘹	蘺	蘻	蘼	蘽	蘾	蘿

	0	1	2	3	4	5	6	7	8	9	A	B	C	D	E	F
864	虀	虁	虂	虃	虄	虅	虆	虇	虈	虉	虊	虋	虌	虍	虎	虏
865	虐	虑	虒	虓	虔	處	虖	虗	虘	虙	虚	虛	虜	虝	虞	號
866	虠	虡	虢	虣	虤	虥	虦	虧	虨	虩	虪	虫	虬	虭	虮	虯
867	虰	虱	虲	虳	虴	虵	虶	虷	虸	虹	虺	虻	虼	虽	虾	虿
868	蚀	蚁	蚂	蚃	蚄	蚅	蚆	蚇	蚈	蚉	蚊	蚋	蚌	蚍	蚎	蚏
869	蚐	蚑	蚒	蚓	蚔	蚕	蚖	蚗	蚘	蚙	蚚	蚛	蚜	蚝	蚞	蚟
86A	蚠	蚡	蚢	蚣	蚤	蚥	蚦	蚧	蚨	蚩	蚪	蚫	蚬	蚭	蚮	蚯
86B	蚰	蚱	蚲	蚳	蚴	蚵	蚶	蚷	蚸	蚹	蚺	蚻	蚼	蚽	蚾	蚿
86C	蛀	蛁	蛂	蛃	蛄	蛅	蛆	蛇	蛈	蛉	蛊	蛋	蛌	蛍	蛎	蛏
86D	蛐	蛑	蛒	蛓	蛔	蛕	蛖	蛗	蛘	蛙	蛚	蛛	蛜	蛝	蛞	蛟
86E	蛠	蛡	蛢	蛣	蛤	蛥	蛦	蛧	蛨	蛩	蛪	蛫	蛬	蛭	蛮	蛯
86F	蛰	蛱	蛲	蛳	蛴	蛵	蛶	蛷	蛸	蛹	蛺	蛻	蛼	蛽	蛾	蛿
870	蜀	蜁	蜂	蜃	蜄	蜅	蜆	蜇	蜈	蜉	蜊	蜋	蜌	蜍	蜎	蜏
871	蜐	蜑	蜒	蜓	蜔	蜕	蜖	蜗	蜘	蜙	蜚	蜛	蜜	蜝	蜞	蜟
872	蜠	蜡	蜢	蜣	蜤	蜥	蜦	蜧	蜨	蜩	蜪	蜫	蜬	蜭	蜮	蜯
873	蜰	蜱	蜲	蜳	蜴	蜵	蜶	蜷	蜸	蜹	蜺	蜻	蜼	蜽	蜾	蜿
874	蝀	蝁	蝂	蝃	蝄	蝅	蝆	蝇	蝈	蝉	蝊	蝋	蝌	蝍	蝎	蝏
875	蝐	蝑	蝒	蝓	蝔	蝕	蝖	蝗	蝘	蝙	蝚	蝛	蝜	蝝	蝞	蝟
876	蝠	蝡	蝢	蝣	蝤	蝥	蝦	蝧	蝨	蝩	蝪	蝫	蝬	蝭	蝮	蝯
877	蝰	蝱	蝲	蝳	蝴	蝵	蝶	蝷	蝸	蝹	蝺	蝻	蝼	蝽	蝾	蝿

	0	1	2	3	4	5	6	7	8	9	A	B	C	D	E	F
878	螀	螁	螂	螃	螄	螅	螆	螇	螈	螉	螊	螋	螌	融	螎	螏
879	螐	螑	螒	螓	螔	螕	螖	螗	螘	螙	螚	螛	螜	螝	螞	螟
87A	螠	螡	螢	螣	螤	螥	螦	螧	螨	螩	螪	螫	螬	螭	螮	螯
87B	螰	螱	螲	螳	螴	螵	螶	螷	螸	螹	螺	螻	螼	螽	螾	螿
87C	蟀	蟁	蟂	蟃	蟄	蟅	蟆	蟇	蟈	蟉	蟊	蟋	蟌	蟍	蟎	蟏
87D	蟐	蟑	蟒	蟓	蟔	蟕	蟖	蟗	蟘	蟙	蟚	蟛	蟜	蟝	蟞	蟟
87E	蟠	蟡	蟢	蟣	蟤	蟥	蟦	蟧	蟨	蟩	蟪	蟫	蟬	蟭	蟮	蟯
87F	蟰	蟱	蟲	蟳	蟴	蟵	蟶	蟷	蟸	蟹	蟺	蟻	蟼	蟽	蟾	蟿
880	蠀	蠁	蠂	蠃	蠄	蠅	蠆	蠇	蠈	蠉	蠊	蠋	蠌	蠍	蠎	蠏
881	蠐	蠑	蠒	蠓	蠔	蠕	蠖	蠗	蠘	蠙	蠚	蠛	蠜	蠝	蠞	蠟
882	蠠	蠡	蠢	蠣	蠤	蠥	蠦	蠧	蠨	蠩	蠪	蠫	蠬	蠭	蠮	蠯
883	蠰	蠱	蠲	蠳	蠴	蠵	蠶	蠷	蠸	蠹	蠺	蠻	蠼	蠽	蠾	蠿
884	血	衁	衂	衃	衄	衅	衆	衇	衈	衉	衊	衋	行	衍	衎	衏
885	衐	衑	衒	術	衔	衕	衖	街	衘	衙	衚	衛	衜	衝	衞	衟
886	衠	衡	衢	衣	衤	补	衦	衧	表	衩	衪	衫	衬	衭	衮	衯
887	衰	衱	衲	衳	衴	衵	衶	衷	衸	衹	衺	衻	衼	衽	衾	衿
888	袀	袁	袂	袃	袄	袅	袆	袇	袈	袉	袊	袋	袌	袍	袎	袏
889	袐	袑	袒	袓	袔	袕	袖	袗	袘	袙	袚	袛	袜	袝	袞	袟
88A	袠	袡	袢	袣	袤	袥	袦	袧	袨	袩	袪	被	袬	袭	袮	袯
88B	袰	袱	袲	袳	袴	袵	袶	袷	袸	袹	袺	袻	袼	袽	袾	袿

	0	1	2	3	4	5	6	7	8	9	A	B	C	D	E	F
88C	裀	裁	裂	裃	裄	装	裆	裇	裈	裉	裊	裋	裌	裍	裎	裏
88D	裐	裑	裒	裓	裔	裕	裖	裗	裘	裙	裚	裛	補	裝	裞	裟
88E	裠	裡	裢	裣	裤	裥	裦	裧	裨	裩	裪	裫	裬	裭	裮	裯
88F	裰	裱	裲	裳	裴	裵	裶	裷	裸	裹	裺	裻	裼	製	裾	裿
890	褀	褁	褂	褃	褄	褅	褆	複	褈	褉	褊	褋	褌	褍	褎	褏
891	褐	褑	褒	褓	褔	褕	褖	褗	褘	褙	褚	褛	褜	褝	褞	褟
892	褠	褡	褢	褣	褤	褥	褦	褧	褨	褩	褪	褫	褬	褭	褮	褯
893	褰	褱	褲	褳	褴	褵	褶	褷	褸	褹	褺	褻	褼	褽	褾	褿
894	襀	襁	襂	襃	襄	襅	襆	襇	襈	襉	襊	襋	襌	襍	襎	襏
895	襐	襑	襒	襓	襔	襕	襖	襗	襘	襙	襚	襛	襜	襝	襞	襟
896	襠	襡	襢	襣	襤	襥	襦	襧	襨	襩	襪	襫	襬	襭	襮	襯
897	襰	襱	襲	襳	襴	襵	襶	襷	襸	襹	襺	襻	襼	襽	襾	西
898	覀	要	覂	覃	覄	覅	覆	覇	覈	覉	覊	見	覌	覍	覎	規
899	覐	覑	覒	覓	覔	覕	視	覗	覘	覙	覚	覛	覜	覝	覞	覟
89A	覠	覡	覢	覣	覤	覥	覦	覧	覨	覩	親	覫	覬	覭	覮	覯
89B	覰	覱	覲	観	覴	覵	覶	覷	覸	覹	覺	覻	覼	覽	覾	覿
89C	觀	见	观	觃	规	觅	视	觇	览	觉	觊	觋	觌	觍	觎	觏
89D	觐	觑	角	觓	觔	觕	觖	觗	觘	觙	觚	觛	觜	觝	觞	觟
89E	觠	觡	觢	解	觤	觥	触	觧	觨	觩	觪	觫	觬	觭	觮	觯
89F	觰	觱	觲	觳	觴	觵	觶	觷	觸	觹	觺	觻	觼	觽	觾	觿

	0	1	2	3	4	5	6	7	8	9	A	B	C	D	E	F
8A0	言	訁	訂	訃	訄	訅	訆	訇	計	訉	訊	訋	訌	訍	討	訏
8A1	訐	訑	訒	訓	訔	訕	訖	託	記	訙	訚	訛	訜	訝	訞	訟
8A2	訠	訡	訢	訣	訤	訥	訦	訧	訨	訩	訪	訫	訬	設	訮	訯
8A3	訰	許	訲	訳	訴	訵	訶	訷	訸	訹	診	註	証	訽	訾	訿
8A4	詀	詁	詂	詃	詄	詅	詆	詇	詈	詉	詊	詋	詌	詍	詎	詏
8A5	詐	詑	詒	詓	詔	評	詖	詗	詘	詙	詚	詛	詜	詝	詞	詟
8A6	詠	詡	詢	詣	詤	詥	試	詧	詨	詩	詪	詫	詬	詭	詮	詯
8A7	詰	話	該	詳	詴	詵	詶	詷	詸	詹	詺	詻	詼	詽	詾	詿
8A8	誀	誁	誂	誃	誄	誅	誆	誇	誈	誉	誊	誋	誌	認	誎	誏
8A9	誐	誑	誒	誓	誔	誕	誖	誗	誘	誙	誚	誛	誜	誝	語	誟
8AA	誠	誡	誢	誣	誤	誥	誦	誧	誨	誩	說	誫	説	読	誮	誯
8AB	誰	誱	課	誳	誴	誵	誶	誷	誸	誹	誺	誻	誼	誽	誾	調
8AC	諀	諁	諂	諃	諄	諅	諆	談	諈	諉	諊	請	諌	諍	諎	諏
8AD	諐	諑	諒	諓	諔	諕	論	諗	諘	諙	諚	諛	諜	諝	諞	諟
8AE	諠	諡	諢	諣	諤	諥	諦	諧	諨	諩	諪	諫	諬	諭	諮	諯
8AF	諰	諱	諲	諳	諴	諵	諶	諷	諸	諹	諺	諻	諼	諽	諾	諿
8B0	謀	謁	謂	謃	謄	謅	謆	謇	謈	謉	謊	謋	謌	謍	謎	謏
8B1	謐	謑	謒	謓	謔	謕	謖	謗	謘	謙	謚	講	謜	謝	謞	謟
8B2	謠	謡	謢	謣	謤	謥	謦	謧	謨	謩	謪	謫	謬	謭	謮	謯
8B3	謰	謱	謲	謳	謴	謵	謶	謷	謸	謹	謺	謻	謼	謽	謾	譀

	0	1	2	3	4	5	6	7	8	9	A	B	C	D	E	F
8B4	譀	譁	譂	譃	譄	譅	譆	譇	譈	證	譊	譋	譌	譍	譎	譏
8B5	譐	譑	譒	譓	譔	譕	譖	譗	識	譙	譚	譛	譜	譝	譞	譟
8B6	譠	譡	譢	譣	譤	譥	警	譧	譨	譩	譪	譫	譬	譭	譮	譯
8B7	議	譱	譲	譳	譴	譵	譶	護	譸	譹	譺	譻	譼	譽	譾	譿
8B8	讀	讁	讂	讃	讄	讅	讆	讇	讈	讉	變	讋	讌	讍	讎	讏
8B9	讐	讑	讒	讓	讔	讕	讖	讗	讘	讙	讚	讛	讜	讝	讞	讟
8BA	讠	计	订	讣	认	讥	讦	讧	讨	让	讪	讫	讬	训	议	讯
8BB	记	讱	讲	讳	讴	讵	讶	讷	许	讹	论	讻	讼	讽	设	访
8BC	诀	证	诂	诃	评	诅	识	诇	诈	诉	诊	诋	诌	词	诎	诏
8BD	诐	译	诒	诓	诔	试	诖	诗	诘	诙	诚	诛	诜	话	诞	诟
8BE	诠	诡	询	诣	诤	该	详	诧	诨	诩	诪	诫	诬	语	诮	误
8BF	诰	诱	诲	诳	说	诵	诶	请	诸	诹	诺	读	诼	诽	课	诿
8C0	谀	谁	谂	调	谄	谅	谆	谇	谈	谉	谊	谋	谌	谍	谎	谏
8C1	谐	谑	谒	谓	谔	谕	谖	谗	谘	谙	谚	谛	谜	谝	谞	谟
8C2	谠	谡	谢	谣	谤	谥	谦	谧	谨	谩	谪	谫	谬	谭	谮	谯
8C3	谰	谱	谲	谳	谴	谵	谶	谷	谸	谹	谺	谻	谼	谽	谾	谿
8C4	豀	豁	豂	豃	豄	豅	豆	豇	豈	豉	豊	豋	豌	豍	豎	豏
8C5	豐	豑	豒	豓	豔	豕	豖	豗	豘	豙	豚	豛	豜	豝	豞	豟
8C6	豠	象	豢	豣	豤	豥	豦	豧	豨	豩	豪	豫	豬	豭	豮	豯
8C7	豰	豱	豲	豳	豴	豵	豶	豷	豸	豹	豺	豻	豼	豽	豾	豿

	0	1	2	3	4	5	6	7	8	9	A	B	C	D	E	F
8C8	貀	貁	貂	貃	貄	貅	貆	貇	貈	貉	貊	貋	貌	貍	貎	貏
8C9	貐	貑	貒	貓	貔	貕	貖	貗	貘	貙	貚	貛	貜	貝	貞	貟
8CA	負	財	貢	貣	貤	貥	貦	貧	貨	販	貪	貫	責	貭	貮	貯
8CB	貰	貱	貲	貳	貴	貵	貶	買	貸	貹	貺	費	貼	貽	貾	貿
8CC	賀	賁	賂	賃	賄	賅	賆	資	賈	賉	賊	賋	賌	賍	賎	賏
8CD	賐	賑	賒	賓	賔	賕	賖	賗	賘	賙	賚	賛	賜	賝	賞	賟
8CE	賠	賡	賢	賣	賤	賥	賦	賧	賨	賩	質	賫	賬	賭	賮	賯
8CF	賰	賱	賲	賳	賴	賵	賶	賷	賸	賹	賺	賻	購	賽	賾	賿
8D0	贀	贁	贂	贃	贄	贅	贆	贇	贈	贉	贊	贋	贌	贍	贎	贏
8D1	贐	贑	贒	贓	贔	贕	贖	贗	贘	贙	贚	贛	贜	贝	贞	负
8D2	贠	贡	财	责	贤	败	账	货	质	贩	贪	贫	贬	购	贮	贯
8D3	贰	贱	贲	贳	贴	贵	贶	贷	贸	费	贺	贻	贼	贽	贾	贿
8D4	赀	赁	赂	赃	资	赅	赆	赇	赈	赉	赊	赋	赌	赍	赎	赏
8D5	赐	赑	赒	赓	赔	赕	赖	赗	赘	赙	赚	赛	赜	赝	赞	赟
8D6	赠	赡	赢	赣	赤	赥	赦	赧	赨	赩	赪	赫	赬	赭	赮	赯
8D7	走	赱	赲	赳	赴	赵	赶	起	赸	赹	赺	赻	赼	赽	赾	赿
8D8	趀	趁	趂	趃	趄	超	趆	趇	趈	趉	越	趋	趌	趍	趎	趏
8D9	趐	趑	趒	趓	趔	趕	趖	趗	趘	趙	趚	趛	趜	趝	趞	趟
8DA	趠	趡	趢	趣	趤	趥	趦	趧	趨	趩	趪	趫	趬	趭	趮	趯
8DB	趰	趱	趲	足	趴	趵	趶	趷	趸	趹	趺	趻	趼	趽	趾	趿

	0	1	2	3	4	5	6	7	8	9	A	B	C	D	E	F
8DC	跀	跁	跂	跃	跄	跅	跆	跇	跈	跉	跊	跋	跌	跍	跎	跏
8DD	跐	跑	跒	跓	跔	跕	跖	跗	跘	跙	跚	跛	跜	距	跞	跟
8DE	跠	跡	跢	跣	跤	跥	跦	跧	跨	跩	跪	跫	跬	跭	跮	路
8DF	跰	跱	跲	跳	跴	践	跶	跷	跸	跹	跺	跻	跼	跽	跾	跿
8E0	踀	踁	踂	踃	踄	踅	踆	踇	踈	踉	踊	踋	踌	踍	踎	踏
8E1	踐	踑	踒	踓	踔	踕	踖	踗	踘	踙	踚	踛	踜	踝	踞	踟
8E2	踠	踡	踢	踣	踤	踥	踦	踧	踨	踩	踪	踫	踬	踭	踮	踯
8E3	踰	踱	踲	踳	踴	踵	踶	踷	踸	踹	踺	踻	踼	踽	踾	踿
8E4	蹀	蹁	蹂	蹃	蹄	蹅	蹆	蹇	蹈	蹉	蹊	蹋	蹌	蹍	蹎	蹏
8E5	蹐	蹑	蹒	蹓	蹔	蹕	蹖	蹗	蹘	蹙	蹚	蹛	蹜	蹝	蹞	蹟
8E6	蹠	蹡	蹢	蹣	蹤	蹥	蹦	蹧	蹨	蹩	蹪	蹫	蹬	蹭	蹮	蹯
8E7	蹰	蹱	蹲	蹳	蹴	蹵	蹶	蹷	蹸	蹹	蹺	蹻	蹼	蹽	蹾	蹿
8E8	躀	躁	躂	躃	躄	躅	躆	躇	躈	躉	躊	躋	躌	躍	躎	躏
8E9	躐	躑	躒	躓	躔	躕	躖	躗	躘	躙	躚	躛	躜	躝	躞	躟
8EA	躠	躡	躢	躣	躤	躥	躦	躧	躨	躩	躪	身	躬	躭	躮	躯
8EB	躰	躱	躲	躳	躴	躵	躶	躷	躸	躹	躺	躻	躼	躽	躾	躿
8EC	軀	軁	軂	軃	軄	軅	軆	軇	軈	軉	車	軋	軌	軍	軎	軏
8ED	軐	軑	軒	軓	軔	軕	軖	軗	軘	軙	軚	軛	軜	軝	軞	軟
8EE	軠	軡	転	軣	軤	軥	軦	軧	軨	軩	軪	軫	軬	軭	軮	軯
8EF	軰	軱	軲	軳	軴	軵	軶	軷	軸	軹	軺	軻	軼	軽	軾	軿

	0	1	2	3	4	5	6	7	8	9	A	B	C	D	E	F
8F0	輀	輁	輂	較	輄	輅	輆	輇	輈	載	輊	輋	輌	輍	輎	輏
8F1	輐	輑	輒	輓	輔	輕	輖	輗	輘	輙	輚	輛	輜	輝	輞	輟
8F2	輠	輡	輢	輣	輤	輥	輦	輧	輨	輩	輪	輫	輬	輭	輮	輯
8F3	輰	輱	輲	輳	輴	輵	輶	輷	輸	輹	輺	輻	輼	輽	輾	輿
8F4	轀	轁	轂	轃	轄	轅	轆	轇	轈	轉	轊	轋	轌	轍	轎	轏
8F5	轐	轑	轒	轓	轔	轕	轖	轗	轘	轙	轚	轛	轜	轝	轞	轟
8F6	轠	轡	轢	轣	轤	轥	车	轧	轨	轩	轪	轫	转	轭	轮	软
8F7	轰	轱	轲	轳	轴	轵	轶	轷	轸	轹	轺	轻	轼	载	轾	轿
8F8	辀	辁	辂	较	辄	辅	辆	辇	辈	辉	辊	辋	辌	辍	辎	辏
8F9	辐	辑	辒	输	辔	辕	辖	辗	辘	辙	辚	辛	辜	辝	辞	辟
8FA	辠	辡	辢	辣	辤	辥	辦	辧	辨	辩	辪	辫	辬	辭	辮	辯
8FB	辰	辱	農	辳	辴	辵	辶	辷	辸	边	辺	辻	込	辽	达	辿
8FC	迀	迁	迂	迃	迄	迅	迆	过	迈	迉	迊	迋	迌	迍	迎	迏
8FD	运	近	迒	迓	返	迕	迖	迗	还	这	迚	进	远	违	连	迟
8FE	迠	迡	迢	迣	迤	迥	迦	迧	迨	迩	迪	迫	迬	迭	迮	迯
8FF	述	迱	迲	迳	迴	迵	迶	迷	迸	迹	迺	迻	迼	追	迾	迿
900	退	送	适	逃	逄	逅	逆	逇	逈	选	逊	逋	逌	逍	逎	透
901	逐	逑	递	逓	途	逕	逖	逗	逘	這	通	逛	逜	逝	逞	速
902	造	逡	逢	連	逤	逥	逦	逧	逨	逩	逪	逫	逬	逭	逮	逯
903	逰	週	進	逳	逴	逵	逶	逷	逸	逹	逺	逻	逼	逽	逾	逿

	0	1	2	3	4	5	6	7	8	9	A	B	C	D	E	F
904	遀	遁	遂	遃	遄	遅	遆	遇	遈	遉	遊	運	遌	遍	過	遏
905	遐	遑	遒	道	達	違	遖	遗	遘	遙	遚	遛	遜	遝	遞	遟
906	遠	遡	遢	遣	遤	遥	遦	遧	遨	適	遪	遫	遬	遭	遮	遯
907	遰	遱	遲	遳	遴	遵	遶	遷	選	遹	遺	遻	遼	遽	遾	避
908	邀	邁	邂	邃	還	邅	邆	邇	邈	邉	邊	邋	邌	邍	邎	邏
909	邐	邑	邒	邓	邔	邕	邖	邗	邘	邙	邚	邛	邜	邝	邞	邟
90A	邠	邡	邢	那	邤	邥	邦	邧	邨	邩	邪	邫	邬	邭	邮	邯
90B	邰	邱	邲	邳	邴	邵	邶	邷	邸	邹	邺	邻	邼	邽	邾	邿
90C	郀	郁	郂	郃	郄	郅	郆	郇	郈	郉	郊	郋	郌	郍	郎	郏
90D	郐	郑	郒	郓	郔	郕	郖	郗	郘	郙	郚	郛	郜	郝	郞	郟
90E	郠	郡	郢	郣	郤	郥	郦	郧	部	郩	郪	郫	郬	郭	郮	郯
90F	郰	郱	郲	郳	郴	郵	郶	郷	郸	郹	郺	郻	郼	都	郾	郿
910	鄀	鄁	鄂	鄃	鄄	鄅	鄆	鄇	鄈	鄉	鄊	鄋	鄌	鄍	鄎	鄏
911	鄐	鄑	鄒	鄓	鄔	鄕	鄖	鄗	鄘	鄙	鄚	鄛	鄜	鄝	鄞	鄟
912	鄠	鄡	鄢	鄣	鄤	鄥	鄦	鄧	鄨	鄩	鄪	鄫	鄬	鄭	鄮	鄯
913	鄰	鄱	鄲	鄳	鄴	鄵	鄶	鄷	鄸	鄹	鄺	鄻	鄼	鄽	鄾	鄿
914	酀	酁	酂	酃	酄	酅	酆	酇	酈	酉	酊	酋	酌	配	酎	酏
915	酐	酑	酒	酓	酔	酕	酖	酗	酘	酙	酚	酛	酜	酝	酞	酟
916	酠	酡	酢	酣	酤	酥	酦	酧	酨	酩	酪	酫	酬	酭	酮	酯
917	酰	酱	酲	酳	酴	酵	酶	酷	酸	酹	酺	酻	酼	酽	酾	酿

	0	1	2	3	4	5	6	7	8	9	A	B	C	D	E	F
918	醀	醁	醂	醃	醄	醅	醆	醇	醈	醉	醊	醋	醌	醍	醎	醏
919	醐	醑	醒	醓	醔	醕	醖	醗	醘	醙	醚	醛	醜	醝	醞	醟
91A	醠	醡	醢	醣	醤	醥	醦	醧	醨	醩	醪	醫	醬	醭	醮	醯
91B	醰	醱	醲	醳	醴	醵	醶	醷	醸	醹	醺	醻	醼	醽	醾	醿
91C	釀	釁	釂	釃	釄	釅	釆	采	釈	釉	释	釋	里	重	野	量
91D	釐	金	釒	釓	釔	釕	釖	釗	釘	釙	釚	釛	釜	針	釞	釟
91E	釠	釡	釢	釣	釤	釥	釦	釧	釨	釩	釪	釫	釬	釭	釮	釯
91F	釰	釱	釲	釳	釴	釵	釶	釷	釸	釹	釺	釻	釼	釽	釾	釿
920	鈀	鈁	鈂	鈃	鈄	鈅	鈆	鈇	鈈	鈉	鈊	鈋	鈌	鈍	鈎	鈏
921	鈐	鈑	鈒	鈓	鈔	鈕	鈖	鈗	鈘	鈙	鈚	鈛	鈜	鈝	鈞	鈟
922	鈠	鈡	鈢	鈣	鈤	鈥	鈦	鈧	鈨	鈩	鈪	鈫	鈬	鈭	鈮	鈯
923	鈰	鈱	鈲	鈳	鈴	鈵	鈶	鈷	鈸	鈹	鈺	鈻	鈼	鈽	鈾	鈿
924	鉀	鉁	鉂	鉃	鉄	鉅	鉆	鉇	鉈	鉉	鉊	鉋	鉌	鉍	鉎	鉏
925	鉐	鉑	鉒	鉓	鉔	鉕	鉖	鉗	鉘	鉙	鉚	鉛	鉜	鉝	鉞	鉟
926	鉠	鉡	鉢	鉣	鉤	鉥	鉦	鉧	鉨	鉩	鉪	鉫	鉬	鉭	鉮	鉯
927	鉰	鉱	鉲	鉳	鉴	鉵	鉶	鉷	鉸	鉹	鉺	鉻	鉼	鉽	鉾	鉿
928	銀	銁	銂	銃	銄	銅	銆	銇	銈	銉	銊	銋	銌	銍	銎	銏
929	銐	銑	銒	銓	銔	銕	銖	銗	銘	銙	銚	銛	銜	銝	銞	銟
92A	銠	銡	銢	銣	銤	銥	銦	銧	銨	銩	銪	銫	銬	銭	銮	銯
92B	銰	銱	銲	銳	銴	銵	銶	銷	銸	銹	銺	銻	銼	銽	銾	銿

	0	1	2	3	4	5	6	7	8	9	A	B	C	D	E	F
92C	鋀	鋁	鋂	鋃	鋄	鋅	鋆	鋇	鋈	鋉	鋊	鋋	鋌	鋍	鋎	鋏
92D	鋐	鋑	鋒	鋓	鋔	鋕	鋖	鋗	鋘	鋙	鋚	鋛	鋜	鋝	鋞	鋟
92E	鋠	鋡	鋢	鋣	鋤	鋥	鋦	鋧	鋨	鋩	鋪	鋫	鋬	鋭	鋮	鋯
92F	鋰	鋱	鋲	鋳	鋴	鋵	鋶	鋷	鋸	鋹	鋺	鋻	鋼	鋽	鋾	鋿
930	錀	錁	錂	錃	錄	錅	錆	錇	錈	錉	錊	錋	錌	錍	錎	錏
931	錐	錑	錒	錓	錔	錕	錖	錗	錘	錙	錚	錛	錜	錝	錞	錟
932	錠	錡	錢	錣	錤	錥	錦	錧	錨	錩	錪	錫	錬	錭	錮	錯
933	錰	錱	録	錳	錴	錵	錶	錷	錸	錹	錺	錻	錼	錽	錾	錿
934	鍀	鍁	鍂	鍃	鍄	鍅	鍆	鍇	鍈	鍉	鍊	鍋	鍌	鍍	鍎	鍏
935	鍐	鍑	鍒	鍓	鍔	鍕	鍖	鍗	鍘	鍙	鍚	鍛	鍜	鍝	鍞	鍟
936	鍠	鍡	鍢	鍣	鍤	鍥	鍦	鍧	鍨	鍩	鍪	鍫	鍬	鍭	鍮	鍯
937	鍰	鍱	鍲	鍳	鍴	鍵	鍶	鍷	鍸	鍹	鍺	鍻	鍼	鍽	鍾	鍿
938	鎀	鎁	鎂	鎃	鎄	鎅	鎆	鎇	鎈	鎉	鎊	鎋	鎌	鎍	鎎	鎏
939	鎐	鎑	鎒	鎓	鎔	鎕	鎖	鎗	鎘	鎙	鎚	鎛	鎜	鎝	鎞	鎟
93A	鎠	鎡	鎢	鎣	鎤	鎥	鎦	鎧	鎨	鎩	鎪	鎫	鎬	鎭	鎮	鎯
93B	鎰	鎱	鎲	鎳	鎴	鎵	鎶	鎷	鎸	鎹	鎺	鎻	鎼	鎽	鎾	鎿
93C	鏀	鏁	鏂	鏃	鏄	鏅	鏆	鏇	鏈	鏉	鏊	鏋	鏌	鏍	鏎	鏏
93D	鏐	鏑	鏒	鏓	鏔	鏕	鏖	鏗	鏘	鏙	鏚	鏛	鏜	鏝	鏞	鏟
93E	鏠	鏡	鏢	鏣	鏤	鏥	鏦	鏧	鏨	鏩	鏪	鏫	鏬	鏭	鏮	鏯
93F	鏰	鏱	鏲	鏳	鏴	鏵	鏶	鏷	鏸	鏹	鏺	鏻	鏼	鏽	鏾	鏿

	0	1	2	3	4	5	6	7	8	9	A	B	C	D	E	F
940	鐀	鐁	鐂	鐃	鐄	鐅	鐆	鐇	鐈	鐉	鐊	鐋	鐌	鐍	鐎	鐏
941	鐐	鐑	鐒	鐓	鐔	鐕	鐖	鐗	鐘	鐙	鐚	鐛	鐜	鐝	鐞	鐟
942	鐠	鐡	鐢	鐣	鐤	鐥	鐦	鐧	鐨	鐩	鐪	鐫	鐬	鐭	鐮	鐯
943	鐰	鐱	鐲	鐳	鐴	鐵	鐶	鐷	鐸	鐹	鐺	鐻	鐼	鐽	鐾	鐿
944	鑀	鑁	鑂	鑃	鑄	鑅	鑆	鑇	鑈	鑉	鑊	鑋	鑌	鑍	鑎	鑏
945	鑐	鑑	鑒	鑓	鑔	鑕	鑖	鑗	鑘	鑙	鑚	鑛	鑜	鑝	鑞	鑟
946	鑠	鑡	鑢	鑣	鑤	鑥	鑦	鑧	鑨	鑩	鑪	鑫	鑬	鑭	鑮	鑯
947	鑰	鑱	鑲	鑳	鑴	鑵	鑶	鑷	鑸	鑹	鑺	鑻	鑼	鑽	鑾	鑿
948	钀	钁	钂	钃	钄	钅	钆	钇	针	钉	钊	钋	钌	钍	钎	钏
949	钐	钑	钒	钓	钔	钕	钖	钗	钘	钙	钚	钛	钜	钝	钞	钟
94A	钠	钡	钢	钣	钤	钥	钦	钧	钨	钩	钪	钫	钬	钭	钮	钯
94B	钰	钱	钲	钳	钴	钵	钶	钷	钸	钹	钺	钻	钼	钽	钾	钿
94C	铀	铁	铂	铃	铄	铅	铆	铇	铈	铉	铊	铋	铌	铍	铎	铏
94D	铐	铑	铒	铓	铔	铕	铖	铗	铘	铙	铚	铛	铜	铝	铞	铟
94E	铠	铡	铢	铣	铤	铥	铦	铧	铨	铩	铪	铫	铬	铭	铮	铯
94F	铰	铱	铲	铳	铴	铵	银	铷	铸	铹	铺	铻	铼	铽	链	铿
950	销	锁	锂	锃	锄	锅	锆	锇	锈	锉	锊	锋	锌	锍	锎	锏
951	锐	锑	锒	锓	锔	锕	锖	锗	锘	错	锚	锛	锜	锝	锞	锟
952	锠	锡	锢	锣	锤	锥	锦	锧	锨	锩	锪	锫	锬	锭	键	锯
953	锰	锱	锲	锳	锴	锵	锶	锷	锸	锹	锺	锻	锼	锽	锾	锿

	0	1	2	3	4	5	6	7	8	9	A	B	C	D	E	F
954	镀	镁	镂	镃	镄	镅	镆	镇	镈	镉	镊	镋	镌	镍	镎	镏
955	镐	镑	镒	镓	镔	镕	镖	镗	镘	镙	镚	镛	镜	镝	镞	镟
956	镠	镡	镢	镣	镤	镥	镦	镧	镨	镩	镪	镫	镬	镭	镮	镯
957	镰	镱	镲	镳	镴	镵	镶	長	镸	镹	镺	镻	镼	镽	镾	长
958	門	閁	閂	閃	閄	閅	閆	閇	閈	閉	閊	開	閌	閍	閎	閏
959	閐	閑	閒	間	閔	閕	閖	閗	閘	閙	閚	閛	閜	閝	閞	閟
95A	閠	閡	関	閣	閤	閥	閦	閧	閨	閩	閪	閫	閬	閭	閮	閯
95B	閰	閱	閲	閳	閴	閵	閶	閷	閸	閹	閺	閻	閼	閽	閾	閿
95C	闀	闁	闂	闃	闄	闅	闆	闇	闈	闉	闊	闋	闌	闍	闎	闏
95D	闐	闑	闒	闓	闔	闕	闖	闗	闘	闙	闚	闛	關	闝	闞	闟
95E	闠	闡	闢	闣	闤	闥	闦	闧	门	闩	闪	闫	闬	闭	问	闯
95F	闰	闱	闲	闳	间	闵	闶	闷	闸	闹	闺	闻	闼	闽	闾	闿
960	阀	阁	阂	阃	阄	阅	阆	阇	阈	阉	阊	阋	阌	阍	阎	阏
961	阐	阑	阒	阓	阔	阕	阖	阗	阘	阙	阚	阛	阜	阝	阞	队
962	阠	阡	阢	阣	阤	阥	阦	阧	阨	阩	阪	阫	阬	阭	阮	阯
963	阰	阱	防	阳	阴	阵	阶	阷	阸	阹	阺	阻	阼	阽	阾	阿
964	陀	陁	陂	陃	附	际	陆	陇	陈	陉	陊	陋	陌	降	陎	陏
965	限	陑	陒	陓	陔	陕	陖	陗	陘	陙	陚	陛	陜	陝	陞	陟
966	陠	陡	院	陣	除	陥	陦	陧	陨	险	陪	陫	陬	陭	陮	陯
967	陰	陱	陲	陳	陴	陵	陶	陷	陸	陹	険	陻	陼	陽	陾	陿

	0	1	2	3	4	5	6	7	8	9	A	B	C	D	E	F
968	隀	隁	隂	隃	隄	隅	隆	隇	隈	隉	隊	隋	隌	隍	階	随
969	隐	隑	隒	隓	隔	隕	隖	隗	隘	隙	隚	際	障	隝	隞	隟
96A	隠	隡	隢	隣	隤	隥	隦	隧	隨	隩	險	隫	隬	隭	隮	隯
96B	隰	隱	隲	隳	隴	隵	隶	隷	隸	隹	隺	隻	隼	隽	难	隿
96C	雀	雁	雂	雃	雄	雅	集	雇	雈	雉	雊	雋	雌	雍	雎	雏
96D	雐	雑	雒	雓	雔	雕	雖	雗	雘	雙	雚	雛	雜	雝	雞	雟
96E	雠	雡	離	難	雤	雥	雦	雧	雨	雩	雪	雫	雬	雭	雮	雯
96F	雰	雱	雲	雳	雴	雵	零	雷	雸	雹	雺	電	雼	雽	雾	雿
970	需	霁	霂	霃	霄	霅	霆	震	霈	霉	霊	霋	霌	霍	霎	霏
971	霐	霑	霒	霓	霔	霕	霖	霗	霘	霙	霚	霛	霜	霝	霞	霟
972	霠	霡	霢	霣	霤	霥	霦	霧	霨	霩	霪	霫	霬	霭	霮	霯
973	霰	霱	露	霳	霴	霵	霶	霷	霸	霹	霺	霻	霼	霽	霾	霿
974	靀	靁	靂	靃	靄	靅	靆	靇	靈	靉	靊	靋	靌	靍	靎	靏
975	靐	靑	青	靓	靔	靕	靖	靗	靘	静	靚	靛	靜	靝	非	靟
976	靠	靡	面	靣	靤	靥	靦	靧	靨	革	靪	靫	靬	靭	靮	靯
977	靰	靱	靲	靳	靴	靵	靶	靷	靸	靹	靺	靻	靼	靽	靾	靿
978	鞀	鞁	鞂	鞃	鞄	鞅	鞆	鞇	鞈	鞉	鞊	鞋	鞌	鞍	鞎	鞏
979	鞐	鞑	鞒	鞓	鞔	鞕	鞖	鞗	鞘	鞙	鞚	鞛	鞜	鞝	鞞	鞟
97A	鞠	鞡	鞢	鞣	鞤	鞥	鞦	鞧	鞨	鞩	鞪	鞫	鞬	鞭	鞮	鞯
97B	鞰	鞱	鞲	鞳	鞴	鞵	鞶	鞷	鞸	鞹	鞺	鞻	鞼	鞽	鞾	韀

	0	1	2	3	4	5	6	7	8	9	A	B	C	D	E	F
97C	韀	韁	韂	韃	韄	韅	韆	韇	韈	韉	韊	韋	韌	韍	韎	韏
97D	韐	韑	韒	韓	韔	韕	韖	韗	韘	韙	韚	韛	韜	韝	韞	韟
97E	韠	韡	韢	韣	韤	韥	韦	韧	韨	韩	韪	韫	韬	韭	韮	韯
97F	韰	韱	韲	音	韴	韵	韶	韷	韸	韹	韺	韻	韼	韽	韾	響
980	頀	頁	頂	頃	頄	項	順	頇	須	頉	頊	頋	頌	頍	頎	頏
981	預	頑	頒	頓	頔	頕	頖	頗	領	頙	頚	頛	頜	頝	頞	頟
982	頠	頡	頢	頣	頤	頥	頦	頧	頨	頩	頪	頫	頬	頭	頮	頯
983	頰	頱	頲	頳	頴	頵	頶	頷	頸	頹	頺	頻	頼	頽	頾	頿
984	顀	顁	顂	顃	顄	顅	顆	顇	顈	顉	顊	顋	題	額	顎	顏
985	顐	顑	顒	顓	顔	顕	顖	顗	願	顙	顚	顛	顜	顝	類	顟
986	顠	顡	顢	顣	顤	顥	顦	顧	顨	顩	顪	顫	顬	顭	顮	顯
987	顰	顱	顲	顳	顴	页	顶	顷	顸	项	顺	须	顼	顽	顾	顿
988	颀	颁	颂	颃	预	颅	领	颇	颈	颉	颊	颋	颌	颍	颎	颏
989	颐	频	颒	颓	颔	颕	颖	颗	题	颙	颚	颛	颜	额	颞	颟
98A	颠	颡	颢	颣	颤	颥	颦	颧	風	颩	颪	颫	颬	颭	颮	颯
98B	颰	颱	颲	颳	颴	颵	颶	颷	颸	颹	颺	颻	颼	颽	颾	颿
98C	飀	飁	飂	飃	飄	飅	飆	飇	飈	飉	飊	飋	飌	飍	风	飏
98D	飐	飑	飒	飓	飔	飕	飖	飗	飘	飙	飚	飛	飜	飝	飞	食
98E	飠	飡	飢	飣	飤	飥	飦	飧	飨	飩	飪	飫	飬	飭	飮	飯
98F	飰	飱	飲	飳	飴	飵	飶	飷	飸	飹	飺	飻	飼	飽	飾	飿

	0	1	2	3	4	5	6	7	8	9	A	B	C	D	E	F
990	餀	餁	餂	餃	餄	餅	餆	餇	餈	餉	養	餋	餌	餍	餎	餏
991	餐	餑	餒	餓	餔	餕	餖	餗	餘	餙	餚	餛	餜	餝	餞	餟
992	餠	餡	餢	餣	餤	餥	餦	餧	館	餩	餪	餫	餬	餭	餮	餯
993	餰	餱	餲	餳	餴	餵	餶	餷	餸	餹	餺	餻	餼	餽	餾	餿
994	饀	饁	饂	饃	饄	饅	饆	饇	饈	饉	饊	饋	饌	饍	饎	饏
995	饐	饑	饒	饓	饔	饕	饖	饗	饘	饙	饚	饛	饜	饝	饞	饟
996	饠	饡	饢	饣	饤	饥	饦	饧	饨	饩	饪	饫	饬	饭	饮	饯
997	饰	饱	饲	饳	饴	饵	饶	饷	饸	饹	饺	饻	饼	饽	饾	饿
998	馀	馁	馂	馃	馄	馅	馆	馇	馈	馉	馊	馋	馌	馍	馎	馏
999	馐	馑	馒	馓	馔	馕	首	馗	馘	香	馚	馛	馜	馝	馞	馟
99A	馠	馡	馢	馣	馤	馥	馦	馧	馨	馩	馪	馫	馬	馭	馮	馯
99B	馰	馱	馲	馳	馴	馵	馶	馷	馸	馹	馺	馻	馼	馽	馾	馿
99C	駀	駁	駂	駃	駄	駅	駆	駇	駈	駉	駊	駋	駌	駍	駎	駏
99D	駐	駑	駒	駓	駔	駕	駖	駗	駘	駙	駚	駛	駜	駝	駞	駟
99E	駠	駡	駢	駣	駤	駥	駦	駧	駨	駩	駪	駫	駬	駭	駮	駯
99F	駰	駱	駲	駳	駴	駵	駶	駷	駸	駹	駺	駻	駼	駽	駾	駿
9A0	騀	騁	騂	騃	騄	騅	騆	騇	騈	騉	騊	騋	騌	騍	騎	騏
9A1	騐	騑	騒	験	騔	騕	騖	騗	騘	騙	騚	騛	騜	騝	騞	騟
9A2	騠	騡	騢	騣	騤	騥	騦	騧	騨	騩	騪	騫	騬	騭	騮	騯
9A3	騰	騱	騲	騳	騴	騵	騶	騷	騸	騹	騺	騻	騼	騽	騾	騿

	0	1	2	3	4	5	6	7	8	9	A	B	C	D	E	F
9A4	驀	驁	驂	驃	驄	驅	驆	驇	驈	驉	驊	驋	驌	驍	驎	驏
9A5	驐	驑	驒	驓	驔	驕	驖	驗	驘	驙	驚	驛	驜	驝	驞	驟
9A6	驠	驡	驢	驣	驤	驥	驦	驧	驨	驩	驪	驫	马	驭	驮	驯
9A7	驰	驱	驲	驳	驴	驵	驶	驷	驸	驹	驺	驻	驼	驽	驾	驿
9A8	骀	骁	骂	骃	骄	骅	骆	骇	骈	骉	骊	骋	验	骍	骎	骏
9A9	骐	骑	骒	骓	骔	骕	骖	骗	骘	骙	骚	骛	骜	骝	骞	骟
9AA	骠	骡	骢	骣	骤	骥	骦	骧	骨	骩	骪	骫	骬	骭	骮	骯
9AB	骰	骱	骲	骳	骴	骵	骶	骷	骸	骹	骺	骻	骼	骽	骾	骿
9AC	髀	髁	髂	髃	髄	髅	髆	髇	髈	髉	髊	髋	髌	髍	髎	髏
9AD	髐	髑	髒	髓	體	髕	髖	髗	高	髙	髚	髛	髜	髝	髞	髟
9AE	髠	髡	髢	髣	髤	髥	髦	髧	髨	髩	髪	髫	髬	髭	髮	髯
9AF	髰	髱	髲	髳	髴	髵	髶	髷	髸	髹	髺	髻	髼	髽	髾	髿
9B0	鬀	鬁	鬂	鬃	鬄	鬅	鬆	鬇	鬈	鬉	鬊	鬋	鬌	鬍	鬎	鬏
9B1	鬐	鬑	鬒	鬓	鬔	鬕	鬖	鬗	鬘	鬙	鬚	鬛	鬜	鬝	鬞	鬟
9B2	鬠	鬡	鬢	鬣	鬤	鬥	鬦	鬧	鬨	鬩	鬪	鬫	鬬	鬭	鬮	鬯
9B3	鬰	鬱	鬲	鬳	鬴	鬵	鬶	鬷	鬸	鬹	鬺	鬻	鬼	鬽	鬾	鬿
9B4	魀	魁	魂	魃	魄	魅	魆	魇	魈	魉	魊	魋	魌	魍	魎	魏
9B5	魐	魑	魒	魓	魔	魕	魖	魗	魘	魙	魚	魛	魜	魝	魞	魟
9B6	魠	魡	魢	魣	魤	魥	魦	魧	魨	魩	魪	魫	魬	魭	魮	魯
9B7	魰	魱	魲	魳	魴	魵	魶	魷	魸	魹	魺	魻	魼	魽	魾	魿

	0	1	2	3	4	5	6	7	8	9	A	B	C	D	E	F
9B8	鮀	鮁	鮂	鮃	鮄	鮅	鮆	鮇	鮈	鮉	鮊	鮋	鮌	鮍	鮎	鮏
9B9	鮐	鮑	鮒	鮓	鮔	鮕	鮖	鮗	鮘	鮙	鮚	鮛	鮜	鮝	鮞	鮟
9BA	鮠	鮡	鮢	鮣	鮤	鮥	鮦	鮧	鮨	鮩	鮪	鮫	鮬	鮭	鮮	鮯
9BB	鮰	鮱	鮲	鮳	鮴	鮵	鮶	鮷	鮸	鮹	鮺	鮻	鮼	鮽	鮾	鮿
9BC	鯀	鯁	鯂	鯃	鯄	鯅	鯆	鯇	鯈	鯉	鯊	鯋	鯌	鯍	鯎	鯏
9BD	鯐	鯑	鯒	鯓	鯔	鯕	鯖	鯗	鯘	鯙	鯚	鯛	鯜	鯝	鯞	鯟
9BE	鯠	鯡	鯢	鯣	鯤	鯥	鯦	鯧	鯨	鯩	鯪	鯫	鯬	鯭	鯮	鯯
9BF	鯰	鯱	鯲	鯳	鯴	鯵	鯶	鯷	鯸	鯹	鯺	鯻	鯼	鯽	鯾	鯿
9C0	鰀	鰁	鰂	鰃	鰄	鰅	鰆	鰇	鰈	鰉	鰊	鰋	鰌	鰍	鰎	鰏
9C1	鰐	鰑	鰒	鰓	鰔	鰕	鰖	鰗	鰘	鰙	鰚	鰛	鰜	鰝	鰞	鰟
9C2	鰠	鰡	鰢	鰣	鰤	鰥	鰦	鰧	鰨	鰩	鰪	鰫	鰬	鰭	鰮	鰯
9C3	鰰	鰱	鰲	鰳	鰴	鰵	鰶	鰷	鰸	鰹	鰺	鰻	鰼	鰽	鰾	鰿
9C4	鱀	鱁	鱂	鱃	鱄	鱅	鱆	鱇	鱈	鱉	鱊	鱋	鱌	鱍	鱎	鱏
9C5	鱐	鱑	鱒	鱓	鱔	鱕	鱖	鱗	鱘	鱙	鱚	鱛	鱜	鱝	鱞	鱟
9C6	鱠	鱡	鱢	鱣	鱤	鱥	鱦	鱧	鱨	鱩	鱪	鱫	鱬	鱭	鱮	鱯
9C7	鱰	鱱	鱲	鱳	鱴	鱵	鱶	鱷	鱸	鱹	鱺	鱻	鱼	鱽	鱾	鱿
9C8	鲀	鲁	鲂	鲃	鲄	鲅	鲆	鲇	鲈	鲉	鲊	鲋	鲌	鲍	鲎	鲏
9C9	鲐	鲑	鲒	鲓	鲔	鲕	鲖	鲗	鲘	鲙	鲚	鲛	鲜	鲝	鲞	鲟
9CA	鲠	鲡	鲢	鲣	鲤	鲥	鲦	鲧	鲨	鲩	鲪	鲫	鲬	鲭	鲮	鲯
9CB	鲰	鲱	鲲	鲳	鲴	鲵	鲶	鲷	鲸	鲹	鲺	鲻	鲼	鲽	鲾	鲿

	0	1	2	3	4	5	6	7	8	9	A	B	C	D	E	F
9CC	鳀	鳁	鳂	鳃	鳄	鳅	鳆	鳇	鳈	鳉	鳊	鳋	鳌	鳍	鳎	鳏
9CD	鳐	鳑	鳒	鳓	鳔	鳕	鳖	鳗	鳘	鳙	鳚	鳛	鳜	鳝	鳞	鳟
9CE	鳠	鳡	鳢	鳣	鳤	鳥	鳦	鳧	鳨	鳩	鳪	鳫	鳬	鳭	鳮	鳯
9CF	鳰	鳱	鳲	鳳	鳴	鳵	鳶	鳷	鳸	鳹	鳺	鳻	鳼	鳽	鳾	鳿
9D0	鴀	鴁	鴂	鴃	鴄	鴅	鴆	鴇	鴈	鴉	鴊	鴋	鴌	鴍	鴎	鴏
9D1	鴐	鴑	鴒	鴓	鴔	鴕	鴖	鴗	鴘	鴙	鴚	鴛	鴜	鴝	鴞	鴟
9D2	鴠	鴡	鴢	鴣	鴤	鴥	鴦	鴧	鴨	鴩	鴪	鴫	鴬	鴭	鴮	鴯
9D3	鴰	鴱	鴲	鴳	鴴	鴵	鴶	鴷	鴸	鴹	鴺	鴻	鴼	鴽	鴾	鴿
9D4	鵀	鵁	鵂	鵃	鵄	鵅	鵆	鵇	鵈	鵉	鵊	鵋	鵌	鵍	鵎	鵏
9D5	鵐	鵑	鵒	鵓	鵔	鵕	鵖	鵗	鵘	鵙	鵚	鵛	鵜	鵝	鵞	鵟
9D6	鵠	鵡	鵢	鵣	鵤	鵥	鵦	鵧	鵨	鵩	鵪	鵫	鵬	鵭	鵮	鵯
9D7	鵰	鵱	鵲	鵳	鵴	鵵	鵶	鵷	鵸	鵹	鵺	鵻	鵼	鵽	鵾	鵿
9D8	鶀	鶁	鶂	鶃	鶄	鶅	鶆	鶇	鶈	鶉	鶊	鶋	鶌	鶍	鶎	鶏
9D9	鶐	鶑	鶒	鶓	鶔	鶕	鶖	鶗	鶘	鶙	鶚	鶛	鶜	鶝	鶞	鶟
9DA	鶠	鶡	鶢	鶣	鶤	鶥	鶦	鶧	鶨	鶩	鶪	鶫	鶬	鶭	鶮	鶯
9DB	鶰	鶱	鶲	鶳	鶴	鶵	鶶	鶷	鶸	鶹	鶺	鶻	鶼	鶽	鶾	鶿
9DC	鷀	鷁	鷂	鷃	鷄	鷅	鷆	鷇	鷈	鷉	鷊	鷋	鷌	鷍	鷎	鷏
9DD	鷐	鷑	鷒	鷓	鷔	鷕	鷖	鷗	鷘	鷙	鷚	鷛	鷜	鷝	鷞	鷟
9DE	鷠	鷡	鷢	鷣	鷤	鷥	鷦	鷧	鷨	鷩	鷪	鷫	鷬	鷭	鷮	鷯
9DF	鷰	鷱	鷲	鷳	鷴	鷵	鷶	鷷	鷸	鷹	鷺	鷻	鷼	鷽	鷾	鷿

	0	1	2	3	4	5	6	7	8	9	A	B	C	D	E	F
9E0	鸀	鸁	鸂	鸃	鸄	鸅	鸆	鸇	鸈	鸉	鸊	鸋	鸌	鸍	鸎	鸏
9E1	鸐	鸑	鸒	鸓	鸔	鸕	鸖	鸗	鸘	鸙	鸚	鸛	鸜	鸝	鸞	鸟
9E2	鸠	鸡	鸢	鸣	鸤	鸥	鸦	鸧	鸨	鸩	鸪	鸫	鸬	鸭	鸮	鸯
9E3	鸰	鸱	鸲	鸳	鸴	鸵	鸶	鸷	鸸	鸹	鸺	鸻	鸼	鸽	鸾	鸿
9E4	鹀	鹁	鹂	鹃	鹄	鹅	鹆	鹇	鹈	鹉	鹊	鹋	鹌	鹍	鹎	鹏
9E5	鹐	鹑	鹒	鹓	鹔	鹕	鹖	鹗	鹘	鹙	鹚	鹛	鹜	鹝	鹞	鹟
9E6	鹠	鹡	鹢	鹣	鹤	鹥	鹦	鹧	鹨	鹩	鹪	鹫	鹬	鹭	鹮	鹯
9E7	鹰	鹱	鹲	鹳	鹴	鹵	鹶	鹷	鹸	鹹	鹺	鹻	鹼	鹽	鹾	鹿
9E8	麀	麁	麂	麃	麄	麅	麆	麇	麈	麉	麊	麋	麌	麍	麎	麏
9E9	麐	麑	麒	麓	麔	麕	麖	麗	麘	麙	麚	麛	麜	麝	麞	麟
9EA	麠	麡	麢	麣	麤	麥	麦	麧	麨	麩	麪	麫	麬	麭	麮	麯
9EB	麰	麱	麲	麳	麴	麵	麶	麷	麸	麹	麺	麻	麼	麽	麾	麿
9EC	黀	黁	黂	黃	黄	黅	黆	黇	黈	黉	黊	黋	黌	黍	黎	黏
9ED	黐	黑	黒	黓	黔	黕	黖	黗	默	黙	黚	黛	黜	黝	點	黟
9EE	黠	黡	黢	黣	黤	黥	黦	黧	黨	黩	黪	黫	黬	黭	黮	黯
9EF	黰	黱	黲	黳	黴	黵	黶	黷	黸	黹	黺	黻	黼	黽	黾	黿
9F0	鼀	鼁	鼂	鼃	鼄	鼅	鼆	鼇	鼈	鼉	鼊	鼋	鼌	鼍	鼎	鼏
9F1	鼐	鼑	鼒	鼓	鼔	鼕	鼖	鼗	鼘	鼙	鼚	鼛	鼜	鼝	鼞	鼟
9F2	鼠	鼡	鼢	鼣	鼤	鼥	鼦	鼧	鼨	鼩	鼪	鼫	鼬	鼭	鼮	鼯
9F3	鼰	鼱	鼲	鼳	鼴	鼵	鼶	鼷	鼸	鼹	鼺	鼻	鼼	鼽	鼾	鼿

	0	1	2	3	4	5	6	7	8	9	A	B	C	D	E	F
9F4	齀	齁	齂	齃	齄	齅	齆	齇	齈	齉	齊	齋	齌	齍	齎	齏
9F5	齐	齑	齒	齓	齔	齕	齖	齗	齘	齙	齚	齛	齜	齝	齞	齟
9F6	齠	齡	齢	齣	齤	齥	齦	齧	齨	齩	齪	齫	齬	齭	齮	齯
9F7	齰	齱	齲	齳	齴	齵	齶	齷	齸	齹	齺	齻	齼	齽	齾	齿
9F8	龀	龁	龂	龃	龄	龅	龆	龇	龈	龉	龊	龋	龌	龍	龎	龏
9F9	龐	龑	龒	龓	龔	龕	龖	龗	龘	龙	龚	龛	龜	龝	龞	龟
9FA	龠	龡	龢	龣	龤	龥										

	0	1	2	3	4	5	6	7	8	9	A	B	C	D	E	F
340	北	西	㐂	个	牛	乂	肙	乭	乫	乤	乧	乫	乮	乯	乴	乶
341	乻	乼	乽	乿	亇	亊	乱	亄	亃	亁	亀	亗	执	亗	基	亜
342	亝	亴	亷	亶	亹	亸	亹	爿	豺	卅	夹	凶	亢	向	亵	亹
343	仙	仒	伏	仉	仂	仟	仛	仭	伙	仡	似	仢	併	佩	伨	佲
344	伏	佔	佛	侅	侮	作	侃	侰	侪	佩	侨	佃	侄	佅	侞	侍
345	俆	佰	侯	俊	侦	俜	伸	俘	俄	佩	俌	倈	俽	倂	俗	倇
346	倻	倻	倻	倷	借	倸	倈	倖	倶	偈	偝	偧	偣	偄	偉	偵
347	像	傑	傰	傷	傻	傣	傓	傰	傍	會	傋	傛	傪	儻	傛	僳
348	僪	僴	僭	僜	僘	僚	僋	僬	僘	僕	儸	儩	僙	像	儏	僸
349	儋	儮	僕	儥	儎	儞	儺	儶	儷	儽	儃	催	與	儀	儁	儴
34A	儸	儼	倫	儱	儡	儴	儽	儷	儸	儯	儳	兵	冱	冴	冦	冓
34B	仝	仒	合	网	全	兵	谷	具	家	顛	囹	冕	蒳	冐	冝	冟
34C	下	丷	冦	冧	歙	汀	沦	沃	沰	活	洞	洪	洤	流	浸	涸
34D	洼	涬	淼	湳	澍	滅	滭	潔	凰	凶	刈	刅	刉	刑	刱	刽
34E	刮	刲	剎	剑	剖	剉	剅	剳	剌	剢	剆	剕	剙	剐	剮	剷
34F	劃	剜	剧	剆	剠	剫	剸	剻	剄	剟	劇	剾	劄	劀	劂	劅
350	剔	劊	劋	劌	剩	劗	劉	劐	劓	劚	劙	劘	劗	劕	劖	劚
351	劏	劈	劚	劧	劭	劶	劥	勑	勐	勌	勂	勃	勁	勈	勑	勢
352	勖	勯	勫	勷	勸	勸	勷	勴	匍	匎	匓	龙	阜	匽	匔	匼
353	匹	匽	匴	匵	匱	匰	匵	匧	匶	协	在	卒	準	卣	巳	叮

	0	1	2	3	4	5	6	7	8	9	A	B	C	D	E	F
354	甹	郄	㕂	屏	厷	厙	居	厛	厐	厝	厢	厔	厚	厓	厲	厨
355	鴈	厨	厳	厬	厛	厽	叁	㕘	叅	毚	叉	叒	叓	叓	叙	叔
356	雙	叙	叡	㕣	叴	叺	吴	叧	吼	吽	吪	呅	吣	呋	吺	呁
357	吒	吭	味	呦	呎	旺	呸	咱	啦	咈	咢	杏	哅	咽	咎	香
358	啤	唛	嗖	唔	咻	哦	嘴	咧	耆	唸	哻	峹	啗	唑	皆	哩
359	咢	喊	啼	唪	唔	啐	善	咾	啜	咷	啫	喜	嘉	喆	喎	嗳
35A	唸	喭	嘶	喑	喒	喂	唻	喑	喙	嗳	啄	唛	嗖	嗓	喻	喦
35B	嵩	嗏	嗀	嗂	嗙	嗊	嗹	嗎	嘘	嗌	嗜	嗏	嗎	嗔	嗣	嘟
35C	嘝	嘐	嘀	嘈	嘜	嘁	嘆	嘏	嘞	嘗	嘔	嘖	嘗	嘧	嘌	嘙
35D	嗑	嗣	嗊	嗗	嘘	嗼	嗂	嘈	嗨	嗝	嗰	嗩	嗡	嗎	嗬	嗝
35E	嘡	嘥	嘳	嘴	嘸	嘷	嘹	嘻	嘼	噊	噆	噇	噊	噁	噉	噏
35F	噔	噍	噓	噖	噗	噘	噝	噠	噣	噍	噃	噅	噗	嚮	噈	噶
360	噪	噿	嚌	嚍	嚐	嚑	嚘	嚛	嚝	嚞	嚡	嚭	嚶	嚱	嚳	嚻
361	嚱	嚵	囃	囄	囆	囈	囐	囑	囒	囓	囕	囖	囋	囟	囦	囲
362	囪	囲	囵	圁	圂	圞	圤	圩	圸	圯	圫	圳	均	坳	圾	坊
363	坋	坍	坑	坒	坐	坛	垡	坟	垩	垖	城	垌	垯	垺	垵	埕
364	埔	埗	埕	埞	埤	埰	埳	埽	堄	堋	埸	堪	堭	堨	堿	塦
365	塂	塃	塈	塋	塘	塒	塙	塌	塚	塗	塝	塼	墪	增	墺	墈
366	墼	墭	墦	墯	墰	墲	墅	墸	墹	墽	壇	壊	壂	壄	壋	壏
367	壐	壔	壙	壛	壜	壝	壞	壟	壡	壢	壦	壧	壨	壩	學	壪

	0	1	2	3	4	5	6	7	8	9	A	B	C	D	E	F
368	壥	𡔚	壤	壼	壹	夆	夏	夋	外	㚈	夎	夞	夥	夤	夳	奔
369	奀	炅	夾	夽	奆	奛	臭	奃	扶	契	奓	奞	奯	奪	森	臭
36A	奭	奇	伎	妄	妋	奸	妡	妒	妔	妌	姙	圾	妁	姺	妧	㚢
36B	妚	姖	姑	伽	姊	姳	姖	妳	姛	姻	娉	娶	姻	娶	妮	姁
36C	娟	姘	姬	娶	娍	娸	娞	娗	姱	媽	娱	娇	娦	姨	娟	妹
36D	娗	娑	娙	婻	娦	婕	娛	娾	婷	婞	婎	婟	婆	娘	婥	娩
36E	婀	婠	婝	婈	婳	婚	婪	婍	媄	婧	婰	婸	媋	婼	媿	嫐
36F	婚	媈	媜	媐	媹	媥	嫕	媻	媎	媆	媂	媑	媑	媡	媙	婼
370	媞	媸	媭	媪	媯	媱	媸	媿	嫠	嫙	嫜	嫌	嫛	嫝	嫈	嫜
371	嫊	嫢	嫮	嫫	嫾	嫣	嫭	嫪	嫭	嫷	嫭	嫰	嫩	嫱	嫳	嫩
372	嫌	嫐	嫯	嫵	嫹	嬇	嬃	嬔	嬋	嬈	嬜	嬊	嬗	嬙	嬚	嬓
373	嬫	嬪	嬴	嬛	嬥	嬷	嬦	孁	孈	孋	孅	孌	孇	孚	孙	孖
374	孹	孛	孡	孧	孰	孹	孲	孶	孿	宀	宄	宁	宂	写	宆	宊
375	宏	宐	害	宮	宎	宴	家	宸	宮	宲	宼	宿	寊	寐	寋	寛
376	寘	寂	寓	寙	寡	寐	寯	寍	寰	康	寴	寴	寵	寷	寮	寯
377	寮	寥	寱	尗	冠	导	寻	尋	党	鴬	尠	尠	尪	尟	尬	尳
378	尯	尷	尶	欲	尴	尵	尳	尷	尶	尷	尤	层	屏	屃	层	屎
379	屔	屗	屆	屇	屚	屑	屚	屛	屝	屟	屜	屢	屪	履	屣	屬
37A	屭	屬	屮	芬	屰	屰	屼	岃	屿	岂	岊	岂	岦	岙	岁	岀
37B	岕	岜	岉	岄	岻	岆	岐	岇	岜	岢	岸	岝	岙	岠	岷	岭

	0	1	2	3	4	5	6	7	8	9	A	B	C	D	E	F
37C	岙	岓	峔	峒	峠	峣	峍	峌	峓	峞	峟	峗	峬	峎	峻	峆
37D	峿	崉	峮	崃	峇	峝	峷	崓	崵	崯	崹	崰	崊	崺	崨	崒
37E	崗	崈	崎	崧	崇	嵾	嵲	崿	嵩	嵖	嵔	嵽	嵬	嵋	嵚	嵠
37F	嵮	嵳	嵰	嵝	嵬	嵦	嵲	嶅	嵼	嶁	嶚	嶄	嶕	嶚	嶂	嶙
380	嶤	嶙	嶕	嶓	嶍	嶰	嶒	嶚	嶵	嶝	嶼	嶗	嶡	嶲	嶕	嶪
381	嶠	嶵	嶬	嶩	嶭	嶶	嶬	嶴	嶼	嶮	嶰	嶧	嶷	嶺	嶽	嶸
382	巑	巙	巎	巁	巗	巙	巉	巕	巑	巟	工	巪	巬	巭	巪	巳
383	帉	帋	帇	帍	帉	帍	帆	帠	帗	帓	帥	帣	帞	帡	帤	帨
384	帩	帬	帮	帪	帱	帲	帴	帵	帷	帹	帺	帻	帼	帽	帾	帿
385	幁	幂	幄	幃	幇	幊	幉	幈	幋	幌	幏	幐	幓	幑	幓	幒
386	幐	幑	幓	龍	幞	幠	幩	幨	幟	幪	幭	幰	幾	幾	幾	庉
387	庌	庂	庂	底	庌	庈	庌	庎	庍	庡	庢	庣	庚	庛	庝	庨
388	康	庮	庰	庱	庲	庴	庵	庺	庺	庻	庽	庿	廂	廃	廇	廇
389	廈	廌	廬	廧	廨	廱	廲	廧	廡	廨	廣	廥	廮	廯	廲	廸
38A	廻	廾	弊	弊	弑	弎	弐	弓	弙	弚	弜	弘	弦	弢	弛	張
38B	彼	弥	弫	張	弨	弮	弳	弴	弶	弹	弻	弿	彁	彃	彄	彅
38C	彉	彌	彍	彎	彏	彐	彔	彗	彛	彡	彡	彤	彦	彦	彨	彰
38D	影	彲	彰	彩	彳	彵	彸	彾	徇	徊	徊	徑	徍	徎	徒	徍
38E	徬	徑	徕	徚	徛	徛	徙	徟	徠	徠	徦	徫	徫	徬	徧	徨
38F	徯	徸	徵	徺	徼	徿	忀	忂	忂	德	忄	忈	忉	忊	忋	忍

	0	1	2	3	4	5	6	7	8	9	A	B	C	D	E	F
390	忩	忝	怒	㤃	怫	㤄	怽	怢	㤖	㤒	恔	忿	㤌	恶	恕	㤨
391	点	怙	怜	体	怤	怞	佇	泰	怕	恩	恦	恇	恄	恅	恑	患
392	烈	悡	悀	恙	悏	悈	悚	悟	悾	恚	悐	悥	悻	悋	悉	悯
393	悠	悿	惒	惞	惉	惢	惟	惀	惏	惃	惊	惌	惂	惆	惈	惓
394	惪	悳	惃	惛	惨	惰	惵	惨	惦	惽	惆	您	惄	惧	惹	惧
395	愈	惪	惵	愉	惰	愁	愂	愒	愓	愢	愞	愝	愲	愲	愫	愫
396	慉	慅	慆	慐	愸	愚	愿	慎	慝	慥	慒	慉	慓	慚	慛	慸
397	慒	慪	慕	慷	慮	慴	寋	感	慁	憌	憘	感	憍	憒	憖	憋
398	憧	憓	憃	憛	憠	憡	憢	憭	憸	憶	懂	懀	懇	懆	懐	懊
399	懎	懒	懔	懕	懟	懢	懣	懫	懯	懪	辯	懸	懷	懿	懿	懼
39A	懟	懥	懰	懲	懿	懽	懽	戀	戃	戄	戁	戂	戄	戅	戋	戓
39B	戋	戓	戕	戗	戙	戚	戜	戝	戟	戢	戣	戥	戧	戫	戹	戾
39C	扅	扆	扇	扌	扎	扔	扐	扚	扝	扢	扟	扶	托	扨	扮	扢
39D	扨	扬	扻	抓	抔	抙	抚	抛	拏	抧	抵	拳	抲	拏	拔	抂
39E	拎	拸	捆	拺	抗	拸	拘	拹	拺	挏	挓	挥	挈	挈	挕	捨
39F	拆	舒	捒	挈	捐	捂	捍	捂	捙	捁	捛	掾	捷	掴	捴	捸
3A0	掭	掮	揀	掸	掜	掫	掭	掌	掮	掐	掅	掿	掾	揫	揳	揻
3A1	揋	揆	揸	揻	搣	搵	搬	搕	搰	搽	搨	搁	搣	搧	搳	搵
3A2	摸	摑	摝	摇	摧	摭	摟	摿	撂	撊	撌	撋	撎	撚	撛	撜
3A3	撩	撬	撲	撱	撽	擀	擂	擄	擎	擐	擓	擊	擘	擟	擡	擿

	0	1	2	3	4	5	6	7	8	9	A	B	C	D	E	F
3A4	摢	搉	㨹	㩃	擟	播	𢸬	擡	擆	擒	搙	㨘	擌	擛	撒	摽
3A5	擣	擗	擽	擊	擨	擏	擅	擕	攁	擫	擛	擟	擥	擩	攃	擦
3A6	擫	擩	擭	擇	擻	攕	擕	攦	擿	攋	攋	攢	攕	擧	攑	攃
3A7	攃	攆	攉	攖	攫	攌	攔	攙	攪	攨	攲	攳	攴	攵	攷	攸
3A8	孜	敆	敋	敂	敐	敔	敓	敕	敖	敘	敚	敜	敝	教	敠	敡
3A9	敥	敧	敨	敩	敪	敫	敭	敮	敯	數	散	敳	敶	敷	敼	敽
3AA	斃	斁	數	斄	斅	斆	斈	斉	斊	斍	斎	斏	斒	斓	斔	斕
3AB	斗	斘	斗	斗	料	料	斝	斞	斠	斢	斣	斦	斨	斪	斫	斬
3AC	斮	斷	斵	斺	斻	於	於	斿	旀	施	旃	旃	旋	旅	旛	旝
3AD	旧	旪	旫	旭	旲	旳	旴	旵	旸	旹	旻	旼	旽	旾	旿	昀
3AE	昁	昄	昅	昈	昉	昋	昍	昐	昑	昒	春	昖	昗	昘	昚	昛
3AF	晘	晙	晜	晟	晡	晢	晥	晦	晩	晪	晫	晬	晱	晲	晳	晵
3B0	晸	晹	晻	晼	晽	晿	暀	暁	暃	暅	暆	暈	暉	暊	暋	暍
3B1	暏	暐	暒	暓	暔	暕	暘	暙	暚	暛	暜	暞	暟	暠	暡	暣
3B2	暤	暥	暦	暩	暪	暬	暭	暯	暰	暱	暳	暵	暶	暷	暸	暺
3B3	曳	朁	朂	肝	朄	朅	朆	朇	朌	朎	朏	朑	朒	朓	朖	朘
3B4	朜	朶	朷	朸	朹	朻	朼	杬	杸	杹	杺	杻	杽	枀	枂	枃
3B5	枅	枆	枈	枊	枌	枍	枎	枏	枑	枒	枓	枔	枖	枙	枛	枟
3B6	枠	枡	枤	枦	枩	枬	枮	枱	枲	枴	枹	枺	枻	枼	柀	柂
3B7	柤	柦	柧	柨	柪	柫	柭	柮	柲	柵	柶	柷	柸	柹	柺	查

	0	1	2	3	4	5	6	7	8	9	A	B	C	D	E	F
3B8	㮀	㮁	㮂	㮃	㮄	㮅	㮆	㮇	㮈	㮉	㮊	㮋	㮌	㮍	㮎	㮏
3B9	㮐	㮑	㮒	㮓	㮔	㮕	㮖	㮗	㮘	㮙	㮚	㮛	㮜	㮝	㮞	㮟
3BA	㮠	㮡	㮢	㮣	㮤	㮥	㮦	㮧	㮨	㮩	㮪	㮫	㮬	㮭	㮮	㮯
3BB	㮰	㮱	㮲	㮳	㮴	㮵	㮶	㮷	㮸	㮹	㮺	㮻	㮼	㮽	㮾	㮿
3BC	㯀	㯁	㯂	㯃	㯄	㯅	㯆	㯇	㯈	㯉	㯊	㯋	㯌	㯍	㯎	㯏
3BD	㯐	㯑	㯒	㯓	㯔	㯕	㯖	㯗	㯘	㯙	㯚	㯛	㯜	㯝	㯞	㯟
3BE	㯠	㯡	㯢	㯣	㯤	㯥	㯦	㯧	㯨	㯩	㯪	㯫	㯬	㯭	㯮	㯯
3BF	㯰	㯱	㯲	㯳	㯴	㯵	㯶	㯷	㯸	㯹	㯺	㯻	㯼	㯽	㯾	㯿
3C0	㰀	㰁	㰂	㰃	㰄	㰅	㰆	㰇	㰈	㰉	㰊	㰋	㰌	㰍	㰎	㰏
3C1	㰐	㰑	㰒	㰓	㰔	㰕	㰖	㰗	㰘	㰙	㰚	㰛	㰜	㰝	㰞	㰟
3C2	㰠	㰡	㰢	㰣	㰤	㰥	㰦	㰧	㰨	㰩	㰪	㰫	㰬	㰭	㰮	㰯
3C3	㰰	㰱	㰲	㰳	㰴	㰵	㰶	㰷	㰸	㰹	㰺	㰻	㰼	㰽	㰾	㰿
3C4	㱀	㱁	㱂	㱃	㱄	㱅	㱆	㱇	㱈	㱉	㱊	㱋	㱌	㱍	㱎	㱏
3C5	㱐	㱑	㱒	㱓	㱔	㱕	㱖	㱗	㱘	㱙	㱚	㱛	㱜	㱝	㱞	㱟
3C6	㱠	㱡	㱢	㱣	㱤	㱥	㱦	㱧	㱨	㱩	㱪	㱫	㱬	㱭	㱮	㱯
3C7	㱰	㱱	㱲	㱳	㱴	㱵	㱶	㱷	㱸	㱹	㱺	㱻	㱼	㱽	㱾	㱿
3C8	㲀	㲁	㲂	㲃	㲄	㲅	㲆	㲇	㲈	㲉	㲊	㲋	㲌	㲍	㲎	㲏
3C9	㲐	㲑	㲒	㲓	㲔	㲕	㲖	㲗	㲘	㲙	㲚	㲛	㲜	㲝	㲞	㲟
3CA	㲠	㲡	㲢	㲣	㲤	㲥	㲦	㲧	㲨	㲩	㲪	㲫	㲬	㲭	㲮	㲯
3CB	㲰	㲱	㲲	㲳	㲴	㲵	㲶	㲷	㲸	㲹	㲺	㲻	㲼	㲽	㲾	㲿

	0	1	2	3	4	5	6	7	8	9	A	B	C	D	E	F
3CC	㳀	㳁	㳂	㳃	㳄	㳅	㳆	㳇	㳈	㳉	㳊	㳋	㳌	㳍	㳎	㳏
3CD	㳐	㳑	㳒	㳓	㳔	㳕	㳖	㳗	㳘	㳙	㳚	㳛	㳜	㳝	㳞	㳟
3CE	㳠	㳡	㳢	㳣	㳤	㳥	㳦	㳧	㳨	㳩	㳪	㳫	㳬	㳭	㳮	㳯
3CF	㳰	㳱	㳲	㳳	㳴	㳵	㳶	㳷	㳸	㳹	㳺	㳻	㳼	㳽	㳾	㳿
3D0	㴀	㴁	㴂	㴃	㴄	㴅	㴆	㴇	㴈	㴉	㴊	㴋	㴌	㴍	㴎	㴏
3D1	㴐	㴑	㴒	㴓	㴔	㴕	㴖	㴗	㴘	㴙	㴚	㴛	㴜	㴝	㴞	㴟
3D2	㴠	㴡	㴢	㴣	㴤	㴥	㴦	㴧	㴨	㴩	㴪	㴫	㴬	㴭	㴮	㴯
3D3	㴰	㴱	㴲	㴳	㴴	㴵	㴶	㴷	㴸	㴹	㴺	㴻	㴼	㴽	㴾	㴿
3D4	㵀	㵁	㵂	㵃	㵄	㵅	㵆	㵇	㵈	㵉	㵊	㵋	㵌	㵍	㵎	㵏
3D5	㵐	㵑	㵒	㵓	㵔	㵕	㵖	㵗	㵘	㵙	㵚	㵛	㵜	㵝	㵞	㵟
3D6	㵠	㵡	㵢	㵣	㵤	㵥	㵦	㵧	㵨	㵩	㵪	㵫	㵬	㵭	㵮	㵯
3D7	㵰	㵱	㵲	㵳	㵴	㵵	㵶	㵷	㵸	㵹	㵺	㵻	㵼	㵽	㵾	㵿
3D8	㶀	㶁	㶂	㶃	㶄	㶅	㶆	㶇	㶈	㶉	㶊	㶋	㶌	㶍	㶎	㶏
3D9	㶐	㶑	㶒	㶓	㶔	㶕	㶖	㶗	㶘	㶙	㶚	㶛	㶜	㶝	㶞	㶟
3DA	㶠	㶡	㶢	㶣	㶤	㶥	㶦	㶧	㶨	㶩	㶪	㶫	㶬	㶭	㶮	㶯
3DB	㶰	㶱	㶲	㶳	㶴	㶵	㶶	㶷	㶸	㶹	㶺	㶻	㶼	㶽	㶾	㶿
3DC	㷀	㷁	㷂	㷃	㷄	㷅	㷆	㷇	㷈	㷉	㷊	㷋	㷌	㷍	㷎	㷏
3DD	㷐	㷑	㷒	㷓	㷔	㷕	㷖	㷗	㷘	㷙	㷚	㷛	㷜	㷝	㷞	㷟
3DE	㷠	㷡	㷢	㷣	㷤	㷥	㷦	㷧	㷨	㷩	㷪	㷫	㷬	㷭	㷮	㷯
3DF	㷰	㷱	㷲	㷳	㷴	㷵	㷶	㷷	㷸	㷹	㷺	㷻	㷼	㷽	㷾	㷿

	0	1	2	3	4	5	6	7	8	9	A	B	C	D	E	F
3E0	㸀	㸁	㸂	㸃	㸄	㸅	㸆	㸇	㸈	㸉	㸊	㸋	㸌	㸍	㸎	㸏
3E1	㸐	㸑	㸒	㸓	㸔	㸕	㸖	㸗	㸘	㸙	㸚	㸛	㸜	㸝	㸞	㸟
3E2	㸠	㸡	㸢	㸣	㸤	㸥	㸦	㸧	㸨	㸩	㸪	㸫	㸬	㸭	㸮	㸯
3E3	㸰	㸱	㸲	㸳	㸴	㸵	㸶	㸷	㸸	㸹	㸺	㸻	㸼	㸽	㸾	㸿
3E4	㹀	㹁	㹂	㹃	㹄	㹅	㹆	㹇	㹈	㹉	㹊	㹋	㹌	㹍	㹎	㹏
3E5	㹐	㹑	㹒	㹓	㹔	㹕	㹖	㹗	㹘	㹙	㹚	㹛	㹜	㹝	㹞	㹟
3E6	㹠	㹡	㹢	㹣	㹤	㹥	㹦	㹧	㹨	㹩	㹪	㹫	㹬	㹭	㹮	㹯
3E7	㹰	㹱	㹲	㹳	㹴	㹵	㹶	㹷	㹸	㹹	㹺	㹻	㹼	㹽	㹾	㹿
3E8	㺀	㺁	㺂	㺃	㺄	㺅	㺆	㺇	㺈	㺉	㺊	㺋	㺌	㺍	㺎	㺏
3E9	㺐	㺑	㺒	㺓	㺔	㺕	㺖	㺗	㺘	㺙	㺚	㺛	㺜	㺝	㺞	㺟
3EA	㺠	㺡	㺢	㺣	㺤	㺥	㺦	㺧	㺨	㺩	㺪	㺫	㺬	㺭	㺮	㺯
3EB	㺰	㺱	㺲	㺳	㺴	㺵	㺶	㺷	㺸	㺹	㺺	㺻	㺼	㺽	㺾	㺿
3EC	㻀	㻁	㻂	㻃	㻄	㻅	㻆	㻇	㻈	㻉	㻊	㻋	㻌	㻍	㻎	㻏
3ED	㻐	㻑	㻒	㻓	㻔	㻕	㻖	㻗	㻘	㻙	㻚	㻛	㻜	㻝	㻞	㻟
3EE	㻠	㻡	㻢	㻣	㻤	㻥	㻦	㻧	㻨	㻩	㻪	㻫	㻬	㻭	㻮	㻯
3EF	㻰	㻱	㻲	㻳	㻴	㻵	㻶	㻷	㻸	㻹	㻺	㻻	㻼	㻽	㻾	㻿
3F0	㼀	㼁	㼂	㼃	㼄	㼅	㼆	㼇	㼈	㼉	㼊	㼋	㼌	㼍	㼎	㼏
3F1	㼐	㼑	㼒	㼓	㼔	㼕	㼖	㼗	㼘	㼙	㼚	㼛	㼜	㼝	㼞	㼟
3F2	㼠	㼡	㼢	㼣	㼤	㼥	㼦	㼧	㼨	㼩	㼪	㼫	㼬	㼭	㼮	㼯
3F3	㼰	㼱	㼲	㼳	㼴	㼵	㼶	㼷	㼸	㼹	㼺	㼻	㼼	㼽	㼾	㼿

	0	1	2	3	4	5	6	7	8	9	A	B	C	D	E	F
3F4	甄	甅	甋	甎	甚	甐	甔	甓	甕	甖	甗	甗	甌	瓶	歁	涾
3F5	䁠	嘾	甠	𤰜	甤	甹	㽞	𤰩	䀴	𤰝	畢	畇	畱	㽕	畱	畒
3F6	㽡	䡰	畮	畩	畹	畻	畓	畿	疅	畛	疃	疆	疈	疇	疊	疅
3F7	㽰	疘	疞	疛	疫	疰	疕	痳	疣	疲	𤵸	疻	𤶁	𤵽	㾀	㽸
3F8	痃	痳	痞	痆	痈	痹	痡	痟	痔	痒	瘌	痳	痜	痛	痼	痓
3F9	痢	痻	痴	痟	痦	瘁	瘇	痕	痩	瘵	瘥	瘙	瘱	瘒	瘤	瘆
3FA	瘫	瘀	瘷	瘯	瘲	瘶	瘖	瘭	瘸	瘰	瘠	瘺	瘤	瘷	瘟	瘣
3FB	瘸	瘹	瘢	瘘	瘥	瘖	瘠	瘵	瘪	瘵	瘧	癓	癙	癒	癝	癤
3FC	癍	瘼	癜	癔	癜	癃	癀	癅	癕	癀	癄	癳	癈	癖	癀	癉
3FD	癡	癯	癟	癥	癗	癙	癚	癞	癭	癭	癮	癧	癰	皃	皅	皅
3FE	皖	皛	皛	皞	皠	皡	皢	皥	皧	皪	皨	皯	皰	皴	皵	皸
3FF	皷	皻	皾	皹	皺	皻	皽	皼	皾	皽	皾	盂	盂	盆	盅	盍
400	盈	盉	盎	盞	盔	盩	盡	盢	盬	盫	盪	盧	盩	盭	盿	盷
401	眇	眍	盰	盳	盷	盹	眃	眏	眍	眒	昂	眗	眢	眦	眻	眹
402	眲	眦	眣	眺	眷	眡	眩	眪	眮	略	眿	睑	睁	睃	睆	睻
403	睃	睂	睋	睇	睳	睘	眼	睏	晢	睐	睯	睤	睩	睡	睯	睗
404	睼	睖	睯	睸	睽	睥	睷	睿	睯	瞀	瞃	瞸	瞃	瞅	瞟	瞜
405	瞙	瞗	瞓	瞍	瞏	瞒	瞜	瞪	瞭	瞯	瞚	瞡	瞣	瞥	瞧	瞪
406	瞞	瞤	瞮	瞱	瞲	瞳	瞴	瞨	瞨	瞨	瞮	瞟	瞪	瞵	瞷	瞺
407	瞶	瞹	瞶	瞵	瞼	瞩	瞰	矍	矇	矀	矅	矌	矊	矑	矔	矕

	0	1	2	3	4	5	6	7	8	9	A	B	C	D	E	F
408	曦	䁻	矅	矊	矆	矙	𥍝	𥍞	𥍯	𥎊	𥎡	𥎞	𥏋	𥏡	𥐂	𥐆
409	𥏑	𥏒	𥏝	𥏢	𥏵	𥐇	石	矻	砐	邵	砍	砑	砗	砐	𥐗	砉
40A	砄	砐	砼	砒	砵	砇	砛	砨	斫	硇	硁	硂	砮	硋	硰	硐
40B	硎	硕	硩	硓	硆	硕	硄	硳	硸	碮	碟	碭	硶	碑	碄	碆
40C	碡	碰	碮	碉	碂	磾	碁	碥	碏	碿	碴	碖	硬	碌	碜	碮
40D	磋	磤	磆	磚	磅	磐	磶	磟	磬	磃	磼	磗	磬	礅	磬	礅
40E	礈	礣	礉	礑	礃	礅	礊	礐	礓	礞	礑	礋	礔	礟	礙	礤
40F	礤	礒	礧	礯	礲	礳	礴	礵	礸	礹	礷	礶	补	衼	袦	袟
410	袚	袣	袖	袂	裀	裞	裋	裎	裋	裓	裗	裺	裰	裙	裿	褋
411	褏	褶	褃	褌	褝	褶	褕	褍	褡	褆	褿	褸	襬	襗	襟	襲
412	襢	襜	襧	襩	襰	襶	禾	秎	秆	秇	秋	秅	秇	秆	秩	秙
413	秠	秎	秓	秖	秼	秊	秲	秳	秷	秹	秺	秶	稅	稆	稄	稇
414	稊	稌	稐	稖	稙	稚	稛	稞	稠	稡	稢	稤	稩	稪	稫	稬
415	稭	稯	稰	稱	稲	稴	稵	稶	稸	稺	稾	穀	穂	穃	穄	穆
416	穇	穈	穉	穊	穋	穌	穎	穏	穐	穑	穒	穓	穔	穕	穖	穘
417	穙	穚	穛	穜	穝	穞	穟	穠	穡	穢	穣	穤	穥	穦	穧	穨
418	穪	穫	穬	穭	穮	穯	穱	穲	穳	穵	穻	穼	穽	穾	窂	窅
419	𥣫	宁	究	究	窂	实	宏	窊	窜	窒	窩	窕	窬	盗	窨	窖
41A	窟	窢	窦	宸	窣	家	窦	窭	寞	寞	窾	窗	窾	竀	寖	竃
41B	竇	窾	竂	邃	竈	竇	竉	竊	竓	竡	竅	竑	竭	竤	竪	竬

	0	1	2	3	4	5	6	7	8	9	A	B	C	D	E	F
41C	䇀	䇁	䇂	䇃	䇄	䇅	䇆	䇇	䇈	䇉	䇊	䇋	䇌	䇍	䇎	䇏
41D	䇐	䇑	䇒	䇓	䇔	䇕	䇖	䇗	䇘	䇙	䇚	䇛	䇜	䇝	䇞	䇟
41E	䇠	䇡	䇢	䇣	䇤	䇥	䇦	䇧	䇨	䇩	䇪	䇫	䇬	䇭	䇮	䇯
41F	䇰	䇱	䇲	䇳	䇴	䇵	䇶	䇷	䇸	䇹	䇺	䇻	䇼	䇽	䇾	䇿
420	䈀	䈁	䈂	䈃	䈄	䈅	䈆	䈇	䈈	䈉	䈊	䈋	䈌	䈍	䈎	䈏
421	䈐	䈑	䈒	䈓	䈔	䈕	䈖	䈗	䈘	䈙	䈚	䈛	䈜	䈝	䈞	䈟
422	䈠	䈡	䈢	䈣	䈤	䈥	䈦	䈧	䈨	䈩	䈪	䈫	䈬	䈭	䈮	䈯
423	䈰	䈱	䈲	䈳	䈴	䈵	䈶	䈷	䈸	䈹	䈺	䈻	䈼	䈽	䈾	䈿
424	䉀	䉁	䉂	䉃	䉄	䉅	䉆	䉇	䉈	䉉	䉊	䉋	䉌	䉍	䉎	䉏
425	䉐	䉑	䉒	䉓	䉔	䉕	䉖	䉗	䉘	䉙	䉚	䉛	䉜	䉝	䉞	䉟
426	䉠	䉡	䉢	䉣	䉤	䉥	䉦	䉧	䉨	䉩	䉪	䉫	䉬	䉭	䉮	䉯
427	䉰	䉱	䉲	䉳	䉴	䉵	䉶	䉷	䉸	䉹	䉺	䉻	䉼	䉽	䉾	䉿
428	䊀	䊁	䊂	䊃	䊄	䊅	䊆	䊇	䊈	䊉	䊊	䊋	䊌	䊍	䊎	䊏
429	䊐	䊑	䊒	䊓	䊔	䊕	䊖	䊗	䊘	䊙	䊚	䊛	䊜	䊝	䊞	䊟
42A	䊠	䊡	䊢	䊣	䊤	䊥	䊦	䊧	䊨	䊩	䊪	䊫	䊬	䊭	䊮	䊯
42B	䊰	䊱	䊲	䊳	䊴	䊵	䊶	䊷	䊸	䊹	䊺	䊻	䊼	䊽	䊾	䊿
42C	䋀	䋁	䋂	䋃	䋄	䋅	䋆	䋇	䋈	䋉	䋊	䋋	䋌	䋍	䋎	䋏
42D	䋐	䋑	䋒	䋓	䋔	䋕	䋖	䋗	䋘	䋙	䋚	䋛	䋜	䋝	䋞	䋟
42E	䋠	䋡	䋢	䋣	䋤	䋥	䋦	䋧	䋨	䋩	䋪	䋫	䋬	䋭	䋮	䋯
42F	䋰	䋱	䋲	䋳	䋴	䋵	䋶	䋷	䋸	䋹	䋺	䋻	䋼	䋽	䋾	䋿

	0	1	2	3	4	5	6	7	8	9	A	B	C	D	E	F
430	紏	縷	⿰糸屋	⿰糸削	⿰糸叟	⿰糸唐	⿰糸鬼	⿰糸秦	緆	⿰糸里	⿰糸岳	⿰糸答	⿰糸習	⿰糸堇	繄	⿰糸窗
431	⿰糸頁	⿰糸壁	⿰糸虒	繫	⿰糸區	⿰糸麻	⿰糸集	⿰糸無	繁	績	⿰糸栗	繇	⿰糸業	⿰糸禁	⿰糸僉	⿰糸辟
432	⿱殹糸	⿰糸豊	⿰糸零	⿰糸奢	⿰糸爾	⿰糸隱	⿰糸翟	⿰糸壽	⿰糸攀	⿰糸蔑	⿰糸閣	纘	⿰糸龍	⿰糸蕉	⿰糸霜	⿰糸雚
433	⿰糸聶	⿰糸贏	⿰糸薦	⿰糸靈	⿰糸羸	⿰糸屬	⿰纟才	⿰纟由	⿰纟专	⿰纟同	⿰纟耳	⿰纟羽	⿰纟兑	⿰纟采	⿰纟甫	⿰纟畐
434	⿰纟监	⿰纟遂	⿰缶于	⿱爫缶	⿰缶占	⿰缶令	⿰缶宁	⿰缶乏	⿰缶平	⿰缶只	⿰缶交	⿰缶垂	⿰缶咅	罄	⿰缶薦	⿵冂丨丨
435	⿱罒干	⿱罒卒	⿱罒果	⿱罒牙	⿱罒去	⿱罒民	⿱罒包	⿱罒妥	⿱罒采	⿱罒每	⿱罒艮	⿱罒面	⿱罒隺	⿱罒香	⿱罒豉	⿱罒夏
436	⿱罒禹	⿱罒鹿	⿱罒無	⿱罒雷	⿱罒齊	⿱罒歷	⿱罒離	⿰𦍌牛	⿰𦍌市	⿰𦍌攵	⿰𦍌朱	⿰𦍌它	⿰𦍌平	⿰𦍌母	⿰𦍌兆	⿰𦍌危
437	⿰𦍌因	⿰𦍌余	⿰𦍌兒	⿰𦍌叕	⿰𦍌委	⿰𦍌争	⿰𦍌柬	⿰𦍌韋	⿰𦍌尃	⿰𦍌臭	⿰𦍌惠	⿰𦍌巽	⿰𦍌晉	⿰𦍌歷	⿰用羽	⿱羽王
438	⿰羽咸	翓	⿰羽包	⿰角羽	⿰召羽	⿰日羽	⿱羽令	⿰舟羽	⿰羽叟	⿰羽戚	⿰舍羽	⿰胡羽	⿰羽足	⿰羽甫	⿰羽風	⿰合羽
439	⿰卓羽	⿰羽录	⿰羽戔	⿰羽沓	⿰羽尃	⿱𤇾羽	⿰當羽	⿰高羽	翻	⿰賓羽	⿰羽慧	⿱耂吉	⿰老毛	⿱耂羕	⿱耂垂	⿰女而
43A	⿺尢西	⿱而火	⿰耒乞	⿰耒秋	⿰耒局	⿰耒谷	⿰耒炎	⿰耒咅	⿰耒奄	⿰耒甾	⿰耒寻	⿰耒夋	⿰耒罢	⿰耒造	⿰耒啇	⿰耒莫
43B	⿰耒斬	⿰耒罷	耴	⿰耳月	⿰耳井	⿰耳必	⿰耳申	⿰耳朱	⿰耳吾	⿱𡗗耳	⿰耳剌	⿰耳周	⿰耳录	⿰耳昏	⿰耳侖	⿰耳秋
43C	⿰耳刺	⿰耳宰	⿰耳叟	⿰耳冥	⿰耳崔	⿰耳祭	⿰耳曹	⿰耳票	聯	⿰耳聶	⿰耳龍	⿱聿毛	⿱𠆢月	⿱厶月	⿰月凡	肝
43D	⿰月夬	离	⿰月片	朊	⿰月丑	⿰月王	⿰月引	⿰月气	肥	肬	⿰月少	⿰月勺	⿰月及	⿰月专	⿰月未	⿰月必
43E	⿰月立	⿰月示	⿰月皮	⿰月且	胴	⿰月冉	⿰月舌	⿰月多	⿰月自	⿰月合	⿰月耳	⿰月林	⿰月半	⿰月朱	⿰月念	⿰月志
43F	⿰月忽	⿰月局	⿰月弟	⿰月斯	⿰月肖	⿰月虎	⿰月坐	⿰月旱	⿰月吾	⿰月見	⿰月夅	⿰角去	⿰月戔	⿰月咅	⿰月奉	⿱⿰夂夂月
440	⿰月奇	豚	⿰月录	⿰月困	⿰月臽	⿰月侯	⿰月采	⿰月留	⿰月直	⿰月甾	⿰月昆	⿰月忩	⿱⿰夫夫月	⿰月壴	⿰月是	⿰月耆
441	⿰月秋	⿰月業	膠	⿰月頁	⿰月扁	⿰月咠	⿰月展	⿰月者	⿰月爰	⿰月華	⿰月卿	⿰月詹	⿰月真	⿰月貝	⿰月弱	⿰月冓
442	⿰月荒	⿴齊月	⿰月屬	⿰月員	⿰月差	⿰月翁	⿰月盍	⿰月高	⿰⿱士月殳	⿰月豈	⿰月雋	⿰月從	⿰月曹	⿰月帶	⿰月庭	⿰月累
443	⿰月修	⿰月啇	⿰月習	⿰月魚	腎	⿰月黃	⿰月曆	⿰月單	⿰月盧	⿰月肅	⿰月覃	⿰月辥	⿰月絜	⿰月㒼	⿰月睪	⿰月奧

	0	1	2	3	4	5	6	7	8	9	A	B	C	D	E	F
444	𦢊	𦣀	䐶	朦	𦢃	膠	臚	䐹	臠	臝	臚	𦡀	𦣉	𦡸	膱	臞
445	跡	蹼	到	基	眂	鼠	睫	暘	瞌	舑	胡	舐	諜	舜	舜	舜
446	舟	舣	舧	彤	舲	般	𦨴	舩	舵	𦨮	𦩚	𦩂	𦨻	舡	𦩀	𦩍
447	艕	艙	艒	艌	艨	艄	艑	艑	艐	艘	颿	艕	艪	艒	艭	艢
448	艞	艒	艡	艟	艏	艚	艥	艠	艧	艦	绝	艳	艳	艳	艳	艳
449	艶	艹	艻	艼	艽	芀	芁	芅	芆	芒	莎	芍	芊	芟	芜	苒
44A	苇	苛	茆	苒	苜	苇	芝	芸	芺	茉	莽	花	茡	荨	荒	荒
44B	苣	菉	莚	菜	茜	莳	莄	茍	茄	荚	莕	茈	苗	莔	茨	茸
44C	苦	莓	菩	菖	莂	菏	莂	菻	莈	萆	菩	菲	菴	草	荮	菩
44D	菴	葎	萄	菟	葶	葱	萝	葱	萏	菲	葙	萐	菧	葢	葖	葑
44E	蓉	蒞	菌	蒳	葱	蒼	萬	葳	萺	葈	葛	蒟	葟	蒞	萩	蔞
44F	董	葉	葆	蒗	葜	蒿	蒩	蒡	蒒	蓄	葵	蔻	蓏	蓜	蓤	蓝
450	蓨	蒹	蓁	蒩	蒀	蔄	蓕	蓋	蓋	蓀	蓱	蓰	蓦	蓦	蓮	蓮
451	蓤	蔛	蓓	蔣	蔀	蒲	蔆	蔁	蒩	蔚	蔯	蔨	蔋	蔡	蔣	蔚
452	蔳	蕉	蕃	蕐	蕌	蕭	蕣	蕠	蕹	蕨	蕤	蔬	蕵	蕾	蕲	藍
453	蕾	蕺	薆	薪	藪	薗	薛	薅	藛	藸	藭	藢	藙	藹	藹	蘀
454	藃	蘖	藴	蘟	蘯	蘡	蘥	蘑	蘖	蘀	蘴	蘠	蘿	蘬	蘷	蘶
455	蘠	蘿	蘳	蘵	虇	虆	虉	虋	虌	虈	虀	虃	虁	虉	虂	虄
456	虆	虇	虈	虉	虊	虋	虌	虒	虓	虘	虙	虡	虣	虤	虥	虦
457	蘩	蘱	蘲	蘳	蘴	蘵	蘶	蘷	蘸	蘹	蘺	蘻	蘼	蘽	蘾	蘿

	0	1	2	3	4	5	6	7	8	9	A	B	C	D	E	F
458	䖀	䖁	䖂	䖃	䖄	䖅	䖆	䖇	䖈	䖉	䖊	䖋	䖌	䖍	䖎	䖏
459	䖐	䖑	䖒	䖓	䖔	䖕	䖖	䖗	䖘	䖙	䖚	䖛	䖜	䖝	䖞	䖟
45A	䖠	䖡	䖢	䖣	䖤	䖥	䖦	䖧	䖨	䖩	䖪	䖫	䖬	䖭	䖮	䖯
45B	䖰	䖱	䖲	䖳	䖴	䖵	䖶	䖷	䖸	䖹	䖺	䖻	䖼	䖽	䖾	䖿
45C	䗀	䗁	䗂	䗃	䗄	䗅	䗆	䗇	䗈	䗉	䗊	䗋	䗌	䗍	䗎	䗏
45D	䗐	䗑	䗒	䗓	䗔	䗕	䗖	䗗	䗘	䗙	䗚	䗛	䗜	䗝	䗞	䗟
45E	䗠	䗡	䗢	䗣	䗤	䗥	䗦	䗧	䗨	䗩	䗪	䗫	䗬	䗭	䗮	䗯
45F	䗰	䗱	䗲	䗳	䗴	䗵	䗶	䗷	䗸	䗹	䗺	䗻	䗼	䗽	䗾	䗿
460	䘀	䘁	䘂	䘃	䘄	䘅	䘆	䘇	䘈	䘉	䘊	䘋	䘌	䘍	䘎	䘏
461	䘐	䘑	䘒	䘓	䘔	䘕	䘖	䘗	䘘	䘙	䘚	䘛	䘜	䘝	䘞	䘟
462	䘠	䘡	䘢	䘣	䘤	䘥	䘦	䘧	䘨	䘩	䘪	䘫	䘬	䘭	䘮	䘯
463	䘰	䘱	䘲	䘳	䘴	䘵	䘶	䘷	䘸	䘹	䘺	䘻	䘼	䘽	䘾	䘿
464	䙀	䙁	䙂	䙃	䙄	䙅	䙆	䙇	䙈	䙉	䙊	䙋	䙌	䙍	䙎	䙏
465	䙐	䙑	䙒	䙓	䙔	䙕	䙖	䙗	䙘	䙙	䙚	䙛	䙜	䙝	䙞	䙟
466	䙠	䙡	䙢	䙣	䙤	䙥	䙦	䙧	䙨	䙩	䙪	䙫	䙬	䙭	䙮	䙯
467	䙰	䙱	䙲	䙳	䙴	䙵	䙶	䙷	䙸	䙹	䙺	䙻	䙼	䙽	䙾	䙿
468	䚀	䚁	䚂	䚃	䚄	䚅	䚆	䚇	䚈	䚉	䚊	䚋	䚌	䚍	䚎	䚏
469	䚐	䚑	䚒	䚓	䚔	䚕	䚖	䚗	䚘	䚙	䚚	䚛	䚜	䚝	䚞	䚟
46A	䚠	䚡	䚢	䚣	䚤	䚥	䚦	䚧	䚨	䚩	䚪	䚫	䚬	䚭	䚮	䚯
46B	䚰	䚱	䚲	䚳	䚴	䚵	䚶	䚷	䚸	䚹	䚺	䚻	䚼	䚽	䚾	䚿

	0	1	2	3	4	5	6	7	8	9	A	B	C	D	E	F
46C	訯	詌	詽	訮	詍	諀	䛻	詒	詄	䛃	訳	誠	䛌	䛍	䛆	䛏
46D	詈	䛑	䛖	訾	䛔	諛	詍	諐	誔	諃	誓	詯	䛥	誯	䛞	䛟
46E	諠	諩	誘	謣	諚	諦	谾	謎	誶	諲	誇	䛫	諂	諱	諮	諊
46F	諢	諰	諞	諳	諭	諼	諫	諡	諳	諑	謉	諭	諻	諯	諺	謞
470	謬	謨	謜	謹	譂	譃	謩	譀	譟	譡	譠	讀	譏	譑	譾	譼
471	譬	譹	譞	譪	譤	譪	讃	讈	讌	讒	讕	讒	讘	讛	讚	讖
472	讃	讓	讔	䜣	讲	谌	谪	谬	谴	谶	谷	谸	谹	谺	谻	谼
473	谽	谾	谿	豆	豉	豌	豍	豎	豏	豐	豑	豒	豓	豔	豕	豖
474	豗	豘	豙	豚	豛	豜	豝	豞	豟	豠	豣	豤	豥	豦	豧	豨
475	豩	豪	豫	豬	豭	豮	豯	豰	豱	豲	豳	豴	豵	豶	豷	豸
476	豹	豺	豻	豼	豽	豾	豿	貀	貁	貂	貃	貄	貅	貆	貇	貈
477	貉	貊	貋	貌	貍	貎	貏	貐	貑	貒	貓	貔	貕	貖	貗	貘
478	貙	貚	貛	貜	貝	貞	負	財	貢	貣	貤	貥	貦	貧	貨	販
479	貪	貫	責	貭	貮	貯	貰	貱	貲	貳	貴	貵	貶	買	貸	貹
47A	趏	趐	趑	趒	趓	趔	趕	趖	趗	趘	趙	趚	趛	趜	趝	趞
47B	趟	趠	趡	趢	趣	趤	趥	趦	趧	趨	趩	趪	趫	趬	趭	趮
47C	趯	趰	趱	趲	足	趴	趵	趶	趷	趸	趹	趺	趻	趼	趽	趾
47D	趿	跀	跁	跂	跃	跄	跅	跆	跇	跈	跉	跊	跋	跌	跍	跎
47E	跏	跐	跑	跒	跓	跔	跕	跖	跗	跘	跙	跚	跛	跜	距	跞
47F	跟	跠	跡	跢	跣	跤	跥	跦	跧	跨	跩	跪	跫	跬	跭	跮

	0	1	2	3	4	5	6	7	8	9	A	B	C	D	E	F
480	趟	䟫	楚	𨇁	跈	踂	𨀺	𨂂	𨁿	踠	䠊	踺	踖	踀	𨃅	蹼
481	𨃞	踛	䠒	𨁟	𨀧	蹀	𨂙	𨄅	𨄃	𨄖	𨄓	𨃺	𨄋	𨄐	𨆀	𨆍
482	𨅝	𨆁	𨆄	𨆆	𨆉	𨆔	𨆐	𨆝	𨆛	𨇀	𨇄	𨇆	𨇑	𨇚	𨇢	𨇦
483	躣	躅	躮	躰	躳	躭	躷	躲	躿	軀	軁	躻	軂	軄	軆	軉
484	軇	軈	軋	軌	軏	軕	軖	軗	軘	軜	軝	軞	軡	軥	軦	軧
485	軨	軩	軪	衛	軫	軬	軭	輂	輈	輣	輗	輚	輇	輐	暈	輑
486	輏	輝	輷	輸	輩	輹	輾	轀	輦	轃	轁	轄	轅	轊	轋	轌
487	轟	轁	轒	轓	轔	轖	轗	轙	轚	轛	轜	轞	轠	轢	轣	轤
488	轪	轫	轮	辟	辠	晨	辦	辧	辪	農	迀	迃	迆	迉	迊	迋
489	迌	迒	迖	迗	迚	迠	迡	迣	迧	迬	迯	迱	迲	迴	迵	迶
48A	迻	迼	迾	迿	逇	逈	逌	逎	逓	逕	逘	逜	逤	逥	逧	逩
48B	逪	逫	逬	邔	邖	邗	邘	邚	邜	邞	邟	邠	邤	邥	邧	邨
48C	邩	邫	邭	邲	邷	邼	邽	邿	郀	郂	郃	郆	郈	郉	郋	郌
48D	郍	郒	郓	郔	郖	郘	郙	郚	郞	郟	郠	郣	郤	郥	郩	郪
48E	郬	郮	郰	郱	郲	酏	酌	酎	酐	酕	酛	酘	酙	酜	酟	酠
48F	酡	酤	酧	酩	酫	酭	酳	酴	酶	酸	酻	酼	醇	醊	醋	醍
490	醏	醐	醓	醔	醗	醘	醙	醚	醛	醜	醞	醡	醢	醤	醥	醦
491	醧	醨	醩	醫	醮	醯	醱	醲	醳	醴	厘	釗	釪	釫	釬	釮
492	釯	釰	釱	釲	釳	釴	釵	釶	釷	釸	釹	釺	釻	鈃	鈄	鈅
493	鈆	鈇	鈈	鈉	鈋	鈌	鈍	鈎	鈏	鈐	鈑	鈒	鈓	鈔	鈕	鈖

	0	1	2	3	4	5	6	7	8	9	A	B	C	D	E	F
494	䥀	䥁	䥂	䥃	䥄	䥅	䥆	䥇	䥈	䥉	䥊	䥋	䥌	䥍	䥎	䥏
495	䥐	䥑	䥒	䥓	䥔	䥕	䥖	䥗	䥘	䥙	䥚	䥛	䥜	䥝	䥞	䥟
496	䥠	䥡	䥢	䥣	䥤	䥥	䥦	䥧	䥨	䥩	䥪	䥫	䥬	䥭	䥮	䥯
497	䥰	䥱	䥲	䥳	䥴	䥵	䥶	䥷	䥸	䥹	䥺	䥻	䥼	䥽	䥾	䥿
498	䦀	䦁	䦂	䦃	䦄	䦅	䦆	䦇	䦈	䦉	䦊	䦋	䦌	䦍	䦎	䦏
499	䦐	䦑	䦒	䦓	䦔	䦕	䦖	䦗	䦘	䦙	䦚	䦛	䦜	䦝	䦞	䦟
49A	䦠	䦡	䦢	䦣	䦤	䦥	䦦	䦧	䦨	䦩	䦪	䦫	䦬	䦭	䦮	䦯
49B	䦰	䦱	䦲	䦳	䦴	䦵	䦶	䦷	䦸	䦹	䦺	䦻	䦼	䦽	䦾	䦿
49C	䧀	䧁	䧂	䧃	䧄	䧅	䧆	䧇	䧈	䧉	䧊	䧋	䧌	䧍	䧎	䧏
49D	䧐	䧑	䧒	䧓	䧔	䧕	䧖	䧗	䧘	䧙	䧚	䧛	䧜	䧝	䧞	䧟
49E	䧠	䧡	䧢	䧣	䧤	䧥	䧦	䧧	䧨	䧩	䧪	䧫	䧬	䧭	䧮	䧯
49F	䧰	䧱	䧲	䧳	䧴	䧵	䧶	䧷	䧸	䧹	䧺	䧻	䧼	䧽	䧾	䧿
4A0	䨀	䨁	䨂	䨃	䨄	䨅	䨆	䨇	䨈	䨉	䨊	䨋	䨌	䨍	䨎	䨏
4A1	䨐	䨑	䨒	䨓	䨔	䨕	䨖	䨗	䨘	䨙	䨚	䨛	䨜	䨝	䨞	䨟
4A2	䨠	䨡	䨢	䨣	䨤	䨥	䨦	䨧	䨨	䨩	䨪	䨫	䨬	䨭	䨮	䨯
4A3	䨰	䨱	䨲	䨳	䨴	䨵	䨶	䨷	䨸	䨹	䨺	䨻	䨼	䨽	䨾	䨿
4A4	䩀	䩁	䩂	䩃	䩄	䩅	䩆	䩇	䩈	䩉	䩊	䩋	䩌	䩍	䩎	䩏
4A5	䩐	䩑	䩒	䩓	䩔	䩕	䩖	䩗	䩘	䩙	䩚	䩛	䩜	䩝	䩞	䩟
4A6	䩠	䩡	䩢	䩣	䩤	䩥	䩦	䩧	䩨	䩩	䩪	䩫	䩬	䩭	䩮	䩯
4A7	䩰	䩱	䩲	䩳	䩴	䩵	䩶	䩷	䩸	䩹	䩺	䩻	䩼	䩽	䩾	䩿

	0	1	2	3	4	5	6	7	8	9	A	B	C	D	E	F
4A8	䪀	䪁	䪂	䪃	䪄	䪅	䪆	䪇	䪈	䪉	䪊	䪋	䪌	䪍	䪎	䪏
4A9	䪐	䪑	䪒	䪓	䪔	䪕	䪖	䪗	䪘	䪙	䪚	䪛	䪜	䪝	䪞	䪟
4AA	䪠	䪡	䪢	䪣	䪤	䪥	䪦	䪧	䪨	䪩	䪪	䪫	䪬	䪭	䪮	䪯
4AB	䪰	䪱	䪲	䪳	䪴	䪵	䪶	䪷	䪸	䪹	䪺	䪻	䪼	䪽	䪾	䪿
4AC	䫀	䫁	䫂	䫃	䫄	䫅	䫆	䫇	䫈	䫉	䫊	䫋	䫌	䫍	䫎	䫏
4AD	䫐	䫑	䫒	䫓	䫔	䫕	䫖	䫗	䫘	䫙	䫚	䫛	䫜	䫝	䫞	䫟
4AE	䫠	䫡	䫢	䫣	䫤	䫥	䫦	䫧	䫨	䫩	䫪	䫫	䫬	䫭	䫮	䫯
4AF	䫰	䫱	䫲	䫳	䫴	䫵	䫶	䫷	䫸	䫹	䫺	䫻	䫼	䫽	䫾	䫿
4B0	䬀	䬁	䬂	䬃	䬄	䬅	䬆	䬇	䬈	䬉	䬊	䬋	䬌	䬍	䬎	䬏
4B1	䬐	䬑	䬒	䬓	䬔	䬕	䬖	䬗	䬘	䬙	䬚	䬛	䬜	䬝	䬞	䬟
4B2	䬠	䬡	䬢	䬣	䬤	䬥	䬦	䬧	䬨	䬩	䬪	䬫	䬬	䬭	䬮	䬯
4B3	䬰	䬱	䬲	䬳	䬴	䬵	䬶	䬷	䬸	䬹	䬺	䬻	䬼	䬽	䬾	䬿
4B4	䭀	䭁	䭂	䭃	䭄	䭅	䭆	䭇	䭈	䭉	䭊	䭋	䭌	䭍	䭎	䭏
4B5	䭐	䭑	䭒	䭓	䭔	䭕	䭖	䭗	䭘	䭙	䭚	䭛	䭜	䭝	䭞	䭟
4B6	䭠	䭡	䭢	䭣	䭤	䭥	䭦	䭧	䭨	䭩	䭪	䭫	䭬	䭭	䭮	䭯
4B7	䭰	䭱	䭲	䭳	䭴	䭵	䭶	䭷	䭸	䭹	䭺	䭻	䭼	䭽	䭾	䭿
4B8	䮀	䮁	䮂	䮃	䮄	䮅	䮆	䮇	䮈	䮉	䮊	䮋	䮌	䮍	䮎	䮏
4B9	䮐	䮑	䮒	䮓	䮔	䮕	䮖	䮗	䮘	䮙	䮚	䮛	䮜	䮝	䮞	䮟
4BA	䮠	䮡	䮢	䮣	䮤	䮥	䮦	䮧	䮨	䮩	䮪	䮫	䮬	䮭	䮮	䮯
4BB	䮰	䮱	䮲	䮳	䮴	䮵	䮶	䮷	䮸	䮹	䮺	䮻	䮼	䮽	䮾	䮿

	0	1	2	3	4	5	6	7	8	9	A	B	C	D	E	F
4BC	䯀	䯁	䯂	䯃	䯄	䯅	䯆	䯇	䯈	䯉	䯊	䯋	䯌	䯍	䯎	䯏
4BD	䯐	䯑	䯒	䯓	䯔	䯕	䯖	䯗	䯘	䯙	䯚	䯛	䯜	䯝	䯞	䯟
4BE	䯠	䯡	䯢	䯣	䯤	䯥	䯦	䯧	䯨	䯩	䯪	䯫	䯬	䯭	䯮	䯯
4BF	䯰	䯱	䯲	䯳	䯴	䯵	䯶	䯷	䯸	䯹	䯺	䯻	䯼	䯽	䯾	䯿
4C0	䰀	䰁	䰂	䰃	䰄	䰅	䰆	䰇	䰈	䰉	䰊	䰋	䰌	䰍	䰎	䰏
4C1	䰐	䰑	䰒	䰓	䰔	䰕	䰖	䰗	䰘	䰙	䰚	䰛	䰜	䰝	䰞	䰟
4C2	䰠	䰡	䰢	䰣	䰤	䰥	䰦	䰧	䰨	䰩	䰪	䰫	䰬	䰭	䰮	䰯
4C3	䰰	䰱	䰲	䰳	䰴	䰵	䰶	䰷	䰸	䰹	䰺	䰻	䰼	䰽	䰾	䰿
4C4	䱀	䱁	䱂	䱃	䱄	䱅	䱆	䱇	䱈	䱉	䱊	䱋	䱌	䱍	䱎	䱏
4C5	䱐	䱑	䱒	䱓	䱔	䱕	䱖	䱗	䱘	䱙	䱚	䱛	䱜	䱝	䱞	䱟
4C6	䱠	䱡	䱢	䱣	䱤	䱥	䱦	䱧	䱨	䱩	䱪	䱫	䱬	䱭	䱮	䱯
4C7	䱰	䱱	䱲	䱳	䱴	䱵	䱶	䱷	䱸	䱹	䱺	䱻	䱼	䱽	䱾	䱿
4C8	䲀	䲁	䲂	䲃	䲄	䲅	䲆	䲇	䲈	䲉	䲊	䲋	䲌	䲍	䲎	䲏
4C9	䲐	䲑	䲒	䲓	䲔	䲕	䲖	䲗	䲘	䲙	䲚	䲛	䲜	䲝	䲞	䲟
4CA	䲠	䲡	䲢	䲣	䲤	䲥	䲦	䲧	䲨	䲩	䲪	䲫	䲬	䲭	䲮	䲯
4CB	䲰	䲱	䲲	䲳	䲴	䲵	䲶	䲷	䲸	䲹	䲺	䲻	䲼	䲽	䲾	䲿
4CC	䳀	䳁	䳂	䳃	䳄	䳅	䳆	䳇	䳈	䳉	䳊	䳋	䳌	䳍	䳎	䳏
4CD	䳐	䳑	䳒	䳓	䳔	䳕	䳖	䳗	䳘	䳙	䳚	䳛	䳜	䳝	䳞	䳟
4CE	䳠	䳡	䳢	䳣	䳤	䳥	䳦	䳧	䳨	䳩	䳪	䳫	䳬	䳭	䳮	䳯
4CF	䳰	䳱	䳲	䳳	䳴	䳵	䳶	䳷	䳸	䳹	䳺	䳻	䳼	䳽	䳾	䳿

	0	1	2	3	4	5	6	7	8	9	A	B	C	D	E	F
4D0	䴀	䴁	䴂	䴃	䴄	䴅	䴆	䴇	䴈	䴉	䴊	䴋	䴌	䴍	䴎	䴏
4D1	䴐	䴑	䴒	䴓	䴔	䴕	䴖	䴗	䴘	䴙	䴚	䴛	䴜	䴝	䴞	䴟
4D2	䴠	䴡	䴢	䴣	䴤	䴥	䴦	䴧	䴨	䴩	䴪	䴫	䴬	䴭	䴮	䴯
4D3	䴰	䴱	䴲	䴳	䴴	䴵	䴶	䴷	䴸	䴹	䴺	䴻	䴼	䴽	䴾	䴿
4D4	䵀	䵁	䵂	䵃	䵄	䵅	䵆	䵇	䵈	䵉	䵊	䵋	䵌	䵍	䵎	䵏
4D5	䵐	䵑	䵒	䵓	䵔	䵕	䵖	䵗	䵘	䵙	䵚	䵛	䵜	䵝	䵞	䵟
4D6	䵠	䵡	䵢	䵣	䵤	䵥	䵦	䵧	䵨	䵩	䵪	䵫	䵬	䵭	䵮	䵯
4D7	䵰	䵱	䵲	䵳	䵴	䵵	䵶	䵷	䵸	䵹	䵺	䵻	䵼	䵽	䵾	䵿
4D8	䶀	䶁	䶂	䶃	䶄	䶅	䶆	䶇	䶈	䶉	䶊	䶋	䶌	䶍	䶎	䶏
4D9	䶐	䶑	䶒	䶓	䶔	䶕	䶖	䶗	䶘	䶙	䶚	䶛	䶜	䶝	䶞	䶟
4DA	䶠	䶡	䶢	䶣	䶤	䶥	䶦	䶧	䶨	䶩	䶪	䶫	䶬	䶭	䶮	䶯
4DB	䶰	䶱	䶲	䶳	䶴	䶵										

附 录 A
（规范性附录）
汉字 32 点阵字型数据

A.1 汉字点阵字型数据的表示

本部分中，汉字的字型可由其点阵数据来表示。每个字型的点阵数据为 32×32（横行点数×纵列点数），共 1 024 个二进制位，128 个字节。

A.2 汉字点阵字型数据的记录格式

汉字 32 点阵字型数据的 128 个字节排列次序是以 0 字节开始至 127 字节结束，均用十六进制表示，每行四字节，其记录格式如下：

<table>
<tr><th rowspan="2">行数</th><th colspan="32">列 数</th></tr>
<tr><th>0</th><th>1</th><th>2</th><th>3</th><th>4</th><th>5</th><th>6</th><th>7</th><th>8</th><th>9</th><th>10</th><th>11</th><th>12</th><th>13</th><th>14</th><th>15</th><th>16</th><th>17</th><th>18</th><th>19</th><th>20</th><th>21</th><th>22</th><th>23</th><th>24</th><th>25</th><th>26</th><th>27</th><th>28</th><th>29</th><th>30</th><th>31</th></tr>
<tr><td>0</td><td colspan="8">0 字节</td><td colspan="8">1 字节</td><td colspan="8">2 字节</td><td colspan="8">3 字节</td></tr>
<tr><td>1
2
3
4
⋮</td><td colspan="8"></td><td colspan="8"></td><td colspan="8"></td><td colspan="8"></td></tr>
<tr><td>31</td><td colspan="8">124 字节</td><td colspan="8">125 字节</td><td colspan="8">126 字节</td><td colspan="8">127 字节</td></tr>
</table>

A.3 汉字 32 点阵字型数据举例

长 957F	洽 6CBB	久 4E45	安 5B89
00 E0 01 00	00 00 60 00	00 30 00 00	00 03 00 00
00 E0 03 80	08 00 78 00	00 3C 00 00	00 07 80 00
00 E0 03 C0	1C 00 70 00	00 38 00 00	00 03 C0 00
00 E0 07 80	1E 00 70 00	00 38 00 00	00 01 80 00
00 E0 0F 00	0F 00 E0 00	00 38 00 00	7F FF FF FC
00 E0 1E 00	07 80 E0 00	00 38 00 00	7F FF FF FC
00 E0 3C 00	03 81 C0 00	00 70 00 00	7F FF FF FC
00 E0 78 00	01 03 C0 40	00 7F FE 00	70 00 00 1C
00 E0 F0 00	00 07 80 E0	00 FF FE 00	70 0C 00 1C
00 E1 E0 00	00 0F 00 F0	00 FF FE 00	70 0F 00 1C
00 E3 C0 00	00 1E 00 78	01 E0 0E 00	70 0E 00 1C
00 E7 80 00	20 3C 00 3C	01 C0 1E 00	00 1E 00 00
00 E3 00 00	70 7F FF FC	03 C0 1C 00	00 1C 00 00
FF FF FF FE	78 7F FF FE	07 80 3C 00	00 1C 00 00
FF FF FF FE	3C 7F FF FE	0F 00 38 00	FF FF FF FE

FF FF FF FE	1E 00 00 04	1E 00 78 00	FF FF FF FE
00 E1 C0 00	0E 00 00 00	3C 00 F0 00	FF FF FF FE
00 E1 C0 00	04 00 00 00	78 00 F8 00	00 70 07 00
00 E0 E0 00	00 3F FF F8	70 01 F8 00	00 E0 07 00
00 E0 F0 00	00 3F FF F8	20 03 DC 00	00 E0 0F 00
00 E0 78 00	00 3F FF F8	00 07 9C 00	01 F0 0E 00
00 E0 3C 00	06 38 00 38	00 0F 0E 00	03 FE 1E 00
00 E0 1E 00	07 38 00 38	00 1E 0E 00	00 FF BC 00
00 E3 0F 00	07 38 00 38	00 3C 07 00	00 0F F8 00
00 E7 87 80	0E 38 00 38	00 78 07 80	00 01 F8 00
00 EF 03 C0	0E 38 00 38	00 F0 03 C0	00 03 FC 00
00 FE 01 F0	1C 38 00 38	01 E0 01 E0	00 1F DF 00
00 FC 00 FE	1C 38 00 38	07 C0 00 F0	01 FF 0F C0
00 F8 00 7C	38 3F FF F8	1F 80 00 78	3F FC 03 E0
01 F0 00 18	78 3F FF F8	FE 00 00 3E	1F E0 00 F0
01 E0 00 00	30 3F FF F8	7C 00 00 1C	0F 00 00 78
00 C0 00 00	10 38 00 38	30 00 00 08	00 00 00 30

参 考 文 献

［1］ 第一批异体字整理表.中华人民共和国文化部,中国文字改革委员会.1955年12月22日.

［2］ 简化字总表.中国文字改革委员会,中华人民共和国文化部,中华人民共和国教育部.1964年3月7日(1986年10月10日国家语言文字工作委员会重新发表).

［3］ 印刷通用汉字字形表.中华人民共和国文化部,中国文字改革委员会.1965年1月30日.

［4］ 现代汉语通用字表.国家语言文字工作委员会,中华人民共和国新闻出版署.1988年3月25日.

ICS 35.040
L 71

中华人民共和国国家标准

GB 25900—2010

信息技术 信息处理用维吾尔文、哈萨克文、柯尔克孜文字型 白体、黑体

Information technology—
Uyghur, Kazak, Kirgiz font for information process—
Tuz lean & Tuz bold

2011-01-10 发布 2011-11-01 实施

中华人民共和国国家质量监督检验检疫总局
中国国家标准化管理委员会 发布

前　言

本标准的全部技术内容为强制性。

本标准根据GB 21669—2008《信息技术　维吾尔文、哈萨克文、柯尔克孜文编码字符集》所规定的维吾尔文、哈萨克文、柯尔克孜文名义字符、变形显现字符和共用符号，以我国维吾尔、哈萨克、柯尔克孜语言文字地区普遍使用的正文白体和正文黑体为基础，设计和规定了信息系统用维吾尔文、哈萨克文、柯尔克孜文基本字型。

本标准的附录A和附录B是资料性附录。

本标准由中华人民共和国工业和信息化部提出。

本标准由全国信息技术标准化技术委员会(SAC/TC 28)归口。

本标准起草单位：新疆维吾尔自治区民族语言文字工作委员会、新疆维吾尔自治区信息产业厅、新疆维吾尔自治区质量技术监督局、中国电子技术标准化研究所、潍坊北大青鸟华光照排有限公司。

本标准主要起草人：买买提艾力、佟加·庆夫、高林、亚森·伊明、代红、熊涛、高峡、加米拉·沙塔尔、吕建春、吐尔逊。

引　言

有关字型数据的授权转让使用事宜，字型标准数据的维护、更新及修订工作，统一由归口单位负责。

地　址：北京市东城区安定门东大街 1 号(北京市 1101 信箱)
邮　编：100007
电　话：64007689、84029173
传　真：64007681
E-mail：daihong@cesi.ac.cn

信息技术　信息处理用维吾尔文、哈萨克文、柯尔克孜文字型 白体、黑体

1　范围

本标准规定了GB 21669—2008中维吾尔文、哈萨克文、柯尔克孜文名义字符、变形显现字符和共用符号的白体和黑体基本字型(见附录A)。

本标准主要适用于维吾尔文、哈萨克文、柯尔克孜文信息处理系统中的办公自动化设备、出版印刷设备,也可用于其他相关设备。

2　规范性引用文件

下列文件中的条款通过本标准的引用而成为本标准的条款。凡是注日期的引用文件,其随后所有的修改单(不包括勘误的内容)或修订版均不适用于本标准,然而,鼓励根据本标准达成协议的各方研究是否可使用这些文件的最新版本。凡是不注日期的引用文件,其最新版本适用于本标准。

GB 21669—2008　信息技术　维吾尔文、哈萨克文、柯尔克孜文编码字符集

GB 13000—2010　信息技术　通用多八位编码字符集(UCS)(ISO/IEC 10646:2003,IDT)

3　术语和定义

下列术语和定义适用于本标准。

3.1

字形　glyph

一种可辨认的抽象的图形符号,它不依赖于任何特定的设计。

3.2

字型　font

具有同一基本设计的字形图像的集合,如:正文白体。

3.3

字符　character

表示语音的单个符号。

3.4

字序　character order

图形字符在集合中按一定规则排列的次序。

4　图形字符

本标准根据GB 21669—2008的规定,提供了维吾尔文、哈萨克文、柯尔克孜文图形字符190个,其中:

维吾尔文、哈萨克文、柯尔克孜文名义字符42个;

维吾尔文、哈萨克文、柯尔克孜文变形显现字符143个;

维吾尔文、哈萨克文、柯尔克孜文共用数字、标点符号、特殊符号5个。

5 字型构成

维吾尔文、哈萨克文、柯尔克孜文字母是由基本笔画和结构符号组合而成，其名称定义见附录 B。

5.1 基本笔画

维吾尔文、哈萨克文、柯尔克孜文白体和黑体字型分别由 25 个基本笔画组成，用于文字的书写。见图 1 和图 2。

图 1 白体基本笔画

图 2 黑体基本笔画

5.2 结构符号

维吾尔文、哈萨克文、柯尔克孜文白体和黑体字型分别使用 13 个结构符号，用于文字的书写与语音标识。见图 3 和图 4。

图 3 白体结构符号

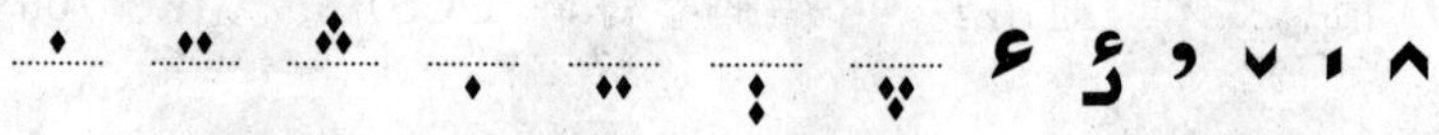

图 4 黑体结构符号

6 字型命名及字序

本标准规定字体名称合用维吾尔语、哈萨克语、柯尔克孜语名称命名，缩写用拉丁文字母表示。

6.1 白体的名称与拉丁文名称缩写

白体名称为　维哈柯正文白体　ئۇيغۇر، قازاق، قىرغىزچە تۇز ئاق

白体拉丁文缩写名称为 UKK TZA

6.2 黑体名称与拉丁文名称缩写

黑体名称为　维哈柯正文黑体　ئۇيغۇر، قازاق، قىرغىز تۇز قارا

黑体拉丁文缩写名称为 UKK TZK

6.3 字型的排列次序

本标准提供的 190 个维吾尔文、哈萨克文、柯尔克孜文名义字符、变形显现字符和共用符号的字型按照 GB 13000—2010 的规定的次序排列。

6.4 字型表

本标准提供了 GB 21669—2008 规定的 190 个维吾尔文、哈萨克文、柯尔克孜文名义字符、变形显现字符和共用符号的白体和黑体基本字型见表 1 和表 2：

表 1　正文白体

060C	061B	061F	0626	0627	0628	062A	062C	062D	062E	062F	0631
،	؛	؟	ئ	ا	ب	ت	ج	ح	خ	د	ر
0632	0633	0634	0639	063A	0640	0641	0642	0643	0644	0645	0646
ز	س	ش	ع	غ	ـ	ف	ق	ك	ل	م	ن
0648	0649	064A	066A	0674	0675	0676	0677	0678	067E	0686	0698
و	ى	ي	٪	ٴ	ٵ	ٶ	ٷ	ٸ	پ	چ	ژ
06AD	06AF	06BE	06C5	06C6	06C7	06C8	06C9	06CB	06D0	06D5	FB56
ڭ	گ	ھ	ۅ	ۆ	ۇ	ۈ	ۉ	ۋ	ې	ە	ﭖ
FB57	FB58	FB59	FB7A	FB7B	FB7C	FB7D	FB8A	FB8B	FB92	FB93	FB94
ﭗ	ﭘ	ﭙ	ﭺ	ﭻ	ﭼ	ﭽ	ﮊ	ﮋ	ﮒ	ﮓ	ﮔ
FB95	FBAA	FBAB	FBAC	FBAD	FBD3	FBD4	FBD5	FBD6	FBD7	FBD8	FBD9
ﮕ	ﮪ	ﮫ	ﮬ	ﮭ	ﯓ	ﯔ	ﯕ	ﯖ	ﯗ	ﯘ	ﯙ
FBDA	FBDB	FBDC	FBDD	FBDE	FBDF	FBE0	FBE1	FBE2	FBE3	FBE4	FBE5
ﯚ	ﯛ	ﯜ	ﯝ	ﯞ	ﯟ	ﯠ	ﯡ	ﯢ	ﯣ	ﯤ	ﯥ
FBE6	FBE7	FBE8	FBE9	FBEA	FBEB	FBEC	FBED	FBEE	FBEF	FBF0	FBF1
ﯦ	ﯧ	ﯨ	ﯩ	ﯪ	ﯫ	ﯬ	ﯭ	ﯮ	ﯯ	ﯰ	ﯱ
FBF2	FBF3	FBF4	FBF5	FBF6	FBF7	FBF8	FBF9	FBFA	FBFB	FE89	FE8A
ﯲ	ﯳ	ﯴ	ﯵ	ﯶ	ﯷ	ﯸ	ﯹ	ﯺ	ﯻ	ﺉ	ﺊ
FE8B	FE8C	FE8D	FE8E	FE8F	FE90	FE91	FE92	FE95	FE96	FE97	FE98
ﺋ	ﺌ	ﺍ	ﺎ	ﺏ	ﺐ	ﺑ	ﺒ	ﺕ	ﺖ	ﺗ	ﺘ
FE9D	FE9E	FE9F	FEA0	FEA1	FEA2	FEA3	FEA4	FEA5	FEA6	FEA7	FEA8
ﺝ	ﺞ	ﺟ	ﺠ	ﺡ	ﺢ	ﺣ	ﺤ	ﺥ	ﺦ	ﺧ	ﺨ
FEA9	FEAA	FEAD	FEAE	FEAF	FEB0	FEB1	FEB2	FEB3	FEB4	FEB5	FEB6
ﺩ	ﺪ	ﺭ	ﺮ	ﺯ	ﺰ	ﺱ	ﺲ	ﺳ	ﺴ	ﺵ	ﺶ

表 1（续）

FEB7	FEB8	FEC9	FECA	FECB	FECC	FECD	FECE	FECF	FED0	FED1	FED2
ﺷ	ﺸ	ﻉ	ﻊ	ﻋ	ﻌ	ﻍ	ﻎ	ﻏ	ﻐ	ﻑ	ﻒ
FED3	FED4	FED5	FED6	FED7	FED8	FED9	FEDA	FEDB	FEDC	FEDD	FEDE
ﻓ	ﻔ	ﻕ	ﻖ	ﻗ	ﻘ	ﻙ	ﻚ	ﻛ	ﻜ	ﻝ	ﻞ
FEDF	FEE0	FEE1	FEE2	FEE3	FEE4	FEE5	FEE6	FEE7	FEE8	FEE9	FEEA
ﻟ	ﻠ	ﻡ	ﻢ	ﻣ	ﻤ	ﻥ	ﻦ	ﻧ	ﻨ	ﻩ	ﻪ
FEED	FEEE	FEEF	FEF0	FEF1	FEF2	FEF3	FEF4	FEFB	FBFC		
ﻭ	ﻮ	ﻯ	ﻰ	ﻱ	ﻲ	ﻳ	ﻴ	ﻻ	ﻻ		

表 2　正文黑体

060C	061B	061F	0626	0627	0628	062A	062C	062D	062E	062F	0631
،	؛	؟	ئ	ا	ب	ت	ج	ح	خ	د	ر
0632	0633	0634	0639	063A	0640	0641	0642	0643	0644	0645	0646
ز	س	ش	ع	غ	ـ	ف	ق	ك	ل	م	ن
0648	0649	064A	066A	0674	0675	0676	0677	0678	067E	0686	0698
و	ى	ي	%	ٴ	ٵ	ٶ	ٷ	ٸ	پ	چ	ژ
06AD	06AF	06BE	06C5	06C6	06C7	06C8	06C9	06CB	06D0	06D5	FB56
ڭ	گ	ھ	ۅ	ۆ	ۇ	ۈ	ۉ	ۋ	ې	ە	ﭖ
FB57	FB58	FB59	FB7A	FB7B	FB7C	FB7D	FB8A	FB8B	FB92	FB93	FB94
ﭗ	ﭘ	ﭙ	ﭺ	ﭻ	ﭼ	ﭽ	ﮊ	ﮋ	ﮒ	ﮓ	ﮔ
FB95	FBAA	FBAB	FBAC	FBAD	FBD3	FBD4	FBD5	FBD6	FBD7	FBD8	FBD9
ﮕ	ﮪ	ﮫ	ﮬ	ﮭ	ﯓ	ﯔ	ﯕ	ﯖ	ﯗ	ﯘ	ﯙ
FBDA	FBDB	FBDC	FBDD	FBDE	FBDF	FBE0	FBE1	FBE2	FBE3	FBE4	FBE5
ﯚ	ﯛ	ﯜ	ﯝ	ﯞ	ﯟ	ﯠ	ﯡ	ﯢ	ﯣ	ﯤ	ﯥ
FBE6	FBE7	FBE8	FBE9	FBEA	FBEB	FBEC	FBED	FBEE	FBEF	FBF0	FBF1
ﯦ	ﯧ	ﯨ	ﯩ	ﯪ	ﯫ	ﯬ	ﯭ	ﯮ	ﯯ	ﯰ	ﯱ
FBF2	FBF3	FBF4	FBF5	FBF6	FBF7	FBF8	FBF9	FBFA	FBFB	FE89	FE8A
ﯲ	ﯳ	ﯴ	ﯵ	ﯶ	ﯷ	ﯸ	ﯹ	ﯺ	ﯻ	ﺉ	ﺊ
FE8B	FE8C	FE8D	FE8E	FE8F	FE90	FE91	FE92	FE95	FE96	FE97	FE98
ﺋ	ﺌ	ﺍ	ﺎ	ﺏ	ﺐ	ﺑ	ﺒ	ﺕ	ﺖ	ﺗ	ﺘ
FE9D	FE9E	FE9F	FEA0	FEA1	FEA2	FEA3	FEA4	FEA5	FEA6	FEA7	FEA8
ﺝ	ﺞ	ﺟ	ﺠ	ﺡ	ﺢ	ﺣ	ﺤ	ﺥ	ﺦ	ﺧ	ﺨ
FEA9	FEAA	FEAD	FEAE	FEAF	FEB0	FEB1	FEB2	FEB3	FEB4	FEB5	FEB6
ﺩ	ﺪ	ﺭ	ﺮ	ﺯ	ﺰ	ﺱ	ﺲ	ﺳ	ﺴ	ﺵ	ﺶ

表 2（续）

FEB7	FEB8	FEC9	FECA	FECB	FECC	FECD	FECE	FECF	FED0	FED1	FED2
ﺷ	ﺸ	ﻉ	ﻊ	ﻋ	ﻌ	ﻍ	ﻎ	ﻏ	ﻐ	ﻑ	ﻒ
FED3	FED4	FED5	FED6	FED7	FED8	FED9	FEDA	FEDB	FEDC	FEDD	FEDE
ﻓ	ﻔ	ﻕ	ﻖ	ﻗ	ﻘ	ﻙ	ﻚ	ﻛ	ﻜ	ﻝ	ﻞ
FEDF	FEE0	FEE1	FEE2	FEE3	FEE4	FEE5	FEE6	FEE7	FEE8	FEE9	FEEA
ﻟ	ﻠ	ﻡ	ﻢ	ﻣ	ﻤ	ﻥ	ﻦ	ﻧ	ﻨ	ﻩ	ﻪ
FEED	FEEE	FEEF	FEF0	FEF1	FEF2	FEF3	FEF4	FEFB	FBFC		
ﻭ	ﻮ	ﻯ	ﻰ	ﻱ	ﻲ	ﻳ	ﻴ	ﻻ	ﻼ		

附　录　A
（资料性附录）
正文白体和正文黑体

维吾尔文、哈萨克文、柯尔克孜文都是以阿拉伯文为基础演化的拼音文字，其书写行款为自右向左。其中正文白体字型主要用于正文书写，只有表形成分，无表义成分。正文黑体字型大多用于标题、加重文句，点线和字型都有一定黑度、外观醒目，正文黑体同样只有表形成分，无表义成分。

附 录 B
（资料性附录）
基本笔画和结构符号

维吾尔文、哈萨克文、柯尔克孜文都是以阿拉伯文为基础演化的拼音文字，每一个字母都可以由基本笔画和结构符号组合而成，正文白体和正文黑体的基本笔画及其名称见表 B.1，结构符号及其名称见表 B.2。

表 B.1 基本笔画

名称				正文白体	正文黑体
柯尔克孜文名称	哈萨克文名称	维吾尔文名称	汉文名称		
تىك	تومەن قادا	تىك	竖		
وڭ تىك	تومەن بۇرما قادا	ئوڭ تىك	右竖		
سول تىك	ٴور قادا	سول تىك	左竖	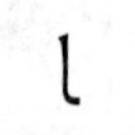	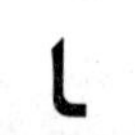
قىسقا تىك	قىسقا ٴور قادا	پەس تىك	短竖	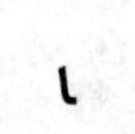	
كەرتىك	ٴتىس	كىرتىك	齿		
باش كەرتىك	باس ٴتىس	باش كىرتىك	前齿		
سىزىقچا	سىزىقشا	سىزىق	横		
قىيعاچ	قىيعاش دوعا	سىرمە	划		
تۈز قىيعاچ	ۋزىن تاعان	تۈز سىرمە	直划		
چاپقى	تىك ساباق	پەس سىرمە	下划		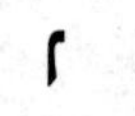
قاش	قىسقا سول قاس	ئەگمە	弯		
قاش يىمەك	سول قاس	قاش ئەگمە	眉弯		
جاا	تەرىس دوعا	يائەگمە	弓弯	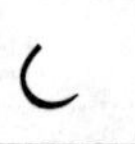	
تاقا	وڭ دوعا	تاقا	掌弯		
توكۇلۇك	شىعىرىق	ھالقا	环		

表 B.1（续）

名称				正文白体	正文黑体
柯尔克孜文名称	哈萨克文名称	维吾尔文名称	汉文名称		
تۆيۈن	شىعىرىقتى تاعان	تۈگۈن	折环		
قىر تۆيۈن	بۇرىشتى شىعىرىق تاعان	قىرتۈگۈن	角环		
قوشموق تۆيۈن	تىك قوس كوز	قوش تۈگۈن	双折环		
تىرماقچا	شىنتاق	دىيلتا	三角弯		
چىقاناق	ۇلكەن شىنتاق	سەچۈك	大角弯		
سۇيكو	جارتى شىعىرىق	پەش قۇلاق	耳弯		
ىيرەك	تىك ىرەك	چىغىر	弯弯		
سىڭارشاق	سىڭار كولبەمە	تاق شاخ	单枝		
جۇپ شاق	قوس كولبەمە	جۇپ شاخ	双枝		
ىلمەك	قايىرىلعان قيعاس دوعا	كۆز سىرمە	圆划		

表 B.2　结构符号

名称				正文白体	正文黑体
柯尔克孜文名称	哈萨克文名称	维吾尔文名称	汉文名称		
چەكىت	نۇكتە	چېكىت	点	̣	̣
ەكى چەكىت	ەكى نۇكتە	جۇپ چېكىت	双点	̤	̤
ۉچ چەكىت	ٴۇش نۇكتە	ئۈچ چېكىت	三点	∴	∴
استى بىر چەكىت	سىڭار تامشى	تېم	滴	̣	̣
استى ەكى چەكىت	قوس تامشى	جۇپ تېم	双滴	̤	̤
استى تىك	جۇپ تامشى	تىك تېم	滴滴	⁚	⁚
استى ۉچ چەكىت	استىڭعى ٴۇش نۇكتە	ئۈچ تېم	三滴	∵	∵

表 B.2（续）

名称				正文白体	正文黑体
柯尔克孜文名称	哈萨克文名称	维吾尔文名称	汉文名称		
قباچى	دايەكشە	ھەمزە	阿木宰	؏	؏
اش قباچ	باس دايەكشە	باش ھەمزە	前阿木宰	ٴ	ٴ
"ۉ" تۉرچو	"ۇ" ٴۇتىر	"ئۇ" پەش	逗号	،	،
اچاماي	اشاماي	"ئۆ" پەش	勾号	ٚ	ٚ
تىك ۉتۉر	تىك ٴۇتىر	"ئۈ" پەش	竖号	ٰ	ٰ
قالپاقچا	تەرىس اشاماي	دۉم پەش	倒勾号	ٛ	ٛ

ICS 35.040
L 71

中华人民共和国国家标准

GB 25901.1—2010

信息技术 通用多八位编码字符集 德宏傣文32点阵字型 第1部分：伊香白体

Information technology—Universal multiple-octet coded character set—Dehong Dai 32 dot matrix font—Part 1: Yixiang Bai Ti

2011-01-10 发布 2011-11-01 实施

中华人民共和国国家质量监督检验检疫总局
中国国家标准化管理委员会 发布

前　言

本部分的全部技术内容为强制性。

GB 25901《信息技术　通用多八位编码字符集　德宏傣文 32 点阵字型》分为如下部分：

——第 1 部分：伊香白体；

——第 2 部分：伊香黑体。

……

本部分是 GB 25901 的第 1 部分。

本部分是依据 GB 13000《信息技术　通用多八位编码字符集(UCS)》所规定的德宏傣文字符，以我国傣语地区规范的字型为基础，设计和规定了德宏傣文字信息系统用 32 点阵伊香白体字型。

本部分的附录 A 和附录 C 是资料性附录，附录 B 是规范性附录。

本部分由全国信息技术标准化技术委员会(SAC/TC 28)提出并归口。

本部分起草单位：中国电子技术标准化研究所、云南省少数民族语文指导工作委员会办公室、潍坊北大青鸟华光照排有限公司、云南省广播电台民族语频率、云南民族出版社。

本部分起草人：克炳珍、和丽峰、陈壮、吕建春、熊玉有、黄姗姗、李卫国、郗卫宁、冯海霞、符钰。

引　　言

有关字型数据的授权转让使用事宜，字型标准数据的维护、更新和修订工作，统一由归口单位负责。

地　址：北京市东城区安定门东大街1号（北京市1101信箱）
邮　编：100007
电　话：64007689　84029173
传　真：64007681
E-mail：daihong@cesi.ac.cn

信息技术　通用多八位编码字符集 德宏傣文32点阵字型 第1部分:伊香白体

1　范围

GB 25901的本部分规定了GB 13000中德宏傣文全部图形字符的32点阵伊香白体字型(参见附录A)。

本部分适用于德宏傣文信息处理系统中的显示设备、点阵式印刷设备,也可用于其他相关设备。

2　规范性引用文件

下列文件中的条款通过本部分的引用而成为本部分的条款。凡是注日期的引用文件,其随后所有的修改单(不包括勘误的内容)或修订版均不适用于本部分,然而,鼓励根据本部分达成协议的各方研究是否可使用这些文件的最新版本。凡是不注日期的引用文件,其最新版本适用于本部分。

GB 13000　信息技术　通用多八位编码字符集(UCS)(GB 13000—2010,ISO/IEC 10646:2003,IDT)

3　术语和定义

下列术语和定义适用于本部分。

3.1

字形　glyph

一个可辨认的抽象图形符号,它不依赖于任何特定的设计。

3.2

字型　font

具有同一基本设计的字形图像的集合。

3.3

点阵字型　dot matrix font

以点的集合来表现图形字符的(型)形。

3.4

字序　character order

图形字符在集合中按一定规则排列的次序。

4　点阵字型的排列次序

本部分按GB 13000中的德宏傣文排列次序排列各点阵字型。

5　标准数据的管理

为加强对信息技术产品用西双版纳新傣文字型与字模标准数据的管理,保证本部分在实施中数据的一致性和正确性。有关字型数据的授权转让的使用事宜,字型标准数据的维护、更新及修订工作,统一由归口单位负责。

6 点阵字型的表示方法

6.1 栅格

栅格由若干条等距离的垂直线与水平线相交叉而形成。

本部分规定的是32点阵字型，其栅格是横向32格，纵向32格。每个方格的中心定为点的中心位置。

栅格仅对构成点阵字型的各点进行定位，32点阵的栅格如图1所示。

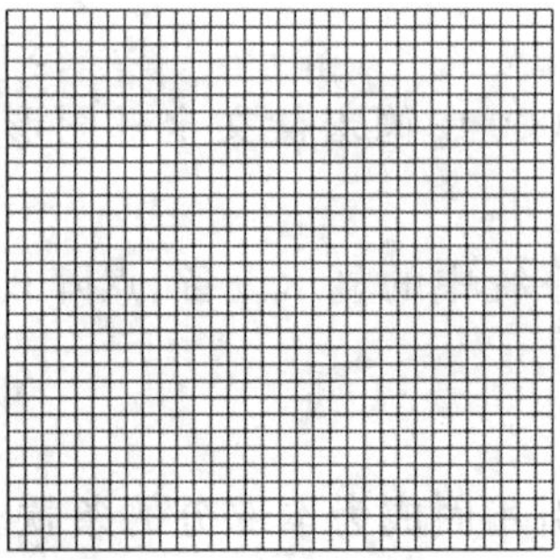

图1 32点阵栅格图

6.2 点

点是构成点阵字型的最小单位，以圆形或方形表示，它是位于各方格内的黑色区域。

6.3 点阵字样

德宏傣文点阵字型的字样，由置于栅格内的若干个点的集合来表示。德宏傣文“ᥐ”的32点阵伊香白体字样如图2所示。

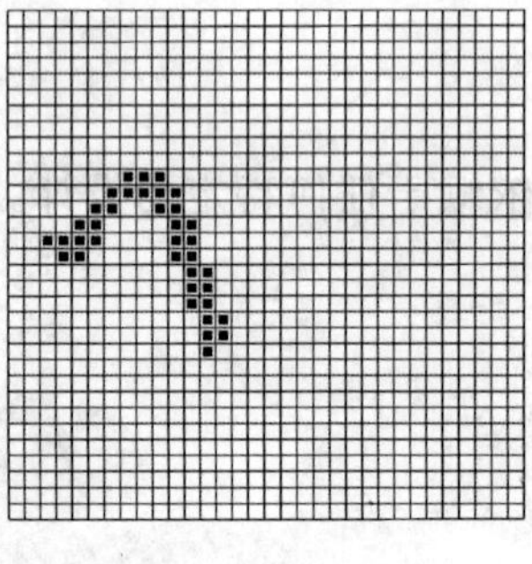

图2 德宏傣文32点阵伊香白体“ᥐ”的字样

7 德宏傣文点阵字型

7.1 字数

本部分按照GB 13000，提供了35个德宏傣文图形字符的点阵伊香白体字型。

7.2 德宏傣文字型数据

德宏傣文32点阵字型数据的表示，见附录B。

7.3 德宏傣文32点阵字型宽度数据

德宏傣文是不等宽字体，其每个字符都有各自特定的宽度，本部分提供了35个德宏傣文32点阵伊香白体字型宽度数据，参见附录C。

7.4 德宏傣文字型表

GB 13000的35个德宏傣文编码字符32点阵伊香白体字型如下：

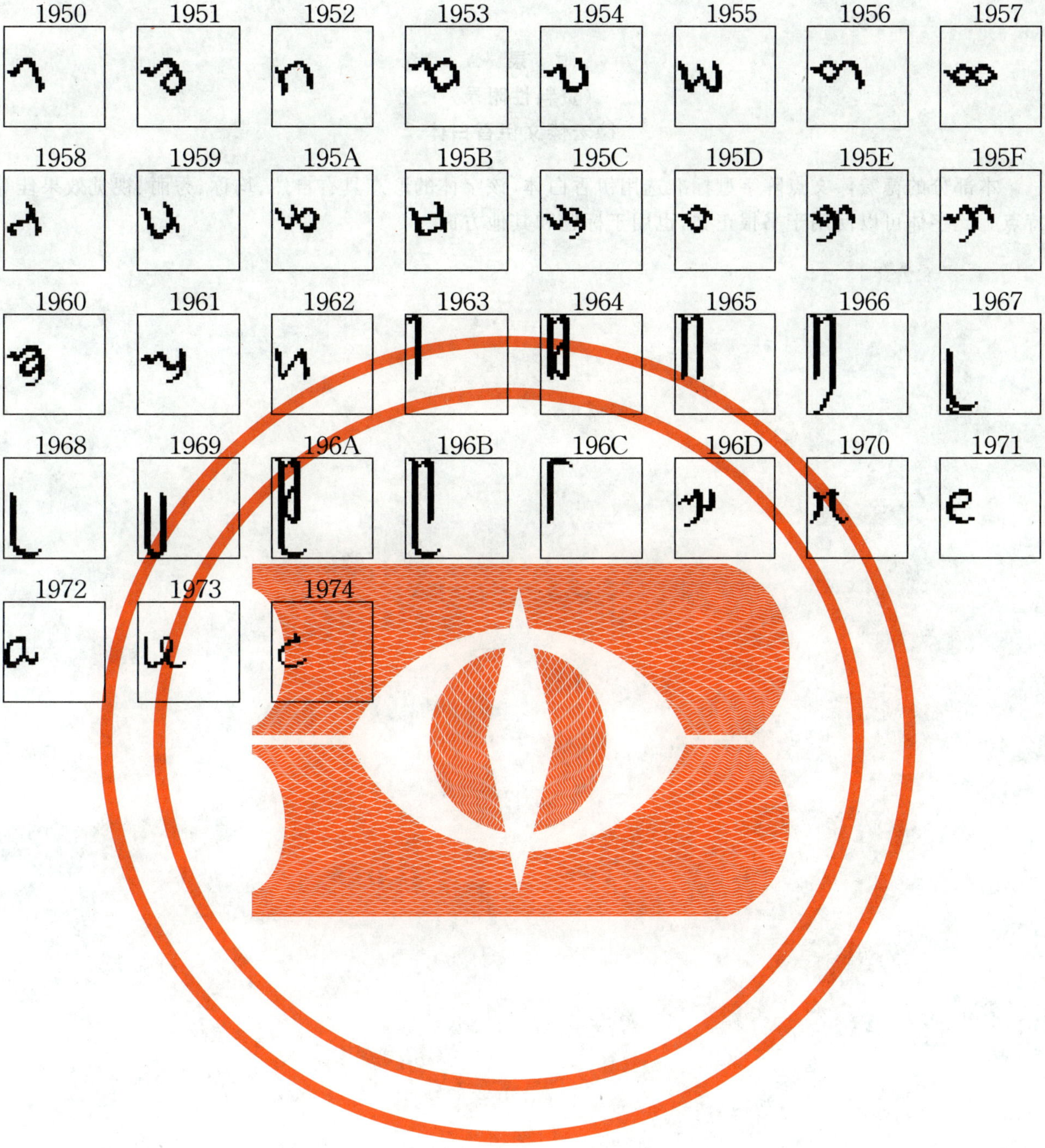
1950 1951 1952 1953 1954 1955 1956 1957
1958 1959 195A 195B 195C 195D 195E 195F
1960 1961 1962 1963 1964 1965 1966 1967
1968 1969 196A 196B 196C 196D 1970 1971
1972 1973 1974

附　录　A
（资料性附录）
德宏傣文伊香白体

本部分的德宏傣文点阵字型标准选用伊香白体，该字体的形态具有自然、均称、秀丽、视觉效果佳等特点。此字体可以使用于书报正文，也用于标题和其他方面。

附 录 B
（规范性附录）
德宏傣文32点阵字型数据

B.1 德宏傣文点阵字型数据的表示

本部分中，德宏傣文的字型可由其点阵数据来表示。每个字型的点阵数据为32×32（横行点数×纵列点数），共1 024个二进制位，128个字节。

B.2 德宏傣文点阵字型数据的记录格式

德宏傣文32点阵字型数据的128个字节排列次序是以0字节开始至127个字节结束，均用十六进制表示，其记录格式如下：

<table>
<tr><td>列数
行数</td><td>0</td><td>1</td><td>2</td><td>3</td><td>4</td><td>5</td><td>6</td><td>7</td><td>0</td><td>1</td><td>2</td><td>3</td><td>4</td><td>5</td><td>6</td><td>7</td><td>0</td><td>1</td><td>2</td><td>3</td><td>4</td><td>5</td><td>6</td><td>7</td><td>0</td><td>1</td><td>2</td><td>3</td><td>4</td><td>5</td><td>6</td><td>7</td></tr>
<tr><td>0</td><td colspan="8">0字节</td><td colspan="8">1字节</td><td colspan="8">2字节</td><td colspan="8">3字节</td></tr>
<tr><td>1
2
3
4
⋮</td><td colspan="8"></td><td colspan="8"></td><td colspan="8"></td><td colspan="8"></td></tr>
<tr><td>31</td><td colspan="8">124字节</td><td colspan="8">125字节</td><td colspan="8">126字节</td><td colspan="8">127字节</td></tr>
</table>

B.3 32点阵字型数据举例

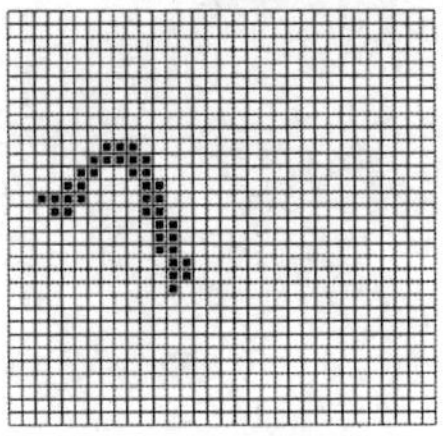

1950

00 00 00 00
00 00 00 00
00 00 00 00
00 00 00 00
00 00 00 00
00 00 00 00
00 00 00 00
00 00 00 00
00 00 00 00
00 00 00 00

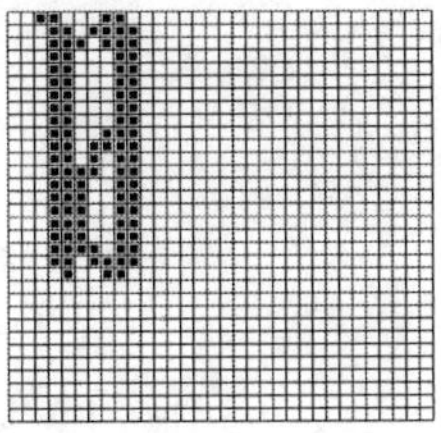

1964

63 00 00 00
37 80 00 00
3B 80 00 00
31 80 00 00
31 80 00 00
31 80 00 00
31 80 00 00
31 80 00 00
31 80 00 00
33 80 00 00

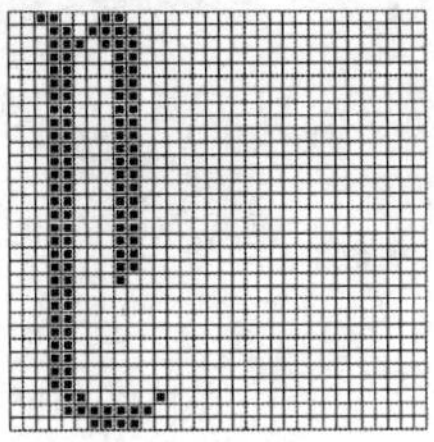

196B

63 00 00 00
37 80 00 00
3B 80 00 00
31 80 00 00
31 80 00 00
31 80 00 00
31 80 00 00
31 80 00 00
31 80 00 00
31 80 00 00

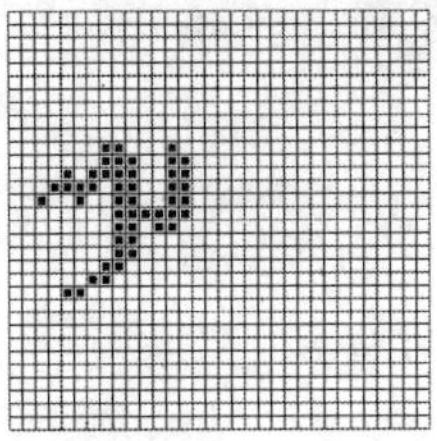

196D

00 00 00 00
00 00 00 00
00 00 00 00
00 00 00 00
00 00 00 00
00 00 00 00
00 00 00 00
00 00 00 00
00 00 00 00
00 00 00 00

03	80	00	00	37	80	00	00	31	80	00	00	03	10	00	00
07	C0	00	00	35	80	00	00	31	80	00	00	03	98	00	00
0C	C0	00	00	3D	80	00	00	31	80	00	00	17	98	00	00
18	60	00	00	39	80	00	00	31	80	00	00	3D	98	00	00
78	60	00	00	39	80	00	00	31	80	00	00	49	98	00	00
30	60	00	00	39	80	00	00	31	80	00	00	01	F8	00	00
00	30	00	00	39	80	00	00	31	80	00	00	01	B0	00	00
00	30	00	00	39	80	00	00	31	80	00	00	01	80	00	00
00	18	00	00	3D	80	00	00	31	80	00	00	01	80	00	00
00	18	00	00	37	80	00	00	31	80	00	00	03	00	00	00
00	10	00	00	13	00	00	00	31	00	00	00	06	00	00	00
00	00	00	00	00	00	00	00	30	00	00	00	18	00	00	00
00	00	00	00	00	00	00	00	30	00	00	00	00	00	00	00
00	00	00	00	00	00	00	00	30	00	00	00	00	00	00	00
00	00	00	00	00	00	00	00	30	00	00	00	00	00	00	00
00	00	00	00	00	00	00	00	30	00	00	00	00	00	00	00
00	00	00	00	00	00	00	00	30	00	00	00	00	00	00	00
00	00	00	00	00	00	00	00	30	00	00	00	00	00	00	00
00	00	00	00	00	00	00	00	30	00	00	00	00	00	00	00
00	00	00	00	00	00	00	00	18	20	00	00	00	00	00	00
00	00	00	00	00	00	00	00	1F	C0	00	00	00	00	00	00
00	00	00	00	00	00	00	00	07	80	00	00	00	00	00	00

附 录 C
（资料性附录）
德宏傣文32点阵字型宽度数据

代码	宽度	代码	宽度	代码	宽度	代码	宽度	代码	宽度
1950	13	1957	18	195E	15	1965	9	196C	10
1951	15	1958	12	195F	17	1966	9	196D	13
1952	13	1959	13	1960	13	1967	12	1970	13
1953	17	195A	15	1961	15	1968	12	1971	11
1954	15	195B	13	1962	12	1969	9	1972	11
1955	15	195C	14	1963	5	196A	11	1973	15
1956	18	195D	12	1964	9	196B	11	1974	11

ICS 35.040
L 71

中华人民共和国国家标准

GB 25901.2—2010

信息技术　通用多八位编码字符集 德宏傣文 32 点阵字型 第 2 部分：伊香黑体

Information technology—Universal multiple-octet coded character set—Dehong Dai 32 dot matrix font—Part 2: Yixiang Hei Ti

2011-01-10 发布　　　　2011-11-01 实施

中华人民共和国国家质量监督检验检疫总局
中国国家标准化管理委员会　发布

前　言

本部分的全部技术内容为强制性。

GB 25901《信息技术　通用多八位编码字符集　德宏傣文32点阵字型》分为如下部分：

——第1部分：伊香白体；

——第2部分：伊香黑体。

……

本部分是GB 25901的第2部分。

本部分是依据GB 13000《信息技术　通用多八位编码字符集(UCS)》所规定的德宏傣文字符，以我国傣语地区规范的字型为基础，设计和规定了德宏傣文字信息系统用32点阵伊香黑体字型。

本部分的附录A和附录C是资料性附录，附录B是规范性附录。

本部分由全国信息技术标准化技术委员会(SAC/TC 28)提出并归口。

本部分起草单位：中国电子技术标准化研究所、云南省少数民族语文指导工作委员会办公室、潍坊北大青鸟华光照排有限公司、云南省广播电台民族语频率、云南民族出版社。

本部分起草人：克炳珍、和丽峰、陈壮、吕建春、熊玉有、黄姗姗、李卫国、郗卫宁、徐志强、闫冰。

引　言

有关字型数据的授权转让使用事宜，字型标准数据的维护、更新和修订工作，统一由归口单位负责。

地　址：北京市东城区安定门东大街1号（北京市1101信箱）
邮　编：100007
电　话：64007689　84029173
传　真：64007681
E-mail：daihong@cesi.ac.cn

信息技术　通用多八位编码字符集
德宏傣文32点阵字型
第2部分：伊香黑体

1　范围

GB 25901的本部分规定了GB 13000中德宏傣文全部图形字符的32点阵伊香黑体字型(参见附录A)。

本部分适用于德宏傣文信息处理系统中的显示设备、点阵式印刷设备，也可用于其他相关设备。

2　规范性引用文件

下列文件中的条款通过本部分的引用而成为本部分的条款。凡是注日期的引用文件，其随后所有的修改单(不包括勘误的内容)或修订版均不适用于本部分，然而，鼓励根据本部分达成协议的各方研究是否可使用这些文件的最新版本。凡是不注日期的引用文件，其最新版本适用于本部分。

GB 13000　信息技术　通用多八位编码字符集(UCS)(GB 13000—2010，ISO/IEC 10646:2003，IDT)

3　术语和定义

下列术语和定义适用于本部分。

3.1

字形　glyph

一个可辨认的抽象图形符号，它不依赖于任何特定的设计。

3.2

字型　font

具有同一基本设计的字形图像的集合。

3.3

点阵字型　dot matrix font

以点的集合来表现图形字符的(型)形。

3.4

字序　character order

图形字符在集合中按一定规则排列的次序。

4　点阵字型的排列次序

本部分按GB 13000中的德宏傣文排列次序排列各点阵字型。

5　标准数据的管理

为加强对信息技术产品用西双版纳新傣文字型与字模标准数据的管理，保证本部分在实施中数据的一致性和正确性。有关字型数据的授权转让的使用事宜，字型标准数据的维护、更新及修订工作，统一由归口单位负责。

6 点阵字型的表示方法

6.1 栅格

栅格由若干条等距离的垂直线与水平线相交叉而形成。

本部分规定的是32点阵字型，其栅格是横向32格，纵向32格。每个方格的中心定为点的中心位置。

栅格仅对构成点阵字型的各点进行定位，32点阵的栅格如图1所示。

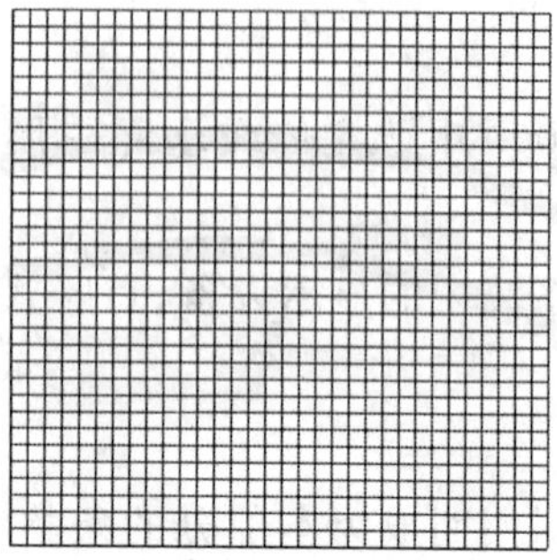

图1 32点阵栅格图

6.2 点

点是构成点阵字型的最小单位，以圆形或方形表示，它是位于各方格内的黑色区域。

6.3 点阵字样

德宏傣文点阵字型的字样，由置于栅格内的若干个点的集合来表示。德宏傣文“ᥐ”的32点阵伊香黑体字样如图2所示。

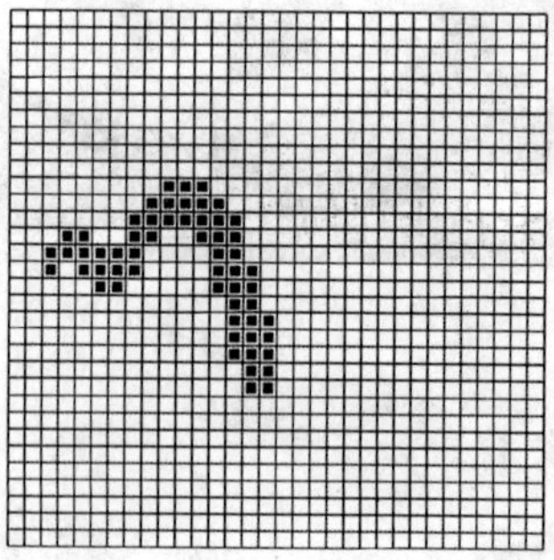

图2 德宏傣文32点阵伊香黑体“ᥐ”的字样

7 德宏傣文点阵字型

7.1 字数

本部分按照GB 13000，提供了35个德宏傣文图形字符的点阵伊香黑体字型。

7.2 德宏傣文字型数据

德宏傣文32点阵字型数据的表示，见附录B。

7.3 德宏傣文32点阵字型宽度数据

德宏傣文是不等宽字体，其每个字符都有各自特定的宽度，本部分提供了35个德宏傣文32点阵伊香黑体字型宽度数据，参见附录C。

7.4 德宏傣文字型表

GB 13000的35个德宏傣文编码字符32点阵伊香黑体字型如下：

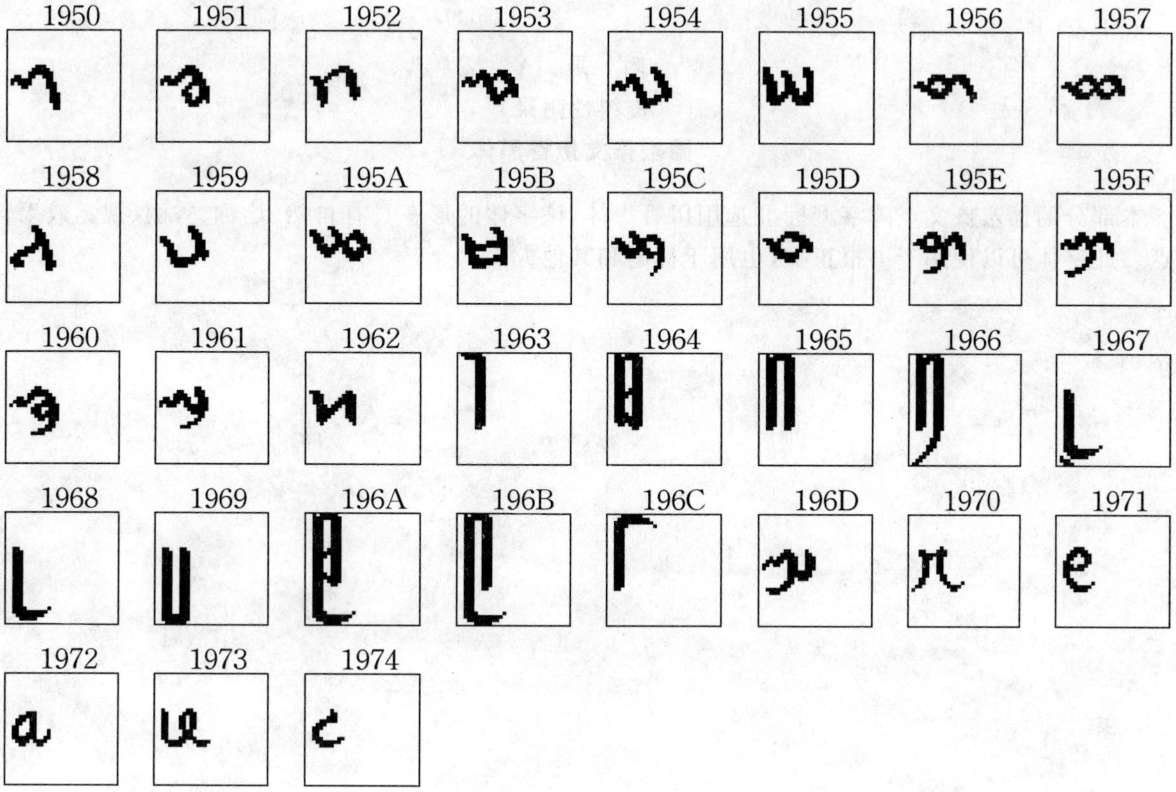
1950
1951
1952
1953
1954
1955
1956
1957
1958
1959
195A
195B
195C
195D
195E
195F
1960
1961
1962
1963
1964
1965
1966
1967
1968
1969
196A
196B
196C
196D
1970
1971
1972
1973
1974

附　录　A
（资料性附录）
德宏傣文伊香黑体

本部分的德宏傣文点阵字型标准选用伊香黑体，该字体的形态具有自然、均称、秀丽、视觉效果佳等特点。此字体可以使用于书报正文，也用于标题和其他方面。

附 录 B
（规范性附录）
德宏傣文 32 点阵字型数据

B.1 德宏傣文点阵字型数据的表示

本部分中，德宏傣文的字型可由其点阵数据来表示。每个字型的点阵数据为 32×32（横行点数×纵列点数），共 1 024 个二进制位，128 个字节。

B.2 德宏傣文点阵字型数据的记录格式

德宏傣文 32 点阵字型数据的 128 个字节排列次序是以 0 字节开始至 127 个字节结束，均用十六进制表示，其记录格式如下：

<table>
<tr><td>列数
行数</td><td>0</td><td>1</td><td>2</td><td>3</td><td>4</td><td>5</td><td>6</td><td>7</td><td>0</td><td>1</td><td>2</td><td>3</td><td>4</td><td>5</td><td>6</td><td>7</td><td>0</td><td>1</td><td>2</td><td>3</td><td>4</td><td>5</td><td>6</td><td>7</td><td>0</td><td>1</td><td>2</td><td>3</td><td>4</td><td>5</td><td>6</td><td>7</td></tr>
<tr><td>0</td><td colspan="8">0 字节</td><td colspan="8">1 字节</td><td colspan="8">2 字节</td><td colspan="8">3 字节</td></tr>
<tr><td>1
2
3
4
⋮</td><td colspan="8"></td><td colspan="8"></td><td colspan="8"></td><td colspan="8"></td></tr>
<tr><td>31</td><td colspan="8">124</td><td colspan="8">125</td><td colspan="8">126</td><td colspan="8">127</td></tr>
</table>

B.3 32 点阵字型数据举例

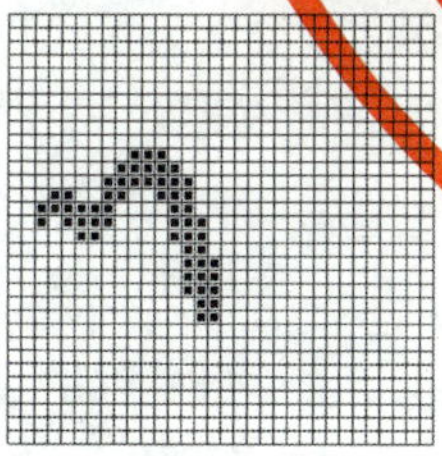
1950

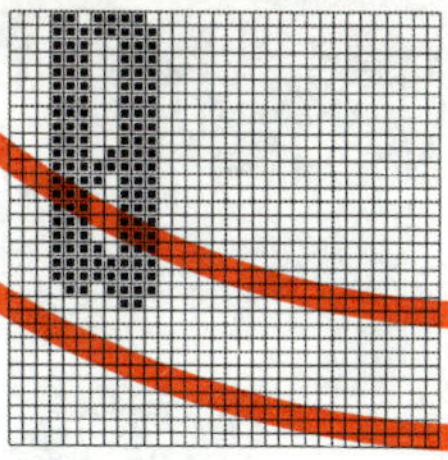
1964

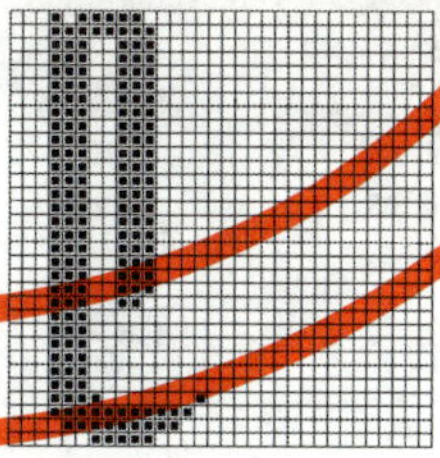
196B

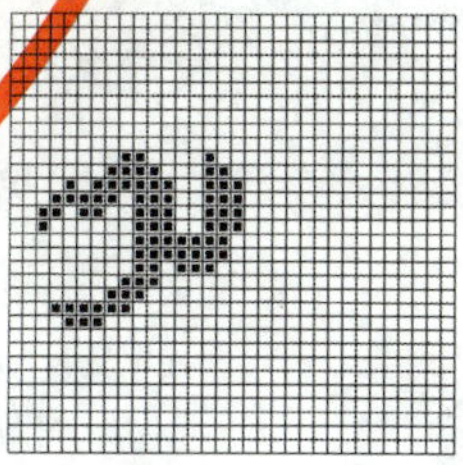
196D

1950	1964	196B	196D
00 00 00 00	37 80 00 00	2F 80 00 00	00 00 00 00
00 00 00 00	3F C0 00 00	3F C0 00 00	00 00 00 00
00 00 00 00	39 C0 00 00	39 C0 00 00	00 00 00 00
00 00 00 00	39 C0 00 00	39 C0 00 00	00 00 00 00
00 00 00 00	39 C0 00 00	39 C0 00 00	00 00 00 00
00 00 00 00	39 C0 00 00	39 C0 00 00	00 00 00 00
00 00 00 00	39 C0 00 00	39 C0 00 00	00 00 00 00
00 00 00 00	39 C0 00 00	39 C0 00 00	00 00 00 00
00 00 00 00	39 C0 00 00	39 C0 00 00	00 00 00 00
00 00 00 00	39 C0 00 00	39 C0 00 00	00 00 00 00

00 E0 00 00	3B C0 00 00	39 C0 00 00	01 84 00 00
01 F0 00 00	3F C0 00 00	39 C0 00 00	03 C6 00 00
03 F8 00 00	3D C0 00 00	39 C0 00 00	17 E7 00 00
33 38 00 00	39 C0 00 00	39 C0 00 00	3E E7 00 00
7E 18 00 00	39 C0 00 00	39 C0 00 00	6C E7 00 00
5E 1C 00 00	39 C0 00 00	39 C0 00 00	40 E7 00 00
0C 1C 00 00	39 C0 00 00	39 C0 00 00	00 FE 00 00
00 0C 00 00	3D C0 00 00	39 C0 00 00	00 FE 00 00
00 0E 00 00	3F C0 00 00	39 C0 00 00	00 DC 00 00
00 0E 00 00	3F C0 00 00	39 C0 00 00	01 C0 00 00
00 0E 00 00	1B C0 00 00	39 C0 00 00	03 80 00 00
00 06 00 00	01 80 00 00	39 80 00 00	3F 00 00 00
00 06 00 00	00 00 00 00	38 00 00 00	1C 00 00 00
00 00 00 00	00 00 00 00	38 00 00 00	00 00 00 00
00 00 00 00	00 00 00 00	38 00 00 00	00 00 00 00
00 00 00 00	00 00 00 00	38 00 00 00	00 00 00 00
00 00 00 00	00 00 00 00	38 00 00 00	00 00 00 00
00 00 00 00	00 00 00 00	38 00 00 00	00 00 00 00
00 00 00 00	00 00 00 00	3C 04 00 00	00 00 00 00
00 00 00 00	00 00 00 00	3F F8 00 00	00 00 00 00
00 00 00 00	00 00 00 00	1F F0 00 00	00 00 00 00
00 00 00 00	00 00 00 00	07 C0 00 00	00 00 00 00

附 录 C
（资料性附录）
德宏傣文 32 点阵字型宽度数据

代码	宽度	代码	宽度	代码	宽度	代码	宽度	代码	宽度
1950	15	1957	19	195E	16	1965	10	196C	14
1951	15	1958	14	195F	16	1966	10	196D	16
1952	15	1959	15	1960	15	1967	13	1970	16
1953	17	195A	18	1961	15	1968	13	1971	11
1954	18	195B	14	1962	14	1969	10	1972	13
1955	15	195C	16	1963	8	196A	14	1973	16
1956	19	195D	15	1964	10	196B	14	1974	11

ICS 35.040
L 71

中华人民共和国国家标准

GB 25902.1—2010

信息技术 通用多八位编码字符集 西双版纳新傣文32点阵字型 第1部分:赫罕白体

Information technology—Universal multiple-octet coded character set—New Xishuang Banna Dai 32 dot matrix font—Part 1:Hehan Bai Ti

2011-01-10 发布 2011-11-01 实施

中华人民共和国国家质量监督检验检疫总局
中国国家标准化管理委员会 发布

前　言

本部分的全部技术内容为强制性。

GB 25902《信息技术　通用多八位编码字符集　西双版纳新傣文32点阵字型》分为如下部分：

——第1部分：赫罕白体；

——第2部分：赫罕黑体；

——第3部分：温暖非白体；

——第4部分：温暖非黑体。

……

本部分是GB 25902的第1部分。

本部分是依据GB 13000《信息技术　通用多八位编码字符集(UCS)》所规定的西双版纳新傣文字符，以我国傣语地区规范的字型为基础，设计和规定了西双版纳新傣文字信息系统用32点阵字型。

本部分的附录A和附录C是资料性附录，附录B是规范性附录。

本部分由全国信息技术标准化技术委员会(SAC/TC 28)提出并归口。

本部分起草单位：中国电子技术标准化研究所、云南省少数民族语文指导工作委员会、潍坊北大青鸟华光照排有限公司、云南民族出版社、西双版纳州报社。

本部分起草人：岩化、和丽峰、陈壮、吕建春、熊玉有、黄姗姗、殷建民、岩香、玉康龙、郗卫宁、冯海霞。

引　　言

有关字型数据的授权转让使用事宜，字型标准数据的维护、更新和修订工作，统一由归口单位负责。

地　址：北京市东城区安定门东大街1号(北京市1101信箱)
邮　编：100007
电　话：64007689　84029173
传　真：64007681
E-mail：daihong@cesi.ac.cn

信息技术　通用多八位编码字符集 西双版纳新傣文 32 点阵字型 第 1 部分:赫罕白体

1　范围

GB 25902 的本部分规定了 GB 13000 中西双版纳新傣文全部图形字符的 32 点阵赫罕白体(参见附录 A)字型。

本部分适用于西双版纳新傣文信息处理系统中的显示设备、点阵式印刷设备,也可用于其他相关设备。

2　规范性引用文件

下列文件中的条款通过本部分的引用而成为本部分的条款。凡是注日期的引用文件,其随后所有的修改单(不包括勘误的内容)或修订版均不适用于本部分,然而,鼓励根据本部分达成协议的各方研究是否可使用这些文件的最新版本。凡是不注日期的引用文件,其最新版本适用于本部分。

GB 13000　信息技术　通用多八位编码字符集(UCS)(GB 13000—2010,ISO/IEC 10646:2003,IDT)

3　术语和定义

下列术语和定义适用于本部分。

3.1

字形　glyph

一个可辨认的抽象图形符号,它不依赖于任何特定的设计。

3.2

字型　font

具有同一基本设计的字形图像的集合。

3.3

点阵字型　dot matrix font

以点的集合来表现图形字符的(型)形。

3.4

字序　character order

图形字符在集合中按一定规则排列的次序。

4　点阵字型的排列次序

本部分按 GB 13000 中的西双版纳新傣文排列次序排列各点阵字型。

5　标准数据的管理

为加强对信息技术产品用西双版纳新傣文字型与字模标准数据的管理,保证本部分在实施中数据的一致性和正确性。有关字型数据的授权转让的使用事宜,字型标准数据的维护、更新及修订工作,统一由归口单位负责。

6 点阵字型的表示方法

6.1 栅格

栅格由若干条等距离的垂直线与水平线相交叉而形成。

本部分规定的是 32 点阵字型，其栅格是横向 32 格，纵向 32 格。每个方格的中心定为点的中心位置。

栅格仅对构成点阵字型的各点进行定位，32 点阵的栅格如图 1 所示。

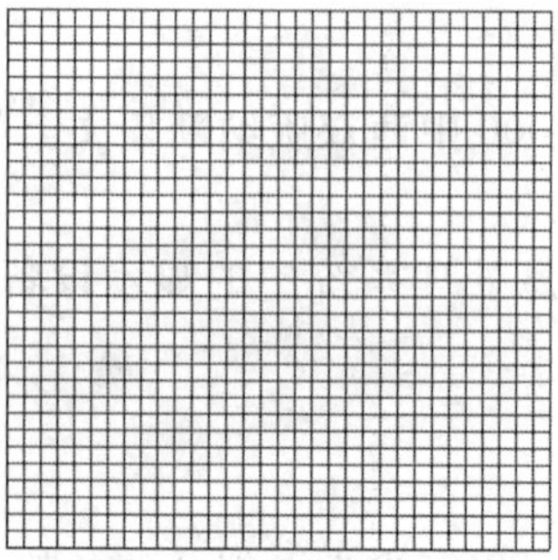

图 1 32 点阵栅格图

6.2 点

点是构成点阵字型的最小单位，以圆形或方形表示，它是位于各方格内的黑色区域。

6.3 点阵字样

西双版纳新傣文点阵字型的字样，由置于栅格内的若干个点的集合来表示。西双版纳新傣文“ᦃ”的 32 点阵赫罕白体字样如图 2 所示。

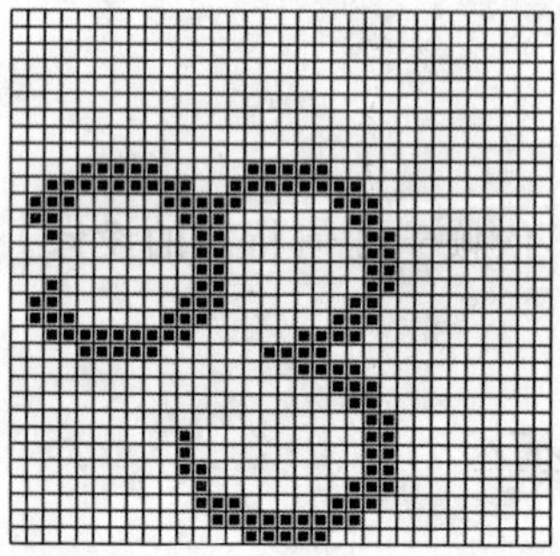

图 2 西双版纳新傣文 32 点阵赫罕白体“ᦃ”的字样

7 西双版纳新傣文点阵字型

7.1 字数

本部分按照 GB 13000，提供了 83 个西双版纳新傣文图形字符的点阵赫罕白体字型。

7.2 西双版纳新傣文字型数据

西双版纳新傣文 32 点阵字型数据的表示，见附录 B。

7.3 西双版纳新傣文 32 点阵字型宽度数据

西双版纳新傣文是不等宽字体，其每个字符都有各自特定的宽度，本部分提供了 83 个西双版纳新傣文 32 点阵赫罕白体字型宽度数据，参见附录 C。

7.4 西双版纳新傣文字型表

GB 13000 的 83 个西双版纳新傣文编码字符 32 点阵赫罕白体字型如下：

1980	1981	1982	1983	1984	1985	1986	1987
ᦀ	ᦁ	ᦂ	ᦃ	ᦄ	ᦅ	ᦆ	ᦇ
1988	1989	198A	198B	198C	198D	198E	198F
ᦈ	ᦉ	ᦊ	ᦋ	ᦌ	ᦍ	ᦎ	ᦏ
1990	1991	1992	1993	1994	1995	1996	1997
ᦐ	ᦑ	ᦒ	ᦓ	ᦔ	ᦕ	ᦖ	ᦗ
1998	1999	199A	199B	199C	199D	199E	199F
ᦘ	ᦙ	ᦚ	ᦛ	ᦜ	ᦝ	ᦞ	ᦟ
19A0	19A1	19A2	19A3	19A4	19A5	19A6	19A7
ᦠ	ᦡ	ᦢ	ᦣ	ᦤ	ᦥ	ᦦ	ᦧ
19A8	19A9	19AA	19AB	19B0	19B1	19B2	19B3
ᦨ	ᦩ	ᦪ	ᦫ	ᦰ	ᦱ	ᦲ	ᦳ
19B4	19B5	19B6	19B7	19B8	19B9	19BA	19BB
ᦴ	ᦵ	ᦶ	ᦷ	ᦸ	ᦹ	ᦺ	ᦻ
19BC	19BD	19BE	19BF	19C0	19C1	19C2	19C3
ᦼ	ᦽ	ᦾ	ᦿ	ᧀ	ᧁ	ᧂ	ᧃ
19C4	19C5	19C6	19C7	19C8	19C9	19D0	19D1
ᧄ	ᧅ	ᧆ	ᧇ	ᧈ	ᧉ	᧐	᧑
19D2	19D3	19D4	19D5	19D6	19D7	19D8	19D9
᧒	᧓	᧔	᧕	᧖	᧗	᧘	᧙
19DA	19DE	19DF					
᧚	᧞	᧟					

附 录 A
(资料性附录)
西双版纳新傣文赫罕白体

本部分的西双版纳新傣文点阵字型标准选用赫罕白体,该体的形态具有自然、匀称、秀丽、视觉效果佳等特点。目前,该字体为西双版纳报社排版系统的标准字体,在西双版纳地区广泛使用,深受群众喜爱和欢迎。本字体可使用于书报正文,也用于标题和其他方面。

附 录 B
（规范性附录）
西双版纳新傣文 32 点阵字型数据

B.1 西双版纳新傣文点阵字型数据的表示

本部分中，西双版纳新傣文的字型可由其点阵数据来表示。每个字型的点阵数据为 32×32（横行点数×纵列点数），共 1 024 个二进制位，128 个字节。

B.2 西双版纳新傣文点阵字型数据的记录格式

西双版纳新傣文 32 点阵字型数据的 128 个字节排列次序是以 0 字节开始至 127 个字节结束，均用十六进制表示，其记录格式如下：

<table>
<tr><td>列数
行数</td><td>0</td><td>1</td><td>2</td><td>3</td><td>4</td><td>5</td><td>6</td><td>7</td><td>0</td><td>1</td><td>2</td><td>3</td><td>4</td><td>5</td><td>6</td><td>7</td><td>0</td><td>1</td><td>2</td><td>3</td><td>4</td><td>5</td><td>6</td><td>7</td><td>0</td><td>1</td><td>2</td><td>3</td><td>4</td><td>5</td><td>6</td><td>7</td></tr>
<tr><td>0</td><td colspan="8">0 字节</td><td colspan="8">1 字节</td><td colspan="8">2 字节</td><td colspan="8">3 字节</td></tr>
<tr><td>1
2
3
4
⋮</td><td colspan="8"></td><td colspan="8"></td><td colspan="8"></td><td colspan="8"></td></tr>
<tr><td>31</td><td colspan="8">124</td><td colspan="8">125</td><td colspan="8">126</td><td colspan="8">127</td></tr>
</table>

B.3 32 点阵字型数据举例

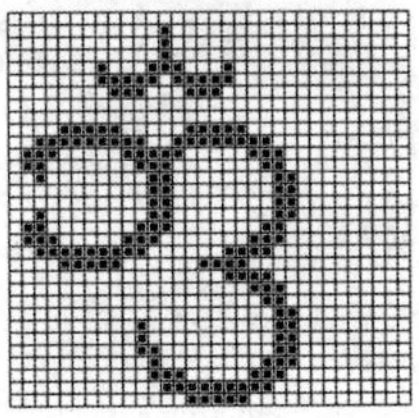

1981

00 00 00 00
00 08 00 00
00 08 00 00
00 08 00 00
01 1C 40 00
01 F7 C0 00
00 E3 80 00
00 00 00 00
00 00 00 00
0F 83 E0 00

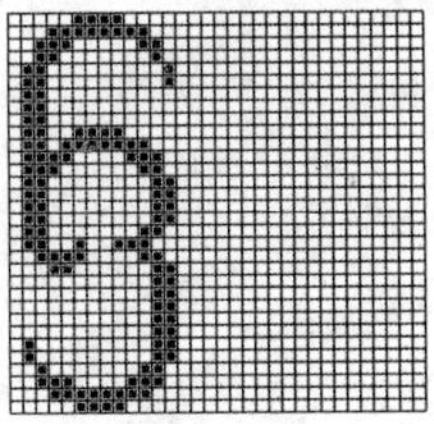

198C

07 80 00 00
1F E0 00 00
38 30 00 00
30 10 00 00
60 08 00 00
60 08 00 00
60 00 00 00
60 00 00 00
60 00 00 00
67 80 00 00

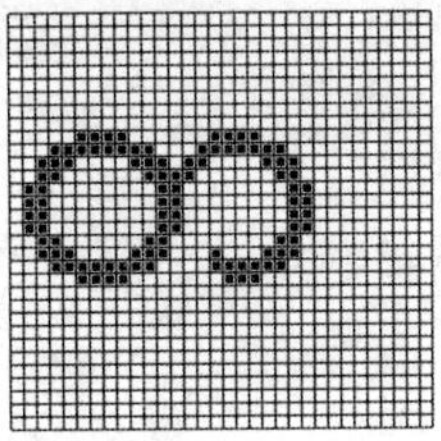

198E

00 00 00 00
00 00 00 00
00 00 00 00
00 00 00 00
00 00 00 00
00 00 00 00
00 00 00 00
00 00 00 00
00 00 00 00
07 81 E0 00

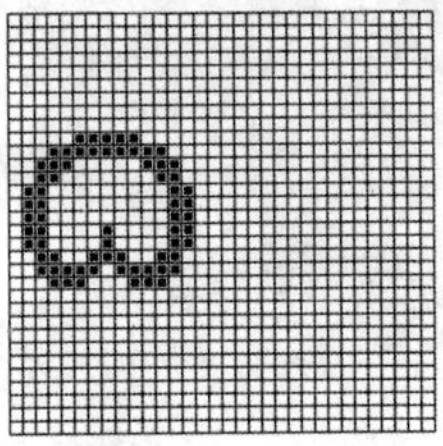

1992

00 00 00 00
00 00 00 00
00 00 00 00
00 00 00 00
00 00 00 00
00 00 00 00
00 00 00 00
00 00 00 00
00 00 00 00
07 C0 00 00

3F	E7	F8	00	6F	E0	00	00	1F	E3	F8	00	1F	F0	00	00
70	7C	1C	00	78	70	00	00	38	76	1C	00	38	38	00	00
60	38	0C	00	70	30	00	00	30	3C	0C	00	30	18	00	00
20	18	06	00	60	18	00	00	60	18	06	00	60	0C	00	00
00	18	06	00	60	18	00	00	60	18	06	00	60	0C	00	00
00	18	06	00	60	18	00	00	60	18	06	00	60	0C	00	00
20	18	06	00	60	18	00	00	60	18	06	00	61	0C	00	00
60	38	0C	00	60	18	00	00	30	30	0C	00	61	0C	00	00
70	70	1C	00	64	30	00	00	38	71	1C	00	33	98	00	00
3F	E0	78	00	3C	E0	00	00	1F	E1	F8	00	3E	F8	00	00
0F	81	E0	00	18	30	00	00	07	80	E0	00	1C	70	00	00
00	00	78	00	00	18	00	00	00	00	00	00	00	00	00	00
00	00	1C	00	00	18	00	00	00	00	00	00	00	00	00	00
00	00	0C	00	00	18	00	00	00	00	00	00	00	00	00	00
00	00	06	00	00	18	00	00	00	00	00	00	00	00	00	00
00	20	06	00	00	18	00	00	00	00	00	00	00	00	00	00
00	20	06	00	40	18	00	00	00	00	00	00	00	00	00	00
00	30	06	00	40	18	00	00	00	00	00	00	00	00	00	00
00	10	0E	00	20	30	00	00	00	00	00	00	00	00	00	00
00	1C	1C	00	38	70	00	00	00	00	00	00	00	00	00	00
00	0F	F8	00	1F	E0	00	00	00	00	00	00	00	00	00	00
00	03	E0	00	07	80	00	00	00	00	00	00	00	00	00	00

附　录　C
（资料性附录）
西双版纳新傣文 32 点阵字型宽度数据

代码	宽度	代码	宽度	代码	宽度	代码	宽度	代码	宽度	代码	宽度
1980	23	198E	23	199C	23	19AA	23	19BC	20	19D0	13
1981	23	198F	13	199D	23	19AB	13	19BD	20	19D1	13
1982	23	1990	23	199E	13	19B0	13	19BE	16	19D2	13
1983	13	1991	13	199F	23	19B1	13	19BF	20	19D3	13
1984	23	1992	14	19A0	23	19B2	13	19C0	20	19D4	13
1985	13	1993	13	19A1	13	19B3	13	19C1	13	19D5	15
1986	13	1994	14	19A2	13	19B4	21	19C2	13	19D6	13
1987	13	1995	13	19A3	13	19B5	14	19C3	13	19D7	17
1988	13	1996	23	19A4	13	19B6	27	19C4	13	19D8	18
1989	23	1997	23	19A5	13	19B7	13	19C5	23	19D9	14
198A	14	1998	23	19A6	23	19B8	12	19C6	13	19DA	20
198B	13	1999	13	19A7	13	19B9	13	19C7	13	19DE	18
198C	13	199A	13	19A8	13	19BA	13	19C8	13	19DF	18
198D	23	199B	23	19A9	13	19BB	20	19C9	13		

ICS 35.040
L 71

中华人民共和国国家标准

GB 25902.2—2010

信息技术 通用多八位编码字符集 西双版纳新傣文32点阵字型 第2部分:赫罕黑体

Information technology—Universal multiple-octet coded character set—New Xishuang Banna Dai 32 dot matrix font—Part 2:Hehan Hei Ti

2011-01-10 发布　　2011-11-01 实施

中华人民共和国国家质量监督检验检疫总局
中国国家标准化管理委员会 发布

前 言

本部分的全部技术内容为强制性。

GB 25902《信息技术　通用多八位编码字符集　西双版纳新傣文 32 点阵字型》分为如下部分：

——第 1 部分：赫罕白体；

——第 2 部分：赫罕黑体；

——第 3 部分：温暖菲白体；

——第 4 部分：温暖菲黑体。

……

本部分是 GB 25902 的第 2 部分。

本部分是依据 GB 13000《信息技术　通用多八位编码字符集(UCS)》所规定的西双版纳新傣文字符，以我国傣语地区规范的字型为基础，设计和规定了西双版纳新傣文字信息系统用 32 点阵字型。

本部分的附录 A 和附录 C 是资料性附录，附录 B 是规范性附录。

本部分由全国信息技术标准化技术委员会(SAC/TC 28)提出并归口。

本部分起草单位：中国电子技术标准化研究所、云南省少数民族语文指导工作委员会、潍坊北大青鸟华光照排有限公司、云南民族出版社、西双版纳州报社。

本部分起草人：岩化、和丽峰、陈壮、吕建春、熊玉有、黄姗姗、徐志强、岩香、玉康龙、郗卫宁、闫冰。

引　言

有关字型数据的授权转让使用事宜，字型标准数据的维护、更新和修订工作，统一由归口单位负责。

地　址：北京市东城区安定门东大街1号（北京市1101信箱）
邮　编：100007
电　话：64007689 84029173
传　真：64007681
E-mail：daihong@cesi.ac.cn

信息技术 通用多八位编码字符集 西双版纳新傣文32点阵字型 第2部分:赫罕黑体

1 范围

GB 25902的本部分规定了GB 13000中西双版纳新傣文全部图形字符的32点阵赫罕黑体字型(参见附录A)。

本部分适用于西双版纳新傣文信息处理系统中的显示设备、点阵式印刷设备,也可用于其他相关设备。

2 规范性引用文件

下列文件中的条款通过本部分的引用而成为本部分的条款。凡是注日期的引用文件,其随后所有的修改单(不包括勘误的内容)或修订版均不适用于本部分,然而,鼓励根据本部分达成协议的各方研究是否可使用这些文件的最新版本。凡是不注日期的引用文件,其最新版本适用于本部分。

GB 13000 信息技术 通用多八位编码字符集(UCS)(GB 13000—2010,ISO/IEC 10646:2003,IDT)

3 术语和定义

下列术语和定义适用于本(GB 13000—2010,ISO/IEC 10646:2003,IDT)。

3.1

字形 glyph

一个可辨认的抽象图形符号,它不依赖于任何特定的设计。

3.2

字型 font

具有同一基本设计的字形图像的集合。

3.3

点阵字型 dot matrix font

以点的集合来表现图形字符的(型)形。

3.4

字序 character order

图形字符在集合中按一定规则排列的次序。

4 点阵字型的排列次序

本部分按GB 13000中的西双版纳新傣文排列次序排列各点阵字型。

5 标准数据的管理

为加强对信息技术产品用西双版纳新傣文字型与字模标准数据的管理,保证本部分在实施中数据的一致性和正确性。有关字型数据的授权转让的使用事宜,字型标准数据的维护、更新及修订工作,统一由归口单位负责。

6 点阵字型的表示方法

6.1 栅格

栅格由若干条等距离的垂直线与水平线相交叉而形成。

本部分规定的是32点阵字型，其栅格是横向32格，纵向32格。每个方格的中心定为点的中心位置。

栅格仅对构成点阵字型的各点进行定位，32点阵的栅格如图1所示。

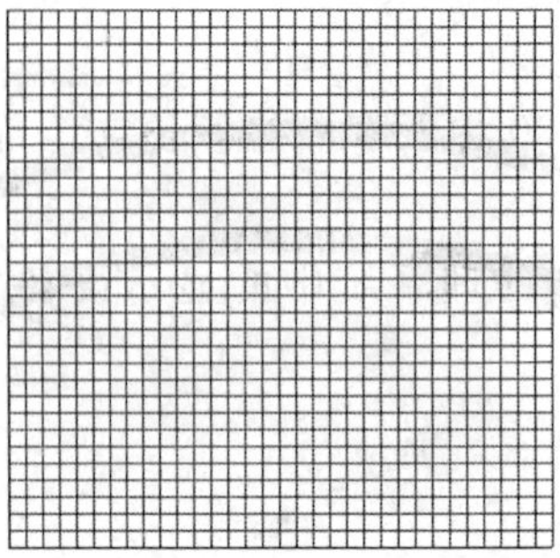

图1 32点阵栅格图

6.2 点

点是构成点阵字型的最小单位，以圆形或方形表示，它是位于各方格内的黑色区域。

6.3 点阵字样

西双版纳新傣文点阵字型的字样，由置于栅格内的若干个点的集合来表示。西双版纳新傣文“ᦃ”的32点阵赫罕黑体字样如图2所示。

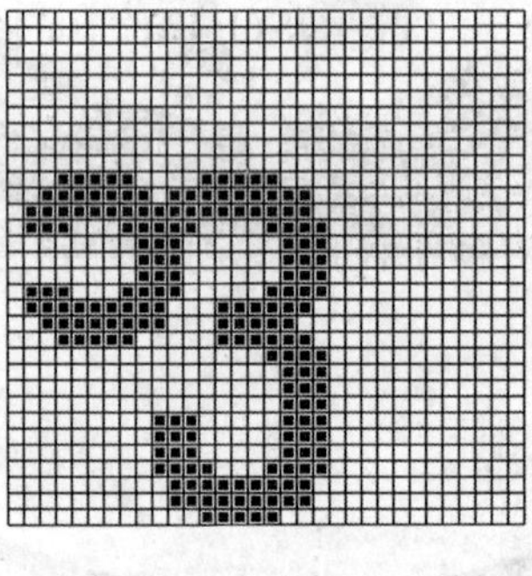

图2 西双版纳新傣文32点阵赫罕黑体“ᦃ”的字样

7 西双版纳新傣文点阵字型

7.1 字数

本部分按照GB 13000，提供了83个西双版纳新傣文图形字符的点阵赫罕黑体字型。

7.2 西双版纳新傣文字型数据

西双版纳新傣文32点阵字型数据的表示，见附录B。

7.3 西双版纳新傣文32点阵字型宽度数据

西双版纳新傣文是不等宽字体，其每个字符都有各自特定的宽度，本部分提供了83个西双版纳新傣文32点阵赫罕黑体字型宽度数据，参见附录C。

7.4 西双版纳新傣文字型表

GB 13000的83个西双版纳新傣文编码字符32点阵赫罕黑体字型如下：

1980	1981	1982	1983	1984	1985	1986	1987
ᦀ	ᦁ	ᦂ	ᦃ	ᦄ	ᦅ	ᦆ	ᦇ
1988	1989	198A	198B	198C	198D	198E	198F
ᦈ	ᦉ	ᦊ	ᦋ	ᦌ	ᦍ	ᦎ	ᦏ
1990	1991	1992	1993	1994	1995	1996	1997
ᦐ	ᦑ	ᦒ	ᦓ	ᦔ	ᦕ	ᦖ	ᦗ
1998	1999	199A	199B	199C	199D	199E	199F
ᦘ	ᦙ	ᦚ	ᦛ	ᦜ	ᦝ	ᦞ	ᦟ
19A0	19A1	19A2	19A3	19A4	19A5	19A6	19A7
ᦠ	ᦡ	ᦢ	ᦣ	ᦤ	ᦥ	ᦦ	ᦧ
19A8	19A9	19AA	19AB	19B0	19B1	19B2	19B3
ᦨ	ᦩ	ᦪ	ᦫ	ᦰ	ᦱ	ᦲ	ᦳ
19B4	19B5	19B6	19B7	19B8	19B9	19BA	19BB
ᦴ	ᦵ	ᦶ	ᦷ	ᦸ	ᦹ	ᦺ	ᦻ
19BC	19BD	19BE	19BF	19C0	19C1	19C2	19C3
ᦼ	ᦽ	ᦾ	ᦿ	ᧀ	ᧁ	ᧂ	ᧃ
19C4	19C5	19C6	19C7	19C8	19C9	19D0	19D1
ᧄ	ᧅ	ᧆ	ᧇ	ᧈ	ᧉ	᧐	᧑
19D2	19D3	19D4	19D5	19D6	19D7	19D8	19D9
᧒	᧓	᧔	᧕	᧖	᧗	᧘	᧙
19DA	19DE	19DF					
᧚	᧞	᧟					

附　录　A
（资料性附录）
西双版纳新傣文赫罕黑体

本部分的西双版纳新傣文点阵字型标准选用赫罕黑体，该体的形态具有自然、匀称、秀丽、视觉效果佳等特点。目前，该字体为西双版纳报社排版系统的标准字体，在西双版纳地区广泛使用，深受群众喜爱和欢迎。本字体可使用于书报正文，也用于标题和其他方面。

附 录 B
（规范性附录）
西双版纳新傣文 32 点阵字型数据

B.1 西双版纳新傣文点阵字型数据的表示

本部分中，西双版纳新傣文的字型可由其点阵数据来表示。每个字型的点阵数据为 32×32（横行点数×纵列点数），共 1 024 个二进制位，128 个字节。

B.2 西双版纳新傣文点阵字型数据的记录格式

西双版纳新傣文 32 点阵字型数据的 128 个字节排列次序是以 0 字节开始至 127 个字节结束，均用十六进制表示，其记录格式如下：

列数 行数	0	1	2	3	4	5	6	7	0	1	2	3	4	5	6	7	0	1	2	3	4	5	6	7	0	1	2	3	4	5	6	7
0	0 字节								1 字节								2 字节								3 字节							
1 2 3 4 ⋮																																
31	124								125								126								127							

B.3 32 点阵字型数据举例

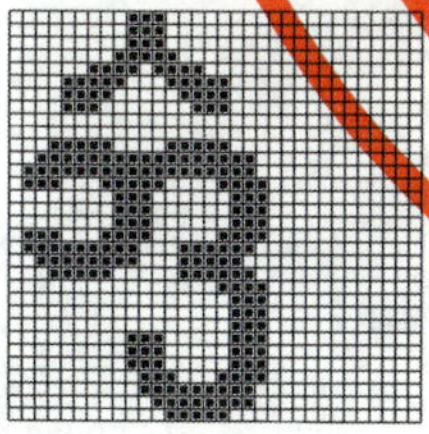

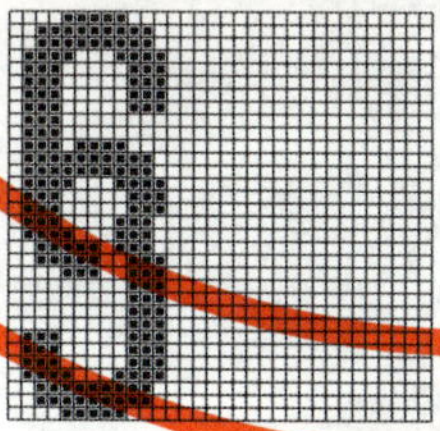

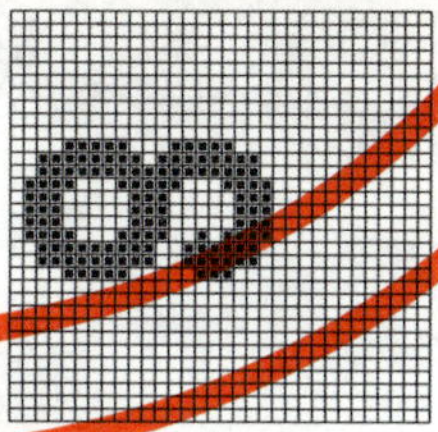

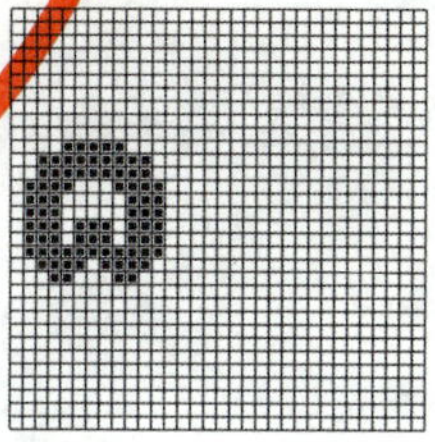

1981	198C	198E	1992
00 70 00 00	0F 80 00 00	00 00 00 00	00 00 00 00
00 70 00 00	3F E0 00 00	00 00 00 00	00 00 00 00
00 70 00 00	3F E0 00 00	00 00 00 00	00 00 00 00
00 F8 00 00	78 F0 00 00	00 00 00 00	00 00 00 00
03 DE 00 00	70 70 00 00	00 00 00 00	00 00 00 00
0F 8F 80 00	70 70 00 00	00 00 00 00	00 00 00 00
0F 07 80 00	70 70 00 00	00 00 00 00	00 00 00 00
0E 03 80 00	70 70 00 00	00 00 00 00	00 00 00 00
00 00 00 00	70 00 00 00	00 00 00 00	00 00 00 00
00 00 00 00	70 00 00 00	00 00 00 00	00 00 00 00

1F	0F	80	00	77	80	00	00	0F	8F	80	00	0F	80	00	00
3F	FF	E0	00	7F	E0	00	00	3F	DF	E0	00	3F	E0	00	00
7F	FF	E0	00	7F	E0	00	00	3F	FF	E0	00	3F	E0	00	00
71	F0	F0	00	78	F0	00	00	78	F8	F0	00	78	F0	00	00
00	E0	70	00	70	70	00	00	70	70	70	00	70	70	00	00
00	E0	70	00	70	70	00	00	70	70	70	00	70	70	00	00
00	E0	70	00	70	E0	00	00	70	70	70	00	77	70	00	00
71	E0	F0	00	78	E0	00	00	78	F2	F0	00	77	70	00	00
7F	C7	E0	00	3E	E0	00	00	3F	E7	E0	00	7F	F0	00	00
3F	C7	C0	00	3E	70	00	00	3F	E7	E0	00	3D	E0	00	00
1F	07	E0	00	0E	70	00	00	0F	83	80	00	18	C0	00	00
00	00	F0	00	00	70	00	00	00	00	00	00	00	00	00	00
00	00	70	00	00	70	00	00	00	00	00	00	00	00	00	00
00	00	70	00	00	70	00	00	00	00	00	00	00	00	00	00
00	00	70	00	00	70	00	00	00	00	00	00	00	00	00	00
00	70	70	00	70	70	00	00	00	00	00	00	00	00	00	00
00	70	70	00	70	70	00	00	00	00	00	00	00	00	00	00
00	70	70	00	70	70	00	00	00	00	00	00	00	00	00	00
00	38	F0	00	78	F0	00	00	00	00	00	00	00	00	00	00
00	3F	E0	00	3F	E0	00	00	00	00	00	00	00	00	00	00
00	1F	E0	00	3F	E0	00	00	00	00	00	00	00	00	00	00
00	0F	80	00	0F	80	00	00	00	00	00	00	00	00	00	00

附 录 C
（资料性附录）
西双版纳新傣文 32 点阵字型宽度数据

代码	宽度	代码	宽度	代码	宽度	代码	宽度	代码	宽度	代码	宽度
1980	20	198E	20	199C	20	19AA	20	19BC	19	19D0	12
1981	20	198F	12	199D	20	19AB	12	19BD	18	19D1	12
1982	20	1990	20	199E	12	19B0	13	19BE	16	19D2	11
1983	12	1991	12	199F	20	19B1	12	19BF	20	19D3	12
1984	20	1992	12	19A0	20	19B2	12	19C0	19	19D4	12
1985	12	1993	12	19A1	12	19B3	12	19C1	12	19D5	16
1986	12	1994	13	19A2	12	19B4	18	19C2	12	19D6	12
1987	12	1995	14	19A3	15	19B5	13	19C3	12	19D7	17
1988	12	1996	20	19A4	12	19B6	26	19C4	12	19D8	14
1989	20	1997	21	19A5	12	19B7	12	19C5	20	19D9	13
198A	13	1998	20	19A6	20	19B8	11	19C6	12	19DA	17
198B	12	1999	12	19A7	12	19B9	13	19C7	12	19DE	17
198C	12	199A	12	19A8	12	19BA	12	19C8	12	19DF	17
198D	20	199B	20	19A9	12	19BB	19	19C9	12		

ICS 35.040
L 71

中华人民共和国国家标准

GB 25902.3—2010

信息技术　通用多八位编码字符集 西双版纳新傣文32点阵字型 第3部分:温暖菲白体

Information technology—Universal multiple-octet coded character set—New Xishuang Banna Dai 32 dot matrix font—Part 3:Wennuanfei Bai Ti

2011-01-10发布　　2011-11-01实施

中华人民共和国国家质量监督检验检疫总局
中国国家标准化管理委员会　发布

前　言

本部分的全部技术内容为强制性。

GB 25902《信息技术　通用多八位编码字符集　西双版纳新傣文32点阵字型》分为如下部分：

——第1部分：赫罕白体；

——第2部分：赫罕黑体；

——第3部分：温暖菲白体；

——第4部分：温暖菲黑体。

……

本部分是GB 25902的第3部分。

本部分是依据GB 13000《信息技术　通用多八位编码字符集(UCS)》所规定的西双版纳新傣文字符，以我国傣语地区规范的字型为基础，设计和规定了西双版纳新傣文字信息系统用32点阵字型。

本部分的附录A和附录C是资料性附录，附录B是规范性附录。

本部分由全国信息技术标准化技术委员会(SAC/TC 28)提出并归口。

本部分起草单位：中国电子技术标准化研究所、云南省少数民族语文指导工作委员会、潍坊北大青鸟华光照排有限公司、云南民族出版社、西双版纳州报社。

本部分起草人：岩温胆、和丽峰、陈壮、吕建春、熊玉有、黄姗姗、李善民、岩香、玉康龙、郗卫宁。

引　言

有关字型数据的授权转让使用事宜，字型标准数据的维护、更新和修订工作，统一由归口单位负责。

地　址：北京市东城区安定门东大街1号（北京市1101信箱）
邮　编：100007
电　话：64007689　84029173
传　真：64007681
E-mail：daihong@cesi.ac.cn

信息技术　通用多八位编码字符集
西双版纳新傣文32点阵字型
第3部分:温暖菲白体

1　范围

GB 25902的本部分规定了GB 13000中西双版纳新傣文全部图形字符的32点阵温暖菲白体字型(参见附录A)。

本部分适用于西双版纳新傣文信息处理系统中的显示设备、点阵式印刷设备,也可用于其他相关设备。

2　规范性引用文件

下列文件中的条款通过本部分的引用而成为本部分的条款。凡是注日期的引用文件,其随后所有的修改单(不包括勘误的内容)或修订版均不适用于本部分,然而,鼓励根据本部分达成协议的各方研究是否可使用这些文件的最新版本。凡是不注日期的引用文件,其最新版本适用于本部分。

GB 13000　信息技术　通用多八位编码字符集(UCS)(GB 13000—2010,ISO/IEC 10646:2003,IDT)

3　术语和定义

下列术语和定义适用于本部分。

3.1

字形　glyph

一个可辨认的抽象图形符号,它不依赖于任何特定的设计。

3.2

字型　font

具有同一基本设计的字形图像的集合。

3.3

点阵字型　dot matrix font

以点的集合来表现图形字符的(型)形。

3.4

字序　character order

图形字符在集合中按一定规则排列的次序。

4　点阵字型的排列次序

本部分按GB 13000中的西双版纳新傣文排列次序排列各点阵字型。

5　标准数据的管理

为加强对信息技术产品用西双版纳新傣文字型与字模标准数据的管理,保证本部分在实施中数据的一致性和正确性。有关字型数据的授权转让的使用事宜,字型标准数据的维护、更新及修订工作,统一由归口单位负责。

6 点阵字型的表示方法

6.1 栅格

栅格由若干条等距离的垂直线与水平线相交叉而形成。

本部分规定的是32点阵字型，其栅格是横向32格，纵向32格。每个方格的中心定为点的中心位置。

栅格仅对构成点阵字型的各点进行定位，32点阵的栅格如图1所示。

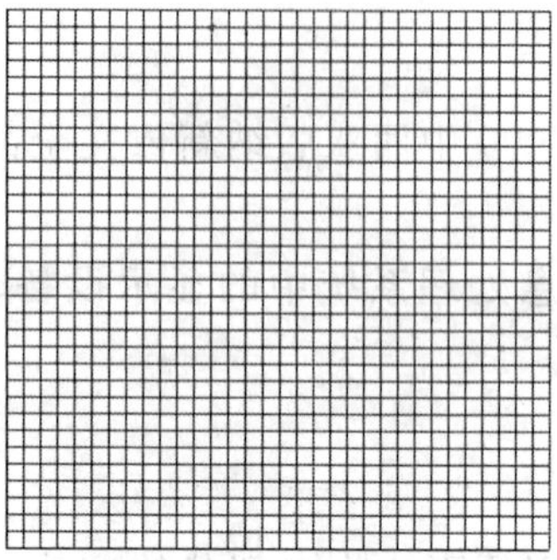

图1 32点阵栅格图

6.2 点

点是构成点阵字型的最小单位，以圆形或方形表示，它是位于各方格内的黑色区域。

6.3 点阵字样

西双版纳新傣文点阵字型的字样，由置于栅格内的若干个点的集合来表示。西双版纳新傣文“ᦀ”的32点阵温暖非白体字样如图2所示。

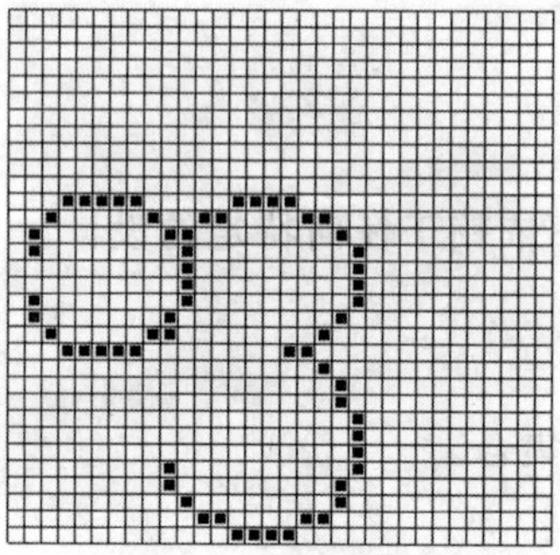

图2 西双版纳新傣文32点阵温暖非白体“ᦀ”的字样

7 西双版纳新傣文点阵字型

7.1 字数

本部分按照GB 13000，提供了83个西双版纳新傣文图形字符的点阵温暖非白体字型。

7.2 西双版纳新傣文字型数据

西双版纳新傣文32点阵字型数据的表示，见附录B。

7.3 西双版纳新傣文32点阵字型宽度数据

西双版纳新傣文是不等宽字体，其每个字符都有各自特定的宽度，本部分提供了83个西双版纳新傣文32点阵温暖非白体字型宽度数据，参见附录C。

7.4 西双版纳新傣文字型表

GB 13000的83个西双版纳新傣文编码字符32点阵温暖非白体字型如下：

1980	1981	1982	1983	1984	1985	1986	1987
ᦀ	ᦁ	ᦂ	ᦃ	ᦄ	ᦅ	ᦆ	ᦇ
1988	1989	198A	198B	198C	198D	198E	198F
ᦈ	ᦉ	ᦊ	ᦋ	ᦌ	ᦍ	ᦎ	ᦏ
1990	1991	1992	1993	1994	1995	1996	1997
ᦐ	ᦑ	ᦒ	ᦓ	ᦔ	ᦕ	ᦖ	ᦗ
1998	1999	199A	199B	199C	199D	199E	199F
ᦘ	ᦙ	ᦚ	ᦛ	ᦜ	ᦝ	ᦞ	ᦟ
19A0	19A1	19A2	19A3	19A4	19A5	19A6	19A7
ᦠ	ᦡ	ᦢ	ᦣ	ᦤ	ᦥ	ᦦ	ᦧ
19A8	19A9	19AA	19AB	19B0	19B1	19B2	19B3
ᦨ	ᦩ	ᦪ	ᦫ	ᦰ	ᦱ	ᦲ	ᦳ
19B4	19B5	19B6	19B7	19B8	19B9	19BA	19BB
ᦴ	ᦵ	ᦶ	ᦷ	ᦸ	ᦹ	ᦺ	ᦻ
19BC	19BD	19BE	19BF	19C0	19C1	19C2	19C3
ᦼ	ᦽ	ᦾ	ᦿ	ᧀ	ᧁ	ᧂ	ᧃ
19C4	19C5	19C6	19C7	19C8	19C9	19D0	19D1
ᧄ	ᧅ	ᧆ	ᧇ	ᧈ	ᧉ	᧐	᧑
19D2	19D3	19D4	19D5	19D6	19D7	19D8	19D9
᧒	᧓	᧔	᧕	᧖	᧗	᧘	᧙
19DA	19DE	19DF					
᧚	᧞	᧟					

附 录 A
（资料性附录）
西双版纳新傣文温暖菲白体

本部分的西双版纳新傣文点阵字型标准选用温暖菲白体，该体的形态具有自然、均称、秀丽、视觉效果佳等特点。目前，该字体为西双版纳报社排版系统的标准字体，在西双版纳地区广泛使用，深受群众喜爱和欢迎。本字体可使用于书报正文，也用于标题和其他方面。

附 录 B
（规范性附录）
西双版纳新傣文 32 点阵字型数据

B.1 西双版纳新傣文点阵字型数据的表示

本部分中，西双版纳新傣文的字型可由其点阵数据来表示。每个字型的点阵数据为 32×32（横行点数×纵列点数），共 1 024 个二进制位，128 个字节。

B.2 西双版纳新傣文点阵字型数据的记录格式

西双版纳新傣文 32 点阵字型数据的 128 个字节排列次序是以 0 字节开始至 127 个字节结束，均用十六进制表示，其记录格式如下：

列数 / 行数	0	1	2	3	4	5	6	7	0	1	2	3	4	5	6	7	0	1	2	3	4	5	6	7	0	1	2	3	4	5	6	7
0	0 字节								1 字节								2 字节								3 字节							
1 2 3 4 ⋮																																
31	124								125								126								127							

B.3 32 点阵字型数据举例

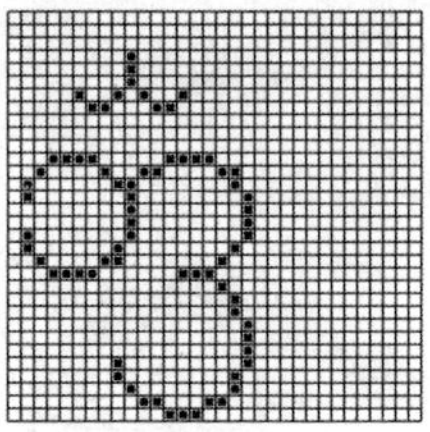

1981

00 00 00 00
00 00 00 00
00 00 00 00
00 40 00 00
00 40 00 00
00 40 00 00
04 A4 00 00
03 18 00 00
00 00 00 00
00 00 00 00

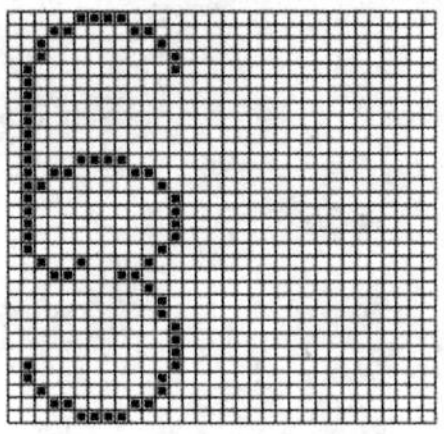

198C

07 80 00 00
18 60 00 00
20 10 00 00
20 08 00 00
40 08 00 00
40 00 00 00
40 00 00 00
40 00 00 00
40 00 00 00
40 00 00 00

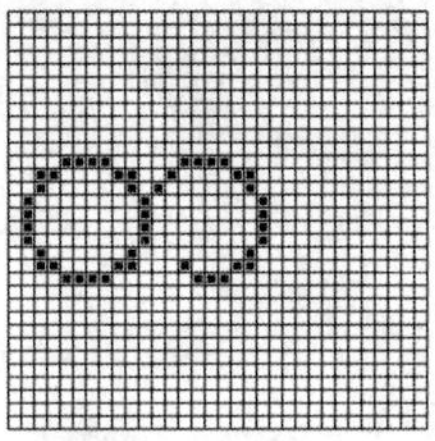

198E

00 00 00 00
00 00 00 00
00 00 00 00
00 00 00 00
00 00 00 00
00 00 00 00
00 00 00 00
00 00 00 00
00 00 00 00
00 00 00 00

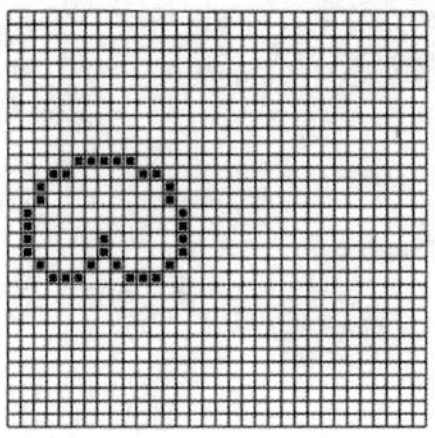

1992

00 00 00 00
00 00 00 00
00 00 00 00
00 00 00 00
00 00 00 00
00 00 00 00
00 00 00 00
00 00 00 00
00 00 00 00
00 00 00 00

00	00	00	00	40	00	00	00	00	00	00	00	00	00	00	00
1E	0F	00	00	47	80	00	00	0F	07	80	00	07	C0	00	00
21	30	C0	00	58	60	00	00	30	C8	60	00	18	30	00	00
40	C0	40	00	60	10	00	00	20	50	20	00	20	08	00	00
40	40	20	00	40	08	00	00	40	20	10	00	20	08	00	00
00	40	20	00	40	08	00	00	40	20	10	00	40	04	00	00
00	40	20	00	40	08	00	00	40	20	10	00	40	04	00	00
40	40	20	00	40	08	00	00	40	20	10	00	41	04	00	00
40	80	40	00	40	10	00	00	20	40	20	00	41	04	00	00
21	80	80	00	24	20	00	00	30	C4	60	00	22	88	00	00
1E	07	00	00	18	C0	00	00	0F	03	80	00	1C	70	00	00
00	00	80	00	00	20	00	00	00	00	00	00	00	00	00	00
00	00	40	00	00	10	00	00	00	00	00	00	00	00	00	00
00	00	40	00	00	10	00	00	00	00	00	00	00	00	00	00
00	00	20	00	00	08	00	00	00	00	00	00	00	00	00	00
00	00	20	00	00	08	00	00	00	00	00	00	00	00	00	00
00	00	20	00	00	08	00	00	00	00	00	00	00	00	00	00
00	80	20	00	40	08	00	00	00	00	00	00	00	00	00	00
00	80	40	00	40	10	00	00	00	00	00	00	00	00	00	00
00	40	40	00	20	10	00	00	00	00	00	00	00	00	00	00
00	31	80	00	18	60	00	00	00	00	00	00	00	00	00	00
00	0E	00	00	07	80	00	00	00	00	00	00	00	00	00	00

附 录 C
（资料性附录）
西双版纳新傣文 32 点阵字型宽度数据

代码	宽度	代码	宽度	代码	宽度	代码	宽度	代码	宽度	代码	宽度
1980	19	198E	20	199C	20	19AA	20	19BC	18	19D0	12
1981	19	198F	12	199D	18	19AB	13	19BD	19	19D1	11
1982	20	1990	20	199E	12	19B0	10	19BE	14	19D2	12
1983	12	1991	12	199F	20	19B1	11	19BF	19	19D3	12
1984	20	1992	14	19A0	20	19B2	11	19C0	18	19D4	13
1985	13	1993	13	19A1	13	19B3	11	19C1	12	19D5	10
1986	13	1994	14	19A2	13	19B4	16	19C2	13	19D6	11
1987	13	1995	13	19A3	13	19B5	13	19C3	13	19D7	13
1988	13	1996	20	19A4	13	19B6	22	19C4	13	19D8	14
1989	20	1997	18	19A5	13	19B7	13	19C5	18	19D9	12
198A	13	1998	20	19A6	20	19B8	11	19C6	13	19DA	19
198B	13	1999	13	19A7	12	19B9	12	19C7	13	19DE	18
198C	13	199A	13	19A8	13	19BA	12	19C8	12	19DF	18
198D	20	199B	20	19A9	13	19BB	17	19C9	12		

ICS 35.040
L 71

中华人民共和国国家标准

GB 25902.4—2010

信息技术　通用多八位编码字符集 西双版纳新傣文32点阵字型 第4部分：温暖菲黑体

Information technology—Universal multiple-octet coded character set—New Xishuang Banna Dai 32 dot matrix font—Part 4：Wennuanfei Hei Ti

2011-01-10 发布　　2011-11-01 实施

中华人民共和国国家质量监督检验检疫总局
中国国家标准化管理委员会　发布

前　　言

本部分的全部技术内容为强制性。

GB 25902《信息技术　通用多八位编码字符集　西双版纳新傣文32点阵字型》分为如下部分：

——第1部分：赫罕白体；

——第2部分：赫罕黑体；

——第3部分：温暖菲白体；

——第4部分：温暖菲黑体。

……

本部分是GB 25902的第4部分。

本部分是依据GB 13000《信息技术　通用多八位编码字符集(UCS)》所规定的西双版纳新傣文字符，以我国傣语地区规范的字型为基础，设计和规定了西双版纳新傣文字信息系统用32点阵字型。

本部分的附录A和附录C是资料性附录，附录B是规范性附录。

本部分由全国信息技术标准化技术委员会(SAC/TC 28)提出并归口。

本部分起草单位：中国电子技术标准化研究所、云南省少数民族语文指导工作委员会、潍坊北大青鸟华光照排有限公司、云南民族出版社、西双版纳州报社。

本部分起草人：岩温胆、和丽峰、陈壮、吕建春、熊玉有、黄姗姗、李满江、岩香、玉康龙、郗卫宁、符钰。

引　言

有关字型数据的授权转让使用事宜，字型标准数据的维护、更新和修订工作，统一由归口单位负责。

地　址：北京市东城区安定门东大街1号(北京市1101信箱)
邮　编：100007
电　话：64007689　84029173
传　真：64007681
E-mail：daihong@cesi.ac.cn

信息技术　通用多八位编码字符集
西双版纳新傣文32点阵字型
第4部分：温暖菲黑体

1　范围

GB 25902的本部分规定了GB 13000中西双版纳新傣文全部图形字符的32点阵温暖菲黑体字型(参见附录A)。

本部分适用于西双版纳新傣文信息处理系统中的显示设备、点阵式印刷设备，也可用于其他相关设备。

2　规范性引用文件

下列文件中的条款通过本部分的引用而成为本部分的条款。凡是注日期的引用文件，其随后所有的修改单(不包括勘误的内容)或修订版均不适用于本部分，然而，鼓励根据本部分达成协议的各方研究是否可使用这些文件的最新版本。凡是不注日期的引用文件，其最新版本适用于本部分。

GB 13000　信息技术　通用多八位编码字符集(UCS)(GB 13000—2010，ISO/IEC 10646：2003，IDT)

3　术语和定义

下列术语和定义适用于本部分。

3.1

字形　glyph

一个可辨认的抽象图形符号，它不依赖于任何特定的设计。

3.2

字型　font

具有同一基本设计的字形(3.1)图像的集合。

3.3

点阵字型　dot matrix font

以点的集合来表现图形字符的(型)形。

3.4

字序　character order

图形字符在集合中按一定规则排列的次序。

4　点阵字型的排列次序

本部分按GB 13000中的西双版纳新傣文排列次序排列各点阵字型。

5　标准数据的管理

为加强对信息技术产品用西双版纳新傣文字型与字模标准数据的管理，保证本部分在实施中数据的一致性和正确性。有关字型数据的授权转让的使用事宜，字型标准数据的维护、更新及修订工作，统一由归口单位负责。

6 点阵字型的表示方法

6.1 栅格

栅格由若干条等距离的垂直线与水平线相交叉而形成。

本部分规定的是32点阵字型，其栅格是横向32格，纵向32格。每个方格的中心定为点的中心位置。

栅格仅对构成点阵字型的各点进行定位，32点阵的栅格如图1所示。

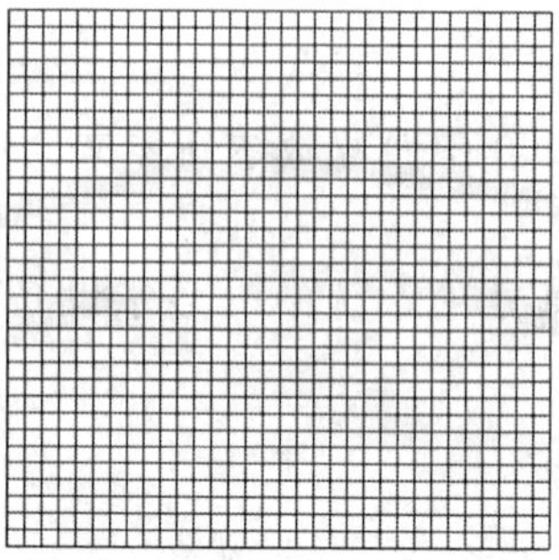

图1 32点阵栅格图

6.2 点

点是构成点阵字型的最小单位，以圆形或方形表示，它是位于各方格内的黑色区域。

6.3 点阵字样

西双版纳新傣文点阵字型的字样，由置于栅格内的若干个点的集合来表示。西双版纳新傣文“ᦃ”的32点阵温暖非黑体字样如图2所示。

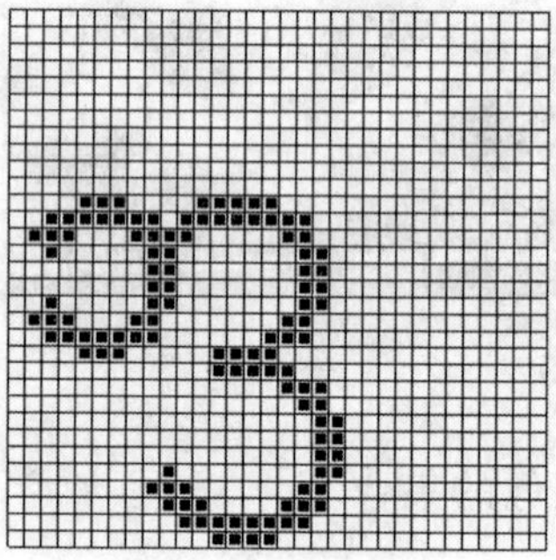

图2 西双版纳新傣文32点阵温暖非黑体“ᦃ”的字样

7 西双版纳新傣文点阵字型

7.1 字数

本部分按照GB 13000，提供了83个西双版纳新傣文图形字符的点阵温暖非黑体字型。

7.2 西双版纳新傣文字型数据

西双版纳新傣文32点阵字型数据的表示，见附录B。

7.3 西双版纳新傣文32点阵字型宽度数据

西双版纳新傣文是不等宽字体，其每个字符都有各自特定的宽度，本部分提供了83个西双版纳新傣文32点阵温暖非黑体字型宽度数据，参见附录C。

7.4 西双版纳新傣文字型表

GB 13000的83个西双版纳新傣文编码字符32点阵温暖非黑体字型如下：

1980	1981	1982	1983	1984	1985	1986	1987
ᦀ	ᦁ	ᦂ	ᦃ	ᦄ	ᦅ	ᦆ	ᦇ
1988	1989	198A	198B	198C	198D	198E	198F
ᦈ	ᦉ	ᦊ	ᦋ	ᦌ	ᦍ	ᦎ	ᦏ
1990	1991	1992	1993	1994	1995	1996	1997
ᦐ	ᦑ	ᦒ	ᦓ	ᦔ	ᦕ	ᦖ	ᦗ
1998	1999	199A	199B	199C	199D	199E	199F
ᦘ	ᦙ	ᦚ	ᦛ	ᦜ	ᦝ	ᦞ	ᦟ
19A0	19A1	19A2	19A3	19A4	19A5	19A6	19A7
ᦠ	ᦡ	ᦢ	ᦣ	ᦤ	ᦥ	ᦦ	ᦧ
19A8	19A9	19AA	19AB	19B0	19B1	19B2	19B3
ᦨ	ᦩ	ᦪ	ᦫ	ᦰ	ᦱ	ᦲ	ᦳ
19B4	19B5	19B6	19B7	19B8	19B9	19BA	19BB
ᦴ	ᦵ	ᦶ	ᦷ	ᦸ	ᦹ	ᦺ	ᦻ
19BC	19BD	19BE	19BF	19C0	19C1	19C2	19C3
ᦼ	ᦽ	ᦾ	ᦿ	ᧀ	ᧁ	ᧂ	ᧃ
19C4	19C5	19C6	19C7	19C8	19C9	19D0	19D1
ᧄ	ᧅ	ᧆ	ᧇ	ᧈ	ᧉ	᧐	᧑
19D2	19D3	19D4	19D5	19D6	19D7	19D8	19D9
᧒	᧓	᧔	᧕	᧖	᧗	᧘	᧙
19DA	19DE	19DF					
᧚	᧞	᧟					

附 录 A
(资料性附录)
西双版纳新傣文温暖非黑体

本部分的西双版纳新傣文点阵字型标准选用温暖非黑体，该体的形态具有自然、匀称、秀丽、视觉效果佳等特点。目前，该字体为西双版纳报社排版系统的标准字体，在西双版纳地区广泛使用，深受群众喜爱和欢迎。本字体可使用于书报正文，也用于标题和其他方面。

附 录 B
（规范性附录）
西双版纳新傣文 32 点阵字型数据

B.1 西双版纳新傣文点阵字型数据的表示

本部分中，西双版纳新傣文的字型可由其点阵数据来表示。每个字型的点阵数据为 32×32（横行点数×纵列点数），共 1 024 个二进制位，128 个字节。

B.2 西双版纳新傣文点阵字型数据的记录格式

西双版纳新傣文 32 点阵字型数据的 128 个字节排列次序是以 0 字节开始至 127 个字节结束，均用十六进制表示，其记录格式如下：

<table>
<tr><th>列数
行数</th><th>0</th><th>1</th><th>2</th><th>3</th><th>4</th><th>5</th><th>6</th><th>7</th><th>0</th><th>1</th><th>2</th><th>3</th><th>4</th><th>5</th><th>6</th><th>7</th><th>0</th><th>1</th><th>2</th><th>3</th><th>4</th><th>5</th><th>6</th><th>7</th><th>0</th><th>1</th><th>2</th><th>3</th><th>4</th><th>5</th><th>6</th><th>7</th></tr>
<tr><td>0</td><td colspan="8">0 字节</td><td colspan="8">1 字节</td><td colspan="8">2 字节</td><td colspan="8">3 字节</td></tr>
<tr><td>1
2
3
4
⋮</td><td colspan="8"></td><td colspan="8"></td><td colspan="8"></td><td colspan="8"></td></tr>
<tr><td>31</td><td colspan="8">124</td><td colspan="8">125</td><td colspan="8">126</td><td colspan="8">127</td></tr>
</table>

B.3 32 点阵字型数据举例

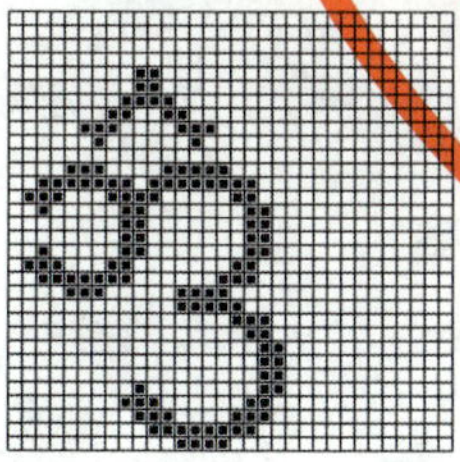

1981

00 00 00 00
00 00 00 00
00 00 00 00
00 00 00 00
00 60 00 00
00 60 00 00
00 F0 00 00
01 98 00 00
07 0E 00 00

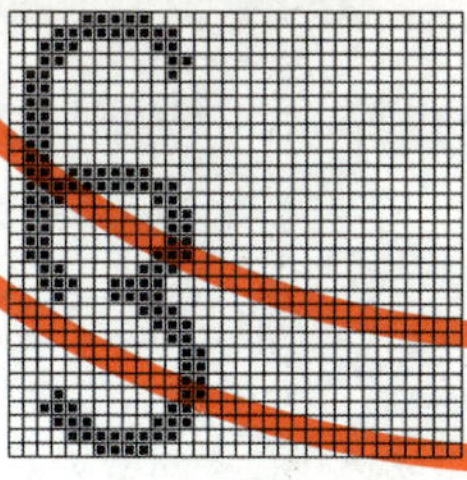

198C

07 C0 00 00
1F F0 00 00
38 30 00 00
30 18 00 00
60 10 00 00
60 00 00 00
60 00 00 00
60 00 00 00
60 00 00 00

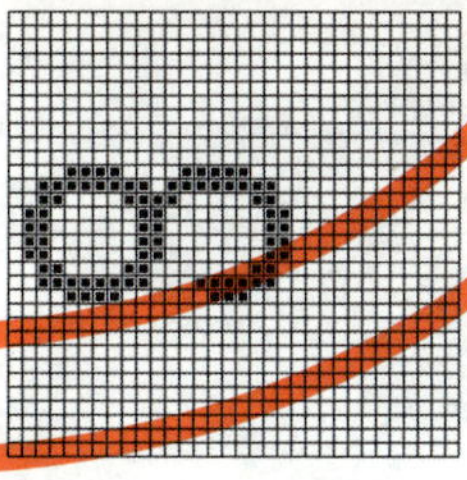

198E

00 00 00 00
00 00 00 00
00 00 00 00
00 00 00 00
00 00 00 00
00 00 00 00
00 00 00 00
00 00 00 00
00 00 00 00

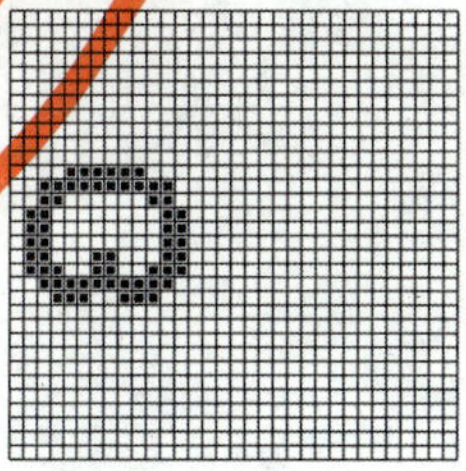

1992

00 00 00 00
00 00 00 00
00 00 00 00
00 00 00 00
00 00 00 00
00 00 00 00
00 00 00 00
00 00 00 00
00 00 00 00

02	04	00	00	60	00	00	00	00	00	00	00	00	00	00	00
00	00	00	00	60	00	00	00	00	00	00	00	00	00	00	00
0E	1F	00	00	6F	C0	00	00	0F	0F	80	00	0F	C0	00	00
3F	BF	C0	00	7F	F0	00	00	3F	DF	E0	00	3F	F0	00	00
71	E0	C0	00	70	30	00	00	30	F0	60	00	30	30	00	00
20	C0	60	00	60	18	00	00	60	60	30	00	60	18	00	00
00	C0	60	00	60	18	00	00	60	60	30	00	60	18	00	00
00	C0	60	00	60	18	00	00	60	60	30	00	60	18	00	00
20	C0	60	00	60	38	00	00	60	60	30	00	63	18	00	00
71	80	C0	00	30	70	00	00	30	C0	60	00	73	38	00	00
3F	81	C0	00	39	E0	00	00	3F	C7	E0	00	3F	F0	00	00
0E	0F	00	00	11	E0	00	00	0F	03	80	00	1C	E0	00	00
00	0F	80	00	00	70	00	00	00	00	00	00	00	00	00	00
00	00	E0	00	00	38	00	00	00	00	00	00	00	00	00	00
00	00	60	00	00	18	00	00	00	00	00	00	00	00	00	00
00	00	30	00	00	0C	00	00	00	00	00	00	00	00	00	00
00	00	30	00	00	0C	00	00	00	00	00	00	00	00	00	00
00	00	30	00	00	0C	00	00	00	00	00	00	00	00	00	00
00	40	30	00	10	0C	00	00	00	00	00	00	00	00	00	00
00	E0	60	00	38	18	00	00	00	00	00	00	00	00	00	00
00	70	E0	00	1C	38	00	00	00	00	00	00	00	00	00	00
00	3F	C0	00	0F	F0	00	00	00	00	00	00	00	00	00	00
00	0F	00	00	03	C0	00	00	00	00	00	00	00	00	00	00

附 录 C
（资料性附录）
西双版纳新傣文 32 点阵字型宽度数据

代码	宽度	代码	宽度	代码	宽度	代码	宽度	代码	宽度	代码	宽度
1980	20	198E	20	199C	20	19AA	19	19BC	17	19D0	11
1981	20	198F	12	199D	17	19AB	13	19BD	18	19D1	10
1982	19	1990	20	199E	11	19B0	10	19BE	13	19D2	12
1983	12	1991	12	199F	20	19B1	10	19BF	18	19D3	11
1984	20	1992	13	19A0	20	19B2	10	19C0	17	19D4	11
1985	13	1993	13	19A1	13	19B3	10	19C1	11	19D5	11
1986	13	1994	14	19A2	13	19B4	16	19C2	13	19D6	11
1987	13	1995	14	19A3	13	19B5	14	19C3	13	19D7	14
1988	13	1996	20	19A4	13	19B6	24	19C4	13	19D8	15
1989	19	1997	17	19A5	13	19B7	13	19C5	19	19D9	11
198A	14	1998	19	19A6	19	19B8	11	19C6	12	19DA	16
198B	14	1999	13	19A7	13	19B9	11	19C7	13	19DE	18
198C	14	199A	13	19A8	13	19BA	12	19C8	11	19DF	19
198D	19	199B	20	19A9	13	19BB	16	19C9	11		

ICS 35.040
L 71

中华人民共和国国家标准

GB 25903.1—2010

信息技术 通用多八位编码字符集 锡伯文、满文名义字符、显现字符与合体字 16点阵字型 第1部分:正白体

Information technology—Universal multi-octet coded character set—Sibe, Manchu nominal characters, presentation forms and composite characters—16 Dot matrix fonts—Part 1: Zhengbai Ti

2011-01-10 发布 2011-11-01 实施

中华人民共和国国家质量监督检验检疫总局
中国国家标准化管理委员会 发布

前　言

本部分的全部技术内容为强制性。

GB 25903《信息技术　通用多八位编码字符集　锡伯文、满文名义字符、显现字符与合体字　16 点阵字型》分为如下部分：

——第 1 部分：正白体；

——第 2 部分：正黑体。

本部分是 GB 25903 的第 1 部分。

本部分依据 GB/T 26226《信息技术　蒙古文变形显现字符集和控制字符使用规则》所规定的锡伯文、满文名义字符、变形显现字符、合体字和专用符号，以我国现行的锡伯文字形和文献语言中的满文字形为基础，并依据《现代锡伯文学语言正字法》中规定的正字规则，设计和规定了信息系统用锡伯文、满文 16 点阵正白体（参见附录 A）字型。

本部分的附录 A、附录 B 和附录 C 是资料性附录，附录 D 是规范性附录。

本部分由全国信息技术标准化技术委员会（SAC/TC 28）提出并归口。

本部分起草单位：中国电子技术标准化研究所、新疆维吾尔自治区民族语言文字工作委员会、潍坊北大青鸟华光照排有限公司。

本部分起草人：何正安、佟加·庆夫、吕建春、代红、符钰。

引　言

有关字型数据的授权转让使用事宜，字型标准数据的维护、更新及修订工作，统一由归口单位负责。

信息技术　通用多八位编码字符集 锡伯文、满文名义字符、显现字符与合体字 16点阵字型　第1部分：正白体

1　范围

GB 25903 的本部分规定了 GB/T 26226 中锡伯文、满文名义字符、变形显现字符、强制性合体字及专用数字、标点符号的16点阵正白体字型。

本部分适用于锡伯文、满文信息处理系统中的显示设备、点阵式印刷设备，也适用于其他相关设备。

2　规范性引用文件

下列文件中的条款通过 GB 25903 的本部分的引用而成为本部分的条款。凡是注日期的引用文件，其随后所有的修改单（不包括勘误的内容）或修订版均不适用于本部分，然而，鼓励根据本部分达成协议的各方研究是否可使用这些文件的最新版本。凡是不注日期的引用文件，其最新版本适用于本部分。

GB 13000　信息技术　通用多八位编码字符集(UCS)(GB 13000—2010,ISO/IEC 10646:2003,IDT)

GB/T 26226　信息技术　蒙古文变形显现字符集和控制字符使用规则

3　术语和定义

下列术语和定义适用于本部分。

3.1

字形　glyph

一种可辨认的抽象的图形符号，它不依赖于任何特定的设计。

3.2

字型　font

具有同一基本设计的字形图像的集合，如：正白体。

3.3

点阵字型　dot matrix font

以点的集合来表现图形字符的(型)形。

3.4

字序　character order

图形字符在集合中按一定规则排列的次序。

3.5

字高　character height

点阵图形字符的有效高度，以点数计算。

4　锡伯文、满文图形字符

4.1　字符数

本部分依据 GB/T 26226 的规定，提供了231个锡伯文、满文图形字符，其中：

a)　锡伯文、满文和阿礼嘎礼名义字符81个；

b)　锡伯文、满文单个变形显现字符59个；

c)　锡伯文、满文强制性合体字54个；

d） 锡伯文、满文专用数字、标点符号 37 个。

锡伯文、满文字符代码和序号数据的信息参见附录 B。

4.2 字符字序

本部分提供了 231 个锡伯文、满文名义字符、变形显现字符、强制性合体字及专用数字、标点符号的点阵字型，其排列顺序按照 GB/T 26226 的规定的次序排列。

5 标准数据的管理

为加强对信息技术产品用蒙古文字字型与字模标准数据的管理，保证本部分在贯彻执行中数据的一致性和正确性，有关字型数据的授权转让的使用事宜，字型标准数据的维护、更新及修订工作，统一由归口单位负责。

6 点阵字型的表示方法

6.1 栅格

栅格由若干条等距离的垂直线与水平线相交叉而形成。

本部分规定 16 点阵（指字框）字型，其栅格是横向 16 格，纵向 16 格。每个方格的中心定为点的中心位置。

栅格仅对构成点阵的各点进行定位，16 点阵栅格图如图 1 所示。

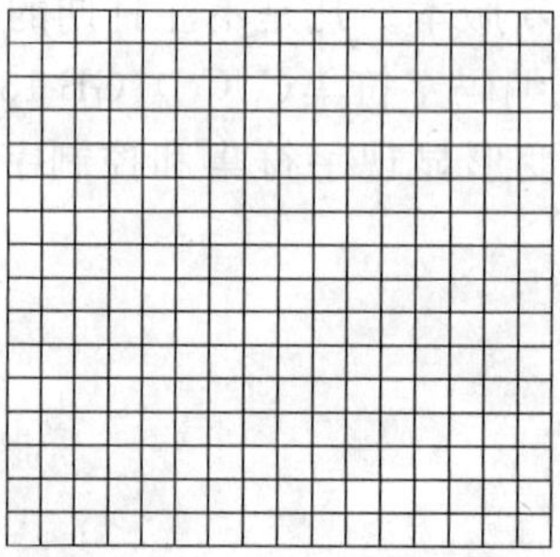

图 1 16 点阵栅格图

6.2 点

点是构成点阵字型的最小单位，以圆形或方形表示，它是位于各方格内的黑色区域。

6.3 点阵字样

锡伯文、满文图形字符点阵字型的字样，由置于栅格内的若干个点的集合来表示。锡伯文、满文“[illegible]”的 16 点阵字样如图 2 所示。

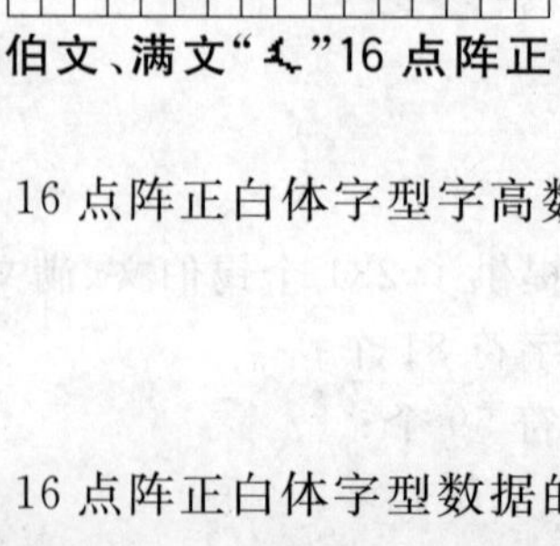

图 2 锡伯文、满文“[illegible]”16 点阵正白体字样

6.4 点阵字高数据

本部分提供的 231 个锡伯文、满文 16 点阵正白体字型字高数据参见附录 C。

7 锡伯文、满文点阵字型

7.1 点阵字型数据

本部分提供的 231 个锡伯文、满文 16 点阵正白体字型数据的表示见附录 D。

7.2 点阵字型

本部分依据 GB/T 26226 的规定，提供的 231 个锡伯文、满文图形字符的 16 点阵正白体字型如下：

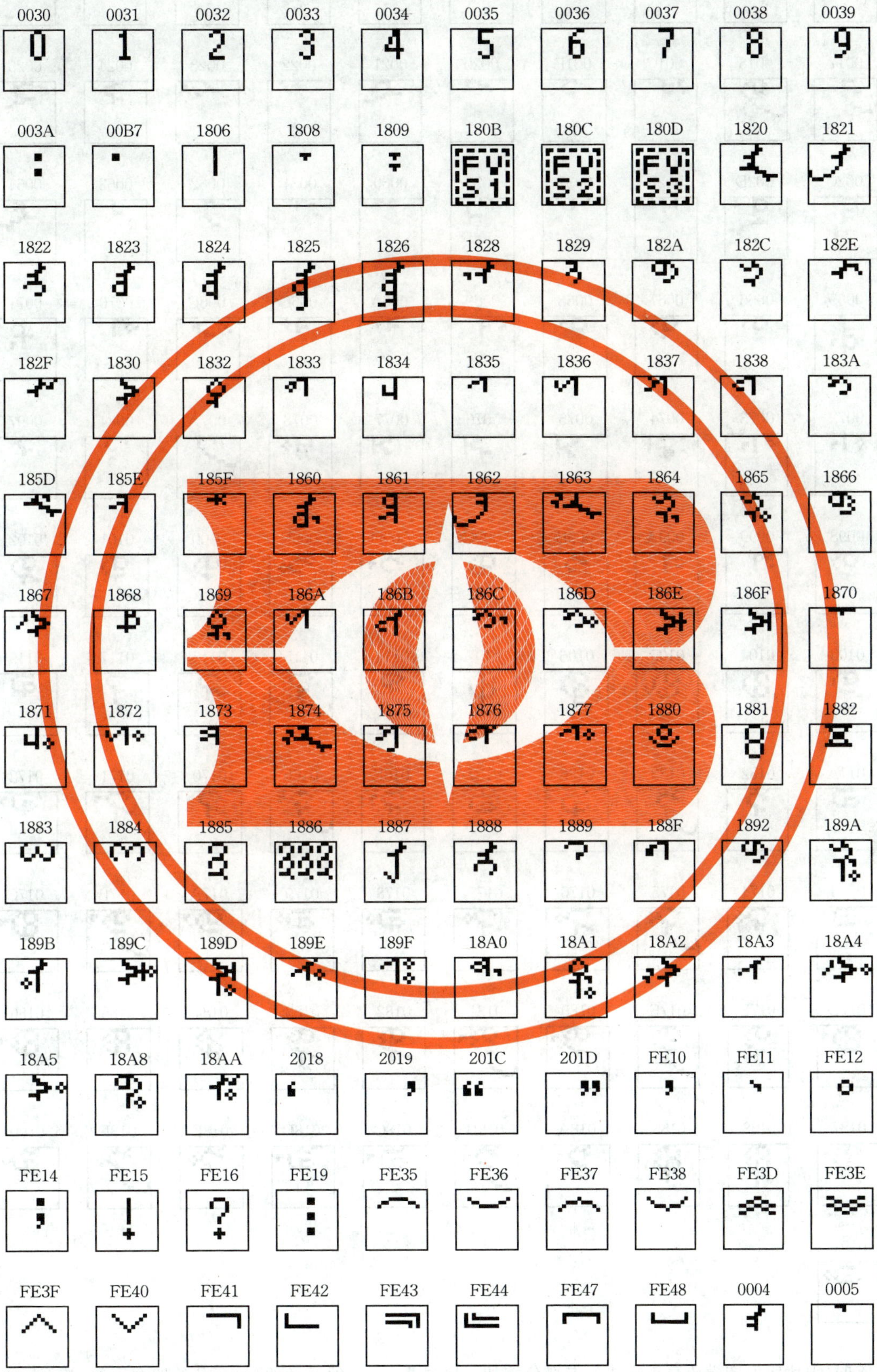

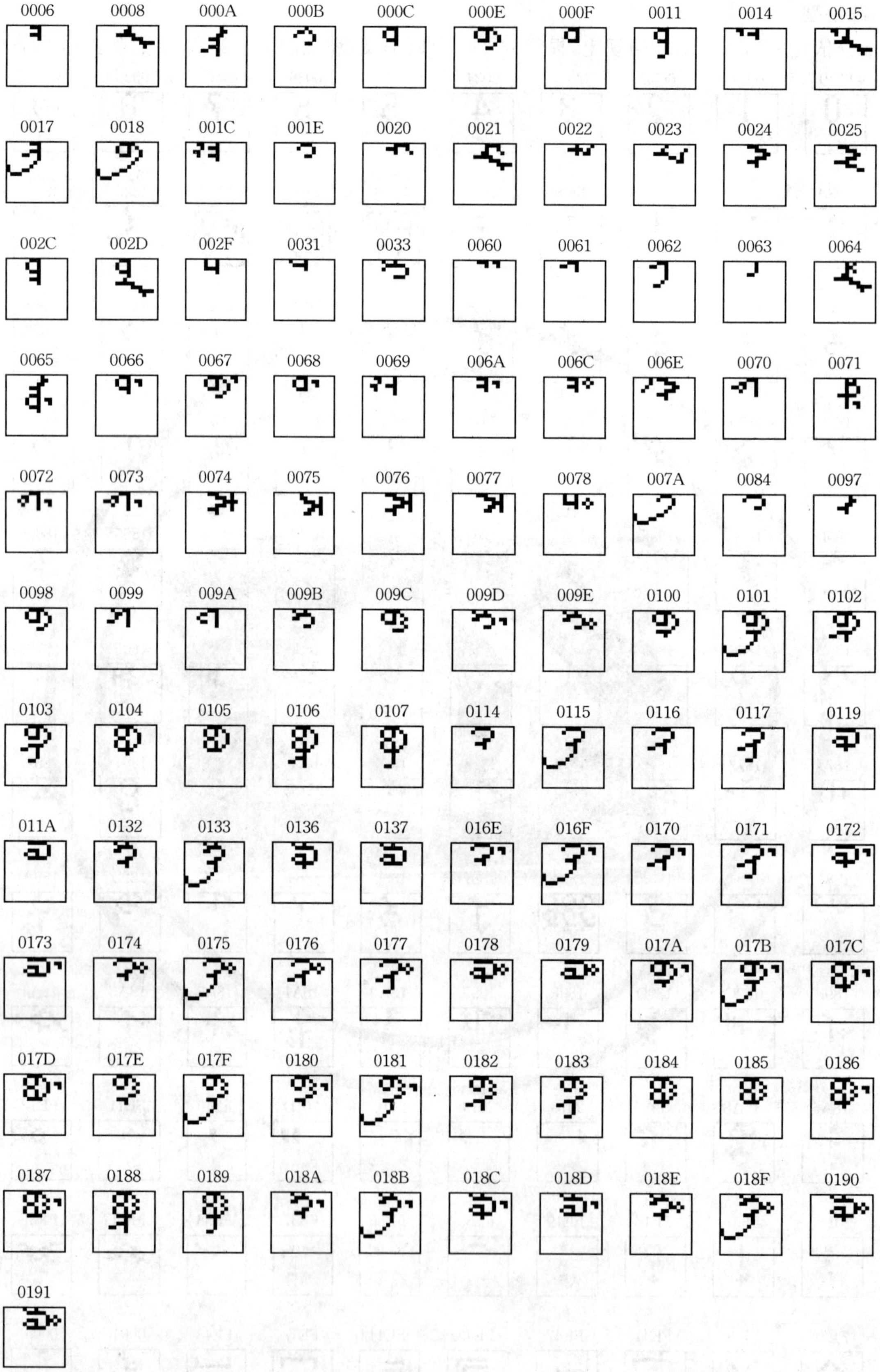

注：依据《现代锡伯文学语言正字法》，本部分增加了序号为 0136、0137、018A、018B 的四个字符，按 GB/T 26226 中的规定使用。

附 录 A
（资料性附录）
正 白 体

满文的正白体源自于清代木刻、石刻版本的各类满文书籍。锡伯文的正白体源自于民间手抄字体。该字型用于文章的正文、提示框、文字修饰等。

附　录　B
（资料性附录）
锡伯文、满文字符代码和序号数据

本部分提供了231个锡伯文、满文图形字符，其中81个名义字符和37个数字、标点符号在GB 13000中有代码，113个变形显现字符在GB 13000中没有代码，但在GB/T 26226中为变形显现字符规定了序号。本部分提供的231个锡伯文、满文图形字符的代码和序号数据信息如下：

a）81个锡伯文、满文和阿礼嘎礼名义字符代码：在1800～18AF范围内；

b）59个锡伯文、满文单个变形显现字符序列码：在0004～009F范围内；

c）54个锡伯文、满文强制性合体字序列码：在0100～019F范围内；

d）37个锡伯文、满文专用数字、标点符号的代码：在0030～00BF和2010～FE4F范围内。

附　录　C
（资料性附录）
锡伯文、满文16点阵正白体字型字高数据

锡伯文、满文是不等高字体，其每个字符都有各自特定的高度，本部分提供了231个锡伯文、满文16点阵正白体字型字高数据，其中名义字符点阵字型字高数据见表C.1，数字和标点符号点阵字型字高数据见表C.2，单个变形显现字符点阵字型字高数据见表C.3，强制性合体字点阵字型字高数据见表C.4。

表C.1　名义字符点阵字型字高数据

代码	高度	代码	高度	代码	高度	代码	高度	代码	高度	代码	高度
1806	8	1829	6	185D	6	186B	7	1881	9	189D	10
1808	4	182A	6	185E	5	186C	5	1882	6	189E	6
1809	7	182C	7	185F	3	186D	5	1883	5	189F	7
180B	16	182E	5	1860	9	186E	7	1884	5	18A0	5
180C	16	182F	5	1861	8	186F	7	1885	10	18A1	11
180D	16	1830	7	1862	9	1870	2	1886	10	18A2	8
1820	10	1832	8	1863	7	1871	6	1887	11	18A3	6
1821	10	1833	5	1864	8	1872	5	1888	9	18A4	7
1822	9	1834	6	1865	8	1873	5	1889	5	18A5	7
1823	9	1835	4	1866	6	1874	7	188F	5	18A8	9
1824	10	1836	5	1867	7	1875	7	1892	6	18AA	7
1825	13	1837	5	1868	6	1876	5	189A	11		
1826	13	1838	5	1869	8	1877	4	189B	9		
1828	6	183A	5	186A	5	1880	6	189C	7		

表C.2　数字和标点符号点阵字型字高数据

代码	高度	代码	高度	代码	高度	代码	高度	代码	高度	代码	高度
0030	8	0037	8	201C	6	FE16	13	FE3E	7	FE47	5
0031	8	0038	8	201D	6	FE19	12	FE3F	7	FE48	5
0032	8	0039	8	FE10	6	FE35	5	FE40	7		
0033	8	003A	8	FE11	5	FE36	5	FE41	6		
0034	8	00B7	4	FE12	6	FE37	6	FE42	6		
0035	8	2018	6	FE14	10	FE38	6	FE43	6		
0036	8	2019	6	FE15	13	FE3D	7	FE44	6		

表 C.3 单个变形显现字符点阵字型字高数据

序号	高度	序号	高度	序号	高度	序号	高度	序号	高度	序号	高度
0004	7	0014	3	0024	6	0063	4	0070	5	0084	4
0005	2	0015	7	0025	7	0064	8	0071	8	0097	5
0006	4	0017	9	002C	7	0065	10	0072	5	0098	6
0008	6	0018	10	002D	10	0066	5	0073	5	0099	5
000A	8	001C	5	002F	4	0067	6	0074	6	009A	5
000B	5	001E	4	0031	3	0068	4	0075	6	009B	5
000C	5	0020	3	0033	5	0069	5	0076	6	009C	6
000E	6	0021	7	0060	2	006A	4	0077	5	009D	5
000F	4	0022	3	0061	3	006C	4	0078	4	009E	5
0011	8	0023	5	0062	7	006E	6	007A	8		

表 C.4 强制性合体字点阵字型字高数据

序号	高度	序号	高度	序号	高度	序号	高度	序号	高度	序号	高度
0100	7	0116	7	0170	7	017A	7	0184	8	018E	7
0101	12	0117	9	0171	9	017B	12	0185	7	018F	12
0102	8	0119	6	0172	6	017C	8	0186	8	0190	7
0103	10	011A	5	0173	5	017D	7	0187	7	0191	6
0104	8	0132	7	0174	6	017E	8	0188	11		
0105	7	0133	12	0175	11	017F	13	0189	11		
0106	11	0136	7	0176	7	0180	8	018A	7		
0107	11	0137	6	0177	9	0181	13	018B	12		
0114	6	016E	6	0178	6	0182	9	018C	7		
0115	11	016F	11	0179	5	0183	11	018D	6		

附　录　D
（规范性附录）
锡伯文、满文 16 点阵正白体字型数据

D.1　16 点阵字型数据的表示

本部分中，图形字符的字型可由点阵数据来表示。每个字型的点阵数据为 16×16（横行点数×纵列点数），共 256 个二进制位，32 个字节。

D.2　16 点阵字型数据的记录格式

16 点阵字型数据的 32 个字节排列次序是以 0 字节开始至 31 字节结束，均用十六进制表示，每行二个字节，记录格式如下：

<table>
<tr><th rowspan="2">行数</th><th colspan="16">列　　数</th></tr>
<tr><th>0</th><th>1</th><th>2</th><th>3</th><th>4</th><th>5</th><th>6</th><th>7</th><th>8</th><th>9</th><th>10</th><th>11</th><th>12</th><th>13</th><th>14</th><th>15</th></tr>
<tr><td>0</td><td colspan="8">0 字节</td><td colspan="8">1 字节</td></tr>
<tr><td>1
2
3
4
⋮</td><td colspan="8"></td><td colspan="8"></td></tr>
<tr><td>15</td><td colspan="8">30 字节</td><td colspan="8">31 字节</td></tr>
</table>

D.3　16 点阵字型数据举例

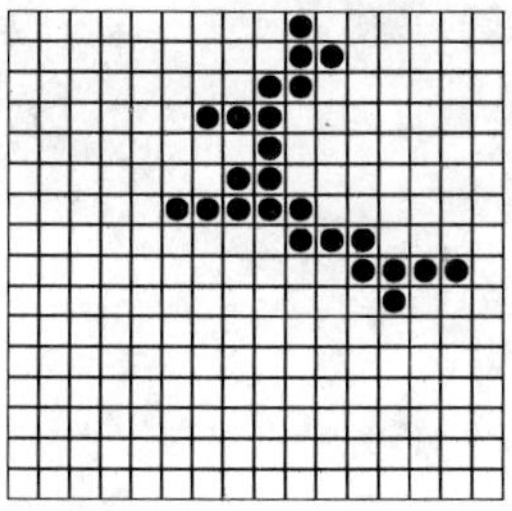

1820

00　40
00　60
00　C0
03　80
00　80
01　80
07　C0
00　70
00　1E
00　08

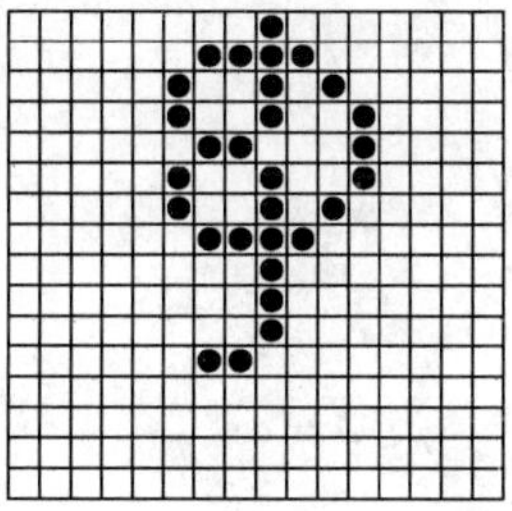

011D

00　80
03　C0
04　A0
04　90
03　10
04　90
04　A0
03　C0
00　80
00　80

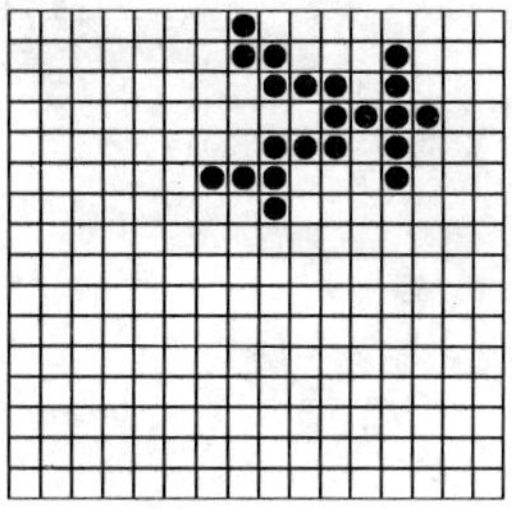

186E

01　00
01　88
00　E8
00　3C
00　E8
03　88
00　80
00　00
00　00
00　00

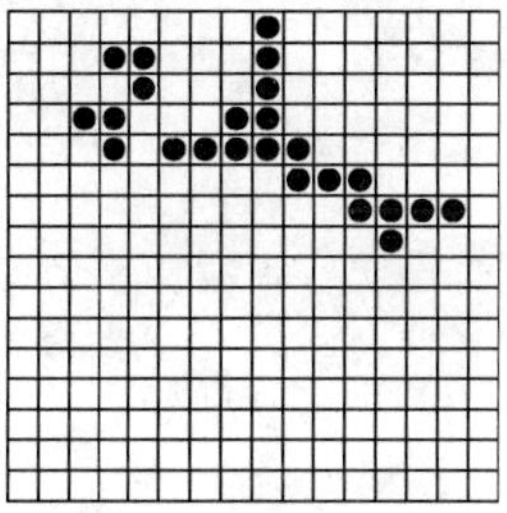

1863

00　80
18　80
08　80
31　80
17　C0
00　70
00　1E
00　08
00　00
00　00

00 00	00 80	00 00	00 00
00 00	03 00	00 00	00 00
00 00	00 00	00 00	00 00
00 00	00 00	00 00	00 00
00 00	00 00	00 00	00 00
00 00	00 00	00 00	00 00

参 考 文 献

[1] 现代锡伯文学语言正字法.新疆伊犁哈萨克自治州察布查尔锡伯自治县人民政府.1991年.

ICS 35.040
L 71

中华人民共和国国家标准

GB 25903.2—2010

信息技术 通用多八位编码字符集 锡伯文、满文名义字符、显现字符与合体字 16点阵字型 第2部分：正黑体

Information technology—Universal multi-octet coded character set—Sibe, Manchu nominal characters, presentation forms and composite characters—16 Dot matrix fonts—Part 2: Zhenghei Ti

2011-01-10 发布 2011-11-01 实施

中华人民共和国国家质量监督检验检疫总局
中国国家标准化管理委员会 发布

前　言

本部分的全部技术内容为强制性。

GB 25903《信息技术　通用多八位编码字符集　锡伯文、满文名义字符、显现字符与合体字　16点阵字型》分为如下部分：

——第1部分：正白体；

——第2部分：正黑体。

本部分是GB 25903的第2部分。

本部分依据GB/T 26226《信息技术　蒙古文变形显现字符集和控制字符使用规则》所规定的锡伯文、满文名义字符、变形显现字符、合体字和专用符号，以我国现行的锡伯文字形和文献语言中的满文字形为基础，并依据《现代锡伯文学语言正字法》中规定的正字规则，设计和规定了信息系统用锡伯文、满文16点阵正黑体(参见附录A)字型。

本部分的附录A、附录B和附录C是资料性附录，附录D是规范性附录。

本部分由全国信息技术标准化技术委员会(SAC/TC 28)提出并归口。

本部分起草单位：中国电子技术标准化研究所、新疆维吾尔自治区民族语言文字工作委员会、潍坊北大青鸟华光照排有限公司。

本部分起草人：吕建春、何正安、佟加·庆夫、代红、范德广。

引　言

有关字型数据的授权转让使用事宜，字型标准数据的维护、更新及修订工作，统一由归口单位负责。

信息技术　通用多八位编码字符集
锡伯文、满文名义字符、显现字符与合体字
16点阵字型　第2部分：正黑体

1　范围

GB 25903的本部分规定了GB/T 26226中锡伯文、满文名义字符、变形显现字符、强制性合体字及专用数字、标点符号的16点阵正黑体字型。

本部分适用于锡伯文、满文信息处理系统中的显示设备、点阵式印刷设备，也适用于其他相关设备。

2　规范性引用文件

下列文件中的条款通过GB 25903的本部分的引用而成为本部分的条款。凡是注日期的引用文件，其随后所有的修改单(不包括勘误的内容)或修订版均不适用于本部分，然而，鼓励根据本部分达成协议的各方研究是否可使用这些文件的最新版本。凡是不注日期的引用文件，其最新版本适用于本部分。

GB 13000　信息技术　通用多八位编码字符集(UCS)(GB 13000—2010，ISO/IEC 10646:2003，IDT)

GB/T 26226　信息技术　蒙古文变形显现字符集和控制字符使用规则

3　术语和定义

下列术语和定义适用于本部分。

3.1

字形　glyph

一种可辨认的抽象的图形符号，它不依赖于任何特定的设计。

3.2

字型　font

具有同一基本设计的字形图像的集合，如：正黑体。

3.3

点阵字型　dot matrix font

以点的集合来表现图形字符的(型)形。

3.4

字序　character order

图形字符在集合中按一定规则排列的次序。

3.5

字高　character height

点阵图形字符的有效高度，以点数计算。

4　锡伯文、满文图形字符

4.1　字符数

本部分依据GB/T 26226的规定，提供了231个锡伯文、满文图形字符，其中：

a)　锡伯文、满文和阿礼嘎礼名义字符81个；

b)　锡伯文、满文单个变形显现字符59个；

c)　锡伯文、满文强制性合体字54个；

d)　锡伯文、满文专用数字、标点符号37个。

锡伯文、满文字符代码和序号数据的信息参见附录 B。

4.2 字符字序

本部分提供了 231 个锡伯文、满文名义字符、变形显现字符、强制性合体字及专用数字、标点符号的点阵字型，其排列顺序按照 GB/T 26226 的规定的次序排列。

5 标准数据的管理

为加强对信息技术产品用蒙古文字字型与字模标准数据的管理，保证本部分在贯彻执行中数据的一致性和正确性，有关字型数据的授权转让的使用事宜，字型标准数据的维护、更新及修订工作，统一由归口单位负责。

6 点阵字型的表示方法

6.1 栅格

栅格由若干条等距离的垂直线与水平线相交叉而形成。

本部分规定 16 点阵（指字框）字型，其栅格是横向 16 格，纵向 16 格。每个方格的中心定为点的中心位置。

栅格仅对构成点阵的各点进行定位，16 点阵栅格图如图 1 所示。

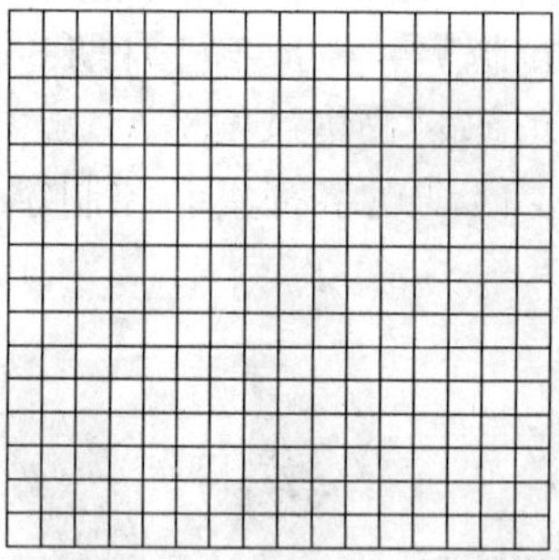

图 1　16 点阵栅格图

6.2 点

点是构成点阵字型的最小单位，以圆形或方形表示，它是位于各方格内的黑色区域。

6.3 点阵字样

锡伯文、满文图形字符点阵字型的字样，由置于栅格内的若干个点的集合来表示。锡伯文、满文“[illegible]”的 16 点阵字样如图 2 所示。

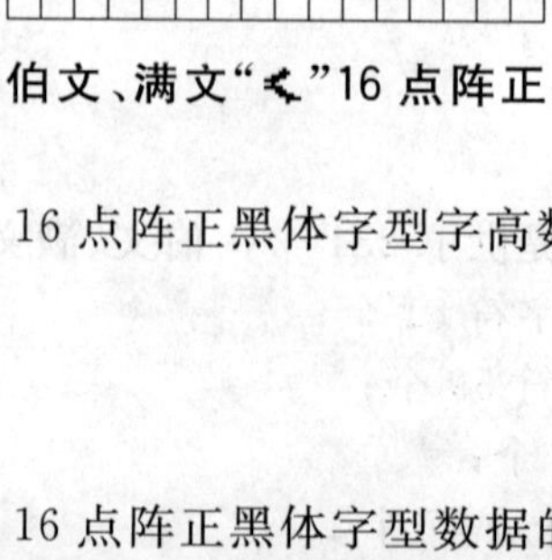

图 2　锡伯文、满文“[illegible]”16 点阵正黑体字样

6.4 点阵字高数据

本部分提供的 231 个锡伯文、满文 16 点阵正黑体字型字高数据参见附录 C。

7 锡伯文、满文点阵字型

7.1 点阵字型数据

本部分提供的 231 个锡伯文、满文 16 点阵正黑体字型数据的表示见附录 D。

7.2 点阵字型

本部分依据 GB/T 26226 的规定，提供的 231 个锡伯文、满文图形字符的 16 点阵正黑体字型如下：

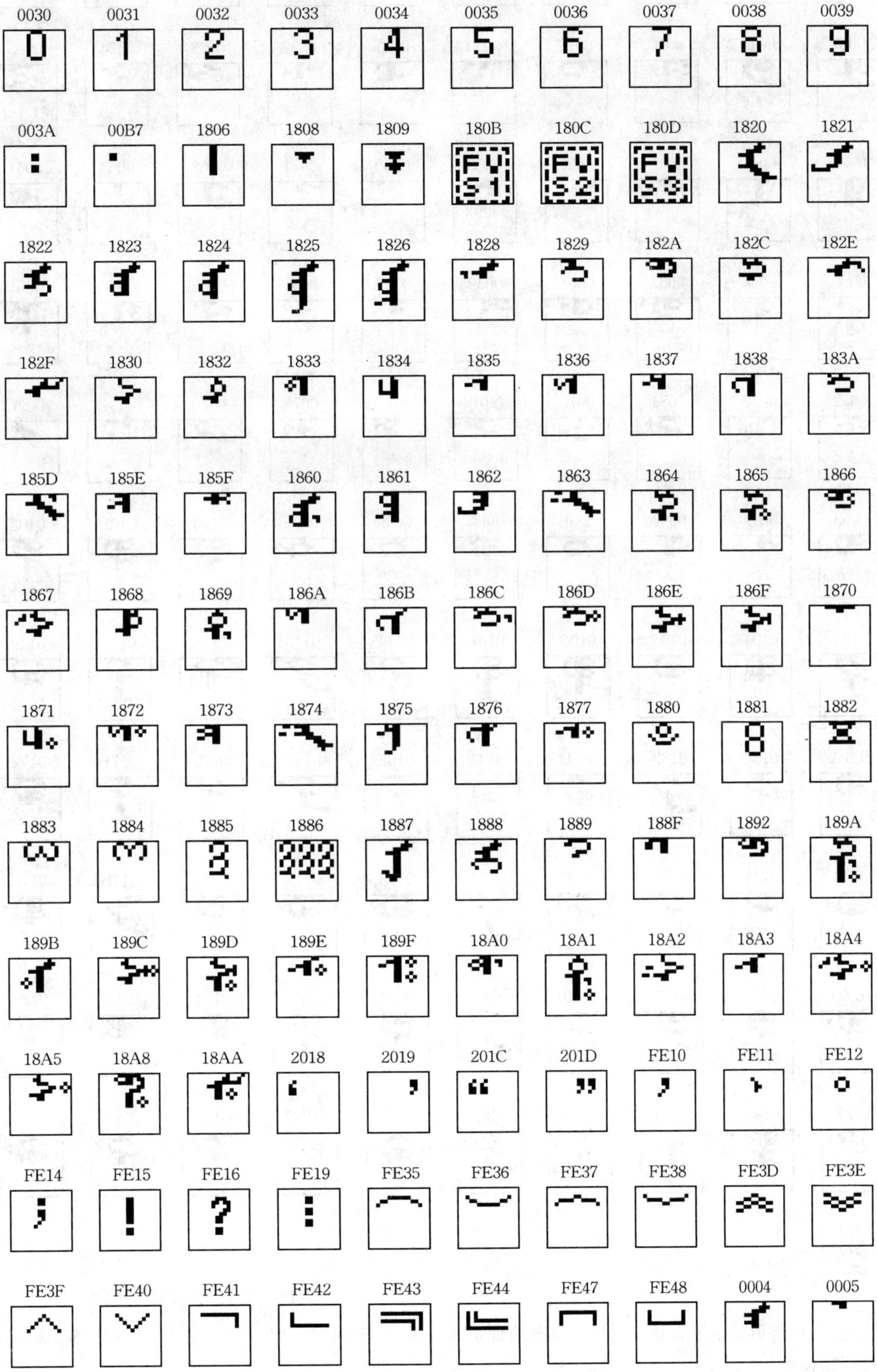

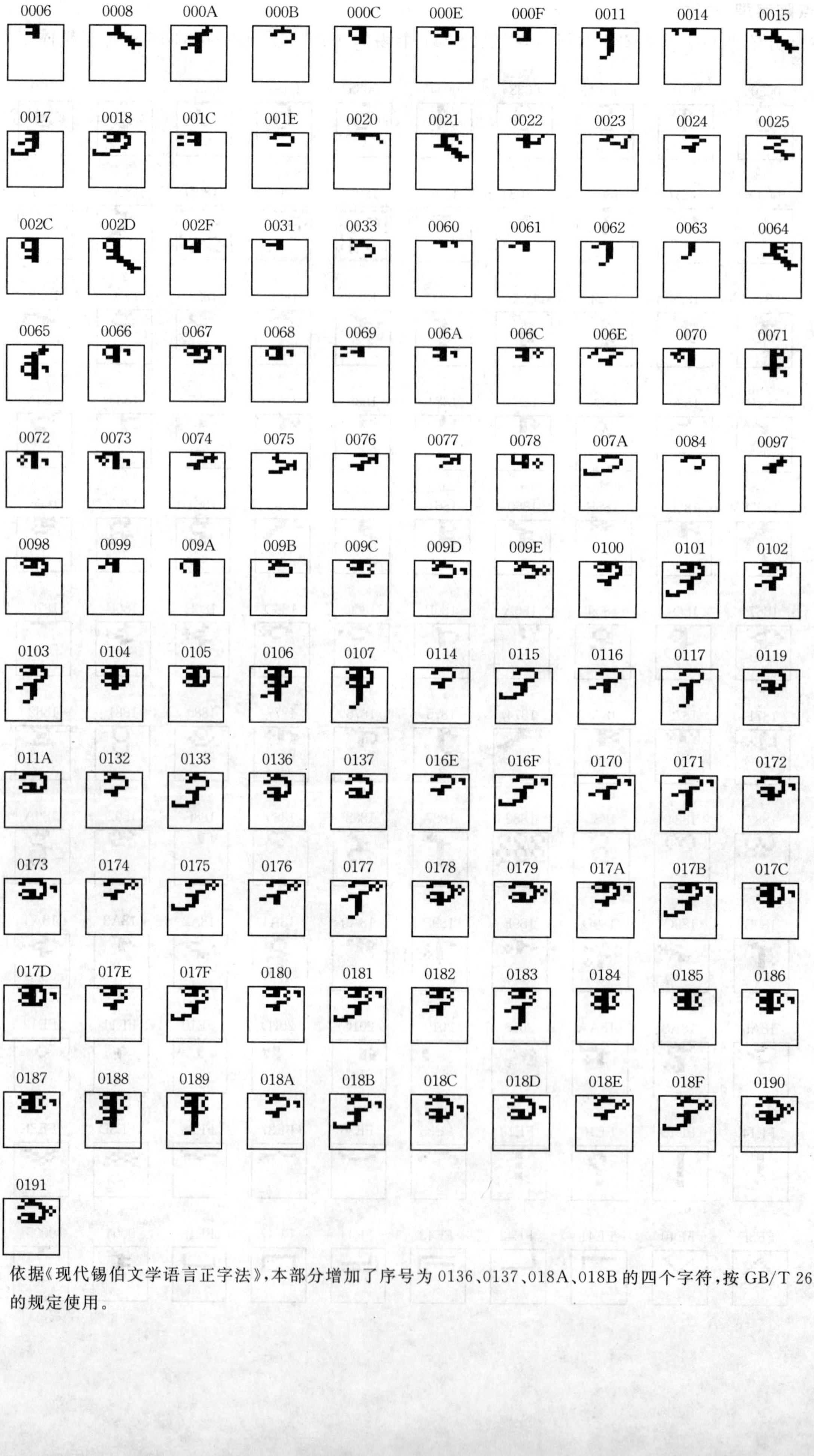

注：依据《现代锡伯文学语言正字法》，本部分增加了序号为0136、0137、018A、018B的四个字符，按GB/T 26226中的规定使用。

附 录 A
（资料性附录）
正 黑 体

满文的正黑体源自于清代木刻、石刻版本的各类满文书籍。锡伯文的正黑体源自于活字铅印字体。该字型用于文章的一级标题、二级标题、加重文句等。

附　录　B
（资料性附录）
锡伯文、满文字符代码和序号数据

本部分提供了 231 个锡伯文、满文图形字符，其中 81 个名义字符和 37 个数字、标点符号在 GB 13000 中有代码，113 个变形显现字符在 GB 13000 中没有代码，但在 GB/T 26226 中为变形显现字符规定了序号。本部分提供的 231 个锡伯文、满文图形字符的代码和序号数据信息如下：

a） 81 个锡伯文、满文和阿礼嘎礼名义字符代码：在 1800～18AF 范围内；

b） 59 个锡伯文、满文单个变形显现字符序列码：在 0004～009F 范围内；

c） 54 个锡伯文、满文强制性合体字序列码：在 0100～019F 范围内；

d） 37 个锡伯文、满文专用数字、标点符号的代码：在 0030～00BF 和 2010～FE4F 范围内。

附 录 C
（资料性附录）
锡伯文、满文16点阵正黑体字型字高数据

锡伯文、满文是不等高字体，其每个字符都有各自特定的高度，本部分提供了231个锡伯文、满文16点阵正黑体字型字高数据，其中名义字符点阵字型字高数据见表C.1，数字和标点符号点阵字型字高数据见表C.2，单个变形显现字符点阵字型字高数据见表C.3，强制性合体字点阵字型字高数据见表C.4。

表C.1 名义字符点阵字型字高数据

代码	高度	代码	高度	代码	高度	代码	高度	代码	高度	代码	高度
1806	8	1829	6	185D	7	186B	7	1881	9	189D	9
1808	5	182A	5	185E	5	186C	5	1882	6	189E	5
1809	8	182C	6	185F	3	186D	5	1883	5	189F	7
180B	16	182E	5	1860	9	186E	7	1884	5	18A0	5
180C	16	182F	5	1861	8	186F	7	1885	10	18A1	12
180D	16	1830	7	1862	6	1870	2	1886	10	18A2	7
1820	11	1832	7	1863	7	1871	6	1887	11	18A3	5
1821	8	1833	5	1864	8	1872	4	1888	9	18A4	7
1822	9	1834	6	1865	8	1873	5	1889	5	18A5	7
1823	9	1835	4	1866	5	1874	7	188F	4	18A8	9
1824	10	1836	5	1867	7	1875	8	1892	5	18AA	7
1825	14	1837	4	1868	7	1876	6	189A	12		
1826	12	1838	6	1869	8	1877	4	189B	9		
1828	5	183A	5	186A	4	1880	6	189C	7		

表C.2 数字和标点符号点阵字型字高数据

代码	高度	代码	高度	代码	高度	代码	高度	代码	高度	代码	高度
0030	8	0037	8	201C	6	FE16	12	FE3E	7	FE47	6
0031	8	0038	8	201D	6	FE19	10	FE3F	7	FE48	6
0032	8	0039	8	FE10	7	FE35	5	FE40	7		
0033	8	003A	7	FE11	6	FE36	5	FE41	6		
0034	8	00B7	4	FE12	6	FE37	5	FE42	6		
0035	8	2018	6	FE14	10	FE38	5	FE43	7		
0036	8	2019	6	FE15	12	FE3D	7	FE44	7		

表 C.3 单个变形显现字符点阵字型字高数据

序号	高度	序号	高度	序号	高度	序号	高度	序号	高度	序号	高度
0004	7	0014	2	0024	5	0063	5	0070	5	0084	4
0005	2	0015	7	0025	7	0064	8	0071	8	0097	5
0006	4	0017	7	002C	7	0065	10	0072	5	0098	5
0008	7	0018	7	002D	10	0066	5	0073	5	0099	4
000A	8	001C	4	002F	4	0067	5	0074	5	009A	5
000B	5	001E	4	0031	3	0068	4	0075	6	009B	5
000C	5	0020	3	0033	5	0069	3	0076	5	009C	5
000E	5	0021	8	0060	2	006A	4	0077	4	009D	5
000F	4	0022	4	0061	3	006C	4	0078	4	009E	5
0011	9	0023	4	0062	7	006E	5	007A	6		

表 C.4 强制性合体字点阵字型字高数据

序号	高度	序号	高度	序号	高度	序号	高度	序号	高度	序号	高度
0100	7	0116	7	0170	7	017A	7	0184	7	018E	7
0101	10	0117	11	0171	11	017B	10	0185	6	018F	10
0102	8	0119	7	0172	7	017C	7	0186	7	0190	8
0103	11	011A	6	0173	6	017D	6	0187	6	0191	7
0104	7	0132	7	0174	6	017E	7	0188	10		
0105	6	0133	10	0175	9	017F	10	0189	12		
0106	10	0136	8	0176	7	0180	7	018A	7		
0107	12	0137	7	0177	11	0181	10	018B	10		
0114	6	016E	6	0178	7	0182	8	018C	8		
0115	9	016F	9	0179	6	0183	12	018D	7		

附 录 D
（规范性附录）
锡伯文、满文 16 点阵正黑体字型数据

D.1 16 点阵字型数据的表示

本部分中，图形字符的字型可由点阵数据来表示。每个字型的点阵数据为 16×16（横行点数×纵列点数），共 256 个二进制位，32 个字节。

D.2 16 点阵字型数据的记录格式

16 点阵字型数据的 32 个字节排列次序是以 0 字节开始至 31 字节结束，均用十六进制表示，每行二个字节，记录格式如下：

行数	列数															
	0	1	2	3	4	5	6	7	8	9	10	11	12	13	14	15
0	0 字节								1 字节							
1 2 3 4 ⋮																
15	30 字节								31 字节							

D.3 16 点阵字型数据举例

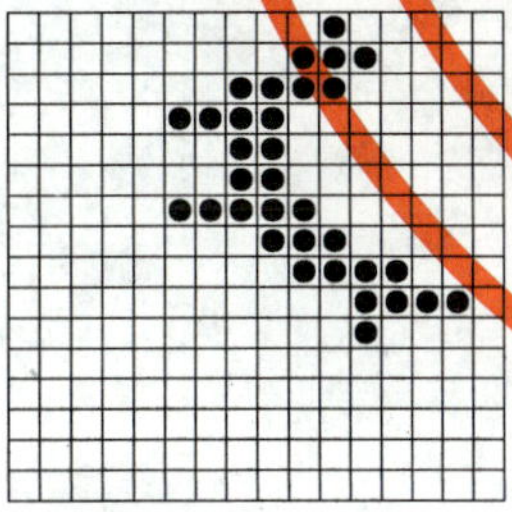
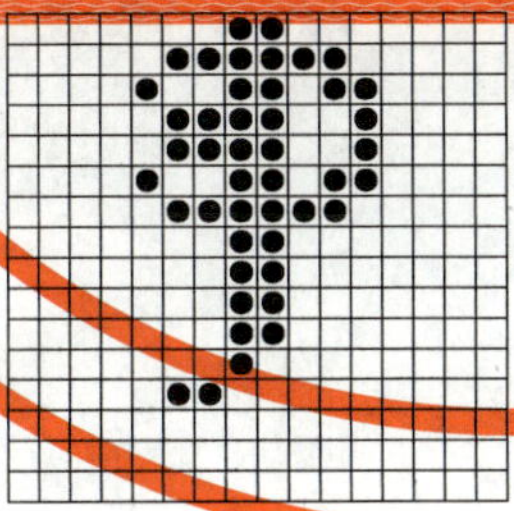
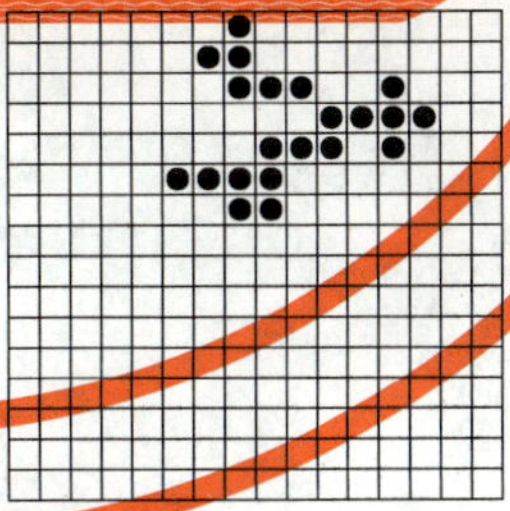
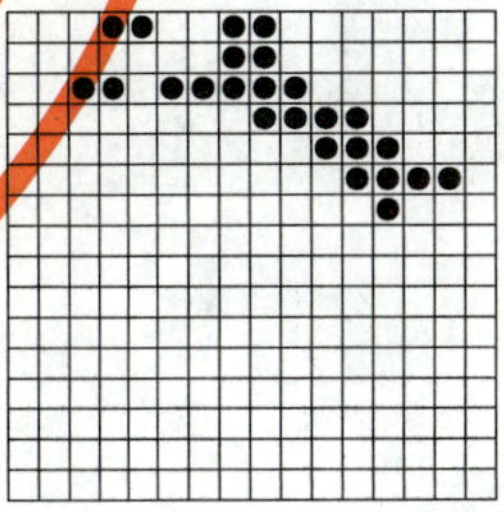

1820		011D		186E		1863	
00	20	01	80	01	00	19	80
00	70	07	E0	03	00	01	80
01	E0	09	B0	01	C8	37	C0
07	80	07	90	00	3C	00	F0
01	80	07	90	00	E8	00	38
01	80	09	B0	07	80	00	1E
07	C0	07	E0	01	80	00	08
00	E0	01	80	00	00	00	00
00	78	01	80	00	00	00	00
00	1E	01	80	00	00	00	00

00 10	01 80	00 00	00 00
00 00	01 00	00 00	00 00
00 00	06 00	00 00	00 00
00 00	00 00	00 00	00 00
00 00	00 00	00 00	00 00
00 00	00 00	00 00	00 00

参 考 文 献

[1] 现代锡伯文学语言正字法.新疆伊犁哈萨克自治州察布查尔锡伯自治县人民政府.1991年.

ICS 35.040
L 71

中华人民共和国国家标准

GB 25904.1—2010

信息技术　通用多八位编码字符集 锡伯文、满文名义字符、显现字符与合体字 24点阵字型　第1部分：大黑体

Information technology—Universal multi-octet coded character set—Sibe, Manchu nominal characters, presentation forms and composite characters—24 Dot matrix fonts—Part 1: Dahei Ti

2011-01-10 发布　　2011-11-01 实施

中华人民共和国国家质量监督检验检疫总局
中国国家标准化管理委员会　发布

前　　言

本部分的全部技术内容为强制性。

GB 25904《信息技术　通用多八位编码字符集　锡伯文、满文名义字符、显现字符与合体字　24 点阵字型》分为如下部分：

——第 1 部分：大黑体；

——第 2 部分：行书体；

——第 3 部分：奏折体。

本部分是 GB 25904 的第 1 部分。

本部分依据 GB/T 26226《信息技术　蒙古文变形显现字符集和控制字符使用规则》所规定的锡伯文、满文名义字符、变形显现字符、合体字和专用符号，以我国现行的锡伯文字形和文献语言中的满文字形为基础，并依据《现代锡伯文学语言正字法》中规定的正字规则，设计和规定了信息系统用锡伯文、满文 24 点阵大黑体(参见附录 A)字型。

本部分的附录 A、附录 B 和附录 C 是资料性附录，附录 D 是规范性附录。

本部分由全国信息技术标准化技术委员会(SAC/TC 28)提出并归口。

本部分起草单位：中国电子技术标准化研究所、新疆维吾尔自治区民族语言文字工作委员会、潍坊北大青鸟华光照排有限公司。

本部分起草人：佟加·庆夫、何正安、吕建春、代红、李善民。

引　　言

有关字型数据的授权转让使用事宜，字型标准数据的维护、更新及修订工作，统一由归口单位负责。

信息技术　通用多八位编码字符集 锡伯文、满文名义字符、显现字符与合体字 24点阵字型　第1部分:大黑体

1　范围

GB 25904 的本部分规定了 GB/T 26226 中锡伯文、满文名义字符、变形显现字符、强制性合体字及专用数字、标点符号的 24 点阵大黑体字型。

本部分适用于锡伯文、满文信息处理系统中的显示设备、点阵式印刷设备,也适用于其他相关设备。

2　规范性引用文件

下列文件中的条款通过 GB 25904 的本部分的引用而成为本部分的条款。凡是注日期的引用文件,其随后所有的修改单(不包括勘误的内容)或修订版均不适用于本部分,然而,鼓励根据本部分达成协议的各方研究是否可使用这些文件的最新版本。凡是不注日期的引用文件,其最新版本适用于本部分。

GB 13000　信息技术　通用多八位编码字符集(UCS)(GB 13000—2010,ISO/IEC 10646:2003,IDT)

GB/T 26226　信息技术　蒙古文变形显现字符集和控制字符使用规则

3　术语和定义

下列术语和定义适用于本部分。

3.1

字形　glyph

一种可辨认的抽象的图形符号,它不依赖于任何特定的设计。

3.2

字型　font

具有同一基本设计的字形图像的集合,如:大黑体。

3.3

点阵字型　dot matrix font

以点的集合来表现图形字符的(型)形。

3.4

字序　character order

图形字符在集合中按一定规则排列的次序。

3.5

字高　character height

点阵图形字符的有效高度,以点数计算。

4　锡伯文、满文图形字符

4.1　字符数

本部分依据 GB/T 26226 的规定,提供了 231 个锡伯文、满文图形字符,其中:

a)　锡伯文、满文和阿礼嘎礼名义字符 81 个;

b)　锡伯文、满文单个变形显现字符 59 个;

c)　锡伯文、满文强制性合体字 54 个;

d)　锡伯文、满文专用数字、标点符号 37 个。

锡伯文、满文字符代码和序号数据的信息参见附录 B。

4.2 字符字序

本部分提供了 231 个锡伯文、满文名义字符、变形显现字符、强制性合体字及专用数字、标点符号的点阵字型，其排列顺序按照 GB/T 26226 的规定的次序排列。

5 标准数据的管理

为加强对信息技术产品用蒙古文字字型与字模标准数据的管理，保证本部分在贯彻执行中数据的一致性和正确性，有关字型数据的授权转让的使用事宜，字型标准数据的维护、更新及修订工作，统一由归口单位负责。

6 点阵字型的表示方法

6.1 栅格

栅格由若干条等距离的垂直线与水平线相交叉而形成。

本部分规定 24 点阵(指字框)字型，其栅格是横向 24 格，纵向 24 格。每个方格的中心定为点的中心位置。

栅格仅对构成点阵的各点进行定位，24 点阵栅格图如图 1 所示。

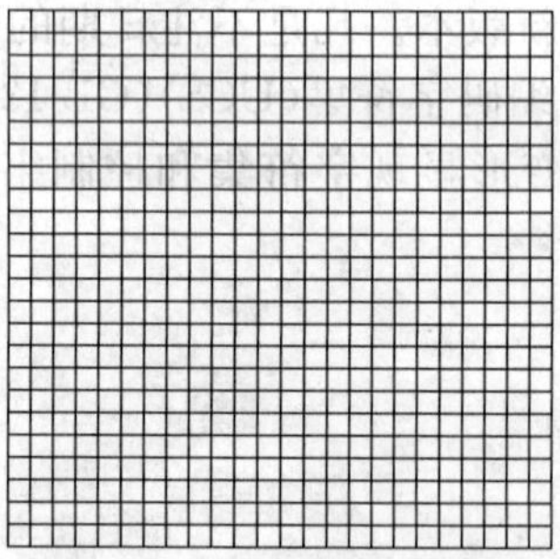

图 1 24 点阵栅格图

6.2 点

点是构成点阵字型的最小单位，以圆形或方形表示，它是位于各方格内的黑色区域。

6.3 点阵字样

锡伯文、满文图形字符点阵字型的字样，由置于栅格内的若干个点的集合来表示。锡伯文、满文“ᠠ”的 24 点阵字样如图 2 所示。

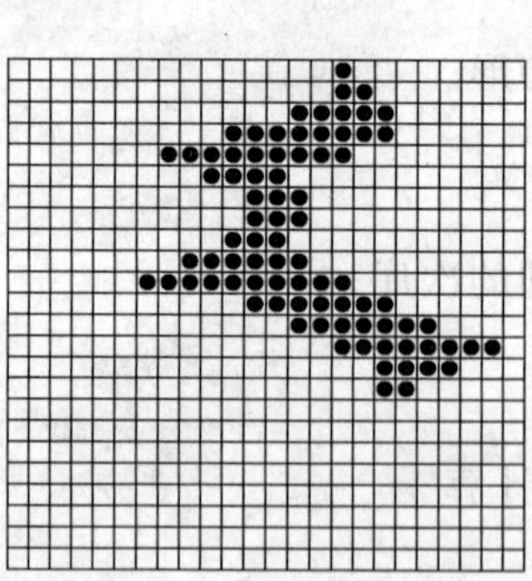

图 2 锡伯文、满文“ᠠ”的 24 点阵大黑体字样

6.4 点阵字高数据

本部分提供的 231 个锡伯文、满文 24 点阵大黑体字型字高数据参见附录 C。

7 锡伯文、满文点阵字型

7.1 点阵字型数据

本部分提供的 231 个锡伯文、满文 24 点阵大黑体字型数据的表示见附录 D。

7.2 点阵字型

本部分依据 GB/T 26226 的规定，提供的 231 个锡伯文、满文图形字符的 24 点阵大黑体字型如下：

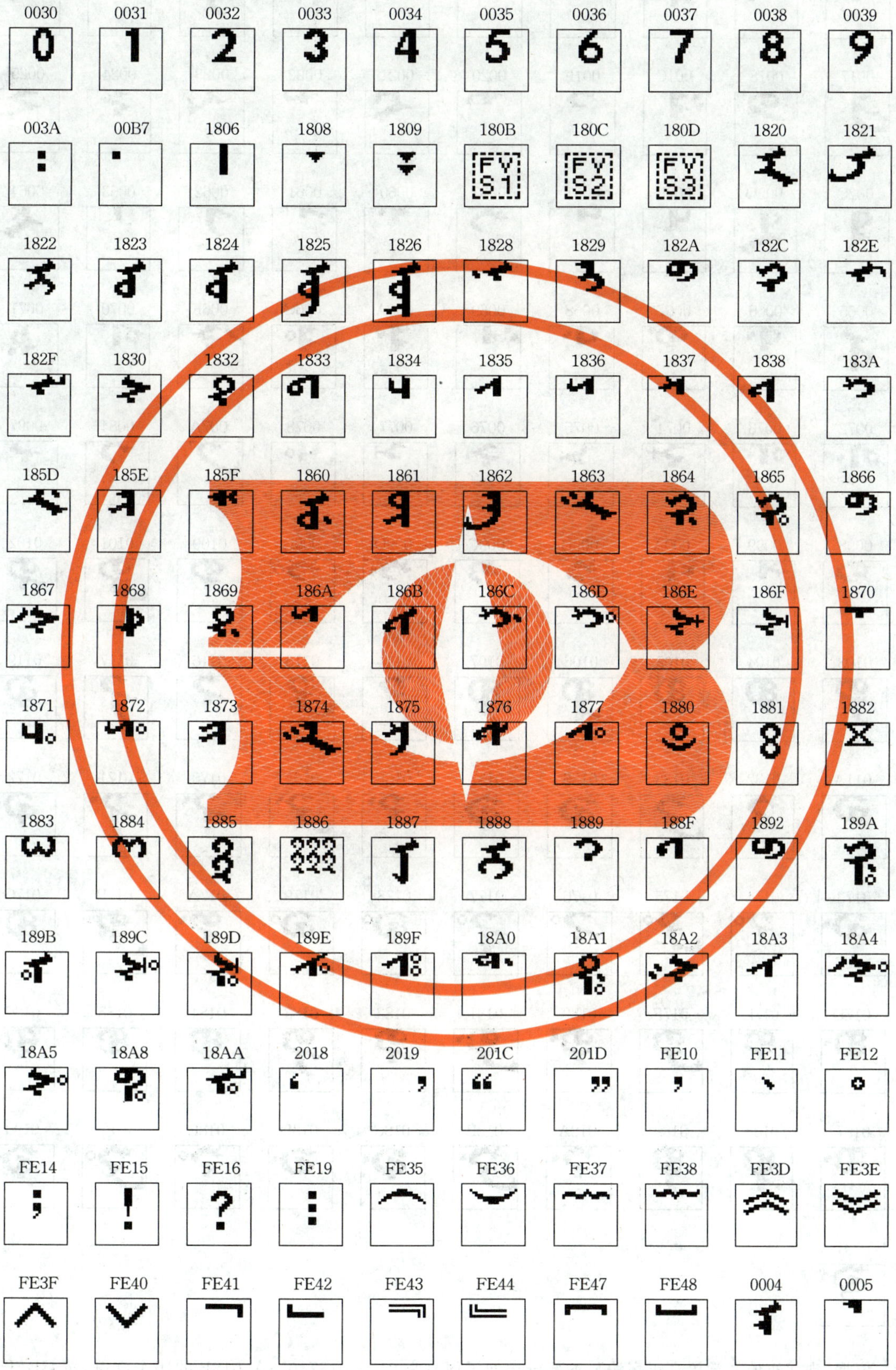

注：依据《现代锡伯文学语言正字法》，本部分增加了序号为0136、0137、018A、018B的四个字符，按GB/T 26226中的规定使用。

附　录　A
（资料性附录）
大　黑　体

满文大黑体源自于清代木刻、石刻版本的各类满文书籍，锡伯文大黑体则源自于活字铅印字体。大黑体的结构严谨，线条粗犷，其基本要素具有十分清晰的黑度，线条明确、点线和谐一致、尺寸固定、外观醒目的特征。主要用于标题、加重文句等。

附　录　B
（资料性附录）
锡伯文、满文字符代码和序号数据

本部分提供了231个锡伯文、满文图形字符，其中81个名义字符和37个数字、标点符号在GB 13000中有代码，113个变形显现字符在GB 13000中没有代码，但在GB/T 26226中为变形显现字符规定了序号。本部分提供的231个锡伯文、满文图形字符的代码和序号数据信息如下：

a） 81个锡伯文、满文和阿礼嘎礼名义字符代码：在1800～18AF范围内；

b） 59个锡伯文、满文单个变形显现字符序列码：在0004～009F范围内；

c） 54个锡伯文、满文强制性合体字序列码：在0100～019F范围内；

d） 37个锡伯文、满文专用数字、标点符号的代码：在0030～00BF和2010～FE4F范围内。

附 录 C
（资料性附录）
锡伯文、满文 24 点阵大黑体字型高度数据

锡伯文、满文是不等高字体，其每个字符都有各自特定的高度，本部分提供了 231 个锡伯文、满文 24 点阵大黑体字型字高数据，其中名义字符点阵字型字高数据见表 C.1，数字和标点符号点阵字型字高数据见表 C.2，单个变形显现字符点阵字型字高数据见表 C.3，强制性合体字点阵字型字高数据见表 C.4。

表 C.1 名义字符点阵字型字高数据

代码	高度	代码	高度	代码	高度	代码	高度	代码	高度	代码	高度
1806	12	1829	12	185D	10	186B	11	1881	14	189D	13
1808	7	182A	8	185E	10	186C	8	1882	9	189E	9
1809	12	182C	12	185F	6	186D	8	1883	8	189F	9
180B	21	182E	8	1860	15	186E	11	1884	8	18A0	6
180C	21	182F	8	1861	14	186F	11	1885	18	18A1	16
180D	21	1830	11	1862	15	1870	4	1886	14	18A2	11
1820	16	1832	12	1863	11	1871	9	1887	18	18A3	9
1821	14	1833	9	1864	13	1872	6	1888	16	18A4	11
1822	14	1834	9	1865	13	1873	9	1889	9	18A5	11
1823	15	1835	8	1866	9	1874	13	188F	8	18A8	13
1824	17	1836	7	1867	11	1875	13	1892	8	18AA	10
1825	22	1837	7	1868	12	1876	9	189A	18		
1826	22	1838	10	1869	12	1877	7	189B	12		
1828	8	183A	8	186A	6	1880	11	189C	11		

表 C.2 数字和标点符号点阵字型字高数据

代码	高度	代码	高度	代码	高度	代码	高度	代码	高度	代码	高度
0030	13	0037	13	201C	8	FE16	18	FE3E	12	FE47	6
0031	13	0038	13	201D	9	FE19	16	FE3F	11	FE48	6
0032	13	0039	13	FE10	9	FE35	8	FE40	11		
0033	13	003A	11	FE11	8	FE36	8	FE41	7		
0034	13	00B7	6	FE12	8	FE37	6	FE42	7		
0035	13	2018	8	FE14	14	FE38	6	FE43	7		
0036	13	2019	9	FE15	18	FE3D	12	FE44	7		

表 C.3 单个变形显现字符点阵字型字高数据

序号	高度	序号	高度	序号	高度	序号	高度	序号	高度	序号	高度
0004	13	0014	5	0024	10	0063	7	0070	8	0084	8
0005	5	0015	11	0025	10	0064	12	0071	12	0097	8
0006	10	0017	15	002C	14	0065	17	0072	9	0098	8
0008	10	0018	12	002D	17	0066	9	0073	8	0099	7
000A	13	001C	10	002F	7	0067	8	0074	9	009A	8
000B	8	001E	6	0031	5	0068	7	0075	8	009B	8
000C	9	0020	5	0033	9	0069	7	0076	9	009C	9
000E	10	0021	12	0060	5	006A	10	0077	6	009D	8
000F	7	0022	5	0061	4	006C	10	0078	7	009E	8
0011	16	0023	9	0062	11	006E	9	007A	12		

表 C.4 强制性合体字点阵字型字高数据

序号	高度	序号	高度	序号	高度	序号	高度	序号	高度	序号	高度
0100	12	0116	11	0170	11	017A	12	0184	12	018E	12
0101	16	0117	17	0171	17	017B	17	0185	10	018F	17
0102	12	0119	12	0172	12	017C	12	0186	12	0190	13
0103	17	011A	10	0173	10	017D	10	0187	10	0191	11
0104	12	0132	12	0174	10	017E	12	0188	17		
0105	10	0133	17	0175	15	017F	16	0189	19		
0106	17	0136	13	0176	11	0180	12	018A	12		
0107	17	0137	11	0177	17	0181	16	018B	17		
0114	10	016E	10	0178	12	0182	13	018C	13		
0115	15	016F	15	0179	10	0183	18	018D	11		

附 录 D
（规范性附录）
锡伯文、满文 24 点阵大黑体字型数据

D.1 24 点阵字型数据的表示

本部分中，图形字符的字型可由点阵数据来表示。每个字型的点阵数据为 24×24（横行点数×纵列点数），共 576 个二进制位，72 个字节。

D.2 24 点阵字型数据的记录格式

24 点阵字型数据的 72 个字节排列次序是以 0 字节开始至 71 字节结束，均用十六进制表示，每行三个字节，记录格式如下：

行数	列数																							
	0	1	2	3	4	5	6	7	8	9	10	11	12	13	14	15	16	17	18	19	20	21	22	23
0	0 字节								1 字节								2 字节							
1 2 3 4 ⋮																								
23	字节 69								字节 70								字节 71							

D.3 24 点阵字型数据举例

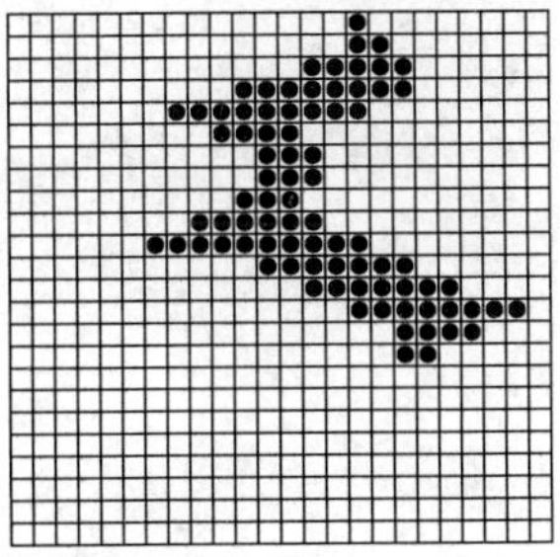
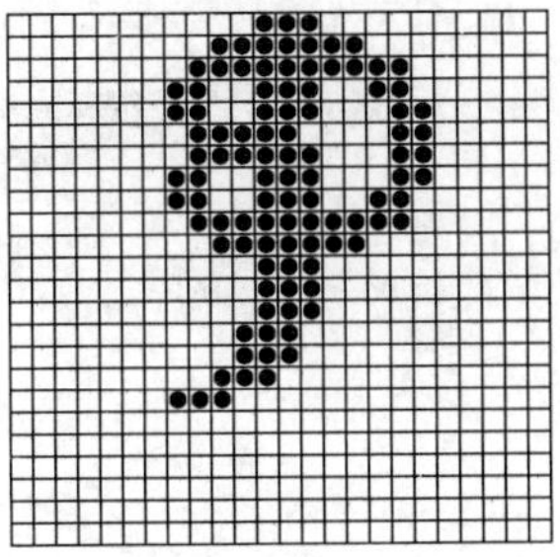
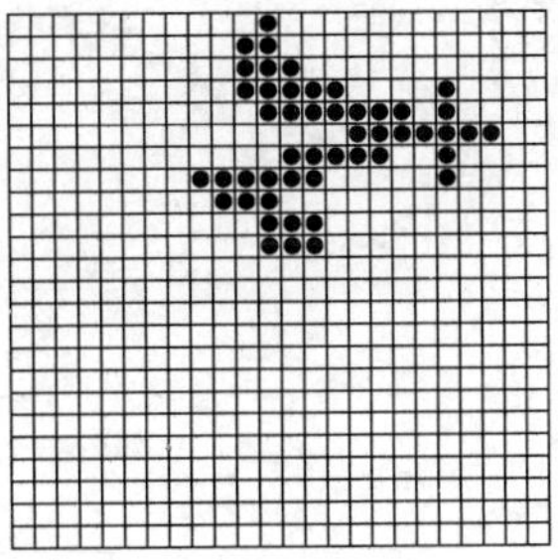
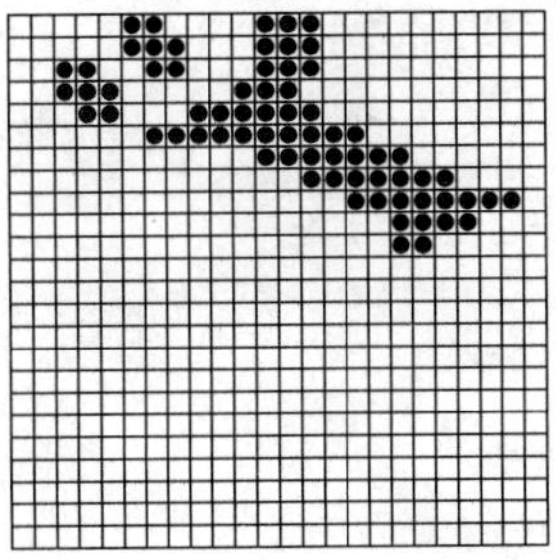

1820	011D	186E	1863
00 01 00	00 1C 00	00 10 00	06 1C 00
00 01 80	00 7F 00	00 30 00	07 1C 00
00 07 C0	00 FF C0	00 38 00	33 1C 00
00 3F C0	01 9C C0	00 3E 10	38 38 00
01 FF 00	01 9C 60	00 1F D0	18 FC 00
00 78 00	00 F8 60	00 01 FC	03 FF 00
00 1C 00	00 FC 60	00 0F 90	00 1F C0
00 1C 00	01 9C 60	00 FC 10	00 07 F0
00 38 00	01 9C C0	00 70 00	00 01 FE

00 FC 00
03 FF 00
00 1F C0
00 07 F0
00 01 FE
00 00 78
00 00 60
00 00 00
00 00 00
00 00 00
00 00 00
00 00 00
00 00 00
00 00 00
00 00 00

00 FF C0
00 7F 00
00 1C 00
00 1C 00
00 1C 00
00 38 00
00 38 00
00 70 00
01 C0 00
00 00 00
00 00 00
00 00 00
00 00 00
00 00 00
00 00 00

00 1C 00
00 1C 00
00 00 00
00 00 00
00 00 00
00 00 00
00 00 00
00 00 00
00 00 00
00 00 00
00 00 00
00 00 00
00 00 00
00 00 00
00 00 00

00 00 78
00 00 60
00 00 00
00 00 00
00 00 00
00 00 00
00 00 00
00 00 00
00 00 00
00 00 00
00 00 00
00 00 00
00 00 00
00 00 00
00 00 00

参 考 文 献

[1] 现代锡伯文学语言正字法.新疆伊犁哈萨克自治州察布查尔锡伯自治县人民政府.1991年.

ICS 35.040
L 71

中华人民共和国国家标准

GB 25904.2—2010

信息技术　通用多八位编码字符集 锡伯文、满文名义字符、显现字符与合体字 24点阵字型　第2部分：行书体

Information technology—Universal multi-octet coded character set—Sibe, Manchu nominal characters, presentation forms and composite characters—24 Dot matrix fonts—Part 2: Xingshu Ti

2011-01-10 发布　　　　2011-11-01 实施

中华人民共和国国家质量监督检验检疫总局
中国国家标准化管理委员会　发布

前 言

本部分的全部技术内容为强制性。

GB 25904《信息技术　通用多八位编码字符集　锡伯文、满文名义字符、显现字符与合体字　24点阵字型》分为如下部分：

——第1部分：大黑体；

——第2部分：行书体；

——第3部分：奏折体。

本部分是GB 25904的第2部分。

本部分依据GB/T 26226《信息技术　蒙古文变形显现字符集和控制字符使用规则》所规定的锡伯文、满文名义字符、变形显现字符、合体字和专用符号，以我国现行的锡伯文字形和文献语言中的满文字形为基础，并依据《现代锡伯文学语言正字法》中规定的正字规则，设计和规定了信息系统用锡伯文、满文24点阵行书体（参见附录A）字型。

本部分的附录A、附录B和附录C是资料性附录，附录D是规范性附录。

本部分由全国信息技术标准化技术委员会(SAC/TC 28)提出并归口。

本部分起草单位：中国电子技术标准化研究所、新疆维吾尔自治区民族语言文字工作委员会、潍坊北大青鸟华光照排有限公司。

本部分起草人：何正安、佟加·庆夫、吕建春、代红、李满江。

引　言

有关字型数据的授权转让使用事宜,字型标准数据的维护、更新及修订工作,统一由归口单位负责。

信息技术 通用多八位编码字符集 锡伯文、满文名义字符、显现字符与合体字 24点阵字型 第2部分:行书体

1 范围

GB 25904 的本部分规定了 GB/T 26226 中锡伯文、满文名义字符、变形显现字符、强制性合体字及专用数字、标点符号的 24 点阵行书体字型。

本部分适用于锡伯文、满文信息处理系统中的显示设备、点阵式印刷设备,也适用于其他相关设备。

2 规范性引用文件

下列文件中的条款通过 GB 25904 的本部分的引用而成为本部分的条款。凡是注日期的引用文件,其随后所有的修改单(不包括勘误的内容)或修订版均不适用于本部分,然而,鼓励根据本部分达成协议的各方研究是否可使用这些文件的最新版本。凡是不注日期的引用文件,其最新版本适用于本部分。

GB 13000 信息技术 通用多八位编码字符集(UCS)(GB 13000—2010,ISO/IEC 10646:2003,IDT)

GB/T 26226 信息技术 蒙古文变形显现字符集和控制字符使用规则

3 术语和定义

下列术语和定义适用于本部分。

3.1

字形 glyph

一种可辨认的抽象的图形符号,它不依赖于任何特定的设计。

3.2

字型 font

具有同一基本设计的字形图像的集合,如:行书体。

3.3

点阵字型 dot matrix font

以点的集合来表现图形字符的(型)形。

3.4

字序 character order

图形字符在集合中按一定规则排列的次序。

3.5

字高 character height

点阵图形字符的有效高度,以点数计算。

4 锡伯文、满文图形字符

4.1 字符数

本部分依据 GB/T 26226 的规定,提供了 231 个锡伯文、满文图形字符,其中:

a) 锡伯文、满文和阿礼嘎礼名义字符 81 个;

b) 锡伯文、满文单个变形显现字符 59 个;

c) 锡伯文、满文强制性合体字 54 个;

d) 锡伯文、满文专用数字、标点符号 37 个。

锡伯文、满文字符代码和序号数据的信息参见附录 B。

4.2 字符字序

本部分提供了 231 个锡伯文、满文名义字符、变形显现字符、强制性合体字及专用数字、标点符号的点阵字型，其排列顺序按照 GB/T 26226 的规定的次序排列。

5 标准数据的管理

为加强对信息技术产品用蒙古文字字型与字模标准数据的管理，保证本部分在贯彻执行中数据的一致性和正确性，有关字型数据的授权转让的使用事宜，字型标准数据的维护、更新及修订工作，统一由归口单位负责。

6 点阵字型的表示方法

6.1 栅格

栅格由若干条等距离的垂直线与水平线相交叉而形成。

本部分规定 24 点阵(指字框)字型，其栅格是横向 24 格，纵向 24 格。每个方格的中心定为点的中心位置。

栅格仅对构成点阵的各点进行定位，24 点阵栅格图如图 1 所示。

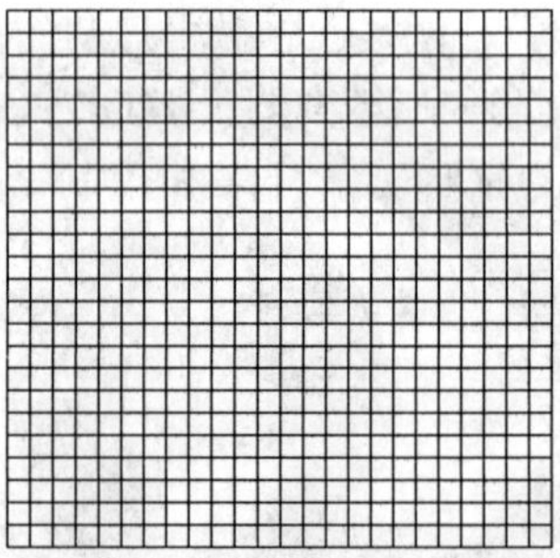

图 1 24 点阵栅格图

6.2 点

点是构成点阵字型的最小单位，以圆形或方形表示，它是位于各方格内的黑色区域。

6.3 点阵字样

锡伯文、满文图形字符点阵字型的字样，由置于栅格内的若干个点的集合来表示。锡伯文、满文"ᡳ"的 24 点阵字样如图 2 所示。

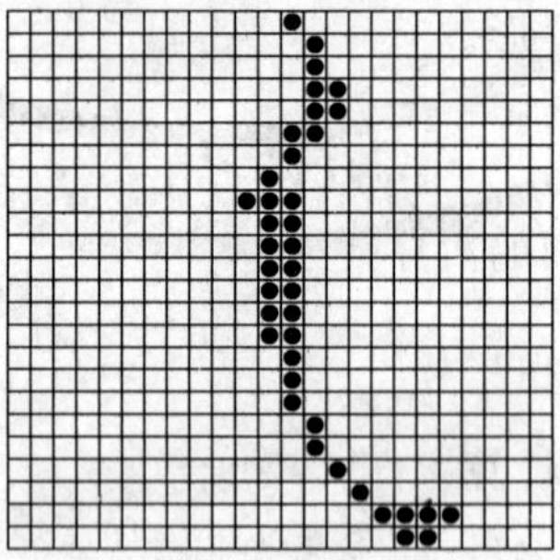

图 2 锡伯文、满文"ᡳ"24 点阵行书体字样

6.4 点阵字高数据

本部分提供的 231 个锡伯文、满文 24 点阵行书体字型字高数据参见附录 C。

7 锡伯文、满文点阵字型

7.1 点阵字型数据

本部分提供的 231 个锡伯文、满文 24 点阵行书体字型数据的表示见附录 D。

7.2 点阵字型

本部分依据 GB/T 26226 的规定，提供的 231 个锡伯文、满文图形字符的 24 点阵行书体字型如下：

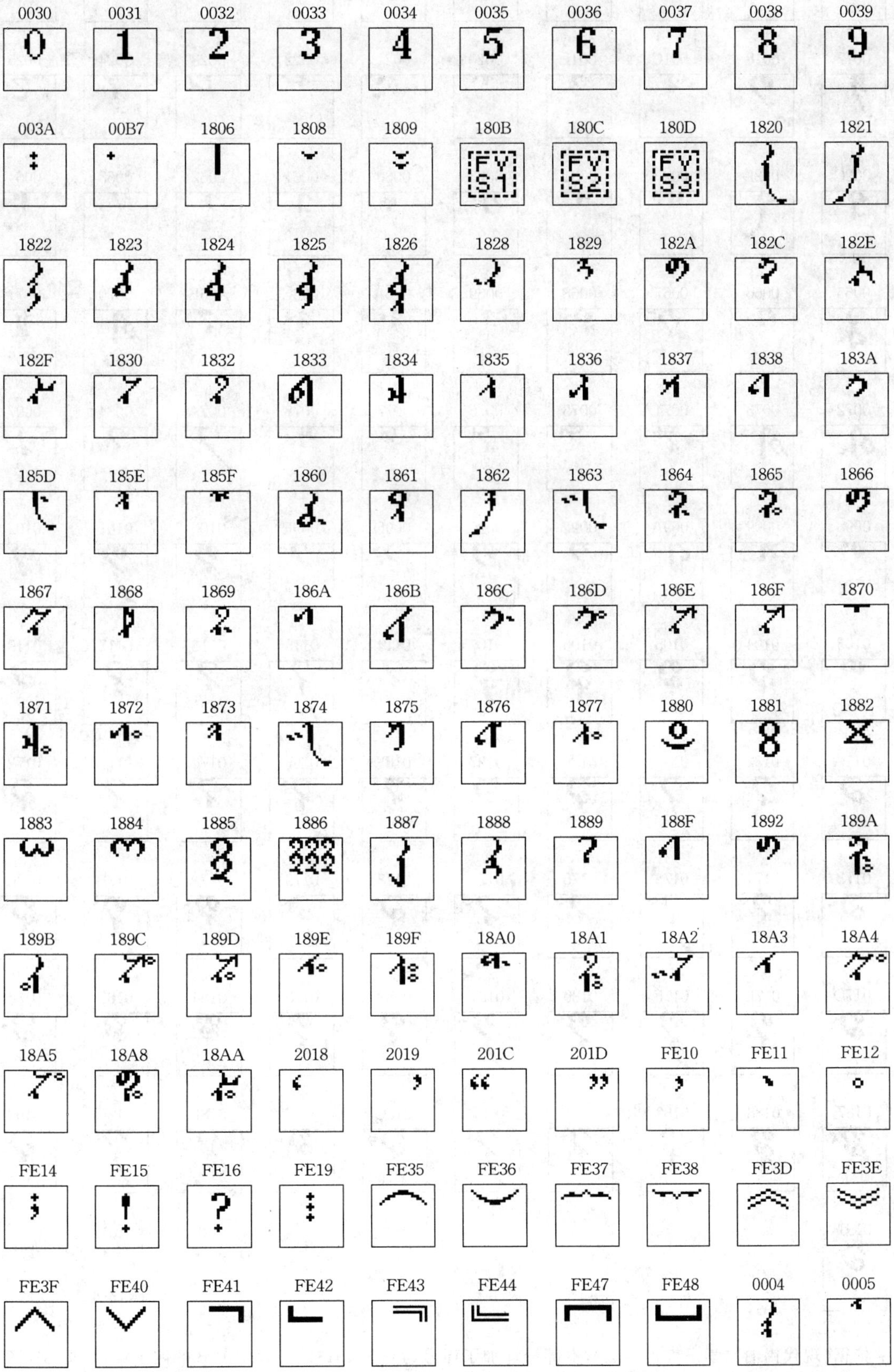

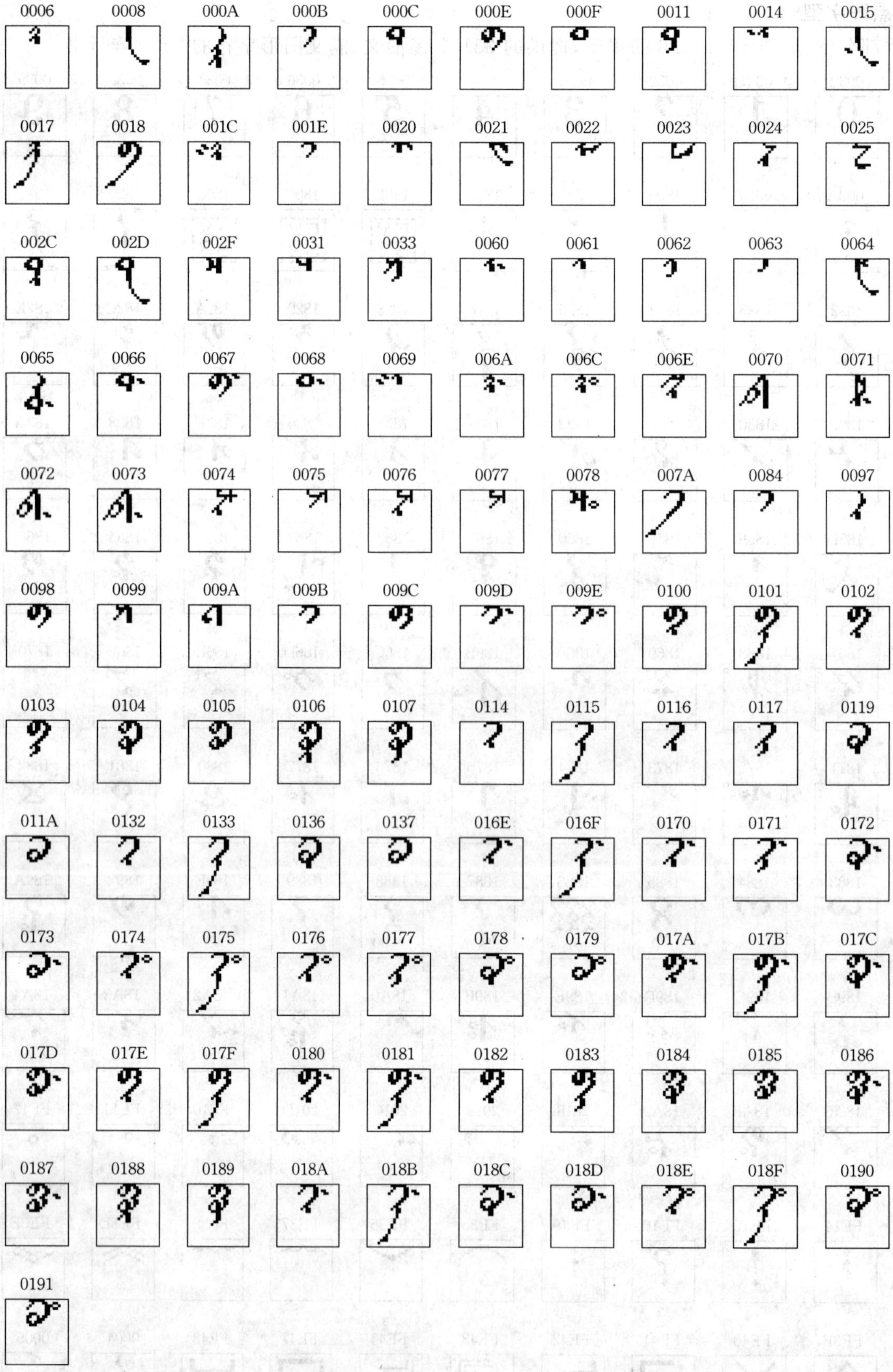

注：依据《现代锡伯文学语言正字法》，本部分增加了序号为0136、0137、018A、018B的四个字符，按GB/T 26226中的规定使用。

附 录 A
（资料性附录）
行 书 体

满文的行书体源自于清代木刻、石刻版本的各类满文书籍。锡伯文的行书体源自于民间手抄字体。该字型用于文章的正文、提示框、文字修饰等。

附　录　B
（资料性附录）
锡伯文、满文字符代码和序号数据

本部分提供了231个锡伯文、满文图形字符，其中81个名义字符和37个数字、标点符号在GB 13000中有代码，113个变形显现字符在GB 13000中没有代码，但在GB/T 26226中为变形显现字符规定了序号。本部分提供的231个锡伯文、满文图形字符的代码和序号数据信息如下：

a) 81个锡伯文、满文和阿礼嘎礼名义字符代码：在1800～18AF范围内；

b) 59个锡伯文、满文单个变形显现字符序列码：在0004～009F范围内；

c) 54个锡伯文、满文强制性合体字序列码：在0100～019F范围内；

d) 37个锡伯文、满文专用数字、标点符号的代码：在0030～00BF和2010～FE4F范围内。

附 录 C
（资料性附录）
锡伯文、满文 24 点阵行书体字型字高数据

锡伯文、满文是不等高字体，其每个字符都有各自特定的高度，本部分提供了 231 个锡伯文、满文 24 点阵行书体字型字高数据，其中名义字符点阵字型字高数据见表 C.1，数字和标点符号点阵字型字高数据见表 C.2，单个变形显现字符点阵字型字高数据见表 C.3，强制性合体字点阵字型字高数据见表 C.4。

表 C.1 名义字符点阵字型字高数据

代码	高度	代码	高度	代码	高度	代码	高度	代码	高度	代码	高度
1806	12	1829	8	185D	15	186B	14	1881	14	189D	11
1808	6	182A	9	185E	7	186C	9	1882	9	189E	8
1809	10	182C	10	185F	4	186D	9	1883	7	189F	12
180B	21	182E	11	1860	14	186E	11	1884	7	18A0	6
180C	21	182F	11	1861	12	186F	11	1885	18	18A1	15
180D	21	1830	11	1862	18	1870	3	1886	14	18A2	11
1820	24	1832	11	1863	15	1871	13	1887	19	18A3	8
1821	24	1833	12	1864	11	1872	7	1888	16	18A4	11
1822	20	1834	11	1865	11	1873	7	1889	10	18A5	11
1823	14	1835	9	1866	9	1874	17	188F	9	18A8	12
1824	16	1836	10	1867	11	1875	11	1892	9	18AA	12
1825	19	1837	9	1868	12	1876	10	189A	15		
1826	21	1838	9	1869	11	1877	9	189B	15		
1828	11	183A	9	186A	7	1880	11	189C	11		

表 C.2 数字和标点符号点阵字型字高数据

代码	高度	代码	高度	代码	高度	代码	高度	代码	高度	代码	高度
0030	12	0037	12	201C	8	FE16	18	FE3E	10	FE47	8
0031	12	0038	12	201D	8	FE19	14	FE3F	11	FE48	8
0032	12	0039	12	FE10	9	FE35	8	FE40	11		
0033	12	003A	10	FE11	7	FE36	8	FE41	8		
0034	12	00B7	6	FE12	8	FE37	6	FE42	8		
0035	12	2018	8	FE14	13	FE38	6	FE43	8		
0036	12	2019	8	FE15	18	FE3D	10	FE44	8		

表 C.3 单个变形显现字符点阵字型字高数据

序号	高度	序号	高度	序号	高度	序号	高度	序号	高度	序号	高度
0004	14	0014	4	0024	9	0063	5	0070	13	0084	8
0005	4	0015	15	0025	10	0064	14	0071	12	0097	11
0006	7	0017	18	002C	11	0065	16	0072	12	0098	9
0008	15	0018	18	002D	18	0066	7	0073	13	0099	7
000A	16	001C	7	002F	6	0067	9	0074	10	009A	8
000B	8	001E	6	0031	5	0068	5	0075	7	009B	7
000C	7	0020	4	0033	9	0069	4	0076	10	009C	9
000E	9	0021	9	0060	5	006A	7	0077	7	009D	7
000F	5	0022	5	0061	4	006C	7	0078	8	009E	7
0011	10	0023	6	0062	7	006E	9	007A	18		

表 C.4 强制性合体字点阵字型字高数据

序号	高度	序号	高度	序号	高度	序号	高度	序号	高度	序号	高度
0100	11	0116	11	0170	11	017A	11	0184	13	018E	11
0101	23	0117	13	0171	13	017B	23	0185	11	018F	23
0102	12	0119	12	0172	12	017C	13	0186	13	0190	12
0103	14	011A	10	0173	10	017D	11	0187	11	0191	10
0104	13	0132	11	0174	10	017E	13	0188	15		
0105	11	0133	23	0175	23	017F	23	0189	16		
0106	16	0136	12	0176	11	0180	13	018A	11		
0107	16	0137	10	0177	13	0181	23	018B	23		
0114	10	016E	10	0178	12	0182	13	018C	12		
0115	23	016F	23	0179	10	0183	16	018D	10		

附 录 D
（规范性附录）
锡伯文、满文 24 点阵行书体字型数据

D.1 24 点阵字型数据的表示

本部分中，图形字符的字型可由点阵数据来表示。每个字型的点阵数据为 24×24（横行点数×纵列点数），共 576 个二进制位，72 个字节。

D.2 24 点阵字型数据的记录格式

24 点阵字型数据的 72 个字节排列次序是以 0 字节开始至 71 字节结束，均用十六进制表示，每行三个字节，记录格式如下：

行数	列数																							
	0	1	2	3	4	5	6	7	8	9	10	11	12	13	14	15	16	17	18	19	20	21	22	23
0	0 字节								1 字节								2 字节							
1																								
2																								
3																								
4																								
⋮																								
23	字节 69								字节 70								字节 71							

D.3 24 点阵字型数据举例

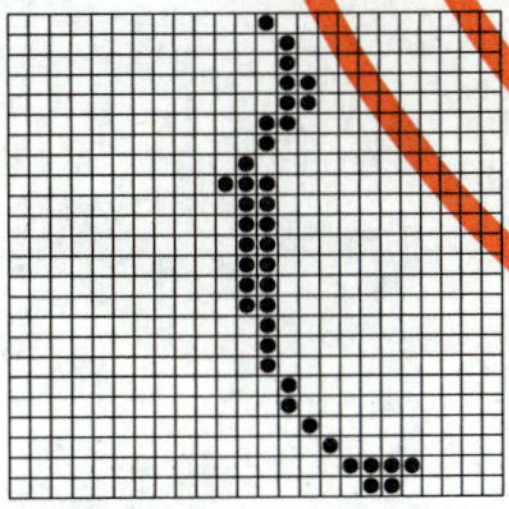

1820

00	08	00
00	04	00
00	04	00
00	06	00
00	06	00
00	0C	00
00	08	00
00	10	00
00	38	00
00	18	00

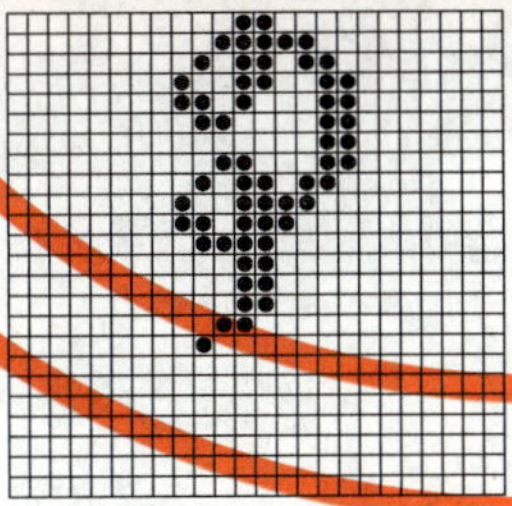

011D

00	18	00
00	3E	00
00	5B	00
00	99	80
00	D1	80
00	61	80
00	01	80
00	31	80
00	5B	00
00	9E	00

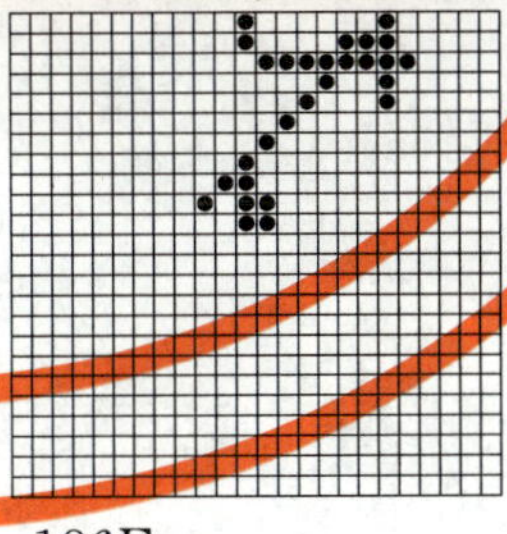

186E

00	10	20
00	10	E0
00	0F	F0
00	01	20
00	02	20
00	04	00
00	08	00
00	10	00
00	30	00
00	58	00

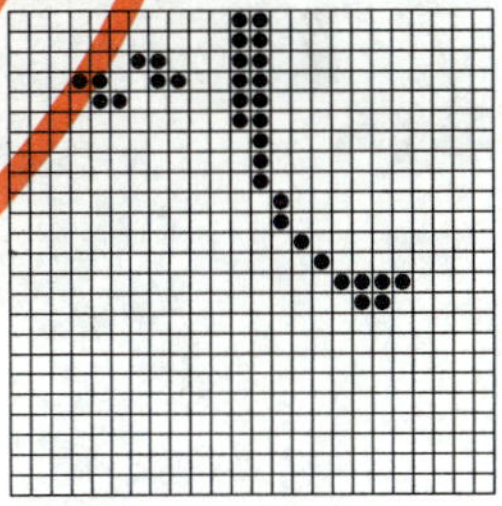

1863

00	18	00
00	18	00
03	18	00
19	98	00
0C	18	00
00	18	00
00	08	00
00	08	00
00	08	00
00	04	00

00	18	00	00	DC	00	00	18	00	00	04	00
00	18	00	00	78	00	00	00	00	00	02	00
00	18	00	00	18	00	00	00	00	00	01	00
00	18	00	00	18	00	00	00	00	00	00	F0
00	18	00	00	18	00	00	00	00	00	00	60
00	08	00	00	30	00	00	00	00	00	00	00
00	08	00	00	40	00	00	00	00	00	00	00
00	08	00	00	00	00	00	00	00	00	00	00
00	04	00	00	00	00	00	00	00	00	00	00
00	04	00	00	00	00	00	00	00	00	00	00
00	02	00	00	00	00	00	00	00	00	00	00
00	01	00	00	00	00	00	00	00	00	00	00
00	00	F0	00	00	00	00	00	00	00	00	00
00	00	60	00	00	00	00	00	00	00	00	00

参 考 文 献

[1] 现代锡伯文学语言正字法.新疆伊犁哈萨克自治州察布查尔锡伯自治县人民政府.1991年.

ICS 35.040
L 71

中华人民共和国国家标准

GB 25904.3—2010

信息技术　通用多八位编码字符集 锡伯文、满文名义字符、显现字符与合体字 24点阵字型　第3部分:奏折体

Information technology—Universal multi-octet coded character set—Sibe, Manchu nominal characters, presentation forms and composite characters—24 Dot matrix fonts—Part 3: Zouzhe Ti

2011-01-10发布　　2011-11-01实施

中华人民共和国国家质量监督检验检疫总局
中国国家标准化管理委员会　发布

前　言

本部分的全部技术内容为强制性。

GB 25904《信息技术　通用多八位编码字符集　锡伯文、满文名义字符、显现字符与合体字　24点阵字型》分为如下部分：

——第1部分：大黑体；

——第2部分：行书体；

——第3部分：奏折体。

本部分是GB 25904的第3部分。

本部分依据GB/T 26226《信息技术　蒙古文变形显现字符集和控制字符使用规则》所规定的锡伯文、满文名义字符、变形显现字符、合体字和专用符号，以我国现行的锡伯文字形和文献语言中的满文字形为基础，并依据《现代锡伯文学语言正字法》中规定的正字规则，设计和规定了信息系统用锡伯文、满文24点阵奏折体（参见附录A）字型。

本部分的附录A、附录B和附录C是资料性附录，附录D是规范性附录。

本部分由全国信息技术标准化技术委员会（SAC/TC 28）提出并归口。

本部分起草单位：中国电子技术标准化研究所、新疆维吾尔自治区民族语言文字工作委员会、潍坊北大青鸟华光照排有限公司。

本部分起草人：吕建春、何正安、佟加·庆夫、代红、张羽宏。

引　　言

有关字型数据的授权转让使用事宜，字型标准数据的维护、更新及修订工作，统一由归口单位负责。

信息技术　通用多八位编码字符集
锡伯文、满文名义字符、显现字符与合体字
24点阵字型　第3部分:奏折体

1　范围

GB 25904的本部分规定了GB/T 26226中锡伯文、满文名义字符、变形显现字符、强制性合体字及专用数字、标点符号的24点阵奏折体字型。

本部分适用于锡伯文、满文信息处理系统中的显示设备、点阵式印刷设备,也适用于其他相关设备。

2　规范性引用文件

下列文件中的条款通过GB 25904的本部分的引用而成为本部分的条款。凡是注日期的引用文件,其随后所有的修改单(不包括勘误的内容)或修订版均不适用于本部分,然而,鼓励根据本部分达成协议的各方研究是否可使用这些文件的最新版本。凡是不注日期的引用文件,其最新版本适用于本部分。

GB 13000　信息技术　通用多八位编码字符集(UCS)(GB 13000—2010,ISO/IEC 10646:2003,IDT)

GB/T 26226　信息技术　蒙古文变形显现字符集和控制字符使用规则

3　术语和定义

下列术语和定义适用于本部分。

3.1

字形　glyph

一种可辨认的抽象的图形符号,它不依赖于任何特定的设计。

3.2

字型　font

具有同一基本设计的字形图像的集合,如:奏折体。

3.3

点阵字型　dot matrix font

以点的集合来表现图形字符的(型)形。

3.4

字序　character order

图形字符在集合中按一定规则排列的次序。

3.5

字高　character height

点阵图形字符的有效高度,以点数计算。

4　锡伯文、满文图形字符

4.1　字符数

本部分依据GB/T 26226的规定,提供了231个锡伯文、满文图形字符,其中:

a)　锡伯文、满文和阿礼嘎礼名义字符81个;

b)　锡伯文、满文单个变形显现字符59个;

c)　锡伯文、满文强制性合体字54个;

d)　锡伯文、满文专用数字、标点符号37个。

锡伯文、满文字符代码和序号数据的信息参见附录 B。

4.2 字符字序

本部分提供了 231 个锡伯文、满文名义字符、变形显现字符、强制性合体字及专用数字、标点符号的点阵字型，其排列顺序按照 GB/T 26226 的规定的次序排列。

5 标准数据的管理

为加强对信息技术产品用蒙古文字字型与字模标准数据的管理，保证本部分在贯彻执行中数据的一致性和正确性，有关字型数据的授权转让的使用事宜，字型标准数据的维护、更新及修订工作，统一由归口单位负责。

6 点阵字型的表示方法

6.1 栅格

栅格由若干条等距离的垂直线与水平线相交叉而形成。

本部分规定 24 点阵(指字框)字型，其栅格是横向 24 格，纵向 24 格。每个方格的中心定为点的中心位置。

栅格仅对构成点阵的各点进行定位，24 点阵栅格图如图 1 所示。

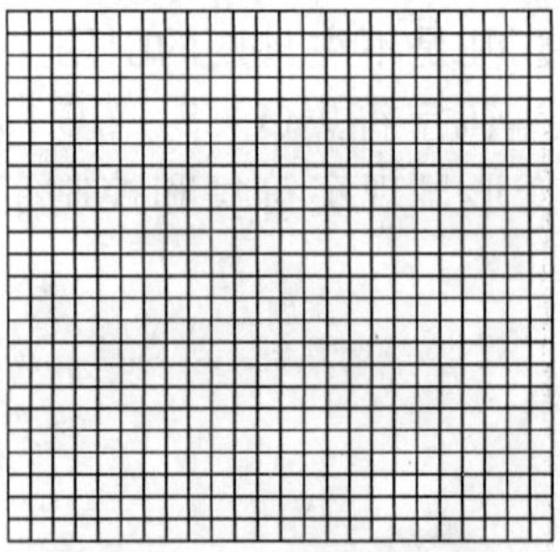

图 1 24 点阵栅格图

6.2 点

点是构成点阵字型的最小单位，以圆形或方形表示，它是位于各方格内的黑色区域。

6.3 点阵字样

锡伯文、满文图形字符点阵字型的字样，由置于栅格内的若干个点的集合来表示。锡伯文、满文“[illegible]”的 24 点阵字样如图 2 所示。

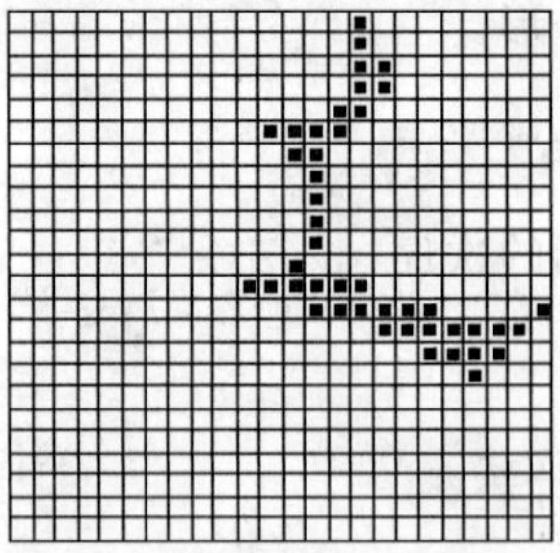

图 2 锡伯文、满文“[illegible]”24 点阵奏折体字样

6.4 点阵字高数据

本部分提供的 231 个锡伯文、满文 24 点阵奏折体字型字高数据参见附录 C。

7 锡伯文、满文点阵字型

7.1 点阵字型数据

本部分提供的 231 个锡伯文、满文 24 点阵奏折体字型数据的表示见附录 D。

7.2 点阵字型

本部分依据 GB/T 26226 的规定，提供的 231 个锡伯文、满文图形字符的 24 点阵奏折体字型如下：

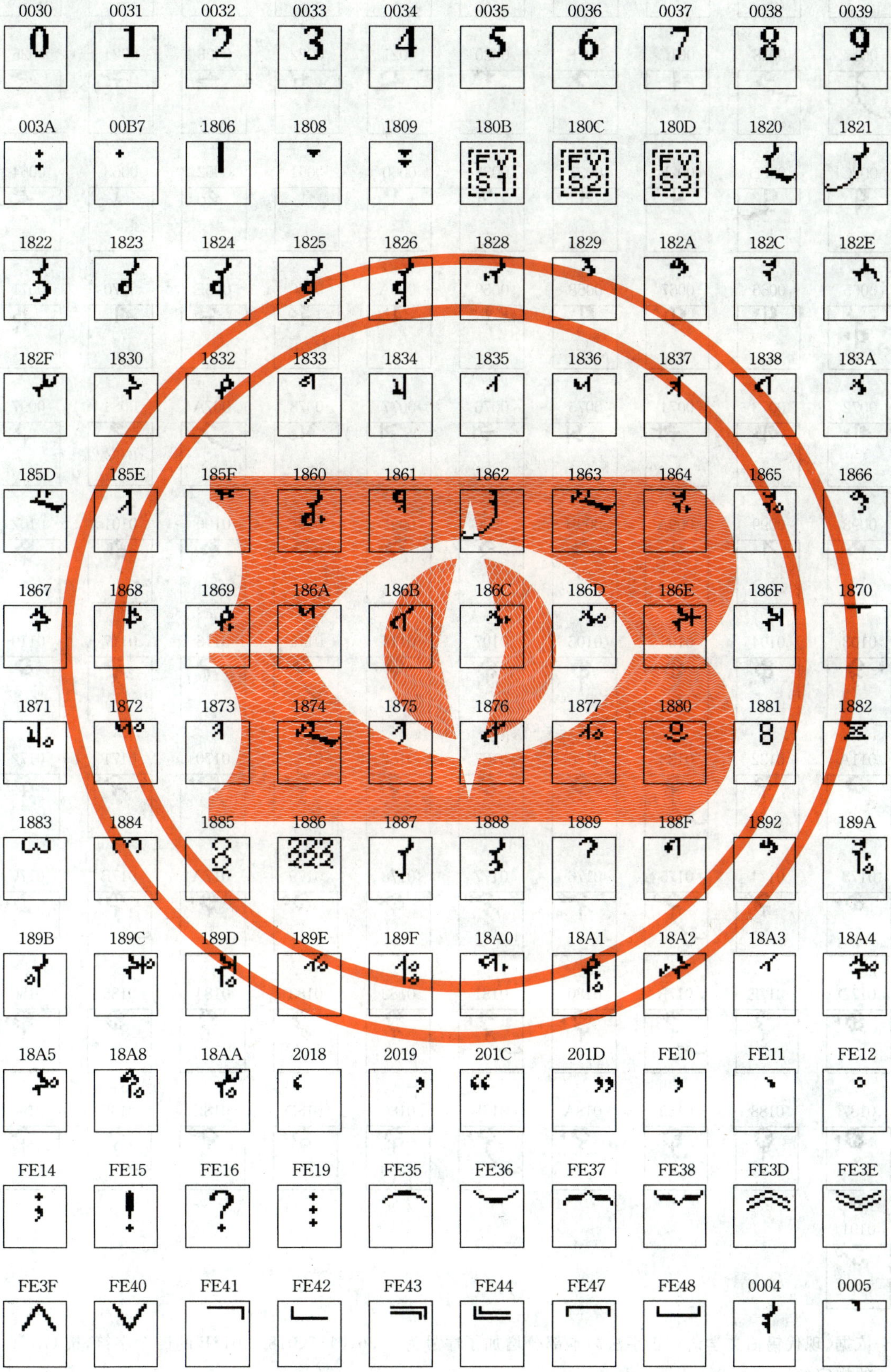

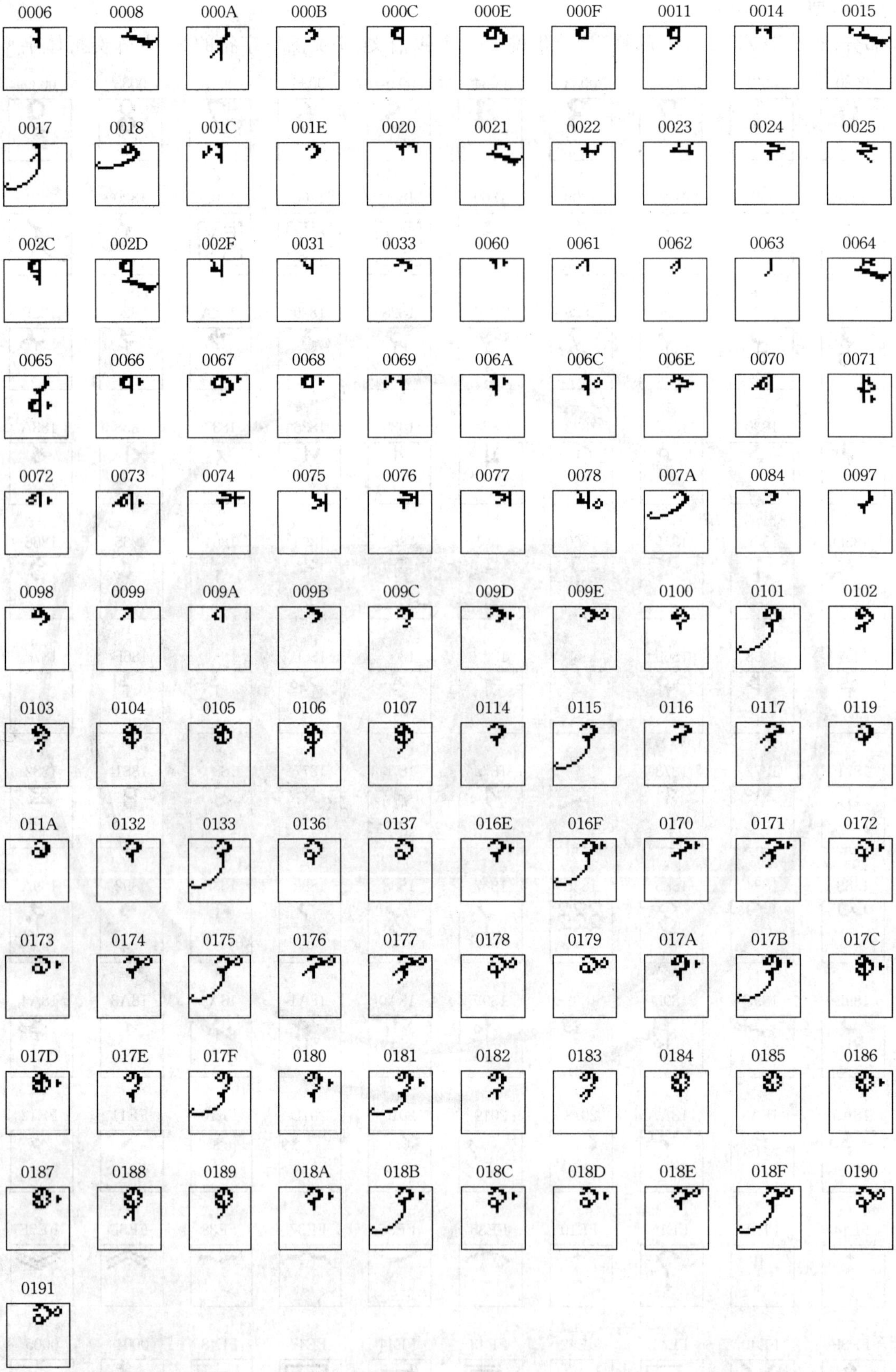

注：依据《现代锡伯文学语言正字法》，本部分增加了序号为 0136、0137、018A、018B 的四个字符，按 GB/T 26226 中的规定使用。

附 录 A
（资料性附录）
奏 折 体

锡伯文、满文的奏折体源自于清代乾隆皇帝圣谕批文字体。该字型用于文章的正文、提示框、文本修饰等。

附 录 B
（资料性附录）
锡伯文、满文字符代码和序号数据

本部分提供了 231 个锡伯文、满文图形字符，其中 81 个名义字符和 37 个数字、标点符号在 GB 13000 中有代码，113 个变形显现字符在 GB 13000 中没有代码，但在 GB/T 26226 中为变形显现字符规定了序号。本部分提供的 231 个锡伯文、满文图形字符的代码和序号数据信息如下：

a） 81 个锡伯文、满文和阿礼嘎礼名义字符代码：在 1800～18AF 范围内；

b） 59 个锡伯文、满文单个变形显现字符序列码：在 0004～009F 范围内；

c） 54 个锡伯文、满文强制性合体字序列码：在 0100～019F 范围内；

d） 37 个锡伯文、满文专用数字、标点符号的代码：在 0030～00BF 和 2010～FE4F 范围内。

附 录 C
（资料性附录）
锡伯文、满文24点阵奏折体字型字高数据

锡伯文、满文是不等高字体，其每个字符都有各自特定的高度，本部分提供了231个锡伯文、满文24点阵奏折体字型字高数据，其中名义字符点阵字型字高数据见表C.1，数字和标点符号点阵字型字高数据见表C.2，单个变形显现字符点阵字型字高数据见表C.3，强制性合体字点阵字型字高数据见表C.4。

表 C.1 名义字符点阵字型字高数据

代码	高度	代码	高度	代码	高度	代码	高度	代码	高度	代码	高度
1806	12	1829	7	185D	9	186B	10	1881	9	189D	13
1808	6	182A	7	185E	10	186C	8	1882	7	189E	7
1809	10	182C	9	185F	4	186D	8	1883	6	189F	12
180B	21	182E	9	1860	14	186E	10	1884	6	18A0	7
180C	21	182F	9	1861	9	186F	10	1885	15	18A1	15
180D	21	1830	10	1862	19	1870	3	1886	12	18A2	10
1820	16	1832	10	1863	9	1871	10	1887	16	18A3	7
1821	19	1833	6	1864	9	1872	5	1888	14	18A4	10
1822	17	1834	10	1865	9	1873	7	1889	8	18A5	10
1823	14	1835	7	1866	9	1874	10	188F	7	18A8	11
1824	16	1836	7	1867	10	1875	9	1892	7	18AA	11
1825	18	1837	9	1868	9	1876	9	189A	14		
1826	19	1838	8	1869	10	1877	7	189B	13		
1828	10	183A	8	186A	5	1880	8	189C	10		

表 C.2 数字和标点符号点阵字型字高数据

代码	高度	代码	高度	代码	高度	代码	高度	代码	高度	代码	高度
0030	12	0037	13	201C	8	FE16	18	FE3E	10	FE47	6
0031	12	0038	13	201D	9	FE19	16	FE3F	11	FE48	6
0032	12	0039	13	FE10	9	FE35	7	FE40	11		
0033	13	003A	11	FE11	7	FE36	7	FE41	7		
0034	12	00B7	6	FE12	7	FE37	8	FE42	7		
0035	12	2018	8	FE14	14	FE38	8	FE43	7		
0036	13	2019	9	FE15	18	FE3D	10	FE44	7		

表 C.3 单个变形显现字符点阵字型字高数据

序号	高度	序号	高度	序号	高度	序号	高度	序号	高度	序号	高度
0004	12	0014	5	0024	7	0063	7	0070	7	0084	5
0005	4	0015	8	0025	8	0064	9	0071	11	0097	9
0006	8	0017	18	002C	10	0065	16	0072	6	0098	7
0008	8	0018	10	002D	13	0066	7	0073	7	0099	6
000A	13	001C	8	002F	7	0067	8	0074	7	009A	6
000B	6	001E	6	0031	6	0068	5	0075	8	009B	6
000C	7	0020	5	0033	5	0069	6	0076	7	009C	8
000E	8	0021	9	0060	4	006A	8	0077	6	009D	6
000F	5	0022	6	0061	5	006C	8	0078	7	009E	6
0011	9	0023	5	0062	6	006E	7	007A	11		

表 C.4 强制性合体字点阵字型字高数据

序号	高度	序号	高度	序号	高度	序号	高度	序号	高度	序号	高度
0100	9	0116	8	0170	8	017A	10	0184	10	018E	9
0101	18	0117	11	0171	11	017B	18	0185	8	018F	18
0102	10	0119	9	0172	9	017C	10	0186	10	0190	10
0103	11	011A	7	0173	7	017D	8	0187	8	0191	8
0104	10	0132	9	0174	9	017E	12	0188	13		
0105	8	0133	19	0175	18	017F	17	0189	12		
0106	13	0136	10	0176	9	0180	12	018A	9		
0107	12	0137	8	0177	11	0181	17	018B	18		
0114	9	016E	9	0178	9	0182	11	018C	10		
0115	18	016F	18	0179	7	0183	12	018D	8		

附 录 D
（规范性附录）
锡伯文、满文 24 点阵奏折体字型数据

D.1 24 点阵字型数据的表示

本部分中，图形字符的字型可由点阵数据来表示。每个字型的点阵数据为 24×24（横行点数×纵列点数），共 576 个二进制位，72 个字节。

D.2 24 点阵字型数据的记录格式

24 点阵字型数据的 72 个字节排列次序是以 0 字节开始至 71 字节结束，均用十六进制表示，每行三个字节，记录格式如下：

行数	列数																							
	0	1	2	3	4	5	6	7	8	9	10	11	12	13	14	15	16	17	18	19	20	21	22	23
0	0 字节								1 字节								2 字节							
1																								
2																								
3																								
4																								
⋮																								
23	字节 69								字节 70								字节 71							

D.3 24 点阵字型数据举例

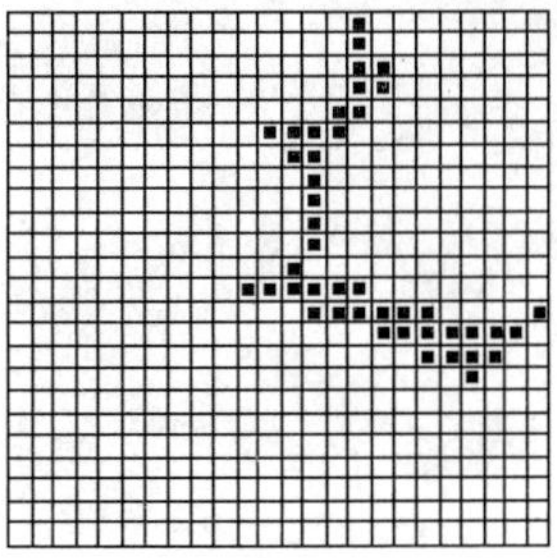

1820

00 01 00
00 01 00
00 01 80
00 01 80
00 03 00
00 1E 00
00 0C 00

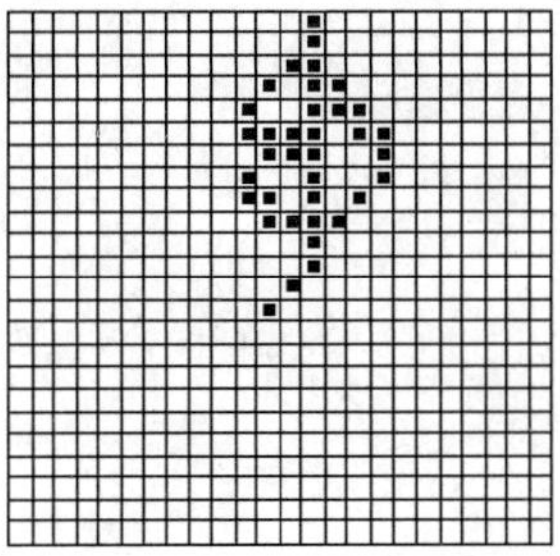

011D

00 04 00
00 04 00
00 0C 00
00 16 00
00 27 00
00 3D 80
00 1C 80

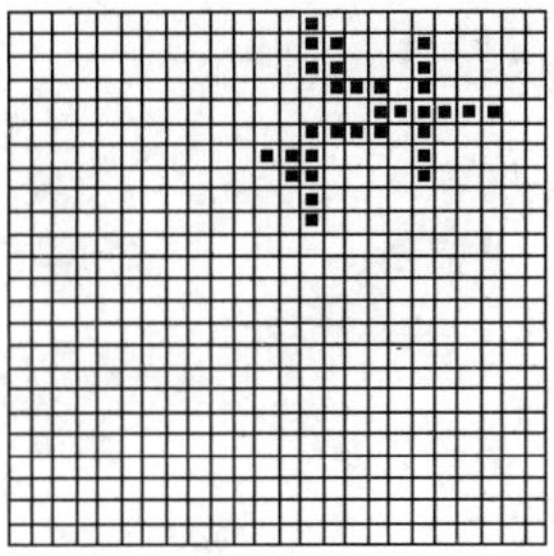

186E

00 04 00
00 06 20
00 06 20
00 03 A0
00 00 FC
00 07 A0
00 1C 20

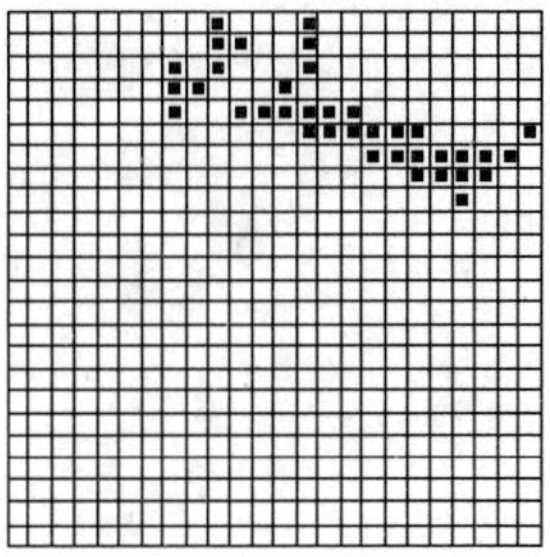

1863

00 44 00
00 64 00
01 44 00
01 88 00
01 3F 00
00 07 E1
00 00 FE

00 04 00	00 24 80	00 0C 20	00 00 3C
00 04 00	00 35 00	00 04 00	00 00 08
00 04 00	00 1E 00	00 04 00	00 00 00
00 04 00	00 04 00	00 00 00	00 00 00
00 08 00	00 04 00	00 00 00	00 00 00
00 3F 00	00 08 00	00 00 00	00 00 00
00 07 E1	00 10 00	00 00 00	00 00 00
00 00 FE	00 00 00	00 00 00	00 00 00
00 00 3C	00 00 00	00 00 00	00 00 00
00 00 08	00 00 00	00 00 00	00 00 00
00 00 00	00 00 00	00 00 00	00 00 00
00 00 00	00 00 00	00 00 00	00 00 00
00 00 00	00 00 00	00 00 00	00 00 00
00 00 00	00 00 00	00 00 00	00 00 00
00 00 00	00 00 00	00 00 00	00 00 00
00 00 00	00 00 00	00 00 00	00 00 00
00 00 00	00 00 00	00 00 00	00 00 00

参考文献

［1］ 现代锡伯文学语言正字法.新疆伊犁哈萨克自治州察布查尔锡伯自治县人民政府.1991年.

ICS 35.040
L 71

中华人民共和国国家标准

GB 25905.1—2010

信息技术　通用多八位编码字符集 锡伯文、满文名义字符、显现字符与合体字 32点阵字型　第1部分：正白体

Information technology—Universal multi-octet coded character set—Sibe, Manchu nominal characters, presentation forms and composite characters—32 Dot matrix fonts—Part 1: Zhengbai Ti

2011-01-10 发布　　2011-11-01 实施

中华人民共和国国家质量监督检验检疫总局
中国国家标准化管理委员会　发布

前　言

本部分的全部技术内容为强制性。

GB 25905《信息技术　通用多八位编码字符集　锡伯文、满文名义字符、显现字符与合体字　32点阵字型》分为如下部分：

——第1部分：正白体；

——第2部分：正黑体。

本部分是GB 25905的第1部分。

本部分依据GB/T 26226《信息技术　蒙古文变形显现字符集和控制字符使用规则》所规定的锡伯文、满文名义字符、变形显现字符、合体字和专用符号，以我国现行的锡伯文字形和文献语言中的满文字形为基础，并依据《现代锡伯文学语言正字法》中规定的正字规则，设计和规定了信息系统用锡伯文、满文32点阵正白体(参见附录A)字型。

本部分的附录A、附录B和附录C是资料性附录，附录D是规范性附录。

本部分由全国信息技术标准化技术委员会(SAC/TC 28)提出并归口。

本部分起草单位：中国电子技术标准化研究所、新疆维吾尔自治区民族语言文字工作委员会、潍坊北大青鸟华光照排有限公司。

本部分起草人：何正安、佟加·庆夫、吕建春、代红、王玉娇。

引　　言

有关字型数据的授权转让使用事宜,字型标准数据的维护、更新及修订工作,统一由归口单位负责。

信息技术 通用多八位编码字符集 锡伯文、满文名义字符、显现字符与合体字 32点阵字型 第1部分:正白体

1 范围

GB 25905 的本部分规定了 GB/T 26226 中锡伯文、满文名义字符、变形显现字符、强制性合体字及专用数字、标点符号的 32 点阵正白体字型。

本部分适用于锡伯文、满文信息处理系统中的显示设备、点阵式印刷设备,也适用于其他相关设备。

2 规范性引用文件

下列文件中的条款通过 GB 25905 的本部分的引用而成为本部分的条款。凡是注日期的引用文件,其随后所有的修改单(不包括勘误的内容)或修订版均不适用于本部分,然而,鼓励根据本部分达成协议的各方研究是否可使用这些文件的最新版本。凡是不注日期的引用文件,其最新版本适用于本部分。

GB 13000 信息技术 通用多八位编码字符集(UCS)(GB 13000—2010,ISO/IEC 10646:2003,IDT)

GB/T 26226 信息技术 蒙古文变形显现字符集和控制字符使用规则

3 术语和定义

下列术语和定义适用于本部分。

3.1

字形 glyph

一种可辨认的抽象的图形符号,它不依赖于任何特定的设计。

3.2

字型 font

具有同一基本设计的字形图像的集合,如:正白体。

3.3

点阵字型 dot matrix font

以点的集合来表现图形字符的(型)形。

3.4

字序 character order

图形字符在集合中按一定规则排列的次序。

3.5

字高 character height

点阵图形字符的有效高度,以点数计算。

4 锡伯文、满文图形字符

4.1 字符数

本部分依据 GB/T 26226 的规定,提供了 231 个锡伯文、满文图形字符,其中:

a) 锡伯文、满文和阿礼嘎礼名义字符 81 个;

b) 锡伯文、满文单个变形显现字符 59 个;

c) 锡伯文、满文强制性合体字 54 个;

d) 锡伯文、满文专用数字、标点符号 37 个。

锡伯文、满文字符代码和序号数据的信息参见附录 B。

4.2 字符字序

本部分提供了 231 个锡伯文、满文名义字符、变形显现字符、强制性合体字及专用数字、标点符号的点阵字型，其排列顺序按照 GB/T 26226 的规定的次序排列。

5 标准数据的管理

为加强对信息技术产品用蒙古文字字型与字模标准数据的管理，保证本部分在贯彻执行中数据的一致性和正确性，有关字型数据的授权转让的使用事宜，字型标准数据的维护、更新及修订工作，统一由归口单位负责。

6 点阵字型的表示方法

6.1 栅格

栅格由若干条等距离的垂直线与水平线相交叉而形成。

本部分规定 32 点阵(指字框)字型，其栅格是横向 32 格，纵向 32 格。每个方格的中心定为点的中心位置。

栅格仅对构成点阵的各点进行定位，32 点阵栅格图如图 1 所示。

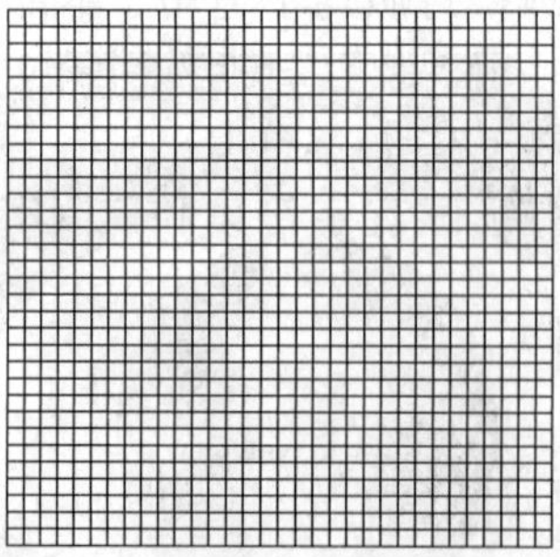

图 1 32 点阵栅格图

6.2 点

点是构成点阵字型的最小单位，以圆形或方形表示，它是位于各方格内的黑色区域。

6.3 点阵字样

锡伯文、满文图形字符点阵字型的字样，由置于栅格内的若干个点的集合来表示。锡伯文、满文“[illegible]”的 32 点阵字样如图 2 所示。

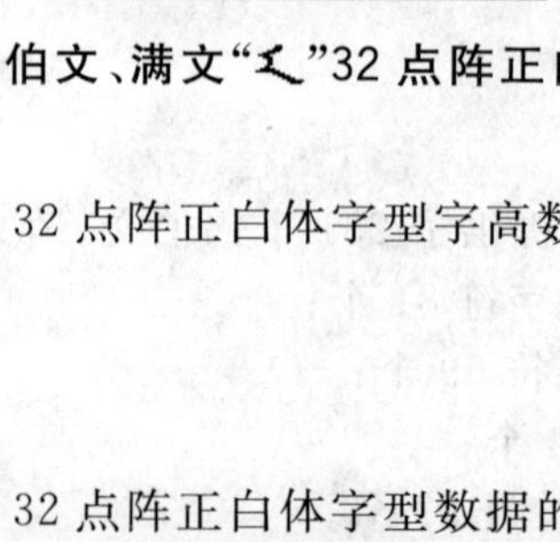

图 2 锡伯文、满文“[illegible]”32 点阵正白体字样

6.4 点阵字高数据

本部分提供的 231 个锡伯文、满文 32 点阵正白体字型字高数据参见附录 C。

7 锡伯文、满文点阵字型

7.1 点阵字型数据

本部分提供的 231 个锡伯文、满文 32 点阵正白体字型数据的表示见附录 D。

7.2 点阵字型

本部分依据 GB/T 26226 的规定，提供的 231 个锡伯文、满文图形字符的 32 点阵正白体字型如下：

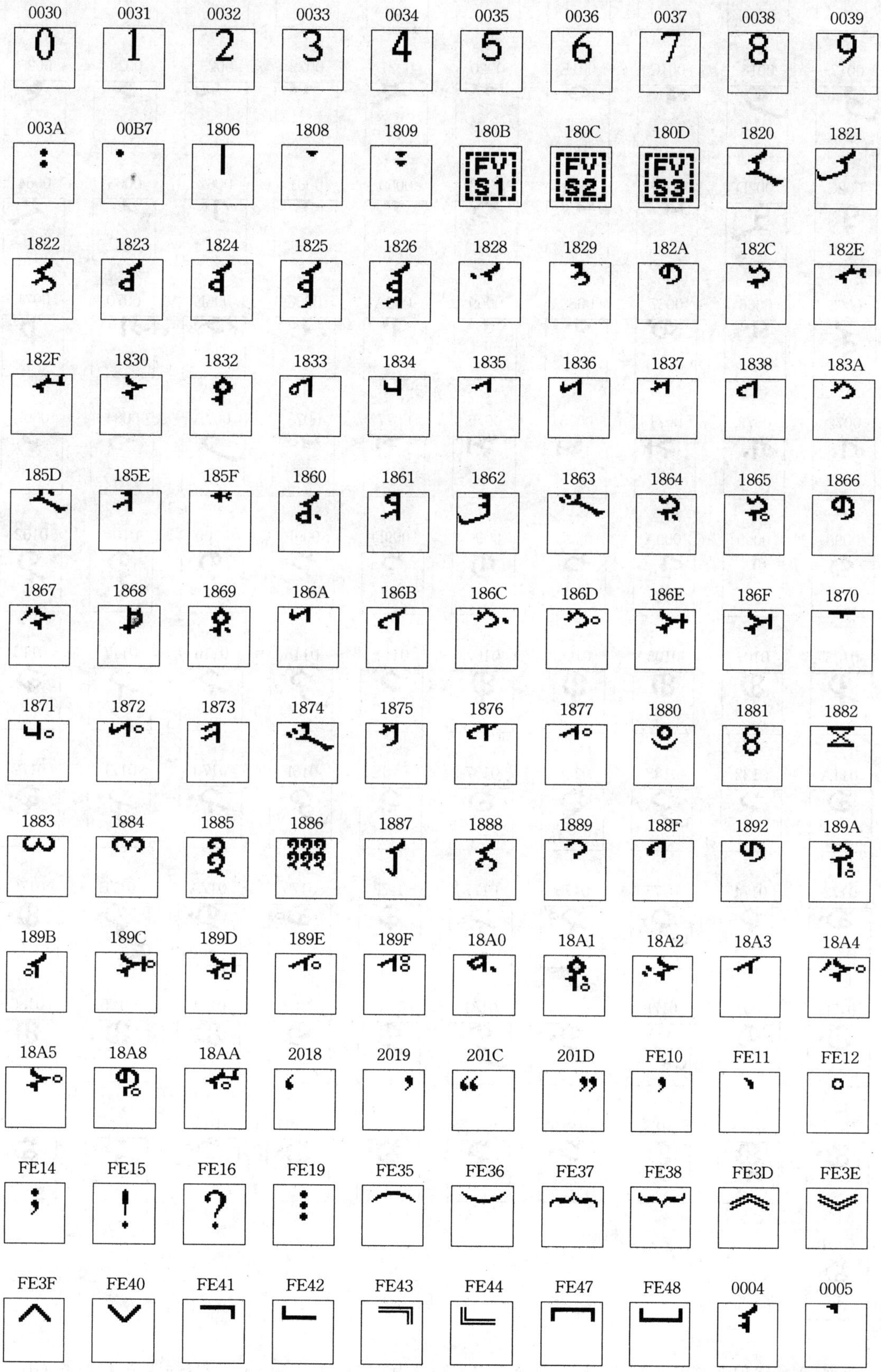

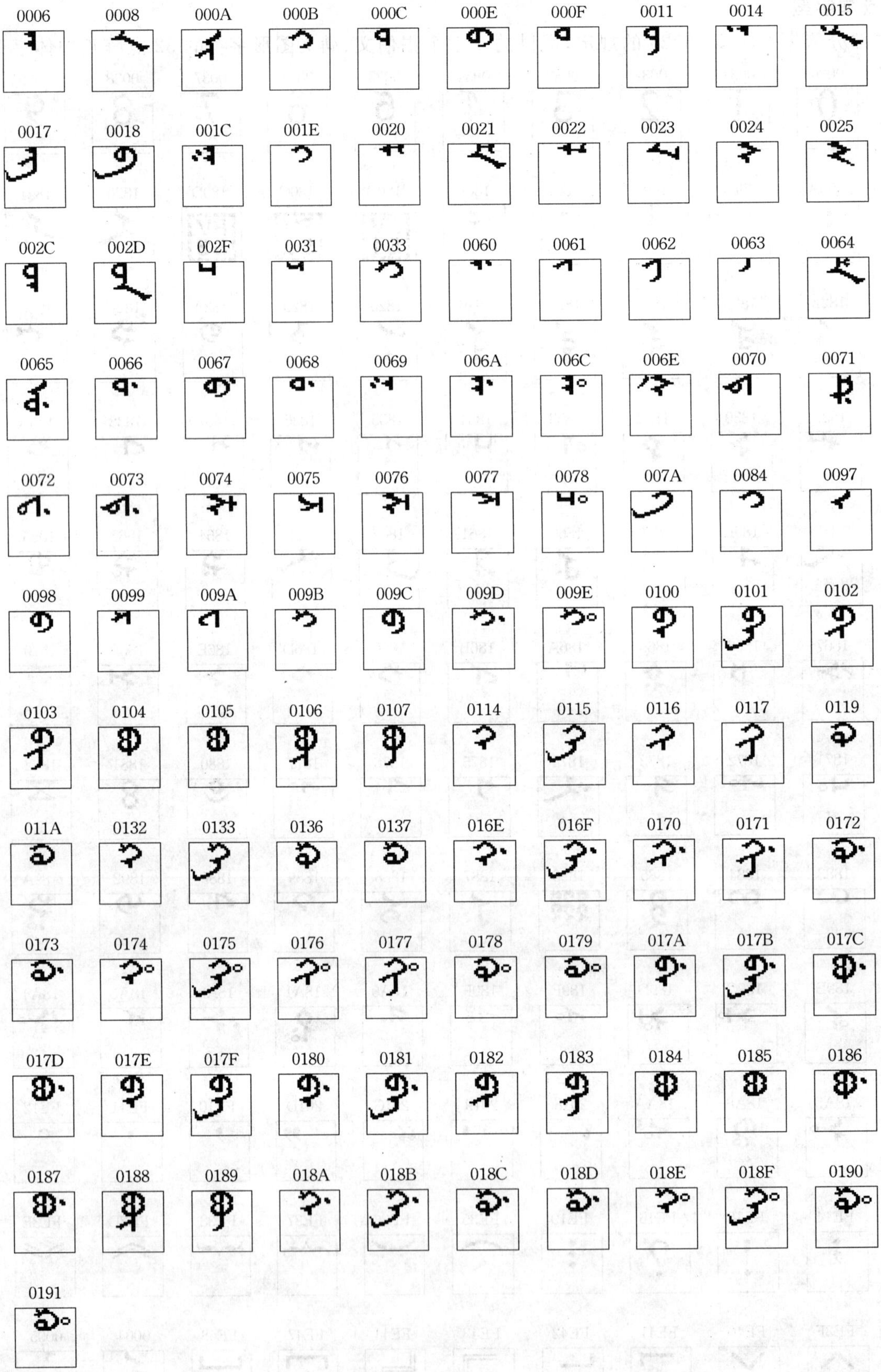

注：依据《现代锡伯文学语言正字法》，本部分增加了序号为0136、0137、018A、018B的四个字符，按GB/T 26226中的规定使用。

附 录 A
（资料性附录）
正 白 体

满文的正白体源自于清代木刻、石刻版本的各类满文书籍。锡伯文的正白体源自于民间手抄字体。该字型用于文章的正文、提示框、文字修饰等。

附 录 B
（资料性附录）
锡伯文、满文字符代码和序号数据

本部分提供了231个锡伯文、满文图形字符，其中81个名义字符和37个数字、标点符号在GB 13000中有代码，113个变形显现字符在GB 13000中没有代码，但在GB/T 26226中为变形显现字符规定了序号。本部分提供的231个锡伯文、满文图形字符的代码和序号数据信息如下：

a） 81个锡伯文、满文和阿礼嘎礼名义字符代码：在1800～18AF范围内；

b） 59个锡伯文、满文单个变形显现字符序列码：在0004～009F范围内；

c） 54个锡伯文、满文强制性合体字序列码：在0100～019F范围内；

d） 37个锡伯文、满文专用数字、标点符号的代码：在0030～00BF和2010～FE4F范围内。

附 录 C
（资料性附录）
锡伯文、满文 32 点阵正白体字型字高数据

锡伯文、满文是不等高字体，其每个字符都有各自特定的高度，本部分提供了 231 个锡伯文、满文 32 点阵正白体字型字高数据，其中名义字符点阵字型字高数据见表 C.1，数字和标点符号点阵字型字高数据见表 C.2，单个变形显现字符点阵字型字高数据见表 C.3，强制性合体字点阵字型字高数据见表 C.4。

表 C.1 名义字符点阵字型字高数据

代码	高度	代码	高度	代码	高度	代码	高度	代码	高度	代码	高度
1806	16	1829	12	185D	12	186B	12	1881	16	189D	14
1808	6	182A	11	185E	11	186C	10	1882	11	189E	9
1809	11	182C	13	185F	6	186D	10	1883	8	189F	9
180B	29	182E	10	1860	17	186E	13	1884	8	18A0	9
180C	29	182F	10	1861	15	186F	13	1885	21	18A1	19
180D	29	1830	13	1862	17	1870	4	1886	17	18A2	13
1820	20	1832	16	1863	12	1871	10	1887	20	18A3	9
1821	17	1833	11	1864	14	1872	8	1888	17	18A4	13
1822	18	1834	10	1865	14	1873	11	1889	10	18A5	13
1823	17	1835	8	1866	13	1874	15	188F	9	18A8	15
1824	19	1836	9	1867	13	1875	12	1892	11	18AA	11
1825	25	1837	8	1868	15	1876	9	189A	19		
1826	25	1838	10	1869	16	1877	8	189B	14		
1828	10	183A	10	186A	8	1880	13	189C	13		

表 C.2 数字和标点符号点阵字型字高数据

代码	高度	代码	高度	代码	高度	代码	高度	代码	高度	代码	高度
0030	17	0037	16	201C	11	FE16	24	FE3E	12	FE47	10
0031	17	0038	17	201D	11	FE19	19	FE3F	12	FE48	10
0032	17	0039	17	FE10	11	FE35	9	FE40	12		
0033	17	003A	13	FE11	9	FE36	9	FE41	10		
0034	17	00B7	7	FE12	9	FE37	11	FE42	10		
0035	16	2018	11	FE14	17	FE38	11	FE43	12		
0036	17	2019	11	FE15	24	FE3D	12	FE44	12		

表 C.3　单个变形显现字符点阵字型字高数据

序号	高度	序号	高度	序号	高度	序号	高度	序号	高度	序号	高度
0004	15	0014	5	0024	11	0063	7	0070	11	0084	9
0005	5	0015	11	0025	13	0064	14	0071	16	0097	10
0006	10	0017	18	002C	15	0065	19	0072	11	0098	11
0008	11	0018	17	002D	20	0066	9	0073	11	0099	7
000A	16	001C	10	002F	7	0067	10	0074	11	009A	9
000B	10	001E	9	0031	5	0068	7	0075	10	009B	9
000C	9	0020	6	0033	9	0069	7	0076	11	009C	13
000E	10	0021	13	0060	5	006A	10	0077	7	009D	9
000F	7	0022	6	0061	6	006C	10	0078	7	009E	9
0011	15	0023	9	0062	12	006E	11	007A	14		

表 C.4　强制性合体字点阵字型字高数据

序号	高度	序号	高度	序号	高度	序号	高度	序号	高度	序号	高度
0100	16	0116	14	0170	14	017A	16	0184	15	018E	13
0101	23	0117	20	0171	20	017B	23	0185	13	018F	20
0102	17	0119	13	0172	13	017C	15	0186	15	0190	14
0103	22	011A	11	0173	11	017D	13	0187	13	0191	12
0104	15	0132	13	0174	13	017E	17	0188	21		
0105	13	0133	20	0175	20	017F	24	0189	21		
0106	21	0136	14	0176	14	0180	17	018A	13		
0107	21	0137	12	0177	20	0181	24	018B	20		
0114	13	016E	13	0178	13	0182	18	018C	14		
0115	20	016F	20	0179	11	0183	23	018D	12		

附　录　D
（规范性附录）
锡伯文、满文 32 点阵正白体字型数据

D.1　32 点阵字型数据的表示

本部分中，图形字符的字型可由点阵数据来表示。每个字型的点阵数据为 32×32（横行点数×纵列点数），共 1 024 个二进制位，128 个字节。

D.2　32 点阵字型数据的记录格式

32 点阵字型数据的 128 个字节排列次序是以 0 字节开始至 127 字节结束，均用十六进制表示，每行四个字节，记录格式如下：

行数	列数												
	0	1	……	7	8	……	15	16	……	23	24	……	31
0	0 字节				1 字节			2 字节			3 字节		
1													
2													
3													
4													
⋮													
31	124 字节				125 字节			126 字节			127 字节		

D.3　32 点阵字型数据举例

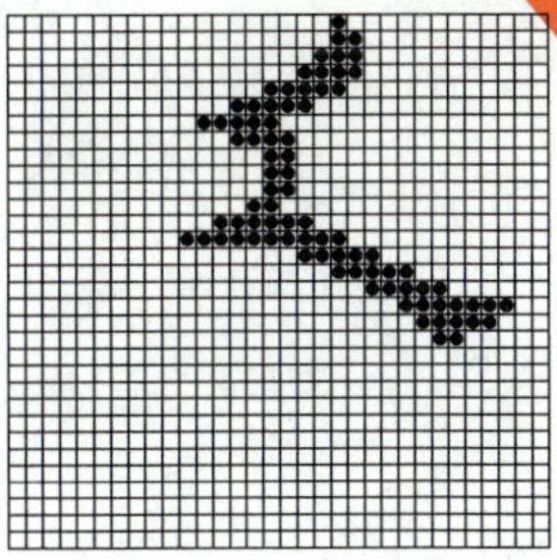
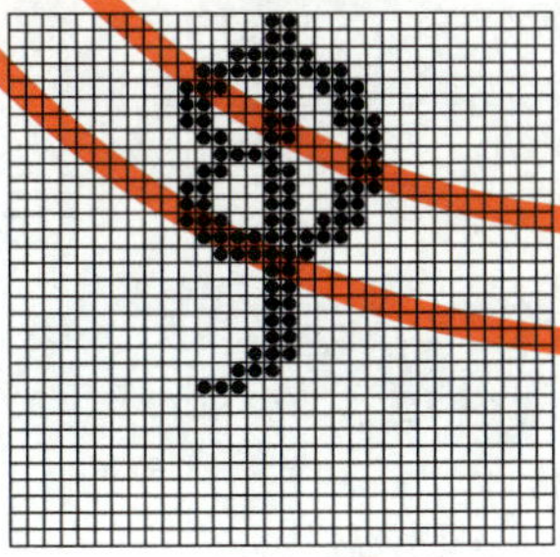
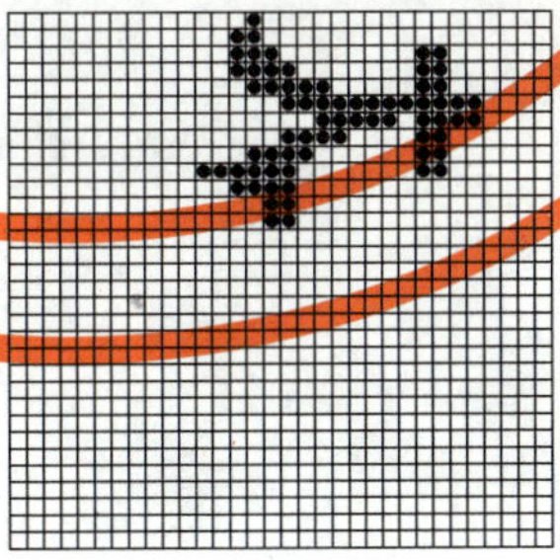
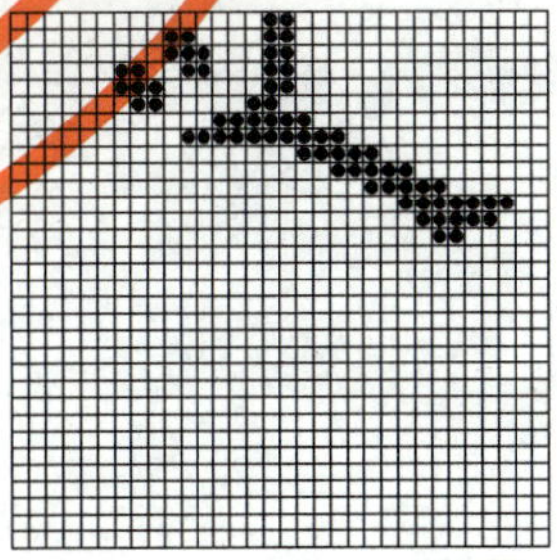

1820	011D	186E	1863
00 00 10 00	00 01 80 00	00 02 00 00	00 01 80 00
00 00 18 00	00 01 80 00	00 06 00 00	00 61 80 00
00 00 38 00	00 0F C0 00	00 07 00 C0	00 71 80 00
00 00 78 00	00 1F F0 00	00 07 80 C0	03 31 80 00
00 01 F0 00	00 39 B8 00	00 03 E0 C0	03 81 80 00
00 07 C0 00	00 31 98 00	00 00 FF F0	01 83 00 00
00 1F 00 00	00 31 9C 00	00 00 3E F0	00 0F C0 00

00 07 80 00	00 19 8C 00	00 00 F0 C0	00 3F F0 00
00 01 80 00	00 0F 0C 00	00 03 C0 C0	00 00 7C 00
00 01 80 00	00 19 8C 00	00 1F 80 C0	00 00 1F 00
00 01 80 00	00 31 9C 00	00 07 80 00	00 00 07 C0
00 03 00 00	00 31 98 00	00 01 80 00	00 00 01 FC
00 0F C0 00	00 39 B8 00	00 01 80 00	00 00 00 F8
00 3F F0 00	00 1F F0 00	00 00 00 00	00 00 00 60
00 00 7C 00	00 0F C0 00	00 00 00 00	00 00 00 00
00 00 1F 00	00 01 80 00	00 00 00 00	00 00 00 00
00 00 07 C0	00 01 80 00	00 00 00 00	00 00 00 00
00 00 01 FC	00 01 80 00	00 00 00 00	00 00 00 00
00 00 00 F8	00 01 80 00	00 00 00 00	00 00 00 00
00 00 00 60	00 01 80 00	00 00 00 00	00 00 00 00
00 00 00 00	00 03 80 00	00 00 00 00	00 00 00 00
00 00 00 00	00 07 00 00	00 00 00 00	00 00 00 00
00 00 00 00	00 1C 00 00	00 00 00 00	00 00 00 00
00 00 00 00	00 00 00 00	00 00 00 00	00 00 00 00
00 00 00 00	00 00 00 00	00 00 00 00	00 00 00 00
00 00 00 00	00 00 00 00	00 00 00 00	00 00 00 00
00 00 00 00	00 00 00 00	00 00 00 00	00 00 00 00
00 00 00 00	00 00 00 00	00 00 00 00	00 00 00 00
00 00 00 00	00 00 00 00	00 00 00 00	00 00 00 00
00 00 00 00	00 00 00 00	00 00 00 00	00 00 00 00
00 00 00 00	00 00 00 00	00 00 00 00	00 00 00 00
00 00 00 00	00 00 00 00	00 00 00 00	00 00 00 00

参 考 文 献

[1] 现代锡伯文学语言正字法.新疆伊犁哈萨克自治州察布查尔锡伯自治县人民政府.1991年.

ICS 35.040
L 71

中华人民共和国国家标准

GB 25905.2—2010

信息技术　通用多八位编码字符集　锡伯文、满文名义字符、显现字符与合体字　32点阵字型　第2部分：正黑体

Information technology—universal multi-octet coded character set—Sibe, Manchu nominal characters, presentation forms and composite characters—32 Dot matrix fonts—Part 2: Zhenghei Ti

2011-01-10 发布　　2011-11-01 实施

中华人民共和国国家质量监督检验检疫总局
中国国家标准化管理委员会　发布

前　言

本部分的全部技术内容为强制性。

GB 25905《信息技术　通用多八位编码字符集　锡伯文、满文名义字符、显现字符与合体字　32点阵字型》分为如下部分：

——第1部分：正白体；

——第2部分：正黑体。

本部分是GB 25905的第2部分。

本部分依据GB/T 26226《信息技术　蒙古文变形显现字符集和控制字符使用规则》所规定的锡伯文、满文名义字符、变形显现字符、合体字和专用符号，以我国现行的锡伯文字形和文献语言中的满文字形为基础，并依据《现代锡伯文学语言正字法》中规定的正字规则，设计和规定了信息系统用锡伯文、满文32点阵正黑体(参见附录A)字型。

本部分的附录A、附录B和附录C是资料性附录，附录D是规范性附录。

本部分由全国信息技术标准化技术委员会(SAC/TC 28)提出并归口。

本部分起草单位：中国电子技术标准化研究所、新疆维吾尔自治区民族语言文字工作委员会、潍坊北大青鸟华光照排有限公司。

本部分起草人：吕建春、何正安、佟加·庆夫、代红、魏明震。

引　言

有关字型数据的授权转让使用事宜，字型标准数据的维护、更新及修订工作，统一由归口单位负责。

信息技术　通用多八位编码字符集 锡伯文、满文名义字符、显现字符与合体字 32点阵字型　第2部分：正黑体

1　范围

GB 25905 的本部分规定了 GB/T 26226 中锡伯文、满文名义字符、变形显现字符、强制性合体字及专用数字、标点符号的 32 点阵正黑体字型。

本部分适用于锡伯文、满文信息处理系统中的显示设备、点阵式印刷设备，也适用于其他相关设备。

2　规范性引用文件

下列文件中的条款通过 GB 25905 的本部分的引用而成为本部分的条款。凡是注日期的引用文件，其随后所有的修改单（不包括勘误的内容）或修订版均不适用于本部分，然而，鼓励根据本部分达成协议的各方研究是否可使用这些文件的最新版本。凡是不注日期的引用文件，其最新版本适用于本部分。

GB 13000　信息技术　通用多八位编码字符集（UCS）（GB 13000—2010，ISO/IEC 10646:2003，IDT）

GB/T 26226　信息技术　蒙古文变形显现字符集和控制字符使用规则

3　术语和定义

下列术语和定义适用于本部分。

3.1

字形　glyph

一种可辨认的抽象的图形符号，它不依赖于任何特定的设计。

3.2

字型　font

具有同一基本设计的字形图像的集合，如：正黑体。

3.3

点阵字型　dot matrix font

以点的集合来表现图形字符的（型）形。

3.4

字序　character order

图形字符在集合中按一定规则排列的次序。

3.5

字高　character height

点阵图形字符的有效高度，以点数计算。

4　锡伯文、满文图形字符

4.1　字符数

本部分依据 GB/T 26226 的规定，提供了 231 个锡伯文、满文图形字符，其中：

a)　锡伯文、满文和阿礼嘎礼名义字符 81 个；

b)　锡伯文、满文单个变形显现字符 59 个；

c)　锡伯文、满文强制性合体字 54 个；

d)　锡伯文、满文专用数字、标点符号 37 个。

锡伯文、满文字符代码和序号数据的信息参见附录 B。

4.2 字符字序

本部分提供了 231 个锡伯文、满文名义字符、变形显现字符、强制性合体字及专用数字、标点符号的点阵字型，其排列顺序按照 GB/T 26226 的规定的次序排列。

5 标准数据的管理

为加强对信息技术产品用蒙古文字字型与字模标准数据的管理，保证本部分在贯彻执行中数据的一致性和正确性，有关字型数据的授权转让的使用事宜，字型标准数据的维护、更新及修订工作，统一由归口单位负责。

6 点阵字型的表示方法

6.1 栅格

栅格由若干条等距离的垂直线与水平线相交叉而形成。

本部分规定 32 点阵(指字框)字型，其栅格是横向 32 格，纵向 32 格。每个方格的中心定为点的中心位置。

栅格仅对构成点阵的各点进行定位，32 点阵栅格图如图 1 所示。

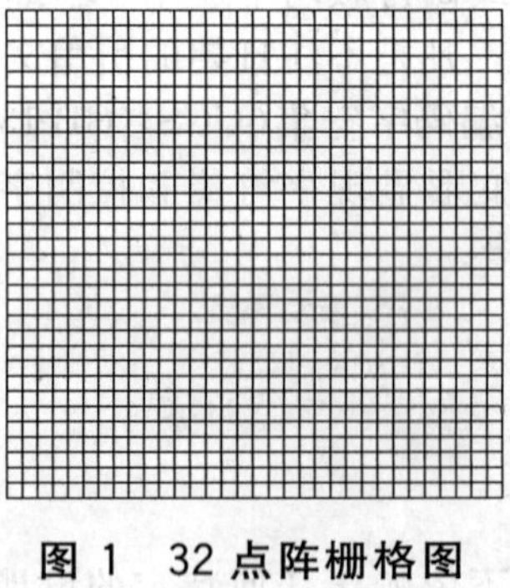

图 1 32 点阵栅格图

6.2 点

点是构成点阵字型的最小单位，以圆形或方形表示，它是位于各方格内的黑色区域。

6.3 点阵字样

锡伯文、满文图形字符点阵字型的字样，由置于栅格内的若干个点的集合来表示。锡伯文、满文“ᠴ”的 32 点阵字样如图 2 所示。

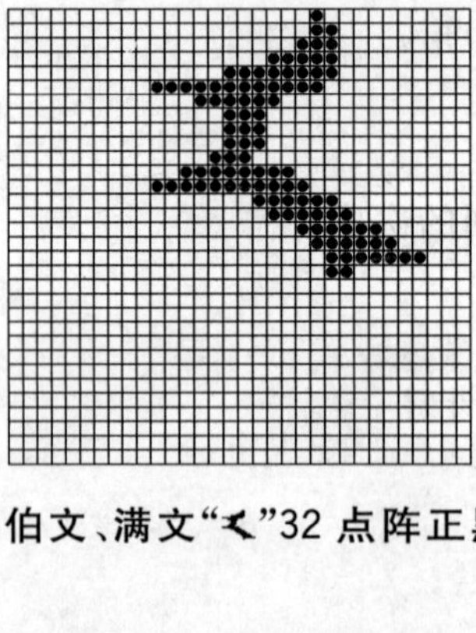

图 2 锡伯文、满文“ᠴ”32 点阵正黑体字样

6.4 点阵字高数据

本部分提供的 231 个锡伯文、满文 32 点阵正黑体字型字高数据参见附录 C。

7 锡伯文、满文点阵字型

7.1 点阵字型数据

本部分提供的 231 个锡伯文、满文 32 点阵正黑体字型数据的表示见附录 D。

7.2 点阵字型

本部分依据 GB/T 26226 的规定，提供的 231 个锡伯文、满文图形字符的 32 点阵正黑体字型如下：

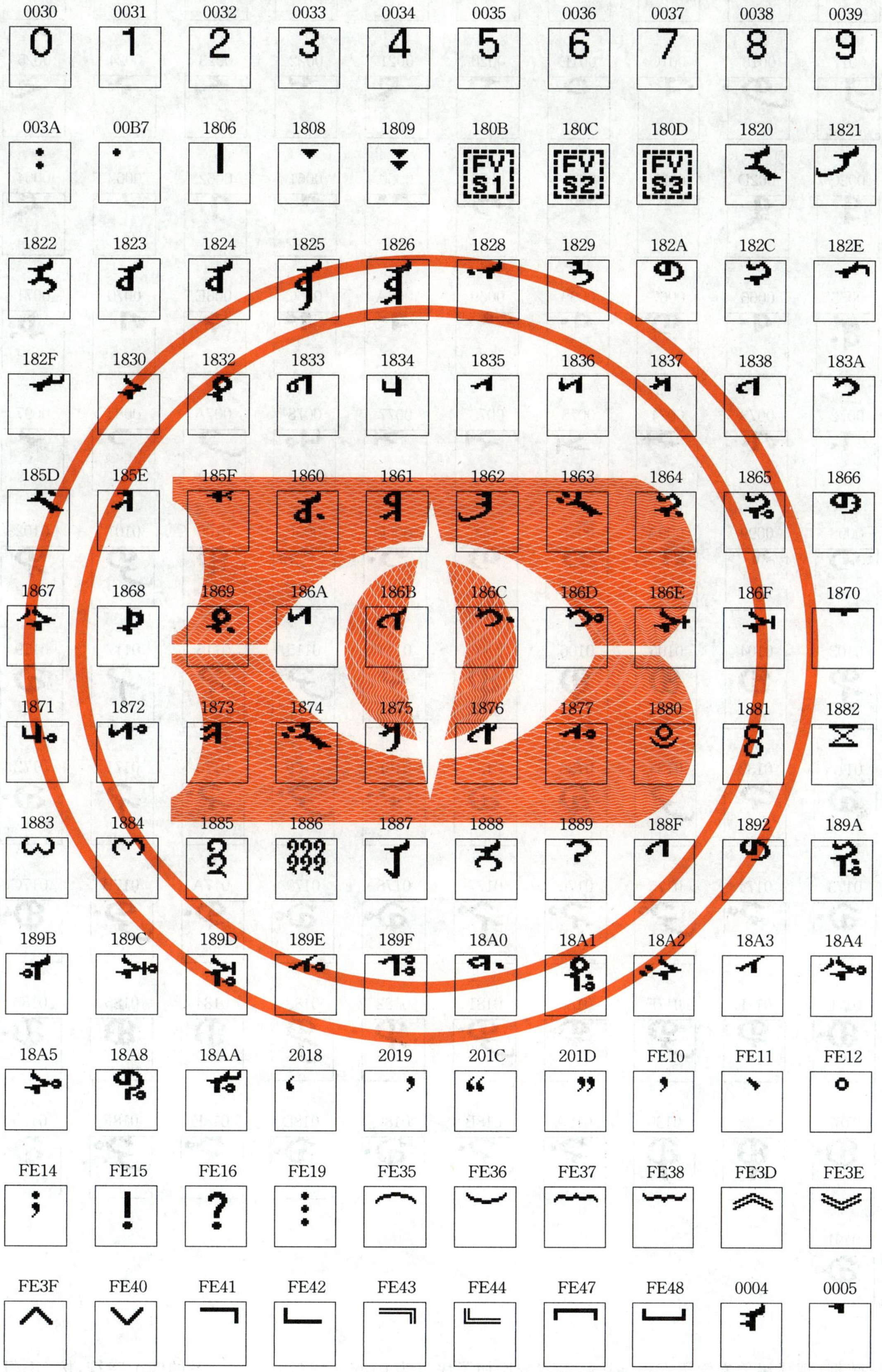

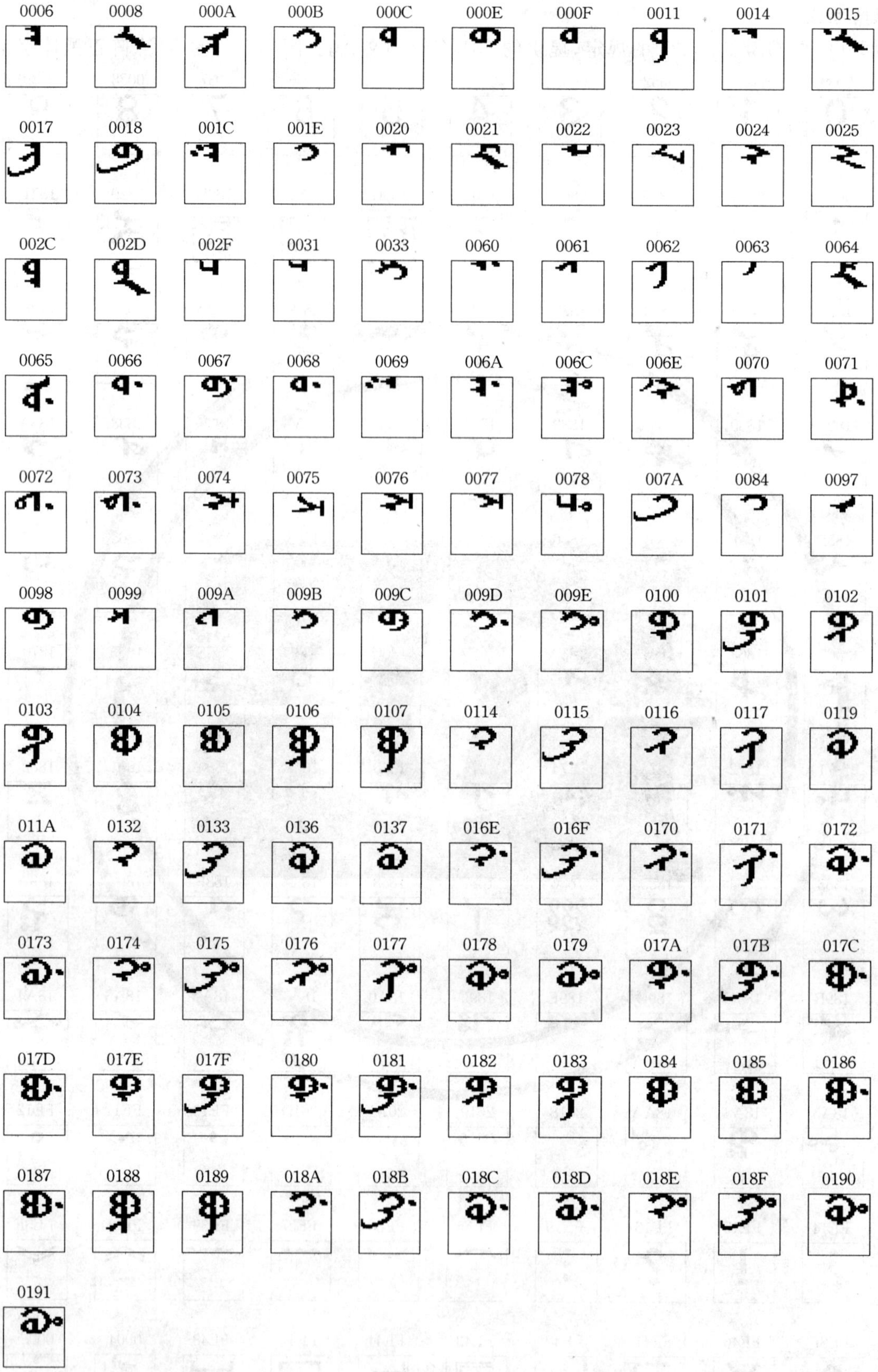

注：依据《现代锡伯文学语言正字法》，本部分增加了序号为 0136、0137、018A、018B 的四个字符，按 GB/T 26226 中的规定使用。

附 录 A
（资料性附录）
正 黑 体

满文的正黑体源自于清代木刻、石刻版本的各类满文书籍。锡伯文的正黑体源自于活字铅印字体。该字型用于文章的一级标题、二级标题、加重文句等。

附 录 B
（资料性附录）
锡伯文、满文字符代码和序号数据

本部分提供了 231 个锡伯文、满文图形字符，其中 81 个名义字符和 37 个数字、标点符号在 GB 13000 中有代码，113 个变形显现字符在 GB 13000 中没有代码，但在 GB/T 26226 中为变形显现字符规定了序号。本部分提供的 231 个锡伯文、满文图形字符的代码和序号数据信息如下：

a） 81 个锡伯文、满文和阿礼嘎礼名义字符代码：在 1800～18AF 范围内；

b） 59 个锡伯文、满文单个变形显现字符序列码：在 0004～009F 范围内；

c） 54 个锡伯文、满文强制性合体字序列码：在 0100～019F 范围内；

d） 37 个锡伯文、满文专用数字、标点符号的代码：在 0030～00BF 和 2010～FE4F 范围内。

附　录　C
（资料性附录）
锡伯文、满文 32 点阵正黑体字型字高数据

锡伯文、满文是不等高字体，其每个字符都有各自特定的高度，本部分提供了 231 个锡伯文、满文 32 点阵正黑体字型字高数据，其中名义字符点阵字型字高数据见表 C.1，数字和标点符号点阵字型字高数据见表 C.2，单个变形显现字符点阵字型字高数据见表 C.3，强制性合体字点阵字型字高数据见表 C.4。

表 C.1　名义字符点阵字型字高数据

代码	高度	代码	高度	代码	高度	代码	高度	代码	高度	代码	高度
1806	16	1829	13	185D	12	186B	12	1881	18	189D	17
1808	8	182A	11	185E	11	186C	10	1882	12	189E	9
1809	14	182C	13	185F	6	186D	10	1883	9	189F	11
180B	29	182E	9	1860	17	186E	13	1884	9	18A0	8
180C	29	182F	9	1861	16	186F	13	1885	21	18A1	19
180D	29	1830	13	1862	16	1870	4	1886	19	18A2	13
1820	19	1832	14	1863	13	1871	11	1887	21	18A3	9
1821	17	1833	10	1864	13	1872	9	1888	17	18A4	13
1822	19	1834	11	1865	14	1873	11	1889	12	18A5	13
1823	17	1835	8	1866	11	1874	14	188F	9	18A8	16
1824	18	1836	9	1867	13	1875	15	1892	11	18AA	12
1825	27	1837	8	1868	15	1876	11	189A	19		
1826	24	1838	10	1869	14	1877	8	189B	14		
1828	10	183A	10	186A	9	1880	13	189C	13		

表 C.2　数字和标点符号点阵字型字高数据

代码	高度	代码	高度	代码	高度	代码	高度	代码	高度	代码	高度
0030	16	0037	16	201C	11	FE16	23	FE3E	12	FE47	9
0031	15	0038	16	201D	11	FE19	21	FE3F	12	FE48	9
0032	16	0039	16	FE10	11	FE35	9	FE40	12		
0033	16	003A	14	FE11	10	FE36	9	FE41	11		
0034	16	00B7	7	FE12	10	FE37	8	FE42	11		
0035	16	2018	11	FE14	17	FE38	8	FE43	11		
0036	16	2019	11	FE15	23	FE3D	12	FE44	11		

表 C.3 单个变形显现字符点阵字型字高数据

序号	高度	序号	高度	序号	高度	序号	高度	序号	高度	序号	高度
0004	14	0014	5	0024	10	0063	7	0070	10	0084	8
0005	5	0015	12	0025	12	0064	14	0071	15	0097	9
0006	10	0017	18	002C	15	0065	19	0072	10	0098	11
0008	12	0018	16	002D	19	0066	10	0073	10	0099	8
000A	15	001C	10	002F	8	0067	11	0074	9	009A	9
000B	11	001E	9	0031	6	0068	8	0075	12	009B	10
000C	10	0020	6	0033	10	0069	6	0076	9	009C	11
000E	10	0021	13	0060	5	006A	10	0077	8	009D	10
000F	8	0022	6	0061	6	006C	10	0078	9	009E	10
0011	18	0023	10	0062	14	006E	11	007A	14		

表 C.4 强制性合体字点阵字型字高数据

序号	高度	序号	高度	序号	高度	序号	高度	序号	高度	序号	高度
0100	15	0116	14	0170	14	017A	15	0184	16	018E	13
0101	21	0117	21	0171	22	017B	21	0185	14	018F	19
0102	16	0119	16	0172	16	017C	16	0186	16	0190	16
0103	22	011A	14	0173	14	017D	14	0187	14	0191	14
0104	16	0132	13	0174	12	017E	14	0188	22		
0105	14	0133	19	0175	18	017F	20	0189	24		
0106	22	0136	16	0176	14	0180	14	018A	13		
0107	24	0137	14	0177	22	0181	20	018B	19		
0114	12	016E	12	0178	16	0182	16	018C	16		
0115	18	016F	18	0179	14	0183	23	018D	14		

附 录 D
（规范性附录）
锡伯文、满文 32 点阵正黑体字型数据

D.1 32 点阵字型数据的表示

本部分中，图形字符的字型可由点阵数据来表示。每个字型的点阵数据为 32×32（横行点数×纵列点数），共 1 024 个二进制位，128 个字节。

D.2 32 点阵字型数据的记录格式

32 点阵字型数据的 128 个字节排列次序是以 0 字节开始至 127 字节结束，均用十六进制表示，每行四个字节，记录格式如下：

<table>
<tr><td rowspan="2">行数</td><td colspan="16">列 数</td></tr>
<tr><td>0</td><td>1</td><td>……</td><td>7</td><td>8</td><td>……</td><td>15</td><td>16</td><td>……</td><td>23</td><td>24</td><td>……</td><td>31</td></tr>
<tr><td>0</td><td colspan="4">0 字节</td><td colspan="3">1 字节</td><td colspan="3">2 字节</td><td colspan="3">3 字节</td></tr>
<tr><td>1
2
3
4
⋮</td><td colspan="4"></td><td colspan="3"></td><td colspan="3"></td><td colspan="3"></td></tr>
<tr><td>31</td><td colspan="4">124 字节</td><td colspan="3">125 字节</td><td colspan="3">126 字节</td><td colspan="3">127 字节</td></tr>
</table>

D.3 32 点阵字型数据举例

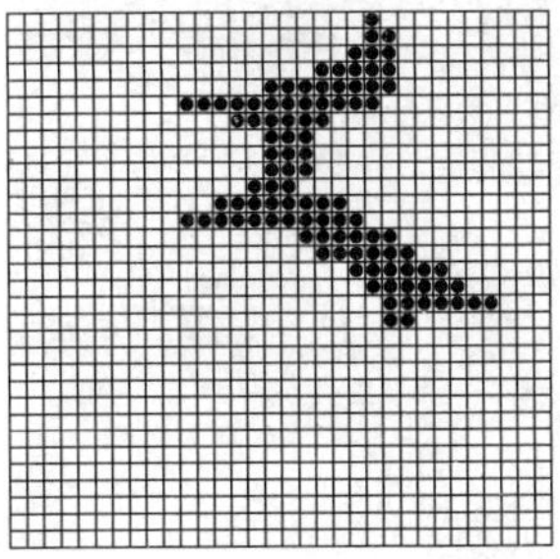

1820

00 00 04 00
00 00 06 00
00 00 0E 00
00 00 3E 00
00 01 FE 00
00 3F FC 00
00 07 E0 00

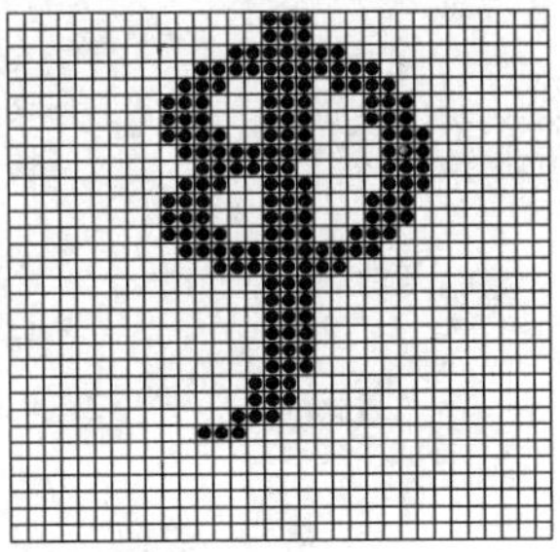

011D

00 01 C0 00
00 01 C0 00
00 07 F0 00
00 1F FC 00
00 39 DE 00
00 71 C7 00
00 71 C7 00

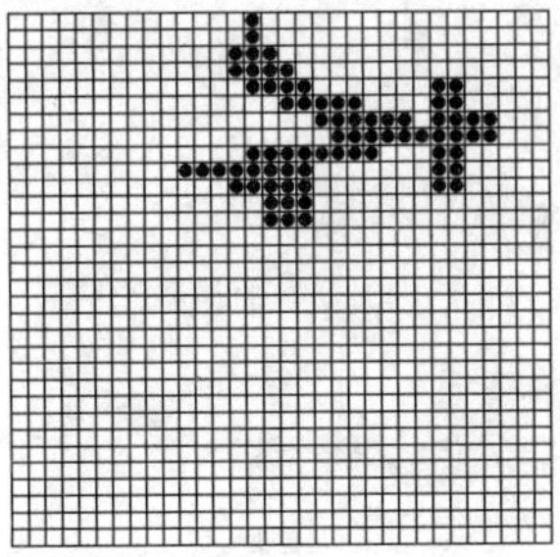

186E

00 02 00 00
00 02 00 00
00 07 00 00
00 07 80 00
00 03 C0 60
00 00 F8 60
00 00 3F 78

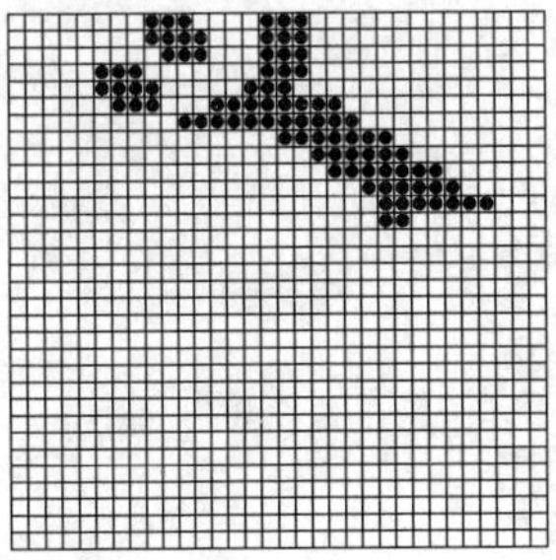

1863

00 E1 C0 00
00 F1 C0 00
00 71 C0 00
07 01 C0 00
07 83 80 00
03 8F F0 00
00 3F F8 00

00 01 C0 00
00 01 C0 00
00 01 C0 00
00 03 80 00
00 0F F0 00
00 3F F8 00
00 00 7E 00
00 00 3F 00
00 00 0F C0
00 00 07 E0
00 00 03 F8
00 00 03 00
00 00 00 00
00 00 00 00
00 00 00 00
00 00 00 00
00 00 00 00
00 00 00 00
00 00 00 00
00 00 00 00
00 00 00 00
00 00 00 00
00 00 00 00
00 00 00 00
00 00 00 00

00 79 C3 80
00 3F C3 80
00 1F 83 80
00 39 C3 80
00 71 C7 00
00 71 C7 00
00 79 CE 00
00 3F FC 00
00 0F F0 00
00 01 C0 00
00 01 C0 00
00 01 C0 00
00 01 C0 00
00 01 C0 00
00 01 C0 00
00 03 80 00
00 03 80 00
00 07 00 00
00 1C 00 00
00 00 00 00
00 00 00 00
00 00 00 00
00 00 00 00
00 00 00 00
00 00 00 00

00 00 1F F8
00 03 FC 60
00 3F C0 60
00 07 C0 60
00 01 C0 00
00 01 C0 00
00 00 00 00
00 00 00 00
00 00 00 00
00 00 00 00
00 00 00 00
00 00 00 00
00 00 00 00
00 00 00 00
00 00 00 00
00 00 00 00
00 00 00 00
00 00 00 00
00 00 00 00
00 00 00 00
00 00 00 00
00 00 00 00
00 00 00 00
00 00 00 00
00 00 00 00

00 00 FE 00
00 00 3F 00
00 00 1F C0
00 00 07 E0
00 00 03 F8
00 00 03 00
00 00 00 00
00 00 00 00
00 00 00 00
00 00 00 00
00 00 00 00
00 00 00 00
00 00 00 00
00 00 00 00
00 00 00 00
00 00 00 00
00 00 00 00
00 00 00 00
00 00 00 00
00 00 00 00
00 00 00 00
00 00 00 00
00 00 00 00
00 00 00 00
00 00 00 00

参 考 文 献

[1] 现代锡伯文学语言正字法.新疆伊犁哈萨克自治州察布查尔锡伯自治县人民政府.1991年.

ICS 35.040
L 71

中华人民共和国国家标准

GB 25906.1—2010

信息技术　通用多八位编码字符集 锡伯文、满文名义字符、显现字符与合体字 48点阵字型　第1部分：正白体

Information technology—Universal multi-octet coded character set—Sibe, Manchu nominal characters, presentation forms and composite characters—48 Dot matrix fonts—Part 1: Zhengbai Ti

2011-01-10 发布　　2011-11-01 实施

中华人民共和国国家质量监督检验检疫总局
中国国家标准化管理委员会　发布

前　言

本部分的全部技术内容为强制性。

GB 25906《信息技术　通用多八位编码字符集　锡伯文、满文名义字符、显现字符与合体字　48点阵字型》分为如下部分：

——第1部分：正白体；

——第2部分：正黑体；

——第3部分：大黑体；

——第4部分：行书体；

——第5部分：奏折体。

本部分是GB 25906的第1部分。

本部分依据GB/T 26226《信息技术　蒙古文变形显现字符集和控制字符使用规则》所规定的锡伯文、满文名义字符、变形显现字符、合体字和专用符号，以我国现行的锡伯文字形和文献语言中的满文字形为基础，并依据《现代锡伯文学语言正字法》中规定的正字规则，设计和规定了信息系统用锡伯文、满文48点阵正白体(参见附录A)字型。

本部分的附录A、附录B和附录C是资料性附录，附录D是规范性附录。

本部分由全国信息技术标准化技术委员会(SAC/TC 28)提出并归口。

本部分起草单位：中国电子技术标准化研究所、新疆维吾尔自治区民族语言文字工作委员会、潍坊北大青鸟华光照排有限公司。

本部分起草人：何正安、佟加·庆夫、吕建春、代红、徐志强。

引　言

有关字型数据的授权转让使用事宜，字型标准数据的维护、更新及修订工作，统一由归口单位负责。

信息技术 通用多八位编码字符集 锡伯文、满文名义字符、显现字符与合体字 48点阵字型 第1部分：正白体

1 范围

GB 25906的本部分规定了GB/T 26226中锡伯文、满文名义字符、变形显现字符、强制性合体字及专用数字、标点符号的48点阵正白体字型。

本部分适用于锡伯文、满文信息处理系统中的显示设备、点阵式印刷设备，也适用于其他相关设备。

2 规范性引用文件

下列文件中的条款通过GB 25906的本部分的引用而成为本部分的条款。凡是注日期的引用文件，其随后所有的修改单(不包括勘误的内容)或修订版均不适用于本部分，然而，鼓励根据本部分达成协议的各方研究是否可使用这些文件的最新版本。凡是不注日期的引用文件，其最新版本适用于本部分。

GB 13000 信息技术 通用多八位编码字符集(UCS)(GB 13000—2010,ISO/IEC 10646:2003,IDT)

GB/T 26226 信息技术 蒙古文变形显现字符集和控制字符使用规则

3 术语和定义

下列术语和定义适用于本部分。

3.1

字形 glyph

一种可辨认的抽象的图形符号，它不依赖于任何特定的设计。

3.2

字型 font

具有同一基本设计的字形图像的集合，如：正白体。

3.3

点阵字型 dot matrix font

以点的集合来表现图形字符的(型)形。

3.4

字序 character order

图形字符在集合中按一定规则排列的次序。

3.5

字高 character height

点阵图形字符的有效高度，以点数计算。

4 锡伯文、满文图形字符

4.1 字符数

本部分依据GB/T 26226的规定，提供了231个锡伯文、满文图形字符，其中：

a) 锡伯文、满文和阿礼嘎礼名义字符81个；

b) 锡伯文、满文单个变形显现字符59个；

c) 锡伯文、满文强制性合体字54个；

d) 锡伯文、满文专用数字、标点符号 37 个。

锡伯文、满文字符代码和序号数据的信息参见附录 B。

4.2 字符字序

本部分提供了 231 个锡伯文、满文名义字符、变形显现字符、强制性合体字及专用数字、标点符号的点阵字型，其排列顺序按照 GB/T 26226 的规定的次序排列。

5 标准数据的管理

为加强对信息技术产品用蒙古文字字型与字模标准数据的管理，保证本部分在贯彻执行中数据的一致性和正确性，有关字型数据的授权转让的使用事宜，字型标准数据的维护、更新及修订工作，统一由归口单位负责。

6 点阵字型的表示方法

6.1 栅格

栅格由若干条等距离的垂直线与水平线相交叉而形成。

本部分规定 48 点阵(指字框)字型，其栅格是横向 48 格，纵向 48 格。每个方格的中心定为点的中心位置。

栅格仅对构成点阵的各点进行定位，48 点阵栅格图如图 1 所示。

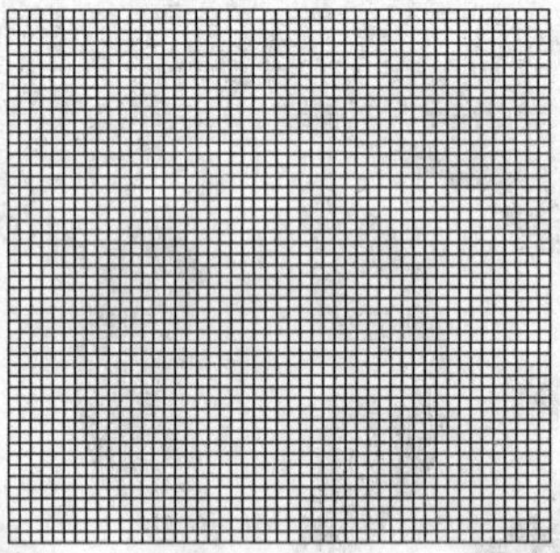

图 1 48 点阵栅格图

6.2 点

点是构成点阵字型的最小单位，以圆形或方形表示，它是位于各方格内的黑色区域。

6.3 点阵字样

锡伯文、满文图形字符点阵字型的字样，由置于栅格内的若干个点的集合来表示。锡伯文、满文“[illegible]”的 48 点阵字样如图 2 所示。

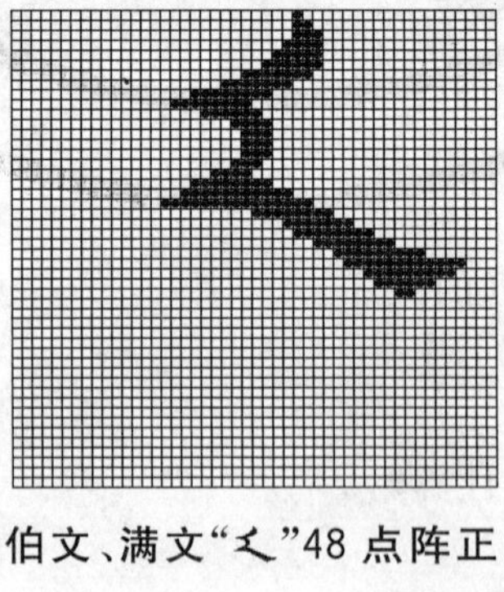

图 2 锡伯文、满文“[illegible]”48 点阵正白体字样

6.4 点阵字高数据

本部分提供的 231 个锡伯文、满文 48 点阵正白体字型字高数据参见附录 C。

7 锡伯文、满文点阵字型

7.1 点阵字型数据

本部分提供的 231 个锡伯文、满文 48 点阵正白体字型数据的表示见附录 D。

7.2 点阵字型

本部分依据 GB/T 26226 的规定，提供的 231 个锡伯文、满文图形字符的 48 点阵正白体字型如下：

注：依据《现代锡伯文学语言正字法》，本部分增加了序号为0136、0137、018A、018B的四个字符，按GB/T 26226中的规定使用。

附 录 A
（资料性附录）
正 白 体

满文的正白体源自于清代木刻、石刻版本的各类满文书籍。锡伯文的正白体源自于民间手抄字体。该字型用于文章的正文、提示框、文字修饰等。

附 录 B
（资料性附录）
锡伯文、满文字符代码和序号数据

本部分提供了231个锡伯文、满文图形字符，其中81个名义字符和37个数字、标点符号在GB 13000中有代码，113个变形显现字符在GB 13000中没有代码，但在GB/T 26226中为变形显现字符规定了序号。本部分提供的231个锡伯文、满文图形字符的代码和序号数据信息如下：

a） 81个锡伯文、满文和阿礼嘎礼名义字符代码：在1800～18AF范围内；

b） 59个锡伯文、满文单个变形显现字符序列码：在0004～009F范围内；

c） 54个锡伯文、满文强制性合体字序列码：在0100～019F范围内；

d） 37个锡伯文、满文专用数字、标点符号的代码：在0030～00BF和2010～FE4F范围内。

附　录　C
（资料性附录）
锡伯文、满文 48 点阵正白体字型字高数据

锡伯文、满文是不等高字体，其每个字符都有各自特定的高度，本部分提供了 231 个锡伯文、满文 48 点阵正白体字型字高数据，其中名义字符点阵字型字高数据见表 C.1，数字和标点符号点阵字型字高数据见表 C.2，单个变形显现字符点阵字型字高数据见表 C.3，强制性合体字点阵字型字高数据见表 C.4。

表 C.1　名义字符点阵字型字高数据

代码	高度	代码	高度	代码	高度	代码	高度	代码	高度	代码	高度
1806	24	1829	18	185D	18	186B	18	1881	27	189D	21
1808	11	182A	17	185E	15	186C	14	1882	16	189E	15
1809	19	182C	19	185F	8	186D	14	1883	13	189F	15
180B	42	182E	13	1860	26	186E	18	1884	13	18A0	13
180C	42	182F	13	1861	22	186F	18	1885	30	18A1	28
180D	42	1830	18	1862	24	1870	5	1886	23	18A2	18
1820	29	1832	22	1863	19	1871	13	1887	28	18A3	15
1821	25	1833	16	1864	20	1872	10	1888	23	18A4	18
1822	27	1834	13	1865	21	1873	14	1889	14	18A5	18
1823	26	1835	11	1866	19	1874	21	188F	15	18A8	22
1824	28	1836	12	1867	18	1875	19	1892	16	18AA	16
1825	39	1837	12	1868	22	1876	13	189A	27		
1826	36	1838	14	1869	22	1877	11	189B	21		
1828	14	183A	14	186A	9	1880	21	189C	18		

表 C.2　数字和标点符号点阵字型字高数据

代码	高度	代码	高度	代码	高度	代码	高度	代码	高度	代码	高度
0030	25	0037	25	201C	18	FE16	36	FE3E	22	FE47	16
0031	25	0038	25	201D	18	FE19	29	FE3F	25	FE48	16
0032	24	0039	25	FE10	18	FE35	15	FE40	25		
0033	25	003A	20	FE11	14	FE36	15	FE41	16		
0034	25	00B7	11	FE12	16	FE37	17	FE42	16		
0035	25	2018	18	FE14	27	FE38	17	FE43	16		
0036	25	2019	18	FE15	36	FE3D	22	FE44	16		

表 C.3 单个变形显现字符点阵字型字高数据

序号	高度	序号	高度	序号	高度	序号	高度	序号	高度	序号	高度
0004	21	0014	7	0024	14	0063	11	0070	15	0084	13
0005	7	0015	17	0025	18	0064	21	0071	22	0097	14
0006	14	0017	24	002C	21	0065	28	0072	16	0098	16
0008	16	0018	23	002D	28	0066	14	0073	15	0099	11
000A	22	001C	14	002F	11	0067	18	0074	15	009A	13
000B	15	001E	12	0031	8	0068	12	0075	14	009B	13
000C	14	0020	8	0033	14	0069	8	0076	15	009C	18
000E	17	0021	19	0060	7	006A	14	0077	13	009D	13
000F	12	0022	8	0061	8	006C	14	0078	11	009E	13
0011	25	0023	15	0062	19	006E	15	007A	20		

表 C.4 强制性合体字点阵字型字高数据

序号	高度	序号	高度	序号	高度	序号	高度	序号	高度	序号	高度
0100	22	0116	19	0170	19	017A	22	0184	21	018E	19
0101	32	0117	27	0171	27	017B	32	0185	19	018F	29
0102	24	0119	18	0172	18	017C	21	0186	21	0190	19
0103	32	011A	16	0173	16	017D	19	0187	19	0191	17
0104	21	0132	19	0174	18	017E	24	0188	29		
0105	19	0133	29	0175	28	017F	34	0189	33		
0106	30	0136	19	0176	19	0180	24	018A	19		
0107	31	0137	17	0177	28	0181	34	018B	29		
0114	18	016E	18	0178	18	0182	25	018C	19		
0115	28	016F	28	0179	16	0183	34	018D	17		

附 录 D
（规范性附录）
锡伯文、满文48点阵正白体字型数据

D.1 48点阵字型数据的表示

本部分中，图形字符的字型可由点阵数据来表示。每个字型的点阵数据为48×48（横行点数×纵列点数），共2 304个二进制位，288个字节。

D.2 48点阵字型数据的记录格式

48点阵字型数据的288个字节排列次序是以0字节开始至287字节结束，均用十六进制表示，每行六个字节，记录格式如下：

行数	列数					
	0 1 …… 7	8 …… 15	16 …… 23	24 …… 31	32 …… 39	40 …… 47
0	0字节	1字节	2字节	3字节	4字节	5字节
1						
2						
3						
4						
⋮						
47	282字节	283字节	284字节	285字节	286字节	287字节

D.3 48点阵字型数据举例

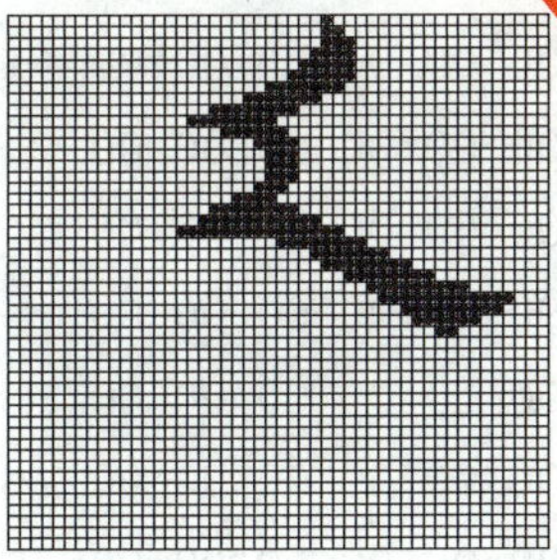

1820

00 00 00 08 00 00
00 00 00 0C 00 00
00 00 00 0E 00 00
00 00 00 1E 00 00
00 00 00 3E 00 00
00 00 00 7E 00 00
00 00 01 FC 00 00

011D

00 00 01 C0 00 00
00 00 01 C0 00 00
00 00 0F F0 00 00
00 00 3F FC 00 00
00 00 79 DE 00 00
00 00 F1 C7 00 00
00 00 E1 C3 80 00

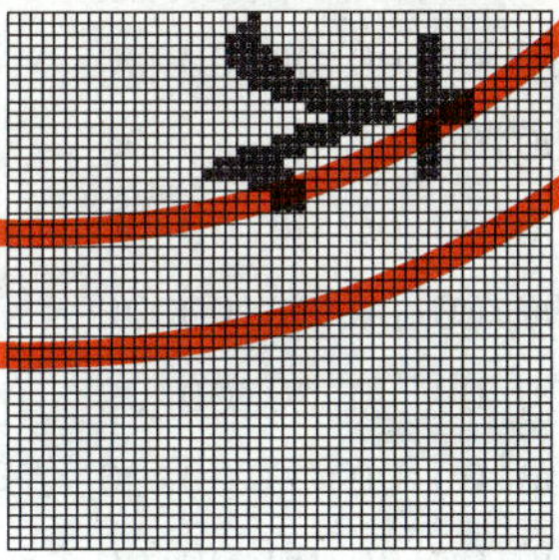

186E

00 00 04 00 00 00
00 00 0C 00 00 00
00 00 1C 00 0C 00
00 00 1E 00 0C 00
00 00 1F 00 0C 00
00 00 0F 80 0C 00
00 00 07 F0 0C 00

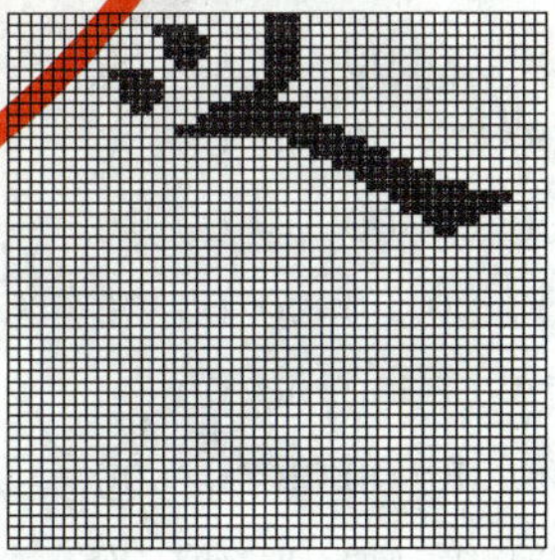

1863

00 00 01 C0 00 00
00 07 81 C0 00 00
00 03 C1 C0 00 00
00 03 C1 C0 00 00
00 01 81 C0 00 00
00 78 01 C0 00 00
00 3C 03 80 00 00

```
00 00 07 F0 00 00
00 00 3F C0 00 00
00 00 FF 00 00 00
00 00 1F 80 00 00
00 00 03 C0 00 00
00 00 01 C0 00 00
00 00 01 C0 00 00
00 00 01 C0 00 00
00 00 03 80 00 00
00 00 0F 00 00 00
00 00 3F C0 00 00
00 00 7F F0 00 00
00 01 FF FC 00 00
00 00 00 FF 00 00
00 00 00 1F C0 00
00 00 00 0F F0 00
00 00 00 03 FC 00
00 00 00 00 FF 80
00 00 00 00 7F F8
00 00 00 00 1F F0
00 00 00 00 0F C0
00 00 00 00 03 00
00 00 00 00 00 00
00 00 00 00 00 00
00 00 00 00 00 00
00 00 00 00 00 00
00 00 00 00 00 00
00 00 00 00 00 00
00 00 00 00 00 00
00 00 00 00 00 00
00 00 00 00 00 00
00 00 00 00 00 00
00 00 00 00 00 00
00 00 00 00 00 00
00 00 00 00 00 00
00 00 00 00 00 00
00 00 00 00 00 00
00 00 00 00 00 00
00 00 00 00 00 00
00 00 00 00 00 00
00 00 00 00 00 00
00 00 E1 C3 80 00
00 00 E1 C1 C0 00
00 00 71 C1 C0 00
00 00 3F 81 C0 00
00 00 1F 01 C0 00
00 00 39 81 C0 00
00 00 71 C1 C0 00
00 00 E1 C1 C0 00
00 00 E1 C3 80 00
00 00 E1 C3 80 00
00 00 E1 C7 00 00
00 00 71 DE 00 00
00 00 7F FC 00 00
00 00 1F F0 00 00
00 00 01 C0 00 00
00 00 01 C0 00 00
00 00 01 C0 00 00
00 00 01 C0 00 00
00 00 01 C0 00 00
00 00 01 C0 00 00
00 00 01 C0 00 00
00 00 03 80 00 00
00 00 03 80 00 00
00 00 07 00 00 00
00 00 1E 00 00 00
00 00 78 00 00 00
00 00 00 00 00 00
00 00 00 00 00 00
00 00 00 00 00 00
00 00 00 00 00 00
00 00 00 00 00 00
00 00 00 00 00 00
00 00 00 00 00 00
00 00 00 00 00 00
00 00 00 00 00 00
00 00 00 00 00 00
00 00 00 00 00 00
00 00 00 00 00 00
00 00 00 00 00 00
00 00 00 00 00 00
00 00 00 00 00 00
00 00 01 FF 8F 80
00 00 00 3F FF 80
00 00 00 0F CF 80
00 00 00 7E 0C 00
00 00 01 F8 0C 00
00 00 0F C0 0C 00
00 00 3F 00 0C 00
00 00 7F 80 0C 00
00 00 07 C0 00 00
00 00 01 C0 00 00
00 00 01 C0 00 00
00 00 00 00 00 00
00 00 00 00 00 00
00 00 00 00 00 00
00 00 00 00 00 00
00 00 00 00 00 00
00 00 00 00 00 00
00 00 00 00 00 00
00 00 00 00 00 00
00 00 00 00 00 00
00 00 00 00 00 00
00 00 00 00 00 00
00 00 00 00 00 00
00 00 00 00 00 00
00 00 00 00 00 00
00 00 00 00 00 00
00 00 00 00 00 00
00 00 00 00 00 00
00 00 00 00 00 00
00 00 00 00 00 00
00 00 00 00 00 00
00 00 00 00 00 00
00 00 00 00 00 00
00 00 00 00 00 00
00 00 00 00 00 00
00 00 00 00 00 00
00 00 00 00 00 00
00 00 00 00 00 00
00 00 00 00 00 00
00 00 00 00 00 00
00 00 00 00 00 00
00 3C 0F 00 00 00
00 18 3F C0 00 00
00 00 7F F0 00 00
00 01 FF FC 00 00
00 00 00 7F 00 00
00 00 00 1F C0 00
00 00 00 07 F0 00
00 00 00 01 FC 00
00 00 00 00 FF 80
00 00 00 00 3F F8
00 00 00 00 1F F0
00 00 00 00 07 C0
00 00 00 00 03 00
00 00 00 00 00 00
00 00 00 00 00 00
00 00 00 00 00 00
00 00 00 00 00 00
00 00 00 00 00 00
00 00 00 00 00 00
00 00 00 00 00 00
00 00 00 00 00 00
00 00 00 00 00 00
00 00 00 00 00 00
00 00 00 00 00 00
00 00 00 00 00 00
00 00 00 00 00 00
00 00 00 00 00 00
00 00 00 00 00 00
00 00 00 00 00 00
00 00 00 00 00 00
00 00 00 00 00 00
00 00 00 00 00 00
00 00 00 00 00 00
00 00 00 00 00 00
00 00 00 00 00 00
00 00 00 00 00 00
00 00 00 00 00 00
00 00 00 00 00 00
00 00 00 00 00 00
00 00 00 00 00 00
00 00 00 00 00 00
```

参 考 文 献

[1] 现代锡伯文学语言正字法.新疆伊犁哈萨克自治州察布查尔锡伯自治县人民政府.1991年.

ICS 35.040
L 71

中华人民共和国国家标准

GB 25906.2—2010

信息技术　通用多八位编码字符集 锡伯文、满文名义字符、显现字符与合体字 48 点阵字型　第 2 部分：正黑体

Information technology—Universal multi-octet coded character set—Sibe, Manchu nominal characters, presentation forms and composite characters—48 Dot matrix fonts—Part 2: Zhenghei Ti

2011-01-10 发布　　2011-11-01 实施

中华人民共和国国家质量监督检验检疫总局
中国国家标准化管理委员会　发布

前言

本部分的全部技术内容为强制性。

GB 25906《信息技术 通用多八位编码字符集 锡伯文、满文名义字符、显现字符与合体字 48点阵字型》分为如下部分：

——第1部分：正白体；

——第2部分：正黑体；

——第3部分：大黑体；

——第4部分：行书体；

——第5部分：奏折体。

本部分是GB 25906的第2部分。

本部分依据GB/T 26226《信息技术 蒙古文变形显现字符集和控制字符使用规则》所规定的锡伯文、满文名义字符、变形显现字符、合体字和专用符号，以我国现行的锡伯文字形和文献语言中的满文字形为基础，并依据《现代锡伯文学语言正字法》中规定的正字规则，设计和规定了信息系统用锡伯文、满文48点阵正黑体（参见附录A）字型。

本部分的附录A、附录B和附录C是资料性附录，附录D是规范性附录。

本部分由全国信息技术标准化技术委员会（SAC/TC 28）提出并归口。

本部分起草单位：中国电子技术标准化研究所、新疆维吾尔自治区民族语言文字工作委员会、潍坊北大青鸟华光照排有限公司。

本部分起草人：吕建春、何正安、佟加·庆夫、代红、闫冰。

引　　言

有关字型数据的授权转让使用事宜，字型标准数据的维护、更新及修订工作，统一由归口单位负责。

信息技术 通用多八位编码字符集 锡伯文、满文名义字符、显现字符与合体字 48点阵字型 第2部分:正黑体

1 范围

GB 25906的本部分规定了GB/T 26226中锡伯文、满文名义字符、变形显现字符、强制性合体字及专用数字、标点符号的48点阵正黑体字型。

本部分适用于锡伯文、满文信息处理系统中的显示设备、点阵式印刷设备,也适用于其他相关设备。

2 规范性引用文件

下列文件中的条款通过GB 25906的本部分的引用而成为本部分的条款。凡是注日期的引用文件,其随后所有的修改单(不包括勘误的内容)或修订版均不适用于本部分,然而,鼓励根据本部分达成协议的各方研究是否可使用这些文件的最新版本。凡是不注日期的引用文件,其最新版本适用于本部分。

GB 13000 信息技术 通用多八位编码字符集(UCS)(GB 13000—2010,ISO/IEC 10646:2003,IDT)

GB/T 26226 信息技术 蒙古文变形显现字符集和控制字符使用规则

3 术语和定义

下列术语和定义适用于本部分。

3.1

字形 glyph

一种可辨认的抽象的图形符号,它不依赖于任何特定的设计。

3.2

字型 font

具有同一基本设计的字形图像的集合,如:正黑体。

3.3

点阵字型 dot matrix font

以点的集合来表现图形字符的(型)形。

3.4

字序 character order

图形字符在集合中按一定规则排列的次序。

3.5

字高 character height

点阵图形字符的有效高度,以点数计算。

4 锡伯文、满文图形字符

4.1 字符数

本部分依据GB/T 26226的规定,提供了231个锡伯文、满文图形字符,其中:

a) 锡伯文、满文和阿礼嘎礼名义字符81个;

b) 锡伯文、满文单个变形显现字符59个;

c) 锡伯文、满文强制性合体字54个;

d) 锡伯文、满文专用数字、标点符号37个。

锡伯文、满文字符代码和序号数据的信息参见附录B。

4.2 字符字序

本部分提供了231个锡伯文、满文名义字符、变形显现字符、强制性合体字及专用数字、标点符号的点阵字型，其排列顺序按照GB/T 26226的规定的次序排列。

5 标准数据的管理

为加强对信息技术产品用蒙古文字字型与字模标准数据的管理，保证本部分在贯彻执行中数据的一致性和正确性，有关字型数据的授权转让的使用事宜，字型标准数据的维护、更新及修订工作，统一由归口单位负责。

6 点阵字型的表示方法

6.1 栅格

栅格由若干条等距离的垂直线与水平线相交叉而形成。

本部分规定48点阵(指字框)字型，其栅格是横向48格，纵向48格。每个方格的中心定为点的中心位置。

栅格仅对构成点阵的各点进行定位，48点阵栅格图如图1所示。

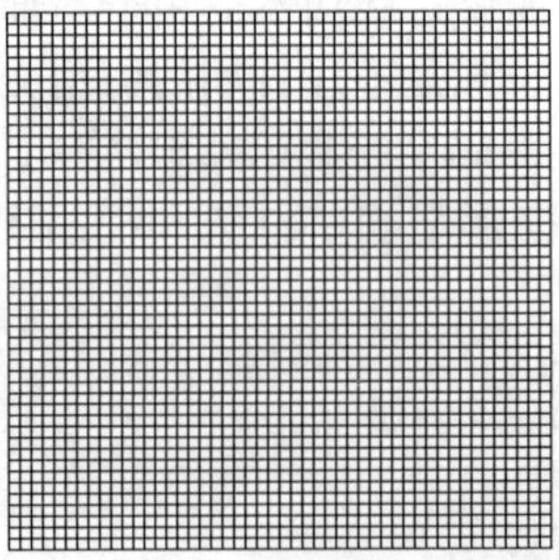

图1 48点阵栅格图

6.2 点

点是构成点阵字型的最小单位，以圆形或方形表示，它是位于各方格内的黑色区域。

6.3 点阵字样

锡伯文、满文图形字符点阵字型的字样，由置于栅格内的若干个点的集合来表示。锡伯文、满文“”的48点阵字样如图2所示。

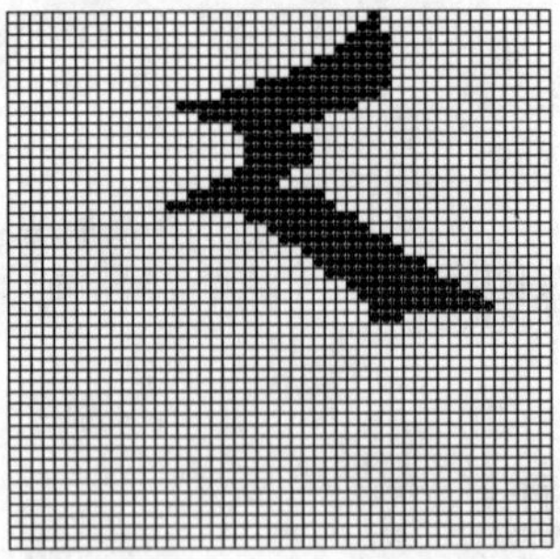

图2 锡伯文、满文“”48点阵正黑体字样

6.4 点阵字高数据

本部分提供的231个锡伯文、满文48点阵正黑体字型字高数据参见附录C。

7 锡伯文、满文点阵字型

7.1 点阵字型数据

本部分提供的231个锡伯文、满文48点阵正黑体字型数据的表示见附录D。

7.2 点阵字型

本部分依据 GB/T 26226 的规定，提供的 231 个锡伯文、满文图形字符的 48 点阵正黑体字型如下：

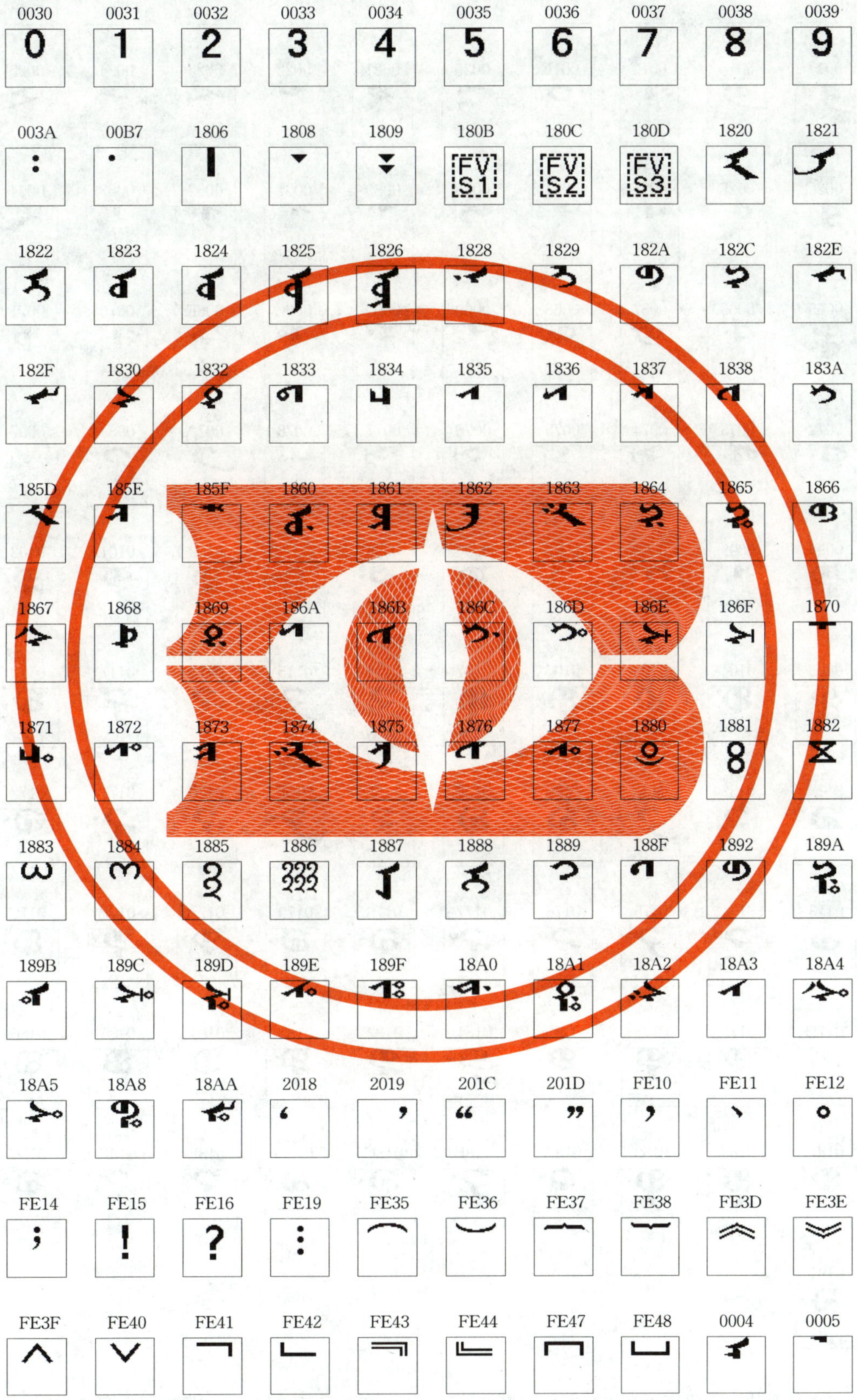

注：依据《现代锡伯文学语言正字法》，本部分增加了序号为 0136、0137、018A、018B 的四个字符，按 GB/T 26226 中的规定使用。

附　录　A
（资料性附录）
正　黑　体

满文的正黑体源自于清代木刻、石刻版本的各类满文书籍。锡伯文的正黑体源自于活字铅印字体。该字型用于文章的一级标题、二级标题、加重文句等。

附 录 B
（资料性附录）
锡伯文、满文字符代码和序号数据

本部分提供了231个锡伯文、满文图形字符，其中81个名义字符和37个数字、标点符号在GB 13000中有代码，113个变形显现字符在GB 13000中没有代码，但在GB/T 26226中为变形显现字符规定了序号。本部分提供的231个锡伯文、满文图形字符的代码和序号数据信息如下：

a） 81个锡伯文、满文和阿礼嘎礼名义字符代码：在1800～18AF范围内；

b） 59个锡伯文、满文单个变形显现字符序列码：在0004～009F范围内；

c） 54个锡伯文、满文强制性合体字序列码：在0100～019F范围内；

d） 37个锡伯文、满文专用数字、标点符号的代码：在0030～00BF和2010～FE4F范围内。

附 录 C
（资料性附录）
锡伯文、满文 48 点阵正黑体字型字高数据

锡伯文、满文是不等高字体，其每个字符都有各自特定的高度，本部分提供了 231 个锡伯文、满文 48 点阵正黑体字型字高数据，其中名义字符点阵字型字高数据见表 C.1，数字和标点符号点阵字型字高数据见表 C.2，单个变形显现字符点阵字型字高数据见表 C.3，强制性合体字点阵字型字高数据见表 C.4。

表 C.1 名义字符点阵字型字高数据

代码	高度	代码	高度	代码	高度	代码	高度	代码	高度	代码	高度
1806	24	1829	18	185D	17	186B	17	1881	27	189D	24
1808	13	182A	17	185E	14	186C	16	1882	18	189E	14
1809	22	182C	19	185F	6	186D	15	1883	14	189F	15
180B	42	182E	14	1860	26	186E	18	1884	14	18A0	12
180C	42	182F	15	1861	22	186F	18	1885	33	18A1	26
180D	42	1830	18	1862	23	1870	6	1886	26	18A2	18
1820	28	1832	19	1863	19	1871	16	1887	32	18A3	14
1821	24	1833	14	1864	20	1872	11	1888	27	18A4	18
1822	29	1834	16	1865	21	1873	15	1889	16	18A5	18
1823	26	1835	12	1866	16	1874	21	188F	13	18A8	23
1824	28	1836	13	1867	18	1875	22	1892	17	18AA	18
1825	40	1837	12	1868	20	1876	14	189A	28		
1826	35	1838	14	1869	19	1877	12	189B	20		
1828	14	183A	16	186A	11	1880	20	189C	18		

表 C.2 数字和标点符号点阵字型字高数据

代码	高度	代码	高度	代码	高度	代码	高度	代码	高度	代码	高度
0030	24	0037	24	201C	16	FE16	34	FE3E	18	FE47	16
0031	24	0038	24	201D	16	FE19	30	FE3F	21	FE48	16
0032	24	0039	24	FE10	19	FE35	12	FE40	21		
0033	24	003A	20	FE11	16	FE36	12	FE41	16		
0034	24	00B7	11	FE12	17	FE37	10	FE42	16		
0035	24	2018	16	FE14	25	FE38	10	FE43	16		
0036	24	2019	16	FE15	33	FE3D	18	FE44	16		

表 C.3 单个变形显现字符点阵字型字高数据

序号	高度	序号	高度	序号	高度	序号	高度	序号	高度	序号	高度
0004	19	0014	5	0024	13	0063	12	0070	14	0084	13
0005	5	0015	17	0025	19	0064	20	0071	20	0097	13
0006	12	0017	24	002C	21	0065	28	0072	14	0098	16
0008	17	0018	21	002D	30	0066	14	0073	14	0099	11
000A	21	001C	12	002F	11	0067	16	0074	13	009A	12
000B	16	001E	13	0031	9	0068	12	0075	17	009B	15
000C	14	0020	6	0033	15	0069	8	0076	13	009C	17
000E	15	0021	20	0060	5	006A	12	0077	12	009D	15
000F	12	0022	9	0061	8	006C	12	0078	13	009E	15
0011	27	0023	16	0062	19	006E	14	007A	20		

表 C.4 强制性合体字点阵字型字高数据

序号	高度	序号	高度	序号	高度	序号	高度	序号	高度	序号	高度
0100	20	0116	19	0170	19	017A	20	0184	22	018E	18
0101	30	0117	31	0171	31	017B	30	0185	20	018F	28
0102	22	0119	21	0172	21	017C	22	0186	22	0190	21
0103	33	011A	19	0173	19	017D	20	0187	20	0191	19
0104	22	0132	18	0174	17	017E	20	0188	32		
0105	20	0133	27	0175	27	017F	30	0189	35		
0106	32	0136	21	0176	19	0180	20	018A	18		
0107	35	0137	19	0177	31	0181	30	018B	27		
0114	17	016E	17	0178	21	0182	22	018C	21		
0115	15	016F	27	0179	19	0183	33	018D	19		

附　录　D
（规范性附录）
锡伯文、满文48点阵正黑体字型数据

D.1　48点阵字型数据的表示

本部分中，图形字符的字型可由点阵数据来表示。每个字型的点阵数据为48×48（横行点数×纵列点数），共2 304个二进制位，288个字节。

D.2　48点阵字型数据的记录格式

48点阵字型数据的288个字节排列次序是以0字节开始至287字节结束，均用十六进制表示，每行六个字节，记录格式如下：

行数	列数					
	0 1 …… 7	8 …… 15	16 …… 23	24 …… 31	32 …… 39	40 …… 47
0	0字节	1字节	2字节	3字节	4字节	5字节
1						
2						
3						
4						
⋮						
47	282字节	283字节	284字节	285字节	286字节	287字节

D.3　48点阵字型数据举例

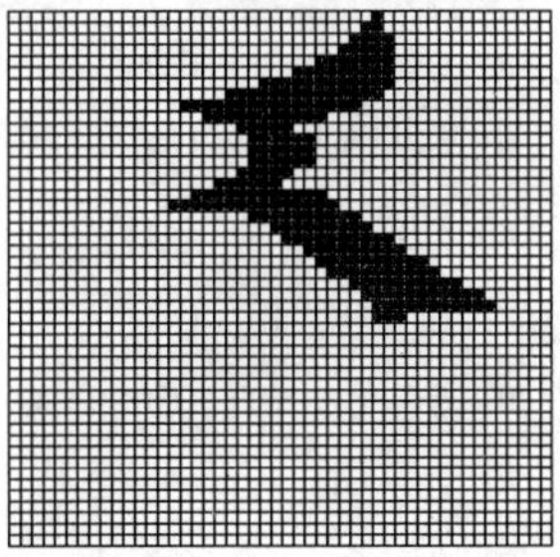

1820

00 00 00 00 80 00
00 00 00 01 80 00
00 00 00 03 C0 00
00 00 00 07 C0 00
00 00 00 1F C0 00
00 00 00 7F C0 00
00 00 03 FF C0 00

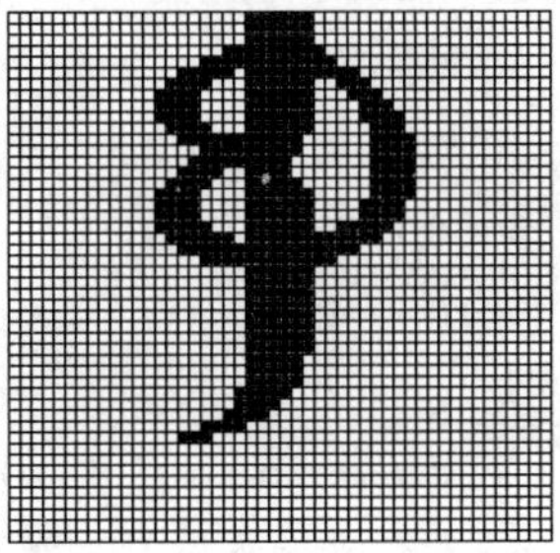

011D

00 00 07 E0 00 00
00 00 07 E0 00 00
00 00 07 E0 00 00
00 00 1F F0 00 00
00 00 7F F8 00 00
00 01 F7 FE 00 00
00 03 C7 E7 00 00

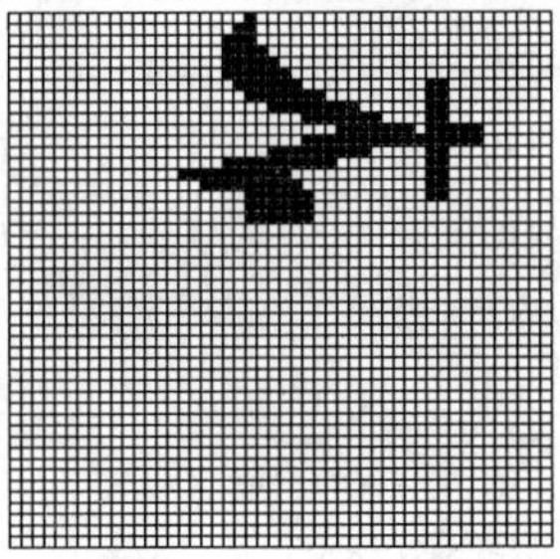

186E

00 00 04 00 00 00
00 00 0C 00 00 00
00 00 1C 00 00 00
00 00 1E 00 00 00
00 00 1F 00 00 00
00 00 1F 80 00 00
00 00 0F C0 06 00

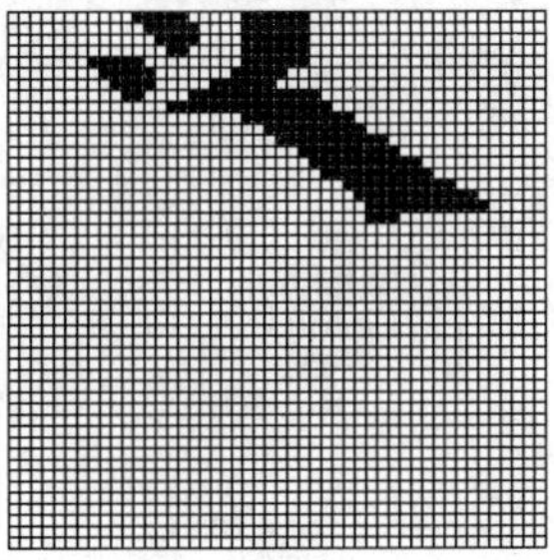

1863

00 1F 07 E0 00 00
00 0F 87 E0 00 00
00 07 87 E0 00 00
00 03 07 E0 00 00
01 F0 07 E0 00 00
00 F8 0F 80 00 00
00 78 3F 00 00 00

```
00 00 1F FF 80 00
00 01 FF FE 00 00
00 00 7F F0 00 00
00 00 0F 80 00 00
00 00 07 E0 00 00
00 00 07 E0 00 00
00 00 07 E0 00 00
00 00 0F 80 00 00
00 00 3F 00 00 00
00 00 FF F0 00 00
00 03 FF F8 00 00
00 00 07 FE 00 00
00 00 01 FF 00 00
00 00 00 FF C0 00
00 00 00 3F E0 00
00 00 00 1F F8 00
00 00 00 0F FC 00
00 00 00 03 FF 00
00 00 00 01 FF C0
00 00 00 00 FF E0
00 00 00 00 E0 00
00 00 00 00 00 00
00 00 00 00 00 00
00 00 00 00 00 00
00 00 00 00 00 00
00 00 00 00 00 00
00 00 00 00 00 00
00 00 00 00 00 00
00 00 00 00 00 00
00 00 00 00 00 00
00 00 00 00 00 00
00 00 00 00 00 00
00 00 00 00 00 00
00 00 00 00 00 00
00 00 00 00 00 00
00 00 00 00 00 00
00 00 00 00 00 00
00 00 00 00 00 00
00 00 00 00 00 00
00 00 00 00 00 00
00 00 00 00 00 00
00 07 87 E3 80 00
00 07 87 E1 C0 00
00 07 87 E1 E0 00
00 03 C7 E0 E0 00
00 01 FF C0 F0 00
00 00 7F C0 F0 00
00 00 FF 80 F0 00
00 01 E7 80 F0 00
00 03 C7 C0 F0 00
00 07 87 E0 F0 00
00 07 87 E1 E0 00
00 07 87 E1 E0 00
00 07 C7 E7 C0 00
00 03 F7 FF 80 00
00 01 FF FE 00 00
00 00 7F F8 00 00
00 00 07 E0 00 00
00 00 07 E0 00 00
00 00 07 E0 00 00
00 00 07 E0 00 00
00 00 07 E0 00 00
00 00 07 E0 00 00
00 00 07 E0 00 00
00 00 07 E0 00 00
00 00 07 C0 00 00
00 00 07 C0 00 00
00 00 07 C0 00 00
00 00 0F 80 00 00
00 00 0F 00 00 00
00 00 1E 00 00 00
00 00 78 00 00 00
00 01 C0 00 00 00
00 00 00 00 00 00
00 00 00 00 00 00
00 00 00 00 00 00
00 00 00 00 00 00
00 00 00 00 00 00
00 00 00 00 00 00
00 00 00 00 00 00
00 00 00 00 00 00
00 00 00 00 00 00
00 00 07 F0 06 00
00 00 01 FE 06 00
00 00 00 3F 86 00
00 00 00 07 F7 C0
00 00 00 3F FF C0
00 00 01 FF 06 00
00 00 1F F8 06 00
00 01 FF 80 06 00
00 00 7F C0 06 00
00 00 07 E0 06 00
00 00 07 E0 00 00
00 00 07 E0 00 00
00 00 00 00 00 00
00 00 00 00 00 00
00 00 00 00 00 00
00 00 00 00 00 00
00 00 00 00 00 00
00 00 00 00 00 00
00 00 00 00 00 00
00 00 00 00 00 00
00 00 00 00 00 00
00 00 00 00 00 00
00 00 00 00 00 00
00 00 00 00 00 00
00 00 00 00 00 00
00 00 00 00 00 00
00 00 00 00 00 00
00 00 00 00 00 00
00 00 00 00 00 00
00 00 00 00 00 00
00 00 00 00 00 00
00 00 00 00 00 00
00 00 00 00 00 00
00 00 00 00 00 00
00 00 00 00 00 00
00 00 00 00 00 00
00 00 00 00 00 00
00 00 00 00 00 00
00 00 00 00 00 00
00 00 00 00 00 00
00 00 00 00 00 00
00 30 FF F0 00 00
00 03 FF F8 00 00
00 00 07 FE 00 00
00 00 01 FF 00 00
00 00 00 FF C0 00
00 00 00 3F E0 00
00 00 00 1F F8 00
00 00 00 0F FC 00
00 00 00 03 FF 00
00 00 00 01 FF C0
00 00 00 00 FF E0
00 00 00 00 E0 00
00 00 00 00 00 00
00 00 00 00 00 00
00 00 00 00 00 00
00 00 00 00 00 00
00 00 00 00 00 00
00 00 00 00 00 00
00 00 00 00 00 00
00 00 00 00 00 00
00 00 00 00 00 00
00 00 00 00 00 00
00 00 00 00 00 00
00 00 00 00 00 00
00 00 00 00 00 00
00 00 00 00 00 00
00 00 00 00 00 00
00 00 00 00 00 00
00 00 00 00 00 00
00 00 00 00 00 00
00 00 00 00 00 00
00 00 00 00 00 00
00 00 00 00 00 00
00 00 00 00 00 00
00 00 00 00 00 00
00 00 00 00 00 00
00 00 00 00 00 00
00 00 00 00 00 00
00 00 00 00 00 00
00 00 00 00 00 00
00 00 00 00 00 00
```

参 考 文 献

［1］ 现代锡伯文学语言正字法.新疆伊犁哈萨克自治州察布查尔锡伯自治县人民政府.1991年.

ICS 35.040
L 71

中华人民共和国国家标准

GB 25906.3—2010

信息技术　通用多八位编码字符集 锡伯文、满文名义字符、显现字符与合体字 48点阵字型　第3部分：大黑体

Information technology—Universal multi-octet coded character set—Sibe, Manchu nominal characters, presentation forms and composite characters—48 Dot matrix fonts—Part 3: Dahei Ti

2011-01-10 发布　　2011-11-01 实施

中华人民共和国国家质量监督检验检疫总局
中国国家标准化管理委员会　发布

前　言

本部分的全部技术内容为强制性。

GB 25906《信息技术　通用多八位编码字符集　锡伯文、满文名义字符、显现字符与合体字　48点阵字型》分为如下部分：

——第1部分：正白体；

——第2部分：正黑体；

——第3部分：大黑体；

——第4部分：行书体；

——第5部分：奏折体。

本部分是 GB 25906 的第3部分。

本部分依据 GB/T 26226《信息技术　蒙古文变形显现字符集和控制字符使用规则》所规定的锡伯文、满文名义字符、变形显现字符、合体字和专用符号，以我国现行的锡伯文字形和文献语言中的满文字形为基础，并依据《现代锡伯文学语言正字法》中规定的正字规则，设计和规定了信息系统用锡伯文、满文48点阵大黑体(参见附录A)字型。

本部分的附录A、附录B和附录C是资料性附录，附录D是规范性附录。

本部分由全国信息技术标准化技术委员会(SAC/TC 28)提出并归口。

本部分起草单位：中国电子技术标准化研究所、新疆维吾尔自治区民族语言文字工作委员会、潍坊北大青鸟华光照排有限公司。

本部分起草人：佟加·庆夫、何正安、吕建春、代红、殷建民。

引 言

有关字型数据的授权转让使用事宜，字型标准数据的维护、更新及修订工作，统一由归口单位负责。

信息技术　通用多八位编码字符集
锡伯文、满文名义字符、显现字符与合体字
48点阵字型　第3部分:大黑体

1　范围

GB 25906 的本部分规定了 GB/T 26226 中锡伯文、满文名义字符、变形显现字符、强制性合体字及专用数字、标点符号的48点阵大黑体字型。

本部分适用于锡伯文、满文信息处理系统中的显示设备、点阵式印刷设备,也适用于其他相关设备。

2　规范性引用文件

下列文件中的条款通过 GB 25906 的本部分的引用而成为本部分的条款。凡是注日期的引用文件,其随后所有的修改单(不包括勘误的内容)或修订版均不适用于本部分,然而,鼓励根据本部分达成协议的各方研究是否可使用这些文件的最新版本。凡是不注日期的引用文件,其最新版本适用于本部分。

GB 13000　信息技术　通用多八位编码字符集(UCS)(GB 13000—2010,ISO/IEC 10646:2003,IDT)

GB/T 26226　信息技术　蒙古文变形显现字符集和控制字符使用规则

3　术语和定义

下列术语和定义适用于本部分。

3.1

字形　glyph

一种可辨认的抽象的图形符号,它不依赖于任何特定的设计。

3.2

字型　font

具有同一基本设计的字形图像的集合,如:大黑体。

3.3

点阵字型　dot matrix font

以点的集合来表现图形字符的(型)形。

3.4

字序　character order

图形字符在集合中按一定规则排列的次序。

3.5

字高　character height

点阵图形字符的有效高度,以点数计算。

4　锡伯文、满文图形字符

4.1　字符数

本部分依据 GB/T 26226 的规定,提供了231个锡伯文、满文图形字符,其中:

a)　锡伯文、满文和阿礼嘎礼名义字符81个;

b)　锡伯文、满文单个变形显现字符59个;

c)　锡伯文、满文强制性合体字54个;

d)　锡伯文、满文专用数字、标点符号37个。

锡伯文、满文字符代码和序号数据的信息参见附录B。

4.2 字符字序

本部分提供了231个锡伯文、满文名义字符、变形显现字符、强制性合体字及专用数字、标点符号的点阵字型,其排列顺序按照GB/T 26226的规定的次序排列。

5 标准数据的管理

为加强对信息技术产品用蒙古文字字型与字模标准数据的管理,保证本部分在贯彻执行中数据的一致性和正确性,有关字型数据的授权转让的使用事宜,字型标准数据的维护、更新及修订工作,统一由归口单位负责。

6 点阵字型的表示方法

6.1 栅格

栅格由若干条等距离的垂直线与水平线相交叉而形成。

本部分规定48点阵(指字框)字型,其栅格是横向48格,纵向48格。每个方格的中心定为点的中心位置。

栅格仅对构成点阵的各点进行定位,48点阵栅格图如图1所示。

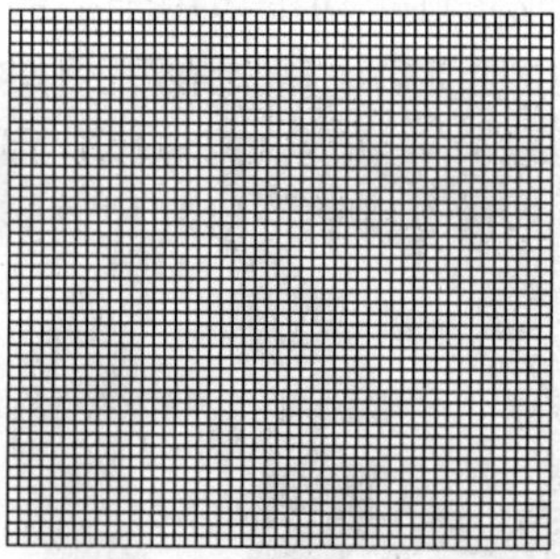

图1 48点阵栅格图

6.2 点

点是构成点阵字型的最小单位,以圆形或方形表示,它是位于各方格内的黑色区域。

6.3 点阵字样

锡伯文、满文图形字符点阵字型的字样,由置于栅格内的若干个点的集合来表示。锡伯文、满文“”的48点阵字样如图2所示。

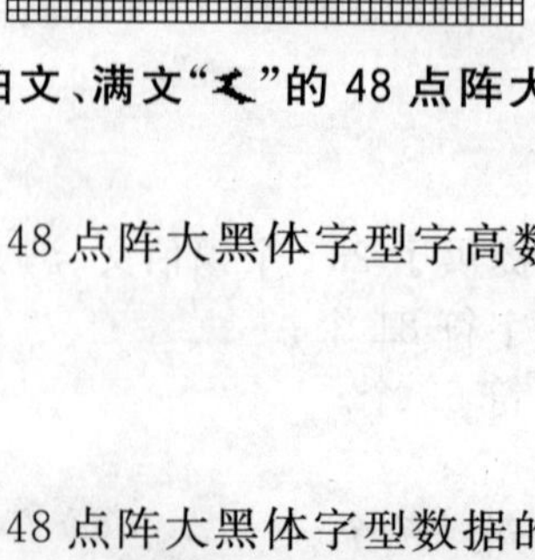

图2 锡伯文、满文“”的48点阵大黑体字样

6.4 点阵字高数据

本部分提供的231个锡伯文、满文48点阵大黑体字型字高数据参见附录C。

7 锡伯文、满文点阵字型

7.1 点阵字型数据

本部分提供的231个锡伯文、满文48点阵大黑体字型数据的表示见附录D。

7.2 点阵字型

本部分依据 GB/T 26226 的规定，提供的 231 个锡伯文、满文图形字符的 48 点阵大黑体字型如下：

注：依据《现代锡伯文学语言正字法》，本部分增加了序号为0136、0137、018A、018B的四个字符，按GB/T 26226中的规定使用。

附 录 A
（资料性附录）
大 黑 体

满文大黑体源自于清代木刻、石刻版本的各类满文书籍，锡伯文大黑体则源自于活字铅印字体。大黑体的结构严谨，线条粗犷，其基本要素具有十分清晰的黑度，线条明确、点线和谐一致、尺寸固定、外观醒目的特征。主要用于标题、加重文句等。

附　录　B
（资料性附录）
锡伯文、满文字符代码和序号数据

本部分提供了231个锡伯文、满文图形字符，其中81个名义字符和37个数字、标点符号在GB 13000中有代码，113个变形显现字符在GB 13000中没有代码，但在GB/T 26226中为变形显现字符规定了序号。本部分提供的231个锡伯文、满文图形字符的代码和序号数据信息如下：

a） 81个锡伯文、满文和阿礼嘎礼名义字符代码：在1800～18AF范围内；

b） 59个锡伯文、满文单个变形显现字符序列码：在0004～009F范围内；

c） 54个锡伯文、满文强制性合体字序列码：在0100～019F范围内；

d） 37个锡伯文、满文专用数字、标点符号的代码：在0030～00BF和2010～FE4F范围内。

附 录 C
（资料性附录）
锡伯文、满文 48 点阵大黑体字型字高数据

锡伯文、满文是不等高字体，其每个字符都有各自特定的高度，本部分提供了 231 个锡伯文、满文 48 点阵大黑体字型字高数据，其中名义字符点阵字型字高数据见表 C.1，数字和标点符号点阵字型字高数据见表 C.2，单个变形显现字符点阵字型字高数据见表 C.3，强制性合体字点阵字型字高数据见表 C.4。

表 C.1 名义字符点阵字型字高数据

代码	高度	代码	高度	代码	高度	代码	高度	代码	高度	代码	高度
1806	27	1829	20	185D	18	186B	20	1881	27	189D	25
1808	13	182A	16	185E	17	186C	16	1882	18	189E	17
1809	24	182C	23	185F	10	186D	16	1883	15	189F	18
180B	42	182E	15	1860	28	186E	21	1884	15	18A0	12
180C	42	182F	15	1861	26	186F	21	1885	33	18A1	30
180D	42	1830	21	1862	25	1870	9	1886	27	18A2	21
1820	31	1832	22	1863	21	1871	16	1887	35	18A3	17
1821	26	1833	15	1864	23	1872	11	1888	26	18A4	21
1822	26	1834	16	1865	24	1873	16	1889	17	18A5	21
1823	28	1835	12	1866	19	1874	24	188F	13	18A8	22
1824	31	1836	12	1867	21	1875	25	1892	16	18AA	18
1825	42	1837	13	1868	23	1876	15	189A	33		
1826	40	1838	16	1869	22	1877	13	189B	22		
1828	15	183A	16	186A	11	1880	22	189C	21		

表 C.2 数字和标点符号点阵字型字高数据

代码	高度	代码	高度	代码	高度	代码	高度	代码	高度	代码	高度
0030	26	0037	26	201C	17	FE16	37	FE3E	21	FE47	14
0031	26	0038	27	201D	17	FE19	33	FE3F	22	FE48	14
0032	26	0039	27	FE10	19	FE35	14	FE40	22		
0033	27	003A	23	FE11	15	FE36	14	FE41	15		
0034	26	00B7	12	FE12	17	FE37	11	FE42	15		
0035	26	2018	17	FE14	29	FE38	11	FE43	15		
0036	27	2019	17	FE15	37	FE3D	21	FE44	15		

表 C.3 单个变形显现字符点阵字型字高数据

序号	高度	序号	高度	序号	高度	序号	高度	序号	高度	序号	高度
0004	22	0014	9	0024	17	0063	11	0070	15	0084	15
0005	8	0015	20	0025	21	0064	23	0071	24	0097	15
0006	16	0017	27	002C	25	0065	31	0072	15	0098	16
0008	19	0018	24	002D	33	0066	17	0073	15	0099	11
000A	23	001C	15	002F	13	0067	16	0074	16	009A	14
000B	16	001E	12	0031	9	0068	14	0075	14	009B	15
000C	17	0020	10	0033	18	0069	11	0076	16	009C	19
000E	19	0021	22	0060	8	006A	16	0077	10	009D	15
000F	14	0022	10	0061	9	006C	16	0078	13	009E	15
0011	28	0023	17	0062	19	006E	18	007A	22		

表 C.4 强制性合体字点阵字型字高数据

序号	高度	序号	高度	序号	高度	序号	高度	序号	高度	序号	高度
0100	22	0116	22	0170	22	017A	22	0184	23	018E	21
0101	33	0117	32	0171	32	017B	33	0185	20	018F	31
0102	24	0119	22	0172	23	017C	23	0186	23	0190	23
0103	34	011A	20	0173	20	017D	20	0187	20	0191	21
0104	23	0132	21	0174	20	017E	23	0188	31		
0105	20	0133	31	0175	30	017F	33	0189	35		
0106	32	0136	23	0176	22	0180	23	018A	21		
0107	34	0137	21	0177	32	0181	33	018B	31		
0114	20	016E	20	0178	22	0182	25	018C	23		
0115	30	016F	30	0179	20	0183	36	018D	21		

附 录 D
（规范性附录）
锡伯文、满文 48 点阵大黑体字型数据

D.1 48 点阵字型数据的表示

本部分中，图形字符的字型可由点阵数据来表示。每个字型的点阵数据为 48×48（横行点数×纵列点数），共 2 304 个二进制位，288 个字节。

D.2 48 点阵字型数据的记录格式

48 点阵字型数据的 288 个字节排列次序是以 0 字节开始至 287 字节结束，均用十六进制表示，每行六个字节，记录格式如下：

行数	列 数					
	0 1 …… 7	8 …… 15	16 …… 23	24 …… 31	32 …… 39	40 …… 47
0	0 字节	1 字节	2 字节	3 字节	4 字节	5 字节
1						
2						
3						
4						
⋮						
47	282 字节	283 字节	284 字节	285 字节	286 字节	287 字节

D.3 48 点阵字型数据举例

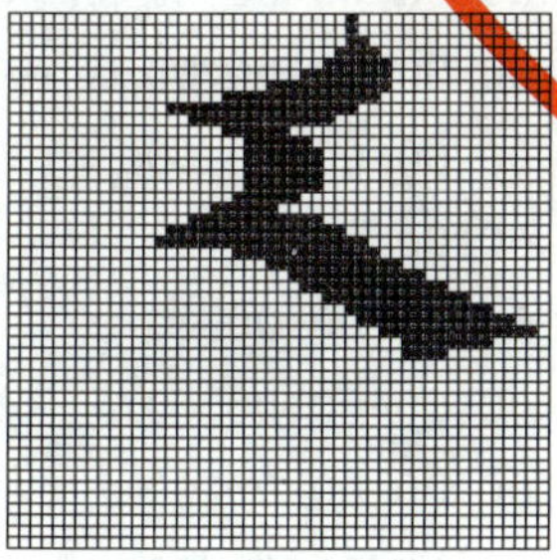

1820

00 00 00 04 00 00
00 00 00 04 00 00
00 00 00 06 00 00
00 00 00 07 80 00
00 00 00 0F C0 00
00 00 00 3F C0 00
00 00 01 FF C0 00

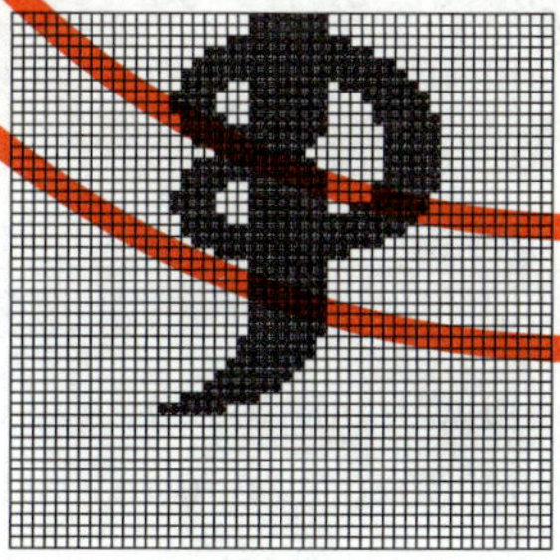

011D

00 00 07 F0 00 00
00 00 07 F0 00 00
00 00 1F FC 00 00
00 00 7F FF 00 00
00 00 FF FF C0 00
00 01 FF FF E0 00
00 01 E7 F7 F0 00

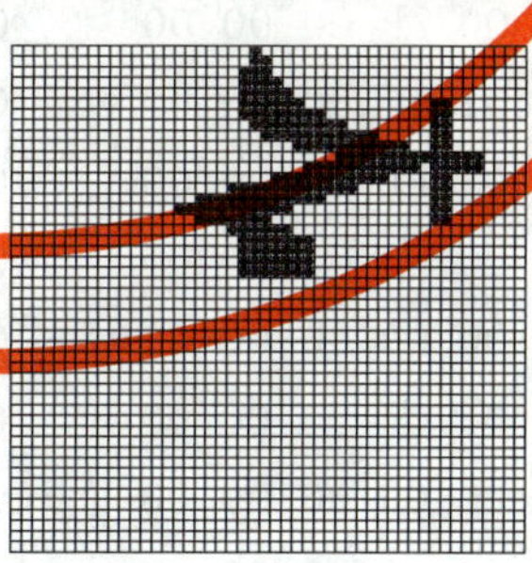

186E

00 00 02 00 00 00
00 00 03 00 00 00
00 00 07 00 00 00
00 00 07 80 00 00
00 00 07 C0 00 00
00 00 07 E0 01 80
00 00 07 F8 01 80

1863

00 00 07 F0 00 00
00 38 07 F0 00 00
00 3E 07 F0 00 00
00 1F 07 F0 00 00
07 1F 07 F0 00 00
07 CE 07 F0 00 00
03 E0 07 F0 00 00

00 00 1F FF 80 00	00 03 C7 F1 F8 00	00 00 03 FE 01 80	03 E0 0F C0 00 00
00 03 FF FE 00 00	00 03 C7 F0 F8 00	00 00 01 FF C1 80	01 C0 3F 00 00 00
00 00 FF F8 00 00	00 01 E7 F0 FC 00	00 00 00 3F F9 80	00 00 FF F0 00 00
00 00 1F 80 00 00	00 01 FF F0 7C 00	00 00 00 03 FF F0	00 03 FF FC 00 00
00 00 07 E0 00 00	00 00 FF E0 7C 00	00 00 00 1F FD F0	00 07 FF FF 00 00
00 00 07 F0 00 00	00 00 3F C0 7C 00	00 00 00 FF E1 80	00 00 0F FF 80 00
00 00 07 F0 00 00	00 00 FF E0 7C 00	00 00 0F FF 01 80	00 00 01 FF E0 00
00 00 07 F0 00 00	00 01 FF F0 7C 00	00 00 7F F8 01 80	00 00 00 7F F8 00
00 00 07 F0 00 00	00 01 E7 F0 FC 00	00 01 FF C0 01 80	00 00 00 3F FE 00
00 00 0F C0 00 00	00 03 C7 F0 F8 00	00 00 7F 00 01 80	00 00 00 0F FF 80
00 00 3F 00 00 00	00 03 C7 F3 F8 00	00 00 0F C0 00 00	00 00 00 03 FF E0
00 00 FF F0 00 00	00 01 E7 FF F0 00	00 00 07 F0 00 00	00 00 00 01 FF F8
00 03 FF FC 00 00	00 01 FF FF E0 00	00 00 07 F0 00 00	00 00 00 00 7F FE
00 07 FF FF 00 00	00 00 FF FF 80 00	00 00 07 F0 00 00	00 00 00 00 1F E0
00 00 0F FF 80 00	00 00 3F FC 00 00	00 00 07 F0 00 00	00 00 00 00 1E 00
00 00 01 FF E0 00	00 00 07 F0 00 00	00 00 00 00 00 00	00 00 00 00 00 00
00 00 00 7F F8 00	00 00 07 F0 00 00	00 00 00 00 00 00	00 00 00 00 00 00
00 00 00 3F FE 00	00 00 07 F0 00 00	00 00 00 00 00 00	00 00 00 00 00 00
00 00 00 0F FF 80	00 00 07 F0 00 00	00 00 00 00 00 00	00 00 00 00 00 00
00 00 00 03 FF E0	00 00 07 F0 00 00	00 00 00 00 00 00	00 00 00 00 00 00
00 00 00 01 FF F8	00 00 07 F0 00 00	00 00 00 00 00 00	00 00 00 00 00 00
00 00 00 00 7F FE	00 00 07 F0 00 00	00 00 00 00 00 00	00 00 00 00 00 00
00 00 00 00 1F E0	00 00 07 F0 00 00	00 00 00 00 00 00	00 00 00 00 00 00
00 00 00 00 1E 00	00 00 0F E0 00 00	00 00 00 00 00 00	00 00 00 00 00 00
00 00 00 00 00 00	00 00 0F E0 00 00	00 00 00 00 00 00	00 00 00 00 00 00
00 00 00 00 00 00	00 00 1F C0 00 00	00 00 00 00 00 00	00 00 00 00 00 00
00 00 00 00 00 00	00 00 3F 80 00 00	00 00 00 00 00 00	00 00 00 00 00 00
00 00 00 00 00 00	00 00 7F 00 00 00	00 00 00 00 00 00	00 00 00 00 00 00
00 00 00 00 00 00	00 01 FC 00 00 00	00 00 00 00 00 00	00 00 00 00 00 00
00 00 00 00 00 00	00 07 E0 00 00 00	00 00 00 00 00 00	00 00 00 00 00 00
00 00 00 00 00 00	00 00 00 00 00 00	00 00 00 00 00 00	00 00 00 00 00 00
00 00 00 00 00 00	00 00 00 00 00 00	00 00 00 00 00 00	00 00 00 00 00 00
00 00 00 00 00 00	00 00 00 00 00 00	00 00 00 00 00 00	00 00 00 00 00 00
00 00 00 00 00 00	00 00 00 00 00 00	00 00 00 00 00 00	00 00 00 00 00 00
00 00 00 00 00 00	00 00 00 00 00 00	00 00 00 00 00 00	00 00 00 00 00 00
00 00 00 00 00 00	00 00 00 00 00 00	00 00 00 00 00 00	00 00 00 00 00 00
00 00 00 00 00 00	00 00 00 00 00 00	00 00 00 00 00 00	00 00 00 00 00 00
00 00 00 00 00 00	00 00 00 00 00 00	00 00 00 00 00 00	00 00 00 00 00 00
00 00 00 00 00 00	00 00 00 00 00 00	00 00 00 00 00 00	00 00 00 00 00 00
00 00 00 00 00 00	00 00 00 00 00 00	00 00 00 00 00 00	00 00 00 00 00 00
00 00 00 00 00 00	00 00 00 00 00 00	00 00 00 00 00 00	00 00 00 00 00 00

参 考 文 献

[1] 现代锡伯文学语言正字法.新疆伊犁哈萨克自治州察布查尔锡伯自治县人民政府.1991年.

ICS 35.040
L 71

中华人民共和国国家标准

GB 25906.4—2010

信息技术 通用多八位编码字符集 锡伯文、满文名义字符、显现字符与合体字 48点阵字型 第4部分:行书体

Information technology—Universal multi-octet coded character set—Sibe, Manchu nominal characters, presentation forms and composite characters—48 Dot matrix fonts—Part 4: Xingshu Ti

2011-01-10 发布 2011-11-01 实施

中华人民共和国国家质量监督检验检疫总局
中国国家标准化管理委员会 发布

前　言

本部分的全部技术内容为强制性。

GB 25906《信息技术　通用多八位编码字符集　锡伯文、满文名义字符、显现字符与合体字　48点阵字型》分为如下部分：

——第1部分：正白体；

——第2部分：正黑体；

——第3部分：大黑体；

——第4部分：行书体；

——第5部分：奏折体。

本部分是GB 25906的第4部分。

本部分依据GB/T 26226《信息技术　蒙古文变形显现字符集和控制字符使用规则》所规定的锡伯文、满文名义字符、变形显现字符、合体字和专用符号，以我国现行的锡伯文字形和文献语言中的满文字形为基础，并依据《现代锡伯文学语言正字法》中规定的正字规则，设计和规定了信息系统用锡伯文、满文48点阵行书体(参见附录A)字型。

本部分的附录A、附录B和附录C是资料性附录，附录D是规范性附录。

本部分由全国信息技术标准化技术委员会(SAC/TC 28)提出并归口。

本部分起草单位：中国电子技术标准化研究所、新疆维吾尔自治区民族语言文字工作委员会、潍坊北大青鸟华光照排有限公司。

本部分起草人：何正安、佟加·庆夫、吕建春、代红、李卫国。

引　　言

有关字型数据的授权转让使用事宜，字型标准数据的维护、更新及修订工作，统一由归口单位负责。

信息技术 通用多八位编码字符集 锡伯文、满文名义字符、显现字符与合体字 48点阵字型 第4部分：行书体

1 范围

GB 25906的本部分规定了GB/T 26226中锡伯文、满文名义字符、变形显现字符、强制性合体字及专用数字、标点符号的48点阵行书体字型。

本部分适用于锡伯文、满文信息处理系统中的显示设备、点阵式印刷设备，也适用于其他相关设备。

2 规范性引用文件

下列文件中的条款通过GB 25906的本部分的引用而成为本部分的条款。凡是注日期的引用文件，其随后所有的修改单(不包括勘误的内容)或修订版均不适用于本部分，然而，鼓励根据本部分达成协议的各方研究是否可使用这些文件的最新版本。凡是不注日期的引用文件，其最新版本适用于本部分。

GB 13000 信息技术 通用多八位编码字符集(UCS)(GB 13000—2010，ISO/IEC 10646：2003，IDT)

GB/T 26226 信息技术 蒙古文变形显现字符集和控制字符使用规则

3 术语和定义

下列术语和定义适用于本部分。

3.1

字形 glyph

一种可辨认的抽象的图形符号，它不依赖于任何特定的设计。

3.2

字型 font

具有同一基本设计的字形图像的集合，如：行书体。

3.3

点阵字型 dot matrix font

以点的集合来表现图形字符的(型)形。

3.4

字序 character order

图形字符在集合中按一定规则排列的次序。

3.5

字高 character height

点阵图形字符的有效高度，以点数计算。

4 锡伯文、满文图形字符

4.1 字符数

本部分依据GB/T 26226的规定，提供了231个锡伯文、满文图形字符，其中：

a) 锡伯文、满文和阿礼嘎礼名义字符81个；

b) 锡伯文、满文单个变形显现字符59个；

c) 锡伯文、满文强制性合体字54个；

d) 锡伯文、满文专用数字、标点符号 37 个。

锡伯文、满文字符代码和序号数据的信息参见附录 B。

4.2 字符字序

本部分提供了 231 个锡伯文、满文名义字符、变形显现字符、强制性合体字及专用数字、标点符号的点阵字型，其排列顺序按照 GB/T 26226 的规定的次序排列。

5 标准数据的管理

为加强对信息技术产品用蒙古文字字型与字模标准数据的管理，保证本部分在贯彻执行中数据的一致性和正确性，有关字型数据的授权转让的使用事宜，字型标准数据的维护、更新及修订工作，统一由归口单位负责。

6 点阵字型的表示方法

6.1 栅格

栅格由若干条等距离的垂直线与水平线相交叉而形成。

本部分规定 48 点阵（指字框）字型，其栅格是横向 48 格，纵向 48 格。每个方格的中心定为点的中心位置。

栅格仅对构成点阵的各点进行定位，48 点阵栅格图如图 1 所示。

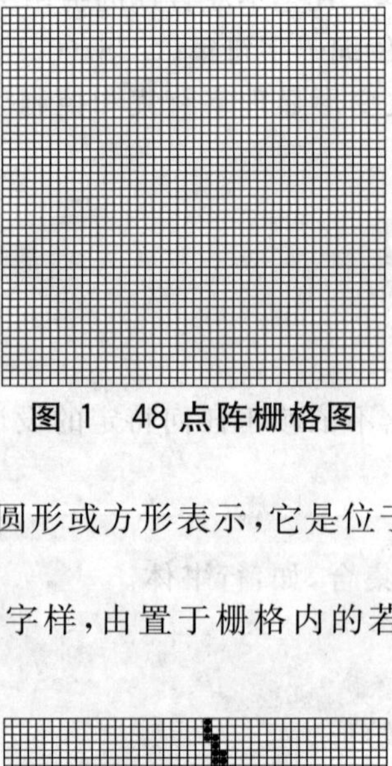

图 1 48 点阵栅格图

6.2 点

点是构成点阵字型的最小单位，以圆形或方形表示，它是位于各方格内的黑色区域。

6.3 点阵字样

锡伯文、满文图形字符点阵字型的字样，由置于栅格内的若干个点的集合来表示。锡伯文、满文“ᡳ”的 48 点阵字样如图 2 所示。

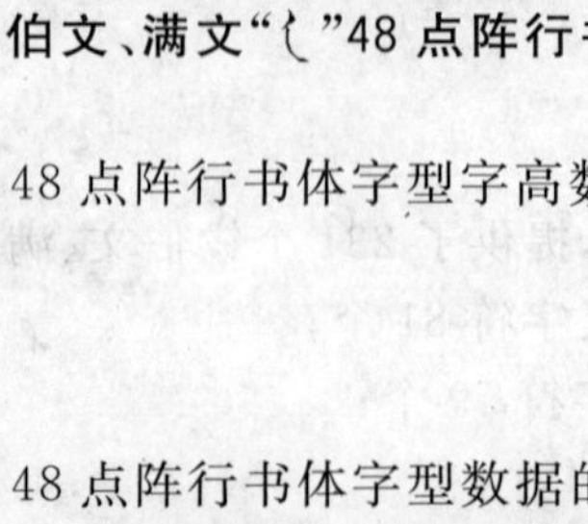

图 2 锡伯文、满文“ᡳ”48 点阵行书体字样

6.4 点阵字高数据

本部分提供的 231 个锡伯文、满文 48 点阵行书体字型字高数据参见附录 C。

7 锡伯文、满文点阵字型

7.1 点阵字型数据

本部分提供的 231 个锡伯文、满文 48 点阵行书体字型数据的表示见附录 D。

7.2 点阵字型

本部分依据 GB/T 26226 的规定，提供的 231 个锡伯文、满文图形字符的 48 点阵行书体字型如下：

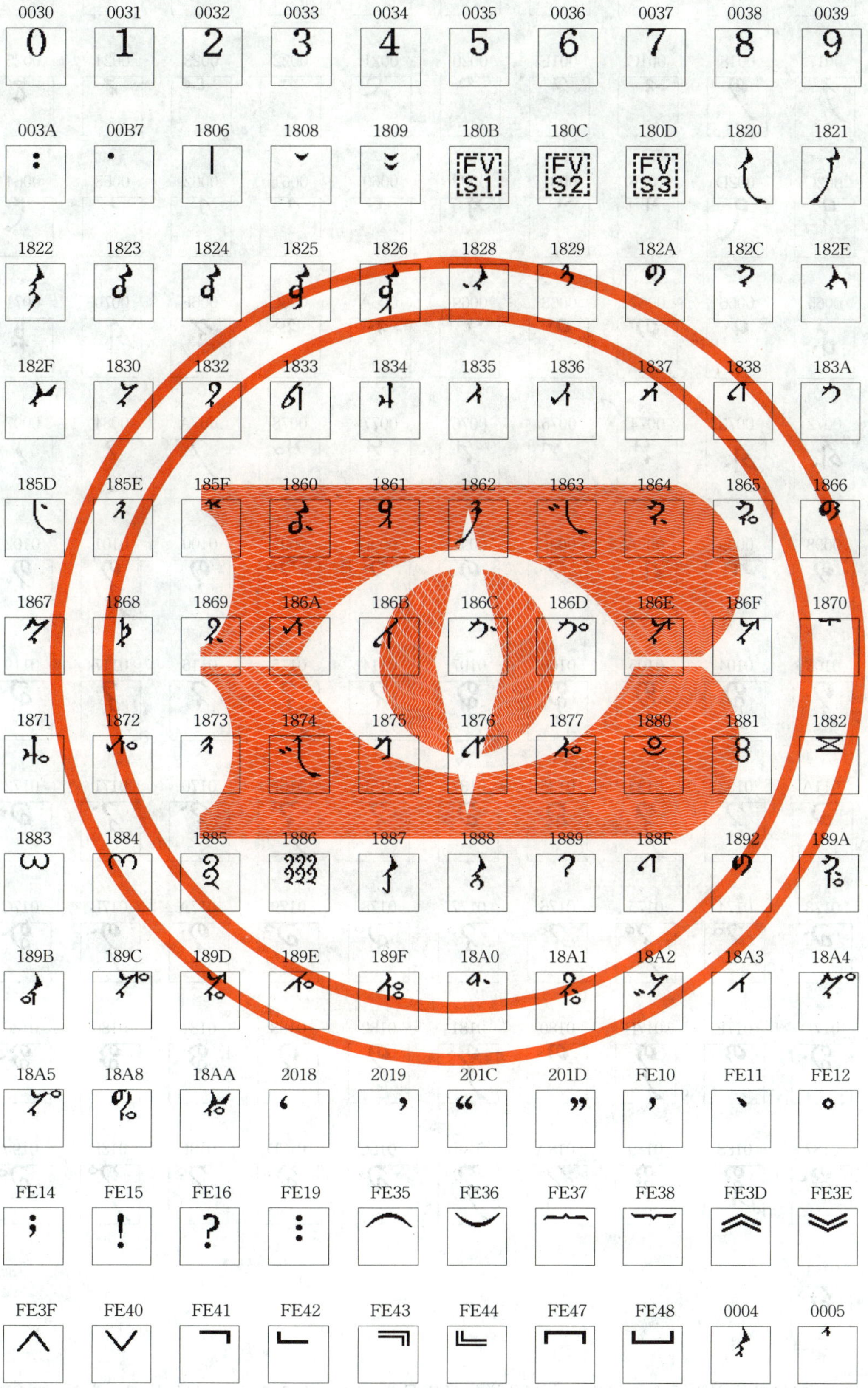

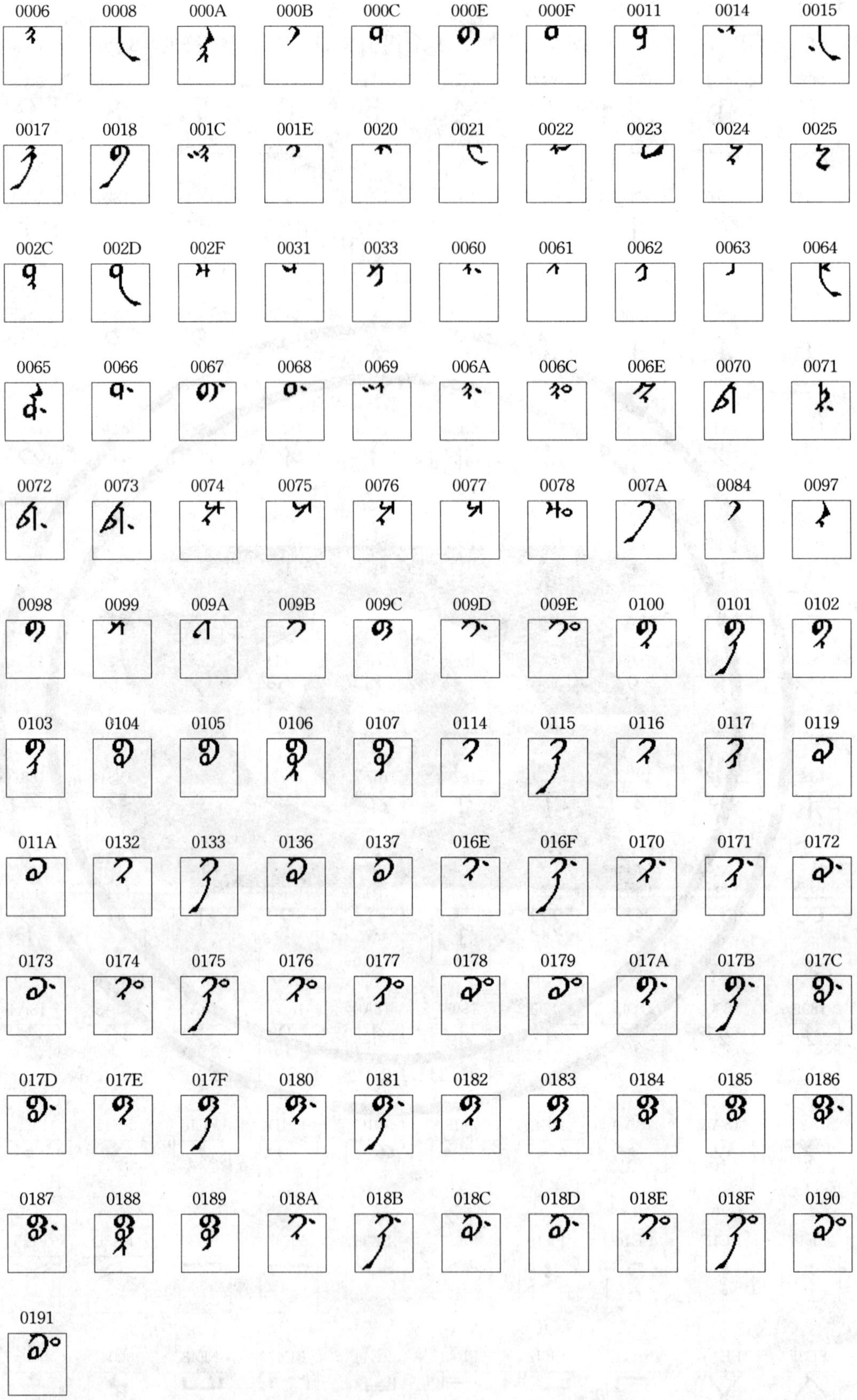

注：依据《现代锡伯文学语言正字法》，本部分增加了序号为0136、0137、018A、018B的四个字符，按GB/T 26226中的规定使用。

附 录 A
（资料性附录）
行 书 体

满文的行书体源自于清代木刻、石刻版本的各类满文书籍。锡伯文的行书体源自于民间手抄字体。该字型用于文章的正文、提示框、文字修饰等。

附　录　B
（资料性附录）
锡伯文、满文字符代码和序号数据

本部分提供了231个锡伯文、满文图形字符，其中81个名义字符和37个数字、标点符号在GB 13000中有代码，113个变形显现字符在GB 13000中没有代码，但在GB/T 26226中为变形显现字符规定了序号。本部分提供的231个锡伯文、满文图形字符的代码和序号数据信息如下：

a）81个锡伯文、满文和阿礼嘎礼名义字符代码：在1800～18AF范围内；

b）59个锡伯文、满文单个变形显现字符序列码：在0004～009F范围内；

c）54个锡伯文、满文强制性合体字序列码：在0100～019F范围内；

d）37个锡伯文、满文专用数字、标点符号的代码：在0030～00BF和2010～FE4F范围内。

附 录 C
（资料性附录）
锡伯文、满文 48 点阵行书体字型字高数据

锡伯文、满文是不等高字体，其每个字符都有各自特定的高度，本部分提供了 231 个锡伯文、满文 48 点阵行书体字型字高数据，其中名义字符点阵字型字高数据见表 C.1，数字和标点符号点阵字型字高数据见表 C.2，单个变形显现字符点阵字型字高数据见表 C.3，强制性合体字点阵字型字高数据见表 C.4。

表 C.1 名义字符点阵字型字高数据

代码	高度	代码	高度	代码	高度	代码	高度	代码	高度	代码	高度
1806	24	1829	18	185D	29	186B	26	1881	22	189D	24
1808	12	182A	18	185E	16	186C	17	1882	13	189E	17
1809	20	182C	19	185F	8	186D	17	1883	13	189F	24
180B	42	182E	21	1860	29	186E	22	1884	13	18A0	12
180C	42	182F	21	1861	24	186F	22	1885	30	18A1	28
180D	42	1830	21	1862	37	1870	6	1886	26	18A2	21
1820	48	1832	21	1863	29	1871	24	1887	33	18A3	17
1821	48	1833	24	1864	21	1872	15	1888	30	18A4	22
1822	40	1834	22	1865	21	1873	15	1889	19	18A5	22
1823	29	1835	18	1866	17	1874	35	188F	15	18A8	26
1824	31	1836	20	1867	22	1875	20	1892	18	18AA	22
1825	38	1837	16	1868	25	1876	19	189A	28		
1826	42	1838	16	1869	22	1877	18	189B	28		
1828	22	183A	17	186A	15	1880	16	189C	22		

表 C.2 数字和标点符号点阵字型字高数据

代码	高度	代码	高度	代码	高度	代码	高度	代码	高度	代码	高度
0030	24	0037	23	201C	16	FE16	34	FE3E	20	FE47	15
0031	24	0038	24	201D	17	FE19	28	FE3F	22	FE48	15
0032	24	0039	24	FE10	17	FE35	16	FE40	22		
0033	24	003A	19	FE11	14	FE36	16	FE41	15		
0034	23	00B7	11	FE12	16	FE37	10	FE42	15		
0035	23	2018	16	FE14	25	FE38	10	FE43	17		
0036	24	2019	17	FE15	34	FE3D	20	FE44	17		

表 C.3 单个变形显现字符点阵字型字高数据

序号	高度	序号	高度	序号	高度	序号	高度	序号	高度	序号	高度
0004	26	0014	7	0024	17	0063	10	0070	26	0084	16
0005	8	0015	29	0025	22	0064	28	0071	25	0097	22
0006	14	0017	37	002C	21	0065	31	0072	24	0098	18
0008	29	0018	36	002D	35	0066	14	0073	27	0099	12
000A	30	001C	14	002F	11	0067	16	0074	20	009A	16
000B	16	001E	10	0031	8	0068	12	0075	13	009B	14
000C	14	0020	8	0033	19	0069	9	0076	20	009C	17
000E	16	0021	17	0060	9	006A	14	0077	13	009D	14
000F	12	0022	8	0061	9	006C	14	0078	14	009E	14
0011	20	0023	12	0062	15	006E	17	007A	35		

表 C.4 强制性合体字点阵字型字高数据

序号	高度	序号	高度	序号	高度	序号	高度	序号	高度	序号	高度
0100	24	0116	21	0170	21	017A	24	0184	24	018E	21
0101	46	0117	25	0171	25	017B	46	0185	22	018F	46
0102	24	0119	21	0172	21	017C	24	0186	24	0190	22
0103	30	011A	19	0173	19	017D	22	0187	22	0191	20
0104	24	0132	21	0174	19	017E	24	0188	34		
0105	22	0133	46	0175	46	017F	46	0189	30		
0106	35	0136	22	0176	21	0180	24	018A	21		
0107	31	0137	20	0177	25	0181	46	018B	46		
0114	19	016E	19	0178	21	0182	25	018C	22		
0115	46	016F	46	0179	19	0183	30	018D	20		

附　录　D
（规范性附录）
锡伯文、满文 48 点阵行书体字型数据

D.1　48 点阵字型数据的表示

本部分中，图形字符的字型可由点阵数据来表示。每个字型的点阵数据为 48×48（横行点数×纵列点数），共 2 304 个二进制位，288 个字节。

D.2　48×48 点阵字型数据的记录格式

48 点阵字型数据的 288 个字节排列次序是以 0 字节开始至 287 字节结束，均用十六进制表示，每行六个字节，记录格式如下：

行数	列数																	
	0	1	……	7	8	……	15	16	……	23	24	……	31	32	……	39	40	……	47
0	0 字节				1 字节			2 字节			3 字节			4 字节			5 字节		
1 2 3 4 ⋮																			
47	282 字节				283 字节			284 字节			285 字节			286 字节			287 字节		

D.3　48 点阵字型数据举例

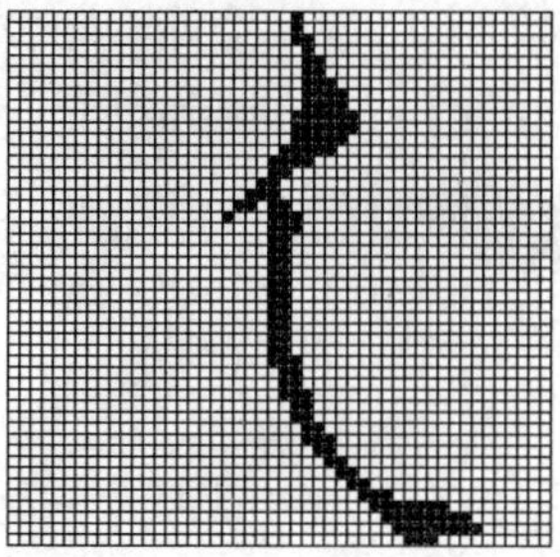

1820

00 00 00 40 00 00
00 00 00 40 00 00
00 00 00 60 00 00
00 00 00 20 00 00
00 00 00 30 00 00
00 00 00 30 00 00
00 00 00 38 00 00
00 00 00 3C 00 00
00 00 00 3C 00 00

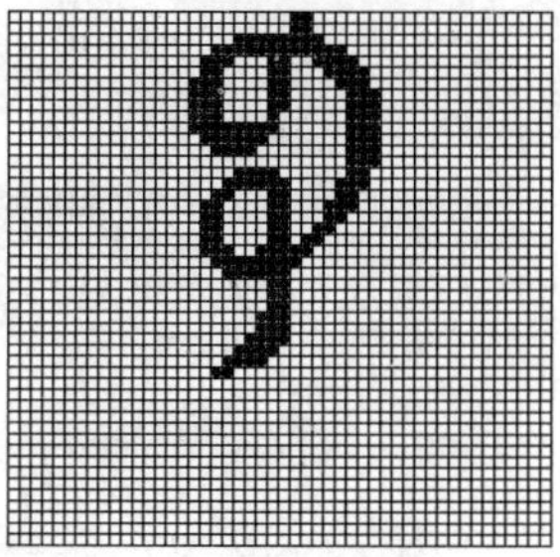

011D

00 00 01 80 00 00
00 00 01 80 00 00
00 00 0F F0 00 00
00 00 3F FC 00 00
00 00 71 9E 00 00
00 00 61 8F 00 00
00 00 E1 87 00 00
00 00 E1 83 80 00
00 00 E1 83 80 00

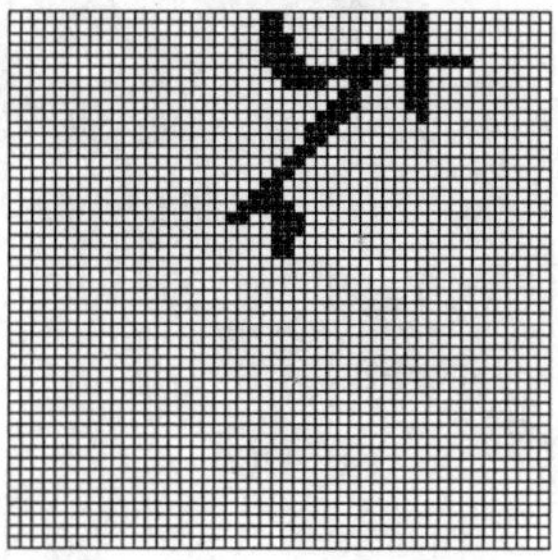

186E

00 00 03 00 18 00
00 00 03 00 18 00
00 00 03 80 38 00
00 00 03 81 F8 00
00 00 03 C7 DF 80
00 00 01 FF 98 00
00 00 00 F3 18 00
00 00 00 06 18 00
00 00 00 0E 18 00

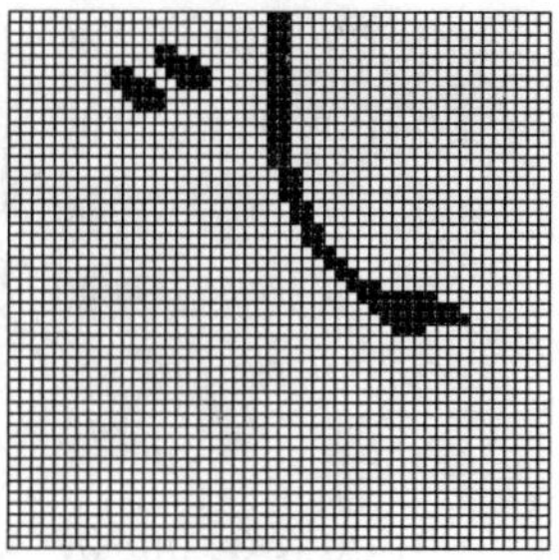

1863

00 00 01 80 00 00
00 00 01 80 00 00
00 00 01 80 00 00
00 06 01 80 00 00
00 07 81 80 00 00
00 63 C1 80 00 00
00 79 C1 80 00 00
00 3C 01 80 00 00
00 1C 01 80 00 00

00 00 00 7E 00 00	00 00 E1 03 80 00	00 00 00 1C 08 00	00 00 01 80 00 00
00 00 00 7E 00 00	00 00 FF 03 80 00	00 00 00 38 00 00	00 00 01 80 00 00
00 00 00 7C 00 00	00 00 7E 03 80 00	00 00 00 30 00 00	00 00 01 80 00 00
00 00 00 F8 00 00	00 00 3C 03 80 00	00 00 00 60 00 00	00 00 01 80 00 00
00 00 01 E0 00 00	00 00 00 03 80 00	00 00 00 C0 00 00	00 00 01 80 00 00
00 00 01 80 00 00	00 00 0F 03 00 00	00 00 01 80 00 00	00 00 00 C0 00 00
00 00 03 00 00 00	00 00 1F 87 00 00	00 00 03 00 00 00	00 00 00 C0 00 00
00 00 07 00 00 00	00 00 31 86 00 00	00 00 07 00 00 00	00 00 00 C0 00 00
00 00 0D 80 00 00	00 00 61 8E 00 00	00 00 0F 80 00 00	00 00 00 60 00 00
00 00 11 C0 00 00	00 00 61 8C 00 00	00 00 19 C0 00 00	00 00 00 60 00 00
00 00 01 C0 00 00	00 00 61 98 00 00	00 00 01 C0 00 00	00 00 00 30 00 00
00 00 01 80 00 00	00 00 61 B0 00 00	00 00 01 80 00 00	00 00 00 30 00 00
00 00 01 80 00 00	00 00 73 E0 00 00	00 00 01 80 00 00	00 00 00 18 00 00
00 00 01 80 00 00	00 00 3F C0 00 00	00 00 00 00 00 00	00 00 00 0C 00 00
00 00 01 80 00 00	00 00 1F 80 00 00	00 00 00 00 00 00	00 00 00 06 00 00
00 00 01 80 00 00	00 00 01 80 00 00	00 00 00 00 00 00	00 00 00 03 80 00
00 00 01 80 00 00	00 00 01 80 00 00	00 00 00 00 00 00	00 00 00 01 FC 00
00 00 01 80 00 00	00 00 01 80 00 00	00 00 00 00 00 00	00 00 00 00 FF 00
00 00 01 80 00 00	00 00 03 80 00 00	00 00 00 00 00 00	00 00 00 00 7F 80
00 00 01 80 00 00	00 00 03 80 00 00	00 00 00 00 00 00	00 00 00 00 38 00
00 00 01 80 00 00	00 00 07 80 00 00	00 00 00 00 00 00	00 00 00 00 00 00
00 00 01 80 00 00	00 00 0F 00 00 00	00 00 00 00 00 00	00 00 00 00 00 00
00 00 01 C0 00 00	00 00 1E 00 00 00	00 00 00 00 00 00	00 00 00 00 00 00
00 00 00 C0 00 00	00 00 30 00 00 00	00 00 00 00 00 00	00 00 00 00 00 00
00 00 00 C0 00 00	00 00 00 00 00 00	00 00 00 00 00 00	00 00 00 00 00 00
00 00 00 E0 00 00	00 00 00 00 00 00	00 00 00 00 00 00	00 00 00 00 00 00
00 00 00 60 00 00	00 00 00 00 00 00	00 00 00 00 00 00	00 00 00 00 00 00
00 00 00 60 00 00	00 00 00 00 00 00	00 00 00 00 00 00	00 00 00 00 00 00
00 00 00 30 00 00	00 00 00 00 00 00	00 00 00 00 00 00	00 00 00 00 00 00
00 00 00 38 00 00	00 00 00 00 00 00	00 00 00 00 00 00	00 00 00 00 00 00
00 00 00 18 00 00	00 00 00 00 00 00	00 00 00 00 00 00	00 00 00 00 00 00
00 00 00 0C 00 00	00 00 00 00 00 00	00 00 00 00 00 00	00 00 00 00 00 00
00 00 00 06 00 00	00 00 00 00 00 00	00 00 00 00 00 00	00 00 00 00 00 00
00 00 00 03 00 00	00 00 00 00 00 00	00 00 00 00 00 00	00 00 00 00 00 00
00 00 00 01 C0 00	00 00 00 00 00 00	00 00 00 00 00 00	00 00 00 00 00 00
00 00 00 00 FE 00	00 00 00 00 00 00	00 00 00 00 00 00	00 00 00 00 00 00
00 00 00 00 7F 80	00 00 00 00 00 00	00 00 00 00 00 00	00 00 00 00 00 00
00 00 00 00 3F C0	00 00 00 00 00 00	00 00 00 00 00 00	00 00 00 00 00 00
00 00 00 00 1C 00	00 00 00 00 00 00	00 00 00 00 00 00	00 00 00 00 00 00

参 考 文 献

[1] 现代锡伯文学语言正字法.新疆伊犁哈萨克自治州察布查尔锡伯自治县人民政府.1991年.

ICS 35.040
L 71

中华人民共和国国家标准

GB 25906.5—2010

信息技术　通用多八位编码字符集 锡伯文、满文名义字符、显现字符与合体字 48点阵字型　第5部分：奏折体

Information technology—Universal multi-octet coded character set—Sibe, Manchu nominal characters, presentation forms and composite characters—48 Dot matrix fonts—Part 5: Zouzhe Ti

2011-01-10 发布　　2011-11-01 实施

中华人民共和国国家质量监督检验检疫总局
中国国家标准化管理委员会　发布

前　言

本部分的全部技术内容为强制性。

GB 25906《信息技术　通用多八位编码字符集　锡伯文、满文名义字符、显现字符与合体字　48点阵字型》分为如下部分：

——第1部分：正白体；

——第2部分：正黑体；

——第3部分：大黑体；

——第4部分：行书体；

——第5部分：奏折体。

本部分是GB 25906的第5部分。

本部分依据GB/T 26226《信息技术　蒙古文变形显现字符集和控制字符使用规则》所规定的锡伯文、满文名义字符、变形显现字符、合体字和专用符号，以我国现行的锡伯文字形和文献语言中的满文字形为基础，并依据《现代锡伯文学语言正字法》中规定的正字规则，设计和规定了信息系统用锡伯文、满文48点阵奏折体（参见附录A）字型。

本部分的附录A、附录B和附录C是资料性附录，附录D是规范性附录。

本部分由全国信息技术标准化技术委员会（SAC/TC 28）提出并归口。

本部分起草单位：中国电子技术标准化研究所、新疆维吾尔自治区民族语言文字工作委员会、潍坊北大青鸟华光照排有限公司。

本部分起草人：吕建春、何正安、佟加·庆夫、代红、冯海霞。

引 言

有关字型数据的授权转让使用事宜，字型标准数据的维护、更新及修订工作，统一由归口单位负责。

信息技术　通用多八位编码字符集　锡伯文、满文名义字符、显现字符与合体字　48点阵字型　第5部分：奏折体

1　范围

GB 25906 的本部分规定了 GB/T 26226 中锡伯文、满文名义字符、变形显现字符、强制性合体字及专用数字、标点符号的 48 点阵奏折体字型。

本部分适用于锡伯文、满文信息处理系统中的显示设备、点阵式印刷设备，也适用于其他相关设备。

2　规范性引用文件

下列文件中的条款通过 GB 25906 的本部分的引用而成为本部分的条款。凡是注日期的引用文件，其随后所有的修改单(不包括勘误的内容)或修订版均不适用于本部分，然而，鼓励根据本部分达成协议的各方研究是否可使用这些文件的最新版本。凡是不注日期的引用文件，其最新版本适用于本部分。

GB 13000　信息技术　通用多八位编码字符集(UCS)(GB 13000—2010,ISO/IEC 10646:2003,IDT)

GB/T 26226　信息技术　蒙古文变形显现字符集和控制字符使用规则

3　术语和定义

下列术语和定义适用于本部分。

3.1

字形　glyph

一种可辨认的抽象的图形符号，它不依赖于任何特定的设计。

3.2

字型　font

具有同一基本设计的字形图像的集合，如：奏折体。

3.3

点阵字型　dot matrix font

以点的集合来表现图形字符的(型)形。

3.4

字序　character order

图形字符在集合中按一定规则排列的次序。

3.5

字高　character height

点阵图形字符的有效高度，以点数计算。

4　锡伯文、满文图形字符

4.1　字符数

本部分依据 GB/T 26226 的规定，提供了 231 个锡伯文、满文图形字符，其中：

a)　锡伯文、满文和阿礼嘎礼名义字符 81 个；

b)　锡伯文、满文单个变形显现字符 59 个；

c)　锡伯文、满文强制性合体字 54 个；

d) 锡伯文、满文专用数字、标点符号 37 个。

锡伯文、满文字符代码和序号数据的信息参见附录 B。

4.2 字符字序

本部分提供了 231 个锡伯文、满文名义字符、变形显现字符、强制性合体字及专用数字、标点符号的点阵字型，其排列顺序按照 GB/T 26226 的规定的次序排列。

5 标准数据的管理

为加强对信息技术产品用蒙古文字字型与字模标准数据的管理，保证本部分在贯彻执行中数据的一致性和正确性，有关字型数据的授权转让的使用事宜，字型标准数据的维护、更新及修订工作，统一由归口单位负责。

6 点阵字型的表示方法

6.1 栅格

栅格由若干条等距离的垂直线与水平线相交叉而形成。

本部分规定 48 点阵(指字框)字型，其栅格是横向 48 格，纵向 48 格。每个方格的中心定为点的中心位置。

栅格仅对构成点阵的各点进行定位，48 点阵栅格图如图 1 所示。

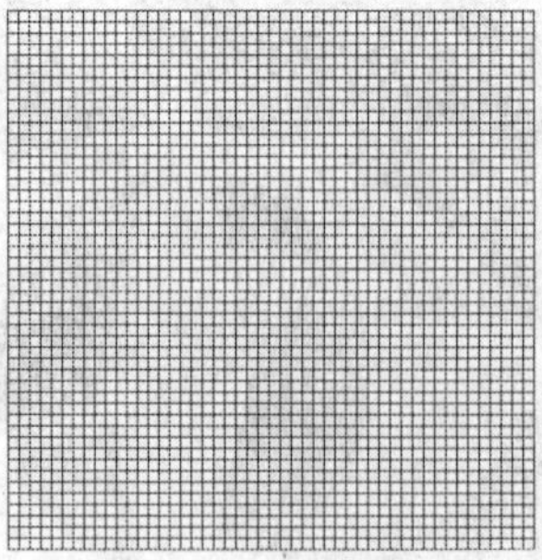

图 1 48 点阵栅格图

6.2 点

点是构成点阵字型的最小单位，以圆形或方形表示，它是位于各方格内的黑色区域。

6.3 点阵字样

锡伯文、满文图形字符点阵字型的字样，由置于栅格内的若干个点的集合来表示。锡伯文、满文“[illegible]”的 48 点阵字样如图 2 所示。

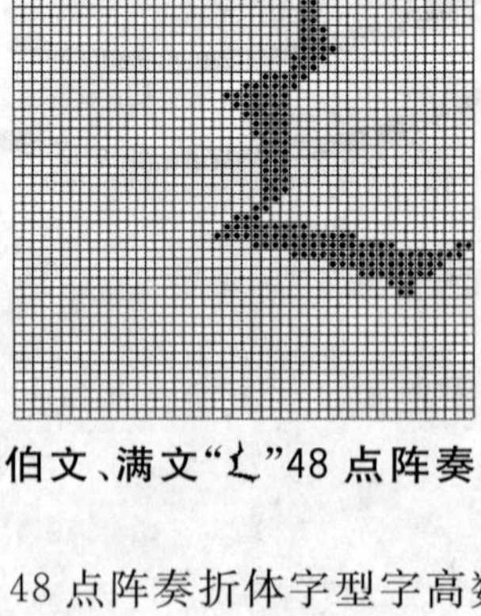

图 2 锡伯文、满文“[illegible]”48 点阵奏折体字样

6.4 点阵字高数据

本部分提供的 231 个锡伯文、满文 48 点阵奏折体字型字高数据参见附录 C。

7 锡伯文、满文点阵字型

7.1 点阵字型数据

本部分提供的 231 个锡伯文、满文 48 点阵奏折体字型数据的表示见附录 D。

7.2 点阵字型

本部分依据 GB/T 26226 的规定，提供的 231 个锡伯文、满文图形字符的 48 点阵奏折体字型如下：

注：依据《现代锡伯文学语言正字法》，本部分增加了序号为 0136、0137、018A、018B 的四个字符，按 GB/T 26226 中的规定使用。

附 录 A
（资料性附录）
奏 折 体

锡伯文、满文的奏折体源自于清代乾隆皇帝圣谕批文字体。该字型用于文章的正文、提示框、文本修饰等。

附　录　B
（资料性附录）
锡伯文、满文字符代码和序号数据

本部分提供了 231 个锡伯文、满文图形字符，其中 81 个名义字符和 37 个数字、标点符号在 GB 13000 中有代码，113 个变形显现字符在 GB 13000 中没有代码，但在 GB/T 26226 中为变形显现字符规定了序号。本部分提供的 231 个锡伯文、满文图形字符的代码和序号数据信息如下：

a）81 个锡伯文、满文和阿礼嘎礼名义字符代码：在 1800～18AF 范围内；

b）59 个锡伯文、满文单个变形显现字符序列码：在 0004～009F 范围内；

c）54 个锡伯文、满文强制性合体字序列码：在 0100～019F 范围内；

d）37 个锡伯文、满文专用数字、标点符号的代码：在 0030～00BF 和 2010～FE4F 范围内。

附 录 C
（资料性附录）
锡伯文、满文48点阵奏折体字型字高数据

锡伯文、满文是不等高字体，其每个字符都有各自特定的高度，本部分提供了231个锡伯文、满文48点阵奏折体字型字高数据，其中名义字符点阵字型字高数据见表C.1，数字和标点符号点阵字型字高数据见表C.2，单个变形显现字符点阵字型字高数据见表C.3，强制性合体字点阵字型字高数据见表C.4。

表C.1 名义字符点阵字型字高数据

代码	高度	代码	高度	代码	高度	代码	高度	代码	高度	代码	高度
1806	24	1829	13	185D	15	186B	18	1881	18	189D	25
1808	11	182A	13	185E	19	186C	15	1882	13	189E	13
1809	19	182C	17	185F	10	186D	15	1883	12	189F	22
180B	42	182E	21	1860	29	186E	18	1884	12	18A0	12
180C	42	182F	17	1861	19	186F	18	1885	27	18A1	27
180D	42	1830	18	1862	37	1870	6	1886	23	18A2	18
1820	34	1832	19	1863	15	1871	21	1887	32	18A3	13
1821	40	1833	10	1864	17	1872	8	1888	32	18A4	19
1822	34	1834	21	1865	17	1873	13	1889	13	18A5	19
1823	29	1835	13	1866	17	1874	20	188F	12	18A8	21
1824	32	1836	12	1867	19	1875	22	1892	13	18AA	19
1825	38	1837	16	1868	21	1876	18	189A	24		
1826	38	1838	16	1869	19	1877	13	189B	27		
1828	20	183A	15	186A	8	1880	14	189C	18		

表C.2 数字和标点符号点阵字型字高数据

代码	高度	代码	高度	代码	高度	代码	高度	代码	高度	代码	高度
0030	25	0037	25	201C	16	FE16	36	FE3E	22	FE47	15
0031	25	0038	25	201D	17	FE19	29	FE3F	24	FE48	15
0032	25	0039	25	FE10	17	FE35	14	FE40	24		
0033	25	003A	20	FE11	14	FE36	13	FE41	15		
0034	25	00B7	11	FE12	16	FE37	16	FE42	15		
0035	25	2018	16	FE14	26	FE38	16	FE43	16		
0036	25	2019	17	FE15	36	FE3D	22	FE44	16		

表 C.3 单个变形显现字符点阵字型字高数据

序号	高度	序号	高度	序号	高度	序号	高度	序号	高度	序号	高度
0004	30	0014	10	0024	14	0063	14	0070	14	0084	10
0005	10	0015	14	0025	14	0064	19	0071	23	0097	21
0006	16	0017	32	002C	16	0065	32	0072	10	0098	13
0008	14	0018	23	002D	23	0066	13	0073	14	0099	10
000A	27	001C	16	002F	14	0067	16	0074	16	009A	11
000B	13	001E	11	0031	11	0068	10	0075	16	009B	10
000C	13	0020	8	0033	10	0069	10	0076	16	009C	17
000E	16	0021	16	0060	10	006A	16	0077	13	009D	10
000F	10	0022	9	0061	10	006C	16	0078	14	009E	10
0011	17	0023	10	0062	11	006E	14	007A	21		

表 C.4 强制性合体字点阵字型字高数据

序号	高度	序号	高度	序号	高度	序号	高度	序号	高度	序号	高度
0100	19	0116	15	0170	16	017A	19	0184	19	018E	15
0101	34	0117	21	0171	21	017B	29	0185	16	018F	32
0102	18	0119	17	0172	17	017C	17	0186	19	0190	17
0103	23	011A	14	0173	14	017D	14	0187	16	0191	14
0104	17	0132	15	0174	16	017E	22	0188	23		
0105	14	0133	32	0175	35	017F	33	0189	22		
0106	23	0136	17	0176	16	0180	22	018A	15		
0107	21	0137	14	0177	21	0181	33	018B	32		
0114	16	016E	16	0178	17	0182	21	018C	17		
0115	35	016F	35	0179	14	0183	27	018D	14		

附 录 D

（规范性附录）

锡伯文、满文 48 点阵奏折体字型数据

D.1 48 点阵字型数据的表示

本部分中，图形字符的字型可由点阵数据来表示。每个字型的点阵数据为 48×48(横行点数×纵列点数)，共 2 304 个二进制位，288 个字节。

D.2 48 点阵字型数据的记录格式

48 点阵字型数据的 288 个字节排列次序是以 0 字节开始至 287 字节结束，均用十六进制表示，每行六个字节，记录格式如下：

行数	列数																	
	0	1	……	7	8	……	15	16	……	23	24	……	31	32	……	39	40	……	47
0	0 字节				1 字节			2 字节			3 字节			4 字节			5 字节		
1																			
2																			
3																			
4																			
⋮																			
47	282 字节				283 字节			284 字节			285 字节			286 字节			287 字节		

D.3 48 点阵字型数据举例

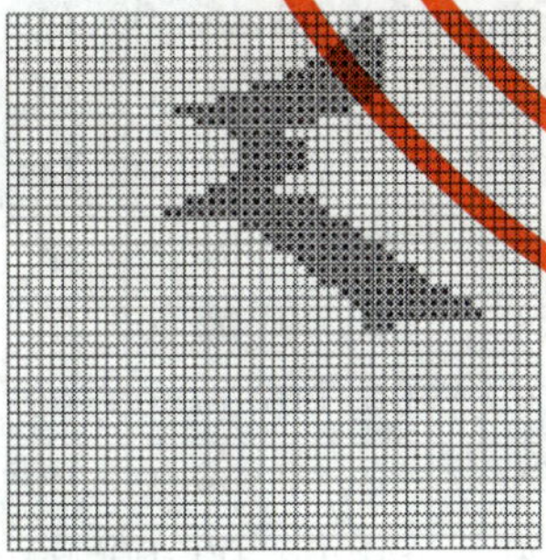

1820

00 00 00 00 80 00
00 00 00 01 80 00
00 00 00 03 C0 00
00 00 00 07 C0 00
00 00 00 1F C0 00
00 00 00 7F C0 00
00 00 03 FF C0 00
00 00 1F FF 80 00

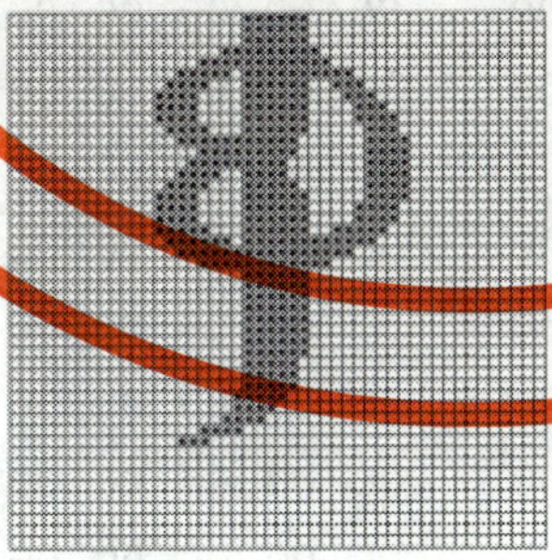

011D

00 00 07 E0 00 00
00 00 07 E0 00 00
00 00 07 E0 00 00
00 00 1F F0 00 00
00 00 7F F8 00 00
00 01 F7 FE 00 00
00 03 C7 E7 00 00
00 07 87 E3 80 00

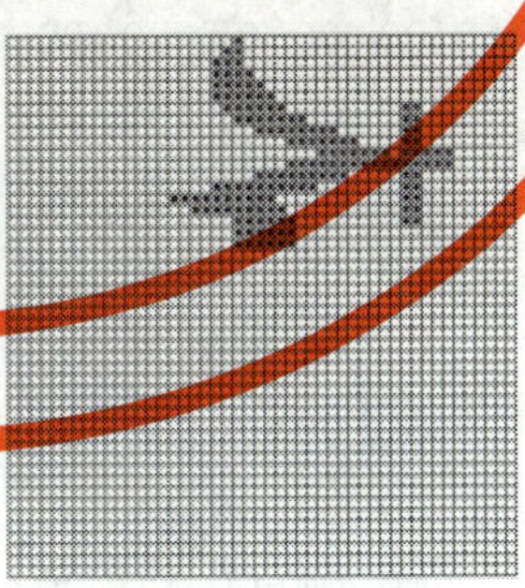

186E

00 00 04 00 00 00
00 00 0C 00 00 00
00 00 1C 00 00 00
00 00 1E 00 00 00
00 00 1F 00 00 00
00 00 1F 80 00 00
00 00 0F C0 06 00
00 00 07 F0 06 00

1863

00 1F 07 E0 00 00
00 0F 87 E0 00 00
00 07 87 E0 00 00
00 03 07 E0 00 00
01 F0 07 E0 00 00
00 F8 0F 80 00 00
00 78 3F 00 00 00
00 30 FF F0 00 00

00 01 FF FE 00 00	00 07 87 E1 C0 00	00 00 01 FE 06 00	00 03 FF F8 00 00
00 00 7F F0 00 00	00 07 87 E1 E0 00	00 00 00 3F 86 00	00 00 07 FE 00 00
00 00 0F 80 00 00	00 03 C7 E0 E0 00	00 00 00 07 F7 C0	00 00 01 FF 00 00
00 00 07 E0 00 00	00 01 FF C0 F0 00	00 00 00 3F FF C0	00 00 00 FF C0 00
00 00 07 E0 00 00	00 00 7F C0 F0 00	00 00 01 FF 06 00	00 00 00 3F E0 00
00 00 07 E0 00 00	00 00 FF 80 F0 00	00 00 1F F8 06 00	00 00 00 1F F8 00
00 00 0F 80 00 00	00 01 E7 80 F0 00	00 01 FF 80 06 00	00 00 00 0F FC 00
00 00 3F 00 00 00	00 03 C7 C0 F0 00	00 00 7F C0 06 00	00 00 00 03 FF 00
00 00 FF F0 00 00	00 07 87 E0 F0 00	00 00 07 E0 06 00	00 00 00 01 FF C0
00 03 FF F8 00 00	00 07 87 E1 E0 00	00 00 07 E0 00 00	00 00 00 00 FF E0
00 00 07 FE 00 00	00 07 87 E1 E0 00	00 00 07 E0 00 00	00 00 00 00 E0 00
00 00 01 FF 00 00	00 07 C7 E7 C0 00	00 00 00 00 00 00	00 00 00 00 00 00
00 00 00 FF C0 00	00 03 F7 FF 80 00	00 00 00 00 00 00	00 00 00 00 00 00
00 00 00 3F E0 00	00 01 FF FE 00 00	00 00 00 00 00 00	00 00 00 00 00 00
00 00 00 1F F8 00	00 00 7F F8 00 00	00 00 00 00 00 00	00 00 00 00 00 00
00 00 00 0F FC 00	00 00 07 E0 00 00	00 00 00 00 00 00	00 00 00 00 00 00
00 00 00 03 FF 00	00 00 07 E0 00 00	00 00 00 00 00 00	00 00 00 00 00 00
00 00 00 01 FF C0	00 00 07 E0 00 00	00 00 00 00 00 00	00 00 00 00 00 00
00 00 00 00 FF E0	00 00 07 E0 00 00	00 00 00 00 00 00	00 00 00 00 00 00
00 00 00 00 E0 00	00 00 07 E0 00 00	00 00 00 00 00 00	00 00 00 00 00 00
00 00 00 00 00 00	00 00 07 E0 00 00	00 00 00 00 00 00	00 00 00 00 00 00
00 00 00 00 00 00	00 00 07 E0 00 00	00 00 00 00 00 00	00 00 00 00 00 00
00 00 00 00 00 00	00 00 07 E0 00 00	00 00 00 00 00 00	00 00 00 00 00 00
00 00 00 00 00 00	00 00 07 C0 00 00	00 00 00 00 00 00	00 00 00 00 00 00
00 00 00 00 00 00	00 00 07 C0 00 00	00 00 00 00 00 00	00 00 00 00 00 00
00 00 00 00 00 00	00 00 07 C0 00 00	00 00 00 00 00 00	00 00 00 00 00 00
00 00 00 00 00 00	00 00 0F 80 00 00	00 00 00 00 00 00	00 00 00 00 00 00
00 00 00 00 00 00	00 00 0F 00 00 00	00 00 00 00 00 00	00 00 00 00 00 00
00 00 00 00 00 00	00 00 1E 00 00 00	00 00 00 00 00 00	00 00 00 00 00 00
00 00 00 00 00 00	00 00 78 00 00 00	00 00 00 00 00 00	00 00 00 00 00 00
00 00 00 00 00 00	00 01 C0 00 00 00	00 00 00 00 00 00	00 00 00 00 00 00
00 00 00 00 00 00	00 00 00 00 00 00	00 00 00 00 00 00	00 00 00 00 00 00
00 00 00 00 00 00	00 00 00 00 00 00	00 00 00 00 00 00	00 00 00 00 00 00
00 00 00 00 00 00	00 00 00 00 00 00	00 00 00 00 00 00	00 00 00 00 00 00
00 00 00 00 00 00	00 00 00 00 00 00	00 00 00 00 00 00	00 00 00 00 00 00
00 00 00 00 00 00	00 00 00 00 00 00	00 00 00 00 00 00	00 00 00 00 00 00
00 00 00 00 00 00	00 00 00 00 00 00	00 00 00 00 00 00	00 00 00 00 00 00
00 00 00 00 00 00	00 00 00 00 00 00	00 00 00 00 00 00	00 00 00 00 00 00
00 00 00 00 00 00	00 00 00 00 00 00	00 00 00 00 00 00	00 00 00 00 00 00
00 00 00 00 00 00	00 00 00 00 00 00	00 00 00 00 00 00	00 00 00 00 00 00

参 考 文 献

[1] 现代锡伯文学语言正字法.新疆伊犁哈萨克自治州察布查尔锡伯自治县人民政府.1991年.

ICS 35.040
L 71

中华人民共和国国家标准

GB 25907.1—2010

信息技术　维吾尔文、哈萨克文、柯尔克孜文编码字符集　16点阵字型　第1部分：正文白体

Information technology—Uyghur, Kazak, Kirgiz coded character set—16 dot matrix font—Part 1: Tuz lean

2011-01-10 发布　　2011-11-01 实施

中华人民共和国国家质量监督检验检疫总局
中国国家标准化管理委员会　发布

前　言

本部分的全部技术内容为强制性。

GB 25907《信息技术　维吾尔文、哈萨克文、柯尔克孜文编码字符集　16点阵字型》分为如下部分：

——第1部分：正文白体；

——第2部分：正文黑体；

——第3部分：库非白体；

——第4部分：库非黑体；

——第5部分：如克白体；

——第6部分：如克黑体；

——第7部分：塔里克白体；

——第8部分：塔里克黑体；

……

本部分是GB 25907的第1部分。

本部分依据GB 21669—2008《信息技术　维吾尔文、哈萨克文、柯尔克孜文编码字符集》所规定的维吾尔文、哈萨克文、柯尔克孜文名义字符、变形显现字符和共用符号，以我国现行规范的维吾尔文、哈萨克文、柯尔克孜文字形为基础，并依据现行规范维吾尔文、哈萨克文、柯尔克孜文的正字法原则，设计和规定了信息系统用维吾尔文、哈萨克文、柯尔克孜文16点阵正文白体（参见附录A）字型。

本部分的附录A和附录B是资料性附录，附录C是规范性附录。

本部分由全国信息技术标准化技术委员会提出（SAC/TC 28）并归口。

本部分起草单位：中国电子技术标准化研究所、新疆维吾尔自治区民族语言文字工作委员会、潍坊北大青鸟华光照排有限公司、新疆维吾尔自治区信息产业厅。

本部分起草人：代红、买买提艾力、佟加·庆夫、熊涛、吕建春、亚森·伊明、高峡、加米拉·沙塔尔、李卫国、王颜尊。

引　　言

有关字型数据的授权转让使用事宜，字型标准数据的维护、更新及修订工作，统一由归口单位负责。

地　址：北京市东城区安定门东大街1号（北京市1101信箱）
邮　编：100007
电　话：64007689　84029173
传　真：64007681
E-mail：daihong@cesi.ac.cn

信息技术　维吾尔文、哈萨克文、柯尔克孜文编码字符集　16点阵字型　第1部分：正文白体

1　范围

GB 25907 的本部分规定了 GB 21669—2008 中维吾尔文、哈萨克文、柯尔克孜文字符的16点阵正文白体字型。

本部分适用于维吾尔文、哈萨克文、柯尔克孜文信息系统，也适用于其他有关设备。

2　规范性引用文件

下列文件中的条款通过本部分的引用而成为本部分的条款。凡是注日期的引用文件，其随后所有的修改单(不包括勘误的内容)或修订版均不适用于本部分，然而，鼓励根据本部分达成协议的各方研究是否可使用这些文件的最新版本。凡是不注日期的引用文件，其最新版本适用于本部分。

GB 21669—2008　信息技术　维吾尔文、哈萨克文、柯尔克孜文编码字符集

GB 13000　信息技术　通用多八位编码字符集(UCS)(GB 13000—2010，ISO/IEC 10646：2003，IDT)

3　术语和定义

下列术语和定义适用于本部分。

3.1

字形　glyph

一种可辨认的抽象的图形符号，它不依赖于任何特定的设计。

3.2

字型　font

具有同一基本设计的字形图像的集合，如：正文白体。

3.3

点阵字型　dot matrix font

以点的集合来表现图形字符的型(形)。

3.4

字型宽度　font width

点阵图形字符的有效宽度。

3.5

字序　character order

图形字符在集合中按一定规则排列的次序。

4　图形字符

4.1　字符数

本部分根据 GB 21669—2008 的规定，提供了维吾尔文、哈萨克文、柯尔克孜文图形字符190个，其中：

维吾尔文、哈萨克文、柯尔克孜文名义字符42个；

维吾尔文、哈萨克文、柯尔克孜文变形显现字符143个；

维吾尔文、哈萨克文、柯尔克孜文共用数字、标点符号、特殊符号5个。

4.2 字符字序

本部分提供的190个维吾尔文、哈萨克文、柯尔克孜文名义字符、变形显现字符和共用符号的字型按照GB 13000规定的次序排列。

5 标准数据的管理

为加强对信息交换用产品用维吾尔文、哈萨克文、柯尔克孜文字型与字模标准数据的管理，保证本部分在贯彻执行中数据的一致性和正确性，有关字型数据的授权转让使用事宜，字型标准数据的维护、更新及修订工作，统一由归口单位负责。

6 点阵字型的表示方法

6.1 栅格

栅格由若干条等距离的垂直线与水平线相交叉而形成。

本部分规定的是16点阵字型，其栅格是横向16格，纵向16格。每个方格的中心定为点的中心位置。

栅格仅对构成点阵的各点进行定位，16点阵栅格图如图1所示。

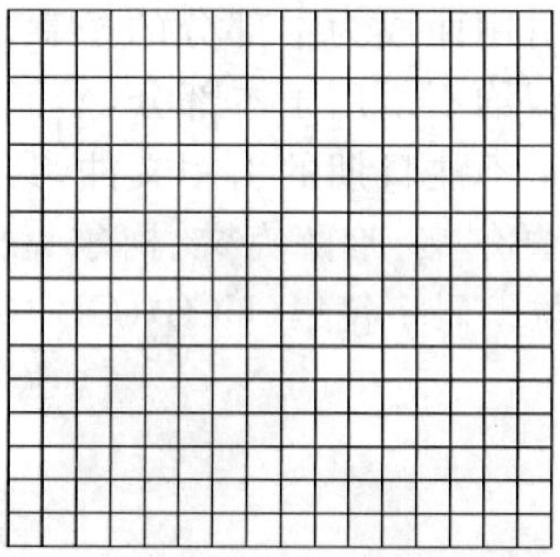

图1 16点阵栅格图

6.2 点

点是构成点阵字型的最小单位，以圆形表示，它是位于各方格内的黑色区域。

6.3 点阵字样

维吾尔文、哈萨克文、柯尔克孜文图形字符点阵字型的字样，由置于栅格内的若干个点的集合来表示。维吾尔文、哈萨克文、柯尔克孜文“ئ”的16点阵字样如图2所示。

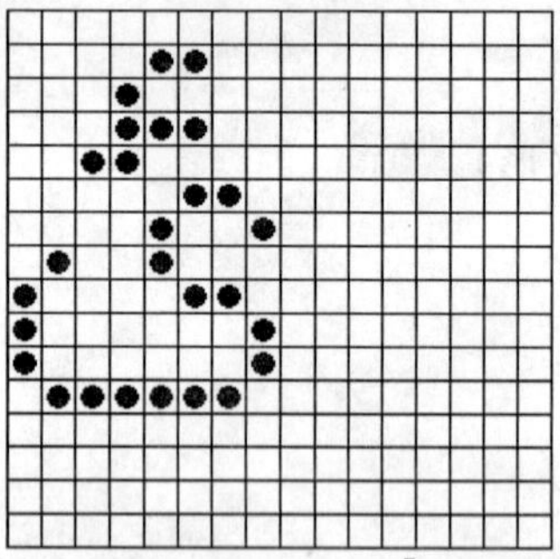

图2 16点阵字母“ئ”的字样

6.4 字型宽度信息

维吾尔文、哈萨克文、柯尔克孜文是不等宽字体，每个字符都有各自特定的宽度，其宽度由字型宽度信息表来表示，见附录B。

7 点阵字型

7.1 字型数据

维吾尔文、哈萨克文、柯尔克孜文16点阵字型数据的表示，见附录C。

7.2 点阵字型表

本部分提供的 GB 21669—2008 中 190 个维吾尔文、哈萨克文、柯尔克孜文图形字符的 16 点阵正文白体字型见表 1。

表 1 维吾尔文、哈萨克文、柯尔克孜文字型表

060C	061B	061F	0626	0627	0628	062A	062C	062D	062E	062F	0631	0632	0633	0634	0639
،	؛	؟	ئ	ا	ب	ت	ج	ح	خ	د	ر	ز	س	ش	ع
063A	0640	0641	0642	0643	0644	0645	0646	0648	0649	064A	066A	0674	0675	0676	0677
غ	ـ	ف	ق	ك	ل	م	ن	و	ى	ي	٪	ٴ	ٵ	ٶ	ٷ
0678	067E	0686	0698	06AD	06AF	06BE	06C5	06C6	06C7	06C8	06C9	06CB	06D0	06D5	FB56
ٸ	پ	چ	ژ	ڭ	گ	ھ	ۅ	ۆ	ۇ	ۈ	ۉ	ۋ	ې	ە	ﭖ
FB57	FB58	FB59	FB7A	FB7B	FB7C	FB7D	FB8A	FB8B	FB92	FB93	FB94	FB95	FBAA	FBAB	FBAC
ﭗ	ﭘ	ﭙ	ﭺ	ﭻ	ﭼ	ﭽ	ﮊ	ﮋ	ﮒ	ﮓ	ﮔ	ﮕ	ﮪ	ﮫ	ﮬ
FBAD	FBD3	FBD4	FBD5	FBD6	FBD7	FBD8	FBD9	FBDA	FBDB	FBDC	FBDD	FBDE	FBDF	FBE0	FBE1
ﮭ	ﯓ	ﯔ	ﯕ	ﯖ	ﯗ	ﯘ	ﯙ	ﯚ	ﯛ	ﯜ	ﯝ	ﯞ	ﯟ	ﯠ	ﯡ
FBE2	FBE3	FBE4	FBE5	FBE6	FBE7	FBE8	FBE9	FBEA	FBEB	FBEC	FBED	FBEE	FBEF	FBF0	FBF1
ﯢ	ﯣ	ﯤ	ﯥ	ﯦ	ﯧ	ﯨ	ﯩ	ﯪ	ﯫ	ﯬ	ﯭ	ﯮ	ﯯ	ﯰ	ﯱ
FBF2	FBF3	FBF4	FBF5	FBF6	FBF7	FBF8	FBF9	FBFA	FBFB	FE89	FE8A	FE8B	FE8C	FE8D	FE8E
ﯲ	ﯳ	ﯴ	ﯵ	ﯶ	ﯷ	ﯸ	ﯹ	ﯺ	ﯻ	ﺉ	ﺊ	ﺋ	ﺌ	ﺍ	ﺎ
FE8F	FE90	FE91	FE92	FE95	FE96	FE97	FE98	FE9D	FE9E	FE9F	FEA0	FEA1	FEA2	FEA3	FEA4
ﺏ	ﺐ	ﺑ	ﺒ	ﺕ	ﺖ	ﺗ	ﺘ	ﺝ	ﺞ	ﺟ	ﺠ	ﺡ	ﺢ	ﺣ	ﺤ
FEA5	FEA6	FEA7	FEA8	FEA9	FEAA	FEAD	FEAE	FEAF	FEB0	FEB1	FEB2	FEB3	FEB4	FEB5	FEB6
ﺥ	ﺦ	ﺧ	ﺨ	ﺩ	ﺪ	ﺭ	ﺮ	ﺯ	ﺰ	ﺱ	ﺲ	ﺳ	ﺴ	ﺵ	ﺶ
FEB7	FEB8	FEC9	FECA	FECB	FECC	FECD	FECE	FECF	FED0	FED1	FED2	FED3	FED4	FED5	FED6
ﺷ	ﺸ	ﻉ	ﻊ	ﻋ	ﻌ	ﻍ	ﻎ	ﻏ	ﻐ	ﻑ	ﻒ	ﻓ	ﻔ	ﻕ	ﻖ
FED7	FED8	FED9	FEDA	FEDB	FEDC	FEDD	FEDE	FEDF	FEE0	FEE1	FEE2	FEE3	FEE4	FEE5	FEE6
ﻗ	ﻘ	ﻙ	ﻚ	ﻛ	ﻜ	ﻝ	ﻞ	ﻟ	ﻠ	ﻡ	ﻢ	ﻣ	ﻤ	ﻥ	ﻦ
FEE7	FEE8	FEE9	FEEA	FEED	FEEE	FEEF	FEF0	FEF1	FEF2	FEF3	FEF4	FEFB	FEFC		
ﻧ	ﻨ	ﻩ	ﻪ	ﻭ	ﻮ	ﻯ	ﻰ	ﻱ	ﻲ	ﻳ	ﻴ	ﻻ	ﻼ		

附 录 A
（资料性附录）
正 文 白 体

正文白体意为直线端正的字体。维吾尔文、哈萨克文、柯尔克孜文属拼音文字类型，书写行款自右至左，所有字符均呈各自不同的宽度。正文白体是在长期使用阿拉伯文为基础的文字过程中，经反复修改完善后形成的独特字体。正文白体以横线为中心，整齐、美观，笔画刚劲、浑厚，长短适中，竖画粗度为笔粗的 2/3，呈笔直形，给人以严肃、稳重之感。

正文白体是维吾尔文、哈萨克文、柯尔克孜文的标准字体，实用价值高，使用范围广，主要用于报刊书籍的印刷，其手写体更是书法和牌匾用字的首选。

附 录 B
（资料性附录）
字型宽度信息表

维吾尔文、哈萨克文、柯尔克孜文是不等宽字体，其每个字符都有各自特定的宽度，字型宽度信息表定义了本部分中190个点阵图形字符的有效宽度，参见表B.1。

表 B.1 字型宽度信息表

代码	字宽	代码	字宽	代码	字宽	代码	字宽	代码	字宽	代码	字宽
060C	2	0678	12	FBAD	7	FBF2	8	FEA5	8	FED7	4
061B	2	067E	9	FBD3	9	FBF3	9	FEA6	8	FED8	4
061F	4	0686	8	FBD4	12	FBF4	8	FEA7	7	FED9	9
0626	8	0698	4	FBD5	6	FBF5	9	FEA8	8	FEDA	12
0627	2	06AD	9	FBD6	7	FBF6	11	FEA9	6	FEDB	5
0628	9	06AF	11	FBD7	5	FBF7	11	FEAA	8	FEDC	6
062A	9	06BE	8	FBD8	6	FBF8	7	FEAD	4	FEDD	7
062C	8	06C5	5	FBD9	5	FBF9	11	FEAE	5	FEDE	9
062D	8	06C6	5	FBDA	6	FBFA	11	FEAF	4	FEDF	3
062E	8	06C7	5	FBDB	5	FBFB	7	FEB0	5	FEE0	5
062F	6	06C8	5	FBDC	6	FE89	8	FEB1	13	FEE1	5
0631	4	06C9	5	FBDD	6	FE8A	8	FEB2	14	FEE2	6
0632	4	06CB	5	FBDE	5	FE8B	4	FEB3	9	FEE3	5
0633	13	06D0	8	FBDF	6	FE8C	5	FEB4	11	FEE4	6
0634	13	06D5	5	FBE0	5	FE8D	2	FEB5	13	FEE5	8
0639	8	FB56	9	FBE1	6	FE8E	5	FEB6	14	FEE6	9
063A	8	FB57	11	FBE2	5	FE8F	9	FEB7	9	FEE7	4
0640	4	FB58	4	FBE3	6	FE90	11	FEB8	11	FEE8	5
0641	8	FB59	5	FBE4	8	FE91	4	FEC9	8	FEE9	5
0642	8	FB7A	8	FBE5	8	FE92	5	FECA	8	FEEA	6
0643	9	FB7B	8	FBE6	4	FE95	9	FECB	4	FEED	5
0644	7	FB7C	7	FBE7	5	FE96	11	FECC	6	FEEE	6
0645	5	FB7D	8	FBE8	4	FE97	4	FECD	8	FEEF	8
0646	8	FB8A	4	FBE9	5	FE98	5	FECE	8	FEF0	8
0648	5	FB8B	5	FBEA	8	FE9D	8	FECF	4	FEF1	8
0649	8	FB92	11	FBEB	9	FE9E	8	FED0	6	FEF2	8
064A	8	FB93	11	FBEC	10	FE9F	7	FED1	8	FEF3	4
066A	8	FB94	6	FBED	10	FEA0	8	FED2	9	FEF4	5
0674	4	FB95	6	FBEE	8	FEA1	8	FED3	4	FEFB	7
0675	7	FBAA	7	FBEF	9	FEA2	8	FED4	4	FEFC	8
0676	5	FBAB	8	FBF0	8	FEA3	7	FED5	8		
0677	6	FBAC	6	FBF1	9	FEA4	8	FED6	9		

附 录 C
（规范性附录）
16 点阵字型数据

C.1 16 点阵字型数据的表示

本部分中，图形字符的字型可由点阵数据来表示。每个字型的点阵数据为 16×16（横行点数×纵列点数），共 256 个二进制位，32 个字节。

C.2 16 点阵字型数据的记录格式

16 点阵字型数据的 32 个字节排列次序是以 0 字节开始至 31 字节结束，均用十六进制表示，每行两个字节，记录格式如下：

行数	列 数															
	0	1	2	3	4	5	6	7	8	9	10	11	12	13	14	15
0	0 字节								1 字节							
1 2 ⋮ 14	2 字节 ⋮								3 字节 ⋮							
15	30 字节								31 字节							

C.3 16 点阵字型数据举例

0626

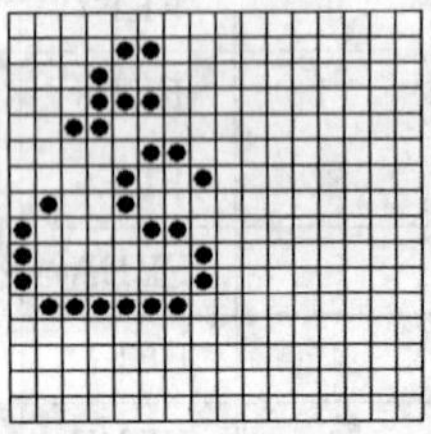

FEB6

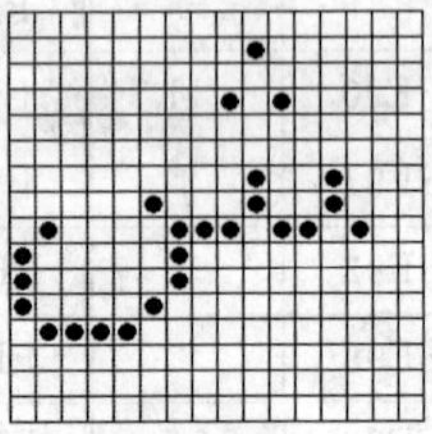

FEDA

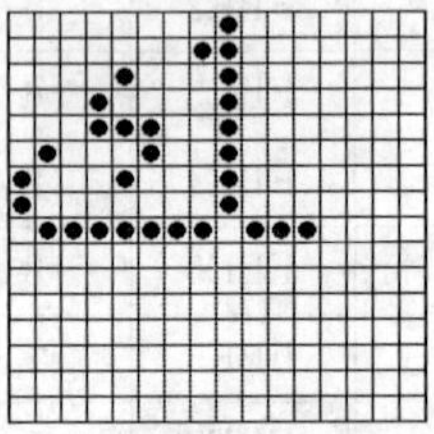

FEFC

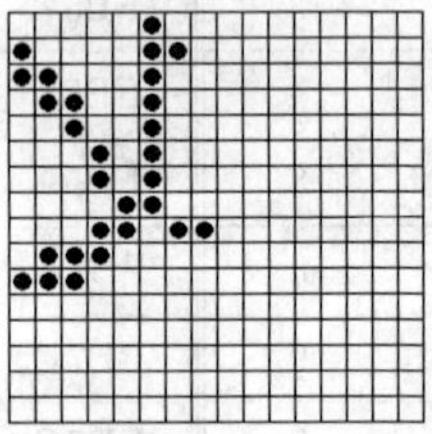

0626	FEB6	FEDA	FEFC
00 00	00 00	00 80	04 00
0C 00	00 40	01 80	86 00
10 00	00 00	08 80	C4 00
1C 00	00 A0	10 80	64 00
30 00	00 00	1C 80	24 00
06 00	00 00	44 80	14 00
09 00	00 48	88 80	14 00
48 00	04 48	80 80	0C 00
86 00	43 B4	7F 70	1B 00
81 00	82 00	00 00	70 00
81 00	82 00	00 00	E0 00

7E 00	84 00	00 00	00 00
00 00	78 00	00 00	00 00
00 00	00 00	00 00	00 00
00 00	00 00	00 00	00 00
00 00	00 00	00 00	00 00

ICS 35.040
L 71

中华人民共和国国家标准

GB 25907.2—2010

信息技术 维吾尔文、哈萨克文、柯尔克孜文编码字符集 16点阵字型 第2部分：正文黑体

Information technology—Uyghur, Kazak, Kirgiz coded character set—16 dot matrix font—Part 2: Tuz bold

2011-01-10 发布 2011-11-01 实施

中华人民共和国国家质量监督检验检疫总局
中国国家标准化管理委员会 发布

前　言

本部分的全部技术内容为强制性。

GB 25907《信息技术　维吾尔文、哈萨克文、柯尔克孜文编码字符集　16点阵字型》分为如下部分：

——第1部分：正文白体；

——第2部分：正文黑体；

——第3部分：库非白体；

——第4部分：库非黑体；

——第5部分：如克白体；

——第6部分：如克黑体；

——第7部分：塔里克白体；

——第8部分：塔里克黑体；

……

本部分是GB 25907的第2部分。

本部分依据GB 21669—2008《信息技术　维吾尔文、哈萨克文、柯尔克孜文编码字符集》所规定的维吾尔文、哈萨克文、柯尔克孜文名义字符、变形显现字符和共用符号，以我国现行规范的维吾尔文、哈萨克文、柯尔克孜文字形为基础，并依据现行规范维吾尔文、哈萨克文、柯尔克孜文的正字法原则，设计和规定了信息系统用维吾尔文、哈萨克文、柯尔克孜文16点阵正文黑体（参见附录A）字型。

本部分的附录A和附录B是资料性附录，附录C是规范性附录。

本部分由全国信息技术标准化技术委员会（SAC/TC 28）提出并归口。

本部分起草单位：中国电子技术标准化研究所、新疆维吾尔自治区民族语言文字工作委员会、潍坊北大青鸟华光照排有限公司、新疆维吾尔自治区信息产业厅。

本部分起草人：代红、买买提艾力、熊涛、吕建春、亚森·伊明、高峡、佟加·庆夫、加米拉·沙塔尔、李卫国、王颜尊。

引　　言

有关字型数据的授权转让使用事宜，字型标准数据的维护、更新及修订工作，统一归口单位负责。

地　址：北京市东城区安定门东大街1号（北京市1101信箱）
邮　编：100007
电　话：64007689　84029173
传　真：64007681
E-mail：daihong@cesi.ac.cn

信息技术 维吾尔文、哈萨克文、柯尔克孜文编码字符集 16点阵字型 第2部分：正文黑体

1 范围

GB 25907 的本部分规定了 GB 21669—2008 中维吾尔文、哈萨克文、柯尔克孜文字符的 16 点阵正文黑体字型。

本部分适用于维吾尔文、哈萨克文、柯尔克孜文信息系统，也适用于其他有关设备。

2 规范性引用文件

下列文件中的条款通过本部分的引用而成为本部分的条款。凡是注日期的引用文件，其随后所有的修改单(不包括勘误的内容)或修订版均不适用于本部分，然而，鼓励根据本部分达成协议的各方研究是否可使用这些文件的最新版本。凡是不注日期的引用文件，其最新版本适用于本部分。

GB 21669—2008 信息技术 维吾尔文、哈萨克文、柯尔克孜文编码字符集

GB 13000 信息技术 通用多八位编码字符集(UCS)(GB 13000—2010，ISO/IEC 10646：2003，IDT)

3 术语和定义

下列术语和定义适用于本部分。

3.1

字形 glyph

一种可辨认的抽象的图形符号，它不依赖于任何特定的设计。

3.2

字型 font

具有同一基本设计的字形图像的集合，如：正文黑体。

3.3

点阵字型 dot matrix font

以点的集合来表现图形字符的型(形)。

3.4

字型宽度 font width

点阵图形字符的有效宽度。

3.5

字序 character order

图形字符在集合中按一定规则排列的次序。

4 图形字符

4.1 字符数

本部分根据 GB 21669—2008 的规定，提供了维吾尔文、哈萨克文、柯尔克孜文图形字符 190 个，其中：

维吾尔文、哈萨克文、柯尔克孜文名义字符 42 个；

维吾尔文、哈萨克文、柯尔克孜文变形显现字符 143 个；

维吾尔文、哈萨克文、柯尔克孜文共用数字、标点符号、特殊符号 5 个。

4.2 字符字序

本部分提供的 190 个维吾尔文、哈萨克文、柯尔克孜文名义字符、变形显现字符和共用符号的字型按照 GB 13000 规定的次序排列。

5 标准数据的管理

为加强对信息交换用产品用维吾尔文、哈萨克文、柯尔克孜文字型与字模标准数据的管理，保证本部分在贯彻执行中数据的一致性和正确性，有关字型数据的授权转让使用事宜，字型标准数据的维护、更新及修订工作，统一由归口单位负责。

6 点阵字型的表示方法

6.1 栅格

栅格由若干条等距离的垂直线与水平线相交叉而形成。

本部分规定的是 16 点阵字型，其栅格是横向 16 格，纵向 16 格。每个方格的中心定为点的中心位置。

栅格仅对构成点阵的各点进行定位，16 点阵栅格图如图 1 所示。

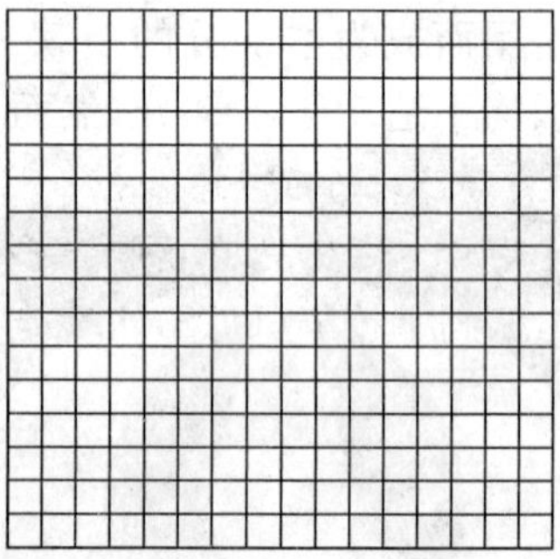

图 1　16 点阵栅格图

6.2 点

点是构成点阵字型的最小单位，以圆形表示，它是位于各方格内的黑色区域。

6.3 点阵字样

维吾尔文、哈萨克文、柯尔克孜文图形字符点阵字型的字样，由置于栅格内的若干个点的集合来表示。维吾尔文、哈萨克文、柯尔克孜文"ڭ"的 16 点阵字样如图 2 所示。

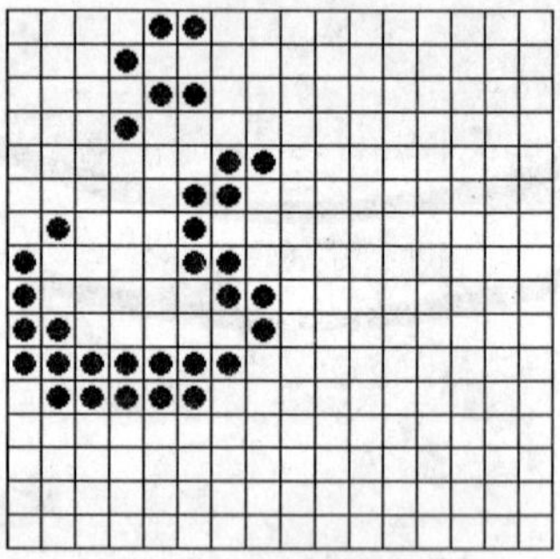

图 2　16 点阵字母"ڭ"的字样

6.4 字型宽度信息

维吾尔文、哈萨克文、柯尔克孜文是不等宽字体，每个字符都有各自特定的宽度，其宽度由字型宽度信息表来表示，见附录 B。

7 点阵字型

7.1 字型数据

维吾尔文、哈萨克文、柯尔克孜文 16 点阵字型数据的表示，见附录 C。

7.2 点阵字型表

本部分提供的 GB 21669—2008 中 190 个维吾尔文、哈萨克文、柯尔克孜文图形字符的 16 点阵正文黑体字型见表 1。

表 1 维吾尔文、哈萨克文、柯尔克孜文字型表

060C	061B	061F	0626	0627	0628	062A	062C	062D	062E	062F	0631	0632	0633	0634	0639
063A	0640	0641	0642	0643	0644	0645	0646	0648	0649	064A	066A	0674	0675	0676	0677
0678	067E	0686	0698	06AD	06AF	06BE	06C5	06C6	06C7	06C8	06C9	06CB	06D0	06D5	FB56
FB57	FB58	FB59	FB7A	FB7B	FB7C	FB7D	FB8A	FB8B	FB92	FB93	FB94	FB95	FBAA	FBAB	FBAC
FBAD	FBD3	FBD4	FBD5	FBD6	FBD7	FBD8	FBD9	FBDA	FBDB	FBDC	FBDD	FBDE	FBDF	FBE0	FBE1
FBE2	FBE3	FBE4	FBE5	FBE6	FBE7	FBE8	FBE9	FBEA	FBEB	FBEC	FBED	FBEE	FBEF	FBF0	FBF1
FBF2	FBF3	FBF4	FBF5	FBF6	FBF7	FBF8	FBF9	FBFA	FBFB	FE89	FE8A	FE8B	FE8C	FE8D	FE8E
FE8F	FE90	FE91	FE92	FE95	FE96	FE97	FE98	FE9D	FE9E	FE9F	FEA0	FEA1	FEA2	FEA3	FEA4
FEA5	FEA6	FEA7	FEA8	FEA9	FEAA	FEAD	FEAE	FEAF	FEB0	FEB1	FEB2	FEB3	FEB4	FEB5	FEB6
FEB7	FEB8	FEC9	FECA	FECB	FECC	FECD	FECE	FECF	FED0	FED1	FED2	FED3	FED4	FED5	FED6
FED7	FED8	FED9	FEDA	FEDB	FEDC	FEDD	FEDE	FEDF	FEE0	FEE1	FEE2	FEE3	FEE4	FEE5	FEE6
FEE7	FEE8	FEE9	FEEA	FEED	FEEE	FEEF	FEF0	FEF1	FEF2	FEF3	FEF4	FEFB	FEFC		

附 录 A
（资料性附录）
正文黑体

正文黑体意为直线端正的字体。维吾尔文、哈萨克文、柯尔克孜文属拼音文字类型，书写行款自右至左，所有字符均呈各自不同的宽度。正文黑体是在长期使用阿拉伯文为基础的文字过程中，经反复修改完善后形成的独特字体。正文黑体以横线为中心，整齐、美观，笔画刚劲、浑厚，长短适中，竖画粗度为笔粗的 2/3，呈笔直形，给人以严肃、稳重之感。

正文黑体主要用于文章标题、编者按等，正文黑体与正文白体风格一致，只是在笔画的粗细、文字线条的轻重上有所不同。

附 录 B
（资料性附录）
字型宽度信息表

维吾尔文、哈萨克文、柯尔克孜文是不等宽字体，其每个字符都有各自特定的宽度，字型宽度信息表定义了本部分中190个点阵图形字符的有效宽度，参见表B.1。

表B.1 字型宽度信息表

代码	字宽	代码	字宽	代码	字宽	代码	字宽	代码	字宽	代码	字宽
060C	2	0678	13	FBAD	7	FBF2	11	FEA5	9	FED7	6
061B	2	067E	10	FBD3	10	FBF3	13	FEA6	9	FED8	5
061F	5	0686	9	FBD4	11	FBF4	11	FEA7	8	FED9	10
0626	8	0698	6	FBD5	7	FBF5	13	FEA8	9	FEDA	11
0627	3	06AD	10	FBD6	9	FBF6	14	FEA9	6	FEDB	7
0628	9	06AF	11	FBD7	6	FBF7	15	FEAA	9	FEDC	10
062A	10	06BE	9	FBD8	7	FBF8	11	FEAD	6	FEDD	8
062C	9	06C5	6	FBD9	6	FBF9	13	FEAE	8	FEDE	11
062D	9	06C6	6	FBDA	7	FBFA	14	FEAF	6	FEDF	4
062E	9	06C7	6	FBDB	6	FBFB	11	FEB0	8	FEE0	7
062F	6	06C8	6	FBDC	7	FE89	9	FEB1	12	FEE1	5
0631	6	06C9	6	FBDD	7	FE8A	9	FEB2	14	FEE2	9
0632	6	06CB	6	FBDE	6	FE8B	5	FEB3	10	FEE3	7
0633	12	06D0	9	FBDF	7	FE8C	5	FEB4	11	FEE4	8
0634	12	06D5	5	FBE0	6	FE8D	3	FEB5	12	FEE5	7
0639	9	FB56	10	FBE1	7	FE8E	6	FEB6	14	FEE6	10
063A	9	FB57	12	FBE2	6	FE8F	10	FEB7	10	FEE7	5
0640	4	FB58	5	FBE3	7	FE90	12	FEB8	11	FEE8	5
0641	8	FB59	5	FBE4	9	FE91	5	FEC9	9	FEE9	5
0642	8	FB7A	9	FBE5	9	FE92	5	FECA	9	FEEA	7
0643	10	FB7B	9	FBE6	5	FE95	10	FECB	6	FEED	6
0644	8	FB7C	8	FBE7	5	FE96	13	FECC	8	FEEE	7
0645	5	FB7D	9	FBE8	5	FE97	5	FECD	9	FEEF	9
0646	7	FB8A	6	FBE9	5	FE98	5	FECE	9	FEF0	9
0648	6	FB8B	8	FBEA	9	FE9D	9	FECF	6	FEF1	9
0649	9	FB92	11	FBEB	10	FE9E	9	FED0	8	FEF2	9
064A	9	FB93	13	FBEC	11	FE9F	8	FED1	8	FEF3	5
066A	9	FB94	7	FBED	13	FEA0	9	FED2	9	FEF4	5
0674	3	FB95	9	FBEE	11	FEA1	9	FED3	6	FEFB	7
0675	7	FBAA	9	FBEF	13	FEA2	9	FED4	6	FEFC	9
0676	7	FBAB	8	FBF0	11	FEA3	8	FED5	8		
0677	7	FBAC	8	FBF1	13	FEA4	9	FED6	9		

附 录 C
（规范性附录）
16 点阵字型数据

C.1 16 点阵字型数据的表示

本部分中，图形字符的字型可由点阵数据来表示。每个字型的点阵数据为 16×16（横行点数×纵列点数），共 256 个二进制位，32 个字节。

C.2 16 点阵字型数据的记录格式

16 点阵字型数据的 32 个字节排列次序是以 0 字节开始至 31 字节结束，均用十六进制表示，每行两个字节，记录格式如下：

行数	列数															
	0	1	2	3	4	5	6	7	8	9	10	11	12	13	14	15
0	0 字节								1 字节							
1 2 ⋮ 14	2 字节 ⋮								3 字节 ⋮							
15	30 字节								31 字节							

C.3 16 点阵字型数据举例

0626	FEB6	FEDA	FEFC
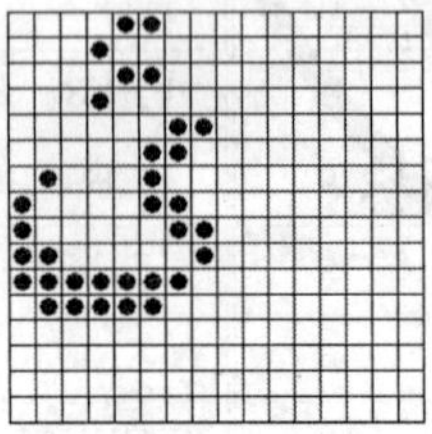	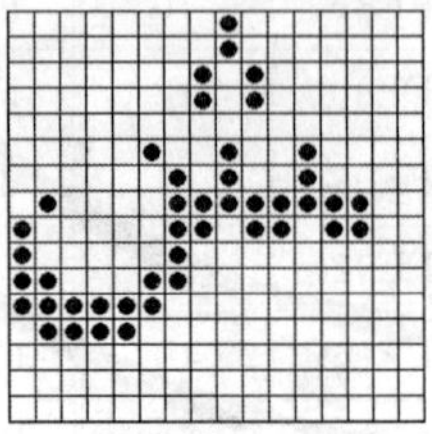	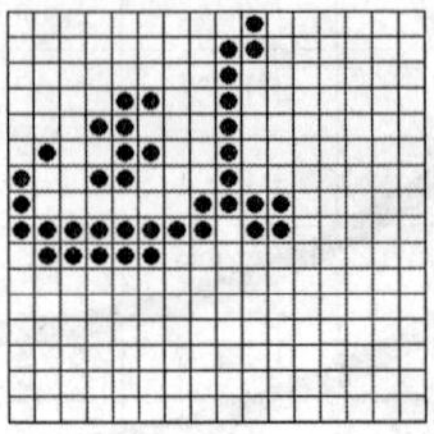	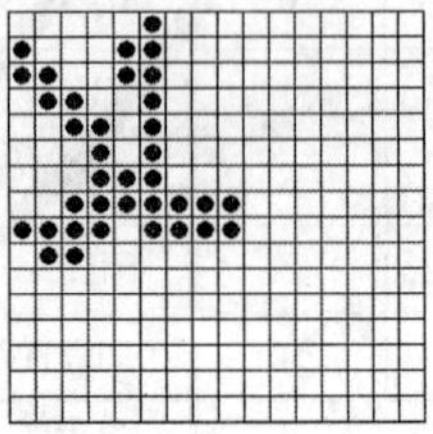
0C 00	00 80	00 40	04 00
10 00	00 80	00 C0	8C 00
0C 00	01 40	00 80	CC 00
10 00	01 40	0C 80	64 00
03 00	00 00	18 80	34 00
06 00	04 90	4C 80	14 00
44 00	02 90	98 80	1C 00
86 00	43 FC	81 E0	3F 80
83 00	83 6C	FF 60	F7 80
C1 00	82 00	7C 00	60 00
FE 00	C6 00	00 00	00 00

7C 00	FC 00	00 00	00 00
00 00	78 00	00 00	00 00
00 00	00 00	00 00	00 00
00 00	00 00	00 00	00 00
00 00	00 00	00 00	00 00

ICS 35.040
L 71

中华人民共和国国家标准

GB 25907.3—2010

信息技术 维吾尔文、哈萨克文、柯尔克孜文编码字符集 16点阵字型 第3部分：库非白体

Information technology—Uyghur, Kazak, Kirgiz coded character set—16 dot matrix font—Part 3: Kufi lean

2011-01-10 发布 2011-11-01 实施

中华人民共和国国家质量监督检验检疫总局
中国国家标准化管理委员会 发布

前　言

本部分的全部技术内容为强制性。

GB 25907《信息技术　维吾尔文、哈萨克文、柯尔克孜文编码字符集　16点阵字型》分为如下部分：

——第1部分：正文白体；

——第2部分：正文黑体；

——第3部分：库非白体；

——第4部分：库非黑体；

——第5部分：如克白体；

——第6部分：如克黑体；

——第7部分：塔里克白体；

——第8部分：塔里克黑体；

……

本部分是GB 25907的第3部分。

本部分依据GB 21669—2008《信息技术　维吾尔文、哈萨克文、柯尔克孜文编码字符集》所规定的维吾尔文、哈萨克文、柯尔克孜文名义字符、变形显现字符和共用符号，以我国现行规范的维吾尔文、哈萨克文、柯尔克孜文字形为基础，并依据现行规范维吾尔文、哈萨克文、柯尔克孜文的正字法原则，设计和规定了信息系统用维吾尔文、哈萨克文、柯尔克孜文16点阵库非白体(参见附录A)字型。

本部分的附录A和附录B是资料性附录，附录C是规范性附录。

本部分由全国信息技术标准化技术委员会(SAC/TC 28)提出并归口。

本部分起草单位：中国电子技术标准化研究所、新疆维吾尔自治区民族语言文字工作委员会、潍坊北大青鸟华光照排有限公司、新疆维吾尔自治区信息产业厅。

本部分起草人：斯迪克·买斯依提、代红、买买提艾力、熊涛、高峡、佟加·庆夫、吕建春、亚森·伊明、殷建民、王利。

引　言

有关字型数据的授权转让使用事宜，字型标准数据的维护、更新及修订工作，统一由归口单位负责。

地　址：北京市东城区安定门东大街1号(北京市1101信箱)
邮　编：100007
电　话：64007689　84029173
传　真：64007681
E-mail：daihong@cesi.ac.cn

信息技术　维吾尔文、哈萨克文、柯尔克孜文编码字符集 16点阵字型　第3部分：库非白体

1　范围

GB 25907 的本部分规定了 GB 21669—2008 中维吾尔文、哈萨克文、柯尔克孜文字符的 16 点阵库非白体字型。

本部分适用于维吾尔文、哈萨克文、柯尔克孜文信息系统，也适用于其他有关设备。

2　规范性引用文件

下列文件中的条款通过本部分的引用而成为本部分的条款。凡是注日期的引用文件，其随后所有的修改单(不包括勘误的内容)或修订版均不适用于本部分，然而，鼓励根据本部分达成协议的各方研究是否可使用这些文件的最新版本。凡是不注日期的引用文件，其最新版本适用于本部分。

GB 21669—2008　信息技术　维吾尔文、哈萨克文、柯尔克孜文编码字符集

GB 13000　信息技术　通用多八位编码字符集(UCS)(GB 13000—2010，ISO/IEC 10646：2003，IDT)

3　术语和定义

下列术语和定义适用于本部分。

3.1

字形　glyph

一种可辨认的抽象的图形符号，它不依赖于任何特定的设计。

3.2

字型　font

具有同一基本设计的字形图像的集合，如：库非白体。

3.3

点阵字型　dot matrix font

以点的集合来表现图形字符的型(形)。

3.4

字型宽度　font width

点阵图形字符的有效宽度。

3.5

字序　character order

图形字符在集合中按一定规则排列的次序。

4　图形字符

4.1　字符数

本部分根据 GB 21669—2008 的规定，提供了维吾尔文、哈萨克文、柯尔克孜文图形字符 190 个，其中：

维吾尔文、哈萨克文、柯尔克孜文名义字符 42 个；

维吾尔文、哈萨克文、柯尔克孜文变形显现字符 143 个；

维吾尔文、哈萨克文、柯尔克孜文共用数字、标点符号、特殊符号 5 个。

4.2 字符字序

本部分提供的 190 个维吾尔文、哈萨克文、柯尔克孜文名义字符、变形显现字符和共用符号的字型按照 GB 13000 规定的次序排列。

5 标准数据的管理

为加强对信息交换用产品用维吾尔文、哈萨克文、柯尔克孜文字型与字模标准数据的管理，保证本部分在贯彻执行中数据的一致性和正确性，有关字型数据的授权转让使用事宜，字型标准数据的维护、更新及修订工作，统一由归口单位负责。

6 点阵字型的表示方法

6.1 栅格

栅格由若干条等距离的垂直线与水平线相交叉而形成。

本部分规定的是 16 点阵字型，其栅格是横向 16 格，纵向 16 格。每个方格的中心定为点的中心位置。

栅格仅对构成点阵的各点进行定位，16 点阵栅格图如图 1 所示。

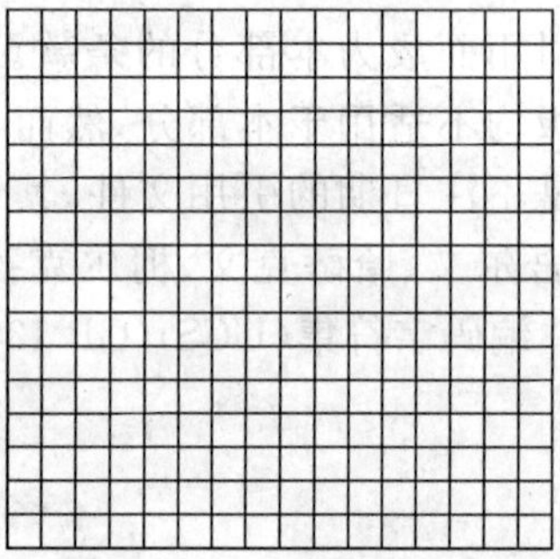

图 1　16 点阵栅格图

6.2 点

点是构成点阵字型的最小单位，以圆形表示，它是位于各方格内的黑色区域。

6.3 点阵字样

维吾尔文、哈萨克文、柯尔克孜文图形字符点阵字型的字样，由置于栅格内的若干个点的集合来表示。维吾尔文、哈萨克文、柯尔克孜文“ئ”的 16 点阵字样如图 2 所示。

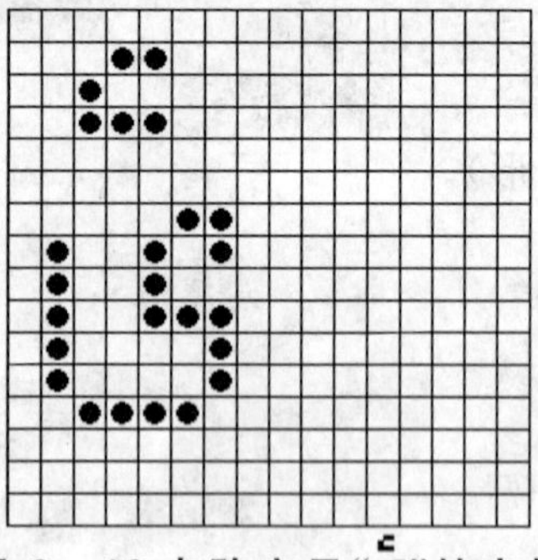

图 2　16 点阵字母“ئ”的字样

6.4 字型宽度信息

维吾尔文、哈萨克文、柯尔克孜文是不等宽字体，每个字符都有各自特定的宽度，其宽度由字型宽度信息表来表示，见附录 B。

7 点阵字型

7.1 字型数据

维吾尔文、哈萨克文、柯尔克孜文 16 点阵字型数据的表示，见附录 C。

7.2 点阵字型表

本部分提供的 GB 21669—2008 中 190 个维吾尔文、哈萨克文、柯尔克孜文图形字符的 16 点阵库非白体字型见表 1。

表 1 维吾尔文、哈萨克文、柯尔克孜文字型表

060C ،	061B ؛	061F ؟	0626 ئ	0627 ا	0628 ب	062A ت	062C ج	062D ح	062E خ	062F د	0631 ر	0632 ز	0633 س	0634 ش	0639 ع
063A غ	0640 ـ	0641 ف	0642 ق	0643 ك	0644 ل	0645 م	0646 ن	0648 و	0649 ى	064A ي	066A ٪	0674 ٴ	0675 ٵ	0676 ٶ	0677 ٷ
0678 ٸ	067E پ	0686 چ	0698 ژ	06AD ڭ	06AF گ	06BE ھ	06C5 ۅ	06C6 ۆ	06C7 ۇ	06C8 ۈ	06C9 ۉ	06CB ۋ	06D0 ې	06D5 ە	FB56 ﭖ
FB57 ﭗ	FB58 ﭘ	FB59 ﭙ	FB7A ﭺ	FB7B ﭻ	FB7C ﭼ	FB7D ﭽ	FB8A ﮊ	FB8B ﮋ	FB92 ﮒ	FB93 ﮓ	FB94 ﮔ	FB95 ﮕ	FBAA ﮪ	FBAB ﮫ	FBAC ﮬ
FBAD ﮭ	FBD3 ﯓ	FBD4 ﯔ	FBD5 ﯕ	FBD6 ﯖ	FBD7 ﯗ	FBD8 ﯘ	FBD9 ﯙ	FBDA ﯚ	FBDB ﯛ	FBDC ﯜ	FBDD ﯝ	FBDE ﯞ	FBDF ﯟ	FBE0 ﯠ	FBE1 ﯡ
FBE2 ﯢ	FBE3 ﯣ	FBE4 ﯤ	FBE5 ﯥ	FBE6 ﯦ	FBE7 ﯧ	FBE8 ﯨ	FBE9 ﯩ	FBEA ﯪ	FBEB ﯫ	FBEC ﯬ	FBED ﯭ	FBEE ﯮ	FBEF ﯯ	FBF0 ﯰ	FBF1 ﯱ
FBF2 ﯲ	FBF3 ﯳ	FBF4 ﯴ	FBF5 ﯵ	FBF6 ﯶ	FBF7 ﯷ	FBF8 ﯸ	FBF9 ﯹ	FBFA ﯺ	FBFB ﯻ	FE89 ﺉ	FE8A ﺊ	FE8B ﺋ	FE8C ﺌ	FE8D ﺍ	FE8E ﺎ
FE8F ﺏ	FE90 ﺐ	FE91 ﺑ	FE92 ﺒ	FE95 ﺕ	FE96 ﺖ	FE97 ﺗ	FE98 ﺘ	FE9D ﺝ	FE9E ﺞ	FE9F ﺟ	FEA0 ﺠ	FEA1 ﺡ	FEA2 ﺢ	FEA3 ﺣ	FEA4 ﺤ
FEA5 ﺥ	FEA6 ﺦ	FEA7 ﺧ	FEA8 ﺨ	FEA9 ﺩ	FEAA ﺪ	FEAD ﺭ	FEAE ﺮ	FEAF ﺯ	FEB0 ﺰ	FEB1 ﺱ	FEB2 ﺲ	FEB3 ﺳ	FEB4 ﺴ	FEB5 ﺵ	FEB6 ﺶ
FEB7 ﺷ	FEB8 ﺸ	FEC9 ﻉ	FECA ﻊ	FECB ﻋ	FECC ﻌ	FECD ﻍ	FECE ﻎ	FECF ﻏ	FED0 ﻐ	FED1 ﻑ	FED2 ﻒ	FED3 ﻓ	FED4 ﻔ	FED5 ﻕ	FED6 ﻖ
FED7 ﻗ	FED8 ﻘ	FED9 ﻙ	FEDA ﻚ	FEDB ﻛ	FEDC ﻜ	FEDD ﻝ	FEDE ﻞ	FEDF ﻟ	FEE0 ﻠ	FEE1 ﻡ	FEE2 ﻢ	FEE3 ﻣ	FEE4 ﻤ	FEE5 ﻥ	FEE6 ﻦ
FEE7 ﻧ	FEE8 ﻨ	FEE9 ﻩ	FEEA ﻪ	FEED ﻭ	FEEE ﻮ	FEEF ﻯ	FEF0 ﻰ	FEF1 ﻱ	FEF2 ﻲ	FEF3 ﻳ	FEF4 ﻴ	FEFB ﻻ	FEFC ﻼ		

附 录 A
（资料性附录）
库非白体

库非白体是维吾尔文、哈萨克文、柯尔克孜文中属于美术字类型的字体，是民族书法的一种，属拼音文字类型，书写行款自右至左，所有字符均呈各自不同的宽度。“库非”原是幼发拉底河畔的一座古城名，因这里的人们最先使用了这种字体，故得名为“库非体”。近代书法家们在古代库非体的基础上经过反复修改完善，形成了现行的库非印刷体。库非白体笔画深厚，字母有棱有角，点为圆型，字形古怪。

附 录 B
（资料性附录）
字型宽度信息表

维吾尔文、哈萨克文、柯尔克孜文是不等宽字体，其每个字符都有各自特定的宽度，字型宽度信息表定义了本部分中190个点阵图形字符的有效宽度，参见表B.1。

表B.1 字型宽度信息表

代码	字宽	代码	字宽	代码	字宽	代码	字宽	代码	字宽	代码	字宽
060C	2	0678	9	FBAD	5	FBF2	8	FEA5	7	FED7	4
061B	2	067E	8	FBD3	9	FBF3	9	FEA6	8	FED8	5
061F	5	0686	7	FBD4	10	FBF4	8	FEA7	6	FED9	9
0626	7	0698	4	FBD5	8	FBF5	9	FEA8	7	FEDA	10
0627	2	06AD	9	FBD6	9	FBF6	9	FEA9	6	FEDB	8
0628	8	06AF	13	FBD7	4	FBF7	10	FEAA	7	FEDC	9
062A	8	06BE	8	FBD8	5	FBF8	8	FEAD	3	FEDD	7
062C	7	06C5	4	FBD9	4	FBF9	9	FEAE	4	FEDE	8
062D	7	06C6	4	FBDA	5	FBFA	10	FEAF	3	FEDF	3
062E	7	06C7	4	FBDB	4	FBFB	8	FEB0	4	FEE0	4
062F	6	06C8	4	FBDC	5	FE89	7	FEB1	12	FEE1	6
0631	3	06C9	4	FBDD	6	FE8A	7	FEB2	13	FEE2	7
0632	3	06CB	4	FBDE	4	FE8B	3	FEB3	9	FEE3	4
0633	12	06D0	7	FBDF	5	FE8C	4	FEB4	10	FEE4	5
0634	12	06D5	4	FBE0	4	FE8D	2	FEB5	12	FEE5	7
0639	5	FB56	8	FBE1	5	FE8E	4	FEB6	13	FEE6	8
063A	5	FB57	9	FBE2	4	FE8F	8	FEB7	9	FEE7	3
0640	7	FB58	3	FBE3	5	FE90	9	FEB8	10	FEE8	4
0641	8	FB59	4	FBE4	7	FE91	3	FEC9	5	FEE9	4
0642	8	FB7A	7	FBE5	7	FE92	4	FECA	5	FEEA	5
0643	9	FB7B	8	FBE6	3	FE95	8	FECB	4	FEED	4
0644	7	FB7C	6	FBE7	4	FE96	9	FECC	5	FEEE	5
0645	6	FB7D	7	FBE8	3	FE97	4	FECD	5	FEEF	7
0646	7	FB8A	4	FBE9	4	FE98	4	FECE	5	FEF0	7
0648	4	FB8B	4	FBEA	6	FE9D	7	FECF	4	FEF1	7
0649	7	FB92	13	FBEB	7	FE9E	8	FED0	7	FEF2	7
064A	7	FB93	14	FBEC	8	FE9F	6	FED1	8	FEF3	3
066A	7	FB94	11	FBED	9	FEA0	7	FED2	9	FEF4	4
0674	3	FB95	12	FBEE	8	FEA1	7	FED3	4	FEFB	5
0675	6	FBAA	8	FBEF	9	FEA2	8	FED4	5	FEFC	6
0676	6	FBAB	7	FBF0	8	FEA3	6	FED5	8		
0677	6	FBAC	6	FBF1	9	FEA4	7	FED6	9		

附 录 C
（规范性附录）
16点阵字型数据

C.1 16点阵字型数据的表示

本部分中，图形字符的字型可由点阵数据来表示。每个字型的点阵数据为16×16（横行点数×纵列点数），共256个二进制位，32个字节。

C.2 16点阵字型数据的记录格式

16点阵字型数据的32个字节排列次序是以0字节开始至31字节结束，均用十六进制表示，每行两个字节，记录格式如下：

行数	列数															
	0	1	2	3	4	5	6	7	8	9	10	11	12	13	14	15
0	0字节								1字节							
1 2 ⋮ 14	2字节 ⋮								3字节 ⋮							
15	30字节								31字节							

C.3 16点阵字型数据举例

0626	FEB6	FEDA	FEFC
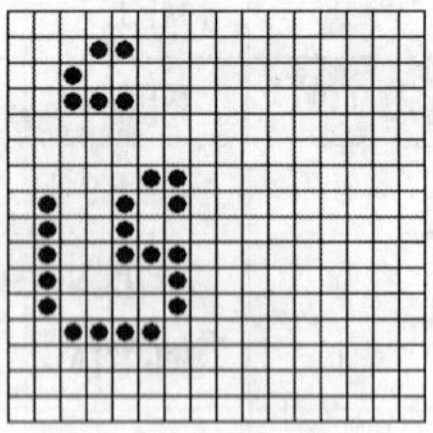	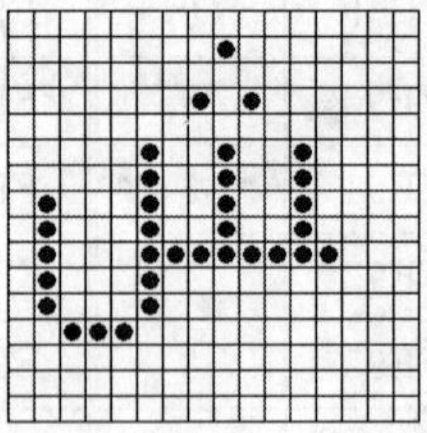	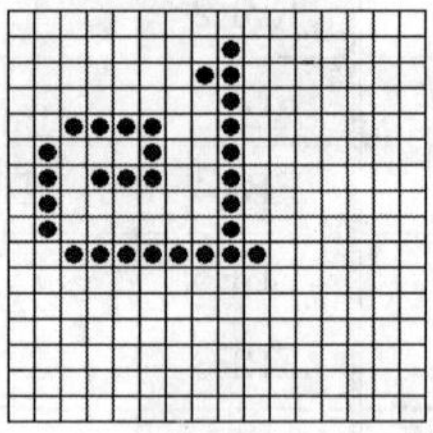	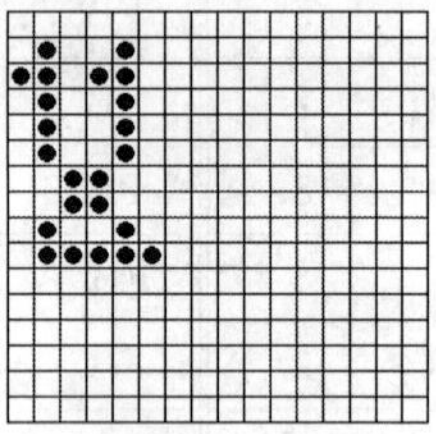
00 00	00 00	00 00	00 00
18 00	00 80	00 80	48 00
20 00	00 00	01 80	D8 00
38 00	01 40	00 80	48 00
00 00	00 00	3C 80	48 00
00 00	04 90	44 80	48 00
06 00	04 90	5C 80	30 00
4A 00	44 90	40 80	30 00
48 00	44 90	40 80	48 00
4E 00	47 F8	3F C0	7C 00
42 00	44 00	00 00	00 00

42 00	44 00	00 00	00 00
3C 00	38 00	00 00	00 00
00 00	00 00	00 00	00 00
00 00	00 00	00 00	00 00
00 00	00 00	00 00	00 00

ICS 35.040
L 71

中华人民共和国国家标准

GB 25907.4—2010

信息技术 维吾尔文、哈萨克文、柯尔克孜文编码字符集 16点阵字型 第4部分：库非黑体

Information technology—Uyghur, Kazak, Kirgiz coded character set—16 dot matrix font—Part 4: Kufi bold

2011-01-10 发布　　2011-11-01 实施

中华人民共和国国家质量监督检验检疫总局
中国国家标准化管理委员会　发布

前　言

本部分的全部技术内容为强制性。

GB 25907《信息技术　维吾尔文、哈萨克文、柯尔克孜文编码字符集　16点阵字型》分为如下部分：

——第1部分：正文白体；

——第2部分：正文黑体；

——第3部分：库非白体；

——第4部分：库非黑体；

——第5部分：如克白体；

——第6部分：如克黑体；

——第7部分：塔里克白体；

——第8部分：塔里克黑体；

……

本部分是GB 25907的第4部分。

本部分依据GB 21669—2008《信息技术　维吾尔文、哈萨克文、柯尔克孜文编码字符集》所规定的维吾尔文、哈萨克文、柯尔克孜文名义字符、变形显现字符和共用符号，以我国现行规范的维吾尔文、哈萨克文、柯尔克孜文字形为基础，并依据现行规范维吾尔文、哈萨克文、柯尔克孜文的正字法原则，设计和规定了信息系统用维吾尔文、哈萨克文、柯尔克孜文16点阵库非黑体（参见附录A）字型。

本部分的附录A和附录B是资料性附录，附录C是规范性附录。

本部分由全国信息技术标准化技术委员会（SAC/TC 28）提出并归口。

本部分起草单位：中国电子技术标准化研究所、新疆维吾尔自治区民族语言文字工作委员会、潍坊北大青鸟华光照排有限公司、新疆维吾尔自治区信息产业厅。

本部分起草人：斯迪克·买斯依提、代红、买买提艾力、熊涛、高峡、佟加·庆夫、吕建春、亚森·伊明、殷建民、王利。

引　　言

有关字型数据的授权转让使用事宜，字型标准数据的维护、更新及修订工作，统一由归口单位负责。

地　址：北京市东城区安定门东大街1号（北京市1101信箱）
邮　编：100007
电　话：64007689　84029173
传　真：64007681
E-mail：daihong@cesi.ac.cn

信息技术 维吾尔文、哈萨克文、柯尔克孜文编码字符集 16点阵字型 第4部分：库非黑体

1 范围

GB 25907的本部分规定了GB 21669—2008中维吾尔文、哈萨克文、柯尔克孜文字符的16点阵库非黑体字型。

本部分适用于维吾尔文、哈萨克文、柯尔克孜文信息系统，也适用于其他有关设备。

2 规范性引用文件

下列文件中的条款通过本部分的引用而成为本部分的条款。凡是注日期的引用文件，其随后所有的修改单(不包括勘误的内容)或修订版均不适用于本部分，然而，鼓励根据本部分达成协议的各方研究是否可使用这些文件的最新版本。凡是不注日期的引用文件，其最新版本适用于本部分。

GB 21669—2008 信息技术 维吾尔文、哈萨克文、柯尔克孜文编码字符集

GB 13000 信息技术 通用多八位编码字符集(UCS)(GB 13000—2010,ISO/IEC 10646:2003,IDT)

3 术语和定义

下列术语和定义适用于本部分。

3.1

字形 glyph

一种可辨认的抽象的图形符号，它不依赖于任何特定的设计。

3.2

字型 font

具有同一基本设计的字形图像的集合，如：库非黑体。

3.3

点阵字型 dot matrix font

以点的集合来表现图形字符的型(形)。

3.4

字型宽度 font width

点阵图形字符的有效宽度。

3.5

字序 character order

图形字符在集合中按一定规则排列的次序。

4 图形字符

4.1 字符数

本部分根据GB 21669—2008的规定，提供了维吾尔文、哈萨克文、柯尔克孜文图形字符190个，其中：

维吾尔文、哈萨克文、柯尔克孜文名义字符42个；

维吾尔文、哈萨克文、柯尔克孜文变形显现字符143个；

维吾尔文、哈萨克文、柯尔克孜文共用数字、标点符号、特殊符号 5 个。

4.2 字符字序

本部分提供的 190 个维吾尔文、哈萨克文、柯尔克孜文名义字符、变形显现字符和共用符号的字型按照 GB 13000 规定的次序排列。

5 标准数据的管理

为加强对信息交换用产品用维吾尔文、哈萨克文、柯尔克孜文字型与字模标准数据的管理，保证本部分在贯彻执行中数据的一致性和正确性，有关字型数据的授权转让使用事宜，字型标准数据的维护、更新及修订工作，统一由归口单位负责。

6 点阵字型的表示方法

6.1 栅格

栅格由若干条等距离的垂直线与水平线相交叉而形成。

本部分规定的是 16 点阵字型，其栅格是横向 16 格，纵向 16 格。每个方格的中心定为点的中心位置。

栅格仅对构成点阵的各点进行定位，16 点阵栅格图如图 1 所示。

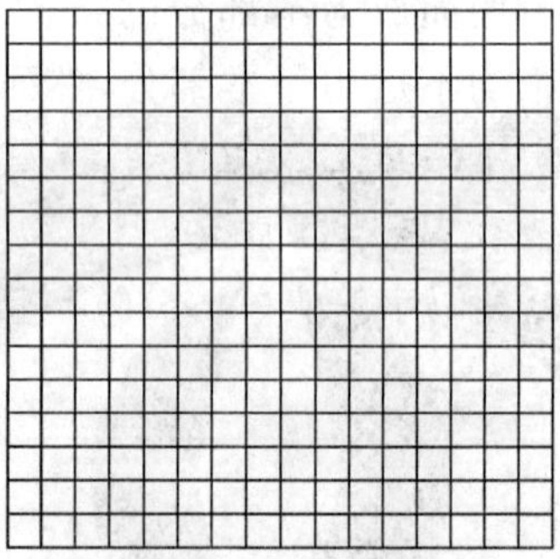

图 1　16 点阵栅格图

6.2 点

点是构成点阵字型的最小单位，以圆形表示，它是位于各方格内的黑色区域。

6.3 点阵字样

维吾尔文、哈萨克文、柯尔克孜文图形字符点阵字型的字样，由置于栅格内的若干个点的集合来表示。维吾尔文、哈萨克文、柯尔克孜文“ﺋ”的 16 点阵字样如图 2 所示。

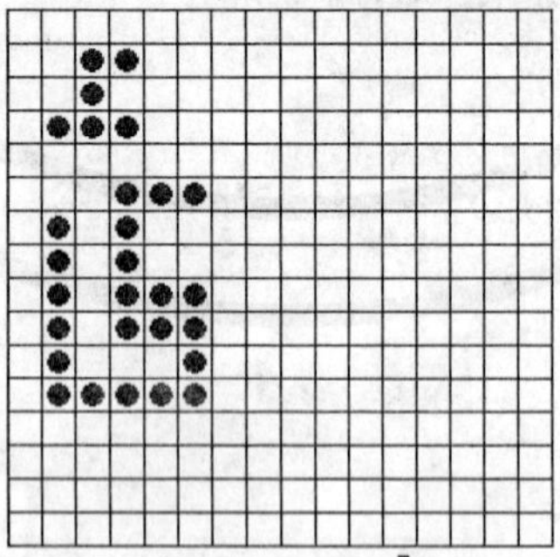

图 2　16 点阵字母“ﺋ”的字样

6.4 字型宽度信息

维吾尔文、哈萨克文、柯尔克孜文是不等宽字体，每个字符都有各自特定的宽度，其宽度由字型宽度信息表来表示，见附录 B。

7 点阵字型

7.1 字型数据

维吾尔文、哈萨克文、柯尔克孜文 16 点阵字型数据的表示，见附录 C。

7.2 点阵字型表

本部分提供的 GB 21669—2008 中 190 个维吾尔文、哈萨克文、柯尔克孜文图形字符的 16 点阵库非黑体字型见表 1。

表 1 维吾尔文、哈萨克文、柯尔克孜文字型表

060C	061B	061F	0626	0627	0628	062A	062C	062D	062E	062F	0631	0632	0633	0634	0639
063A	0640	0641	0642	0643	0644	0645	0646	0648	0649	064A	066A	0674	0675	0676	0677
0678	067E	0686	0698	06AD	06AF	06BE	06C5	06C6	06C7	06C8	06C9	06CB	06D0	06D5	FB56
FB57	FB58	FB59	FB7A	FB7B	FB7C	FB7D	FB8A	FB8B	FB92	FB93	FB94	FB95	FBAA	FBAB	FBAC
FBAD	FBD3	FBD4	FBD5	FBD6	FBD7	FBD8	FBD9	FBDA	FBDB	FBDC	FBDD	FBDE	FBDF	FBE0	FBE1
FBE2	FBE3	FBE4	FBE5	FBE6	FBE7	FBE8	FBE9	FBEA	FBEB	FBEC	FBED	FBEE	FBEF	FBF0	FBF1
FBF2	FBF3	FBF4	FBF5	FBF6	FBF7	FBF8	FBF9	FBFA	FBFB	FE89	FE8A	FE8B	FE8C	FE8D	FE8E
FE8F	FE90	FE91	FE92	FE95	FE96	FE97	FE98	FE9D	FE9E	FE9F	FEA0	FEA1	FEA2	FEA3	FEA4
FEA5	FEA6	FEA7	FEA8	FEA9	FEAA	FEAD	FEAE	FEAF	FEB0	FEB1	FEB2	FEB3	FEB4	FEB5	FEB6
FEB7	FEB8	FEC9	FECA	FECB	FECC	FECD	FECE	FECF	FED0	FED1	FED2	FED3	FED4	FED5	FED6
FED7	FED8	FED9	FEDA	FEDB	FEDC	FEDD	FEDE	FEDF	FEE0	FEE1	FEE2	FEE3	FEE4	FEE5	FEE6
FEE7	FEE8	FEE9	FEEA	FEED	FEEE	FEEF	FEF0	FEF1	FEF2	FEF3	FEF4	FEFB	FEFC		

附　录　A
（资料性附录）
库非黑体

库非黑体是维吾尔文、哈萨克文、柯尔克孜文中属于美术字类型的字体，是民族书法的一种，属拼音文字类型，书写行款自右至左，所有字符均呈各自不同的宽度。“库非”（KUFI）原是幼发拉底河畔的一座古城名，因这里的人们最先使用了这种字体，故得名为“库非体”。近代书法家们在古代库非体的基础上经过反复修改完善，形成了现行的库非体的印刷体。库非黑体主要用于文章标题、编者按等，与白体的风格一致，只是笔画的粗细、文字线条上的轻重有所不同。

附 录 B
（资料性附录）
字型宽度信息表

维吾尔文、哈萨克文、柯尔克孜文是不等宽字体，其每个字符都有各自特定的宽度，字型宽度信息表定义了本部分中190个点阵图形字符的有效宽度，参见表B.1。

表 B.1　字型宽度信息表

代码	字宽	代码	字宽	代码	字宽	代码	字宽	代码	字宽	代码	字宽
060C	2	0678	8	FBAD	5	FBF2	8	FEA5	5	FED7	4
061B	2	067E	7	FBD3	8	FBF3	9	FEA6	6	FED8	4
061F	4	0686	5	FBD4	9	FBF4	8	FEA7	5	FED9	8
0626	6	0698	4	FBD5	6	FBF5	9	FEA8	6	FEDA	9
0627	2	06AD	8	FBD6	7	FBF6	8	FEA9	6	FEDB	6
0628	7	06AF	8	FBD7	4	FBF7	9	FEAA	7	FEDC	7
062A	7	06BE	6	FBD8	5	FBF8	7	FEAD	3	FEDD	5
062C	5	06C5	4	FBD9	4	FBF9	8	FEAE	4	FEDE	6
062D	5	06C6	4	FBDA	5	FBFA	9	FEAF	3	FEDF	2
062E	5	06C7	4	FBDB	4	FBFB	7	FEB0	4	FEE0	3
062F	6	06C8	4	FBDC	5	FE89	6	FEB1	11	FEE1	4
0631	3	06C9	4	FBDD	8	FE8A	5	FEB2	12	FEE2	5
0632	3	06CB	3	FBDE	4	FE8B	3	FEB3	8	FEE3	4
0633	11	06D0	5	FBDF	5	FE8C	4	FEB4	9	FEE4	5
0634	11	06D5	4	FBE0	4	FE8D	2	FEB5	11	FEE5	5
0639	5	FB56	6	FBE1	5	FE8E	3	FEB6	12	FEE6	6
063A	5	FB57	7	FBE2	4	FE8F	7	FEB7	8	FEE7	3
0640	7	FB58	4	FBE3	5	FE90	8	FEB8	9	FEE8	3
0641	7	FB59	4	FBE4	6	FE91	3	FEC9	5	FEE9	4
0642	6	FB7A	5	FBE5	6	FE92	4	FECA	7	FEEA	5
0643	8	FB7B	6	FBE6	3	FE95	7	FECB	5	FEED	4
0644	5	FB7C	5	FBE7	3	FE96	8	FECC	7	FEEE	5
0645	4	FB7D	6	FBE8	3	FE97	4	FECD	5	FEEF	6
0646	5	FB8A	4	FBE9	3	FE98	4	FECE	7	FEF0	6
0648	4	FB8B	4	FBEA	6	FE9D	5	FECF	5	FEF1	6
0649	6	FB92	8	FBEB	7	FE9E	6	FED0	7	FEF2	6
064A	6	FB93	9	FBEC	8	FE9F	5	FED1	7	FEF3	3
066A	8	FB94	6	FBED	9	FEA0	6	FED2	8	FEF4	4
0674	3	FB95	7	FBEE	8	FEA1	5	FED3	5	FEFB	6
0675	6	FBAA	6	FBEF	9	FEA2	6	FED4	6	FEFC	6
0676	8	FBAB	6	FBF0	8	FEA3	5	FED5	6		
0677	8	FBAC	6	FBF1	9	FEA4	6	FED6	7		

附 录 C
（规范性附录）
16 点阵字型数据

C.1 16 点阵字型数据的表示

本部分中，图形字符的字型可由点阵数据来表示。每个字型的点阵数据为 16×16（横行点数×纵列点数），共 256 个二进制位，32 个字节。

C.2 16 点阵字型数据的记录格式

16 点阵字型数据的 32 个字节排列次序是以 0 字节开始至 31 字节结束，均用十六进制表示，每行两个字节，记录格式如下：

行数	列数															
	0	1	2	3	4	5	6	7	8	9	10	11	12	13	14	15
0	0 字节								1 字节							
1 2 ⋮ 14	2 字节 ⋮								3 字节 ⋮							
15	30 字节								31 字节							

C.3 16 点阵字型数据举例

0626	FEB6	FEDA	FEFC
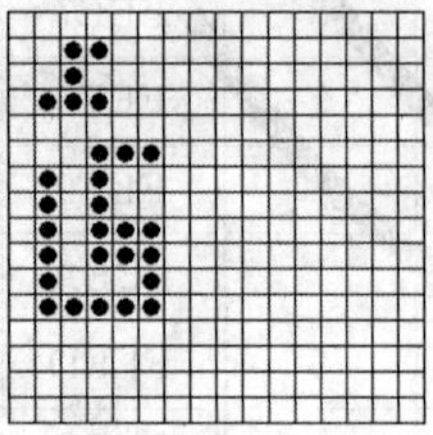	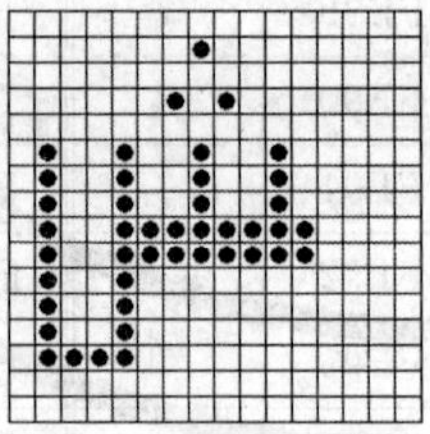	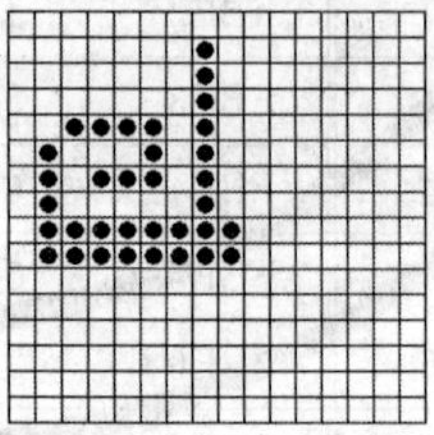	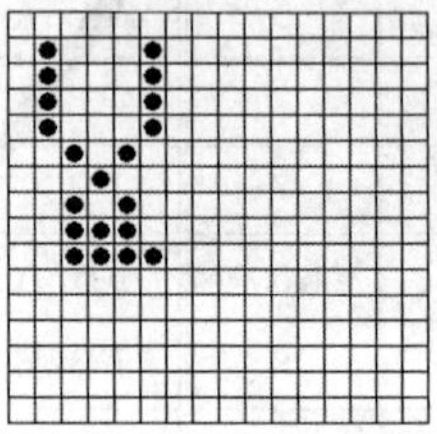
00 00	00 00	00 00	00 00
30 00	01 00	01 00	44 00
20 00	00 00	01 00	44 00
70 00	02 80	01 00	44 00
00 00	00 00	3D 00	44 00
1C 00	49 20	45 00	28 00
50 00	49 20	5D 00	10 00
50 00	49 20	41 00	28 00
5C 00	4F F0	7F 80	38 00
5C 00	4F F0	7F 80	3C 00
44 00	48 00	00 00	00 00

7C 00	48 00	00 00	00 00
00 00	48 00	00 00	00 00
00 00	78 00	00 00	00 00
00 00	00 00	00 00	00 00
00 00	00 00	00 00	00 00

ICS 35.040
L 71

中华人民共和国国家标准

GB 25907.5—2010

信息技术　维吾尔文、哈萨克文、柯尔克孜文编码字符集 16点阵字型　第5部分：如克白体

Information technology—Uyghur, Kazak, Kirgiz coded character set—16 dot matrix font—Part 5: Ruki lean

2011-01-10 发布　　2011-11-01 实施

中华人民共和国国家质量监督检验检疫总局
中国国家标准化管理委员会　发布

前　言

本部分的全部技术内容为强制性。

GB 25907《信息技术　维吾尔文、哈萨克文、柯尔克孜文编码字符集　16点阵字型》分为如下部分：

——第1部分：正文白体；

——第2部分：正文黑体；

——第3部分：库非白体；

——第4部分：库非黑体；

——第5部分：如克白体；

——第6部分：如克黑体；

——第7部分：塔里克白体；

——第8部分：塔里克黑体；

……

本部分是GB 25907的第5部分。

本部分依据GB 21669—2008《信息技术　维吾尔文、哈萨克文、柯尔克孜文编码字符集》所规定的维吾尔文、哈萨克文、柯尔克孜文名义字符、变形显现字符和共用符号，以我国现行规范的维吾尔文、哈萨克文、柯尔克孜文字形为基础，并依据现行规范维吾尔文、哈萨克文、柯尔克孜文的正字法原则，设计和规定了信息系统用维吾尔文、哈萨克文、柯尔克孜文16点阵如克白体（参见附录A）字型。

本部分的附录A和附录B是资料性附录，附录C是规范性附录。

本部分由全国信息技术标准化技术委员会（SAC/TC 28）提出并归口。

本部分起草单位：中国电子技术标准化研究所、新疆维吾尔自治区民族语言文字工作委员会、潍坊北大青鸟华光照排有限公司、新疆维吾尔自治区信息产业厅。

本部分起草人：代红、买买提艾力、熊涛、佟加·庆夫、吕建春、亚森·伊明、夏里甫汗·阿布达里、高峡、李满江、王啸。

引　言

有关字型数据的授权转让使用事宜，字型标准数据的维护、更新及修订工作，统一由归口单位负责。

地　址：北京市东城区安定门东大街 1 号（北京市 1101 信箱）
邮　编：100007
电　话：64007689　84029173
传　真：64007681
E-mail：daihong@cesi.ac.cn

信息技术　维吾尔文、哈萨克文、柯尔克孜文编码字符集 16点阵字型　第5部分：如克白体

1　范围

GB 25907 的本部分规定了 GB 21669—2008 中维吾尔文、哈萨克文、柯尔克孜文字符的 16 点阵如克白体字型。

本部分适用于维吾尔文、哈萨克文、柯尔克孜文信息系统，也适用于其他有关设备。

2　规范性引用文件

下列文件中的条款通过本部分的引用而成为本部分的条款。凡是注日期的引用文件，其随后所有的修改单(不包括勘误的内容)或修订版均不适用于本部分，然而，鼓励根据本部分达成协议的各方研究是否可使用这些文件的最新版本。凡是不注日期的引用文件，其最新版本适用于本部分。

GB 21669—2008　信息技术　维吾尔文、哈萨克文、柯尔克孜文编码字符集

GB 13000　信息技术　通用多八位编码字符集(UCS)(GB 13000—2010，ISO/IEC 10646：2003，IDT)

3　术语和定义

下列术语和定义适用于本部分。

3.1

字形　glyph

一种可辨认的抽象的图形符号，它不依赖于任何特定的设计。

3.2

字型　font

具有同一基本设计的字形图像的集合，如：如克白体。

3.3

点阵字型　dot matrix font

以点的集合来表现图形字符的型(形)。

3.4

字型宽度　font width

点阵图形字符的有效宽度。

3.5

字序　character order

图形字符在集合中按一定规则排列的次序。

4　图形字符

4.1　字符数

本部分根据 GB 21669—2008 的规定，提供了维吾尔文、哈萨克文、柯尔克孜文图形字符 190 个，其中：

维吾尔文、哈萨克文、柯尔克孜文名义字符 42 个；

维吾尔文、哈萨克文、柯尔克孜文变形显现字符 143 个；

维吾尔文、哈萨克文、柯尔克孜文共用数字、标点符号、特殊符号 5 个。

4.2　字符字序

本部分提供的 190 个维吾尔文、哈萨克文、柯尔克孜文名义字符、变形显现字符和共用符号的字型

按照 GB 13000 规定的次序排列。

5 标准数据的管理

为加强对信息交换用产品用维吾尔文、哈萨克文、柯尔克孜文字型与字模标准数据的管理，保证本部分在贯彻执行中数据的一致性和正确性，有关字型数据的授权转让使用事宜，字型标准数据的维护、更新及修订工作，统一由归口单位负责。

6 点阵字型的表示方法

6.1 栅格

栅格由若干条等距离的垂直线与水平线相交叉而形成。

本部分规定的是 16 点阵字型，其栅格是横向 16 格，纵向 16 格。每个方格的中心定为点的中心位置。

栅格仅对构成点阵的各点进行定位，16 点阵栅格图如图 1 所示。

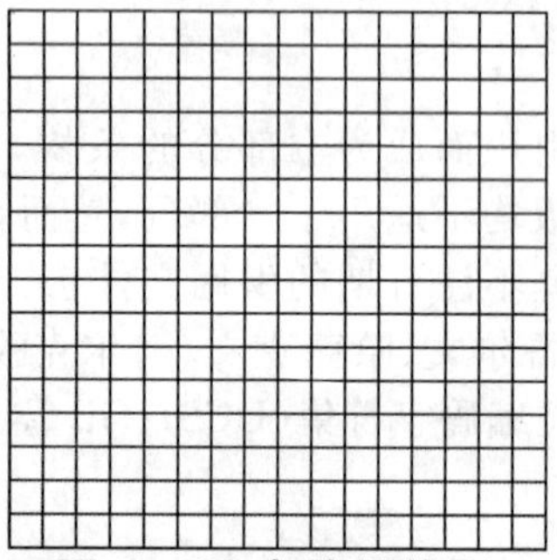

图 1　16 点阵栅格图

6.2 点

点是构成点阵字型的最小单位，以圆形表示，它是位于各方格内的黑色区域。

6.3 点阵字样

维吾尔文、哈萨克文、柯尔克孜文图形字符点阵字型的字样，由置于栅格内的若干个点的集合来表示。维吾尔文、哈萨克文、柯尔克孜文“ك”的 16 点阵字样如图 2 所示。

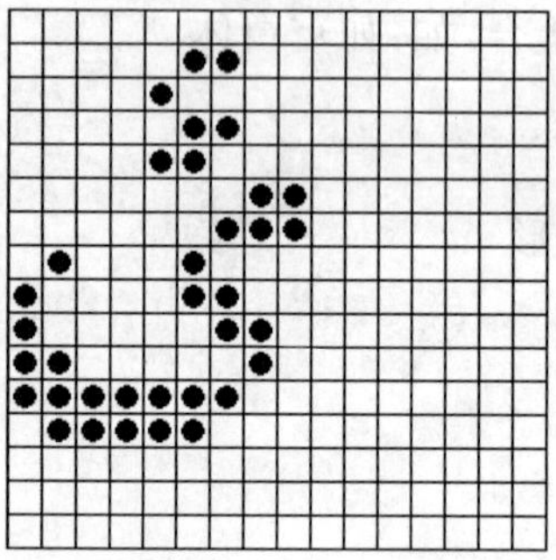

图 2　16 点阵字母“ك”的字样

6.4 字型宽度信息

维吾尔文、哈萨克文、柯尔克孜文是不等宽字体，每个字符都有各自特定的宽度，其宽度由字型宽度信息表来表示，见附录 B。

7 点阵字型

7.1 字型数据

维吾尔文、哈萨克文、柯尔克孜文 16 点阵字型数据的表示，见附录 C。

7.2 点阵字型表

本部分提供的 GB 21669—2008 中 190 个维吾尔文、哈萨克文、柯尔克孜文图形字符的 16 点阵如克白体字型见表1。

表1 维吾尔文、哈萨克文、柯尔克孜文字型表

060C	061B	061F	0626	0627	0628	062A	062C	062D	062E	062F	0631	0632	0633	0634	0639
063A	0640	0641	0642	0643	0644	0645	0646	0648	0649	064A	066A	0674	0675	0676	0677
0678	067E	0686	0698	06AD	06AF	06BE	06C5	06C6	06C7	06C8	06C9	06CB	06D0	06D5	FB56
FB57	FB58	FB59	FB7A	FB7B	FB7C	FB7D	FB8A	FB8B	FB92	FB93	FB94	FB95	FBAA	FBAB	FBAC
FBAD	FBD3	FBD4	FBD5	FBD6	FBD7	FBD8	FBD9	FBDA	FBDB	FBDC	FBDD	FBDE	FBDF	FBE0	FBE1
FBE2	FBE3	FBE4	FBE5	FBE6	FBE7	FBE8	FBE9	FBEA	FBEB	FBEC	FBED	FBEE	FBEF	FBF0	FBF1
FBF2	FBF3	FBF4	FBF5	FBF6	FBF7	FBF8	FBF9	FBFA	FBFB	FE89	FE8A	FE8B	FE8C	FE8D	FE8E
FE8F	FE90	FE91	FE92	FE95	FE96	FE97	FE98	FE9D	FE9E	FE9F	FEA0	FEA1	FEA2	FEA3	FEA4
FEA5	FEA6	FEA7	FEA8	FEA9	FEAA	FEAD	FEAE	FEAF	FEB0	FEB1	FEB2	FEB3	FEB4	FEB5	FEB6
FEB7	FEB8	FEC9	FECA	FECB	FECC	FECD	FECE	FECF	FED0	FED1	FED2	FED3	FED4	FED5	FED6
FED7	FED8	FED9	FEDA	FEDB	FEDC	FEDD	FEDE	FEDF	FEE0	FEE1	FEE2	FEE3	FEE4	FEE5	FEE6
FEE7	FEE8	FEE9	FEEA	FEED	FEEE	FEEF	FEF0	FEF1	FEF2	FEF3	FEF4	FEFB	FEFC		

附 录 A
（资料性附录）
如克白体

如克白体是维吾尔文、哈萨克文、柯尔克孜文的正文体。"如克"意为便条、请柬、问候信，属拼音文字类型，书写行款自右至左，所有字符均呈各自不同的宽度。如克白体广泛流传于使用阿拉伯文和以阿拉伯字母为基础创制民族文字的国家和地区。如克白体使用范围广，字体美观，字母的齿牙利如刀刃，3个点连成弯形，2个点划为一条短线。有些字母的点可与字母连写，体现出完整性，且略向左斜。

附　录　B
（资料性附录）
字型宽度信息表

维吾尔文、哈萨克文、柯尔克孜文是不等宽字体，其每个字符都有各自特定的宽度，字型宽度信息表定义了本部分中 190 个点阵图形字符的有效宽度，参见表 B.1。

表 B.1　字型宽度信息表

代码	字宽	代码	字宽	代码	字宽	代码	字宽	代码	字宽	代码	字宽
060C	2	0678	12	FBAD	8	FBF2	10	FEA5	7	FED7	4
061B	2	067E	9	FBD3	8	FBF3	11	FEA6	7	FED8	6
061F	5	0686	7	FBD4	9	FBF4	10	FEA7	7	FED9	8
0626	9	0698	5	FBD5	5	FBF5	11	FEA8	9	FEDA	9
0627	2	06AD	8	FBD6	6	FBF6	12	FEA9	4	FEDB	6
0628	9	06AF	10	FBD7	5	FBF7	13	FEAA	6	FEDC	6
062A	8	06BE	8	FBD8	7	FBF8	9	FEAD	4	FEDD	7
062C	7	06C5	5	FBD9	5	FBF9	12	FEAE	5	FEDE	9
062D	7	06C6	5	FBDA	7	FBFA	13	FEAF	4	FEDF	3
062E	7	06C7	5	FBDB	5	FBFB	9	FEB0	5	FEE0	5
062F	4	06C8	5	FBDC	7	FE89	9	FEB1	16	FEE1	5
0631	4	06C9	5	FBDD	7	FE8A	8	FEB2	16	FEE2	7
0632	4	06CB	5	FBDE	5	FE8B	5	FEB3	13	FEE3	5
0633	16	06D0	9	FBDF	7	FE8C	6	FEB4	14	FEE4	7
0634	16	06D5	6	FBE0	5	FE8D	2	FEB5	16	FEE5	8
0639	6	FB56	9	FBE1	6	FE8E	5	FEB6	16	FEE6	10
063A	6	FB57	10	FBE2	5	FE8F	9	FEB7	13	FEE7	5
0640	5	FB58	5	FBE3	7	FE90	10	FEB8	14	FEE8	6
0641	7	FB59	6	FBE4	9	FE91	5	FEC9	6	FEE9	6
0642	7	FB7A	7	FBE5	8	FE92	6	FECA	6	FEEA	6
0643	8	FB7B	7	FBE6	5	FE95	8	FECB	6	FEED	5
0644	7	FB7C	7	FBE7	6	FE96	9	FECC	6	FEEE	7
0645	5	FB7D	9	FBE8	5	FE97	5	FECD	6	FEEF	9
0646	8	FB8A	5	FBE9	6	FE98	6	FECE	6	FEF0	8
0648	5	FB8B	5	FBEA	7	FE9D	7	FECF	6	FEF1	9
0649	9	FB92	10	FBEB	8	FE9E	7	FED0	6	FEF2	8
064A	9	FB93	11	FBEC	9	FE9F	7	FED1	7	FEF3	5
066A	8	FB94	5	FBED	10	FEA0	9	FED2	9	FEF4	6
0674	3	FB95	6	FBEE	10	FEA1	7	FED3	4	FEFB	7
0675	5	FBAA	8	FBEF	11	FEA2	7	FED4	6	FEFC	9
0676	5	FBAB	10	FBF0	10	FEA3	7	FED5	7		
0677	7	FBAC	7	FBF1	11	FEA4	9	FED6	9		

附 录 C
（规范性附录）
16 点阵字型数据

C.1 16 点阵字型数据的表示

本部分中，图形字符的字型可由点阵数据来表示。每个字型的点阵数据为 16×16（横行点数×纵列点数），共 256 个二进制位，32 个字节。

C.2 16 点阵字型数据的记录格式

16 点阵字型数据的 32 个字节排列次序是以 0 字节开始至 31 字节结束，均用十六进制表示，每行四个字节，记录格式如下：

16 点阵字型数据的 32 个字节排列次序是以 0 字节开始至 31 字节结束，均用十六进制表示，每行二个字节，记录格式如下：

行数	列数															
	0	1	2	3	4	5	6	7	8	9	10	11	12	13	14	15
0	0 字节								1 字节							
1 2 ⋮ 14	2 字节 ⋮								3 字节 ⋮							
15	30 字节								31 字节							

C.3 16 点阵字型数据举例

0626	FEB6	FEDA	FEFC
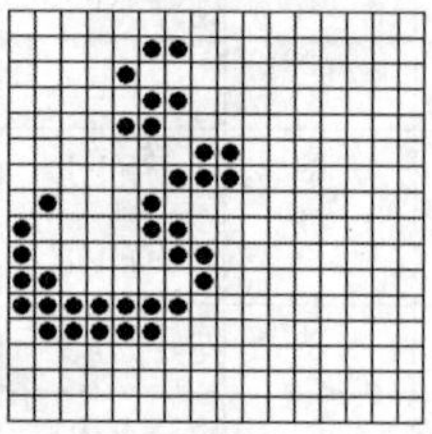	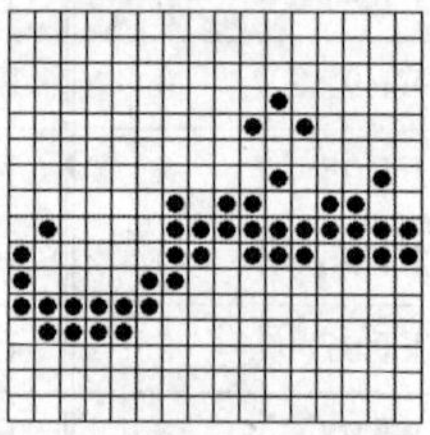	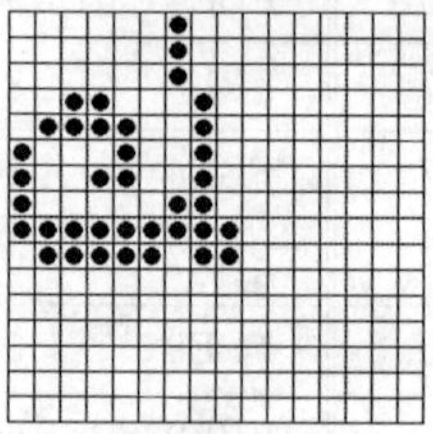	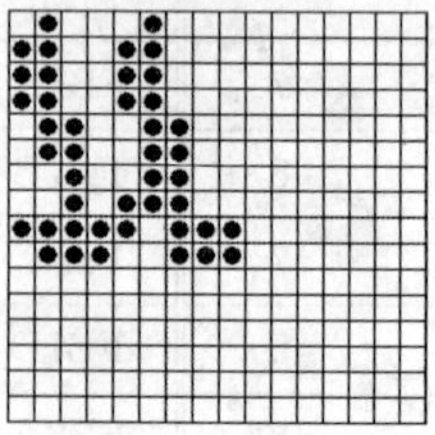
00 00	00 00	02 00	44 00
06 00	00 00	02 00	CC 00
08 00	00 00	02 00	CC 00
06 00	00 20	31 00	CC 00
0C 00	00 50	79 00	66 00
01 80	00 00	89 00	66 00
03 80	00 22	99 00	26 00
44 00	02 CC	83 00	2E 00
86 00	43 FF	FF 80	FB 80

83 00	83 77	7D 80	73 80
C1 00	86 00	00 00	00 00
FE 00	FC 00	00 00	00 00
7C 00	78 00	00 00	00 00
00 00	00 00	00 00	00 00
00 00	00 00	00 00	00 00
00 00	00 00	00 00	00 00

ICS 35.040
L 71

中华人民共和国国家标准

GB 25907.6—2010

信息技术 维吾尔文、哈萨克文、柯尔克孜文编码字符集 16点阵字型 第6部分:如克黑体

Information technology—Uyghur, Kazak, Kirgiz coded character set—16 dot matrix font—Part 6: Ruki bold

2011-01-10 发布 2011-11-01 实施

中华人民共和国国家质量监督检验检疫总局
中国国家标准化管理委员会 发布

前　言

本部分的全部技术内容为强制性。

GB 25097《信息技术　维吾尔文、哈萨克文、柯尔克孜文编码字符集　16点阵字型》分为如下部分：

——第1部分：正文白体；

——第2部分：正文黑体；

——第3部分：库非白体；

——第4部分：库非黑体；

——第5部分：如克白体；

——第6部分：如克黑体；

——第7部分：塔里克白体；

——第8部分：塔里克黑体；

……

本部分是GB 25907的第6部分。

本部分依据GB 21669—2008《信息技术　维吾尔文、哈萨克文、柯尔克孜文编码字符集》所规定的维吾尔文、哈萨克文、柯尔克孜文名义字符、变形显现字符和共用符号，以我国现行规范的维吾尔文、哈萨克文、柯尔克孜文字形为基础，并依据现行规范维吾尔文、哈萨克文、柯尔克孜文的正字法原则，设计和规定了信息系统用维吾尔文、哈萨克文、柯尔克孜文16点阵如克黑体（参见附录A）字型。

本部分的附录A和附录B是资料性附录，附录C是规范性附录。

本部分由全国信息技术标准化技术委员会（SAC/TC 28）提出并归口。

本部分起草单位：中国电子技术标准化研究所、新疆维吾尔自治区民族语言文字工作委员会、潍坊北大青鸟华光照排有限公司、新疆维吾尔自治区信息产业厅。

本部分起草人：代红、买买提艾力、熊涛、佟加·庆夫、亚森·伊明、夏里甫汗·阿布达里、吕建春、高峡、李满江、王啸。

引　言

有关字型数据的授权转让使用事宜，字型标准数据的维护、更新及修订工作，统一由归口单位负责。

地　址：北京市东城区安定门东大街1号（北京市1101信箱）
邮　编：100007
电　话：64007689　84029173
传　真：64007681
E-mail：daihong@cesi.ac.cn

信息技术 维吾尔文、哈萨克文、柯尔克孜文编码字符集 16点阵字型 第6部分:如克黑体

1 范围

GB 25907 的本部分规定了 GB 21669—2008 中维吾尔文、哈萨克文、柯尔克孜文字符的 16 点阵如克黑体字型。

本部分适用于维吾尔文、哈萨克文、柯尔克孜文信息系统,也适用于其他有关设备。

2 规范性引用文件

下列文件中的条款通过本部分的引用而成为本部分的条款。凡是注日期的引用文件,其随后所有的修改单(不包括勘误的内容)或修订版均不适用于本部分,然而,鼓励根据本部分达成协议的各方研究是否可使用这些文件的最新版本。凡是不注日期的引用文件,其最新版本适用于本部分。

GB 21669—2008 信息技术 维吾尔文、哈萨克文、柯尔克孜文编码字符集

GB 13000 信息技术 通用多八位编码字符集(UCS)(GB 13000—2010,ISO/IEC 10646:2003,IDT)

3 术语和定义

下列术语和定义适用于本部分。

3.1

字形 glyph

一种可辨认的抽象的图形符号,它不依赖于任何特定的设计。

3.2

字型 font

具有同一基本设计的字形图像的集合,如:如克黑体。

3.3

点阵字型 dot matrix font

以点的集合来表现图形字符的型(形)。

3.4

字型宽度 font width

点阵图形字符的有效宽度。

3.5

字序 character order

图形字符在集合中按一定规则排列的次序。

4 图形字符

4.1 字符数

本部分根据 GB 21669—2008 的规定,提供了维吾尔文、哈萨克文、柯尔克孜文图形字符 190 个,其中:

维吾尔文、哈萨克文、柯尔克孜文名义字符 42 个;

维吾尔文、哈萨克文、柯尔克孜文变形显现字符 143 个;

维吾尔文、哈萨克文、柯尔克孜文共用数字、标点符号、特殊符号 5 个。

4.2 字符字序

本部分提供的190个维吾尔文、哈萨克文、柯尔克孜文名义字符、变形显现字符和共用符号的字型按照GB 13000规定的次序排列。

5 标准数据的管理

为加强对信息交换用产品用维吾尔文、哈萨克文、柯尔克孜文字型与字模标准数据的管理，保证本部分在贯彻执行中数据的一致性和正确性，有关字型数据的授权转让使用事宜，字型标准数据的维护、更新及修订工作，统一由归口单位负责。

6 点阵字型的表示方法

6.1 栅格

栅格由若干条等距离的垂直线与水平线相交叉而形成。

本部分规定的是16点阵字型，其栅格是横向16格，纵向16格。每个方格的中心定为点的中心位置。

栅格仅对构成点阵的各点进行定位，16点阵栅格图如图1所示。

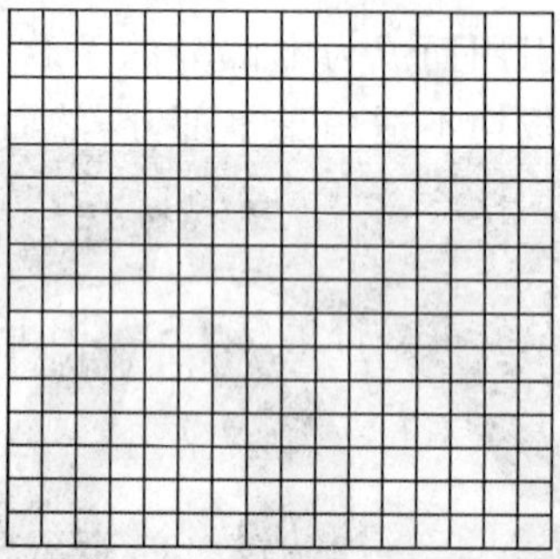

图1　16点阵栅格图

6.2 点

点是构成点阵字型的最小单位，以圆形表示，它是位于各方格内的黑色区域。

6.3 点阵字样

维吾尔文、哈萨克文、柯尔克孜文图形字符点阵字型的字样，由置于栅格内的若干个点的集合来表示。维吾尔文、哈萨克文、柯尔克孜文“ئ”的16点阵字样如图2所示。

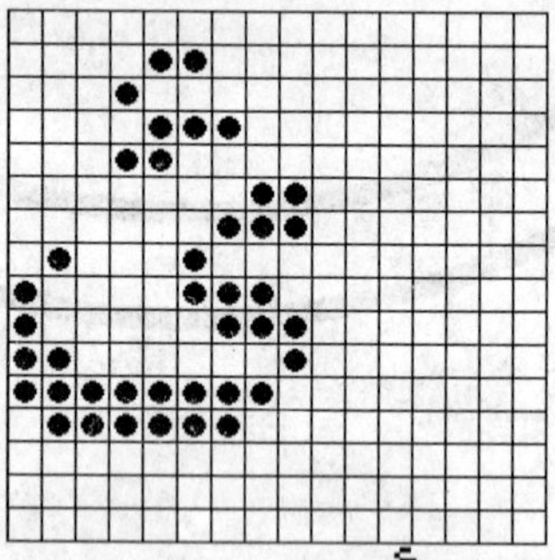

图2　16点阵字母“ئ”的字样

6.4 字型宽度信息

维吾尔文、哈萨克文、柯尔克孜文是不等宽字体，每个字符都有各自特定的宽度，其宽度由字型宽度信息表来表示，见附录B。

7 点阵字型

7.1 字型数据

维吾尔文、哈萨克文、柯尔克孜文16点阵字型数据的表示，见附录C。

7.2 点阵字型表

本部分提供的GB 21669—2008中190个维吾尔文、哈萨克文、柯尔克孜文图形字符的16点阵如克黑体字型见表1。

表1 维吾尔文、哈萨克文、柯尔克孜文字型表

060C ،	061B ؛	061F ؟	0626 ئ	0627 ا	0628 ب	062A ت	062C ج	062D ح	062E خ	062F د	0631 ر	0632 ز	0633 س	0634 ش	0639 ع
063A غ	0640 ـ	0641 ف	0642 ق	0643 ك	0644 ل	0645 م	0646 ن	0648 و	0649 ى	064A ي	066A ٪	0674 ٴ	0675 ٵ	0676 ٶ	0677 ٷ
0678 ٸ	067E پ	0686 چ	0698 ژ	06AD ڭ	06AF گ	06BE ھ	06C5 ۅ	06C6 ۆ	06C7 ۇ	06C8 ۈ	06C9 ۉ	06CB ۋ	06D0 ې	06D5 ە	FB56 ﭖ
FB57 ﭗ	FB58 ﭘ	FB59 ﭙ	FB7A ﭺ	FB7B ﭻ	FB7C ﭼ	FB7D ﭽ	FB8A ﮊ	FB8B ﮋ	FB92 ﮒ	FB93 ﮓ	FB94 ﮔ	FB95 ﮕ	FBAA ﮪ	FBAB ﮫ	FBAC ﮬ
FBAD ﮭ	FBD3 ﯓ	FBD4 ﯔ	FBD5 ﯕ	FBD6 ﯖ	FBD7 ﯗ	FBD8 ﯘ	FBD9 ﯙ	FBDA ﯚ	FBDB ﯛ	FBDC ﯜ	FBDD ﯝ	FBDE ﯞ	FBDF ﯟ	FBE0 ﯠ	FBE1 ﯡ
FBE2 ﯢ	FBE3 ﯣ	FBE4 ﯤ	FBE5 ﯥ	FBE6 ﯦ	FBE7 ﯧ	FBE8 ﯨ	FBE9 ﯩ	FBEA ﯪ	FBEB ﯫ	FBEC ﯬ	FBED ﯭ	FBEE ﯮ	FBEF ﯯ	FBF0 ﯰ	FBF1 ﯱ
FBF2 ﯲ	FBF3 ﯳ	FBF4 ﯴ	FBF5 ﯵ	FBF6 ﯶ	FBF7 ﯷ	FBF8 ﯸ	FBF9 ﯹ	FBFA ﯺ	FBFB ﯻ	FE89 ﺉ	FE8A ﺊ	FE8B ﺋ	FE8C ﺌ	FE8D ﺍ	FE8E ﺎ
FE8F ﺏ	FE90 ﺐ	FE91 ﺑ	FE92 ﺒ	FE95 ﺕ	FE96 ﺖ	FE97 ﺗ	FE98 ﺘ	FE9D ﺝ	FE9E ﺞ	FE9F ﺟ	FEA0 ﺠ	FEA1 ﺡ	FEA2 ﺢ	FEA3 ﺣ	FEA4 ﺤ
FEA5 ﺥ	FEA6 ﺦ	FEA7 ﺧ	FEA8 ﺨ	FEA9 ﺩ	FEAA ﺪ	FEAD ﺭ	FEAE ﺮ	FEAF ﺯ	FEB0 ﺰ	FEB1 ﺱ	FEB2 ﺲ	FEB3 ﺳ	FEB4 ﺴ	FEB5 ﺵ	FEB6 ﺶ
FEB7 ﺷ	FEB8 ﺸ	FEC9 ﻉ	FECA ﻊ	FECB ﻋ	FECC ﻌ	FECD ﻍ	FECE ﻎ	FECF ﻏ	FED0 ﻐ	FED1 ﻑ	FED2 ﻒ	FED3 ﻓ	FED4 ﻔ	FED5 ﻕ	FED6 ﻖ
FED7 ﻗ	FED8 ﻘ	FED9 ﻙ	FEDA ﻚ	FEDB ﻛ	FEDC ﻜ	FEDD ﻝ	FEDE ﻞ	FEDF ﻟ	FEE0 ﻠ	FEE1 ﻡ	FEE2 ﻢ	FEE3 ﻣ	FEE4 ﻤ	FEE5 ﻥ	FEE6 ﻦ
FEE7 ﻧ	FEE8 ﻨ	FEE9 ﻩ	FEEA ﻪ	FEED ﻭ	FEEE ﻮ	FEEF ﻯ	FEF0 ﻰ	FEF1 ﻱ	FEF2 ﻲ	FEF3 ﻳ	FEF4 ﻴ	FEFB ﻻ	FEFC ﻼ		

附 录 A
（资料性附录）
如克黑体

如克黑体是维吾尔文、哈萨克文、柯尔克孜文的正文体，属拼音文字类型，书写行款自右至左，所有字符均呈各自不同的宽度。“如克”意为便条、请柬、问候信。如克黑体广泛流传于使用阿拉伯文和以阿拉伯字母为基础创制民族文字的国家和地区。如克黑体使用范围广，字体美观，字母的齿牙利如刀刃，3个点连成弯形，2个点划为一条短线。有些字母的点可与字母连写，体现出完整性，且略向左斜。如克黑体的风格与白体一致，只是笔画的粗细、文字线条的轻重上有所不同。

附 录 B
（资料性附录）
字型宽度信息表

维吾尔文、哈萨克文、柯尔克孜文是不等宽字体，其每个字符都有各自特定的宽度，字型宽度信息表定义了本部分中190个点阵图形字符的有效宽度，参见表B.1。

表B.1 字型宽度信息表

代码	字宽	代码	字宽	代码	字宽	代码	字宽	代码	字宽	代码	字宽
060C	3	0678	14	FBAD	8	FBF2	10	FEA5	9	FED7	4
061B	3	067E	10	FBD3	10	FBF3	11	FEA6	10	FED8	7
061F	6	0686	9	FBD4	12	FBF4	10	FEA7	9	FED9	10
0626	9	0698	7	FBD5	7	FBF5	11	FEA8	11	FEDA	12
0627	3	06AD	10	FBD6	7	FBF6	13	FEA9	5	FEDB	6
0628	10	06AF	10	FBD7	5	FBF7	14	FEAA	8	FEDC	7
062A	9	06BE	10	FBD8	7	FBF8	11	FEAD	5	FEDD	8
062C	9	06C5	5	FBD9	5	FBF9	13	FEAE	8	FEDE	10
062D	9	06C6	5	FBDA	7	FBFA	14	FEAF	6	FEDF	4
062E	9	06C7	5	FBDB	5	FBFB	11	FEB0	8	FEE0	6
062F	5	06C8	5	FBDC	7	FE89	9	FEB1	12	FEE1	5
0631	5	06C9	5	FBDD	7	FE8A	10	FEB2	14	FEE2	7
0632	6	06CB	5	FBDE	5	FE8B	5	FEB3	12	FEE3	5
0633	12	06D0	9	FBDF	7	FE8C	6	FEB4	14	FEE4	7
0634	12	06D5	6	FBE0	5	FE8D	3	FEB5	12	FEE5	9
0639	8	FB56	10	FBE1	7	FE8E	5	FEB6	14	FEE6	11
063A	8	FB57	11	FBE2	5	FE8F	10	FEB7	12	FEE7	5
0640	4	FB58	5	FBE3	7	FE90	11	FEB8	14	FEE8	6
0641	8	FB59	6	FBE4	9	FE91	5	FEC9	8	FEE9	6
0642	8	FB7A	9	FBE5	10	FE92	6	FECA	8	FEEA	6
0643	10	FB7B	10	FBE6	5	FE95	9	FECB	6	FEED	5
0644	8	FB7C	9	FBE7	6	FE96	10	FECC	8	FEEE	7
0645	5	FB7D	11	FBE8	5	FE97	5	FECD	8	FEEF	9
0646	9	FB8A	7	FBE9	6	FE98	6	FECE	8	FEF0	10
0648	5	FB8B	8	FBEA	9	FE9D	9	FECF	6	FEF1	9
0649	9	FB92	10	FBEB	9	FE9E	10	FED0	6	FEF2	10
064A	9	FB93	12	FBEC	9	FE9F	9	FED1	8	FEF3	5
066A	11	FB94	5	FBED	10	FEA0	11	FED2	10	FEF4	6
0674	4	FB95	6	FBEE	10	FEA1	9	FED3	4	FEFB	9
0675	8	FBAA	10	FBEF	11	FEA2	10	FED4	7	FEFC	11
0676	6	FBAB	10	FBF0	10	FEA3	9	FED5	8		
0677	7	FBAC	9	FBF1	11	FEA4	11	FED6	10		

附　录　C
（规范性附录）
16 点阵字型数据

C.1　16 点阵字型数据的表示

本部分中，图形字符的字型可由点阵数据来表示。每个字型的点阵数据为 16×16（横行点数×纵列点数），共 256 个二进制位，32 个字节。

C.2　16 点阵字型数据的记录格式

16 点阵字型数据的 32 个字节排列次序是以 0 字节开始至 31 字节结束，均用十六进制表示，每行两个字节，记录格式如下：

行数	列数															
	0	1	2	3	4	5	6	7	8	9	10	11	12	13	14	15
0	0 字节								1 字节							
1 2 ⋮ 14	2 字节 ⋮								3 字节 ⋮							
15	30 字节								31 字节							

C.3　16 点阵字型数据举例

0626	FEB6	FEDA	FEFC
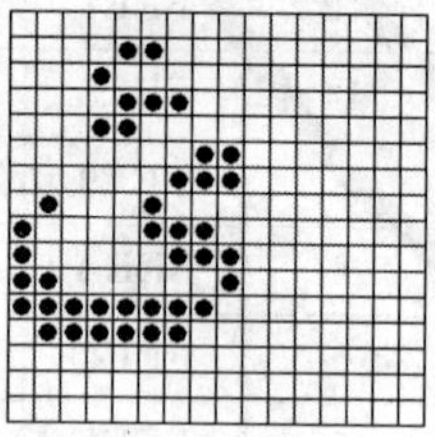	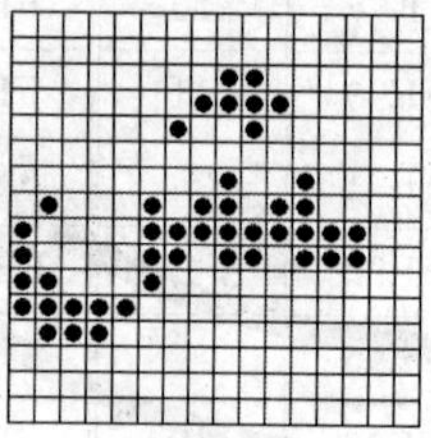	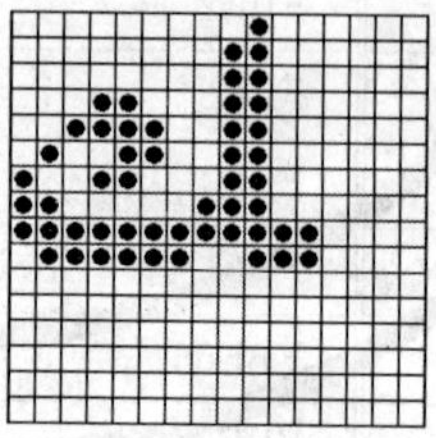	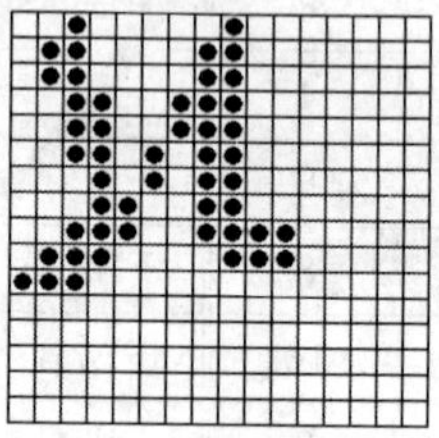
00 00	00 00	00 40	20 80
0C 00	00 00	00 C0	61 80
10 00	00 C0	00 C0	61 80
0E 00	01 E0	18 C0	33 80
18 00	02 40	3C C0	33 80
01 80	00 00	4C C0	35 80
03 80	00 90	98 C0	15 80
44 00	45 B0	C1 C0	19 80
87 00	87 FC	FF F0	39 E0
83 80	86 DC	7E 70	70 E0
C0 80	C4 00	00 00	E0 00

FF 00	F8 00	00 00	00 00
7E 00	70 00	00 00	00 00
00 00	00 00	00 00	00 00
00 00	00 00	00 00	00 00
00 00	00 00	00 00	00 00

ICS 35.040
L 71

中华人民共和国国家标准

GB 25907.7—2010

信息技术　维吾尔文、哈萨克文、柯尔克孜文编码字符集 16点阵字型　第7部分：塔里克白体

Information technology—Uyghur, Kazak, Kirgiz coded character set—16 dot matrix font—Part 7: Teilik lean

2011-01-10 发布　　　　2011-11-01 实施

中华人民共和国国家质量监督检验检疫总局
中国国家标准化管理委员会　发布

前　言

本部分的全部技术内容为强制性。

GB 25907《信息技术　维吾尔文、哈萨克文、柯尔克孜文编码字符集　16点阵字型》分为如下部分：

——第1部分：正文白体；

——第2部分：正文黑体；

——第3部分：库非白体；

——第4部分：库非黑体；

——第5部分：如克白体；

——第6部分：如克黑体；

——第7部分：塔里克白体；

——第8部分：塔里克黑体；

……

本部分是GB 25907的第7部分。

本部分依据GB 21669—2008《信息技术　维吾尔文、哈萨克文、柯尔克孜文编码字符集》所规定的维吾尔文、哈萨克文、柯尔克孜文名义字符、变形显现字符和共用符号，以我国现行规范的维吾尔文、哈萨克文、柯尔克孜文字形为基础，并依据现行规范维吾尔文、哈萨克文、柯尔克孜文的正字法原则，设计和规定了信息系统用维吾尔文、哈萨克文、柯尔克孜文16点阵塔里克白体（参见附录A）字型。

本部分的附录A和附录B是资料性附录，附录C是规范性附录。

本部分由全国信息技术标准化技术委员会（SAC/TC 28）提出并归口。

本部分起草单位：中国电子技术标准化研究所、新疆维吾尔自治区民族语言文字工作委员会、潍坊北大青鸟华光照排有限公司、新疆维吾尔自治区信息产业厅。

本部分起草人：佟加·庆夫、代红、买买提艾力、熊涛、亚森·伊明、吕建春、高峡、李洁、王啸、李善民。

引　言

有关字型数据的授权转让使用事宜，字型标准数据的维护、更新及修订工作，统一由归口单位负责。

地　址：北京市东城区安定门东大街1号(北京市1101信箱)

邮　编：100007

电　话：64007689　84029173

传　真：64007681

E-mail：daihong@cesi.ac.cn

信息技术　维吾尔文、哈萨克文、柯尔克孜文编码字符集 16点阵字型　第7部分：塔里克白体

1　范围

GB 25907 的本部分规定了 GB 21669—2008 中维吾尔文、哈萨克文、柯尔克孜文字符的 16 点阵塔里克白体字型。

本部分适用于维吾尔文、哈萨克文、柯尔克孜文信息系统，也适用于其他有关设备。

2　规范性引用文件

下列文件中的条款通过本部分的引用而成为本部分的条款。凡是注日期的引用文件，其随后所有的修改单（不包括勘误的内容）或修订版均不适用于本部分，然而，鼓励根据本部分达成协议的各方研究是否可使用这些文件的最新版本。凡是不注日期的引用文件，其最新版本适用于本部分。

GB 21669—2008　信息技术　维吾尔文、哈萨克文、柯尔克孜文编码字符集

GB 13000　信息技术　通用多八位编码字符集(UCS)(GB 13000—2010，ISO/IEC 10646:2003，IDT)

3　术语和定义

下列术语和定义适用于本部分。

3.1

字形　glyph

一种可辨认的抽象的图形符号，它不依赖于任何特定的设计。

3.2

字型　font

具有同一基本设计的字形图像的集合，如：塔里克白体。

3.3

点阵字型　dot matrix font

以点的集合来表现图形字符的型(形)。

3.4

字型宽度　font width

点阵图形字符的有效宽度。

3.5

字序　character order

图形字符在集合中按一定规则排列的次序。

4　图形字符

4.1　字符数

本部分根据 GB 21669—2008 的规定，提供了维吾尔文、哈萨克文、柯尔克孜文图形字符 190 个，其中：

维吾尔文、哈萨克文、柯尔克孜文名义字符 42 个；

维吾尔文、哈萨克文、柯尔克孜文变形显现字符 143 个；

维吾尔文、哈萨克文、柯尔克孜文共用数字、标点符号、特殊符号 5 个。

4.2 字符字序

本部分提供的 190 个维吾尔文、哈萨克文、柯尔克孜文名义字符、变形显现字符和共用符号的字型按照 GB 13000 规定的次序排列。

5 标准数据的管理

为加强对信息交换用产品用维吾尔文、哈萨克文、柯尔克孜文字型与字模标准数据的管理，保证本部分在贯彻执行中数据的一致性和正确性，有关字型数据的授权转让使用事宜，字型标准数据的维护、更新及修订工作，统一由归口单位负责。

6 点阵字型的表示方法

6.1 栅格

栅格由若干条等距离的垂直线与水平线相交叉而形成。

本部分规定的是 16 点阵字型，其栅格是横向 16 格，纵向 16 格。每个方格的中心定为点的中心位置。

栅格仅对构成点阵的各点进行定位，16 点阵栅格图如图 1 所示。

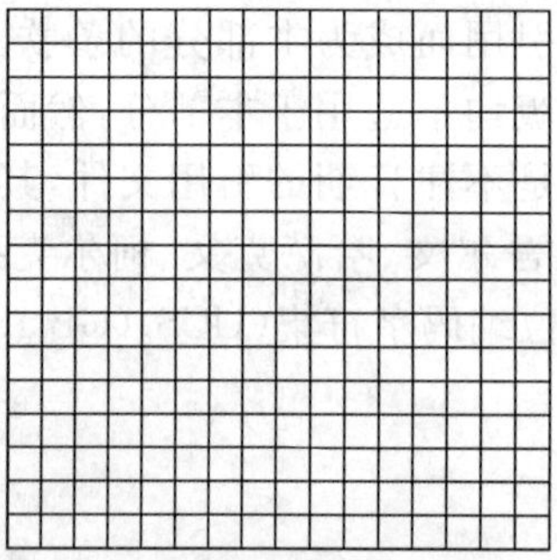

图 1　16 点阵栅格图

6.2 点

点是构成点阵字型的最小单位，以圆形表示，它是位于各方格内的黑色区域。

6.3 点阵字样

维吾尔文、哈萨克文、柯尔克孜文图形字符点阵字型的字样，由置于栅格内的若干个点的集合来表示。维吾尔文、哈萨克文、柯尔克孜文“ئ”的 16 点阵字样如图 2 所示。

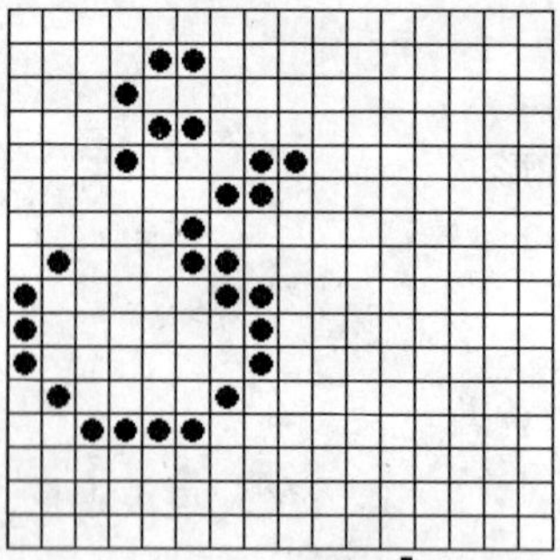

图 2　16 点阵字母“ئ”的字样

6.4 字型宽度信息

维吾尔文、哈萨克文、柯尔克孜文是不等宽字体，每个字符都有各自特定的宽度，其宽度由字型宽度信息表来表示，见附录 B。

7 点阵字型

7.1 字型数据

维吾尔文、哈萨克文、柯尔克孜文 16 点阵字型数据的表示，见附录 C。

7.2 点阵字型表

本部分提供的 GB 21669—2008 中 190 个维吾尔文、哈萨克文、柯尔克孜文图形字符的 16 点阵塔里克白体字型见表 1。

表 1 维吾尔文、哈萨克文、柯尔克孜文字型表

060C	061B	061F	0626	0627	0628	062A	062C	062D	062E	062F	0631	0632	0633	0634	0639
،	؛	؟	ئ	ا	ب	ت	ج	ح	خ	د	ر	ز	س	ش	ع
063A	0640	0641	0642	0643	0644	0645	0646	0648	0649	064A	066A	0674	0675	0676	0677
غ	ـ	ف	ق	ك	ل	م	ن	و	ى	ي	٪	ٴ	ٵ	ٶ	ٷ
0678	067E	0686	0698	06AD	06AF	06BE	06C5	06C6	06C7	06C8	06C9	06CB	06D0	06D5	FB56
ٸ	پ	چ	ژ	ڭ	گ	ھ	ۅ	ۆ	ۇ	ۈ	ۉ	ۋ	ې	ە	ﭖ
FB57	FB58	FB59	FB7A	FB7B	FB7C	FB7D	FB8A	FB8B	FB92	FB93	FB94	FB95	FBAA	FBAB	FBAC
ﭗ	ﭘ	ﭙ	ﭺ	ﭻ	ﭼ	ﭽ	ﮊ	ﮋ	ﮒ	ﮓ	ﮔ	ﮕ	ﮪ	ﮫ	ﮬ
FBAD	FBD3	FBD4	FBD5	FBD6	FBD7	FBD8	FBD9	FBDA	FBDB	FBDC	FBDD	FBDE	FBDF	FBE0	FBE1
ﮭ	ﯓ	ﯔ	ﯕ	ﯖ	ﯗ	ﯘ	ﯙ	ﯚ	ﯛ	ﯜ	ﯝ	ﯞ	ﯟ	ﯠ	ﯡ
FBE2	FBE3	FBE4	FBE5	FBE6	FBE7	FBE8	FBE9	FBEA	FBEB	FBEC	FBED	FBEE	FBEF	FBF0	FBF1
ﯢ	ﯣ	ﯤ	ﯥ	ﯦ	ﯧ	ﯨ	ﯩ	ﯪ	ﯫ	ﯬ	ﯭ	ﯮ	ﯯ	ﯰ	ﯱ
FBF2	FBF3	FBF4	FBF5	FBF6	FBF7	FBF8	FBF9	FBFA	FBFB	FE89	FE8A	FE8B	FE8C	FE8D	FE8E
ﯲ	ﯳ	ﯴ	ﯵ	ﯶ	ﯷ	ﯸ	ﯹ	ﯺ	ﯻ	ﺉ	ﺊ	ﺋ	ﺌ	ﺍ	ﺎ
FE8F	FE90	FE91	FE92	FE95	FE96	FE97	FE98	FE9D	FE9E	FE9F	FEA0	FEA1	FEA2	FEA3	FEA4
ﺏ	ﺐ	ﺑ	ﺒ	ﺕ	ﺖ	ﺗ	ﺘ	ﺝ	ﺞ	ﺟ	ﺠ	ﺡ	ﺢ	ﺣ	ﺤ
FEA5	FEA6	FEA7	FEA8	FEA9	FEAA	FEAD	FEAE	FEAF	FEB0	FEB1	FEB2	FEB3	FEB4	FEB5	FEB6
ﺥ	ﺦ	ﺧ	ﺨ	ﺩ	ﺪ	ﺭ	ﺮ	ﺯ	ﺰ	ﺱ	ﺲ	ﺳ	ﺴ	ﺵ	ﺶ
FEB7	FEB8	FEC9	FECA	FECB	FECC	FECD	FECE	FECF	FED0	FED1	FED2	FED3	FED4	FED5	FED6
ﺷ	ﺸ	ﻉ	ﻊ	ﻋ	ﻌ	ﻍ	ﻎ	ﻏ	ﻐ	ﻑ	ﻒ	ﻓ	ﻔ	ﻕ	ﻖ
FED7	FED8	FED9	FEDA	FEDB	FEDC	FEDD	FEDE	FEDF	FEE0	FEE1	FEE2	FEE3	FEE4	FEE5	FEE6
ﻗ	ﻘ	ﻙ	ﻚ	ﻛ	ﻜ	ﻝ	ﻞ	ﻟ	ﻠ	ﻡ	ﻢ	ﻣ	ﻤ	ﻥ	ﻦ
FEE7	FEE8	FEE9	FEEA	FEED	FEEE	FEEF	FEF0	FEF1	FEF2	FEF3	FEF4	FEFB	FEFC		
ﻧ	ﻨ	ﻩ	ﻪ	ﻭ	ﻮ	ﻯ	ﻰ	ﻱ	ﻲ	ﻳ	ﻴ	ﻻ	ﻼ		

附　录　A

（资料性附录）

塔里克白体

塔里克白体是维吾尔文、哈萨克文、柯尔克孜文的一种手写体，属拼音文字类型，书写行款自右至左，所有字符均呈各自不同的宽度。"塔里克"意为吊起、停住、按语、附录。塔里克体也称为拍日斯书体（波斯体），祖先留下的古典手抄本的绝大多数是用这种字体写成的。现行维吾尔文、哈萨克文、柯尔克孜文正文白体、黑体的书写与塔里克体有很大区别。塔里克体自由、欢快、紧凑、字体美如绣品、易读写、容量大，字母之间没有穿插的现象，竖画细，横画粗，点呈斜四方形。

附　录　B
（资料性附录）
字型宽度信息表

维吾尔文、哈萨克文、柯尔克孜文是不等宽字体，其每个字符都有各自特定的宽度，字型宽度信息表定义了本部分中190个点阵图形字符的有效宽度，参见表B.1。

表B.1　字型宽度信息表

代码	字宽	代码	字宽	代码	字宽	代码	字宽	代码	字宽	代码	字宽
060C	2	0678	13	FBAD	6	FBF2	9	FEA5	7	FED7	4
061B	2	067E	10	FBD3	8	FBF3	9	FEA6	7	FED8	5
061F	4	0686	7	FBD4	10	FBF4	8	FEA7	6	FED9	9
0626	9	0698	4	FBD5	6	FBF5	8	FEA8	6	FEDA	11
0627	2	06AD	8	FBD6	6	FBF6	9	FEA9	5	FEDB	6
0628	10	06AF	12	FBD7	4	FBF7	9	FEAA	5	FEDC	6
062A	10	06BE	7	FBD8	6	FBF8	7	FEAD	4	FEDD	8
062C	7	06C5	4	FBD9	4	FBF9	9	FEAE	6	FEDE	11
062D	7	06C6	4	FBDA	6	FBFA	9	FEAF	4	FEDF	3
062E	7	06C7	4	FBDB	4	FBFB	7	FEB0	6	FEE0	5
062F	5	06C8	4	FBDC	6	FE89	9	FEB1	15	FEE1	5
0631	4	06C9	4	FBDD	6	FE8A	7	FEB2	15	FEE2	5
0632	4	06CB	4	FBDE	4	FE8B	4	FEB3	8	FEE3	4
0633	15	06D0	9	FBDF	6	FE8C	5	FEB4	11	FEE4	4
0634	15	06D5	5	FBE0	4	FE8D	2	FEB5	15	FEE5	7
0639	6	FB56	10	FBE1	6	FE8E	5	FEB6	15	FEE6	10
063A	6	FB57	11	FBE2	4	FE8F	10	FEB7	8	FEE7	4
0640	5	FB58	4	FBE3	6	FE90	11	FEB8	11	FEE8	5
0641	9	FB59	5	FBE4	9	FE91	4	FEC9	6	FEE9	5
0642	7	FB7A	7	FBE5	8	FE92	5	FECA	6	FEEA	6
0643	8	FB7B	7	FBE6	4	FE95	10	FECB	4	FEED	4
0644	8	FB7C	6	FBE7	5	FE96	11	FECC	5	FEEE	6
0645	5	FB7D	6	FBE8	4	FE97	4	FECD	6	FEEF	9
0646	7	FB8A	4	FBE9	5	FE98	5	FECE	6	FEF0	7
0648	4	FB8B	6	FBEA	7	FE9D	7	FECF	4	FEF1	9
0649	9	FB92	12	FBEB	7	FE9E	7	FED0	5	FEF2	7
064A	9	FB93	12	FBEC	7	FE9F	6	FED1	9	FEF3	4
066A	7	FB94	6	FBED	8	FEA0	6	FED2	11	FEF4	5
0674	3	FB95	6	FBEE	8	FEA1	7	FED3	3	FEFB	4
0675	6	FBAA	7	FBEF	8	FEA2	7	FED4	5	FEFC	6
0676	4	FBAB	7	FBF0	9	FEA3	6	FED5	7		
0677	6	FBAC	6	FBF1	9	FEA4	6	FED6	8		

附 录 C
（规范性附录）
16 点阵字型数据

C.1 16 点阵字型数据的表示

本部分中，图形字符的字型可由点阵数据来表示。每个字型的点阵数据为 16×16(横行点数×纵列点数)，共 256 个二进制位，32 个字节。

C.2 16 点阵字型数据的记录格式

16 点阵字型数据的 32 个字节排列次序是以 0 字节开始至 31 字节结束，均用十六进制表示，每行两个字节，记录格式如下：

行数	列数															
	0	1	2	3	4	5	6	7	8	9	10	11	12	13	14	15
0	0 字节								1 字节							
1 2 ⋮ 14	2 字节 ⋮								3 字节 ⋮							
15	30 字节								31 字节							

C.3 16 点阵字型数据举例

0626	FEB6	FEDA	FEFC
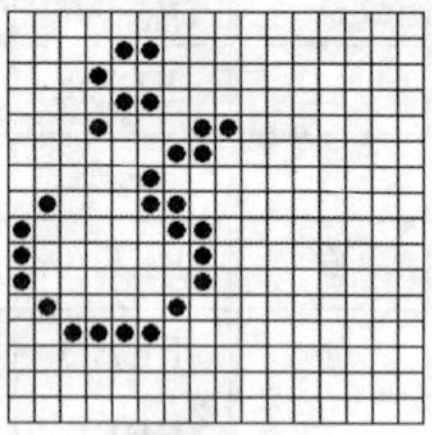	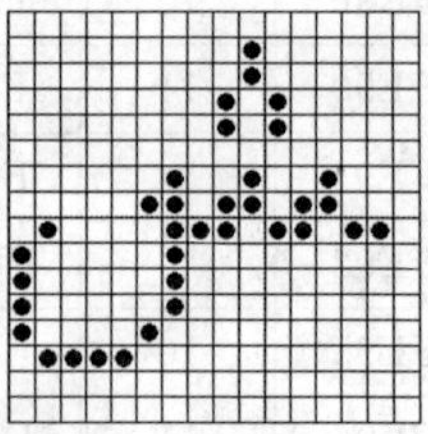	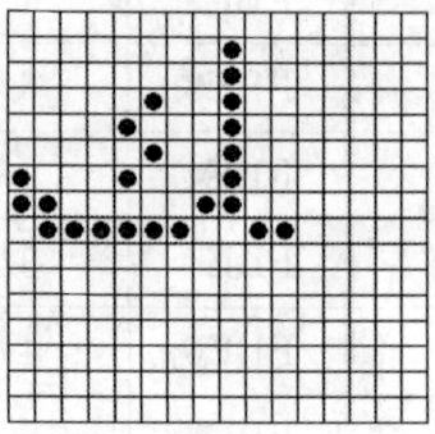	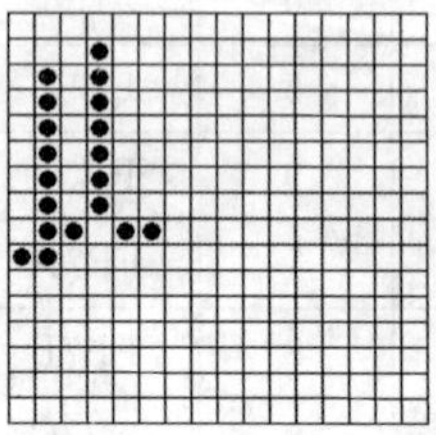
00 00	00 00	00 00	00 00
0C 00	00 40	00 80	10 00
10 00	00 40	00 80	50 00
0C 00	00 A0	04 80	50 00
11 80	00 A0	08 80	50 00
03 00	00 00	04 80	50 00
04 00	02 48	88 80	50 00
46 00	06 D8	C1 80	50 00
83 00	43 B6	7E 60	60 00
81 00	82 00	00 00	C0 00
81 00	82 00	00 00	00 00

42 00	82 00	00 00	00 00
3C 00	84 00	00 00	00 00
00 00	78 00	00 00	00 00
00 00	00 00	00 00	00 00
00 00	00 00	00 00	00 00

ICS 35.040
L 71

中华人民共和国国家标准

GB 25907.8—2010

信息技术　维吾尔文、哈萨克文、柯尔克孜文编码字符集 16点阵字型　第8部分：塔里克黑体

Information technology—Uyghur, Kazak, Kirgiz coded character set—16 dot matrix font—Part 8: Teilik bold

2011-01-10 发布　　2011-11-01 实施

中华人民共和国国家质量监督检验检疫总局
中国国家标准化管理委员会　发布

前　言

本部分的全部技术内容为强制性。

GB 25907《信息技术　维吾尔文、哈萨克文、柯尔克孜文编码字符集　16点阵字型》分为如下部分：

——第1部分：正文白体；

——第2部分：正文黑体；

——第3部分：库非白体；

——第4部分：库非黑体；

——第5部分：如克白体；

——第6部分：如克黑体；

——第7部分：塔里克白体；

——第8部分：塔里克黑体；

……

本部分是GB 25907的第8部分。

本部分依据GB 21669—2008《信息技术　维吾尔文、哈萨克文、柯尔克孜文编码字符集》所规定的维吾尔文、哈萨克文、柯尔克孜文名义字符、变形显现字符和共用符号，以我国现行规范的维吾尔文、哈萨克文、柯尔克孜文字形为基础，并依据现行规范维吾尔文、哈萨克文、柯尔克孜文的正字法原则，设计和规定了信息系统用维吾尔文、哈萨克文、柯尔克孜文16点阵塔里克黑体（参见附录A）字型。

本部分的附录A和附录B是资料性附录，附录C是规范性附录。

本部分由全国信息技术标准化技术委员会（SAC/TC 28）提出并归口。

本部分起草单位：中国电子技术标准化研究所、新疆维吾尔自治区民族语言文字工作委员会、潍坊北大青鸟华光照排有限公司、新疆维吾尔自治区信息产业厅。

本部分起草人：佟加·庆夫、熊涛、买买提艾力、代红、亚森·伊明、吕建春、高峡、李洁、王啸、李善民。

引　　言

有关字型数据的授权转让使用事宜，字型标准数据的维护、更新及修订工作，统一由归口单位负责。

地　址：北京市东城区安定门东大街1号（北京市1101信箱）
邮　编：100007
电　话：64007689　84029173
传　真：64007681
E-mail：daihong@cesi.ac.cn

信息技术 维吾尔文、哈萨克文、柯尔克孜文编码字符集 16点阵字型 第8部分:塔里克黑体

1 范围

GB 25907 的本部分规定了 GB 21669—2008 中维吾尔文、哈萨克文、柯尔克孜文字符的16点阵塔里克黑体字型。

本部分适用于维吾尔文、哈萨克文、柯尔克孜文信息系统,也适用于其他有关设备。

2 规范性引用文件

下列文件中的条款通过本部分的引用而成为本部分的条款。凡是注日期的引用文件,其随后所有的修改单(不包括勘误的内容)或修订版均不适用于本部分,然而,鼓励根据本部分达成协议的各方研究是否可使用这些文件的最新版本。凡是不注日期的引用文件,其最新版本适用于本部分。

GB 21669—2008 信息技术 维吾尔文、哈萨克文、柯尔克孜文编码字符集

GB 13000 信息技术 通用多八位编码字符集(UCS)(GB 13000—2010,ISO/IEC 10646:2003,IDT)

3 术语和定义

下列术语和定义适用于本部分。

3.1

字形 glyph

一种可辨认的抽象的图形符号,它不依赖于任何特定的设计。

3.2

字型 font

具有同一基本设计的字形图像的集合,如:塔里克黑体。

3.3

点阵字型 dot matrix font

以点的集合来表现图形字符的型(形)。

3.4

字型宽度 font width

点阵图形字符的有效宽度。

3.5

字序 character order

图形字符在集合中按一定规则排列的次序。

4 图形字符

4.1 字符数

本部分根据 GB 21669—2008 的规定,提供了维吾尔文、哈萨克文、柯尔克孜文图形字符190个,其中:

维吾尔文、哈萨克文、柯尔克孜文名义字符42个;

维吾尔文、哈萨克文、柯尔克孜文变形显现字符143个;

维吾尔文、哈萨克文、柯尔克孜文共用数字、标点符号、特殊符号5个。

4.2 字符字序

本部分提供的190个维吾尔文、哈萨克文、柯尔克孜文名义字符、变形显现字符和共用符号的字型按照GB 13000规定的次序排列。

5 标准数据的管理

为加强对信息交换用产品用维吾尔文、哈萨克文、柯尔克孜文字型与字模标准数据的管理，保证本部分在贯彻执行中数据的一致性和正确性，有关字型数据的授权转让使用事宜，字型标准数据的维护、更新及修订工作，统一由归口单位负责。

6 点阵字型的表示方法

6.1 栅格

栅格由若干条等距离的垂直线与水平线相交叉而形成。

本部分规定的是16点阵字型，其栅格是横向16格，纵向16格。每个方格的中心定为点的中心位置。

栅格仅对构成点阵的各点进行定位，16点阵栅格图如图1所示。

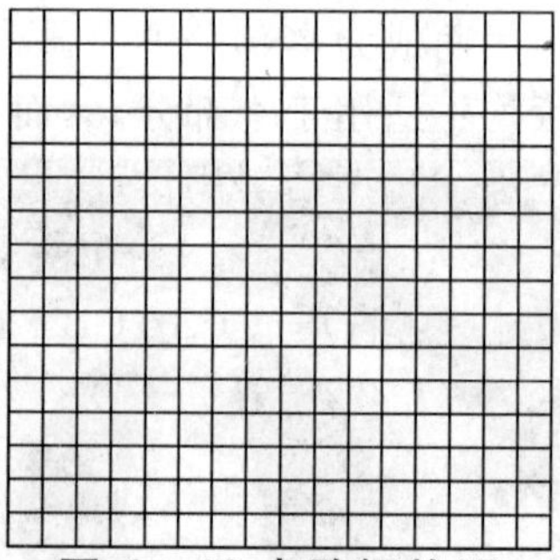

图1　16点阵栅格图

6.2 点

点是构成点阵字型的最小单位，以圆形表示，它是位于各方格内的黑色区域。

6.3 点阵字样

维吾尔文、哈萨克文、柯尔克孜文图形字符点阵字型的字样，由置于栅格内的若干个点的集合来表示。维吾尔文、哈萨克文、柯尔克孜文“ڭ”的16点阵字样如图2所示。

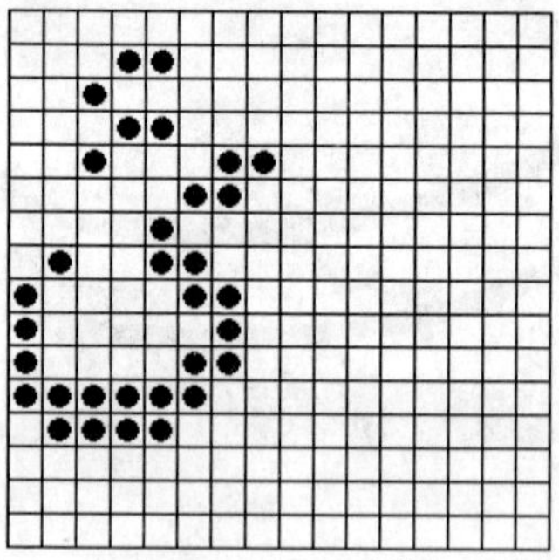

图2　16点阵字母“ڭ”的字样

6.4 字型宽度信息

维吾尔文、哈萨克文、柯尔克孜文是不等宽字体，每个字符都有各自特定的宽度，其宽度由字型宽度信息表来表示，见附录B。

7 点阵字型

7.1 字型数据

维吾尔文、哈萨克文、柯尔克孜文16点阵字型数据的表示，见附录C。

7.2 点阵字型表

本部分提供的GB 21669—2008中190个维吾尔文、哈萨克文、柯尔克孜文图形字符的16点阵塔里克黑体字型见表1。

表1 维吾尔文、哈萨克文、柯尔克孜文字型表

060C	061B	061F	0626	0627	0628	062A	062C	062D	062E	062F	0631	0632	0633	0634	0639
063A	0640	0641	0642	0643	0644	0645	0646	0648	0649	064A	066A	0674	0675	0676	0677
0678	067E	0686	0698	06AD	06AF	06BE	06C5	06C6	06C7	06C8	06C9	06CB	06D0	06D5	FB56
FB57	FB58	FB59	FB7A	FB7B	FB7C	FB7D	FB8A	FB8B	FB92	FB93	FB94	FB95	FBAA	FBAB	FBAC
FBAD	FBD3	FBD4	FBD5	FBD6	FBD7	FBD8	FBD9	FBDA	FBDB	FBDC	FBDD	FBDE	FBDF	FBE0	FBE1
FBE2	FBE3	FBE4	FBE5	FBE6	FBE7	FBE8	FBE9	FBEA	FBEB	FBEC	FBED	FBEE	FBEF	FBF0	FBF1
FBF2	FBF3	FBF4	FBF5	FBF6	FBF7	FBF8	FBF9	FBFA	FBFB	FE89	FE8A	FE8B	FE8C	FE8D	FE8E
FE8F	FE90	FE91	FE92	FE95	FE96	FE97	FE98	FE9D	FE9E	FE9F	FEA0	FEA1	FEA2	FEA3	FEA4
FEA5	FEA6	FEA7	FEA8	FEA9	FEAA	FEAD	FEAE	FEAF	FEB0	FEB1	FEB2	FEB3	FEB4	FEB5	FEB6
FEB7	FEB8	FEC9	FECA	FECB	FECC	FECD	FECE	FECF	FED0	FED1	FED2	FED3	FED4	FED5	FED6
FED7	FED8	FED9	FEDA	FEDB	FEDC	FEDD	FEDE	FEDF	FEE0	FEE1	FEE2	FEE3	FEE4	FEE5	FEE6
FEE7	FEE8	FEE9	FEEA	FEED	FEEE	FEEF	FEF0	FEF1	FEF2	FEF3	FEF4	FEFB	FEFC		

附　录　A
（资料性附录）
塔里克黑体

塔里克黑体是维吾尔文、哈萨克文、柯尔克孜文的一种手写体，属拼音文字类型，书写行款自右至左，所有字符均呈各自不同的宽度。“塔里克”意为吊起、停住、按语、附录。塔里克也称为拍日斯书体（波斯体），祖先留下的古典手抄本的绝大多数是用这种字体写成的。现行维吾尔文、哈萨克文、柯尔克孜文正文白体、黑体的书写与塔依里克体有很大区别。塔里克体自由、欢快、紧凑、字体美如绣品、易读写、容量大，字母之间没有穿插的现象，竖画细，横画粗。点呈斜四方形，越看越想看。塔里克黑体与白体风格一致，只是笔画的粗细、文字线条的轻重上有所不同。

附 录 B
(资料性附录)
字型宽度信息表

维吾尔文、哈萨克文、柯尔克孜文是不等宽字体,其每个字符都有各自特定的宽度,字型宽度信息表定义了本部分中190个点阵图形字符的有效宽度,参见表B.1。

表 B.1 字型宽度信息表

代码	字宽	代码	字宽	代码	字宽	代码	字宽	代码	字宽	代码	字宽
060C	2	0678	12	FBAD	6	FBF2	9	FEA5	8	FED7	4
061B	2	067E	11	FBD3	8	FBF3	9	FEA6	8	FED8	6
061F	6	0686	8	FBD4	12	FBF4	9	FEA7	7	FED9	8
0626	8	0698	5	FBD5	6	FBF5	9	FEA8	8	FEDA	11
0627	2	06AD	8	FBD6	6	FBF6	11	FEA9	5	FEDB	6
0628	11	06AF	10	FBD7	4	FBF7	11	FEAA	8	FEDC	6
062A	11	06BE	7	FBD8	5	FBF8	9	FEAD	4	FEDD	7
062C	8	06C5	4	FBD9	4	FBF9	11	FEAE	6	FEDE	10
062D	8	06C6	4	FBDA	5	FBFA	11	FEAF	4	FEDF	3
062E	8	06C7	4	FBDB	4	FBFB	9	FEB0	6	FEE0	5
062F	5	06C8	4	FBDC	5	FE89	8	FEB1	15	FEE1	5
0631	4	06C9	4	FBDD	6	FE8A	7	FEB2	14	FEE2	5
0632	4	06CB	4	FBDE	4	FE8B	6	FEB3	9	FEE3	6
0633	15	06D0	8	FBDF	5	FE8C	5	FEB4	11	FEE4	6
0634	15	06D5	5	FBE0	4	FE8D	2	FEB5	15	FEE5	7
0639	8	FB56	11	FBE1	5	FE8E	5	FEB6	14	FEE6	10
063A	8	FB57	13	FBE2	4	FE8F	11	FEB7	9	FEE7	6
0640	4	FB58	6	FBE3	5	FE90	13	FEB8	11	FEE8	5
0641	8	FB59	5	FBE4	8	FE91	6	FEC9	8	FEE9	5
0642	7	FB7A	8	FBE5	7	FE92	5	FECA	8	FEEA	6
0643	8	FB7B	8	FBE6	6	FE95	11	FECB	6	FEED	4
0644	7	FB7C	7	FBE7	5	FE96	13	FECC	6	FEEE	5
0645	5	FB7D	8	FBE8	6	FE97	6	FECD	8	FEEF	8
0646	7	FB8A	5	FBE9	5	FE98	5	FECE	8	FEF0	7
0648	4	FB8B	6	FBEA	8	FE9D	8	FECF	6	FEF1	8
0649	8	FB92	10	FBEB	7	FE9E	8	FED0	6	FEF2	7
064A	8	FB93	10	FBEC	10	FE9F	7	FED1	8	FEF3	6
066A	7	FB94	6	FBED	10	FEA0	8	FED2	9	FEF4	5
0674	3	FB95	6	FBEE	9	FEA1	8	FED3	4	FEFB	5
0675	6	FBAA	7	FBEF	9	FEA2	8	FED4	6	FEFC	7
0676	5	FBAB	8	FBF0	9	FEA3	7	FED5	7		
0677	6	FBAC	7	FBF1	9	FEA4	8	FED6	8		

附 录 C
（规范性附录）
16点阵字型数据

C.1 16点阵字型数据的表示

本部分中，图形字符的字型可由点阵数据来表示。每个字型的点阵数据为16×16（横行点数×纵列点数），共256个二进制位，32个字节。

C.2 16点阵字型数据的记录格式

16点阵字型数据的32个字节排列次序是以0字节开始至31字节结束，均用十六进制表示，每行两个字节，记录格式如下：

行数	列数															
	0	1	2	3	4	5	6	7	8	9	10	11	12	13	14	15
0	0字节								1字节							
1 2 ⋮ 14	2字节 ⋮								3字节 ⋮							
15	30字节								31字节							

C.3 16点阵字型数据举例

0626	FEB6	FEDA	FEFC
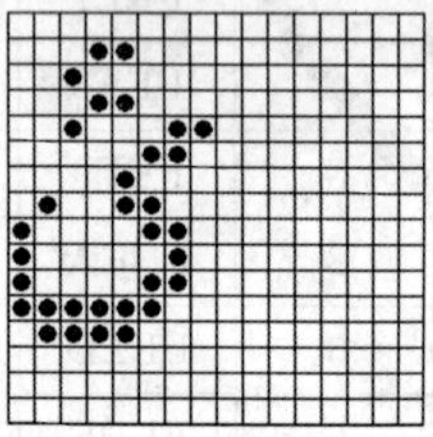	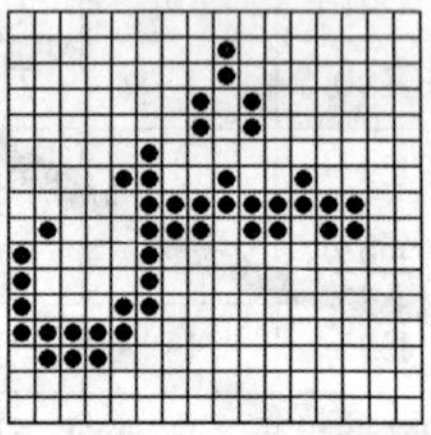	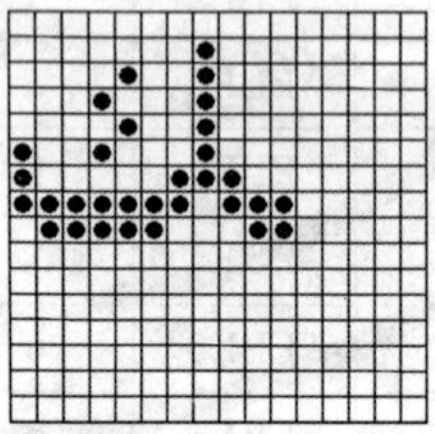	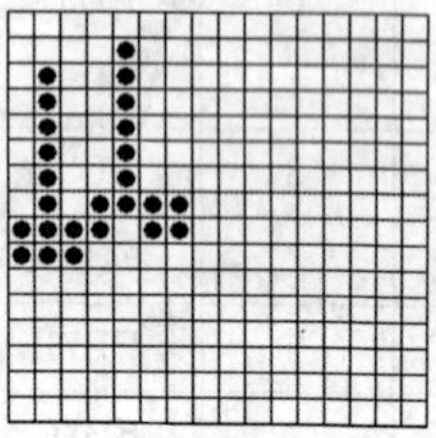
00 00	00 00	00 00	00 00
18 00	00 80	01 00	08 00
20 00	00 80	09 00	48 00
18 00	01 40	11 00	48 00
23 00	01 40	09 00	48 00
06 00	04 00	91 00	48 00
08 00	0C 90	83 80	48 00
4C 00	07 FC	FE E0	5E 00
86 00	47 6C	7C 60	F6 00
82 00	84 00	00 00	E0 00
86 00	84 00	00 00	00 00

FC 00	8C 00	00 00	00 00
78 00	F8 00	00 00	00 00
00 00	70 00	00 00	00 00
00 00	00 00	00 00	00 00
00 00	00 00	00 00	00 00